EMIL@A-stat

Medienreihe zur angewandten Statistik

Reihe herausgegeben von
U. Kamps, RWTH Aachen, Institut für Statistik und Wirtschaftsmathematik,
Aachen, Deutschland

Weitere Bände in der Reihe http://www.springer.com/series/5333

Erhard Cramer · Johanna Nešlehová

Vorkurs Mathematik

Arbeitsbuch zum Studienbeginn in
Bachelor-Studiengängen

7., überarbeitete und ergänzte Auflage

 Springer Spektrum

Erhard Cramer
Institut für Statistik und Wirtschaftsmathematik
RWTH Aachen
Aachen, Deutschland

Johanna Nešlehová
Mathematics and Statistics
McGill University
Montreal, Kanada

EMIL@A-stat
ISBN 978-3-662-57493-5   ISBN 978-3-662-57494-2   (eBook)
https://doi.org/10.1007/978-3-662-57494-2

Die Deutsche Nationalbibliothek verzeichnet diese Publikation in der Deutschen Nationalbibliografie; detaillierte bibliografische Daten sind im Internet über http://dnb.d-nb.de abrufbar.

Springer Spektrum

Verantwortlich im Verlag: Iris Ruhmann

Gedruckt auf säurefreiem und chlorfrei gebleichtem Papier

Springer Spektrum ist ein Imprint der eingetragenen Gesellschaft Springer-Verlag GmbH, DE und ist ein Teil von Springer Nature
Die Anschrift der Gesellschaft ist: Heidelberger Platz 3, 14197 Berlin, Germany

Vorbemerkung

Mathematisches Schulwissen wird in Vorlesungen vieler Studiengänge als bekannt und vollständig verstanden vorausgesetzt. In der Realität zeigt sich jedoch, dass dieser Anspruch zunehmend nicht erfüllt ist und Studierende oft Schwierigkeiten haben, dem Inhalt einer einführenden Veranstaltung zur Mathematik oder Statistik zu folgen. Zur Schließung vorhandener Lücken werden daher oft Vorkurse oder so genannte „Brückenkurse" angeboten, die das Schulwissen beginnend bei Mengenlehre und Bruchrechnung aufbereiten. Aus einem derartigen Kurs, der von den Autoren an der Universität Oldenburg mehrfach durchgeführt wurde, ist auch die Idee zu diesem Buch entstanden. Der *Vorkurs Mathematik* präsentiert die bis zur Oberstufe des Gymnasiums vermittelte Mathematik in einer Form, die einerseits das Selbststudium ohne weitere Betreuung erlaubt und andererseits den Einsatz des Buchs als Begleittext zu einem Vorkurs unterstützt. Dazu enthält er neben einer ausführlichen Darstellung der Inhalte und einer großen Anzahl von Beispielen eine Vielzahl von Aufgaben mit ausführlichen Lösungen, die Lernende bei der (selbstständigen) Einübung des Stoffs sowie der Analyse der eigenen Bearbeitung unterstützen.

Als ein weiterer zentraler Aspekt enthält dieses Buch viele Beispiele aus der angewandten Statistik und Wahrscheinlichkeitsrechnung. Diese Bereiche stellen ein wichtiges Anwendungsfeld der Mathematik dar und liefern somit die Motivation für die benötigte Mathematik. Die Darstellung in diesem Buch trägt diesem Ziel auch dadurch Rechnung, dass sie Themen wie z.B. Funktionen, Mengen, Folgen etc. und Problemstellungen aufgreift, die in der Statistik von Bedeutung sind. Dabei werden zwangsläufig Begriffe eingeführt, deren inhaltliche Relevanz sich erst im Rahmen einer Veranstaltung zur Statistik erschließt. Eine vertiefende Diskussion sowie der Aufbau eines Verständnisses für diese Begriffe kann und soll hier nicht geleistet werden. Ein Vorteil dieses Ansatzes besteht darin, dass Lernende den Umgang mit Begriffen einüben und den mathematischen Gehalt des Begriffs realisieren. Insofern eröffnet dieser Zugang einen wichtigen Beitrag zum abstrakten Denken und bietet zudem Wiedererkennungseffekte in Veranstaltungen zur Statistik. Zudem kann der Vorkurs begleitend zu einer Statistikveranstaltung genutzt werden, um mathematische Zusammenhänge aufzuarbeiten. Statistische Fachbegriffe können in einführenden Büchern wie z.B. Burkschat, Cramer und Kamps (2012) und Cramer und Kamps (2017) nachgelesen werden.

Der Vorkurs umfasst in zwölf Kapiteln das in Bachelor-Studiengängen benötigte mathematische Schulwissen, wobei ein großer Teil der in Grundvorlesungen zur Statistik vorausgesetzten Mathematikkenntnisse abgedeckt wird. Ausführlicher als in der Schule werden für die Statistik bedeutsame Themen wie *Summen- und Produktzeichen* oder *Folgen und Reihen* behandelt. Einige weiterführende Konzepte wie Funktionen mehrerer Veränderlicher sind nicht enthalten und müssen an anderer Stelle nachgelesen werden (s. z.B. Kamps, Cramer und Oltmanns, 2009).

Der *Vorkurs Mathematik* unterscheidet sich von anderen Lehrbüchern durch die inhaltliche Konzeption, die Art der Darstellung und die problem- und zielorientierte Aufbereitung. Insbesondere werden folgende Aspekte berücksichtigt:

- Alle vorgestellten Begriffe werden ausführlich erläutert und – sofern sinnvoll – graphisch veranschaulicht. Dabei ist die Wiederholung von bereits vorgestellten Inhalten beabsichtigt, um den Lernenden die Möglichkeit zu geben, die Themen selbstständig zu erarbeiten und einzuüben.

- Die Methoden und Verfahren werden durch viele Beispiele aus der angewandten Statistik und Wahrscheinlichkeitsrechnung illustriert.

- Ergänzend zur formalen Darstellung werden Begriffe und Eigenschaften durchgehend auch verbal eingeführt bzw. erläutert.

- Die große Auswahl an Aufgaben und deren ausführliche Lösungen unterstützen das selbstständige Lernen und ermöglichen eine effiziente Selbstkontrolle. Das Nachschlagen einer Lösung zu einer Aufgabe (und umgekehrt) wird durch ein einfaches Verweissystem erleichtert: An einer Aufgabe (Lösung) befindet sich jeweils ein Verweis auf die Seite, auf der die zugehörige Lösung (Aufgabe) abgedruckt ist.

- Die Gestaltung dieses Buchs ist an die modulare Online-Präsentation der Inhalte in der Lehr- und Lernumgebung EMILeA-stat angelehnt*. Bezeichnungen, Definitionen, Beispiele und Regeln sind im Buch graphisch hervorgehoben.

- Wichtige Stellen im Text, die einer besonderen Aufmerksamkeit bedürfen, werden auf dem Rand zusätzlich mit dem Achtungsymbol markiert.

- Zur Erhöhung der Übersichtlichkeit ist das Ende eines Beispiels mit ✗ markiert.

- Verweise auf Beispiele, Begriffe und Eigenschaften innerhalb des Lehrtexts sind einer Online-Umgebung nachempfunden. Jedem ⟨349⟩Verweis ist zur schnellen Orientierung die zugehörige Seitenzahl zugeordnet, so dass ein Umweg über den Index entfallen kann.

- Weitere Elemente zur besseren Orientierung sind ein ausführlicher Index und ein strukturiertes Abkürzungs- und Symbolverzeichnis, das neben einer kurzen Erläuterung auch den Verweis auf eine Textstelle enthält.

- Die zweifarbige Umsetzung ermöglicht die Hervorhebung wesentlicher Aspekte und die optische Strukturierung der Inhalte. Zudem werden Rechenschritte und Argumentationen durch die Kennzeichnung von Änderungen deutlicher gemacht.

---

*s. http://emilea-stat.rwth-aachen.de

Aus dem Vorwort zur 1. Auflage

Bei der Entstehung dieses Buchs wurden wir von Freunden und Kollegen in vielerlei Hinsicht unterstützt. Herr Prof. Dr. Udo Kamps hat uns als Herausgeber der EMILeA-stat-Medienreihe zu diesem Projekt eingeladen und es in seiner Entstehung begleitet. Wir danken ihm weiterhin für einige wertvolle Anregungen, die zum Gelingen des Buchs beigetragen haben. Herrn Clemens Heine gilt unser Dank für die ausgezeichnete Zusammenarbeit mit dem Springer-Verlag. Einige Aufgaben und Lösungen wurden von Frau Corinna Krautz und Herrn Christian Mohn erstellt, der auch die Durchsicht einiger Kapitel übernommen hat. Schließlich gebührt unser besonderer Dank Frau Dr. Katharina Cramer und Frau Doreen Scholze, die durch sorgfältiges Lesen des gesamten Manuskripts einige Unstimmigkeiten ausgemerzt und durch ihre Hinweise zur Verbesserung der Darstellung beigetragen haben.

Darmstadt, Oldenburg, Juni 2004   Erhard Cramer, Johanna Nešlehová

Vorwort zur 7. Auflage

Für die 7. Auflage wurde das Layout des Buchs mehrfarbig gestaltet. Dabei wurden insbesondere alle Graphiken vollständig überarbeitet und an einigen Stellen zusätzliche Illustrationen eingefügt. Zudem wurden Lösungen übersichtlicher formatiert und ergänzt sowie der gesamte Text nochmals kritisch durchgesehen.

Weitere Materialien zum Buch bzw. zum mathematischen Grundwissen werden auf der Webseite

www.vorkurs-mathematik.de

zur Verfügung gestellt. Dort können Sie uns auch Ihre Anmerkungen und Vorschläge mitteilen. Wir danken allen Leserinnen und Lesern, die uns Hinweise und Anregungen mitgeteilt haben und damit zur Verbesserung des Vorkurses beigetragen haben, sowie Frau Agnes Herrmann und Frau Iris Ruhmann für die angenehme Zusammenarbeit mit dem Springer-Verlag.

Aachen, Montreal, April 2018   Erhard Cramer, Johanna Nešlehová

Inhaltsverzeichnis

Kapitel 1

Grundlagen

Die Mathematik und damit auch die Statistik beruhen – wie eine Fremdspra-
che – auf einem Vokabular, ohne das mathematische Ausdrücke, Aussagen und
Resultate nicht verstanden werden können. Bestandteile dieser Fachsprache sind
neben mathematischen Symbolen zentrale Begriffe wie Variablen und Funktionen
sowie logische Verknüpfungen von Aussagen. Diese Formalismen dienen sowohl
der einfachen, exakten und prägnanten Beschreibung von Sachverhalten als auch
einer möglichst allgemeinen Modellierung realer Situationen. Die formale Sprache
der Mathematik hat gegenüber verbalen Formulierungen den Vorteil, dass der betrachtete Inhalt präzise dargestellt wird und Mehrdeutigkeiten vermieden werden.
Zum Verständnis dieser Sprache ist es jedoch von entscheidender Bedeutung, ihre
Notationen und Symbole zu kennen und zu verstehen.

1.1 Beispiel

Die Menge aller reellen Zahlen, die kleiner oder gleich Eins sind, kann mit mathematischen Symbolen als

$$\{x \in \mathbb{R} \mid x \leqslant 1\} \quad \text{oder} \quad (-\infty, 1]$$

geschrieben werden. Um diese Ausdrücke „übersetzen" zu können, ist die Kenntnis
der einzelnen Bestandteile erforderlich:

- ❯ $\{\ \}$: Mengenklammern (Was ist eine Menge?)

- ❯ x: Variable (Was ist eine Variable?)

- ❯ $\mid, \in, \leqslant, (,], -\infty$: Was bedeuten diese Zeichen?

- ❯ $\mathbb{R}$: Was sind reelle Zahlen?

Wie das vorstehende Beispiel zeigt, ist für das Verständnis nicht nur die Notation selbst von entscheidender Bedeutung, sondern auch die Verknüpfung und
Reihenfolge dieser Symbole (z.B. beschreiben $x \leqslant 1$ und $1 \leqslant x$ unterschiedliche
Sachverhalte). Im Folgenden werden die grundlegenden Begriffe und Notationen
der Mathematik vorgestellt. Dazu werden alle Inhalte sowohl verbal als auch formal eingeführt und – soweit möglich und sinnvoll – auch grafisch illustriert. Die
Darstellung beginnt mit der Einführung grundlegender Begriffe und wird dann
sukzessive bis zu Methoden der Differenzial- und Integralrechnung erweitert.

© Springer-Verlag GmbH Deutschland, ein Teil von Springer Nature 2018
E. Cramer und J. Nešlehová, *Vorkurs Mathematik*, EMIL@A-stat,
https://doi.org/10.1007/978-3-662-57494-2_1

1.1 Grundbegriffe

Mengen

Ausgangspunkt der Betrachtungen ist der zentrale Begriff einer Menge von Objekten.

1.2 Beispiel

Folgende Beschreibungen definieren Mengen von Objekten:

- Studierende aller Hochschulen in Deutschland,

- Fischarten, die an einem Korallenriff in Polynesien beobachtet wurden,

- gemeldete Versicherungsschäden, die in einem bestimmten Zeitraum durch Stürme in Deutschland verursacht wurden,

- monatliche Gesprächskosten für mobiles Telefonieren in den Haushalten Niedersachsens.   ✗

Abstraktere Beispiele von Mengen sind die üblichen ⁊Zahlbereiche wie reelle oder natürliche Zahlen bzw. Mengen, die sich aus einer mathematischen Fragestellung ergeben (z.B. ¹⁵⁷Definitionsbereich einer Funktion, ¹⁹⁴Lösungsmenge einer Gleichung). Im Folgenden werden zunächst der bisher vage Begriff einer Menge präzisiert und Möglichkeiten zur Darstellung von Mengen vorgestellt.

> **▶ Definition (Menge, Element)**
>
> Eine Menge ist eine Zusammenfassung unterscheidbarer Objekte. Für jedes Objekt muss eindeutig feststellbar sein, ob es zu der Menge gehört oder nicht. Zu einer Menge gehörende Objekte heißen Elemente der Menge.

1.3 Beispiel

Autos mit einem deutschen Kennzeichen, Augensummen beim Würfeln mit zwei Würfeln, die *geraden Zahlen* oder die *kleinen Buchstaben des deutschen Alphabets* sind wohlbestimmte Mengen. Die *Menge aller guten Filme* ist wegen ihrer subjektiven und unklaren Beschreibung eine nicht zulässige Festlegung, während die *Menge aller amerikanischen Filme* zulässig ist.   ✗

Variable

Ein weiterer zentraler Begriff der Mathematik ist der einer Variablen.

> **▶ Bezeichnung (Variable)**
>
> Eine Variable ist eine Bezeichnung (Platzhalter) für ein Objekt, das verschiedene Werte aus einer Menge von Elementen annehmen kann.

Eine Variable repräsentiert somit ein Objekt aus einer Menge (von Objekten), ohne dieses genau zu spezifizieren.

1.4 Beispiel

Ein herkömmlicher Würfel trägt auf seinen Seiten die Ziffern $1, 2, 3, 4, 5, 6$. Die Variable x bezeichnet etwa das Ergebnis eines Würfelwurfs und repräsentiert damit eine dieser Ziffern. Im Zusammenhang mit diesem Experiment ist x Stellvertreter für die Zahlen $1, 2, 3, 4, 5, 6$.

Eine Bank bietet ihren Kunden an, das Guthaben eines Sparbuchs am Beginn eines Jahres zu einem Zinssatz von 3% anzulegen. Die Variable G repräsentiert den Wert eines Guthabens, dass ein potenzieller Kunde einzahlt. Die Verwendung der Formel $1,03 \cdot G$ ermöglicht dann durch Einsetzen eines speziellen Guthabens die einfache Berechnung des am Jahresende erzielten Kapitals. ✗

Je nach Objekt haben sich verschiedene Bezeichnungen für Variablen durchgesetzt.

1.5 Beispiel

Variablen, die

- ❯ Zahlen repräsentieren, werden üblicherweise mit kleinen lateinischen Buchstaben $a, b, c, \ldots, x, y, z$ bezeichnet,

- ❯ Mengen repräsentieren, werden meist mit großen lateinischen Buchstaben $A, B, C, \ldots$ bezeichnet,

- ❯ Parameter (also Werte, die situationsabhängig sind) repräsentieren, werden oft mit kleinen griechischen Buchstaben $\alpha, \beta, \gamma, \ldots$ bezeichnet,

- ❯ Funktionen repräsentieren, werden oft mit kleinen lateinischen oder griechischen Buchstaben f, g, h oder ϕ, ψ bezeichnet. Je nach Situation werden für spezielle Funktionen auch Großbuchstaben wie F, G oder Φ, Ψ verwendet. ✗

Darstellung von Mengen

Um eine Menge beschreiben zu können, wird eine Vorschrift benötigt, die ihre Elemente eindeutig festlegt. Hierzu bieten sich die aufzählende und die beschreibende Darstellung an:

- ❯ Eine **aufzählende Darstellung** ist eine Auflistung der einzelnen Elemente der Menge in geschweiften Klammern {...}, den so genannten **Mengenklammern**. Jedes Element wird i.Allg. genau einmal aufgeführt.

- ❯ Bei einer **beschreibenden Darstellung** werden Mengen durch eine eindeutige Charakterisierung ihrer Elemente festgelegt (etwa mit Worten oder mit mathematischen Symbolen).

1.6 Beispiel

In den folgenden Beispielen werden Mengen zunächst verbal und anschließend aufzählend dargestellt:

- Menge der Buchstaben des Namens „Gunnar": $\{G, u, n, a, r\}$.*

- Menge der Ziffern kleiner 6: $\{1, 2, 3, 4, 5\} = \{1, \ldots, 5\}$.

- Menge der Notensymbole von der achtel bis zur ganzen Note: $\{\flat, \downarrow, \downarrow, \circ\}$.

- Menge der Seiten eines Würfels: $\{\boxdot, \boxdot, \boxdot, \boxdot, \boxdot, \boxdot\}$.

Die aufzählende Festlegung einer Menge ist i.Allg. nur geeignet, wenn die Menge wenige Elemente besitzt. Die *Menge aller in Deutschland zugelassenen PKW* kann zwar prinzipiell auch aufzählend notiert werden, jedoch ist diese Vorgehensweise nicht angebracht, da die Auflistung wegen der großen Anzahl von Elementen unüberschaubar ist. Weitere derartige Beispiele sind die *Menge aller Sterne im Weltall* oder die *Menge aller Zellen eines Menschen*. Weiterhin gibt es Situationen, in denen eine aufzählende Darstellung überhaupt nicht möglich ist, da die Menge unendlich viele Elemente enthält (z.B. natürliche oder reelle Zahlen). In diesen Fällen wird meist die beschreibende Darstellung verwendet:

$$\{x \mid x \text{ ist ein in Deutschland zugelassener PKW}\},$$

wobei die Variable x ein Repräsentant (Platzhalter) für ein Fahrzeug ist. Der senkrechte Strich $\mid$ wird gelesen als „mit der Eigenschaft" oder als „mit". Die obige Menge wird daher verbalisiert als *Menge aller x mit der Eigenschaft, dass x ein in Deutschland zugelassener PKW ist*.

Allgemein wird die beschreibende Darstellung einer Menge folgendermaßen formuliert: Bezeichnet $\mathcal{E}$ eine bestimmte Eigenschaft von Objekten, so wird durch

$$\{x \mid x \text{ hat die Eigenschaft } \mathcal{E}\}$$

die Menge der Objekte definiert, die diese Eigenschaft besitzen. Der senkrechte Strich $\mid$ wird manchmal durch ein Semikolon oder einen Doppelpunkt ersetzt: $\{x ; x \text{ hat die Eigenschaft } \mathcal{E}\}$, $\{x : x \text{ hat die Eigenschaft } \mathcal{E}\}$.

1.7 Beispiel

Beschreibende Darstellungen von Mengen sind z.B.:

- Menge aller chinesischen Schriftzeichen:

$$\{x \mid x \text{ ist ein chinesisches Schriftzeichen}\}.$$

---

*Die Auflistung $\{G, u, n, n, a, r\}$, in der der Buchstabe „n" doppelt vorkommt, wird als $\{G, u, n, a, r\}$ verstanden, d.h. mehrfach auftretende Objekte werden durch ein Element repräsentiert. $\{1, 0, 1\}$ ist somit gleichbedeutend mit $\{0, 1\}$. Entsprechend ist die Notation $\{5, 6, a\}$ zu verstehen. Ist $a = 5$, so ist sie gleich $\{5, 6\}$, d.h. die Menge hat nur zwei Elemente. Für $a = 7$ hat die Menge die drei Elemente $5, 6, 7$.

- Menge aller ungeraden Zahlen: $\{x \mid x$ ist eine ungerade Zahl$\}$.

- Menge aller natürlichen Zahlen, die kleiner als Sechs sind:

$$\{z \mid z \text{ ist eine natürliche Zahl kleiner } 6\}.$$

- Menge aller Füllmengen einer 1ℓ-Konserve:

$$\{v \mid v \text{ ist größer oder gleich Null und kleiner oder gleich } 1\}.$$

  Mit mathematischen Symbolen lässt sich diese Menge sehr einfach schreiben als $\{v \mid 0 \leqslant v \leqslant 1\}$ oder $[0, 1]$.

Die bei der Festlegung einer Menge für den Platzhalter gewählte Bezeichnung ist bedeutungslos, d.h. die Mengen $\{v \mid 0 \leqslant v \leqslant 1\}$ und $\{x \mid 0 \leqslant x \leqslant 1\}$ stimmen überein. ✘

Wie bereits an den obigen Beispielen deutlich wurde, kann eine Menge mehrere Darstellungsformen haben. Jede muss die Menge jedoch eindeutig beschreiben.

Da die explizite Angabe der Menge mittels aufzählender oder beschreibender Darstellung i.Allg. sehr aufwändig ist, werden zur Abkürzung der Notation Bezeichnungen in Form von Buchstaben eingeführt. Mengen werden meist mit lateinischen Großbuchstaben $A, B, C, \dots$ bezeichnet, die zur Unterscheidung ggf. mit Indizes versehen werden, wie etwa A_1, A_2, A_3. Darüber hinaus sind für spezielle Mengen besondere Symbole gebräuchlich, wie z.B. $\mathbb{N}, \mathbb{Q}, \mathbb{R}$ für die natürlichen, rationalen und reellen Zahlen oder Ω für die in der Wahrscheinlichkeitsrechnung vorkommende Grundmenge aller möglichen Ergebnisse eines Zufallsexperiments.

Zur Bezeichnung der Elemente einer Menge werden meist kleine lateinische Buchstaben $a, b, c, \dots, x, y, z$ verwendet. Ob ein Objekt x zu einer Menge A gehört oder nicht, wird wie folgt notiert:

mathematische Darstellung	Bedeutung
$x \in A$	x ist ein Element von A
$x \notin A$	x ist kein Element von A

1.8 Beispiel
Ist $A = \{1, 2, 5\}$, so gilt $1 \in A$, $6 \notin A$. ✘

Aussagen und deren logische Verknüpfung

Aussagen sind im mathematischen Verständnis Feststellungen, deren Wahrheitsgehalt (Wahrheitswert) stets mit wahr oder falsch angegeben werden kann.

1.9 Beispiel

Wahre Aussagen sind etwa:

- „Dienstag ist ein Wochentag."
- „C ist eine römische Ziffer."
- „Jede positive gerade Zahl ist eine natürliche Zahl."

Aussagen mit Wahrheitswert *falsch* sind z.B.

- „Dienstag ist ein Monat."
- „C ist eine arabische Ziffer."
- „Jede natürliche Zahl ist eine gerade Zahl."

Im mathematischen Sinne nicht zulässige Aussagen sind z.B.

- „Morgen wird es regnen."
- „Statistik ist spannend."
- „Mit römischen Ziffern sind Rechnungen sehr umständlich."

da keine eindeutige Bewertung dieser Feststellungen möglich ist (etwa wegen subjektiver oder zukünftiger Aspekte).   ✗

Aussagen werden im Folgenden mit kalligraphischen Buchstaben $\mathcal{A}, \mathcal{B}, \mathcal{C}$ etc. bezeichnet, z.B.

$$\mathcal{A} = \text{„Dienstag ist ein Wochentag."}$$

Aussagen können logisch miteinander verknüpft werden, d.h. aus mehreren Aussagen wird eine neue Aussage erzeugt.

1.10 Beispiel

Die Aussagen *Das Buch hat 200 Seiten* und *Das Buch ist ein Roman* können in verschiedener Weise verknüpft werden.

- Die Aussage *Der Roman hat 200 Seiten* ist eine „und"-Verknüpfung der obigen Aussagen, da beide gleichermaßen zutreffen müssen, um eine wahre Aussage zu erzeugen. Die Aussage ist gleichbedeutend mit *Das Buch hat 200 Seiten und ist ein Roman.*

- Die Aussage *Das Buch hat 200 Seiten oder es ist ein Roman* hingegen beschreibt die „oder"-Verknüpfung. Es genügt, dass eine dieser Aussagen zutrifft, damit die gesamte Aussage den Wahrheitswert *wahr* hat.

- Die Aussage *Das Buch hat nicht 200 Seiten* stellt offenbar das Gegenteil (die Negation) der Aussage *Das Buch hat 200 Seiten* dar.   ✗

An dieser Stelle werden lediglich die wichtigsten, für das Verständnis der mathematischen Grundlagen notwendigen, Verknüpfungen vorgestellt. Ausführliche Darstellungen des Stoffs finden sich in einführenden Lehrbüchern wie z.B. Kamps, Cramer und Oltmanns (2009).

> ▸ **Bezeichnung (Logische Verknüpfungen)**
>
> Für Aussagen $\mathcal{A}, \mathcal{B}$ werden folgende logische Verknüpfungen von Aussagen verwendet.
>
> | Bezeichnung | Symbol | Bedeutung der Verknüpfung |
> |---|---|---|
> | Negation | $\overline{\mathcal{A}}$ | nicht $\mathcal{A}$ |
> | Konjunktion (und) | $\mathcal{A} \wedge \mathcal{B}$ | $\mathcal{A}$ und $\mathcal{B}$ |
> | Disjunktion (oder) | $\mathcal{A} \vee \mathcal{B}$ | $\mathcal{A}$ oder $\mathcal{B}$ |
> | Implikation (Folgerung) | $\mathcal{A} \Longrightarrow \mathcal{B}$ | aus $\mathcal{A}$ folgt $\mathcal{B}$ |
> | Äquivalenz (genau dann) | $\mathcal{A} \Longleftrightarrow \mathcal{B}$ | $\mathcal{A}$ und $\mathcal{B}$ sind äquivalent |

Die Verknüpfungen werden durch eine **Wahrheitstafel** definiert, die angibt, wie sich der **Wahrheitswert** der Verknüpfung aus den Wahrheitswerten der Aussagen $\mathcal{A}$ und $\mathcal{B}$ ergibt. Mit w wird der Wahrheitswert *wahr*, mit f der Wahrheitswert *falsch* bezeichnet.

$\mathcal{A}$	$\mathcal{B}$	$\overline{\mathcal{A}}$	$\mathcal{A} \wedge \mathcal{B}$	$\mathcal{A} \vee \mathcal{B}$	$\mathcal{A} \Longrightarrow \mathcal{B}$	$\mathcal{A} \Longleftrightarrow \mathcal{B}$
w	w	f	w	w	w	w
w	f	f	f	w	f	f
f	w	w	f	w	w	f
f	f	w	f	f	w	w

Aus dieser Tafel kann z.B. abgelesen werden, dass die Aussagen $\mathcal{A}$ und $\mathcal{B}$ äquivalent (gleichbedeutend) sind, wenn $\mathcal{A}$ und $\mathcal{B}$ jeweils den selben Wahrheitswert haben. Das „oder" ist kein exklusives „oder", d.h. $\mathcal{A} \vee \mathcal{B}$ ist wahr, wenn nur $\mathcal{A}$, nur $\mathcal{B}$ oder beide gleichermaßen wahr sind.

Aufgaben zum Üben in Abschnitt 1.1

[27]Aufgabe 1.1 – [29]Aufgabe 1.5

1.2 Zahlbereiche und elementare Verknüpfungen

In den bisherigen Ausführungen wurden Zahlbereiche, wie etwa die natürlichen oder die reellen Zahlen, bereits erwähnt. Unmittelbar mit den Zahlbereichen verbunden sind die elementaren Verknüpfungen (Operationen) von Zahlen „$+, -, \cdot, :$", die Grundrechenarten. Sie werden mit ihren wichtigsten Eigenschaften nachfolgend systematisch eingeführt, wobei jeweils demonstriert wird, wie sie zur Erweiterung des betrachteten Zahlbereichs führen.

Natürliche Zahlen

Der grundlegende Zahlbereich ist die Menge der **natürlichen Zahlen**

$$\mathbb{N} = \{1, 2, 3, \dots\}.$$

Ihre mittels arabischer Ziffern $1, \dots, 9$ dargestellten Elemente sind u.a. Repräsentanten für Anzahlen von Objekten. Alternativ kann eine Beschreibung mit anderen Zahlsymbolen wie z.B. römischen Ziffern I, V, X, L, C, M erfolgen. Aufgrund ihrer Eignung zum Abzählen von Objekten werden natürliche Zahlen auch zur Nummerierung von Objekten eingesetzt (z.B. Hausnummern, Startnummern beim Rennen, Kugeln beim Zahlenlotto). In der Statistik treten sie u.a. als absolute Häufigkeiten auf.

1.11 Beispiel (Blutgruppe)

Bei einer medizinischen Untersuchung wird in einer Testgruppe von 20 Personen die Blutgruppe nach dem AB0-System bestimmt (ohne Rhesus Antigene):

A 0 A AB B 0 0 B A 0 0 A A A 0 AB B A A 0

Aus dem Datensatz kann abgelesen werden, dass in der Gruppe sieben Personen Blutgruppe 0, acht Personen Blutgruppe A, drei Personen Blutgruppe B und zwei Personen Blutgruppe AB haben. Diese Anzahlen heißen **absolute Häufigkeiten**.

Blutgruppe	0	A	B	AB
absolute Häufigkeit	7	8	3	2

Als geeignete grafische Repräsentation bietet sich der Zahlenstrahl an, auf dem die natürlichen Zahlen in folgender Weise angeordnet werden:

Die Abstände zwischen den Zahlsymbolen müssen jeweils gleich gewählt werden. Aus der Darstellung tritt deutlich hervor, dass die Zahlen eine Ordnung wiedergeben. Für zwei natürliche Zahlen n, m kann daher jeweils entschieden werden, ob sie gleich sind oder welche größer bzw. kleiner ist (d.h. weiter rechts bzw. links auf dem Zahlenstrahl liegt). Für den Größenvergleich werden die Symbole (**Ordnungszeichen** oder **Relationszeichen**)

„$=$" gleich,   „$<$" kleiner,   „$>$" größer

verwendet. Ergänzungen sind z.B. $\neq$ (ungleich), $\leqslant$ (kleiner oder gleich) und $\geqslant$ (größer oder gleich). Die Eigenschaft $n = m$ ist gleichbedeutend mit $m = n$ bzw. $n \leqslant m$ entspricht $m \geqslant n$. Mit den Notationen der Aussagenlogik gilt etwa

$$m = n \iff (m \leqslant n) \wedge (m \geqslant n).$$

In vielen Fällen ist es erforderlich, ein Symbol für die Situation zur Verfügung zu haben, dass kein Objekt vorhanden ist. Dies wird durch das Symbol 0 (Null) beschrieben, das die Menge der natürlichen Zahlen erweitert zu

$$\mathbb{N}_0 = \{0, 1, 2, \dots\}.$$

Natürliche Zahlen werden im Sinne der Abzählung addiert, d.h. zwei Mengen mit den Anzahlen n und m von verschiedenen Objekten werden zu einer Menge zusammengefasst, die $n + m$ Objekte besitzt.

Die Addition der Zahlen a und b kann auch als Aneinanderlegen zweier Pfeile* am **Zahlenstrahl** illustriert werden (s. ▨Abbildung 1.1). Die Zahl a wird durch einen Pfeil repräsentiert, der bei 0 beginnt und bei a endet. Der die Zahl b repräsentierende Pfeil wird zur Spitze des zu a gehörenden Pfeils verschoben und endet dann bei $a+b$. Der zusammengesetzte Pfeil repräsentiert die Summe $a+b$.

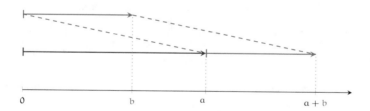

Abbildung 1.1: Illustration der Addition am Zahlenstrahl.

> **Bezeichnung (Addition)**
>
> Die Addition zweier Zahlen a, b wird mit dem Verknüpfungszeichen „+" dargestellt: $a + b$. Die Zahlen a und b werden als Summanden, die Zahl $a + b$ als Summe bezeichnet.

Mehr als zwei Zahlen werden addiert, indem zunächst zwei Zahlen addiert werden, zu deren Summe dann die dritte Zahl addiert wird etc. Zur Festlegung der Additionsreihenfolge werden Klammern $(\cdots)$ oder $[\cdots]$ verwendet, z.B. $[(a+b)+c]+d$. In diesem Fall werden zunächst a und b addiert, zu $a+b$ die Zahl c und schließlich zu $(a+b)+c$ noch d. Die Auswertung des Ausdrucks erfolgt also von „innen nach außen". Wie das Kommutativ- und Assoziativgesetz der Addition zeigen, ist die Reihenfolge jedoch unerheblich.

---

*Das Pfeilmodell eignet sich ebenfalls zur Darstellung der Addition ▨reeller Zahlen.

> **Regel (Kommutativ- und Assoziativgesetz der Addition)**

Für Zahlen a, b, c gelten

  ○ das Kommutativgesetz $a + b = b + a$.

  ○ das Assoziativgesetz $(a + b) + c = a + (b + c)$.

Da die Reihenfolge keinen Einfluss auf das Ergebnis hat, werden die Klammern i.Allg. weggelassen und $a + b + c$ geschrieben. Bei anderen Verknüpfungen ist dies jedoch i.Allg. nicht der Fall.

Die mehrfache Addition der selben Zahl führt zur Multiplikation von Zahlen.

> **Definition (Multiplikation)**

Die Multiplikation zweier natürlicher Zahlen a, b wird definiert als

$$a \cdot b = \underbrace{b + b + \ldots + b}_{a-\text{mal}} \quad \text{bzw.} \quad a \cdot b = \underbrace{a + a + \ldots + a}_{b-\text{mal}}.$$

a und b heißen Faktoren des Produkts $a \cdot b$.

Sofern keine Missverständnisse entstehen, wird das Multiplikationszeichen „$\cdot$" weggelassen, d.h. statt $a \cdot b$ oder $2 \cdot c$ wird ab oder $2c$ geschrieben.

Addition und Multiplikation natürlicher Zahlen haben stets natürliche Zahlen als Ergebnis, d.h. die Menge der natürlichen Zahlen ist abgeschlossen gegenüber Addition und Multiplikation ihrer Elemente.*

Für die Multiplikation gelten ebenfalls ein Kommutativ- und Assoziativgesetz.

> **Regel (Kommutativ- und Assoziativgesetz der Multiplikation)**

Für Zahlen a, b, c gelten

  ○ das Kommutativgesetz $a \cdot b = b \cdot a$.

  ○ das Assoziativgesetz $(a \cdot b) \cdot c = a \cdot (b \cdot c)$.

Zum Ende dieses Abschnitts wird noch eine abkürzende Schreibweise für Produkte mit gleichen Faktoren eingeführt. Wird eine Zahl a mehrfach mit sich selbst multipliziert, wird die ⊞Potenzschreibweise verwendet:

$$\underbrace{a \cdot \ldots \cdot a}_{n-\text{mal}} = a^n.^{\dagger}$$

Für $a \cdot a$ wird daher alternativ die Schreibweise a^2 benutzt.[‡]

---

*Wegen $a + 0 = a$ bzw. $a \cdot 0 = 0$ für jede beliebige Zahl $a \in \mathbb{N}_0$ gilt dies entsprechend für die Menge $\mathbb{N}_0$.

[†]lies: a hoch n

[‡]lies: a Quadrat

Ganze Zahlen

Das Element 0 nimmt offenbar eine besondere Rolle in der Menge $\mathbb{N}_0$ ein, da es den Wert einer Zahl $a \in \mathbb{N}$ bei Addition nicht verändert. Eine Zahl b, die zu $a \in \mathbb{N}$ addiert, die Zahl 0 liefert, gibt es allerdings in $\mathbb{N}$ nicht. Daher werden die **negativen Zahlen** $\{\cdots, -3, -2, -1\}$ eingeführt. Negative Zahlen können ebenfalls auf dem Zahlenstrahl repräsentiert und mittels des Pfeilmodells dargestellt werden (s. ⏢Abbildung 1.2). Der Pfeil beginnt bei 0 und zeigt nach links. Jeder natürlichen Zahl a wird daher die entsprechende negative Zahl $-a$ zugeordnet, die durch Spiegelung des a repräsentierenden Pfeils an der Senkrechten durch den Ursprung 0 dargestellt wird. Die Addition von a und $-a$ wird durch Anein-

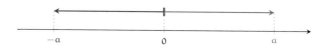

Abbildung 1.2: Illustration der negativen Zahlen im Pfeilmodell.

anderlegen der Pfeile eingeführt, d.h. der Beginn des $-a$ repräsentierenden Pfeils wird an das Ende des die Zahl a darstellenden Pfeils angelegt. Die Pfeilspitze des Ergebnispfeils zeigt dann auf die Null, d.h. $a + (-a) = (-a) + a = 0$. Daher heißt $-a$ auch inverses Element zu a. Das Minuszeichen wird in dieser Situation **Vorzeichen von** a genannt. Den natürlichen Zahlen kann entsprechend das Vorzeichen $+$ zugeordnet werden.* Die Null nimmt eine Sonderrolle ein, da ihr sowohl $+$ als auch $-$ als Vorzeichen zugeordnet werden können.

Die negativen Zahlen $\{\cdots, -3, -2, -1\}$ erweitern den Zahlbereich $\mathbb{N}_0$ zu den **ganzen Zahlen**

$$\mathbb{Z} = \{\ldots, -3, -2, -1, 0, 1, 2, 3, \ldots\}.$$

Die Ordnung der ganzen Zahlen erfolgt analog zu den natürlichen Zahlen gemäß ihrer Lage auf dem Zahlenstrahl (z.B. gilt $a < b$, wenn a auf dem Zahlenstrahl links von b liegt).

Aus der Darstellung der ganzen Zahlen am Zahlenstrahl werden folgende allgemeine Vorzeichenregeln abgeleitet. Ein negatives Vorzeichen entspricht einer Spiegelung an der Senkrechten durch den Nullpunkt, ein positives Vorzeichen lässt den Wert der Zahl unverändert.

▶ **Regel (Vorzeichenregeln)**

$$+(+a) = +a = a, \quad +(-a) = -a, \quad -(+a) = -a, \quad -(-a) = +a = a.$$

Der Betrag einer Zahl a wird gemäß der Darstellung am Zahlenstrahl als Abstand zum Nullpunkt definiert (s. ⏢Abbildung 1.3).

---

*Das Vorzeichen $+$ wird aber meist weggelassen, d.h. statt $+a$ wird nur a geschrieben.

> **Definition (Betrag einer Zahl)**

Der Betrag $|a|$ einer Zahl a ist definiert als

$$|a| = \begin{cases} a, & a \geq 0 \\ -a, & a < 0 \end{cases}.$$

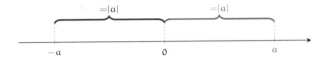

Abbildung 1.3: Betrag einer Zahl.

Die Addition ganzer Zahlen wird in Analogie zur Addition natürlicher Zahlen als Aneinanderlegen der zugehörigen Pfeile definiert. Für $(-a) + b$ ist dies in ⬛Abbildung 1.4 dargestellt. Entsprechend zur Addition natürlicher Zahlen gelten

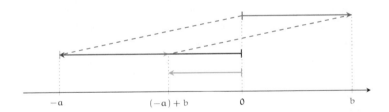

Abbildung 1.4: Illustration der Subtraktion am Zahlenstrahl.

Kommutativ- und Assoziativgesetz für die Addition ganzer Zahlen. Außerdem wird durch die Addition negativer Zahlen die Subtraktion definiert.

> **Bezeichnung (Subtraktion)**

Seien a, b Zahlen. Die Subtraktion von a und b ist definiert als Addition $a + (-b)$. Sie wird durch das Rechenzeichen „$-$" dargestellt: $a - b = a + (-b)$. Die Zahl $a - b$ heißt Differenz von a und b.

Die Subtraktion ist die Umkehroperation zur Addition, denn für die Summe $c = a + b$ von a, b folgt $c - a = c + (-a) = a + b + (-a) = b$.

Durch Kombination mit den ⬛Vorzeichenregeln für ganze Zahlen werden Addition, Subtraktion und Multiplikation ganzer Zahlen durch folgende Regeln erklärt.

> **Regel (Vorzeichenregeln bei Addition und Multiplikation)**
>
> Für Zahlen a, b gilt:
>
> $$-(a+b) = -a-b, \qquad\qquad -(a-b) = -a+b,$$
> $$a\cdot(-b) = (-a)\cdot b = -(a\cdot b), \qquad (-a)\cdot(-b) = a\cdot b.$$

Rechenregeln für Addition und Multiplikation

Werden Addition und Multiplikation in einer Rechenoperation verwendet, so muss die Reihenfolge der einzelnen Operationen evtl. durch Klammern (...), [...] festgelegt werden. Ein derartiger Ausdruck wird Term genannt.*

> **Bezeichnung (Term)**
>
> Eine sinnvolle Abfolge mathematischer Verknüpfungen von Zahlen und Variablen heißt Term.

1.12 Beispiel

Die folgenden Ausdrücke sind Terme, die nur die Verknüpfungen Addition und Multiplikation verwenden:

$$a+b, \quad (c+3a)\cdot(5\cdot[b+a]), \quad 1-(3x+y)z.$$

Grundlegend für die Auswertung von Termen, die sowohl Additionen als auch Multiplikationen enthalten, ist das Distributivgesetz der Addition und Multiplikation. Es impliziert die Regel *Punkt vor Strich*, d.h. multiplikative Verknüpfungen müssen – sofern nicht Klammern eine andere Reihenfolge vorgeben – stets vor additiven Verknüpfungen ausgewertet werden.

> **Regel (Distributivgesetz)**
>
> Für Zahlen a, b, c gilt: $a\cdot(b+c) = a\cdot b + a\cdot c$ und $(a+b)\cdot c = a\cdot c + b\cdot c$.

Die Anwendung des Distributivgesetzes in der Form $a\cdot(b+c) = a\cdot b + a\cdot c$ wird **Ausmultiplizieren**, die in der Form $a\cdot b + a\cdot c = a\cdot(b+c)$ **Ausklammern** genannt.

1.13 Beispiel

(i) $3(a+b) = 3a+3b$ (ii) $a(1+b) = a+ab$ (iii) $2(x+3) = 2x+6$

(iv) $(2x+4)\cdot(4y+1) = 2x(4y+1) + 4(4y+1) = 8xy + 2x + 16y + 4$

(v) $2x+4 = 2x + 2\cdot 2 = 2(x+2)$

(vi) $ab+2a = a\cdot b + a\cdot 2 = a(b+2)$

---

*Ein Term kann natürlich noch weitere mathematische Verknüpfungen enthalten. Weitere Elemente eines Terms können z.B. $\boxed{17}$Brüche, $\boxed{85}$Potenzen, $\boxed{87}$Wurzeln, $\boxed{91}$Logarithmen etc. sein.

(vii) $c^2 + c \cdot a = c(c + a)$

(viii) $4a + 16ab = 4a + 4a \cdot 4b = 4a(1 + 4b)$ ✗

Für Ausdrücke der Form $-(x+1)$ ergibt sich aus den vorhergehenden Überlegungen folgende Regel.

> ▷ **Regel (Vorzeichen als Multiplikation mit der Zahl -1)**
>
> Ein Minuszeichen vor einem Term kann als Multiplikation mit der Zahl -1 ausgewertet werden.

1.14 Beispiel

(i) $-(x+1) = (-1) \cdot (x+1) = -x - 1$ (ii) $-(1 - 3x) = -1 + 3x = 3x - 1$

(iii) $-2x(a - 1) = -[2x(a - 1)] = -[2ax - 2x] = -2ax + 2x = 2x - 2ax$ ✗

Eine wichtige Anwendung der bisher vorgestellten Regeln sind die Binomischen Formeln.

> ▷ **Regel (Binomische Formeln)**
>
> Für Zahlen a, b gilt:
>
> (i) $(a + b)^2 = a^2 + 2ab + b^2$ (iii) $(a - b)(a + b) = a^2 - b^2$
>
> (ii) $(a - b)^2 = a^2 - 2ab + b^2$

Nachweis Diese Regeln werden durch Ausmultiplizieren der Quadrate und Anwendung des Kommutativgesetzes nachgewiesen:

(i) $(a+b)^2 = (a+b) \cdot (a+b) = (a+b) \cdot a + (a+b) \cdot b = a^2 + b \cdot a + a \cdot b + b^2 = a^2 + 2 \cdot a \cdot b + b^2$

(ii) Die zweite binomische Formel kann wie die erste durch Ausmultiplizieren nachgerechnet werden. Alternativ ist folgender Zugang mit Anwendung der ersten Formel möglich:

$$(a - b)^2 = (a + (-b))^2 = a^2 + 2a(-b) + (-b)^2 = a^2 - 2 \cdot a \cdot b + b^2.$$

(iii) $(a - b)(a + b) = (a - b) \cdot a + (a - b) \cdot b = a^2 - b \cdot a + a \cdot b - b^2 = a^2 - b^2$ ✔

1.15 Beispiel

(i) $(x + 1)^2 = x^2 + 2x + 1$

(ii) $(4 + z)^2 = 4^2 + 8z + z^2 = 16 + 8z + z^2$

(iii) $(u - 2)^2 = u^2 - 4u + 4$

(iv) $(3a - 4b)(3a + 4b) = (3a)^2 - (4b)^2 = 9a^2 - 16b^2$

(v) $(x - 1)^2 - (x - 2)(x + 2) = x^2 - 2x + 1 - (x^2 - 4)$

$$= x^2 - 2x + 1 - x^2 + 4 = -2x + 5$$

$$\text{(vi)} \quad (x+2b)^2 - (x-2b)^2 = [(x+2b) - (x-2b)][(x+2b) + (x-2b)]$$
$$= [x+2b-x+2b] \cdot [x+2b+x-2b]$$
$$= [4b] \cdot [2x] = 8bx$$

Alternativ können die Quadrate gemäß der ersten und zweiten binomischen Formeln ausmultipliziert werden. Dies ergibt:

$$(x+2b)^2 - (x-2b)^2 = x^2 + 4bx + 4b^2 - (x^2 - 4bx + 4b^2) = 8bx.$$

$$\text{(vii)} \quad (2x-y)(2x+y) + (2x+y)^2 = (2x+y)(2x-y+2x+y) = 4x(2x+y) \quad \text{✗}$$
$$= 8x^2 + 4xy$$

1.16 Beispiel

(i) $4a^2 - 4ab + b^2 = (2a)^2 - 2 \cdot (2a)b + b^2 = (2a-b)^2$

(ii) $x^2 - 25 + 2x^2 - 10x = (x-5)(x+5) + 2x(x-5) = (x-5)(3x+5)$

$$\text{(iii)} \quad 5a^2 + 8ab + 3b^2 = (4a^2 + 8ab + 4b^2) + (a^2 - b^2)$$
$$= (2a+2b)^2 + (a-b)(a+b)$$
$$= 4(a+b)^2 + (a+b)(a-b)$$
$$= (a+b)(4(a+b) + a - b)$$
$$= (a+b)(5a+3b)$$

(iv) $a^2c^2 - 2ac - 1 = (ac)^2 - 2ac + 1 - 2 = (ac-1)^2 - 2 \quad \text{✗}$

Rationale Zahlen

Die natürlichen Zahlen eignen sich zum Zählen und Nummerieren von Objekten. Sie reichen jedoch nicht aus, um Anteile zu beschreiben. Soll etwa eine Tafel Schokolade auf sechs Personen gleichmäßig verteilt werden, so ist die Fläche in sechs gleich große Teile zu schneiden. Unter Verwendung der Struktur einer bereits in kleinere Rechtecke gegliederten Tafel resultiert die Skizze in [16]Abbildung 1.5. Jede Person erhält somit den sechsten Teil (ein Streifen) der Tafel, d.h. 1 von 6 Teilen oder $\frac{1}{6}$. Aus der Skizze geht überdies hervor, dass der Wert $\frac{1}{6}$ gleich dem Wert $\frac{4}{24}$ sein muss, da jede Person vier von insgesamt 24 kleineren Rechtecken erhält. Dies ist ein erstes Beispiel für eine [78]Kürzungsregel.

Anteile werden als Bruchzahlen bzw. [17]Brüche bezeichnet und können ebenfalls auf dem Zahlenstrahl dargestellt werden. Ist $a \in \mathbb{N}$ eine natürliche Zahl, so werden die Anteile $\frac{a}{6}, \frac{2a}{6}, \frac{3a}{6}, \frac{4a}{6}, \frac{5a}{6}, \frac{6a}{6}$ repräsentiert, indem die Strecke $\overline{0,a}$ zwischen 0 und a in sechs gleich große Teile eingeteilt wird.

Abbildung 1.5: Illustration von Anteilen an einer Fläche.

Die Zahl $\frac{6a}{6}$ entspricht dabei offenbar der Zahl a. Negative Bruchzahlen werden analog zu den negativen ganzen Zahlen durch Spiegelung am Ursprung erzeugt. Weitere Motivationen für Anteile ergeben sich aus dem folgenden Beispiel.

1.17 Beispiel

Im ⊠Beispiel 1.11 wurden folgende ⊠absolute Häufigkeiten beobachtet.

Blutgruppe	O	A	B	AB
absolute Häufigkeit	7	8	3	2

Mittels Division der absoluten Häufigkeiten durch die Anzahl aller Beobachtungen – in diesem Fall 20 – ergeben sich die **relativen Häufigkeiten** als Bruchzahlen. Alternativ kann die Darstellung als ⊠Dezimalzahl gewählt werden. Multiplikation der relativen Häufigkeiten mit Hundert liefert jeweils die relative Häufigkeit in Prozent.

Blutgruppe	O	A	B	AB
relative Häufigkeit als Bruch	$\frac{7}{20}$	$\frac{8}{20}$	$\frac{3}{20}$	$\frac{2}{20}$
relative Häufigkeit als Dezimalzahl	0,35	0,40	0,15	0,10
relative Häufigkeit in %	35%	40%	15%	10%

In einem Kreisdiagramm werden die absoluten Häufigkeiten auf die Gesamtzahl aller Personen (20) bezogen. Die Zahl 20 wird in Beziehung zur Winkelsumme $360°$ gesetzt, d.h. $20 \cong 360°$. Der Anzahl Personen einer bestimmten Blutgruppe wird eine Fläche in Form eines Kreissegments zugeordnet, wobei die Größe der Fläche proportional zur Anzahl gewählt wird. Daraus ergibt sich die Beziehung

$$\frac{\text{Winkel des Kreissegments}}{360°} = \frac{\text{Anzahl}}{20} = \text{relative Häufigkeit.}$$

Der Winkel eines Kreissegments wird als Produkt aus der relativen Häufigkeit und der Winkelsumme im Kreis, d.h. $360°$, berechnet: Winkel des Kreissegments = relative Häufigkeit $\cdot 360°$. Das zugehörige Kreisdiagramm ist in ⊠Abbildung 1.6 dargestellt.   ✗

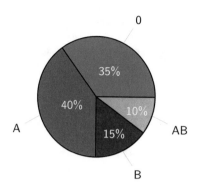

Abbildung 1.6: Kreisdiagramm.

Die Erzeugung von Anteilen kann auch als Verknüpfung zweier ganzer Zahlen aufgefasst werden. Die zugehörige Operation wird als Division bezeichnet und bildet die Umkehroperation zur Multiplikation.

Die Division durch die Zahl 0 kann nicht erklärt werden, da das Produkt aus 0 und einer Zahl a stets gleich Null ist: $0 \cdot a = 0$. Eine eindeutige Umkehrung ist somit nicht möglich. Für jede Zahl $b \neq 0$ gibt es hingegen genau eine Zahl, die diese Eigenschaft besitzt, denn für $c = a \cdot b$ mit $b \neq 0$ gilt $c : b = a$.

> ▶ **Definition (Division, Bruch)**
>
> Seien a, b Zahlen mit $b \neq 0$. Dann heißt die Verknüpfung $a : b$ Division von a und b.
>
> Die Zahl $a : b$ wird als **Quotient** (von a und b) bezeichnet. Alternativ werden die Notationen $\frac{a}{b}$ oder a/b und die Bezeichnung Bruch verwendet.

Für ganze Zahlen a, b ist natürlich auch das Produkt $c = a \cdot b$ eine ganze Zahl, so dass $c : a$ und $c : b$ ebenfalls ganzzahlig sind. Andererseits ist klar, dass es keine natürliche Zahl geben kann, die mit Zwei multipliziert Eins ergibt. Aus der Verdoppelung der Hälfte resultiert jedoch offenbar das Ganze, so dass Anteile eine sinnvolle Erweiterung der ganzen Zahlen darstellen. Alle Zahlen, die als Anteile verstanden werden können, sowie ihre negativen Entsprechungen werden in der Menge der **rationalen Zahlen**

$$\mathbb{Q} = \left\{ \frac{a}{b} \,\middle|\, a \in \mathbb{Z}, b \in \mathbb{N} \right\}$$

zusammengefasst. Die Zahl $\frac{a}{b}$ heißt Bruch oder Bruchzahl, a heißt **Zähler**, b heißt **Nenner**. Da sich jede ganze Zahl n stets in der Form $\frac{n}{1}$ schreiben lässt, ist die Menge der ganzen (und damit auch die der natürlichen) Zahlen in der der rationalen enthalten. Rechenregeln für Brüche werden in ⚲Abschnitt 3.1 zusammengefasst.

Das Vorzeichen einer rationalen Zahl wird aus den Vorzeichen von Zähler und Nenner gemäß der folgenden Regel bestimmt.

> ▶ **Regel (Vorzeichen von Brüchen)**
>
> Für Zahlen a, b mit $b \neq 0$ gilt:
> $$\frac{+a}{+b} = \frac{-a}{-b} = \frac{a}{b}, \quad \frac{+a}{-b} = \frac{-a}{+b} = -\frac{a}{b}$$

Aus den Vorzeichenregeln ergibt sich eine alternative Darstellung der rationalen Zahlen: $\mathbb{Q} = \left\{ \frac{a}{b} \mid a, b \in \mathbb{Z}, b \neq 0 \right\}$.

Dezimaldarstellung

Zur Darstellung rationaler Zahlen wird auch die **Dezimaldarstellung** verwendet. Als **Dezimalzahl** werden die Zahlen $\frac{1}{2}, \frac{633}{25}, \frac{7}{125}$ in der Form

$$\frac{1}{2} = 0{,}5, \quad \frac{633}{25} = 25{,}32, \quad \frac{7}{125} = 0{,}056$$

angegeben, wobei die durch das Komma abgetrennten Stellen als **Nachkommastellen** bezeichnet werden. Diese Stellen werden als Repräsentanten für Brüche interpretiert, deren Nenner eine Zehnerpotenz 10^k darstellt. So gilt etwa

$$\frac{1}{10} = 0{,}1, \quad \frac{2}{100} = 0{,}02, \quad \frac{4}{1\,000} = 0{,}004, \quad \frac{27}{100} = 0{,}27, \quad \frac{320}{100} = 3{,}2.$$

Für beliebige Brüche ergibt sich die Dezimaldarstellung aus der so genannten **Division mit Rest**, einem iterativen Verfahren, mit dem jeweils bestimmt wird, wie oft eine Zahl maximal in eine andere „passt". Exemplarisch wird dies für den Bruch $\frac{232}{25}$ durchgeführt. Wegen $9 \cdot 25 = 225$ und $10 \cdot 25 = 250$ ergibt sich als Division mit Rest

$$232 = 9 \cdot 25 + \text{ Rest } = 9 \cdot 25 + 7 \quad \text{und damit} \quad \frac{232}{25} = 9 + \frac{7}{25}.$$

Die Zahl $\frac{7}{25}$ wird analog weiter zerlegt gemäß

$$10 \cdot 7 = 2 \cdot 25 + \text{ Rest } = 2 \cdot 25 + 20, \quad \text{d.h.} \quad \frac{7}{25} = \frac{2}{10} + \frac{20}{250} = \frac{2}{10} + \frac{2}{25}.$$

Wegen $100 \cdot 20 = 8 \cdot 250$ folgt $\frac{20}{250} = \frac{8}{100}$ und damit $\frac{232}{25} = 9 + \frac{2}{10} + \frac{8}{100} = 9{,}28$. Verkürzt wird dieses Verfahren im folgenden Schema durchgeführt. Zusätzlich wird der Bruch $\frac{73}{18}$ betrachtet, der eine Besonderheit gewisser rationaler Zahlen illustriert.

$$232 : 25 = 9{,}28$$
$$\underline{225}$$
$$\overline{70}$$
$$50$$
$$\overline{200}$$
$$200$$
$$\overline{0}$$

$$73 : 18 = 4{,}0555\ldots$$
$$\underline{72}$$
$$\overline{10}$$
$$\overline{100}$$
$$90$$
$$\overline{100}$$
$$90$$
$$\overline{100}$$
$$\vdots \ddots$$

Beim zweiten Beispiel $\frac{73}{18}$ bricht die Dezimaldarstellung nicht ab, da an jeder weiteren Dezimalstelle eine Fünf steht. Eine derartige Dezimalzahl heißt **periodisch**, was in der Dezimaldarstellung durch einen Balken über der Fünf kenntlich gemacht wird: $\frac{73}{18} = 4{,}0\overline{5}$.

Weitere Beispiele periodischer Dezimalzahlen sind

$$\frac{1}{3} = 0{,}33333\ldots = 0{,}\overline{3}, \quad \frac{14}{44} = 0{,}31818\ldots = 0{,}3\overline{18}, \quad \frac{12}{11} = 1{,}0909\ldots = 1{,}\overline{09},$$

$$\frac{6}{7} = 0{,}\overline{857142}, \quad \frac{1}{26} = 0{,}0384\overline{615}.$$

Reelle Zahlen

Jede rationale Zahl besitzt eine Dezimaldarstellung mit entweder einer endlichen oder einer unendlichen Anzahl von Nachkommastellen, wobei sich im letzten Fall ab einer Nachkommastelle ein bestimmtes Ziffernmuster periodisch wiederholt. Die Dezimaldarstellung heißt in diesen Situationen endlich bzw. unendlich periodisch. Die Dezimalzahl

$$0{,}1010010001000010000010000001\ldots,$$

die an den Nachkommastellen $1, 3, 6, 10, 15, 21, \ldots$ jeweils eine Eins hat, hat weder eine endliche noch eine unendlich periodische Dezimaldarstellung und ist daher nicht rational. Die Menge aller Dezimalzahlen, die eine beliebige, evtl. nicht abbrechende Dezimaldarstellung haben, umfasst somit die rationalen Zahlen. Sie wird als Menge der **reellen Zahlen** bezeichnet:

$$\mathbb{R} = \{x \,|\, x \text{ ist eine Dezimalzahl}\}.$$

Zahlen, die wie die oben vorgestellte Zahl zwar Element der Menge $\mathbb{R}$, aber nicht der Menge $\mathbb{Q}$ sind, heißen **irrationale Zahlen**.

Die Mengen der rationalen und der irrationalen Zahlen besitzen jeweils unendlich viele Elemente. Beispiele für irrationale Zahlen sind ⬛Wurzeln natürlicher Zahlen wie $\sqrt{2}, \sqrt{3}, \sqrt{5}$* oder ⬛Logarithmen (z.B. $\log_3(6)$). Mit rationalen Zahlen kann

---

*Die Wurzel $\sqrt{a}$ einer natürlichen Zahl a ist eine Zahl, deren Quadrat $(\sqrt{a})^2$ gleich a ist. Z.B. kann nachgewiesen werden, dass es keine rationale Zahl gibt, deren Quadrat gleich Zwei ist (vgl. ⬛Nachweis der Irrationalität von $\log_3(6)$).

jedoch eine beliebig genaue Näherung (hinsichtlich der Anzahl von Dezimalstellen, die exakt sind) bestimmt werden. Das nachfolgend beschriebene Bisektionsverfahren ermöglicht die Berechnung einer solchen Näherung.

1.18 Beispiel (Bisektionsverfahren)

Gesucht wird eine Zahl a, deren Quadrat gleich Zwei ist (d.h. $a = \sqrt{2}$; s. ⁸⁷Wurzeln). Die Idee des Bisektionsverfahrens besteht darin, zunächst untere und obere Schranken für a zu bestimmen. Wegen $1^2 = 1$ und $2^2 = 4$ liegt die gesuchte Zahl a zwischen 1 und 2, d.h. $1 < a < 2$. Nun wird das Quadrat des in der Mitte liegenden Werts 1,5 mit $2 = a^2$ verglichen. Wegen $1,5^2 = 2,25 > 2 = a^2$ ergibt sich $1 < a < 1,5$. Eine Fortsetzung dieser Methode ergibt

$$
\begin{array}{ll}
1,25^2 = 1,5625 < 2 & \qquad 1,25 \quad\ < a < 1,5 \\
1,375^2 = 1,890625 < 2 & \qquad 1,375 \quad < a < 1,5 \\
1,4375^2 = 2,06640625 > 2 & \qquad 1,375 \quad < a < 1,4375 \\
1,40625^2 = 1,9775390625 < 2 & \qquad 1,40625 < a < 1,4375 \\
\qquad\qquad \vdots & \qquad\qquad \vdots
\end{array}
$$

Aus der letzten Zeile folgt daher, dass die gesuchte Zahl a zwischen den Zahlen 1,40625 und 1,4375 liegt. Zudem wird deutlich, dass der Abstand von unterer und oberer Schranke kleiner wird, und die Näherungen für a damit genauer werden. Nach fünf Schritten stimmen die jeweils ersten Nachkommastellen der oberen und unteren Schranke überein, so dass die erste Nachkommastelle von a festgelegt ist: $a \approx 1,4$. Die Fortsetzung des Verfahrens liefert die Näherung $a \approx 1,41421$.   ✘

Weitere Beispiele irrationaler Zahlen sind die Kreiszahl $\pi = 3,14159\ldots$, die den Flächeninhalt eines Kreises mit Radius Eins angibt, oder die Eulersche Konstante $e = 2,71828\ldots$, die als Basis der ¹⁶⁵Exponentialfunktion und des natürlichen ⁹¹Logarithmus verwendet wird.*

Rechenregeln für reelle Zahlen

Alle in diesem Kapitel vorgestellten Rechenregeln gelten auch für reelle Zahlen. Sie sind in der ²⁰Übersicht 1.1 zusammengestellt.

1.1   Übersicht (Rechenregeln für reelle Zahlen)

Kommutativgesetz der	Addition	$a + b = b + a$
	Multiplikation	$ab = ba$
Assoziativgesetz der	Addition	$(a + b) + c = a + (b + c)$
	Multiplikation	$(ab)c = a(bc)$

---

*In diesen Fällen werden Buchstaben als Bezeichnung für eine feste Zahl (eine so genannte **Konstante**) verwendet. Die Buchstaben e und π bezeichnen daher i.Allg. keine Variablen, sondern die genannten Konstanten.

Distributivgesetz	$a(b+c) = ab + ac$
1. binomische Formel	$(a+b)^2 = a^2 + 2ab + b^2$
2. binomische Formel	$(a-b)^2 = a^2 - 2ab + b^2$
3. binomische Formel	$(a+b)(a-b) = a^2 - b^2$
Vorzeichenregeln	$-(-a) = a$
	$-(a+b) = -a - b$
	$-(a-b) = -a + b$
	$a(-b) = (-a)b = -(ab)$
	$(-a)(-b) = ab$
Betrag einer Zahl	$\|a\| = \begin{cases} a, & a \geqslant 0 \\ -a, & a < 0 \end{cases}$

Reelle Zahlen können ebenfalls am Zahlenstrahl veranschaulicht und geordnet werden, d.h. es kann jeweils entschieden werden, ob zwei reelle Zahlen gleich oder ungleich sind, bzw. welche die größere ist. Dazu werden die Dezimaldarstellungen der Zahlen verwendet, und die einzelnen Stellen hinsichtlich der Größe miteinander verglichen. Bzgl. der Ordnungsrelation gelten folgende Regeln.

▶ **Regel (Ordnungsrelationen)**

Für Zahlen a, b, c gelten die Regeln:

$$
\begin{aligned}
a < b \quad \text{und} \quad b < c &\implies a < c \\
a < b &\implies a + c < b + c \\
a < b \quad \text{und} \quad c > 0 &\implies ac < bc \\
a < b \quad \text{und} \quad c < 0 &\implies ac > bc \\
ab > 0 &\iff (a > 0 \text{ und } b > 0) \text{ oder } (a < 0 \text{ und } b < 0) \\
ab < 0 &\iff (a > 0 \text{ und } b < 0) \text{ oder } (a < 0 \text{ und } b > 0) \\
ab = 0 &\iff (a = 0 \text{ oder } b = 0)
\end{aligned}
$$

Entsprechende Aussagen gelten für $\leqslant$ bzw. $\geqslant$ an Stelle von $<$ bzw. $>$.

Von besonderer Bedeutung ist die letzte Aussage

$$ab = 0 \iff a = 0 \text{ oder } b = 0,$$

die besagt, dass ein Produkt zweier Zahlen nur dann Null sein kann, wenn mindestens einer der Faktoren Null ist.

Aufgaben zum Üben in Abschnitt 1.2

[29]Aufgabe 1.6 – [31]Aufgabe 1.14, [32]Aufgabe 1.17, [32]Aufgabe 1.18

1.3 Runden von Zahlen

In vielen Bereichen sind exakte Ergebnisse von Rechenoperationen nicht zwingend erforderlich. Eine Näherung auf eine vorgegebene Anzahl von Nachkommastellen liefert oft schon die gewünschte Genauigkeit. Für dieses Vorgehen können verschiedene Gründe angeführt werden: Oft können Messungen von Eigenschaften aus technischen Gründen nur mit einer bestimmten Präzision ermittelt werden (z.B. die Körpergröße einer Person (in m) mit zwei Nachkommastellen, die Ergebnisse eines 100m-Laufs mit drei Nachkommastellen). Andererseits liegen Werte oft mit einer festen Zahl von Stellen vor (z.B. Verkaufspreise einer Joghurtsorte in € mit zwei oder der Benzinpreis an einer Tankstelle mit drei Nachkommastellen). Zudem rechnen Computer oder Taschenrechner intern nur mit einer endlichen Anzahl von Nachkommastellen, so dass exakte Ergebnisse bei Benutzung dieser Hilfsmittel i.Allg. nicht möglich sind.

Daher ist es üblich – auch zur Vereinfachung der Rechenoperationen – Zahlen (z.B. Ergebnisse oder Zwischenergebnisse) nur mit einer gewissen Anzahl von Nachkommastellen anzugeben, wobei verschiedene Vorgehensweisen verwendet werden. Die einfachste Methode schneidet nicht interessierende Stellen ab, d.h. nur die ersten Stellen werden verwendet. Bei Verwendung von drei Nachkommastellen wird aus der Zahl 3,1415 die Zahl 3,141. Alle nicht interessierenden Stellen werden also ignoriert.

Die gebräuchlichste Methode ist jedoch die **Rundung** auf eine gegebene Anzahl von Nachkommastellen, wobei die auf die letzte interessierende Dezimalstelle unmittelbar folgende Ziffer in die Betrachtung einbezogen wird. Ist deren Wert eine der Ziffern $0, 1, 2, 3, 4$, so wird die Zahl „abgerundet", d.h. alle nicht interessierenden Stellen werden wie oben beschrieben abgeschnitten. Hat diese Ziffer jedoch einen Wert $5, 6, 7, 8, 9$, so wird „aufgerundet", d.h. die letzte interessierende Ziffer wird um Eins erhöht, wobei bei Vorliegen einer Neun an dieser Stelle die vorhergehenden Ziffern entsprechend zu modifizieren sind. Die Anwendung dieses Verfahrens ergibt für 3,1415 den gerundeten Wert 3,142. Ist die Anzahl gewünschter Nachkommastellen größer als die Anzahl exakter Nachkommastellen, so werden die fehlenden Stellen mit Nullen ergänzt. Soll die Zahl 3,1415 mit fünf Nachkommastellen angegeben werden, so wird die Darstellung 3,14150 benutzt.

1.19 Beispiel (Rundung)

In ⊞Tabelle 1.2 sind Rundungen der Zahl 2,751992 auf 0 bis 7 Nachkommastellen angegeben.   ✗

Bei Verwendung gerundeter Werte ist darauf zu achten, dass durch die Vernachlässigung von Nachkommastellen i.Allg. Fehler erzeugt werden. Diese **Rundungsfehler** müssen insbesondere dann beachtet werden, wenn im Verlauf von Rechenoperationen wiederholt Rundungen der Zwischenergebnisse vorgenommen werden. Die berechneten Resultate können dann nämlich deutlich vom korrekten Ergebnis abweichen. Dass dabei auch die Reihenfolge der Ausführung von Bedeutung

Zahl	Nachkommastellen	gerundete Zahl
2,751992	0	3
2,751992	1	2,8
2,751992	2	2,75
2,751992	3	2,752
2,751992	4	2,7520
2,751992	5	2,75199
2,751992	6	2,751992
2,751992	7	2,7519920

Tabelle 1.2: Rundungen von 2,751992 auf 0 bis 7 Nachkommastellen (s. ⧄Beispiel 1.19).

sein kann, zeigt das folgende Zahlenbeispiel. Folglich sollten Zwischenergebnisse immer mit einer möglichst großen Zahl von Nachkommastellen ermittelt werden, damit das Ergebnis möglichst wenig verfälscht wird. Eine ausschließliche Rundung des Endresultats auf die gewünschte Anzahl von Nachkommastellen ist dagegen unproblematisch.

1.20 Beispiel

Die Auswertung des Terms

$$\frac{9}{7} \cdot \left[2 + 10\,000 \cdot \left(\frac{1}{9} - 0{,}111 \right) \right]$$

wird nachfolgend auf verschiedene Weisen ausgeführt, wobei Zwischenergebnisse jeweils auf drei Nachkommastellen gerundet werden. Das exakte Ergebnis ist 4.

❶ Zunächst wird mit der Berechnung der innersten Klammer begonnen. Wegen $\frac{1}{9} = 0{,}\overline{1} \approx 0{,}111$ und $\frac{9}{7} \approx 1{,}286$ ergibt sich

$$\frac{9}{7} \cdot \left[2 + 10\,000 \cdot \left(\frac{1}{9} - 0{,}111 \right) \right] \approx \frac{9}{7} \cdot [2 + 10\,000 \cdot \underbrace{(0{,}111 - 0{,}111)}_{=0}]$$

$$= \frac{9}{7} \cdot 2 \approx 1{,}286 \cdot 2 = 2{,}572.$$

Das mit gerundeten Zwischenergebnissen ermittelte Ergebnis 2,572 weicht offenbar vom exakten Resultat 4 erheblich ab.

❷ Eine bessere Approximation ergibt sich, wenn die Berechnung in etwas anderer Weise ausgeführt wird.

$$\frac{9}{7} \cdot \left[2 + 10\,000 \cdot \left(\frac{1}{9} - 0{,}111 \right) \right] = \frac{9}{7} \cdot \left[2 + 10\,000 \cdot \frac{1}{9} - 10\,000 \cdot 0{,}111 \right]$$

$$= \frac{9}{7} \cdot [2 + 10\,000 \cdot \frac{1}{9} - 1\,110]$$

$$= \frac{9}{7} \cdot [10\,000 \cdot \frac{1}{9} - 1\,108]$$

$$\approx \frac{9}{7} \cdot [1\,111,111 - 1\,108] = \frac{9}{7} \cdot 3,111$$

$$\approx 1,286 \cdot 3,111 \approx 4,001.$$

❸ Eine weitere Alternative ist das Ausmultiplizieren aller Klammern:

$$\frac{9}{7} \cdot \left[2 + 10\,000 \cdot \left(\frac{1}{9} - 0,111\right)\right] = \frac{18}{7} + \frac{90\,000}{7} \cdot \frac{1}{9} - 1\,110 \cdot \frac{9}{7}$$

$$\approx \frac{18}{7} + 90\,000 \cdot 0,016 - 1\,110 \cdot \frac{9}{7}$$

$$\approx 2,571 + 1\,440 - 1\,110 \cdot 1,286$$

$$\approx 1442,571 - 1427,460 = 15,111.$$

Die Näherung weicht in diesem Fall sehr deutlich vom korrekten Ergebnis ab und ist daher unbrauchbar.

Insgesamt zeigt sich, dass bei der Rundung von Zwischenergebnissen sehr vorsichtig vorgegangen werden muss. Insbesondere ist von Bedeutung, in welcher Reihenfolge eine Rechnung ausgeführt wird. ✗

Aufgaben zum Üben in Abschnitt 1.3

📃Aufgabe 1.15, 📃Aufgabe 1.16

1.4 Indizierung von Variablen

Gelegentlich werden Variablen mit einem **Index** versehen, der eine Darstellung verschiedener Variablen mit dem gleichen Buchstaben ermöglicht, z.B. a_1, b_5, x_k, a_n.*
Die Buchstaben k und n in den letzten beiden Bezeichnungen sind selbst wiederum Variablen, die aus einer **Indexmenge** genommen werden (etwa aus den natürlichen Zahlen $\mathbb{N}$ oder den ganzen Zahlen $\mathbb{Z}$).

$\{a_i \mid i \in I\}$ bezeichnet eine Menge von Variablen a_i, deren Index i die Indexmenge I durchläuft. Ist $I = \{j, \ldots, n\}$, wobei j eine ganze Zahl kleiner oder gleich der ganzen Zahl n ist, entspricht die Darstellung a_i, $i \in I$, der Notation $a_j, \ldots, a_n$. Analog werden **Doppelindizierungen** eingeführt. Ist I eine Menge von Paaren (i, j), so bezeichnet $a_{(i,j)}$ die Variable, die mit dem Paar (i, j) indiziert wird. Zur Vereinfachung der Notation werden die Klammern (und evtl. das Komma)

---

*lies: a Eins, b Fünf, x k, a n

$$
\begin{array}{cccc}
a_{11} & a_{12} & \cdots & a_{1n} \\
a_{21} & a_{22} & \cdots & a_{2n} \\
\vdots & \vdots & \ddots & \vdots \\
\vdots & a_{m_2 2} & \cdots & \vdots \\
a_{m_1 1} & & & \vdots \\
& & a_{m_n n}
\end{array}
\qquad
\begin{array}{cccccc}
a_{11} & a_{12} & \cdots & \cdots & \cdots & \cdots & a_{1n_1} \\
a_{21} & a_{22} & \cdots & \cdots & \cdots & a_{2n_2} \\
\vdots & \vdots & \ddots & \vdots \\
a_{m1} & a_{m2} & \cdots & \cdots & a_{mn_m}
\end{array}
$$

Abbildung 1.7: Zahlenschemata mit unterschiedlichen Zeilen- oder Spaltenlängen.

in der Indizierung meist weggelassen, d.h. an Stelle von $a_{(i,j)}$ wird kurz a_{ij} geschrieben. Das Komma wird beibehalten, wenn Mehrdeutigkeiten möglich sind: $a_{i+1,3}$; $a_{56,1}$; $a_{5,61}$; $a_{i,j-1}$; $a_{i-1,j-4}$ etc.

Indexmengen haben oft eine einfache Struktur, die etwa eine Anordnung der Variablen a_{ij} in einem Rechteckschema* ermöglichen (m, n seien natürliche Zahlen):

$$
\begin{array}{cccc}
a_{11} & a_{12} & \cdots & a_{1n} \\
a_{21} & a_{22} & \cdots & a_{2n} \\
\vdots & \vdots & \ddots & \vdots \\
a_{m1} & a_{m2} & \cdots & a_{mn}
\end{array}
$$

Insgesamt liegen also $n \cdot m$ Variablen a_{ij} vor, wobei die Indizes aus der Menge der Paare $\{(i,j), | i \in \{1,\ldots,m\}, j \in \{1,\ldots,n\}\}$ gewählt werden. Der erste Index bezeichnet die Zeile im obigen Schema, der zweite Index die Spalte.

Das Schema kann erweitert werden, indem jeweils unterschiedlich viele Einträge in den Zeilen bzw. Spalten zugelassen werden. Dies führt zu Schemata wie in 25Abbildung 1.7. In analoger Weise sind **Mehrfachindizierungen** a_{ijk}, $a_{1,4,5}$, $a_{14,8,i}$, $a_{i,k-1,6,8,0}$ zu verstehen. Natürlich kann an Stelle des Buchstabens a auch ein anderer Buchstabe verwendet werden.

Die Indizierung von Variablen wird mittels der folgenden Beispiele illustriert. Zunächst wird ein Haus betrachtet, das insgesamt m Stockwerke besitzt. Im i-ten Stockwerk wohnen a_i Personen.

In Erweiterung dieser Situation werden die Häuser in einer Straße betrachtet, wobei der erste Index das Stockwerk und der zweite Index die Hausnummer bezeichnet. Zunächst sollen alle Häuser (n Stück) dieselbe Anzahl von Stockwerken m haben:

---

*einer so genannten Matrix

a_{m1}	a_{m2}		a_{mj}			a_{mn}
a_{i1}	a_{i2}		a_{ij}			a_{in}
a_{11}	a_{12}		a_{1j}			a_{1n}

Natürlich können die Häuser auch unterschiedlich viele Stockwerke haben, d.h. die Höhe des Hauses hängt von der Hausnummer ab. Das Haus mit der Nummer j hat m_j Stockwerke.

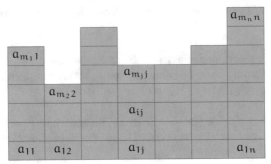

In diesem Fall erhält man also ein Schema von Zahlen, wobei in jeder Spalte (Haus) unterschiedlich viele Einträge (Stockwerke) vorkommen können. Im Allgemeinen können natürlich auch in einer Zeile unterschiedlich viele Einträge auftreten. Die Indizierung kann nun so ausgebaut werden, dass ein dritter Index die Nummer der Straße in einer Stadt bezeichnet. Ein vierter Index könnte eine Nummerierung von Städten in einem Bundesland sein etc. Dies ergäbe dann für die Variable a_{ijkl} die Bedeutung:

Anzahl von Personen, die
im i-ten Stock des j-ten Hauses in Straße k von Stadt l wohnen.

Anwendungen in der Statistik

In der Statistik werden Beobachtungen eines Merkmals als Stichprobe bezeichnet. Diese werden angegeben als Liste $x_1, \ldots, x_n$, wobei n die Gesamtzahl an Beobachtungen und x_i die Ausprägung des Merkmals am i-ten Objekt darstellen.

1.21 Beispiel (Schuhgröße)

Bei $n = 12$ Personen wird jeweils das Merkmal Schuhgröße festgestellt. Dabei resultiert folgende Stichprobe:

x_1	x_2	x_3	x_4	x_5	x_6	x_7	x_8	x_9	x_{10}	x_{11}	x_{12}
43	37	46	42	43	38	44	41	41	39	40	36

       ✗

1.22 Beispiel (Datenmatrix)

Bei statistischen Erhebungen werden an einem Objekt oft gleichzeitig mehrere Messungen unterschiedlicher Eigenschaften vorgenommen (z.B. bei n Personen die m Eigenschaften monatliches Nettoeinkommen, Ausgaben für Miete, etc.). Derartige Daten werden oft in einer Tabelle oder Datenmatrix D zusammengefasst:

$$
\begin{array}{c}
\\
\text{Person } i
\end{array}
\quad
\begin{array}{c|cccc}
& \multicolumn{4}{c}{\text{Eigenschaft } j} \\
& 1 & 2 & \cdots & m \\
\hline
1 & x_{11} & x_{12} & \cdots & x_{1m} \\
2 & x_{21} & x_{22} & \cdots & x_{2m} \\
\vdots & \vdots & & \ddots & \vdots \\
\vdots & \vdots & & & \ddots & \vdots \\
n & x_{n1} & x_{n2} & \cdots & x_{nm}
\end{array}
\qquad
D = \begin{pmatrix}
x_{11} & x_{12} & \cdots & x_{1m} \\
x_{21} & x_{22} & \cdots & x_{2m} \\
\vdots & & \ddots & & \vdots \\
\vdots & & & \ddots & \vdots \\
x_{n1} & x_{n2} & \cdots & x_{nm}
\end{pmatrix}
\qquad ✗
$$

Eine wichtige Rolle spielen in der Statistik die geordneten Werte einer Stichprobe. Für den kleinsten und größten Wert werden besondere Begriffe eingeführt.

> ▶ **Definition (Minimum, Maximum, Spannweite)**
>
> (i) Die Werte $\min(x_1, \ldots, x_n)$ und $\max(x_1, \ldots, x_n)$ bezeichnen Minimum bzw. Maximum der Zahlen $x_1, \ldots, x_n$.
>
> (ii) Die Differenz $R = \max(x_1, \ldots, x_n) - \min(x_1, \ldots, x_n)$ heißt Spannweite.

1.23 Beispiel (Fortsetzung [26]Beispiel 1.21)

Die geordneten Beobachtungswerte (Schuhgrößen) sind

$$36\ 37\ 38\ 39\ 40\ 41\ 41\ 42\ 43\ 43\ 44\ 46,$$

so dass das Minimum durch 36 und das Maximum durch 46 gegeben ist. Die Spannweite beträgt $R = 10$. ✗

1.5 Aufgaben

1.1 Aufgabe ([32]Lösung)

Listen Sie die Elemente der Mengen auf.

(a) Menge aller Vokale des deutschen Alphabets

(b) Menge der Buchstaben des Wortes *Summe*

(c) Menge der geraden natürlichen Zahlen kleiner als 13

(d) Menge der Ziffern der Zahl 1494

1.2 Aufgabe (32Lösung)

Finden Sie eine beschreibende Darstellung für die Mengen.

(a) $\{l, a, g, e, r\}$

(b) $\{\text{Nord}, \text{West}, \text{Süd}, \text{Ost}\}$

(c) $\{8, 16, 24, 32, 40, 48\}$

(d) $\{\frac{1}{2}, \frac{2}{2}, \frac{3}{2}, \frac{4}{2}, \frac{5}{2}\}$

(e) $\{2, 4, 6, 8, 10\}$

(f) $\{\frac{1}{2}, \frac{1}{3}, \frac{1}{4}, \frac{1}{5}, \frac{1}{6}\}$

(g) $\{-2, -1, 0, 1, 2, 3, 4\}$

(h) $\{1, 3, 5, 7, 9, 11, 13, \ldots\}$

1.3 Aufgabe (32Lösung)

Geben Sie die Mengen in aufzählender Darstellung an.

(a) $\{k^2 \mid k \in \mathbb{N} \text{ und } 1 \leqslant k \leqslant 7\}$

(b) $\{k^2 \mid k \in \mathbb{Z} \text{ und } -7 \leqslant k \leqslant 7\}$

(c) $\{6k + 3 \mid k \in \mathbb{Z} \text{ und } -3 \leqslant k \leqslant 3\}$

(d) $\{\frac{1}{k} \mid k \in \mathbb{N} \text{ und } \frac{1}{k} \in \mathbb{N}\}$

(e) $\{x \mid x \in \mathbb{Z} \text{ und } x \notin \mathbb{N}\}$

(f) $\{\frac{1}{3k} \mid k \in \mathbb{Z} \text{ und } \frac{2}{k} \in \mathbb{Z}\}$

(g) $\{k \mid k \in \mathbb{Z}, k \geqslant 0 \text{ und } k \notin \mathbb{N}\}$

(h) $\{x \mid x \in \mathbb{N}_0 \text{ und } x \in \mathbb{Q}\}$

1.4 Aufgabe (33Lösung)

Entscheiden Sie für die Menge $A = \{1, 2, -3, \frac{1}{3}\}$, welche der folgenden Aussagen richtig sind.

(a) Die Menge A enthält genau vier Elemente.

(b) 3 ist ein Element der Menge A.

(c) Nur eines der Elemente von A ist eine rationale Zahl.

(d) Jedes Element von A gehört zu $\mathbb{Z}$.

(e) 1 ist eine Variable.

(f) Jedes Element von A besitzt eine endliche Dezimaldarstellung.

(g) Jedes Element von A gehört zu $\mathbb{R}$.

(h) Zwei Elemente von A sind natürliche Zahlen.

(i) Die Menge $\{\frac{1}{3}, 2, 1, -3\}$ ist mit A identisch.

1.5 Aufgabe (☞Lösung)

Geben Sie an, ob folgende Ausdrücke Mengen darstellen.

(a) $\{a, b\}$

(b) $\{G, u, t, e, n, T, a, g\}$

(c) $\{G, u, t, e, n, A, b, e, n, d\}$

(d) $\{x \mid x$ ist eine reelle Zahl größer 5$\}$

(e) $\{y \mid y$ ist nicht sehr groß$\}$

(f) $\{z \mid z \in \mathbb{Q}, z < 0\}$

(g) $\{\ \}$

(h) $\left\{1, \frac{1}{2}, \frac{1}{3}, \frac{2}{4}\right\}$

1.6 Aufgabe (☞Lösung)

Lösen Sie die Klammern auf.

(a) $-(x + y + z)$

(b) $-(3a - 4)$

(c) $-[5 - (6 + x)]$

(d) $-[(b - c) - a]$

(e) $-[2(-4)(-a)]$

(f) $-[-(5 + a - 2(-a)) - 4]$

1.7 Aufgabe (☞Lösung)

Multiplizieren Sie aus.

(a) $5 \cdot (a + b)$

(b) $3 \cdot (x + 2)$

(c) $(x + a) \cdot 4$

(d) $(a + 4b) \cdot 2$

(e) $3a \cdot (4 + b)$

(f) $7y \cdot (3 + 2y)$

(g) $4y \cdot (2x + 6y)$

(h) $10a \cdot (5x + 4z)$

(i) $(3y + 2b) \cdot 8ax$

1.8 Aufgabe (☞Lösung)

Multiplizieren Sie aus.

(a) $3 \cdot (a^2 - b) + 5 \cdot (a + b)$

(b) $7x \cdot (3z^2 + 1) - 2 \cdot (x - z)$

(c) $13 \cdot (7x - y) - 11 \cdot (2x - 3y)$

(d) $x^2 \cdot (2y - x) - y^2 \cdot (2x - y)$

1.9 Aufgabe (☞Lösung)

Multiplizieren Sie aus.

(a) $2a^2 \cdot (3a - 7b) + 3b^2 \cdot (a^2 - 2b) + 2ab(7a + 3ab)$

(b) $xy \cdot (3x + 5y^2z) + 2z^2 \cdot (2x + 4xy) - x \cdot (3xy + 5y^3z + 4z^2 + 8yz^2)$

(c) $a \cdot (3a^2 + 7b + 6c) - b \cdot (7a + 2b - 3c^2) + c \cdot (6a - 3bc - 4c^2)$

(d) $-xy^2(-x + y) + x^2y(x - y)$

1.10 Aufgabe (34 Lösung)

Multiplizieren Sie aus.

(a) $(3 + 4a) \cdot (7b - 2)$

(b) $(a + b) \cdot (a + b)$

(c) $(3a + 2b) \cdot (6a - 8b)$

(d) $2 \cdot (7x - 2y) \cdot (3x + 0,5y)$

(e) $(9x^2 + 6xy + y^2) \cdot (2x - y)$

(f) $(2a - 3b)^2 \cdot (a^2 - b^2)^2$

1.11 Aufgabe (35 Lösung)

Klammern Sie aus.

(a) $3a + 3b$

(b) $xy + 2x$

(c) $a^2b + ab^2$

(d) $24ab + 12a^2b - 3ab^2$

(e) $49x^2y^2 + 21x^2 - 14$

(f) $169a^4b^3 + 65a^3b^5 - 26a^5b^4$

(g) $30a^2b^4c^7 - 6a^2b^4c^7 + 8a^7b^4c^2$

(h) $100xy^2 - 20x^2yz + 50x^2z - 25xyz^2$

1.12 Aufgabe (35 Lösung)

Fassen Sie die Terme mit binomischen Formeln zusammen.

(a) $x^2 + 2xy + y^2$

(b) $49x^2 + 14xy + y^2$

(c) $16x^2 - 16xy + 4y^2$

(d) $25a^4 + 20a^2b^2 + 4b^4$

(e) $a^8 - 2a^4b^2 + b^4$

(f) $18a + 84ab + 98ab^2$

(g) $4a^2 - b^2$

(h) $18x^2 - 2y^4$

1.13 Aufgabe (36 Lösung)

Ergänzen Sie die fehlenden Summanden gemäß der binomischen Formeln.

(a) $(3x + \dots)^2 = 9x^2 + 30x + 25$

(b) $(2x + \dots)^2 = \dots + 12xy + 9y^2$

(c) $(2a - \dots)^2 \cdot 4 = \dots - 64ab + 64b^2$

(d) $(\dots + 5b^2)^2 = 49a^2 + \dots + \dots$

(e) $(\ldots + 3c)^2 = 4a^2b^2 + 12abc + \ldots$

(f) $(0{,}5a + \ldots)^2 = \ldots + ab + \ldots$

(g) $(\ldots - 4bc)^2 = \ldots - 24abc + \ldots$

(h) $(5a^2 + \ldots) \cdot (5a^2 - \ldots) = \ldots - 49b^2c^4$

(i) $(\ldots + x)^2 = \ldots - 2xy + \ldots$

(j) $(\ldots - z^2)^2 = z^2 + \ldots + \ldots$

1.14 Aufgabe (36 Lösung)

Wandeln Sie die Brüche in Dezimalzahlen um.

(a) $\frac{1}{10}$ (b) $\frac{2}{5}$ (c) $\frac{5}{4}$ (d) $\frac{6}{3}$ (e) $\frac{2}{3}$ (f) $\frac{3}{11}$

1.15 Aufgabe (37 Lösung)

Runden Sie die Dezimalzahlen jeweils auf die vorgegebene Anzahl von Nachkommastellen.

(a) 1,764 (eine Nachkommastelle)

(b) 1254,7278 (zwei Nachkommastellen)

(c) 3,4450 (zwei Nachkommastellen)

(d) 0,21 (null Nachkommastellen)

(e) 1,949 (zwei Nachkommastellen)

(f) 10,991 (zwei Nachkommastellen)

(g) 10,999 (zwei Nachkommastellen)

1.16 Aufgabe (37 Lösung)

Berechnen Sie die Ergebnisse der Ausdrücke

(a) $1{,}01 \cdot 1{,}01 \cdot 1{,}01$

(b) $\frac{161}{150} - \frac{16}{15}$

(c) $-70(1 - 1{,}01)^2 - 5 \cdot \left(\frac{1}{200} - \frac{168}{30\,000}\right)$

wenn Sie

(i) nach jedem Rechenschritt auf zwei Nachkommastellen runden,

(ii) nach jedem Rechenschritt auf drei Nachkommastellen runden,

(iii) jeweils mit möglichst vielen Nachkommastellen rechnen.

1.17 Aufgabe (38Lösung)

Wenden Sie das Bisektionsverfahren zur Näherung einer Zahl a an, deren dritte Potenz 5 ist (d.h. $a = \sqrt[3]{5}$; s. 37Wurzeln). Führen Sie die ersten sechs Iterationsschritte aus.

1.18 Aufgabe (38Lösung)

Wenden Sie das Bisektionsverfahren zur Näherung einer Zahl a, die Lösung der Gleichung $a^2 - a - 1 = 0$ ist. Führen Sie jeweils die ersten vier Iterationsschritte aus, wenn Sie mit den „Startwerten" -1 und 0 bzw. 1 und 2 beginnen.

1.6 Lösungen

1.1 Lösung (27Aufgabe)

(a) $\{a, e, i, o, u\}$

(b) $\{S, u, m, e\}$

(c) $\{2, 4, 6, 8, 10, 12\}$

(d) $\{1, 4, 9\}$

1.2 Lösung (28Aufgabe)

(a) Z.B. Menge der Buchstaben des Wortes *Lager* oder Menge der Buchstaben des Wortes *Regal* etc.

(b) Menge der Himmelsrichtungen

(c) Menge der durch acht teilbaren natürlichen Zahlen, die kleiner als 50 sind

(d) $\{\frac{k}{2} \mid k \in \mathbb{N} \text{ und } 1 \leqslant k \leqslant 5\}$

(e) $\{2k \mid k \in \mathbb{N} \text{ und } 1 \leqslant k \leqslant 5\}$

(f) $\{\frac{1}{k} \mid k \in \mathbb{N} \text{ und } 2 \leqslant k \leqslant 6\}$

(g) $\{x \mid x \in \mathbb{Z} \text{ und } -2 \leqslant x \leqslant 4\}$

(h) Menge der ungeraden natürlichen Zahlen oder $\{2k - 1 \mid k \in \mathbb{N}\}$

1.3 Lösung (28Aufgabe)

(a) $\{1, 4, 9, 16, 25, 36, 49\}$

(b) $\{0, 1, 4, 9, 16, 25, 36, 49\}$

(c) $\{-15, -9, -3, 3, 9, 15, 21\}$

(d) $\{1\}$

(e) $\{0, -1, -2, -3, -4, -5, \ldots\}$

(f) $\{-\frac{1}{3}, -\frac{1}{6}, \frac{1}{6}, \frac{1}{3}\}$

(g) $\{0\}$

(h) $\{0, 1, 2, 3, 4, 5, \ldots\} = \mathbb{N}_0$

1.4 Lösung (⏴Aufgabe)

(a) wahr   (c) falsch   (e) falsch   (g) wahr   (i) wahr

(b) falsch   (d) falsch   (f) falsch   (h) wahr

1.5 Lösung (⏴Aufgabe)

(a) $\{a, b\}$ ist eine Menge.

(b) $\{G, u, t, e, n, T, a, g\}$ ist eine Menge.

(c) $\{G, u, t, e, n, A, b, e, n, d\} = \{G, u, t, e, n, A, b, d\}$ ist eine Menge (hierbei ist die Vereinbarung zu beachten, dass mehrfach vorkommende Elemente nur einmal aufgeführt werden).

(d) $\{x \mid x$ ist eine reelle Zahl größer $5\}$ ist eine Menge.

(e) $\{y \mid y$ ist nicht sehr groß$\}$ ist keine Menge, denn die Eigenschaft „nicht sehr groß" ist subjektiv.

(f) $\{z \mid z \in \mathbb{Q}, z < 0\}$ ist eine Menge.

(g) $\{\,\}$ ist die Menge, die kein Element enthält (⏴leere Menge).

(h) $\{1, \frac{1}{2}, \frac{1}{3}, \frac{2}{4}\} = \{1, \frac{1}{2}, \frac{1}{3}\} = \{1, \frac{1}{3}, \frac{2}{4}\}$ ist eine Menge. Wegen $\frac{1}{2} = \frac{2}{4}$ repräsentieren beide Brüche die selbe Zahl, so dass ein Bruch gestrichen wird.

1.6 Lösung (⏴Aufgabe)

(a) $-(x + y + z) = -x - y - z$

(b) $-(3a - 4) = -3a + 4$

(c) $-[5 - (6 + x)] = -5 + (6 + x) = -5 + 6 + x = 1 + x$

(d) $-[(b - c) - a] = -(b - c) + a = -b + c + a = a - b + c$

(e) $-[2(-4)(-a)] = -[2 \cdot 4a] = -[8a] = -8a$

(f) $-[-(5 + a - 2(-a)) - 4] = (5 + a - 2(-a)) + 4 = 5 + a + 2a + 4 = 9 + 3a$

1.7 Lösung (⏴Aufgabe)

(a) $5 \cdot (a + b) = 5a + 5b$

(b) $3 \cdot (x + 2) = 3x + 6$

(c) $(x + a) \cdot 4 = 4x + 4a$

(d) $(a + 4b) \cdot 2 = 2a + 8b$

(e) $3a \cdot (4 + b) = 12a + 3ab$

(f) $7y \cdot (3 + 2y) = 21y + 14y^2$

(g) $4y \cdot (2x + 6y) = 8xy + 24y^2$

(h) $10a \cdot (5x + 4z) = 50ax + 40az$

(i) $(3y + 2b) \cdot 8ax = 24axy + 16abx$

1.8 Lösung (㉙Aufgabe)

(a) $3 \cdot (a^2 - b) + 5 \cdot (a + b) = 3a^2 - 3b + 5a + 5b = 3a^2 + 5a + 2b$

(b) $7x \cdot (3z^2 + 1) - 2 \cdot (x - z) = 21xz^2 + 7x - 2x + 2z = 21xz^2 + 5x + 2z$

(c) $13 \cdot (7x - y) - 11 \cdot (2x - 3y) = 91x - 13y - 22x + 33y = 69x + 20y$

(d) $x^2 \cdot (2y - x) - y^2 \cdot (2x - y) = 2x^2y - x^3 - 2xy^2 + y^3$

1.9 Lösung (㉙Aufgabe)

(a) $2a^2 \cdot (3a - 7b) + 3b^2 \cdot (a^2 - 2b) + 2ab(7a + 3ab)$

$= 6a^3 - 14a^2b + 3a^2b^2 - 6b^3 + 14a^2b + 6a^2b^2$

$= 6a^3 + 9a^2b^2 - 6b^3$

(b) $xy \cdot (3x + 5y^2z) + 2z^2 \cdot (2x + 4xy) - x \cdot (3xy + 5y^3z + 4z^2 + 8yz^2)$

$= 3x^2y + 5xy^3z + 4xz^2 + 8xyz^2 - 3x^2y - 5xy^3z - 4xz^2 - 8xyz^2$

$= 0$

(c) $a \cdot (3a^2 + 7b + 6c) - b \cdot (7a + 2b - 3c^2) + c \cdot (6a - 3bc - 4c^2)$

$= 3a^3 + 7ab + 6ac - 7ab - 2b^2 + 3bc^2 + 6ac - 3bc^2 - 4c^3$

$= 3a^3 - 2b^2 - 4c^3 + 12ac$

(d) $-xy^2(-x + y) + x^2y(x - y) = x^2y^2 - xy^3 + x^3y - x^2y^2 = x^3y - xy^3$

1.10 Lösung (㉚Aufgabe)

(a) $(3 + 4a) \cdot (7b - 2) = 21b - 6 + 28ab - 8a$

(b) $(a + b) \cdot (a + b) = (a + b)^2 = a^2 + 2ab + b^2$

(c) $(3a + 2b) \cdot (6a - 8b) = 18a^2 - 24ab + 12ab - 16b^2 = 18a^2 - 12ab - 16b^2$

(d) $2 \cdot (7x - 2y) \cdot (3x + 0{,}5y) = (14x - 4y) \cdot (3x + 0{,}5y)$

$= 42x^2 + 7xy - 12xy - 2y^2 = 42x^2 - 5xy - 2y^2$

(e) $(9x^2 + 6xy + y^2) \cdot (2x - y) = 18x^3 - 9x^2y + 12x^2y - 6xy^2 + 2xy^2 - y^3$

$= 18x^3 + 3x^2y - 4xy^2 - y^3$

(f) $(2a - 3b)^2 \cdot (a^2 - b^2)^2 = (4a^2 - 12ab + 9b^2) \cdot (a^4 - 2a^2b^2 + b^4)$

$\quad = 4a^6 - 8a^4b^2 + 4a^2b^4 - 12a^5b + 24a^3b^3 - 12ab^5 + 9a^4b^2$

$$- 18a^2b^4 + 9b^6$$

$\quad = 4a^6 - 12a^5b + a^4b^2 + 24a^3b^3 - 14a^2b^4 - 12ab^5 + 9b^6$

1.11 Lösung (㉚Aufgabe)

(a) $3a + 3b = 3 \cdot (a + b)$

(b) $xy + 2x = x \cdot (y + 2)$

(c) $a^2b + ab^2 = a(ab + b^2) = ab \cdot (a + b)$

(d) $24ab + 12a^2b - 3ab^2 = 3ab \cdot (8 + 4a - b)$

(e) $49x^2y^2 + 21x^2 - 14 = 7 \cdot (7x^2y^2 + 3x^2 - 2) = 7[(7y^2 + 3)x^2 - 2]$

(f) $169a^4b^3 + 65a^3b^5 - 26a^5b^4 = 13a^3b^3 \cdot (13a + 5b^2 - 2a^2b)$

(g) $30a^2b^4c^7 - 6a^2b^4c^7 + 8a^7b^4c^2 = 24a^2b^4c^7 + 8a^7b^4c^2 = 8a^2b^4c^2 \cdot (3c^5 + a^5)$

(h) $100xy^2 - 20x^2yz + 50x^2z - 25xyz^2 = 5x \cdot (20y^2 - 4xyz + 10xz - 5yz^2)$

1.12 Lösung (㉚Aufgabe)

Die Anwendung einer binomischen Formel wird jeweils mit $\overset{\text{①}}{=}, \overset{\text{②}}{=}, \overset{\text{③}}{=}$ markiert.

(a) $x^2 + 2xy + y^2 \overset{\text{①}}{=} (x + y)^2$

(b) $49x^2 + 14xy + y^2 = (7x)^2 + 2(7x)y + y^2 \overset{\text{①}}{=} (7x + y)^2$

(c) $16x^2 - 16xy + 4y^2 = (4x)^2 - 2(4x)(2y) + (2y)^2 \overset{\text{②}}{=} (4x - 2y)^2$

(d) $25a^4 + 20a^2b^2 + 4b^4 = (5a^2)^2 + 2(5a^2)(2b^2) + (2b^2)^2 \overset{\text{①}}{=} (5a^2 + 2b^2)^2$

(e) $a^8 - 2a^4b^2 + b^4 = (a^4)^2 - 2a^4b^2 + (b^2)^2 \overset{\text{②}}{=} (a^4 - b^2)^2$

$$\overset{\text{③}}{=} [(a^2 - b)(a^2 + b)]^2 = (a^2 - b)^2(a^2 + b)^2$$

(f) $18a + 84ab + 98ab^2 = 2a(9 + 42b + 49b^2) = 2a \cdot (3^2 + 2 \cdot 3 \cdot 7b + (7b)^2)$

$$\overset{\text{①}}{=} 2a \cdot (3 + 7b)^2$$

(g) $4a^2 - b^2 = (2a)^2 - b^2 \overset{\text{③}}{=} (2a + b) \cdot (2a - b)$

(h) $18x^2 - 2y^4 = 2 \cdot ((3x)^2 - (y^2)^2) \overset{\textbf{❸}}{=} 2 \cdot (3x + y^2) \cdot (3x - y^2)$

1.13 Lösung (㉚Aufgabe)

(a) $(3x + 5)^2 = 9x^2 + 30x + 25$

(b) $(2x + 3y)^2 = 4x^2 + 12xy + 9y^2$

(c) $(2a - 4b)^2 \cdot 4 = 16a^2 - 64ab + 64b^2$

(d) $(7a + 5b^2)^2 = 49a^2 + 70ab^2 + 25b^4$

(e) $(2ab + 3c)^2 = 4a^2b^2 + 12abc + 9c^2$

(f) $(0{,}5a + b)^2 = 0{,}25a^2 + ab + b^2$

(g) $(3a - 4bc)^2 = 9a^2 - 24abc + 16b^2c^2$

(h) $(5a^2 + 7bc^2) \cdot (5a^2 - 7bc^2) = 25a^4 - 49b^2c^4$

(i) $(-y + x)^2 = y^2 - 2xy + x^2$

(j) $(-z - z^2)^2 = z^2 + 2z^3 + z^4$

    Alternativ: $(-\frac{1}{2} - z^2)^2 = z^2 + \frac{1}{4} + z^4$

1.14 Lösung (㉛Aufgabe)

(a) $\frac{1}{10} = 0{,}1$

  $1 : 10 = 0{,}1$
  $\underline{0}$
  10
  $\underline{10}$
  0

(b) $\frac{2}{5} = 0{,}4$

  $2 : 5 = 0{,}4$
  $\underline{0}$
  20
  $\underline{20}$
  0

(c) $\frac{5}{4} = 1{,}25$

  $5 : 4 = 1{,}25$
  $\underline{4}$
  10
  $\underline{8}$
  20
  $\underline{20}$
  0

(d) $\frac{6}{3} = 2$ (e) $\frac{2}{3} = 0,\overline{6}$ (f) $\frac{3}{11} = 0,\overline{27}$

$$6 : 3 = 2$$
$$\underline{6}$$
$$0$$

$$2 : 3 = 0,66\ldots$$
$$\underline{0}$$
$$20$$
$$\underline{18}$$
$$20$$
$$\underline{18}$$
$$20$$
$$\vdots \ddots$$

$$3 : 11 = 0,27\ldots$$
$$\underline{0}$$
$$30$$
$$\underline{22}$$
$$80$$
$$\underline{77}$$
$$30$$
$$\vdots \ddots$$

1.15 Lösung (🔢Aufgabe)

(a) 1,764 auf eine Nachkommastelle gerundet ergibt 1,8.

(b) 1254,7278 auf zwei Nachkommastellen gerundet ergibt 1254,73.

(c) 3,4450 auf zwei Nachkommastellen gerundet ergibt 3,45.

(d) 0,21 auf null Nachkommastellen gerundet ergibt 0.

(e) 1,949 auf zwei Nachkommastellen gerundet ergibt 1,95.

(f) 10,991 auf zwei Nachkommastellen gerundet ergibt 10,99.

(g) 10,999 auf zwei Nachkommastellen gerundet ergibt 11,00.

1.16 Lösung (🔢Aufgabe)

(a)   (i) Runden auf zwei Nachkommastellen: $1,01 \cdot 1,01 \approx 1,02$

         $1,01 \cdot 1,01 \cdot 1,01 \approx 1,02 \cdot 1,01 \approx 1,03$

   (ii) Runden auf drei Nachkommastellen: $1,01 \cdot 1,01 \approx 1,020$

         $1,01 \cdot 1,01 \cdot 1,01 \approx 1,020 \cdot 1,01 \approx 1,030$

   (iii) Exakte Rechnung: $1,01 \cdot 1,01 \approx 1,0201 \cdot 1,01 = 1,030301$

(b)   (i) Runden auf zwei Nachkommastellen: $\frac{161}{150} \approx 1,07$; $\frac{16}{15} \approx 1,07$

         $\frac{161}{150} - \frac{16}{15} \approx 1,07 - 1,07 = 0$

   (ii) Runden auf drei Nachkommastellen: $\frac{161}{150} \approx 1,073$; $\frac{16}{15} \approx 1,067$

         $\frac{161}{150} - \frac{16}{15} \approx 1,073 - 1,067 = 0,006$

   (iii) Exakte Rechnung: $\frac{161}{150} - \frac{16}{15} = \frac{1}{150} = 0,00\overline{6}$

(c) Zunächst gilt: $0{,}01^2 = 0{,}0001$; $\frac{1}{200} = 0{,}005$; $\frac{168}{30\,000} = 0{,}0056$.

(i) Runden auf zwei Nachkommastellen:

$$-70(1 - 1{,}01)^2 - 5 \cdot \left(\tfrac{1}{200} - \tfrac{168}{30\,000}\right) \approx 0 - 5 \cdot (0{,}01 - 0{,}01) = 0$$

(ii) Runden auf drei Nachkommastellen:

$$-70(1 - 1{,}01)^2 - 5 \cdot \left(\tfrac{1}{200} - \tfrac{168}{30\,000}\right) \approx 0 - 5 \cdot (0{,}005 - 0{,}006) = 0{,}005$$

(iii) Exakte Rechnung:

$$-70(1 - 1{,}01)^2 - 5 \cdot \left(\frac{1}{200} - \frac{168}{30\,000}\right) = -0{,}007 - 5 \cdot (0{,}005 - 0{,}0056)$$
$$= -0{,}004$$

In diesem Beispiel ist die Berechnung mit zwei Nachkommastellen näher am exakten Ergebnis als das Ergebnis der Rechnung mit drei Nachkommastellen.

1.17 Lösung (⊡Aufgabe)

Gemäß ⊡Beispiel 1.18 wird die Näherung für die Zahl a folgendermaßen ermittelt:

$1^3 = 1 < 5$ und $2^3 = 8 > 5$	$1 \quad < a < \mathbf{2}$
$1{,}5^3 = 3{,}375 < 5$	$1{,}5 \quad < a < 2$
$1{,}75^3 = 5{,}3593375 > 5$	$1{,}5 \quad < a < \mathbf{1{,}75}$
$1{,}625^3 = 4{,}291015\ldots < 5$	$1{,}625 \quad < a < 1{,}75$
$1{,}6875^3 = 4{,}805419\ldots < 5$	$1{,}6875 < a < 1{,}75$
$1{,}71875^3 = 5{,}077362\ldots > 5$	$1{,}6875 \quad < a < \mathbf{1{,}71875}$

Die exakte Lösung ist $a = \sqrt[3]{5} = 1{,}709976\ldots$

1.18 Lösung (⊡Aufgabe)

Gemäß ⊡Beispiel 1.18 werden die Näherungen für die Lösungen folgendermaßen ermittelt. Zunächst wird eine Lösung im Intervall $(-1, 0)$ gesucht.

x	$x^2 - x - 1$		
-1	1	> 0	
0	-1	< 0	$-1 \quad < a < \mathbf{0}$
$-0{,}5$	$-0{,}25$	< 0	$-1 \quad < a < \mathbf{-0{,}5}$
$-0{,}75$	$0{,}3125$	> 0	$-0{,}75 \quad < a < -0{,}5$
$-0{,}625$	$0{,}015625$	> 0	$-0{,}625 < a < -0{,}5$

Die exakte Lösung ist $a = \frac{1-\sqrt{5}}{2} \approx -0{,}6180339887\ldots$

Die Lösung im Intervall $(1, 2)$ wird folgendermaßen genähert.

x	$x^2 - x - 1$		
1	-1	< 0	
2	1	> 0	$1 < a < 2$
1,5	$-0,25$	< 0	$1,5 < a < 2$
1,75	0,3125	> 0	$1,5 < a < 1,75$
1,625	0,015625	> 0	$1,5 < a < 1,625$

Die exakte Lösung ist $a = \frac{1+\sqrt{5}}{2} \approx 1{,}6180339887\ldots$

Kapitel 2

Mengen

Nachdem in Kapitel 1.1 der Begriff einer Menge bereits eingeführt wurde, werden in diesem Abschnitt Mengen und ihre Eigenschaften, spezielle Mengen sowie Mengenoperationen betrachtet. Zunächst werden Venn-Diagramme als praktische und einfache Visualisierung von Mengen und Mengenoperationen vorgestellt.

Venn-Diagramme

In einem **Venn-Diagramm** werden Mengen durch Flächen (üblicherweise Kreise, Ellipsen u.ä.) in der Ebene repräsentiert (s. Abbildung 2.1, Abbildung 2.2).

Die Elemente einer Menge befinden sich dabei irgendwo auf der ihr zugeordneten (farbig markierten) Fläche und werden, sofern sie nicht von speziellem Interesse sind, im Diagramm nicht gesondert gekennzeichnet. Ansonsten werden sie durch (möglicherweise beschriftete) Punkte dargestellt. Auf die Darstellung der Punkte wird auch verzichtet.

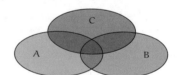

Abbildung 2.1: Venn-Diagramm mit Mengen A, B, C.

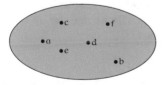
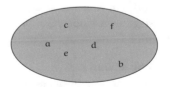

Abbildung 2.2: Venn-Diagramme mit Elementen.

2.1 Grundbegriffe

Wie bereits in Kapitel 1.1 erwähnt kann eine Menge auf verschiedene Weise dargestellt werden: $\{1, 2, 3\}$ repräsentiert etwa dieselbe Menge wie $\{x \mid x \in \mathbb{N}, x \leqslant 3\}$. Die Gleichheit von Mengen wird über ihre Elemente definiert.

© Springer-Verlag GmbH Deutschland, ein Teil von Springer Nature 2018
E. Cramer und J. Nešlehová, *Vorkurs Mathematik*, EMIL@A-stat,
https://doi.org/10.1007/978-3-662-57494-2_2

> ▶ **Definition (Gleichheit von Mengen)**
> Zwei Mengen A und B heißen gleich, wenn sie die gleichen Elemente besitzen. In diesem Fall wird die Notation $A = B$ verwendet.

Aus der Definition folgt, dass in der aufzählenden Darstellung von Mengen die Reihenfolge der Elemente unerheblich ist. Die Menge $\{2, 3, 1, 3\}$ ist gleich der Menge $\{2, 3, 1\}$, wobei die Notation $\{2, 3, 1, 3\}$ unüblich ist. In der aufzählenden Darstellung wird jedes Element nur einmal aufgelistet.

2.1 Beispiel

Die Mengen $A = \{1, 2, 3\}$ und $B = \{3, 2, 1\}$ stimmen überein, da jedes Element von A auch Element von B ist (und umgekehrt).

Die Mengen $C = \{x^2 \mid x \in \{-2, -1, 0, 1, 2\}\}$ und $D = \{0, 1, 4\}$ sind gleich, da $0^2 = 0$, $(-1)^2 = 1^2 = 1$, $(-2)^2 = 2^2 = 4$. Daher gilt $C = D$.   ✗

Die *Menge aller auf dem Mond wachsenden Bäume* oder die *Menge aller negativen natürlichen Zahlen* sind Beispiele für Mengen, die offensichtlich keine Elemente besitzen. Für diese Situation wird ein spezielles Symbol eingeführt.

> ▶ **Bezeichnung (Leere Menge)**
> Eine Menge, die kein Element enthält, heißt leere Menge. Als Bezeichnung wird das Symbol $\emptyset$ verwendet. Alternativ ist auch die Notation $\{\}$ gebräuchlich.

Die Notation $\{\}$ für die leere Menge darf nicht mit $\{0\}$ oder $\{\emptyset\}$ verwechselt werden. $\{0\}$ und $\{\emptyset\}$ bezeichnen nämlich Mengen, die jeweils genau ein Element enthalten: die Null bzw. die leere Menge.

Grundmenge

In einem speziellen Kontext ist oft die Festlegung aller Elemente erforderlich, die in die Überlegungen einbezogen werden sollen. Die Menge der so spezifizierten Elemente heißt Grundmenge oder Grundraum.

2.2 Beispiel (Würfelwurf)

Beim einfachen Würfelwurf können die Ziffern $1, 2, 3, 4, 5, 6$ als Ergebnis auftreten. Da weitere Zahlen für den Ausgang des Experiments keine Relevanz haben, ist $\Omega = \{1, 2, 3, 4, 5, 6\}$ die Grundmenge.   ✗

2.3 Beispiel (Zahlenlotto)

Beim Zahlenlotto *6 aus 49* sind sechs verschiedene Zahlen aus insgesamt 49 Zahlen auszuwählen. Die betrachteten Auswahlen von Zahlen sind daher Mengen, die jeweils sechs verschiedene Zahlen aus der Menge $\{1, \ldots, 49\}$ enthalten (die Reihenfolge der Auflistung spielt keine Rolle):

$$\{1, 2, 3, 4, 5, 6\}, \quad \{3, 13, 19, 42, 47, 49\} \text{ etc.}$$

Die Grundmenge der möglichen Zahlenkombinationen ist somit gegeben durch

$$\Omega = \{\{a, b, c, d, e, f\} \mid a, b, c, d, e, f \in \{1, \ldots, 49\}$$

und a, b, c, d, e, f sind verschieden$\}$. ✗

> **Bezeichnung (Grundmenge, Grundraum)**
>
> Die Menge aller betrachteten Objekte wird Grundmenge genannt. Als Bezeichnung wird der griechische Buchstabe Ω verwendet.

Um triviale Situationen auszuschließen, wird für eine Grundmenge gefordert, dass sie nicht leer ist, d.h. $\Omega \neq \emptyset$.

Grundmengen können ebenfalls in Venn-Diagrammen dargestellt werden, wobei zu ihrer Repräsentation üblicherweise ein Rechteck verwendet wird, das alle anderen Mengen und Elemente umfasst. Das Venn-Diagramm einer Grundmenge Ω, in der eine Menge A liegt, ist in ▣Abbildung 2.3 dargestellt.

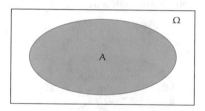

Abbildung 2.3: Venn-Diagramm einer Menge A mit Grundmenge Ω.

Ergebnisse und Ereignisse

In der Wahrscheinlichkeitsrechnung werden für die Begriffe *Element* und *Menge* die Bezeichnungen **Ergebnis** bzw. **Ereignis** benutzt, wobei mit *Ergebnis* meist der Ausgang eines Zufallsexperiments gemeint ist. Ein **Zufallsexperiment** ist ein Vorgang (Experiment), dessen Ausgang nicht vorhersehbar ist (z.B. das Ergebnis eines Würfelwurfs oder einer Lottoziehung). Die Bezeichnungen Ergebnis und Ereignis werden nachfolgend in Beispielen zur Wahrscheinlichkeitsrechnung ebenfalls verwendet.

Teilmengen

Ein zentraler Begriff der Mengenlehre ist die Teilmenge, die durch Einschränkung der Betrachtung auf Elemente einer gegebenen Menge entsteht.

2.4 Beispiel

    (i) Bei der Überprüfung eines Kaffeebohnenlagers werden u.a. Herkunftsland und Qualität der Kaffeebohnen festgestellt. Die *Menge aller im Lager vorhandenen Kaffeebohnen aus Südamerika* bildet eine Teilmenge der *Menge aller im Lager vorhandenen Kaffeebohnen.*

    (ii) Die Menge $\Omega = \{1, 2, 3, 4, 5, 6\}$ beschreibt die möglichen Ergebnisse eines einfachen Würfelwurfs. Bei vielen Brettspielen muss ein Spieler die gewürfelte Augenzahl mit seiner Figur vorrücken, damit diese ein gestecktes Ziel erreicht. Ist dies für die Ziffern 1, 2, 4 der Fall, so beschreibt die Teilmenge $\{1, 2, 4\}$ die für den Spieler günstigen Ergebnisse.   ✗

> **▸ Bezeichnung (Teilmenge)**
>
> Eine Menge B, deren Elemente ebenfalls Elemente einer Menge A sind, heißt Teilmenge von A. Diese Beziehung zwischen A und B wird mit $B \subseteq A$ bezeichnet.

Die Teilmengenbeziehung $B \subseteq A$ wird auch **Mengeninklusion** genannt und kann gut mit Venn-Diagrammen veranschaulicht werden (s. ⁴⁴Abbildung 2.4).

Abbildung 2.4: Venn-Diagramm zur Visualisierung einer Teilmengenbeziehung.

Enthält A mindestens ein Element, das nicht in einer Teilmenge B von A liegt, so werden die Sprechweisen „B ist echt in A enthalten" oder „B ist echte Teilmenge von A" verwendet. Als Symbolik werden

$$B \subsetneq A, \quad B \subsetneqq A \quad \text{oder} \quad B \subset A$$

benutzt.* Die Eigenschaft A *ist nicht Teilmenge von* B wird üblicherweise mit $A \not\subset B$ oder $A \nsubseteq B$ bezeichnet.

Nicht-leere Mengen haben stets zwei verschiedene Teilmengen: sich selbst und die leere Menge, d.h. $A \subseteq A$, $\emptyset \subseteq A$. Die leere Menge enthält nur sich selbst.

---

*Die Notation $B \subset A$ wird in einigen Lehrbüchern gleichbedeutend mit $B \subseteq A$ verwendet. Daher ist stets zu prüfen, was genau gemeint ist.

Sind zwei Mengen A und B gleich, so bedeutet dies, dass jedes Element von A auch ein Element von B und umgekehrt jedes Element von B auch ein Element von A ist. Die Gleichheit zweier Mengen lässt sich daher auch mittels der Mengeninklusion beschreiben:

$$A = B \quad \Longleftrightarrow \quad B \subseteq A \quad \text{und} \quad A \subseteq B.$$

2.5 Beispiel

Aus den Definitionen der Zahlbereiche ist sofort klar, dass sie in folgender Beziehung stehen: $\mathbb{N} \subsetneq \mathbb{N}_0 \subsetneq \mathbb{Z} \subsetneq \mathbb{Q} \subsetneq \mathbb{R}$. ✗

Mächtigkeit einer Menge

2.6 Beispiel

In einer Marktstudie wird ein neues Spülmittel getestet. Um seinen künftigen Erfolg auf dem Markt einzuschätzen, wird die Anzahl der zufriedenen Testpersonen ermittelt. Diese Zahl kann auch als Anzahl der Elemente der *Menge aller mit dem Spülmittel zufriedenen Testpersonen* interpretiert werden. Sie heißt in der deskriptiven Statistik *absolute Häufigkeit*. ✗

> ▶ **Definition (Mächtigkeit einer Menge)**
>
> Die Anzahl der Elemente einer Menge A heißt Mächtigkeit von A und wird mit $|A|$ bezeichnet.

Eine Menge, deren Mächtigkeit Null beträgt, besitzt keine Elemente und ist somit leer. Weiterhin ist die Mächtigkeit der leeren Menge gleich Null, d.h. es gilt

$$|A| = 0 \quad \Longleftrightarrow \quad A = \emptyset.$$

Neben Mengen mit endlich vielen Elementen gibt es Mengen, die unendlich viele Elemente haben. Eine Menge A hat die Mächtigkeit unendlich, falls

$$|A| \geqslant n \quad \text{für alle natürliche Zahlen } n,$$

d.h. die Anzahl der Elemente von A übersteigt jede natürliche Zahl n. Beispiele für derartige Mengen sind die natürlichen Zahlen $\mathbb{N}$ oder die ganzen Zahlen $\mathbb{Z}$. Als Notation für den Begriff *unendlich* wird das Symbol ∞ verwendet, d.h. z.B. $|\mathbb{N}| = \infty$. Insbesondere gilt auch $|\mathbb{N}_0| = \infty$, wobei sich die Mengen $\mathbb{N}$ und $\mathbb{N}_0$ natürlich nur um das Element 0 unterscheiden. Dies ist jedoch für die Mächtigkeit beider Mengen ohne Bedeutung. Mengen mit unendlich vielen Elementen werden als **abzählbar unendlich** bezeichnet, wenn ihre Elemente durchnummeriert werden können (z.B. $\mathbb{N}, \mathbb{N}_0, \mathbb{Z}, \mathbb{Q}$). Die Mächtigkeit der reellen Zahlen wird ebenfalls mit unendlich angegeben, da z.B. die natürlichen Zahlen eine Teilmenge von $\mathbb{R}$ sind. Jedoch wird ein qualitativer Unterschied hinsichtlich der Mächtigkeit dieser Mengen gemacht, denn es kann gezeigt werden, dass die reellen Zahlen nicht durchnummeriert werden können. Gleiches gilt z.B. für Intervalle. Diese Mengen werden als *überabzählbar unendlich* bezeichnet.

Mengensysteme und Potenzmenge

> ▣ **Bezeichnung (Mengensystem)**
>
> Mengensysteme sind Mengen, deren Elemente selbst Mengen sind.

Gelegentlich wird für ein Mengensystem auch der Begriff **Familie von Mengen** verwendet. Beispiele für Mengensysteme sind $\{\emptyset, \{1\}, \{2\}, \{1,2,3\}\}$ und $\{\{0\}, \mathbb{N}, \mathbb{Z}, \mathbb{Q}, \mathbb{R}\}$.

2.7 Beispiel

Mengensysteme spielen in der Wahrscheinlichkeitsrechnung eine wichtige Rolle. Für die Menge $\Omega = \{$Kopf, Zahl$\}$ der möglichen Ergebnisse eines einfachen Münzwurfs ist das Mengensystem

$$\{\emptyset, \{\text{Kopf}\}, \{\text{Zahl}\}, \{\text{Kopf}, \text{Zahl}\}\}$$

die Menge aller verschiedenen Teilmengen von Ω. Dabei ist zu beachten, dass

$$\Omega = \{\text{Kopf}, \text{Zahl}\} \neq \{\{\text{Kopf}\}, \{\text{Zahl}\}\} = M$$

gilt: die Elemente von Ω sind die **Ergebnisse** *Kopf* und *Zahl*, während die **Mengen** $\{$Kopf$\}$ und $\{$Zahl$\}$ die Elemente von M sind.

Die Elemente des Mengensystems können mit Hilfe der ↗Aussagenlogik dargestellt werden. Dabei werden nur „und"- bzw. „oder"-Verknüpfungen verwendet.

Ergebnis	zugehörige Menge
Kopf und Zahl	$\emptyset$
Kopf	$\{$Kopf$\}$
Zahl	$\{$Zahl$\}$
Kopf oder Zahl	$\{$Kopf, Zahl$\} = \Omega$

✗

Eine besondere Rolle unter den Mengensystemen nimmt die Menge aller Teilmengen ein.

> ▣ **Bezeichnung (Potenzmenge)**
>
> Sei Ω eine nicht-leere Menge. Die Menge aller (verschiedenen) Teilmengen von Ω (inklusive der leeren Menge) heißt Potenzmenge von Ω und wird mit $\mathcal{P}(\Omega)$ bezeichnet.

2.8 Beispiel

Die Potenzmenge der Menge $\Omega = \{1,2,3\}$ ist

$$\mathcal{P}(\Omega) = \{\emptyset, \{1\}, \{2\}, \{3\}, \{1,2\}, \{1,3\}, \{2,3\}, \{1,2,3\}\}.$$

Sie besitzt $8 = 2^3 = 2^{|\Omega|} = 2^{\text{Anzahl der Elemente von } \Omega}$ Elemente. Diese Beziehung zwischen der Mächtigkeit der Potenzmenge und der ursprünglichen Menge gilt auch allgemein.   ✗

> ▶ **Regel (Mächtigkeit der Potenzmenge)**
>
> Sei Ω eine nicht-leere Menge mit n Elementen. Die Mächtigkeit der Potenzmenge von Ω ist
> $$|\mathcal{P}(\Omega)| = 2^{|\Omega|} = 2^n.$$

Aufgaben zum Üben in Abschnitt 2.1

[65]Aufgabe 2.1 – [66]Aufgabe 2.6, [67]Aufgabe 2.10

2.2 Mengenoperationen

2.9 Beispiel

Basierend auf einem zweifachen Würfelwurf wird folgendes Glücksspiel angeboten: Ein Spieler gewinnt das Sechsfache seines Einsatzes, wenn ein Pasch gewürfelt wird, d.h. beide Würfel zeigen die selbe Zahl. Ist die Summe der Augenzahlen mindestens Zehn, so wird (evtl. zusätzlich) das dreifache des Einsatzes ausgezahlt. Ansonsten ist der Einsatz verloren.

Daraus ergeben sich folgende Gewinne und zugehörige Gewinnergebnisse:

- ▶ Dreifacher Einsatz: $A = \{(4,6), (5,6), (6,4), (6,5)\}$,
- ▶ Sechsfacher Einsatz: $B = \{(1,1), (2,2), (3,3), (4,4)\}$,
- ▶ Neunfacher Einsatz: $C = \{(5,5), (6,6)\}$,
- ▶ Ansonsten ist der Einsatz verloren.

Diese Mengen kommen auf folgende Weise zustande. Die Grundmenge aller möglichen Ergebnispaare ist gegeben durch

$$\Omega = \{(1,1), \dots, (1,6), (2,1), \dots, (6,6)\} = \{(i,j) \mid i, j \in \{1, \dots, 6\}\}.$$

Ein dreifacher Einsatz wird ausgezahlt, wenn das Ergebnis Element der Menge $D = \{(4,6), (5,5), (5,6), (6,4), (6,5), (6,6)\}$ ist. Die Auszahlung beträgt das Sechsfache, falls das Würfelergebnis in $E = \{(1,1), (2,2), (3,3), (4,4), (5,5), (6,6)\}$ liegt.

- ▶ Gemäß der Spielregeln werden Gewinne addiert, d.h. für Elemente, die sowohl in D als auch in E enthalten sind, wird das Neunfache gezählt. Dies ist für die Elemente von $C = D \cap E$ ([49]Schnittmenge von D und E) der Fall.
- ▶ Ein Gewinn in Höhe des sechsfachen Einsatzes ergibt sich für alle Elemente von E, die nicht in D liegen. Dies ist die Menge B, die die [55]Differenzmenge $E \setminus D$ bildet.

  Die Menge $D \setminus E = A$ beinhaltet die Ergebnisse, die <u>nur</u> zur Auszahlung des dreifachen Einsatzes führen.

○ Ein Gewinn wird überhaupt erzielt, wenn das Würfelergebnis in D oder E, d.h. in der ⑫Vereinigungsmenge $D \cup E$ von D und E liegt.

○ Der Einsatz ist verloren, wenn das Ergebnis nicht in der Menge $D \cup E$ liegt. Diese Menge bezeichnet das ⑱Komplement von $D \cup E$ in Ω.   ✗

Die im Beispiel beschriebenen Mengenoperationen werden nachfolgend eingeführt. Dazu wird jeweils angenommen, dass die Elemente in einer Grundmenge Ω zusammengefasst sind.

Komplement

Alle Elemente der Grundmenge, die nicht zu einer Menge A gehören, bilden das Komplement der Menge A.

> ### ▷ Definition (Komplement)
>
> Seien Ω eine Grundmenge und $A \subseteq \Omega$ eine Menge. Das Komplement von A in Ω ist die Menge
>
> $$\overline{A} = \{x \in \Omega \mid x \notin A\}.$$
>
> Alternative Bezeichnungen sind $A^{\complement}$, A^c oder $\complement_{\Omega} A$.

Komplemente von Mengen lassen sich durch Venn-Diagramme einfach veranschaulichen. Die folgende Graphik zeigt eine in der Grundmenge Ω liegende Menge A und ihr Komplement $\overline{A}$ (s. ⑱Abbildung 2.5).

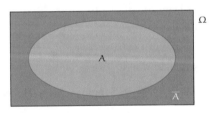

Abbildung 2.5: Venn-Diagramm einer Menge A mit Grundmenge Ω und Komplement $\overline{A}$.

Bereits ⑱Abbildung 2.5 wird deutlich, dass das Komplement von A von der gewählten Grundmenge abhängt. Wird anstelle von Ω eine andere Grundmenge Ω' betrachtet, enthält $\overline{A}$ i.Allg. andere Elemente. Außerdem ist ein Element von Ω entweder Element von A oder Element von $\overline{A}$. In diesem Sinne bilden die Mengen A und $\overline{A}$ eine ⑭Zerlegung der Grundmenge Ω.

2.10 Beispiel

Seien $\Omega = \{1, 2, 3, 4, 5, 6\}$ eine Grundmenge und $A = \{1, 2\}$. Das Komplement von A in Ω ist $\overline{A} = \{3, 4, 5, 6\}$. Wird anstelle von Ω die Menge $\Omega' = \{1, 2, 3\}$ als Grundmenge gewählt, ist das Komplement von A in Ω' die Menge $\overline{A} = \{3\}$.   ✗

Für die Komplementbildung gelten folgende Eigenschaften.

> **▶ Regel (Komplementbildung)**
>
> Seien Ω eine Grundmenge und $A \subseteq \Omega$ eine Menge.
>
> **❷** Das Komplement der Grundmenge ist die leere Menge: $\overline{\Omega} = \emptyset$.
>
> **❷** Das Komplement der leeren Menge ist die Grundmenge: $\overline{\emptyset} = \Omega$.
>
> **❷** Das Komplement der Komplementmenge $\overline{A}$ ist die Menge A:
>
> $$\overline{(\overline{A})} = A.$$

Schnittmenge

Für zwei Mengen A und B heißt die Menge aller Elemente, die A und B gemeinsam haben, Schnitt oder Schnittmenge von A und B.

> **▶ Definition (Schnittmenge)**
>
> Seien Ω eine Grundmenge und $A, B \subseteq \Omega$. Die Schnittmenge von A und B ist definiert durch
>
> $$A \cap B = \{x \in \Omega \mid x \in A \text{ und } x \in B\}.$$

Obwohl die Grundmenge Ω für die Definition der Schnittmenge formal benötigt wird, hängt die Schnittmenge im Gegensatz zum Komplement nicht von Ω ab. Für eine andere Grundmenge, die A und B enthält, verändert sich die Schnittmenge $A \cap B$ nicht. Deshalb wird Ω in konkreten Beispielen oft nicht explizit angegeben.

Schnittmengen lassen sich ebenfalls gut mit Hilfe von Venn-Diagrammen visualisieren. Da ein Venn-Diagramm i.Allg. keine konkrete Situation widerspiegelt, wird der Schnitt zweier Mengen allgemein durch zwei sich schneidende Ellipsen dargestellt. Dies bedeutet jedoch nicht, dass die Mengen tatsächlich gemeinsame Elemente besitzen.

Zur Darstellung konkreter Mengen werden die Elemente in die Flächen eingezeichnet (und der Schnittbereich beider Mengen ggf. leer gelassen).

2.11 Beispiel

Die Schnittmenge der Mengen $A = \{1, 2, 3, 4, 5\}$ und $B = \{4, 5, 6\}$ ist – wie das folgende Venn-Diagramm veranschaulicht – die Menge $A \cap B = \{4, 5\}$.

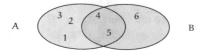

Der Schnitt von A und $C = \{6\}$ wird folgendermaßen dargestellt.

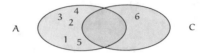

In diesem Fall deutet das Venn-Diagramm an, dass der Schnitt von A und C leer ist, da sich kein Element in der roten Fläche befindet.   ✗

Der Schnitt zweier Mengen ist eine Mengenoperation, die Ähnlichkeiten mit der Multiplikation zweier reeller Zahlen aufweist. Sie lässt sich häufig mit Hilfe der ⁊logischen Verknüpfung „$\wedge$" (und) interpretieren. Wird etwa beim zweifachen Würfelwurf die Augensumme beider Würfel betrachtet, so ist die *Menge aller Augensummen kleiner 10 <u>und</u> größer 4* gleich dem Schnitt der *Menge aller Augensummen kleiner 10* und der *Menge aller Augensummen größer 4*: $\{2,3,4,5,6,7,8,9\} \cap \{5,6,7,8,9,10,11,12\} = \{5,6,7,8,9\}$.

> ▶ **Regel (Eigenschaften von Schnittmengen)**
>
> Seien $A, B \subseteq \Omega$ Mengen. Dann gilt:
>
> ❖ $A \cap A = A$
>
> ❖ $A \cap \emptyset = \emptyset$
>
> ❖ $A \cap \Omega = A$
>
> ❖ $A \cap \overline{A} = \emptyset$
>
> ❖ $A \cap B \subseteq A,\ A \cap B \subseteq B$
>
> ❖ Ist B in A enthalten, d.h. $B \subseteq A$, so gilt $A \cap B = B$.

Der letztgenannte Zusammenhang zwischen ⁤Mengeninklusion $B \subseteq A$ und Schnittbildung $A \cap B$ lässt sich gut mit einem Venn-Diagramm illustrieren.

Schnitte können natürlich auch aus mehreren Mengen gebildet werden. Allgemein wird dabei von einer ⁤Familie von Mengen ausgegangen, die üblicherweise mit Hilfe von ⁤Indizes bezeichnet werden. Ist I eine Indexmenge, so ist die zugehörige Familie von Mengen (Mengensystem) gegeben durch $\{A_i | i \in I\}$, wobei alle in der Familie enthaltenen Mengen A_i als Teilmengen einer Grundmenge Ω angenommen werden. Die Schnittmenge der Mengen A_i, $i \in I$, besteht aus den Elementen von Ω, die in <u>jeder</u> Menge A_i enthalten sind. ⁤Abbildung 2.6 veranschaulicht einen Schnitt von vier Mengen.

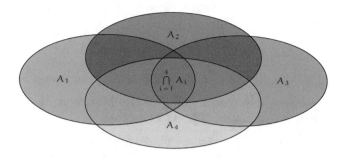

Abbildung 2.6: Schnitt von vier Mengen im Venn-Diagramm.

Formal wird die Schnittmenge der Mengen A_i bezeichnet mit

$$\bigcap_{i \in I} A_i = \{x \in \Omega \mid x \in A_i \text{ für alle } i \in I\}.$$

Ist die Indexmenge I von der Form $I = \{1, 2, \dots, n\}$, wird die Schnittmenge von $A_1, \dots, A_n$ als $\bigcap_{i=1}^{n} A_i = A_1 \cap \dots \cap A_n$ notiert. Für $I = \mathbb{N}$ ergibt sich $\bigcap_{i=1}^{\infty} A_i$.

Disjunkte Mengen

Für Mengen, die keine gemeinsamen Elemente besitzen, wird eine spezielle Bezeichnung eingeführt.

> **▶ Definition (Disjunkte Mengen)**
>
> Zwei Mengen A und B heißen disjunkt, wenn ihre Schnittmenge leer ist, d.h. wenn $A \cap B = \emptyset$ gilt.

Dieser Begriff kann mit Hilfe eines Venn-Diagramms visualisiert werden, in dem sich die die Mengen repräsentierenden Flächen nicht überlappen:

Für mehr als zwei Mengen werden zwei Begriffe von disjunkt unterschieden.

❶ Die Mengen A_i, $i \in I$, besitzen keine gemeinsamen Elemente, d.h.

$$\bigcap_{i \in I} A_i = \emptyset.$$

In dieser Situation heißen die Mengen disjunkt.

❷ Die Mengen A_i, $i \in I$, besitzen <u>paarweise</u> keine gemeinsamen Elemente, d.h. es gilt

$$A_i \cap A_j = \emptyset \quad \text{für je zwei Mengen } A_i, A_j \text{ mit } i \neq j.$$

<u>Je zwei</u> Mengen A_i und A_j haben daher keine gemeinsamen Elemente.

Zur Abgrenzung vom obigen Begriff werden Mengen A_i, $i \in I$, mit dieser Eigenschaft als **paarweise disjunkt** bezeichnet.

Sind die Mengen A_i, $i \in I$, paarweise disjunkt, so sind sie auch disjunkt. Die Umkehrung ist aber i.Allg. nicht richtig, wie das folgende Beispiel zeigt.

2.12 Beispiel

Seien $A = \{1, 2\}$, $B = \{2, 3, 4\}$, $C = \{3\}$. Die Mengen sind disjunkt, da $A \cap B \cap C = \emptyset$. Andererseits gilt $A \cap B = \{2\}$ und $B \cap C = \{3\}$, so dass die Mengen nicht paarweise disjunkt sind:

✗

Vereinigung von Mengen

Für Mengen A und B heißt die Menge aller Elemente, die in mindestens einer der Mengen liegen, Vereinigung oder Vereinigungsmenge der Mengen A und B.

> ▶ **Definition (Vereinigungsmenge)**
>
> Seien Ω eine Grundmenge und $A, B \subseteq \Omega$. Die Vereinigungsmenge von A und B ist gegeben durch
>
> $$A \cup B = \{x \in \Omega \mid x \in A \text{ oder } x \in B\}.$$

Die Vereinigungsmenge hängt wie die Schnittmenge nicht von der gewählten Grundmenge ab, weshalb diese in konkreten Beispielen oft nicht explizit angegeben wird. Die Vereinigung kann wieder an einem Venn-Diagramm veranschaulicht werden, indem – wie bei der Schnittbildung – die beiden Mengen als zwei sich schneidende Ellipsen dargestellt werden:

2.13 Beispiel

Die Vereinigung der Mengen $A = \{1, 2, 3, 4, 5\}$ und $B = \{4, 5, 6\}$ ist die Menge $A \cup B = \{1, 2, 3, 4, 5, 6\}$.

✗

Wie die Schnittbildung der gewöhnlichen Multiplikation gleicht, so weist die Vereinigungsbildung Ähnlichkeiten mit der Addition von Zahlen auf. Sie kann mit Hilfe des logischen „oder" gedeutet werden. Wird z.B. der zweifache Würfelwurf betrachtet, so ist die *Menge aller Augensummen kleiner 4 <u>oder</u> größer 10* die Vereinigung der *Menge aller Augensummen kleiner 4* und der *Menge aller Augensummen größer 10*: $\{2,3\} \cup \{11,12\} = \{2,3,11,12\}$.

Als nächstes werden einige elementare Eigenschaften von Vereinigungen aufgelistet.

> **▶ Regel (Eigenschaften der Vereinigung von Mengen)**
>
> Seien $A, B \subseteq \Omega$ Mengen. Dann gilt:
>
> ❯ $A \cup A = A$
>
> ❯ $A \cup \emptyset = A$
>
> ❯ $A \cup \Omega = \Omega$
>
> ❯ $A \cup \overline{A} = \Omega$
>
> ❯ $A \subseteq A \cup B$ und $B \subseteq A \cup B$
>
> ❯ Ist B in A enthalten, d.h. $B \subseteq A$, so gilt $A \cup B = A$.

Die zuletzt genannte Eigenschaft wird an folgender Graphik deutlich:

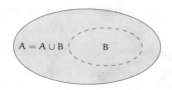

Um die Vereinigung mehrerer Mengen zu bilden, werden analog zur Schnittbildung eine beliebige Indexmenge I sowie eine Familie $\{A_i | i \in I\}$ von Teilmengen einer Grundmenge Ω betrachtet. Die Vereinigungsmenge der Mengen A_i besteht aus allen Elementen, die in <u>mindestens</u> einer Menge A_i liegen. ▥Abbildung 2.7 illustriert die Vereinigung dreier Mengen A_1, A_2, A_3.

Mathematisch lässt sich die Vereinigungsmenge der Mengen A_i wie folgt beschreiben:

$$\bigcup_{i \in I} A_i = \{x \in \Omega \,|\, x \in A_i \text{ für mindestens ein } i \in I\}.$$

Für eine Indexmenge $I = \{1, 2, \ldots, n\}$ wird die Vereinigungsmenge von $A_1, \ldots, A_n$ auch mit $\bigcup_{i=1}^{n} A_i = A_1 \cup \cdots \cup A_n$ bezeichnet. Im Fall $I = \mathbb{N}$ ist die Notation $\bigcup_{i=1}^{\infty} A_i$ üblich. Sind die Mengen A_i, $i \in I$, ▨paarweise disjunkt, wird anstelle von $\bigcup_{i \in I} A_i$ auch die Notation $\sum_{i \in I} A_i$ verwendet. Für $I = \mathbb{N}$ ergibt sich $\sum_{i=1}^{\infty} A_i$.

In der Wahrscheinlichkeitsrechnung ist der folgende Begriff von Bedeutung.

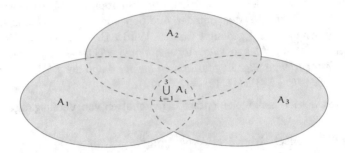

Abbildung 2.7: Vereinigung von drei Mengen im Venn-Diagramm.

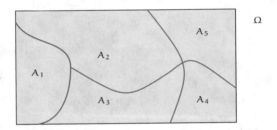

Abbildung 2.8: Zerlegung von Ω in fünf paarweise disjunkte Mengen $A_1, \ldots, A_5$.

> ▶ **Definition (Zerlegung)**
>
> Sei Ω eine nicht-leere Grundmenge.
>
> Eine Familie von Mengen $\{A_i | i \in I\}$ heißt eine Zerlegung von Ω, wenn
>
>   (i) die Mengen A_i paarweise disjunkt sind und
>
>   (ii) $\bigcup_{i \in I} A_i = \Omega$.

Eine Zerlegung ist also eine Aufteilung der Grundmenge Ω in paarweise disjunkte Mengen, so dass jedes Element von Ω genau einer Menge A_i zugeordnet wird. ⊞Abbildung 2.8 illustriert eine Zerlegung von Ω in fünf Mengen $A_1, \ldots, A_5$.

2.14 Beispiel

Die Menge $\Omega = \{1, 2, 3, 4, 5, 6\}$ kann zerlegt werden in die Mengen

  (i) $\{1\}, \{2\}, \{3\}, \{4\}, \{5\}, \{6\}$;

  (ii) $\{1\}, \{2, 4\}, \{3, 6\}, \{5\}$;

  (iii) $\{1, 2, 3\}, \{4, 5, 6\}$.

Dies zeigt insbesondere, dass eine Menge Ω auf verschiedene Weise zerlegt werden kann. Die folgenden Mengen bilden keine Zerlegung von Ω:

(i) $\{1,2\}, \{2,4\}, \{3,5,6\}$, da $\{1,2\}$ und $\{2,4\}$ nicht disjunkt sind.

(ii) $\{1,2,3\}, \{5,6\}$, da die Vereinigung dieser Mengen nur $\{1,2,3,5,6\}$ ergibt, d.h. das Element $4 \in \Omega$ ist in keiner Menge enthalten. ✗

Differenzmengen

Für Mengen A und B ist die Differenzmenge A ohne B die Menge aller Elemente aus A, die nicht zu B gehören.

> **Definition (Differenzmenge)**
>
> Seien $A, B \subseteq \Omega$ Mengen. Die Differenzmenge A ohne B ist definiert durch
>
> $$A \setminus B = \{x \in \Omega \mid x \in A \text{ und } x \notin B\}.$$

Diese Definition kann wieder an einem Venn-Diagramm veranschaulicht werden:

Bereits an der Graphik ist deutlich zu sehen, dass für $A \neq B$ die Differenzmenge A ohne B nicht gleich der Differenzmenge B ohne A ist, d.h.

$$A \setminus B \neq B \setminus A$$

Die Gestalt der Differenzmenge hängt ebenfalls nicht von der Wahl der Grundmenge ab, weshalb diese oft nicht explizit angegeben wird.

2.15 Beispiel

Für die Mengen $A = \{1,2,3,4\}$ und $B = \{3,4,5,6\}$ ergeben sich die Differenzmengen $A \setminus B = \{1,2\}$ und $B \setminus A = \{5,6\}$. ✗

Im Folgenden werden noch einige nützliche Eigenschaften von Differenzmengen angegeben.

> **Regel (Eigenschaften von Differenzmengen)**
>
> Für Mengen $A, B \subseteq \Omega$ gilt:
>
> ❯ $\Omega \setminus A = \{x \in \Omega \mid x \notin A\} = \overline{A}$,
>
> ❯ $A \setminus B = A \cap \overline{B}$,
>
> ❯ $A \setminus B = A \setminus (A \cap B)$.

Die zweite Eigenschaft ist eine Formulierung der Definition von $A \setminus B$ als Schnitt von A und $\overline{B}$.

Aufgaben zum Üben in Abschnitt 2.2

⁶⁶Aufgabe 2.7 − ⁶⁷Aufgabe 2.9, ⁶⁷Aufgabe 2.11 − ⁶⁸Aufgabe 2.13,
⁶⁹Aufgabe 2.16

2.3 Rechenregeln für Mengenoperationen

Bei der Verknüpfung der Mengenoperationen Schnitt und Vereinigung sind Rechenregeln zu beachten, die den Rechengesetzen für die Grundrechenarten „+"
und „·" für die reellen Zahlen ähneln.

Kommutativgesetze

Werden eine Vereinigung oder ein Schnitt zweier Mengen gebildet, spielt die Reihenfolge der Mengen keine Rolle. Die Vereinigung (bzw. der Schnitt) von A und
B ist gleich der Vereinigung (dem Schnitt) von B und A.

> **▶ Regel (Kommutativgesetze für Mengen)**
>
> Für Mengen A und B gelten die Kommutativgesetze
>
> $$A \cap B = B \cap A \quad \text{und} \quad A \cup B = B \cup A.$$

Assoziativgesetze

Die Schnittmenge dreier Mengen A, B, C kann auch in zwei Schritten gebildet
werden: Zuerst wird $A \cap B$ bestimmt und anschließend $A \cap B$ mit C geschnitten.
Wie bei Zahlenoperationen werden Klammern zur Festlegung der Reihenfolge
verwendet, so dass die genannte Operation mit $(A \cap B) \cap C$ notiert werden kann.
Andererseits könnte der Schnitt gemäß der Vorschrift $A \cap (B \cap C)$ ermittelt werden,
d.h. zunächst werden der Schnitt von B und C gebildet und anschließend das
Ergebnis $B \cap C$ mit A geschnitten. Beide Wege führen zum selben Ergebnis, d.h.
die Berechnung des Schnitts ist unabhängig von der Reihenfolge, in der dieser
bestimmt wird. Diese Eigenschaft der Schnittoperation wird als Assoziativität
bezeichnet. Analoges gilt für Vereinigungen.

> **▶ Regel (Assoziativgesetze für Mengen)**
>
> Für Mengen A, B, C gelten die Assoziativgesetze
>
> $$(A \cap B) \cap C = A \cap (B \cap C) \quad \text{und} \quad (A \cup B) \cup C = A \cup (B \cup C).$$
>
> Die Klammern können daher jeweils weggelassen werden und $A \cap B \cap C$ bzw.
> $A \cup B \cup C$ geschrieben werden.

Distributivgesetze

Das Distributivgesetz $a \cdot (b+c) = a \cdot b + a \cdot c$ für reelle Zahlen wurde in ▦Kapitel 1.2 vorgestellt. Für die Schnitt- und Vereinigungsbildung gibt es zwei Analoga.

> **▶ Regel (Distributivgesetze für Mengen)**
>
> Seien A, B, C Mengen. Die Mengenoperationen Schnitt und Vereinigung genügen den Distributivgesetzen
>
> $$(A \cap B) \cup C = (A \cup C) \cap (B \cup C) \quad \text{und} \quad (A \cup B) \cap C = (A \cap C) \cup (B \cap C).$$

De Morgansche Regeln

Die **De Morganschen Regeln** dienen dazu, Komplemente von Schnitten bzw. Vereinigungen auszuwerten.

2.16 Beispiel

Betrachtet werden folgende Gruppen von Studierenden: *Menge der Psychologiestudierenden* und *Menge der Soziologiestudierenden*. Das Komplement ihrer Vereinigung (in der Menge aller Studierenden) ist die Menge aller Studierenden, die weder Soziologie noch Psychologie studieren. Dieses Komplement ist also die Schnittmenge der *Menge aller Studierenden, die nicht Psychologie studieren* und der *Menge aller Studierenden, die nicht Soziologie studieren* und somit die Schnittmenge der Komplemente der beiden ursprünglichen Mengen.

Ähnliches gilt auch bei Schnittbildung. Das Komplement vom Schnitt der beiden Mengen ist die Menge aller Studierenden, die nicht gleichzeitig Soziologie und Psychologie studieren. Mit anderen Worten ist dies die Menge aller Studierenden, die etwas anderes als Soziologie oder etwas anderes als Psychologie studieren, d.h. die Vereinigung der *Menge der Studierenden, die nicht Psychologie studieren* und der *Menge der Studierenden, die nicht Soziologie studieren*. Dies sind die Komplemente der Ausgangsmengen. ✗

> **▶ Regel (Regeln von De Morgan)**
>
> Seien $A, B \subseteq \Omega$ Mengen. Dann gelten die De Morganschen Regeln
>
> $$\overline{A \cup B} = \overline{A} \cap \overline{B} \quad \text{und} \quad \overline{A \cap B} = \overline{A} \cup \overline{B}.$$

Die erste der obigen Regeln ist mittels einer Folge von Venn-Diagrammen in ▦Abbildung 2.9 illustriert (die Veranschaulichung der zweiten erfolgt analog). Besonders hilfreich ist die Erweiterung der De Morganschen Regeln auf mehr als zwei Mengen. Für ein Mengensystem $\{A_i \mid i \in I\}$ mit einer beliebigen Indexmenge I gelten die Beziehungen

$$\overline{\bigcup_{i \in I} A_i} = \bigcap_{i \in I} \overline{A_i} \quad \text{und} \quad \overline{\bigcap_{i \in I} A_i} = \bigcup_{i \in I} \overline{A_i}.$$

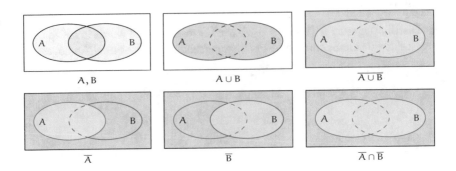

Abbildung 2.9: Illustration einer De Morganschen Regel.

Speziell für $I = \{1, 2, \dots\} = \mathbb{N}$ ergibt sich

$$\overline{\bigcup_{i=1}^{\infty} A_i} = \bigcap_{i=1}^{\infty} \overline{A_i}, \quad \text{und} \quad \overline{\bigcap_{i=1}^{\infty} A_i} = \bigcup_{i=1}^{\infty} \overline{A_i}.$$

Aufgaben zum Üben in Abschnitt 2.3

[68]Aufgabe 2.14, [68]Aufgabe 2.15, [70]Aufgabe 2.19

2.4 Spezielle Mengen

Intervalle

Intervalle sind spezielle Teilmengen der reellen Zahlen $\mathbb{R}$. Für reelle Zahlen a, b werden vier Intervalltypen betrachtet.

> ▶ **Definition (Intervall, Rand, Randwert, Inneres eines Intervalls)**
>
> Seien $a, b \in \mathbb{R}$ mit $a \leqslant b$.
>
> ◉ Das offene Intervall (a, b) ist die Menge $(a, b) = \{x \in \mathbb{R} \mid a < x < b\}$.
>
> ◉ Das abgeschlossene Intervall $[a, b]$ ist definiert als die Menge $[a, b] = \{x \in \mathbb{R} \mid a \leqslant x \leqslant b\}$.
>
> ◉ Die halboffenen Intervalle sind definiert als die Mengen
>
> $$(a, b] = \{x \in \mathbb{R} \mid a < x \leqslant b\}, \qquad [a, b) = \{x \in \mathbb{R} \mid a \leqslant x < b\}.$$

> Die Zahlen a, b heißen auch Rand oder Randwert des Intervalls.*Für ein beliebiges Intervall $(a, b), (a, b], [a, b), [a, b]$ wird das offene Intervall (a, b) auch als Inneres des Intervalls bezeichnet.

Die runde Klammer deutet jeweils an, dass die Grenze nicht zum Intervall gehört, während die (nach innen gerichtete) eckige Klammer die Zugehörigkeit ausdrückt. Anstelle der runden Klammer „(" kann alternativ auch die (nach außen gerichtete) eckige Klammer „]" verwendet sowie „[" statt „)" geschrieben werden (z.B. $]a, b[$ statt (a, b)). Die folgende Graphik illustriert die Intervalle als Teilstrecken der reellen Achse.

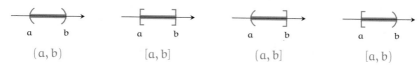

$$(a, b) \qquad [a, b] \qquad (a, b] \qquad [a, b)$$

Ist speziell $a = b$, gelten $[a, a] = \{a\}$ bzw. $[a, a) = (a, a] = (a, a) = \emptyset$. Als Intervallgrenze sind auch $+\infty$ und $-\infty$ zugelassen. Dies ergibt fünf weitere, unbeschränkte Intervalltypen:

$$(-\infty, a) = \{x \in \mathbb{R} \mid x < a\}, \qquad (-\infty, a] = \{x \in \mathbb{R} \mid x \leqslant a\},$$
$$(a, \infty) = \{x \in \mathbb{R} \mid x > a\}, \qquad [a, \infty) = \{x \in \mathbb{R} \mid x \geqslant a\},$$
$$(-\infty, \infty) = \mathbb{R}.$$

$$(-\infty, a) \qquad (-\infty, a] \qquad (a, \infty) \qquad [a, \infty)$$

Der Schnitt zweier Intervalle ist stets ein Intervall (evtl. die leere Menge). Die Vereinigung zweier Intervalle kann ein Intervall sein, muss es aber nicht.

2.17 Beispiel (Vereinigung und Schnitt von Intervallen)

In den folgenden Beispielen ist insbesondere auf die Randwerte der Intervalle zu achten.

- $[3, 4] \cap [1, \infty) = [3, 4]$
- $[-2, 0) \cap (-1, 0] = (-1, 0)$
- $[4, 7] \cap [8, 9) = \emptyset$
- $[7, 8] \cap [8, 9) = [8, 8] = \{8\}$
- $[4, 5] \cup (-3, 1]$ ist kein Intervall
- $[4, 5] \cup (-3, 4) = (-3, 5]$

✗

---

*Dabei spielt es keine Rolle, ob die Ränder a, b zum Intervall gehören oder nicht. Wichtig ist nur, dass sie das Intervall begrenzen.

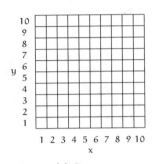 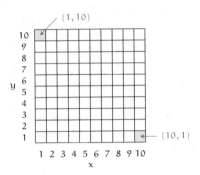

| (a) Gitter. | (b) Gitter mit markierten Parzellen. |

Abbildung 2.10: Illustration von Paaren mittels eines Gitters.

Kartesisches Produkt zweier Mengen

2.18 Beispiel

Im Rahmen einer ökologischen Untersuchung eines Moorbiotops wurden Daten aus 100 verschiedenen Parzellen erhoben, die ein gleichmäßiges Gitter von 10 Spalten und 10 Reihen bilden (s. ⑥⑩Abbildung 2.10(a)).

Jede Parzelle wird zum Zweck weiterer Untersuchungen mit einem Zahlenpaar (x, y)* identifiziert, wobei x die Spalte und y die Reihe angeben, in der sich die jeweilige Parzelle befindet. Die Menge aller Parzellen kann dann als Menge aller Paare

$$\{(x, y) \mid x \in \{1, \ldots, 10\}, y \in \{1, \ldots, 10\}\}$$

dargestellt werden. Sie kann aber auch als „Produkt" der Menge aller Spalten und der Menge aller Reihen aufgefasst werden.   ✗

> ❱ **Bezeichnung (Kartesisches Produkt)**
>
> Seien A, B Mengen. Das kartesische Produkt (auch Kreuzprodukt) $A \times B$ der Mengen A und B ist die Menge aller geordneten Paare (a, b) von Elementen $a \in A$ und $b \in B$
>
> $$A \times B = \{(a, b) \mid a \in A, b \in B\}.$$

Die Reihenfolge der Komponenten a und b eines Elements (a, b) der Menge $A \times B$ ist fest und darf nicht vertauscht werden. Dies wird bereits an dem obigen Beispiel klar: Die Parzelle $(1, 10)$ ist offensichtlich nicht dieselbe wie $(10, 1)$ (s. ⑥⑩Abbildung 2.10(b)). Deshalb ist die Bildung des kartesischen Produkts i.Allg. nicht kommutativ, d.h. i.Allg. gilt $A \times B \neq B \times A$.

---

*Die Notation eines Punkts (x, y) darf nicht verwechselt werden mit der eines offenen ⑤⑧Intervalls. Hier ist jeweils im Kontext zu entscheiden, was gemeint ist.

2.19 Beispiel

Seien $A = \{1, 2\}$ und $B = \{c, d\}$. Die kartesischen Produkte $A \times B$ und $B \times A$ sind gegeben durch

$$A \times B = \{(1, c), (1, d), (2, c), (2, d)\},$$
$$B \times A = \{(c, 1), (c, 2), (d, 1), (d, 2)\}.$$ ✗

2.20 Beispiel

Die Grundmenge Ω_2 des zweifachen Würfelwurfs ist das kartesische Produkt der Ergebnismenge $\Omega = \{1, 2, 3, 4, 5, 6\}$ zweier einfacher Würfelwürfe, denn es gilt:

$$\Omega_2 = \{(1, 1), (1, 2), \ldots, (6, 6)\} = \{1, 2, 3, 4, 5, 6\} \times \{1, 2, 3, 4, 5, 6\} = \Omega \times \Omega. \quad ✗$$

Zwei Elemente (a, b) und (a', b') der Menge $A \times B$ sind genau dann gleich, wenn ihre beiden Komponenten übereinstimmen, d.h. wenn gilt

$$a = a' \quad \text{und} \quad b = b'.$$

Besitzen beide Mengen A und B jeweils endlich viele Elemente, gilt für die ▣Mächtigkeit des kartesischen Produkts

$$|A \times B| = |B \times A| = |A| \cdot |B|.$$

Für Mengen $A, B \subseteq \mathbb{R}$ kann das kartesische Produkt $A \times B$ als Teilmenge der Ebene illustriert werden. Dazu wird ein (kartesisches) **Koordinatensystem** mit Ursprung $(0, 0)$ gezeichnet. Die horizontale Achse wird als **Abszisse**, die vertikale als **Ordinate** bezeichnet. Die durch das Koordinatenkreuz gebildeten vier Bereiche heißen **Quadranten** (s. ▣Abbildung 2.11). Das kartesische Produkt der Intervalle $A = \{x \in \mathbb{R} | 1 \leqslant x \leqslant 4\} = [1, 4]$ und $B = \{x \in \mathbb{R} | 1 \leqslant x \leqslant 2\} = [1, 2]$ kann somit dargestellt werden als Rechteck (s. ▣Abbildung 2.12). Die Bildung kartesischer Produkte kann auf mehrere Mengen erweitert werden. Das n-fache kartesische Produkt der Mengen $A_1, \ldots, A_n$ ist definiert als Menge aller n-**Tupel** $(a_1, \ldots, a_n)$ von Elementen $a_1 \in A_1, \ldots, a_n \in A_n$

$$A_1 \times \cdots \times A_n = \{(a_1, \ldots, a_n) | a_1 \in A_1, \ldots, a_n \in A_n\}.$$

Als Bezeichnung wird statt $A_1 \times \cdots \times A_n$ auch $\underset{i=1}{\overset{n}{\times}} A_i$ verwendet. Die Bildung des n-fachen Produkts $\underset{i=1}{\overset{n}{\times}} A$ einer Menge A wird auch mit A^n abgekürzt. $\mathbb{R}^2 = \mathbb{R} \times \mathbb{R}$ bezeichnet z.B. alle Punkte der Ebene, $\mathbb{R}^3 = \mathbb{R} \times \mathbb{R} \times \mathbb{R}$ die des dreidimensionalen Raums. In dieser Situation wird das n-Tupel $(x_1, \ldots, x_n)$ auch als **Vektor** bezeichnet. Allgemein wird $\mathbb{R}^n$ als Bezeichnung für den n-dimensionalen Raum der reellen Vektoren $(x_1, \ldots, x_n)$ verwendet.

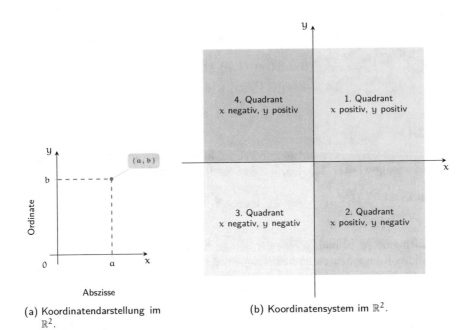

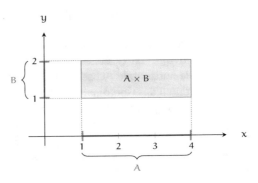

(a) Koordinatendarstellung im $\mathbb{R}^2$.

(b) Koordinatensystem im $\mathbb{R}^2$.

Abbildung 2.11: Koordinaten, Abszisse, Ordinate und Koordinatensystem.

Abbildung 2.12: Kartesisches Produkt $[1, 4] \times [1, 2]$ zweier Intervalle.

Zwei Elemente $(a_1, \ldots, a_n)$ und $(a'_1, \ldots, a'_n)$ des n-fachen kartesischen Produkts sind genau dann gleich, wenn alle Komponenten übereinstimmen

$$a_1 = a'_1, \ldots, a_n = a'_n.$$

Diese Definition impliziert, dass die Reihenfolge der Komponenten von Bedeutung ist. So gilt etwa $(1, 2, 3) \neq (3, 2, 1)$. Dies ist ein grundsätzlicher Unterschied zu Mengen, bei denen die Reihenfolge der Darstellung unerheblich ist, d.h. $\{1, 2, 3\} = \{3, 2, 1\}$. Dieser Unterschied ist ebenfalls bei der Definition einer ³⁴⁹Folge von Bedeutung.

Mengen in der Ebene

Einfache Beispiele von Mengen in der Ebene sind kartesische Produkte von Intervallen (s.o.). Es gibt jedoch auch Mengen im $\mathbb{R}^2$, die keine kartesischen Produkte von Teilmengen von $\mathbb{R}$ sind. Beispiele derartiger Festlegungen sind Kreisscheibe $S = \{(x,y) \mid x^2 + y^2 \leqslant 1\}$, Kreislinie $K = \{(x,y) \mid, x^2 + y^2 = 1\}$ und Raute $R = \{(x,y) \mid |x| + |y| \leqslant 1\}$.

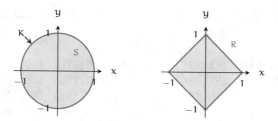

Gemeinsam ist den obigen Beispielen, dass sie durch ▨Gleichungen oder ▨Ungleichungen spezifiziert sind. Durch eine Gleichung definierte Mengen werden auch als **Kurven** bezeichnet (vgl. z.B. die Festlegung der Kreislinie).

Ein weiteres Beispiel für Kurven sind ▨Graphen von Funktionen wie z.B.

$$G = \{(x, f(x)) \mid -2 \leqslant x \leqslant 2, f(x) = x^2 + 2\}.$$

Eine Illustration ist in ▨Abbildung 2.13 zu finden.

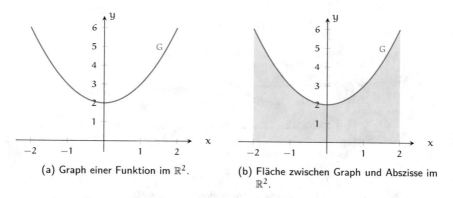

(a) Graph einer Funktion im $\mathbb{R}^2$.

(b) Fläche zwischen Graph und Abszisse im $\mathbb{R}^2$.

Abbildung 2.13: Kurven und Flächen im $\mathbb{R}^2$.

In ▨Abbildung 2.13(b) wird durch die Kurve eine Fläche zwischen Abszisse und der Kurve G definiert. Der zugehörige Flächeninhalt kann mit den Methoden der ▨Integration bestimmt werden.

Streudiagramm

Ein **Streudiagramm** (gebräuchlich ist auch die englische Bezeichnung Scatterplot) ist eine in der Statistik verwendete graphische Darstellung für Beobachtungswerte $(x_1, y_1), \ldots, (x_n, y_n)$. Die Beobachtungspaare werden dabei in einem zweidimensionalen Koordinatensystem als Punkte markiert.

2.21 Beispiel (Gewicht und Körpergröße)

Im Rahmen einer Untersuchung wurden Gewicht (in kg) und Körpergröße (in cm) von 32 Personen gemessen:

(50,160) (65,170) (73,170) (88,185) (76,170) (50,168) (56,159)
(68,182) (71,183) (87,190) (60,171) (52,160) (65,187) (78,178)
(73,182) (88,176) (75,164) (59,170) (67,189) (89,192) (53,167)
(66,180) (68,181) (60,153) (71,183) (65,165) (71,189) (73,167)
(65,184) (79,191) (70,175) (61,181)

Das Streudiagramm zu diesen Daten ist in 64Abbildung 2.14 dargestellt.   ✗

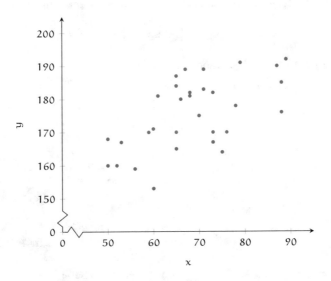

Abbildung 2.14: Streudiagramm zu den Daten aus 64Beispiel 2.21.

Aufgaben zum Üben in Abschnitt 2.4

69Aufgabe 2.17, 69Aufgabe 2.18

2.5 Aufgaben

2.1 Aufgabe ([70]Lösung)

Entscheiden Sie, welche der folgenden Mengen jeweils identisch sind (es gibt insgesamt fünf verschiedene Übereinstimmungen):

$$A_1 = \{x \mid x \in \mathbb{N}, x \cdot x = 4\} \qquad A_7 = \{-2, 2\}$$

$$A_2 = \{x \mid x \in \mathbb{Q}, x \notin \mathbb{Z}\} \qquad A_8 = \{0\}$$

$$A_3 = \{2x \mid x \in \mathbb{Z}, -1 \leqslant x \leqslant 1\} \qquad A_9 = \{2\}$$

$$A_4 = \{x \mid x \in \mathbb{Z}, x \cdot x = 4\} \qquad A_{10} = \{-2, 0, 2\}$$

$$A_5 = \{x \mid x \in \mathbb{N}_0, x + x = 0\} \qquad A_{11} = \emptyset$$

$$A_6 = \{2x \mid x \in \mathbb{N}, 0 \leqslant x \leqslant 1\} \qquad A_{12} = \{\}$$

2.2 Aufgabe ([70]Lösung)

Ordnen Sie den Grundmengen

$$\Omega_1 = \{2, 3, 4, \ldots, 12\} \quad \Omega_2 = \{1, 2, 3, \ldots, 31\} \qquad \Omega_3 = \mathbb{N}_0$$
$$\Omega_4 = \mathbb{R} \qquad \Omega_5 = \{(a, b) \mid a, b \in \{1, \ldots, 6\}\} \quad \Omega_6 = [0, \infty)$$

jeweils eine der folgenden Situationen zu:

(a) Jahresumsatz einer Firma

(b) Geburtstage im Januar

(c) Augensummen beim zweifachen Würfelwurf

(d) Zweifacher Würfelwurf

(e) Lufttemperaturen im März

(f) Anzahl weltweiter Erdbeben pro Jahr

2.3 Aufgabe ([70]Lösung)

Entscheiden Sie, welche der Mengen Teilmengen der Menge $A = \{-1, 0, 1, 2, 3\}$ sind.

(a) $B_1 = \{0\}$

(b) $B_2 = \{1, 2, 3, 4\}$

(c) $B_3 = \emptyset$

(d) $B_4 = \{0, -1\}$

(e) $B_5 = \{3, 0, 2, -1, 1\}$

(f) $B_6 = \{1, 0, -2\}$

2.4 Aufgabe (⚲Lösung)

(a) Bestimmen Sie alle Teilmengen mit höchstens zwei Elementen der Menge von Buchstaben des Alphabets $M = \{b, l, a, u\}$.

(b) Bestimmen Sie alle Teilmengen mit genau vier Elementen der Menge $M = \{1, 2, 3, 4, 5\}$.

(c) Bestimmen Sie alle Teilmengen der Menge $A = \left\{\frac{1}{2}, 2, \frac{9}{4}, 4, 25\right\}$, die kein Element der Menge $C = \{4, 25\}$ enthalten.

2.5 Aufgabe (⚲Lösung)

Bestimmen Sie die Mächtigkeit folgender Mengen.

(a) $\{1, 4, -3\}$

(b) $\{L, i, s, a\}$

(c) $\emptyset$

(d) $\mathbb{N}$

(e) $\{\emptyset, \{1\}, \{2\}, \{3\}, \{1, 2\}\}$

(f) $\mathcal{P}(\{1, 2, 3\})$

(g) $\mathcal{P}(\{k, r, u, g\})$

(h) $\mathcal{P}(\{\text{blau}, \text{rot}\})$

(i) $\mathcal{P}(\emptyset)$

2.6 Aufgabe (⚲Lösung)

Bestimmen Sie die Potenzmenge von $T = \{1, 3, 5, 7\}$. Geben Sie ihre Mächtigkeit an.

2.7 Aufgabe (⚲Lösung)

Bestimmen Sie das Komplement $\overline{A}$ der Menge $A = \{1, 2\}$ bezüglich der folgenden Grundmengen:

(a) $\{1, 2, 3\}$

(b) $\{-1, 0, 1, 2, 3\}$

(c) $\{1, -1, 2, -2, -3\}$

(d) $\{1, 2\}$

2.8 Aufgabe (⚲Lösung)

Gegeben sind die Grundmenge $\Omega = \{1, 2, 3, 4, 5, 6, 7, 8\}$ sowie die Mengen $A = \{1, 3, 4, 5, 7\}$, $B = \{1, 2, 6, 7, 8\}$, $C = \{5, 7, 8\}$. Bestimmen Sie:

(a) $A \cap B$

(b) $A \cup C$

(c) $A \cap B \cap C$

(d) $A \cup \overline{C}$

(e) $B \cap \overline{C}$

(f) $C \cup A \cup B$

(g) $B \setminus C$

(h) $C \setminus B$

(i) $(\overline{A \cup B}) \cap C$

(j) $(A \cup B) \setminus C$

(k) $(B \setminus C) \cap A$

(l) $A \cap (A \setminus C)$

2.9 Aufgabe ([Z]Lösung)

Gegeben sind die Grundmenge $\Omega = \{a, e, o, b, d, f, g, l, r\}$ von Buchstaben sowie die Mengen $A = \{g, e, l, b\}$ und $B = \{g, o, l, d\}$.

Zeichnen Sie ein Venn-Diagramm, und stellen Sie die folgenden Mengen als Mengenoperation mit A und B dar.

(a) $\{g, l\}$ (c) $\{g, e, l, b, o, d\}$ (e) $\{e, b\}$

(b) $\{o, d\}$ (d) $\{f, a, r, b, e\}$ (f) $\{f, a, r\}$

2.10 Aufgabe ([Z]Lösung)

Bestimmen Sie die Teilmengen der Menge $\Omega = \big\{(i, j) \mid i, j \in \{1, \ldots, 6\}\big\}$ in aufzählender und beschreibender Form, deren Elemente jeweils folgende Eigenschaften haben:

(a) B_1: die erste Komponente ist eine Eins,

(b) B_2: beide Komponenten stimmen überein,

(c) B_3: die Summe der Komponenten ist gleich sechs,

(d) B_4: die Differenz von erster und zweiter Komponente ist positiv,

(e) B_5: die zweite Komponente ist größer als die erste,

(f) B_6: beide Komponenten sind ungerade.

2.11 Aufgabe ([Z]Lösung)

Berechnen Sie für die Mengen $B_1, \ldots, B_6$ aus Aufgabe 2.10 folgende Mengen:

(a) $B_1 \cap B_6$ (d) $(B_2 \cup B_4) \cap B_1$ (g) $B_4 \setminus B_5$

(b) $B_2 \cup B_4 \cup B_5$ (e) $B_2 \cup (B_4 \cap B_1)$ (h) $(B_1 \cap B_6) \times \{1\}$

(c) $B_3 \setminus B_4$ (f) $(B_2 \setminus B_4) \cap B_1$ (i) $\{1\} \times (B_1 \cap B_6)$

2.12 Aufgabe (☐Lösung)

Gegeben sind die Mengen A, B, und C sowie die Grundmenge Ω. Stellen Sie folgende Mengen im Venn-Diagramm dar.

(a) $A \cap B \cap C$

(b) $A \cup (B \cap C)$

(c) $\overline{A} \cap (B \cap C)$

(d) $(A \cup B) \cap C$

(e) $(\overline{A} \cup \overline{B}) \cup C$

(f) $(A \cap B) \cup (B \cap C) \cup (A \cap C)$

2.13 Aufgabe (☐Lösung)

Gegeben sind die Mengen A, B sowie die Grundmenge Ω. Geben Sie jeweils die dunkelblau markierte Fläche mittels Mengenoperationen an.

(a)

(b)

(c)

(d)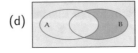

(e)

(f)

2.14 Aufgabe (☐Lösung)

Stellen Sie die linke und rechte Seite der Gleichung jeweils in einem Venn-Diagramm dar, und entscheiden Sie, ob die Aussage richtig oder falsch ist.

(a) $\overline{A} \cup (B \cap C) = (\overline{A} \cup B) \cap (\overline{A} \cup C)$

(b) $\overline{(A \cup B)} \cap C = (\overline{A} \cap C) \cup (\overline{B} \cap C)$

(c) $(\overline{A} \cap B) \cup (\overline{A} \cap \overline{C}) = (\overline{A} \cup B) \cap (B \cup \overline{C})$

2.15 Aufgabe (☐Lösung)

Gegeben sind die Mengen A, B und C sowie eine Grundmenge Ω. Vereinfachen Sie.

(a) $(\overline{A} \cup C) \cap (\overline{C} \cup A)$

(b) $(A \setminus B) \cup \overline{(A \cup B)}$

(c) $\overline{(A \cap B)} \cap \overline{(A \setminus B)}$

(d) $\overline{(\overline{A} \cup \overline{B})} \cup (A \cap \overline{B}) \cup \overline{A}$

(e) $[(A \cap B) \cap (A \cap \overline{B})] \cap [(A \cap B) \cup (A \cap \overline{B})]$

(f) $[(\overline{A} \cap C) \cup (\overline{C} \cap A)] \cup (C \cup A)$

2.16 Aufgabe (74 Lösung)

Entscheiden Sie, welche der folgenden Mengen jeweils disjunkt und/oder paarweise disjunkt sind.

(a) $A = \{1,2\}$, $\quad B = \{2,3\}$, $\quad C = \{2,4\}$

(b) $A = \{1,2\}$, $\quad B = \{3,4\}$, $\quad C = \{5,6\}$

(c) $A = \{1,2\}$, $\quad B = \{2,3\}$, $\quad C = \{3,4\}$, $\quad D = \{5,6\}$

(d) $A = \{1,2,3\}$, $\quad B = \{3,4,5\}$, $\quad C = \{5,6,1\}$

(e) $A = \{1,2,3\}$, $\quad B = \{3,4,5\}$, $\quad C = \{5,6,3\}$

(f) $A = \{1,2,3\}$, $\quad B = \{3,4,5\}$, $\quad C = \{5,6,3\}$, $\quad D = \{1,6,4\}$

2.17 Aufgabe (75 Lösung)

Gegeben sind die Mengen $A = \{1,3,5\}$ und $B = \{2,4\}$. Entscheiden Sie, welche der folgenden Mengen das kartesische Produkt $B \times A$ darstellen.

$M_1 = \{(1,2),(1,4),(3,2),(3,4),(5,2),(5,4)\}$

$M_2 = \{(2,1),(2,3),(2,5),(4,1),(4,3),(4,5)\}$

$M_3 = \{(a,b) \mid a \in \{2,4\} \text{ und } b \in \{1,3,5\}\}$

$M_4 = \{(a,b) \mid a \in A \text{ und } b \in B\}$

$M_5 = \{(a,b) \mid a \in \{1,2,3,4\} \text{ und } b \in A\}$

$M_6 = \{(a,b) \mid a \in B \text{ oder } b \in A\}$

$M_7 = \{(a,b) \mid a \in B \text{ und } b \in \{1,3,5\}\}$

$M_8 = \{1,3,5,2,4\}$

$M_9 = \{(2,3),(2,5),(2,1),(2,4),(4,3),(4,5),(4,1)\}$

$M_{10} = \{(2,1),(4,1),(2,3),(4,3),(2,5),(4,5)\}$

2.18 Aufgabe (76 Lösung)

Bestimmen Sie folgende Intervalle bzw. Mengen, und stellen Sie diese graphisch dar.

(a) $(0,7) \cap [3,5]$

(b) $\left[-3, \frac{13}{2}\right] \cap \mathbb{N}$

(c) $[-2,0) \cup [0,2)$

(d) $(-4,1] \cap [-4,1)$

(e) $(-4,1] \cup [-4,1)$

(f) $(-1,1] \cap [1,2) \cap [0,3]$

(g) $[1,6] \setminus (3,5]$

(h) $(-\infty,2] \cap \mathbb{N}$

(i) $(-\infty,3) \cap [-3,\infty)$

(j) $(-1,\infty) \cup [-2,5]$

2.19 Aufgabe (⟦75⟧Lösung)

Für Mengen $A, B \subseteq \Omega$ wird die Menge

$$A \triangle B = (A \setminus B) \cup (B \setminus A)$$

als symmetrische Differenz von A und B bezeichnet.

(a) Berechnen Sie $A \triangle B$ für

(1) $A = \{-3, -2, -1, 0, 1, 2, 3\}$, $B = \{0, 1, 2, 3\}$

(2) $A = \{a, r, i, e, g\}$, $B = \{h, e, a, t\}$

(3) $A = \{\alpha, \gamma, \Delta, \chi, \kappa, \theta\}$, $B = \{\theta, \eta, \Delta, \Upsilon, \kappa\}$

(b) Zeigen Sie: $A \triangle B = (A \cup B) \setminus (A \cap B)$.

(c) Zeigen Sie: Ist $A \subseteq B$, so gilt $A \triangle B = B \setminus A$

(d) Begründen Sie: $A \triangle B = \emptyset \iff A = B$.

2.6 Lösungen

2.1 Lösung (⟦65⟧Aufgabe)

Die folgenden Mengen sind jeweils identisch:

(a) A_1, A_6, A_9 (b) A_3, A_{10} (c) A_4, A_7 (d) A_5, A_8 (e) A_{11}, A_{12}

2.2 Lösung (⟦65⟧Aufgabe)

(a) Ω_6 (b) Ω_2 (c) Ω_1 (d) Ω_5 (e) Ω_4 (f) Ω_3

2.3 Lösung (⟦65⟧Aufgabe)

B_1, B_3, B_4, B_5.

2.4 Lösung (⟦66⟧Aufgabe)

(a) $\emptyset, \{b\}, \{l\}, \{a\}, \{u\}, \{b,l\}, \{b,a\}, \{b,u\}, \{l,a\}, \{l,u\}, \{a,u\}$.

Insgesamt gibt es elf Teilmengen mit höchstens zwei Elementen.

(b) $\{1,2,3,4\}, \{1,2,3,5\}, \{1,2,4,5\}, \{1,3,4,5\}, \{2,3,4,5\}$.

Insgesamt gibt es fünf Teilmengen mit genau vier Elementen.

(c) $\emptyset, \{\frac{1}{2}\}, \{2\}, \{\frac{9}{4}\}, \{\frac{1}{2},2\}, \{\frac{1}{2},\frac{9}{4}\}, \{2,\frac{9}{4}\}, \{\frac{1}{2},2,\frac{9}{4}\}$.

Insgesamt gibt es acht derartige Teilmengen.

2.5 Lösung (☷Aufgabe)

(a) 3	(c) 0	(e) 5	(g) $2^4 = 16$	(i) $2^0 = 1$
(b) 4	(d) ∞	(f) $2^3 = 8$	(h) $2^2 = 4$	

2.6 Lösung (☷Aufgabe)

Die Mächtigkeit von $\mathcal{P}(T)$ beträgt $|\mathcal{P}(T)| = 2^4 = 16$.

$$\mathcal{P}(T) = \{\emptyset, \{1\}, \{3\}, \{5\}, \{7\},$$
$$\{1,3\}, \{1,5\}, \{1,7\}, \{3,5\}, \{3,7\}, \{5,7\},$$
$$\{1,3,5\}, \{1,3,7\}, \{1,5,7\}, \{3,5,7\}, \{1,3,5,7\}\}$$

2.7 Lösung (☷Aufgabe)

(a) $\{3\}$	(b) $\{-1,0,3\}$	(c) $\{-1,-2,-3\}$	(d) $\emptyset$

2.8 Lösung (☷Aufgabe)

(a) $A \cap B = \{1,7\}$

(b) $A \cup C = \{1,3,4,5,7,8\}$

(c) $A \cap B \cap C = \{1,7\} \cap C = \{7\}$

(d) $A \cup \overline{C} = A \cup \{1,2,3,4,6\} = \{1,2,3,4,5,6,7\}$

(e) $B \cap \overline{C} = B \cap \{1,2,3,4,6\} = \{1,2,6\}$

(f) $C \cup A \cup B = \{1,3,4,5,7,8\} \cup B = \{1,2,3,4,5,6,7,8\} = \Omega$

(g) $B \setminus C = \{1,2,6\}$

(h) $C \setminus B = \{5\}$

(i) $\overline{(A \cup B)} \cap C = \overline{\{1,2,3,4,5,6,7,8\}} \cap C = \emptyset \cap C = \emptyset$

(j) $(A \cup B) \setminus C = \{1,2,3,4,5,6,7,8\} \setminus C = \{1,2,3,4,6\}$

(k) $(B \setminus C) \cap A = \{1,2,6\} \cap A = \{1\}$

(l) $A \cap (A \setminus C) = A \setminus C = \{1,3,4\}$

2.9 Lösung ([67]Aufgabe)

Das Venn-Diagramm sieht folgendermaßen aus:

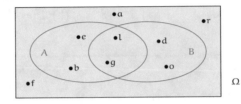

Daraus ergeben sich die Darstellungen der gesuchten Mengen:

(a) $A \cap B$

(b) $B \setminus A$ oder $B \cap \overline{A}$

(c) $A \cup B$

(d) $\overline{B}$

(e) $A \setminus B$ oder $A \cap \overline{B}$

(f) $\overline{A \cup B}$ oder $\overline{A} \cap \overline{B}$

2.10 Lösung ([67]Aufgabe)

(a) $B_1 = \{(i,j) \in \Omega \mid i = 1\} = \{(1,j) \mid j \in \{1, \ldots, 6\}\}$
$= \{(1,1), (1,2), (1,3), (1,4), (1,5), (1,6)\}$

(b) $B_2 = \{(i,j) \in \Omega \mid i = j\} = \{(i,i) \mid i \in \{1, \ldots, 6\}\}$
$= \{(1,1), (2,2), (3,3), (4,4), (5,5), (6,6)\}$

(c) $B_3 = \{(i,j) \in \Omega \mid i + j = 6\} = \{(1,5), (5,1), (2,4), (4,2), (3,3)\}$

(d) $B_4 = \{(i,j) \in \Omega \mid i - j > 0\}$
$= \{(2,1), (3,1), (3,2), (4,1), (4,2), (4,3), (5,1), (5,2), (5,3), (5,4),$
$(6,1), (6,2), (6,3), (6,4), (6,5)\}$

(e) $B_5 = \{(i,j) \in \Omega \mid i < j\}$
$= \{(1,2), (1,3), (1,4), (1,5), (1,6), (2,3), (2,4), (2,5), (2,6),$
$(3,4), (3,5), (3,6), (4,5), (4,6), (5,6)\}$
$= \Omega \setminus (B_2 \cup B_4)$

(f) $B_6 = \{(i,j) \in \Omega \mid i, j \in \{1,3,5\}\}$
$= \{(1,1), (1,3), (1,5), (3,1), (3,3), (3,5), (5,1), (5,3), (5,5)\}$

2.11 Lösung ([67]Aufgabe)

(a) $B_1 \cap B_6 = \{(1,1), (1,3), (1,5)\}$

(b) $B_2 \cup B_4 \cup B_5 = \Omega$

(c) $B_3 \setminus B_4 = \{(1,5),(2,4),(3,3)\}$

(d) $(B_2 \cup B_4) \cap B_1 = (B_2 \cap B_1) \cup (B_4 \cap B_1) = \{(1,1)\} \cup \emptyset = \{(1,1)\}$

(e) $B_2 \cup (B_4 \cap B_1) = B_2 \cup \emptyset = B_2$

(f) $(B_2 \setminus B_4) \cap B_1 = B_2 \cap B_1 = \{(1,1)\}$

(g) $B_4 \setminus B_5 = B_4$, da B_4 und B_5 disjunkt sind.

(h) $(B_1 \cap B_6) \times \{1\} = \{(1,1),(1,3),(1,5)\} \times \{1\} = \{((1,1),1),((1,3),1),((1,5),1)\}$

Diese Menge wird meist mit der Menge $\{(1,1,1),(1,3,1),(1,5,1)\}$ identifiziert.

(i) $\{1\} \times (B_1 \cap B_6) = \{1\} \times \{(1,1),(1,3),(1,5)\} = \{(1,(1,1)),(1,(1,3)),(1,(1,5))\}$

Diese Menge wird meist mit der Menge $\{(1,1,1),(1,1,3),(1,1,5)\}$ identifiziert.

2.12 Lösung (🔢Aufgabe)

Die gesuchten Venn-Diagramme können wie folgt dargestellt werden:

(a) 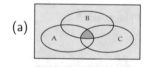 (c) 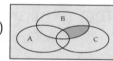 (e)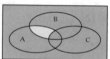

(b)  (d) 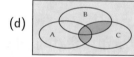 (f)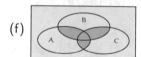

2.13 Lösung (🔢Aufgabe)

(a) $\overline{(A \cup B)}$ oder $\overline{A} \cap \overline{B}$

(b) $\overline{A}$

(c) $A \cap B$

(d) $B \setminus A$

(e) $\overline{(A \cap B)}$ oder $\overline{A} \cup \overline{B}$

(f) $(A \setminus B) \cup (B \setminus A)$ oder $(A \cup B) \setminus (A \cap B)$

2.14 Lösung (🔢Aufgabe)

Die dunkelblau markierten Bereiche illustrieren jeweils die gesuchten Mengen der linken und rechten Seite der Gleichungen.

(a) Wahr:

Linke Seite: 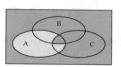   Rechte Seite: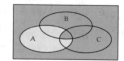

(b) Falsch:

Linke Seite: 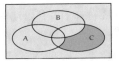   Rechte Seite: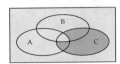

(c) Falsch:

Linke Seite: 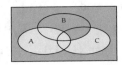   Rechte Seite: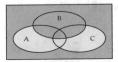

2.15 Lösung (68Aufgabe)

(a) $(\overline{A} \cup C) \cap (\overline{C} \cup A) = [\overline{A} \cap (\overline{C} \cup A)] \cup [C \cap (\overline{C} \cup A)]$
$= [(\overline{A} \cap \overline{C}) \cup (\overline{A} \cap A)] \cup [(C \cap \overline{C}) \cup (A \cap C)]$
$= [(\overline{A} \cap \overline{C}) \cup \emptyset] \cup [\emptyset \cup (A \cap C)] = \overline{(A \cup C)} \cup (A \cap C)$

(b) $(A \setminus B) \cup \overline{(A \cup B)} = (A \cap \overline{B}) \cup (\overline{A} \cap \overline{B}) = \overline{B} \cap (A \cup \overline{A}) = \overline{B} \cap \Omega = \overline{B}$

(c) $\overline{(A \cap B)} \cap \overline{(A \setminus B)} = (\overline{A} \cup \overline{B}) \cap \overline{(A \cap \overline{B})} = (\overline{A} \cup \overline{B}) \cap (\overline{A} \cup B)$
$= \overline{A} \cup (\overline{B} \cap B) = \overline{A} \cup \emptyset = \overline{A}$

(d) $\overline{(\overline{A} \cup \overline{B})} \cup (A \cap \overline{B}) \cup \overline{A} = (A \cap B) \cup (A \cap \overline{B}) \cup \overline{A} = [A \cap (B \cup \overline{B})] \cup \overline{A}$
$= [A \cap \Omega] \cup \overline{A} = A \cup \overline{A} = \Omega$

(e) $[(A \cap B) \cap (A \cap \overline{B})] \cap [(A \cap B) \cup (A \cap \overline{B})] = [A \cap B \cap \overline{B}] \cap [A \cap (B \cup \overline{B})]$
$= [A \cap \emptyset] \cap [A \cap \Omega] = \emptyset \cap A = \emptyset$

(f) $[\underbrace{(\overline{A} \cap C)}_{\subseteq A \cup C} \cup \underbrace{(\overline{C} \cap A)}_{\subseteq A \cup C}] \cup (C \cup A) = A \cup C$

2.16 Lösung (69Aufgabe)

(a) nicht disjunkt: $A \cap B \cap C = \{2\}$

(b) disjunkt und paarweise disjunkt: $A \cap B = B \cap C = C \cap A = A \cap B \cap C = \emptyset$

(c) disjunkt, aber nicht paarweise disjunkt: $A \cap B \cap C \cap D = \emptyset$ und $A \cap B = \{2\}$
bzw. $B \cap C = \{3\}$

(d) disjunkt, aber nicht paarweise disjunkt: $A \cap B \cap C = \emptyset$ und $A \cap B = \{3\}$ bzw.
$B \cap C = \{5\}, A \cap C = \{1\}$

(e) nicht disjunkt: $A \cap B \cap C = \{3\}$

(f) disjunkt, aber nicht paarweise disjunkt: $A \cap B \cap C \cap D = \emptyset$ und $A \cap B = \{3\}$
bzw. $A \cap C = \{3\}, A \cap D = \{1\}, B \cap C = \{3, 5\}, B \cap D = \{4\}, C \cap D = \{6\}$

2.17 Lösung (⑥⑨Aufgabe)

M_2, M_3, M_7 und M_{10}.

2.18 Lösung (⑥⑨Aufgabe)

Die Lösung ist jeweils in rot markiert.

(a) $[3,5]$:

(b) $\{1,2,3,4,5,6\}$:

(c) $[-2,2)$:

(d) $(-4,1)$:

(e) $[-4,1]$:

(f) $\{1\} \cap [0,3] = \{1\}$:

(g) $[1,3] \cup (5,6]$:

(h) $\{1,2\}$:

(i) $[-3,3)$:

(j) $[-2,\infty)$:

2.19 Lösung (⑦⑩Aufgabe)

(a) (1) Für $A = \{-3,-2,-1,0,1,2,3\}$, $B = \{0,1,2,3\}$ gilt $A \bigtriangleup B = \{-3,-2,-1\}$.

(2) Für $A = \{a,r,i,e,g\}$, $B = \{h,e,a,t\}$ gilt $A \bigtriangleup B = \{r,i,g,h,t\}$.

(3) Für $A = \{\alpha,\gamma,\Delta,\chi,\kappa,\theta\}$, $B = \{\theta,\eta,\Delta,\Upsilon,\kappa\}$ gilt $A \bigtriangleup B = \{\alpha,\gamma,\chi,\eta,\Upsilon\}$

(b) Zunächst gilt $A \setminus B = A \cap \overline{B}$. Damit folgt mit Hilfe der ⁵⁷Distributivgesetze für Mengen:

$$
\begin{aligned}
A \triangle B &= (A \setminus B) \cup (B \setminus A) \\
&= (A \cap \overline{B}) \cup (B \cap \overline{A}) \\
&= [(A \cap \overline{B}) \cup B] \cap [(A \cap \overline{B}) \cup \overline{A}] \\
&= [(A \cup B) \cap \underbrace{(\overline{B} \cup B)}_{=\Omega}] \cap [\underbrace{(A \cup \overline{A})}_{=\Omega} \cap (\overline{B} \cup \overline{A})] \\
&= (A \cup B) \cap (\overline{B} \cup \overline{A}) \\
&\overset{(\clubsuit)}{=} (A \cup B) \cap (\overline{B \cap A}) \\
&= (A \cup B) \setminus (A \cap B).
\end{aligned}
$$

In $(\clubsuit)$ wird eine ⁵⁷de Morgansche Regel verwendet.

(c) Ist $A \subseteq B$, so gilt zunächst $A \cup B = B$ und $A \cap B = A$. Nach Aufgabenteil (b) folgt daraus sofort $A \triangle B = B \setminus A$.

(d) Gilt $A = B$, so folgt mit Aufgabenteil (c) die Aussage $A \triangle B = \emptyset$. Sei nun $A \triangle B = \emptyset$. Dann folgt aus der Definition des symmetrischen Differenz

$$
(A \setminus B) \cup (B \setminus A) = \emptyset.
$$

Daher müssen $A \setminus B$ und $B \setminus A$ beide Mengen leer sein. Es gibt daher kein Element in A, das nicht in B wäre. Entsprechend gibt es kein Element in B, das nicht in A wäre. Also muss $A = B$ gelten.

Kapitel 3

Elementare Rechenoperationen

3.1 Bruchrechnung

In ⏎Abschnitt 1.2 wurden Brüche $\frac{a}{b}$ als alternative Schreibweise für Quotienten $a : b$ eingeführt. Im Folgenden werden Eigenschaften und Rechenregeln für den Umgang mit Brüchen vorgestellt, die u.a. auch die Berechnung von Termen erleichtern. Aus diesen Regeln resultieren z.B. die Umformungen

$$\left(\frac{3}{7} + \frac{5}{3}\right)\left(\frac{1}{2} + \frac{5}{11}\right) = \frac{9 + 35}{21} \cdot \frac{21}{22} = 2, \qquad \frac{x^2 + 2x + 1}{x^3 + x^2 - x - 1} = \frac{1}{x - 1}.$$

Eigenschaften von Brüchen

Zwei scheinbar verschiedene Brüche können die selbe Zahl repräsentieren. Ein einfaches Beispiel sind $\frac{8}{2}$ und $\frac{12}{3}$, die jeweils die Zahl 4 darstellen.

> ▶ **Regel (Gleichheit von Brüchen)**
>
> Für Zahlen a_1, a_2, b_1, b_2 mit $b_1, b_2 \neq 0$ sind die Brüche $\frac{a_1}{b_1}$ und $\frac{a_2}{b_2}$ genau dann gleich, wenn die Produkte $a_1 b_2$ und $a_2 b_1$ gleich sind, d.h.
>
> $$\frac{a_1}{b_1} = \frac{a_2}{b_2} \quad \Longleftrightarrow \quad a_1 b_2 = a_2 b_1.$$

3.1 Beispiel

(i) $\frac{3}{21} = \frac{1}{7}$, denn $3 \cdot 7 = 21 = 1 \cdot 21$

(ii) $\frac{2a}{4ab} = \frac{1}{2b}$, denn $2a \cdot 2b = 4ab = 1 \cdot 4ab$

(iii) $\frac{x^2 + x}{3x + 3} = \frac{x}{3}$, denn $(x^2 + x) \cdot 3 = 3x^2 + 3x = x \cdot (3x + 3)$ ✗

Zwei Brüche, die die selbe Zahl repräsentieren, können durch Erweitern oder Kürzen ineinander überführt werden.

© Springer-Verlag GmbH Deutschland, ein Teil von Springer Nature 2018
E. Cramer und J. Nešlehová, *Vorkurs Mathematik*, EMIL@A-stat,
https://doi.org/10.1007/978-3-662-57494-2_3

> **Regel (Erweitern und Kürzen von Brüchen)**
>
> Für Zahlen a, b, k mit $b, k \neq 0$ gilt
>
> $$\frac{a}{b} = \frac{k \cdot a}{k \cdot b}.$$
>
> Wird dieser Vorgang von links nach rechts durchgeführt, heißt er Erweitern der Bruchs. Wird er von rechts nach links ausgeführt, heißt die Operation Kürzen des Bruchs.

3.2 Beispiel

(i) $\frac{7}{14}$ gekürzt mit 7: $\frac{7}{14} = \frac{7 \cdot 1}{7 \cdot 2} = \frac{1}{2}$

(ii) $\frac{3}{4}$ erweitert mit 5: $\frac{3}{4} = \frac{5 \cdot 3}{5 \cdot 4} = \frac{15}{20}$

(iii) $\frac{1}{5}$ erweitert mit $x + 1$: $\frac{1}{5} = \frac{1 \cdot (x+1)}{5 \cdot (x+1)} = \frac{x+1}{5x+5}$

(iv) $\frac{8x}{12y}$ gekürzt mit 4: $\frac{8x}{12y} = \frac{4 \cdot 2x}{4 \cdot 3y} = \frac{2x}{3y}$

(v) $\frac{8x}{12y}$ gekürzt mit 2: $\frac{8x}{12y} = \frac{2 \cdot 4x}{2 \cdot 6y} = \frac{4x}{6y}$

(vi) $\frac{x}{x+1}$ erweitert mit $2(x-1)$: $\frac{x}{x+1} = \frac{x \cdot 2(x-1)}{(x+1) \cdot 2(x-1)} = \frac{2(x^2 - x)}{2(x+1)(x-1)} = \frac{2x^2 - 2x}{2x^2 - 2}$, wobei bei der letzten Umformung die dritte binomische Formel benutzt wurde.

(vii) Mit der dritten binomischen Formel $a^2 - b^2 = (a-b)(a+b)$ kann im Zähler und Nenner des folgenden Bruchs jeweils der Faktor $a + b$ ausgeklammert und anschließend gekürzt werden:

$$\frac{a^2 - b^2}{2a + 2b} = \frac{(a-b)(a+b)}{2(a+b)} = \frac{a-b}{2}. \qquad \times$$

Ist $\frac{a}{b}$ ein Bruch ganzer Zahlen $a, b \in \mathbb{Z}$ und kann kein ganzzahliger Faktor außer 1 gekürzt werden, so heißt der Bruch $\frac{a}{b}$ vollständig gekürzt. Diese Form wird i.Allg. bei der Darstellung von Brüchen angestrebt, da sie bei weiteren Rechnungen in der Regel einfacher handhabbar ist. Eine analoge Strategie wird verfolgt, wenn Zähler und Nenner des Bruchs Terme sind.

3.3 Beispiel

(i) $\frac{2x-2}{x^2-1} = \frac{2(x-1)}{(x-1)(x+1)} = \frac{2}{x+1}$

(ii) $\frac{x-1}{x^2-x} = \frac{x-1}{x(x-1)} = \frac{1}{x}$

(iii) $\frac{48a+8b}{72} = \frac{8(6a+b)}{8 \cdot 9} = \frac{6a+b}{9}$

(iv) $\frac{9a^2 - 6ax + x^2}{24a - 8x} = \frac{(3a-x)^2}{8(3a-x)} = \frac{(3a-x)(3a-x)}{8(3a-x)} = \frac{3a-x}{8}$

(v) $\frac{50a^2 + 60ab + 18b^2}{75a^2 - 27b^2} = \frac{2(5a+3b)(5a+3b)}{3(5a+3b)(5a-3b)} = \frac{2(5a+3b)}{3(5a-3b)} = \frac{10a+6b}{15a-9b} \qquad \times$

Der folgende Hinweis zeigt einen häufig zu beobachtenden Fehler beim Kürzen.

> **Hinweis (Fehlerquelle beim Kürzen)**
> Für $c \neq 0$ ist
> $$\frac{k \cdot a + c}{k \cdot b} = \frac{\cancel{k} \cdot a + c}{\cancel{k} \cdot b} \longrightarrow \frac{a + c}{b}$$
> ein häufig auftretender Fehler beim Kürzen.

Stimmten nämlich die linke und rechte Seite überein, müsste gelten

$$\frac{k \cdot a + c}{k \cdot b} = \frac{a + c}{b} \iff (k \cdot a + c)b = (k \cdot b)(a + c)$$

$$\iff k \cdot a \cdot b + c \cdot b = k \cdot b \cdot a + k \cdot b \cdot c$$

$$\iff c \cdot b = k \cdot b \cdot c$$

$$\iff k = 1,$$

d.h. Gleichheit gilt nur für $k = 1$. Der Fall $b = 0$ ist ausgeschlossen, da b im Nenner des Bruchs steht. Der Wert $c = 0$ ist nach Voraussetzung ausgeschlossen.

Kürzen von Brüchen, Primfaktorzerlegung, größter gemeinsamer Teiler

Zum Kürzen von Brüchen mit ganzzahligem Zähler und Nenner ist es oft nützlich, die Primfaktorzerlegung einer natürlichen Zahl zu ermitteln. Eine **Primzahl** p ist eine natürliche Zahl, die nur durch sich selbst und durch Eins ohne Rest teilbar ist. Die ersten Primzahlen sind

$$2, 3, 5, 7, 11, 13, 17, 19, 23, 29, \ldots$$

Jede natürliche Zahl (und damit auch jede ganze Zahl) kann in ein Produkt von Primzahlen (so genannte Primfaktoren) zerlegt werden, d.h. jedes $n \in \mathbb{N}$ hat (bis auf Vertauschung) eine eindeutige Darstellung in Primfaktoren $p_1, \ldots, p_m$:

$$n = p_1 \cdot p_2 \cdot \ldots \cdot p_m.$$

3.4 Beispiel

Die Primfaktorzerlegungen von $4, 8, 14, 36, 42, 132$ und $3\,003$ sind gegeben durch:

- $4 = 2 \cdot 2,$
- $36 = 2 \cdot 2 \cdot 3 \cdot 3,$
- $3\,003 = 3 \cdot 7 \cdot 11 \cdot 13.$
- $8 = 2 \cdot 2 \cdot 2,$
- $42 = 2 \cdot 3 \cdot 7,$
- $14 = 2 \cdot 7,$
- $132 = 2 \cdot 2 \cdot 3 \cdot 11,$

Der größte gemeinsame Teiler zweier natürlicher Zahlen n, m ergibt sich aus der Primfaktorzerlegung beider Zahlen, indem die jeweils gleichen Faktoren ermittelt werden. Das Produkt dieser Faktoren ist der mit $\mathrm{ggT}(n, m)$ bezeichnete **größte gemeinsame Teiler**. Der größte gemeinsame Teiler von Zähler und Nenner ist daher die größte Zahl, mit der der Bruch gekürzt werden kann. Nach Ausführung des Kürzens resultiert die vollständig gekürzte Version des Bruchs.

Für die Zahlen 42 und 4 ergibt sich aus $42 = 2 \cdot 3 \cdot 7$ und $4 = 2 \cdot 2$ der größte gemeinsame Teiler $\mathrm{ggT}(42, 4) = 2$. Also ist $\frac{42}{4} = \frac{2 \cdot 21}{2 \cdot 2} = \frac{21}{2}$, und $\frac{21}{2}$ ist die vollständig gekürzte Version des Bruchs $\frac{42}{4}$.

3.5 Beispiel

(i) $34 = 2 \cdot 17$ und $51 = 3 \cdot 17$, d.h. $\mathrm{ggT}(34, 51) = 17$ und $\frac{34}{51} = \frac{2 \cdot \cancel{17}}{3 \cdot \cancel{17}} = \frac{2}{3}$

(ii) $12 = 2 \cdot 2 \cdot 3$ und $6 = 2 \cdot 3$, d.h. $\mathrm{ggT}(12, 6) = 2 \cdot 3 = 6$ und $\frac{12}{6} = \frac{2 \cdot \cancel{6}}{1 \cdot \cancel{6}} = \frac{2}{1} = 2$

(iii) $294 = 2 \cdot 3 \cdot 7 \cdot 7$ und $63 = 3 \cdot 3 \cdot 7$, d.h. $\mathrm{ggT}(294, 63) = 3 \cdot 7 = 21$ und
$\frac{294}{63} = \frac{2 \cdot \cancel{3} \cdot \cancel{7} \cdot 7}{\cancel{3} \cdot 3 \cdot \cancel{7}} = \frac{14}{3}$ ✗

Zur Vereinfachung des Bruchs durch Kürzen ist es nicht zwingend erforderlich, die Primfaktorzerlegung zu ermitteln. Vielmehr kann der Bruch auch durch sukzessives Kürzen nach und nach vereinfacht werden. Dazu sind die Teilbarkeitsregeln in ⊞Übersicht 3.1 nützlich.

3.1 Übersicht (Teilbarkeit natürlicher Zahlen)

Eine natürliche Zahl ist durch

- ❯ 2 teilbar, wenn sie gerade ist, d.h. wenn die Endziffer durch 2 teilbar ist.

- ❯ 3 teilbar, wenn ihre Quersumme durch 3 teilbar ist. Die Quersumme einer Zahl ist die Summe ihrer Ziffern.

- ❯ 4 teilbar, wenn die aus den letzten beiden Ziffern gebildete Zahl durch 4 teilbar ist.

- ❯ 5 teilbar, wenn die letzte Ziffer eine 0 oder eine 5 ist.

- ❯ 6 teilbar, wenn die Zahl gerade und ihre Quersumme durch 3 teilbar ist.

- ❯ 8 teilbar, wenn die aus den letzten drei Ziffern gebildete Zahl durch 8 teilbar ist.

- ❯ 9 teilbar, wenn ihre Quersumme durch 9 teilbar ist.

3.6 Beispiel

(i) Die Zahl 258 ist gerade und somit durch 2 teilbar: $258 = 2 \cdot 129$. Der Faktor 129 hat die Quersumme $1 + 2 + 9 = 12$ und ist somit durch 3 teilbar: $129 = 3 \cdot 43$, wobei 43 eine Primzahl ist. Also gilt $258 = 2 \cdot 3 \cdot 43$.

(ii) Für Zähler und Nenner des Bruchs $\frac{315}{234}$ folgt aus der Quersummenregel die Teilbarkeit durch 9, denn $3 + 1 + 5 = 9 = 2 + 3 + 4$. Somit gilt $\frac{315}{234} = \frac{\cancel{9} \cdot 35}{\cancel{9} \cdot 26} = \frac{35}{26}$.

(iii) $\frac{4\,328}{2\,736} = \frac{\cancel{2}\cdot 2\,164}{\cancel{2}\cdot 1\,368} = \frac{\cancel{2}\cdot 1\,082}{\cancel{2}\cdot 684} = \frac{\cancel{2}\cdot 541}{\cancel{2}\cdot 342} = \frac{541}{2\cdot 3\cdot 3\cdot 19}$. Da 541 weder durch 2 noch durch 3 teilbar ist, bleibt nur zu prüfen, ob 19 ein Teiler von 541 ist. Da dies nicht der Fall ist ($541 = 28\cdot 19 + 9$), ist $\frac{541}{342}$ der vollständig gekürzte Bruch zu $\frac{4\,328}{2\,736}$ (541 ist eine Primzahl).   ✗

3.7 Beispiel

Die folgende Tabelle demonstriert wie die Teilbarkeitsregeln auf einige Zahlen angewendet werden.

Zahl	2		3		4		5		6		8		9	
	⋆		⋆		⋆		⋆		⋆		⋆		⋆	
324	4	✓	9	✓	24	✓	4	-		✓	324	-	9	✓
1 325	5	-	11	-		-	5	✓		-		-	11	-
2 718	8	✓	18	✓	18	-	8	-		✓		-	18	✓
5 457	7	-	21	✓		-	7	-		-		-	21	-
8 260	0	✓	16	-	60	✓	0	✓		-	260	-	16	-
15 264	4	✓	18	✓	64	✓	4	-		✓	264	✓	18	✓

⋆ markiert jeweils die Spalte, in der das zugehörige Teilbarkeitskriterium notiert ist. Die Teilbarkeit durch 6 ist gegeben, wenn die Zahl gleichzeitig durch 2 und 3 teilbar ist. Daher bleibt die ⋆-Spalte hier leer.   ✗

Rechnen mit Brüchen

Im Folgenden werden Rechenregeln für Brüche vorgestellt. Zunächst werden Addition und Subtraktion betrachtet.

> ▷ **Regel (Addition und Subtraktion von Brüchen mit gleichem Nenner)**
>
> Für Zahlen a_1, a_2, b mit $b \neq 0$ gilt
>
> $$\frac{a_1}{b} + \frac{a_2}{b} = \frac{a_1 + a_2}{b} \qquad \text{und} \qquad \frac{a_1}{b} - \frac{a_2}{b} = \frac{a_1 - a_2}{b}.$$
>
> Brüche mit gleichem Nenner werden addiert (bzw. subtrahiert), indem die Zähler addiert (bzw. subtrahiert) werden.

3.8 Beispiel

Die folgenden Terme werden durch geeignete Umformungen vereinfacht.

(i) $\frac{5}{3} - \frac{2}{3} = \frac{5-2}{3} = \frac{3}{3} = 1$

(ii) $\frac{3}{5} - \frac{4}{5} = \frac{3-4}{5} = -\frac{1}{5}$

(iii) $\frac{8}{7} + \frac{a}{7} - \frac{3}{7} = \frac{8+a-3}{7} = \frac{5+a}{7}$

(iv) $\frac{1}{x+1} + \frac{x}{x+1} = \frac{x+1}{x+1} = 1$

(v) $\frac{x^2}{x+y} - \frac{y^2}{x+y} = \frac{x^2-y^2}{x+y} = \frac{(x+y)(x-y)}{x+y} = x - y$ ✗

Brüche mit verschiedenen Nennern werden durch geschicktes Erweitern auf den gleichen Nenner (den so genannten **Hauptnenner**) gebracht und anschließend addiert bzw. subtrahiert:

$$\frac{a_1}{b_1} + \frac{a_2}{b_2} = \frac{a_1 \cdot b_2}{b_1 \cdot b_2} + \frac{b_1 \cdot a_2}{b_1 \cdot b_2} = \frac{a_1 b_2 + a_2 b_1}{b_1 b_2}.$$

> ▶ **Regel (Addition und Subtraktion von Brüchen mit evtl. ungleichen Nennern)**
>
> Für Zahlen a_1, a_2, b_1, b_2 mit $b_1, b_2 \neq 0$ gilt
>
> $$\frac{a_1}{b_1} + \frac{a_2}{b_2} = \frac{a_1 b_2 + a_2 b_1}{b_1 b_2} \qquad \text{und} \qquad \frac{a_1}{b_1} - \frac{a_2}{b_2} = \frac{a_1 b_2 - a_2 b_1}{b_1 b_2}.$$

3.9 Beispiel

(i) $\frac{3}{8} + \frac{2}{3} = \frac{3 \cdot 3 + 2 \cdot 8}{8 \cdot 3} = \frac{9 + 16}{24} = \frac{25}{24}$

(ii) $\frac{x}{14} + \frac{2x}{7} - \frac{x}{2} = \frac{x + 4x - 7x}{14} = \frac{-2x}{14} = -\frac{x}{7}$

(iii) $\frac{2}{b} + \frac{5}{a} = \frac{2a + 5b}{ab}$

(iv) $\frac{x}{x+1} - \frac{x}{x-1} = \frac{x(x-1) - x(x+1)}{(x-1)(x+1)} = \frac{x^2 - x - x^2 - x}{x^2 - 1} = -\frac{2x}{x^2 - 1}$

(v) $\frac{2x}{2x+1} - \frac{2x-1}{2x} = \frac{(2x)^2 - (2x-1)(2x+1)}{(2x+1)2x} = \frac{4x^2 - (4x^2 - 1)}{2x(2x+1)} = \frac{1}{2x(2x+1)}$

(vi) $\frac{a}{a-b} - \frac{b}{a+b} = \frac{a(a+b) - b(a-b)}{(a-b)(a+b)} = \frac{a^2 + ab - ba + b^2}{(a-b)(a+b)} = \frac{a^2 + b^2}{a^2 - b^2}$

(vii) $\frac{4ab}{2a^2 - 2b^2} + \frac{a-b}{a+b} = \frac{\cancel{2} \cdot 2ab}{\cancel{2}(a-b)(a+b)} + \frac{a-b}{a+b} = \frac{2ab}{(a-b)(a+b)} + \frac{a-b}{a+b} = \frac{2ab + (a-b)^2}{(a-b)(a+b)}$ ✗

$\qquad = \frac{a^2 + b^2}{a^2 - b^2}$

Die obige Vorgehensweise erzeugt durch Multiplikation der Nenner den Hauptnenner und mittels des Erweiterungsverfahrens die gewünschten Brüche. Dies ist jedoch nicht immer notwendig bzw. sinnvoll. Oft findet sich ein kleinerer Hauptnenner, das so genannte kleinste gemeinsame Vielfache.

3.10 Beispiel

(i) Es gilt $\frac{7}{6} + \frac{2}{3} = \frac{7}{6} + \frac{2 \cdot 2}{2 \cdot 3} = \frac{7}{6} + \frac{4}{6} = \frac{11}{6}$, da 6 ein Vielfaches von 3 ist.

(ii) $\frac{5}{28} + \frac{8}{21} = \frac{3 \cdot 5}{84} + \frac{4 \cdot 8}{84} = \frac{47}{84}$, denn $84 : 28 = 3$ und $84 : 21 = 4$.

(iii) $\frac{6}{x^2 - 4} - \frac{4x}{x+2} = \frac{6}{x^2 - 4} - \frac{4x(x-2)}{x^2 - 4} = \frac{-4x^2 + 8x + 6}{x^2 - 4}$, denn $x^2 - 4 = (x-2)(x+2)$ ✗

Die Multiplikation von Brüchen wird folgendermaßen ausgeführt.

> **Regel (Multiplikation von Brüchen)**
>
> Für Zahlen a_1, a_2, b_1, b_2 mit $b_1, b_2 \neq 0$ wird das Produkt zweier Brüche berechnet gemäß
> $$\frac{a_1}{b_1} \cdot \frac{a_2}{b_2} = \frac{a_1 \cdot a_2}{b_1 \cdot b_2}.$$
> Zwei Brüche werden multipliziert, indem jeweils Zähler und Nenner multipliziert werden.

3.11 Beispiel

Die Verwendung der obigen Multiplikationsregel führt zu folgenden Vereinfachungen:

(i) $\frac{1}{3} \cdot \frac{5}{7} = \frac{1 \cdot 5}{3 \cdot 7} = \frac{5}{21}$

(ii) $\frac{2}{x} \cdot \frac{3z}{2} = \frac{2 \cdot 3z}{x \cdot 2} = \frac{6z}{2x} = \frac{3z}{x}$

(iii) $\frac{x-1}{2} \cdot \frac{4}{x^2-1} = \frac{4(x-1)}{2(x-1)(x+1)} = \frac{2}{x+1}$

Da jede Zahl c als Bruch $\frac{c}{1}$ geschrieben werden kann, ergibt sich daraus sofort die Regel

$$c \cdot \frac{a}{b} = \frac{c}{1} \cdot \frac{a}{b} = \frac{c \cdot a}{b}.$$

Aus dieser Gleichung ergibt sich mit der Wahl $a = 1$ eine Rechenregel für den Bruch $\frac{c}{b}$:

$$c : b = \frac{c}{b} = \frac{c \cdot 1}{b} = c \cdot \frac{1}{b},$$

d.h. die Division einer Zahl c durch eine Zahl b ist gleich dem Produkt von c und $\frac{1}{b}$. Die Zahl $\frac{1}{b}$ heißt **Kehrwert** von b. Daraus ergibt sich unmittelbar die Regel

$$\frac{c}{a} : b = \frac{c}{a} \cdot \frac{1}{b} = \frac{c}{a \cdot b}.$$

Eine Kombination dieser Regeln ergibt folgende Rechenregel für die Division von Brüchen, wobei $\frac{b}{a}$ den Kehrwert des Bruchs $\frac{a}{b}$ bezeichnet (Zähler und Nenner werden also vertauscht).

> **Regel (Division von Brüchen)**
>
> Für Zahlen a_1, a_2, b_1, b_2 mit $a_2, b_1, b_2 \neq 0$ gilt
> $$\frac{a_1}{b_1} : \frac{a_2}{b_2} = \frac{\frac{a_1}{b_1}}{\frac{a_2}{b_2}} = \frac{a_1}{b_1} \cdot \frac{b_2}{a_2} = \frac{a_1 b_2}{a_2 b_1}.$$
> Die Division zweier Brüche ist das Produkt des ersten Bruchs und des Kehrwerts des zweiten Bruchs.

Bei der Multiplikation bzw. Division von Brüchen ist es i.Allg. sinnvoll, vor deren Ausführung die jeweiligen Zähler und Nenner hinsichtlich möglicher Kürzungen zu prüfen. Dies vereinfacht nachfolgende Rechnungen unter Umständen erheblich, wie das folgende Beispiel zeigt:

$$\frac{7}{8} : \frac{21}{10} = \frac{7}{8} \cdot \frac{10}{21} = \frac{7 \cdot 10}{8 \cdot 21} = \frac{\cancel{7} \cdot \cancel{2} \cdot 5}{\cancel{2} \cdot 4 \cdot 3 \cdot \cancel{7}} = \frac{5}{12} \quad \text{bzw.} \quad \frac{7}{8} : \frac{21}{10} = \frac{7 \cdot 10}{8 \cdot 21} = \frac{70}{168}.$$

3.12 Beispiel

(i) $\frac{1}{6} : \frac{3}{2} = \frac{1}{6} \cdot \frac{2}{3} = \frac{1}{3} \cdot \frac{1}{3} = \frac{1}{9}$

(ii) $\frac{5}{3} : \frac{10}{9} = \frac{5}{3} \cdot \frac{9}{10} = \frac{45}{30} = \frac{\cancel{15} \cdot 3}{\cancel{15} \cdot 2} = \frac{3}{2}$

(Alternativ: $\frac{5}{3} : \frac{10}{9} = \frac{5}{3} \cdot \frac{9}{10} = \frac{\cancel{5} \cdot \cancel{3} \cdot 3}{\cancel{3} \cdot 2 \cdot \cancel{5}} = \frac{3}{2}$)

(iii) $\frac{6ab}{7} : \frac{b}{3} = \frac{6ab}{7} \cdot \frac{3}{b} = \frac{18a}{7}$

(iv) $\frac{x-1}{2} : \frac{x-1}{3} = \frac{x-1}{2} \cdot \frac{3}{x-1} = \frac{3}{2}$ ✗

3.13 Beispiel

(i) $\frac{x+y}{(x-y)^2} \cdot \frac{x^2-y^2}{2xy} : \frac{5x+5y}{x-y} = \frac{x+y}{\cancel{(x-y)}\cancel{(x-y)}} \cdot \frac{\cancel{(x-y)}(x+y)}{2xy} \cdot \frac{x-y}{5\cancel{(x+y)}} = \frac{x+y}{10xy}$

(ii) $\left(\frac{a+3}{a+1} + \frac{a+3}{2} \right) : \frac{a^2+3a}{(a+1)^3} - \frac{(a+1)^2}{2}$

$= \frac{2(a+3)+(a+1)(a+3)}{2(a+1)} \cdot \frac{(a+1)^3}{a^2+3a} - \frac{(a+1)^2}{2}$

$= \frac{(a+3)^2}{2(a+1)} \cdot \frac{(a+1)^3}{a(a+3)} - \frac{(a+1)^2}{2} = \frac{(a+3)(a+1)^2}{2a} - \frac{(a+1)^2}{2}$

$= \frac{(a+3)(a+1)^2 - a(a+1)^2}{2a} = \frac{3(a+1)^2}{2a}$

(iii) $\frac{(2-x)^2}{x^2-5x+6} = \frac{(2-x)\cancel{/}}{\cancel{(2-x)}(3-x)} = \frac{2-x}{3-x} = \frac{x-2}{x-3}$ ✗

Aufgaben zum Üben in Abschnitt 3.1

[96]Aufgabe 3.1 – [98]Aufgabe 3.7

3.2 Potenzen

Die Addition identischer Zahlen wurde vereinfachend zur Multiplikation zusammengefasst. Analog wird die Multiplikation identischer Zahlen $a \cdot \ldots \cdot a$ als Potenz a^n mit einem Exponenten n geschrieben, der die Anzahl von Faktoren angibt.

> **Definition (Potenzen)**
>
> Für Zahlen $a \in \mathbb{R}$ und $n \in \mathbb{N}$ wird die n-te Potenz von a definiert als
>
> $$a^n = \underbrace{a \cdot a \cdot \ldots \cdot a}_{n-\text{mal}}.$$
>
> Die Zahl a heißt **Basis**, n heißt **Exponent**. Die Verknüpfung wird als Potenzieren bezeichnet.

Erweiterungen für Potenzen a^x mit ganzzahligem bzw. [89]rationalem und [91]reellem Exponenten x werden im Folgenden ebenfalls eingeführt. Von besonderer Bedeutung ist die Basis $e = 2{,}7182\ldots$ mit der Eulerschen Zahl e, die u.a. zur Definition der [165]Exponentialfunktion verwendet wird.

3.14 Beispiel

(i) $5^2 = 5 \cdot 5 = 25$

(ii) $2^5 = 2 \cdot 2 \cdot 2 \cdot 2 \cdot 2 = 32$

(iii) $5^3 = 5 \cdot 5 \cdot 5 = 125$

(iv) $(-3)^3 = (-3) \cdot (-3) \cdot (-3) = -27$

(v) $(-3)^4 = (-3) \cdot (-3) \cdot (-3) \cdot (-3)$
$ = 81$

(vi) $-3^4 = -(3 \cdot 3 \cdot 3 \cdot 3) = -81$

(vii) $2{,}3^3 = 2{,}3 \cdot 2{,}3 \cdot 2{,}3 = 12{,}167$

(viii) $(\frac{11}{10})^3 = \frac{11}{10} \cdot \frac{11}{10} \cdot t\frac{11}{10}$
$\phantom{(\frac{11}{10})^3} = \frac{1331}{1000} = 1{,}331$

(ix) $(2^2)^3 = (2 \cdot 2)^3 = 4^3 = 64$

(x) $2^{(2^3)} = 2^{2 \cdot 2 \cdot 2} = 2^8 = 256$

✗

Aus diesen Zahlenbeispielen können bereits einige Schlussfolgerungen für das Rechnen mit Potenzen abgeleitet werden. Aus den Beispielen (i) und (ii) folgt, dass bei der Potenzbildung Exponent und Basis nicht vertauscht werden dürfen, d.h. i.Allg. gilt $a^n \neq n^a$. Die Beispiele (ix) und (x) zeigen, dass beim Potenzieren die Reihenfolge der Ausführung bedeutsam ist, d.h. i.Allg. gilt $(a^n)^m \neq a^{(n^m)}$. Wird die Reihenfolge der Auswertung daher nicht durch Klammer festgelegt, wird die Vereinbarung

$$a^{n^m} = a^{(n^m)}$$

getroffen. Die Klammern in (iv) sind wichtig, denn $-a^n$ wird als $-(a^n)$ verstanden, so dass i.Allg. $-a^n \neq (-a)^n$. Das Vorzeichen in $-a^n$ gehört zur gesamten Potenz und nicht zur Basis (vgl. auch (v), (vi)).

Die Potenzbildung wird nun auf ganzzahlige Exponenten erweitert.

> **Definition (Potenzen mit negativen Exponenten und Exponent Null)**
>
> Für $a \in \mathbb{R} \setminus \{0\}$ und $n \in \mathbb{N}$ wird definiert
>
> $$a^{-n} = \frac{1}{a^n}, \qquad a^0 = 1.$$

Außerdem wird $0^0 = 1$ definiert, obwohl $0^n = 0$ für alle $n \in \mathbb{N}$ gilt. Diese Abweichung erweist sich für weitere Überlegungen als nützlich.

3.15 Beispiel

Für folgende Potenzen mit negativem Exponenten ergibt sich:

(i) $3^{-2} = \frac{1}{3^2} = \frac{1}{9}$ (iii) $\frac{1}{3^{-2}} = \frac{1}{1/9} = 9$

(ii) $\left(-\frac{1}{3}\right)^{-2} = \frac{1}{(-1/3)^2} = \frac{1}{1/9} = 9$ (iv) $(-3)^{-2} = \frac{1}{(-3)^2} = \frac{1}{9}$ ✗

Für das Rechnen mit Potenzen gelten die Potenzgesetze.

> ### ▸ Regel (Potenzgesetze)
>
> Für $a, b \in \mathbb{R} \setminus \{0\}$ und $n, m \in \mathbb{Z}$ gilt:
>
> ① $a^n \cdot a^m = a^{n+m}$ ④ $\dfrac{a^n}{b^n} = \left(\dfrac{a}{b}\right)^n$
>
> ② $\dfrac{a^n}{a^m} = a^{n-m}$ ⑤ $(a^m)^n = a^{m \cdot n}$
>
> ③ $a^n \cdot b^n = (a \cdot b)^n$

3.16 Beispiel

Die folgenden Beispiele illustrieren die Anwendung der Potenzgesetze.

(i) $3^3 \cdot 3^2 = 3^{3+2} = 3^5 = 243$

(ii) $5^2 \cdot 5^{4n} = 5^{2+4n} = 5^{2(1+2n)} = (5^2)^{1+2n} = 25^{1+2n}$

(iii) $x^2 \cdot x^3 = x^{2+3} = x^5$

(iv) $\frac{5^6}{5^4} = 5^{6-4} = 5^2 = 25$

(v) $\frac{x^{4n}}{x^8} = x^{4n-8} = x^{4(n-2)}$

(vi) $\frac{(-4)^2}{(-a)^2} = \left(\frac{-4}{-a}\right)^2 = \left(\frac{4}{a}\right)^2$

(vii) $2^3(x+1)^3 = [2(x+1)]^3 = (2x+2)^3$

(viii) $(x^{n+1})^2 = x^{2(n+1)} = x^{2n+2}$

(ix) $4(a+b)^2 = 2^2(a+b)^2 = (2a+2b)^2$

(x) Aus $(a-b)^3 = (-(b-a))^3 = (-1)^3 \cdot (b-a)^3 = -(b-a)^3$ folgt
$\frac{(b-a)^2}{(a-b)^3} = \frac{(b-a)^2}{-(b-a)^3} = -\frac{1}{b-a} = \frac{1}{a-b}$ ✗

Diese Gesetze gelten auch für Potenzen mit ㊱rationalen und ㊿reellen Exponenten. Mit Hilfe der Potenzgesetze können komplizierte Terme häufig einfacher dargestellt werden.

3.17 Beispiel

(i) $\frac{x^{n+1}x^{2n-1}y^3}{x^{3n-2}y} = \frac{x^{3n}y^3}{x^{3n-2}y} = x^{3n-(3n-2)}y^{3-1} = x^{3n-3n+2}y^2 = x^2y^2 = (xy)^2$

(ii) $\left(\frac{2x^2y^n}{4x^n}\right)^3 \left(\frac{x^{n+1}y^{2n-1}}{3x}\right)^2 : \left(\frac{3x^{n-1}y^{n+1}}{(xy)^{2n}}\right)^{-2}$

$= \left(\frac{y^n}{2x^{n-2}}\right)^3 \left(\frac{x^ny^{2n-1}}{3}\right)^2 \left(\frac{3x^{n-1}y^{n+1}}{x^{2n}y^{2n}}\right)^2$

$= \left(\frac{y^n}{2x^{n-2}}\right)^3 \left(\frac{x^ny^{2n-1}3x^{n-1}y^{n+1}}{3x^{2n}y^{2n}}\right)^2$

$= \left(\frac{y^n}{2x^{n-2}}\right)^3 \left(\frac{3x^{2n-1}y^{3n}}{3x^{2n}y^{2n}}\right)^2 = \frac{y^{3n}}{2^3x^{3n-6}}\left(\frac{y^n}{x}\right)^2$

$= \frac{y^{3n}}{8x^{3n-6}}\frac{y^{2n}}{x^2} = \frac{y^{5n}}{8x^{3n-4}}$

(iii) $\frac{v^2-2v^3-4v^4}{3v^5-v^3-7v^2} = \frac{v^2(1-2v-4v^2)}{v^2(3v^3-v-7)} = \frac{1-2v-4v^2}{3v^3-v-7}$ ✗

Die Umkehrung des Potenzierens

Wie bei Addition und Multiplikation gibt es auch eine Umkehroperation zum Potenzieren. Hierbei ist zu beachten, dass das Potenzieren nicht kommutativ ist, d.h. es ist jeweils festzulegen, welcher Bestandteil der Potenz (Basis oder Exponent) Resultat der Umkehroperation sein soll. Soll bei gegebenem Exponenten auf die Basis zurückgeschlossen werden, heißt das zugehörige Verfahren [87]Wurzelziehen. Soll bei bekannter Basis der Exponent ermittelt werden, heißt dieser Vorgang [91]Logarithmieren.

Aufgaben zum Üben in Abschnitt 3.2

[98]Aufgabe 3.8 – [99]Aufgabe 3.11

3.3 Wurzeln

Die n-te Wurzel einer nicht-negativen Zahl a wird implizit als Lösung b der [286]Gleichung $b^n = a$ eingeführt, die für $a \geqslant 0$ genau eine Lösung $b \geqslant 0$ besitzt. Im Folgenden wird daher – sofern dies nicht gesondert angegeben ist – immer davon ausgegangen, dass $a, b \geqslant 0$ sind.

> ▶ **Definition (Wurzel)**
>
> Seien $a \geqslant 0$ und $n \in \mathbb{N}$.
>
> Die eindeutig bestimmte nicht-negative Zahl b mit $b^n = a$ heißt n-te Wurzel von a und wird mit $\sqrt[n]{a}$ bezeichnet. Das Symbol „$\sqrt{}$" wird Wurzelzeichen, der Vorgang Wurzelziehen genannt. Die Zahl a heißt **Radikand**, die Zahl n **Wurzelexponent**.
>
> Für $n = 2$ wird der Wurzelexponent in der Notation der Wurzel weggelassen, d.h. statt $\sqrt[2]{a}$ wird $\sqrt{a}$ geschrieben. $\sqrt{a}$ heißt auch **Quadratwurzel** von a.

3.18 Beispiel

(i) $\sqrt{1} = \sqrt[2]{1} = 1$, denn $1^2 = 1$

(ii) $\sqrt{9} = \sqrt[2]{9} = 3$, denn $3^2 = 9$

(iii) $\sqrt{64} = \sqrt[2]{64} = 8$, denn $8^2 = 64$

(iv) $\sqrt{\frac{4}{9}} = \sqrt[2]{\frac{4}{9}} = \frac{2}{3}$, denn $\left(\frac{2}{3}\right)^2 = \frac{4}{9}$

(v) $\sqrt[6]{64} = 2$, denn $2^6 = 64$

(vi) $\sqrt[n]{1} = 1$, denn $1^n = 1$ für alle $n \in \mathbb{N}$

(vii) $\sqrt[5]{z^{10}} = z^2$, denn $(z^2)^5 = z^{2 \cdot 5} = z^{10}$ ✗

Rechenregeln für Wurzeln

Für das Rechnen mit Wurzeln gelten folgende Rechenregeln (die so genannten **Wurzelgesetze**).

> ▶ **Regel (Wurzelgesetze)**
>
> Seien $a, b \geqslant 0$ und $n, k \in \mathbb{N}$, $m \in \mathbb{Z}$.
>
> ① $\sqrt[n]{a^m} = (\sqrt[n]{a})^m$ und $\sqrt[n]{a^n} = (\sqrt[n]{a})^n = a$
>
> ② $\sqrt[n]{a} \cdot \sqrt[n]{b} = \sqrt[n]{ab}$
>
> ③ $\frac{\sqrt[n]{a}}{\sqrt[n]{b}} = \sqrt[n]{\frac{a}{b}}$
>
> ④ $\sqrt[n]{\sqrt[k]{a}} = \sqrt[nk]{a} = \sqrt[k]{\sqrt[n]{a}}$

3.19 Beispiel

Die Auswertung der Wurzelausdrücke ergibt jeweils:

(i) $\sqrt[10]{1024} = \sqrt[10]{2^{10}} = 2$

(iii) $\frac{\sqrt{64}}{\sqrt{4}} = \sqrt{\frac{64}{4}} = \sqrt{16} = \sqrt{4^2} = 4$

(ii) $\sqrt{4}\sqrt{9} = \sqrt{4 \cdot 9} = \sqrt{36} = 6$

(iv) $\sqrt[3]{\sqrt[2]{64}} = \sqrt[3 \cdot 2]{64} = \sqrt[6]{2^6} = 2$ ✗

3.20 Beispiel

Durch geeignetes Erweitern können Brüche mit Wurzeln im Nenner oft vereinfacht werden. Wesentliches Hilfsmittel ist die dritte ⚑binomische Formel.

(i) $\frac{\sqrt{3}}{\sqrt{5}-\sqrt{3}} = \frac{\sqrt{3}(\sqrt{5}+\sqrt{3})}{(\sqrt{5}-\sqrt{3})(\sqrt{5}+\sqrt{3})} = \frac{\sqrt{15}+3}{5-3} = \frac{\sqrt{15}+3}{2}$

(ii) $\frac{1-\sqrt{2}}{1+\sqrt{2}} = \frac{(1-\sqrt{2})(1-\sqrt{2})}{(1+\sqrt{2})(1-\sqrt{2})} = \frac{1-2\sqrt{2}+2}{1-2} = -(3-2\sqrt{2}) = 2\sqrt{2}-3$ ✗

Bei Wurzeln aus Quadraten ist folgende Regel zu beachten. Sie ergibt sich aus der Beobachtung, dass $a^2 = (-a)^2$ gilt.

> ▶ **Regel (Wurzel aus Quadraten)**
>
> Die Wurzel aus dem Quadrat einer Zahl a ist deren ⬜Betrag $|a|$:
>
> $$\sqrt{a^2} = |a|, \quad a \in \mathbb{R}.$$

Mittels der Wurzel werden Potenzen mit rationalen Exponenten eingeführt.

Potenzen mit rationalen Exponenten

> ▶ **Definition (Potenzen mit rationalen Exponenten)**
>
> Seien $a \geqslant 0$ und $n \in \mathbb{N}$. Dann wird die Potenz von a mit dem Exponenten $\frac{1}{n}$ definiert durch
>
> $$a^{\frac{1}{n}} = \sqrt[n]{a}.$$
>
> Für $a \geqslant 0$ und $n \in \mathbb{N}, m \in \mathbb{Z}$ wird die Potenz von a mit dem Exponenten $p = \frac{m}{n} \in \mathbb{Q}$ definiert durch
>
> $$a^p = a^{\frac{m}{n}} = a^{\frac{1}{n} \cdot m} = \left(\sqrt[n]{a} \right)^m.$$

Aus den ⬜Wurzelgesetzen ergeben sich die gleichen Rechenregeln für Potenzen mit rationalen Exponenten, die auch für ⬜ganzzahlige Exponenten gelten.

> ▶ **Regel (Potenzen mit rationalen Exponenten)**
>
> Für $a, b > 0$ und $p, q \in \mathbb{Q}$ gilt
>
> $$a^p \cdot a^q = a^{p+q}, \quad \frac{a^p}{a^q} = a^{p-q}, \quad a^p \cdot b^p = (a \cdot b)^p,$$
>
> $$\frac{a^p}{b^p} = \left(\frac{a}{b} \right)^p, \quad (a^p)^q = a^{p \cdot q}.$$

3.21 Beispiel

Seien $a, b \geqslant 0$ und $x > 0$.

(i) $(a+b)^{\frac{2}{3}} \cdot \sqrt[3]{(a+b)^4} = (a+b)^{\frac{2}{3}} \cdot (a+b)^{\frac{4}{3}} = (a+b)^{\frac{6}{3}} = (a+b)^2$

(ii) $\dfrac{x}{\sqrt[5]{x^4}} = \dfrac{x^1}{x^{\frac{4}{5}}} = x^{1-\frac{4}{5}} = x^{\frac{1}{5}} = \sqrt[5]{x}$ ✗

3.22 Beispiel (Wurzeln als Potenzen ($a, b \geqslant 0$ und $x > 0$))

(i) $\sqrt[3]{x^{3n}} = x^{3n \cdot \frac{1}{3}} = x^n$ (iv) $\sqrt[3]{\sqrt{x^9}} = \sqrt[3]{x^{9/2}} = x^{\frac{9}{3 \cdot 2}} = x^{\frac{3}{2}}$

(ii) $\sqrt[4]{x^n} \cdot \sqrt[4]{2} = \sqrt[4]{2x^n} = (2x^n)^{\frac{1}{4}}$ (v) $\sqrt[4]{2^n \cdot 3^n} = \sqrt[4]{6^n} = 6^{\frac{n}{4}}$

(iii) $\sqrt[3]{a^{n+1}} = a^{\frac{n+1}{3}}$ ✗

In den obigen Ausführungen wurden Wurzeln $\sqrt[n]{a}$ nur für positive Zahlen a definiert. Dies liegt darin begründet, dass für positives a genau eine positive Zahl b existiert, die die Gleichung $b^n = a$ erfüllt. Exemplarisch wird nachstehend erläutert, dass bei Verzicht auf diese Voraussetzung Probleme entstehen. Dann ist es nämlich möglich, dass sowohl mehrere Lösungen vorliegen als auch keine Lösung existiert.

❶ Werden für b auch negative Zahlen zugelassen, so resultieren Mehrdeutigkeiten. Da z.B. für $n = 2$ die Gleichung $5^2 = (-5)^2 = 25$ gilt, hat $b^2 = 25$ zwei Lösungen. Daher gibt es zwei reelle Zahlen, deren Quadrat 25 ist.

❷ Ist a eine negative Zahl, gibt es keine reelle Zahl, deren Quadrat gleich dieser Zahl ist. Daher existiert z.B. keine reelle Zahl b mit $b^2 = -25$, da b^2 stets das Vorzeichen $+$ hat. Die gleiche Argumentation ist für alle geraden Exponenten möglich.

Für ungerade Exponenten gibt es für jedes $a \in \mathbb{R}$ genau eine Lösung, so dass in dieser Situation auch Wurzeln negativer Zahlen zugelassen werden können.

> ▶ **Regel (Erweiterte Definition von Wurzeln)**
>
> In Abhängigkeit vom Exponenten der Gleichung $b^n = a$ kann die Definition der Wurzel wie folgt erweitert werden:
>
> ❯ Für ungerades $n \in \mathbb{N}$ und $a \in \mathbb{R}$ hat $b^n = a$ genau eine Lösung, die mit $\sqrt[n]{a}$ bezeichnet wird.
>
> ❯ Für gerades $n \in \mathbb{N}$ und $a > 0$ hat $b^n = a$ sowohl eine positive als auch eine negative Lösung: $b_1 = \sqrt[n]{a} > 0$ und $b_2 = -\sqrt[n]{a} < 0$.
>
> ❯ Für gerades $n \in \mathbb{N}$ und $a < 0$ hat $b^n = a$ keine reelle Lösung.

Potenzen mit reellen Exponenten

Mittels der Potenzen mit rationalen Exponenten werden Potenzen mit reellen Exponenten definiert, indem eine reelle Zahl durch zwei rationale Zahlen „eingeschachtelt"* wird. Für irrationale Exponenten $x \in \mathbb{R} \setminus \mathbb{Q}$ können rationale Zahlen p, q mit $p < x < q$ gefunden werden, so dass $q - p > 0$ beliebig klein wird. Dies ergibt etwa für $a > 1$

$$a^p < a^x < a^q.$$

---

*Vgl. 🔲Bisektionsverfahren zur Näherung von $\sqrt{2}$.

Wird die Differenz $q-p$ kleiner, so gilt dies auch für $a^q - a^p$. Daher wird der Wert von a^x immer genauer eingegrenzt, so dass bei hinreichend großer Genauigkeit die Näherungen $a^x \approx a^q$ bzw. $a^x \approx a^p$ resultieren. Diese Vorgehensweise wird mittels der Kreiszahl $\pi = 3{,}141592654\ldots$ illustriert, die den Flächeninhalt des Einheitskreises angibt. Aus dieser Dezimaldarstellung ergibt sich

$$p = 3{,}14159 < \pi < 3{,}14160 = q,$$

d.h. für die entsprechende Potenz mit $p = \frac{314\,159}{10\,000}$ und $q = \frac{314\,160}{10\,000}$ gilt mit $a = 2$

$$2^p = 8{,}824961\ldots < 2^\pi < 8{,}825022\ldots = 2^q.$$

Der „exakte" Wert ist $2^\pi = 8{,}824977\ldots$.

Eine bessere Einschachtelung des reellen Exponenten liefert daher eine genauere Einschachtelung der zugehörigen Potenz. Auf eine formale Darstellung dieser Vorgehensweise wird an dieser Stelle verzichtet. Für Potenzen mit reellen Exponenten gelten die selben Rechenregeln wie für Potenzen mit rationalen Exponenten.

> **Regel (Potenzen mit reellen Exponenten)**
>
> Für $a, b > 0$ und $x, y \in \mathbb{R}$ gilt
>
> $$a^x \cdot a^y = a^{x+y}, \quad \frac{a^x}{a^y} = a^{x-y}, \quad a^x \cdot b^x = (a \cdot b)^x,$$
>
> $$\frac{a^x}{b^x} = \left(\frac{a}{b}\right)^x, \quad (a^x)^y = a^{x \cdot y}.$$

Aufgaben zum Üben in Abschnitt 3.3

[99]Aufgabe 3.12 – [100]Aufgabe 3.15

3.4 Logarithmen

Wie bereits erwähnt, ist das Logarithmieren wie das Wurzelziehen eine Umkehrung des Potenzierens. Während beim Wurzelziehen der Exponent als gegeben angenommen und die Basis der Potenz gesucht wird, die zum Wert a führt, wird beim Logarithmieren die Basis als fix angenommen und der Exponent gesucht, der zum Wert a führt. Hierbei wird grundsätzlich angenommen, dass a eine positive Zahl ist.

> **Definition (Logarithmus)**
>
> Seien $a, b > 0$ mit $b \neq 1$.
>
> Die eindeutig bestimmte Zahl $x \in \mathbb{R}$ mit $b^x = a$ heißt Logarithmus von a zur Basis b. Sie wird mit $x = \log_b(a)$ bezeichnet.

3.23 Beispiel

Berechnung von Logarithmen mit unterschiedlichen Basen:

(i) $\log_2(512) = 9$, da $2^9 = 512$ (iii) $\log_{10}(1000) = 3$, da $10^3 = 1000$

(ii) $\log_7(343) = 3$, da $7^3 = 343$ (iv) $\log_3(9) = 2$, da $3^2 = 9$ ✗

> ▶ **Bezeichnung (Natürlicher und dekadischer Logarithmus)**
>
> Für die Basen 10 und e = 2,71828... werden spezielle Bezeichnungen und Notationen verwendet.
>
> > ❯ Für b = 10 wird die Notation $\log_{10} = \log = \lg$ verwendet. lg heißt dekadischer Logarithmus.
> >
> > ❯ Für b = e wird die Notation $\log_e = \ln$ verwendet. ln heißt natürlicher Logarithmus.

Die Wahl der Basis e für den Logarithmus mag zunächst künstlich erscheinen, sie erweist sich jedoch in vielen Anwendungen als äußerst nützlich. Daher ist der natürliche Logarithmus in der Regel auf Taschenrechnern als Operation verfügbar. Außerdem können ⑨⑷Logarithmen zu anderen Basen direkt mit dem natürlichen Logarithmus berechnet werden.

In der obigen Definition wurde der Logarithmus nur für positive Zahlen a, b erklärt. Dies liegt darin begründet, dass die Gleichung $b^x = a$ für negative Werte von a bzw. b i.Allg. keine Lösung x besitzt oder nicht erklärt ist. Der Fall b = 1 muss ausgeschlossen werden, da 1^x immer den Wert 1 hat, d.h. die Gleichung $1^x = a$ ist nur für a = 1 lösbar und in diesem Fall ist jede reelle Zahl x Lösung der Gleichung.

> ▶ **Regel (Definitionsbereich des Logarithmus)**
>
> Der Logarithmus $\log_b(a)$ ist nur für $a, b > 0$ mit $b \neq 1$ definiert.

Das folgende Beispiel zeigt, wie der Logarithmus einer Zahl näherungsweise ermittelt werden kann.

3.24 Beispiel (Bisektionsverfahren für Logarithmen)

Gesucht ist der Logarithmus $\log_3(6)$, d.h. die Lösung der Gleichung $3^x = 6$.

Zunächst wird durch einen Widerspruch gezeigt, dass x keine rationale Zahl sein kann. Gäbe es nämlich eine rationale Lösung x, hätte x eine Darstellung als Bruch $x = \frac{p}{q}$ mit Zahlen $p \in \mathbb{Z}$, $q \in \mathbb{N}$. Aus den ⑧⑨Potenzgesetzen folgt dann jedoch sofort

$$3^{p/q} = 6 \iff 3^p = 6^q \iff 3^p = 2^q \cdot 3^q \iff 3^{p-q} = 2^q.$$

Da $q \in \mathbb{N}$ gilt, ist die rechte Seite stets eine gerade Zahl und damit insbesondere größer als Eins, während die linke entweder ungerade (falls $p \geq q$) oder kleiner als Eins (falls $p < q$) ist. Daher können beide Seiten nicht übereinstimmen, und es gibt somit keine rationale Lösung der Gleichung.

Mit dem ⓴Bisektionsverfahren kann $\log_3(6)$ nun näherungsweise bestimmt werden. Wegen $3^1 = 3 < 6 < 9 = 3^2$ muss $x \in (1,2)$ gelten. Mittels der Intervallmitte $z = 1{,}5$ wird nun geprüft, in welchem Teilintervall $(1, 1{,}5)$ bzw. $(1{,}5, 2)$ die gesuchte Zahl liegt. Wegen $3^{1,5} = 5{,}196\ldots < 6$ muss x größer als $1{,}5$ sein, d.h. $x \in (1{,}5, 2)$.

Eine Fortführung dieses Verfahrens liefert folgende Werte:

Schritt	Prüfstelle z	3^z	Intervall
1	1,5	$5{,}196\ldots < 6$	$(1{,}5, 2)$
2	1,75	$6{,}838\ldots > 6$	$(1{,}5, 1{,}75)$
3	1,625	$5{,}961\ldots < 6$	$(1{,}625, 1{,}75)$
4	1,6875	$6{,}384\ldots > 6$	$(1{,}625, 1{,}6875)$
5	1,65625	$6{,}169\ldots > 6$	$(1{,}625, 1{,}65625)$
6	1,640625	$6{,}064\ldots > 6$	$(1{,}625, 1{,}640625)$
7	1,6328125	$6{,}012\ldots > 6$	$(1{,}625, 1{,}6328125)$
8	1,62890625	$5{,}986\ldots < 6$	$(1{,}62890625, 1{,}6328125)$

Dieses Verfahren wird fortgesetzt, bis eine vorgegebene Genauigkeit erreicht ist. Reichen z.B. drei Nachkommastellen der gesuchten Zahl aus, werden die Berechnungen fortgesetzt, bis die untere und obere Grenze des Intervalls auf den ersten drei Nachkommastellen übereinstimmen. Dies ist nach 13 Schritten der Fall, d.h. $x \in (1{,}6308\ldots, 1{,}6309\ldots)$ und somit $x \approx 1{,}630$. Der „exakte" Wert ist $\log_3(6) = 1{,}630929753\ldots$. ✗

Eigenschaften und Rechenregeln des Logarithmus

> **Regel (Eigenschaften des Logarithmus)**
> Für $a, b > 0$ mit $b \neq 1$ gilt
>
> $$\log_b(1) = 0, \quad \log_b(b) = 1, \quad b^{\log_b(a)} = a, \quad \log_b(b^a) = a.$$

Aus diesen elementaren Eigenschaften ergeben sich direkt folgende Werte für den dekadischen Logarithmus:

(i) $\lg(10) = 1$

(ii) $\lg(100) = \lg(10^2) = 2$

(iii) $\lg(1\,000) = \lg(10^3) = 3$

(iv) $\lg(10\,000) = \lg(10^4) = 4$

Allgemein gilt für eine natürliche Zahl $k \in \mathbb{N}$: $\lg(10^k) = k\lg(10) = k$ (s. auch Eigenschaft ④ der ⓺Logarithmusgesetze).

Außerdem besitzt der Logarithmus noch folgende Eigenschaften, deren Nachweise z.B. in Kamps, Cramer und Oltmanns (2009) zu finden sind.

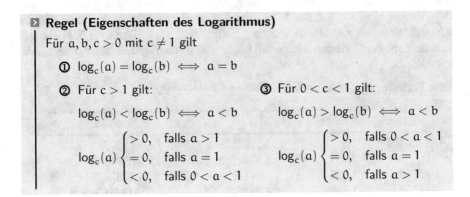

> **Regel (Eigenschaften des Logarithmus)**
>
> Für $a, b, c > 0$ mit $c \neq 1$ gilt
>
> ① $\log_c(a) = \log_c(b) \iff a = b$
>
> ② Für $c > 1$ gilt: ③ Für $0 < c < 1$ gilt:
>
> $\quad \log_c(a) < \log_c(b) \iff a < b$ $\qquad \log_c(a) > \log_c(b) \iff a < b$
>
> $\quad \log_c(a) \begin{cases} > 0, & \text{falls } a > 1 \\ = 0, & \text{falls } a = 1 \\ < 0, & \text{falls } 0 < a < 1 \end{cases}$ $\qquad \log_c(a) \begin{cases} > 0, & \text{falls } 0 < a < 1 \\ = 0, & \text{falls } a = 1 \\ < 0, & \text{falls } a > 1 \end{cases}$

Für Logarithmen gelten folgende Rechengesetze.

> **Regel (Logarithmusgesetze)**
>
> Für $a, b, c > 0$ mit $c \neq 1$ gilt
>
> ① $\log_c(a \cdot b) = \log_c(a) + \log_c(b)$
>
> ② $\log_c\left(\frac{a}{b}\right) = \log_c(a) - \log_c(b)$
>
> ③ $\log_a(b) = \frac{\log_c(b)}{\log_c(a)} = \frac{\ln(b)}{\ln(a)} = \frac{\lg(b)}{\lg(a)}$, sofern $a \neq 1$
>
> Für $a \in \mathbb{R}$ und $b, c > 0$ mit $c \neq 1$ gilt
>
> ④ $\log_c(b^a) = a \cdot \log_c(b)$

Eigenschaft ③ eignet sich insbesondere, um einen Logarithmus zu einer beliebigen Basis auf einem Taschenrechner auszuwerten. Üblicherweise sind dort lediglich der natürliche und der dekadische Logarithmus verfügbar.

3.25 Beispiel (Berechnung von Logarithmen auf Taschenrechnern)

Der Wert von $\log_3(6)$ lässt sich mit einem Taschenrechner auf folgende Weise berechnen (die Ergebnisse sind jeweils auf drei Nachkommastellen gerundet):

$$\log_3(6) = \frac{\ln(6)}{\ln(3)} \approx \frac{1{,}792}{1{,}099} \approx 1{,}631, \quad \log_3(6) = \frac{\lg(6)}{\lg(3)} \approx \frac{0{,}778}{0{,}477} \approx 1{,}631.$$

Die Rechnungen illustrieren insbesondere, dass die Wahl des Logarithmus (hier natürlicher oder dekadischer Logarithmus) für die Berechnung unerheblich ist. ✗

3.26 Beispiel

(i) $\log_{12}(144v) = \log_{12}(144) + \log_{12}(v) = \log_{12}(12^2) + \log_{12}(v)$
$= 2\log_{12}(12) + \log_{12}(v) = 2 + \log_{12}(v)$

(ii) $\log_7(84) - \log_7(12) = \log_7\left(\frac{84}{12}\right) = \log_7(7) = 1$

(iii) $\log_{32}(1\,024) = \frac{\log_2(1\,024)}{\log_2(32)} = \frac{\log_2(2^{10})}{\log_2(2^5)} = \frac{10\log_2(2)}{5\log_2(2)} = \frac{10}{5} = 2$

(iv) $\log_5(25^j) = j \cdot \log_5(25) = j \cdot \log_5(5^2) = 2j$

(v) $\ln\left(\frac{a}{bc}\right) = \ln(a) - \ln(b) - \ln(c)$ ✗

3.27 Beispiel

(i) $2\ln(x+1) - \ln(x^2-1) = \ln\left(\frac{(x+1)^2}{x^2-1}\right) = \ln\left(\frac{x+1}{x-1}\right)$

(ii) $\log_2(8) + \log_2(8x) - \log_2(4x) = 3 + \log_2\left(\frac{8x}{4x}\right) = 3 + \log_2(2) = 4$

(iii) $\log_{100}(x+1) = \frac{\lg(x+1)}{\lg(100)} = \frac{1}{2}\lg(x+1)$

(iv) $\log_4(2^{x+1}) = (x+1)\log_4(2) = \frac{1}{2}(x+1)$ ✗

Zum Ende dieses Abschnitts wird noch ein Zusammenhang zwischen Logarithmen und Potenzen notiert, der in vielen Fällen Anwendung findet. Er ergibt sich direkt aus den vorhergehenden Ergebnissen.

> **Regel (Zusammenhang zwischen Potenzen zur Basis e und a)**
>
> Seien $a > 0$ mit $a \neq 1$ und e die Eulersche Zahl. Dann gilt für jede reelle Zahl x die Gleichung
> $$a^x = e^{x \cdot \ln(a)}.$$

Der obige Zusammenhang kann auch für jede andere Basis $b > 0$ mit $b \neq 1$ formuliert werden. In dieser Situation lautet die Formel

$$a^x = b^{x \cdot \log_b(a)}.$$

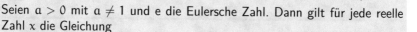

Aufgaben zum Üben in Abschnitt 3.4

[101]Aufgabe 3.16 – [102]Aufgabe 3.19

3.5 Aufgaben

3.1 Aufgabe ([102]Lösung)

Erweitern Sie folgende Brüche mit den angegebenen Größen, und multiplizieren Sie jeweils Zähler und Nenner aus. Geben Sie ggf. die Werte der Variablen an, für die der resultierende Bruch definiert ist.

(a) $\frac{1}{2}$ mit 3

(b) $\frac{5a}{2}$ mit a

(c) $\frac{4a^2}{3b^2}$ mit $2a^2b$

(d) $\frac{3-c}{ab}$ mit $(3+c)$

(e) $\frac{3a+b}{4-c}$ mit ac

(f) $\frac{3(x-2y)}{(x+y)(x-y)}$ mit xy

3.2 Aufgabe ([102]Lösung)

Kürzen Sie folgende Brüche. Geben Sie ggf. die Werte der Variablen an, für die der gegebene Bruch definiert ist.

(a) $\frac{64}{24}$

(b) $\frac{27a}{18b}$

(c) $\frac{54a^2}{a^3}$

(d) $\frac{63a^2b}{14ab^2}$

(e) $\frac{25x-5y}{15xy}$

(f) $\frac{56x^2y-16xy^2}{24yz+40y^2}$

(g) $\frac{12xy-4yz}{16xz+8xy}$

(h) $\frac{3ab^4-17ab^2+39a^2b^2}{ab^2}$

(i) $\frac{63a^2b^2-9ab}{18ab+27a^2b^2}$

3.3 Aufgabe ([103]Lösung)

Kürzen Sie folgende Brüche, und verwenden Sie dabei ggf. die binomischen Formeln. Geben Sie ggf. die Werte der Variablen an, für die der gegebene Bruch definiert ist.

(a) $\frac{x^2+2xy+y^2}{x+y}$

(b) $\frac{a^2-2ab+b^2}{2a-2b}$

(c) $\frac{7a^2-14ab+7b^2}{3(a-b)}$

(d) $\frac{x^2-y^2}{6x-6y}$

(e) $\frac{27a^2+36ab+12b^2}{9a^2+12ab+4b^2}$

(f) $\frac{54a^2-36ab+6b^2}{6a-2b}$

(g) $\frac{40x^2-490y^2}{20x^2+140xy+245y^2}$

(h) $\frac{32x^2z+128xyz+128y^2z}{32x^2+64xy}$

(i) $\frac{108a^2c-192b^2c}{54a^2c^2-144abc^2+96b^2c^2}$

3.4 Aufgabe ([103]Lösung)

Addieren bzw. subtrahieren Sie folgende Brüche, und kürzen Sie dann soweit wie möglich. Verwenden Sie ggf. die binomischen Formeln. Geben Sie ggf. die Werte der Variablen an, für die der gegebene Term definiert ist.

(a) $\frac{a^2+7ab+4b^2}{3a+6b} - \frac{ab}{a+2b}$ (b) $\frac{2a^2+5ab}{4(a+1)} + \frac{4b^2-2ab}{8a+8}$ (c) $\frac{3x}{x-y} - \frac{4(x-y)}{x+y}$

3.5 Aufgabe ([103]Lösung)

Addieren bzw. subtrahieren Sie folgende Brüche, und kürzen Sie dann soweit wie möglich. Geben Sie die Werte der Variablen an, für die der gegebene Term definiert ist.

(a) $\frac{2}{3} + \frac{4}{3}$

(b) $\frac{a}{5} + \frac{2}{10}$

(c) $\frac{1}{2} + \frac{1}{7}$

(d) $\frac{1}{2} + \frac{1}{4} - \frac{1}{12} + \frac{3}{8}$

(e) $\frac{3a}{7} + \frac{6a}{3} - \frac{12a}{21}$

(f) $\frac{2}{a+1} + \frac{1}{3a+3} - \frac{4}{a+1}$

(g) $\frac{2x}{x+1} - \frac{3y}{y+1} + \frac{xy}{(x+1)(y+1)}$

(h) $\frac{3a}{6ab} - \frac{7b}{3a} + \frac{2ab}{4}$

(i) $\frac{x}{-x-2y} + \frac{y}{x+2y}$

(j) $\frac{2y}{3z+6} - \frac{1-y}{z+2} + \frac{3x-2xy}{3xz+6x}$

3.6 Aufgabe ([104]Lösung)

Multiplizieren bzw. dividieren Sie folgende Brüche, und kürzen Sie dann soweit wie möglich. Geben Sie ggf. die Werte der Variablen an, für die der gegebene Term definiert ist.

(a) $\frac{1}{2} \cdot \frac{1}{4}$

(b) $\frac{10}{7} \cdot \frac{5}{3} \cdot \frac{2}{3}$

(c) $\frac{a}{b} \cdot \frac{3}{b}$

(d) $\frac{3}{12b} \cdot \frac{4b^2}{6}$

(e) $\frac{3}{a^2} \cdot \frac{ab^2}{9} \cdot \frac{18a}{b^2}$

(f) $\frac{ab^2}{a+1} \cdot \frac{2a+2}{b^2} \cdot \frac{16}{2ab}$

(g) $\frac{40ab+10c}{a^2c^2} \cdot \frac{a^2b^2+c}{12ab+3c}$

(h) $\frac{1}{2} : \frac{1}{4}$

(i) $\frac{3x}{4y} : \frac{6x^2}{2y^2} : \frac{21}{16xy}$

(j) $\frac{3y^2}{3x+1} : \frac{6y^2}{12x+4}$

(k) $\frac{2x-7y}{5y^2+6z} : \frac{6x-21y}{25y^2z+30z^2}$

(l) $\frac{35xy^2}{8x-4y} : \frac{70x^2y}{4x-2y}$

3.7 Aufgabe ([104]Lösung)

Berechnen Sie folgende Brüche, und kürzen Sie dann soweit wie möglich. Verwenden Sie dabei ggf. die binomischen Formeln. Geben Sie ggf. die Werte der Variablen an, für die der gegebene Term definiert ist.

(a) $\frac{2}{x-y} \cdot \frac{4}{x+y}$

(b) $\frac{3}{a-b} \cdot \frac{a^2-b^2}{9} \cdot \frac{2}{a+b}$

(c) $\frac{a+b}{x} : \frac{y}{a+b}$

(d) $\frac{x+y}{x^2-y^2} : \frac{x-y}{x+y} : \frac{1}{x+y}$

(e) $\frac{2x^2+4xy+2y^2}{3x^2-6x+3} : \frac{(x+y)^2}{x-1}$

(f) $\frac{16x^3-4xy^2}{48x^2+48xy+12y^2} : \frac{4x^2+2xy}{12x-6y}$

(g) $\frac{ax+ay-bx-by}{ax-ay-bx+by}$

(h) $\frac{\frac{a}{a+1}-\frac{b}{b+1}}{\frac{a-b}{a+b}}$

(i) $\frac{\frac{ab}{2a+4}+\frac{b}{a+2}}{\frac{a}{b+3}-\frac{ab}{3b-9}}$

3.8 Aufgabe ([105]Lösung)

Schreiben Sie folgende Ausdrücke als Potenzen. Geben Sie ggf. die Werte der Variablen an, für die der gegebene Term definiert ist.

(a) $(x-y)(x-y)(x-y)(x-y)$

(b) $\frac{1}{a} \cdot \left(-\frac{1}{a}\right) \cdot \frac{1}{-a}$

(c) $(-a^2) \cdot (-a)^2 \cdot (-a)^3$

(d) $\frac{xy}{-z} \cdot \frac{-xy^2}{z^2} \cdot \frac{x^2(-y)}{z}$

(e) $(x+y)^{-3}(x+y)^8(x+y)^{-2}$

(f) $\frac{(x-y)^{-1}}{(x+y)^2} \cdot \frac{(x+y)^{-2}}{(x-y)^3}$

3.9 Aufgabe ([106]Lösung)

Fassen Sie folgende Ausdrücke zusammen. Geben Sie ggf. die Werte der Variablen an, für die der gegebene Term definiert ist.

(a) $(a^2)^3$ 　　　(b) $((-2)^2)^4$ 　　　(c) $(a^2b)^3$ 　　　(d) $\frac{(x-1)^3}{(1-x)^3}$

(e) $(x-1)^4 + 7(x-1)^4 - 12(x-1)^4 + 3(x-1)^4$

(f) $13(a-1)^3 + 2(1-a)^3 - 8(a-1)^3 + 2(1-a)^3$

3.10 Aufgabe ($\overline{106}$Lösung)

Fassen Sie folgende Ausdrücke zusammen. Geben Sie ggf. die Werte der Variablen an, für die der gegebene Term definiert ist.

(a) $2^3 a^3 b^3 \cdot 7^3 c^3$

(b) $x^2 y z^3 \cdot x y^2 + (2xyz)^3$

(c) $5^2 x^{-1} y^3 \cdot 5^{-2} x^2 y^{-2}$

(d) $(4(x^2 y^2))^3 - ((2xy)^3)^2$

(e) $16 x y^2 \cdot (2x)^2 - 2^5 x^3 y^2 + (8x)^2 \cdot x^{-1}(xy)^2$

(f) $-121 a b^3 - (11 a^2 b)^2 \cdot (-2a^{-3} b)$

3.11 Aufgabe ($\overline{106}$Lösung)

Fassen Sie folgende Ausdrücke zusammen, wobei $m, n \in \mathbb{N}_0$ vorausgesetzt wird. Verwenden Sie ggf. die binomischen Formeln. Geben Sie ggf. die Werte der Variablen an, für die der gegebene Term definiert ist.

(a) $\frac{2 a^4 a^n}{36}$

(b) $\frac{x^7 x^n}{y^3 y^{-m}}$

(c) $\frac{a^3 b^2}{3} \cdot \frac{a^n b^m}{a^{3+n} b^{2+m}}$

(d) $\left(\frac{a^7}{b^3} : \frac{a^{7+n}}{b^n} \right) \cdot \frac{a^n}{b}$

(e) $\left(\frac{xy}{z^n} \right)^2 : \frac{(xy)^n}{z^4}$

(f) $\frac{4 x^{a+1}}{15 x y^{a-1}} : \frac{(2x^a)^2}{5y^a}$

(g) $\frac{(2x+y)^8}{(4x^2+4xy+y^2)^6}$

(h) $\frac{(16a^2-36b^2)^6}{(16a^2-48ab+36b^2)^3}$

(i) $\frac{\left((x^2+2x+1)(x-1)^2 \right)^3}{(x^2-1)^6}$

3.12 Aufgabe ($\overline{107}$Lösung)

Fassen Sie folgende Ausdrücke zusammen. Geben Sie ggf. die Werte der Variablen an, für die der gegebene Term definiert ist.

(a) $2\sqrt{3} - 5\sqrt{3} + 12\sqrt{3} - 4\sqrt{3}$

(b) $15\sqrt{ab} - 12\sqrt{ab} + 6\sqrt{ab} - 8\sqrt{ab}$

(c) $12\sqrt{x} - \sqrt{4x} - \sqrt{x}$

(d) $2\sqrt{75y} + \sqrt{27y} - 3\sqrt{48y}$

(e) $\sqrt{3 \cdot 7} \cdot \sqrt{3 \cdot 7}$

(f) $\sqrt{2 \cdot 5 \cdot 3} \cdot \sqrt{2 \cdot 3} \cdot \sqrt{5}$

(g) $\sqrt{20} \cdot \sqrt{10} \cdot \sqrt{2}$

(h) $\sqrt{ab} \cdot \sqrt{a} \cdot \sqrt{b} \cdot \sqrt{a^2 b^2}$

3.13 Aufgabe ([107]Lösung)

Fassen Sie folgende Ausdrücke zusammen. Verwenden Sie ggf. die binomischen Formeln. Geben Sie ggf. die Werte der Variablen an, für die der gegebene Term definiert ist.

(a) $\sqrt{36a^4b^4} : \sqrt{4a^2}$

(b) $x\sqrt{xy} \cdot 2y\sqrt{y} \cdot 4\sqrt{x}$

(c) $(\sqrt{x+y} - \sqrt{y-z})(\sqrt{x+y} + \sqrt{y-z})$

(d) $\dfrac{\sqrt{a}-\sqrt{b}}{\sqrt{a}+\sqrt{b}} \cdot \dfrac{a+2\sqrt{ab}+b}{a-b}$

(e) $\dfrac{3\sqrt{45}}{\sqrt{x^2-y^2}} - \dfrac{4\sqrt{5}}{\sqrt{(x-y)(x+y)}}$

(f) $\dfrac{16\sqrt{x-y}}{9} - \dfrac{\sqrt{x^2-y^2}}{\sqrt{81(x+y)}}$

(g) $\dfrac{12\sqrt{x^2-y^2}}{\sqrt{9x-9y}} - 3\sqrt{x+y}$

(h) $\dfrac{3y^{a+2}}{\sqrt{2x^2+4xy+2y^2}} + \dfrac{3xy^{a+1}}{\sqrt{2}(x+y)}$

3.14 Aufgabe ([108]Lösung)

Fassen Sie folgende Ausdrücke zusammen. Verwenden Sie ggf. die binomischen Formeln. Geben Sie ggf. die Werte der Variablen an, für die der gegebene Term definiert ist.

(a) $\sqrt[3]{8^5}$

(b) $\sqrt{\sqrt{a^4}}$

(c) $\sqrt[4]{a^{\frac{2}{3}}}$

(d) $\sqrt[8]{a^2b} \cdot \sqrt[4]{b^{12}}$

(e) $\sqrt[4]{(x+1)^8} \cdot \sqrt[4]{x+1}$

(f) $\dfrac{\sqrt[6]{x^4} \cdot \sqrt[3]{x^2}}{\sqrt[8]{y^6} \cdot \sqrt[9]{y^2}}$

(g) $\dfrac{\sqrt[5]{x^2} \cdot \sqrt[3]{x^9} \cdot \sqrt{x^{45}}}{\sqrt[3]{y^2} \cdot \sqrt[3]{y^6}} \cdot \dfrac{\sqrt[6]{y^5} \cdot \sqrt[4]{y^{36}}}{\sqrt[4]{x^3} \cdot \sqrt[6]{x^{18}}}$

(h) $\dfrac{a^2-4b^2}{\sqrt[3]{a^9}-b \cdot \sqrt{16a^2b^2}} \cdot \dfrac{1}{\sqrt{a^3}}$

(i) $\dfrac{(3+5\sqrt{a})^2}{9-25a} \cdot \dfrac{12-20\sqrt{a}}{\sqrt{36+120\sqrt{a}+100a}}$

3.15 Aufgabe ([109]Lösung)

Formen Sie die folgenden Brüche so um, dass der Nenner keine Wurzeln mehr enthält, und vereinfachen Sie die Darstellung so weit wie möglich. Verwenden Sie ggf. die binomischen Formeln. Geben Sie ggf. die Werte der Variablen an, für die der gegebene Term definiert ist.

(a) $\dfrac{a}{\sqrt{a}}$

(b) $\dfrac{5}{\sqrt{ab}}$

(c) $\dfrac{4}{\sqrt[3]{2}}$

(d) $\dfrac{28}{4+\sqrt{2}}$

(e) $\dfrac{2(\sqrt{5}-\sqrt{3})}{\sqrt{5}+\sqrt{3}}$

3.16 Aufgabe ([110]Lösung)

Berechnen Sie folgende Logarithmen.

(a) $\log_2(4)$ (c) $\log_2(\frac{1}{8})$ (e) $\log_7(7^n)$

(b) $\log_4(64)$ (d) $\log_4(2)$

3.17 Aufgabe ([110]Lösung)

Berechnen Sie folgende Logarithmen mit dem Taschenrechner.

(a) $\log_2(3)$ (c) $\log_{0,5}(\frac{3}{2})$ (e) $\log_5(12)$

(b) $\log_7(21)$ (d) $\log_2(10)$

Erklären Sie die Ähnlichkeit im Ergebnis von (a) und (c) durch geeignete Umformungen.

3.18 Aufgabe ([110]Lösung)

Fassen Sie folgende Ausdrücke zusammen. Geben Sie ggf. die Werte der Variablen an, für die der gegebene Term definiert ist.

(a) $\log_x(3) + \log_x(4)$ (b) $\log_y(10) - \log_y(5)$ (c) $\log_a(u) + \log_{a^2}(u)$

(d) $2\log_a(4) + \log_b(4) - 3\log_a(2) + 2\log_b(5)$

(e) $\frac{1}{3}\log_a(x) - \frac{1}{9}\log_a(x^3) + 2\log_a(x) - \frac{1}{4}\log_a(x^4)$

(f) $2\log_a(3x) + \log_a(3x) + 4\log_a(2x) - \frac{1}{2}\log_a(64x^2)$

3.19 Aufgabe ($\overline{\text{III}}$Lösung)

Schreiben Sie folgende Ausdrücke als Summe.

(a) $\ln\left(\sqrt{\frac{1}{5}}\right)$

(b) $\ln\left(\sqrt[4]{\frac{a^2c}{bd^2}}\right)$ mit $a,b,c,d > 0$

(c) $\lg\left(3\sqrt[4]{2\sqrt[3]{a^5b\sqrt[5]{a^5c^4}}}\right)$ mit $a,b,c > 0$

3.6 Lösungen

3.1 Lösung ($\overline{96}$Aufgabe)

(a) $\frac{1}{2} = \frac{1\cdot 3}{2\cdot 3} = \frac{3}{6}$

(b) $\frac{5a}{2} = \frac{5a\cdot a}{2\cdot a} = \frac{5a^2}{2a}$, $a \neq 0$

(c) $\frac{4a^2}{3b^2} = \frac{4a^2\cdot 2a^2b}{3b^2\cdot 2a^2b} = \frac{8a^4b}{6a^2b^3}$, $a,b \neq 0$

(d) $\frac{3-c}{ab} = \frac{(3-c)\cdot(3+c)}{ab\cdot(3+c)} = \frac{9-c^2}{3ab+abc}$, $a,b \neq 0$, $c \neq -3$

(e) $\frac{3a+b}{4-c} = \frac{(3a+b)\cdot ac}{(4-c)\cdot ac} = \frac{3a^2c+abc}{4ac-ac^2}$, $a \neq 0$, $c \notin \{0,4\}$

(f) $\frac{3(x-2y)}{(x+y)(x-y)} = \frac{(3x-6y)\cdot xy}{(x^2-y^2)\cdot xy} = \frac{3x^2y-6xy^2}{x^3y-xy^3}$, $x,y \neq 0$, $x \neq \pm y$

3.2 Lösung ($\overline{96}$Aufgabe)

(a) $\frac{64}{24} = \frac{8\cdot 8}{3\cdot 8} = \frac{8}{3}$

(b) $\frac{27a}{18b} = \frac{3a\cdot 9}{2b\cdot 9} = \frac{3a}{2b}$, $b \neq 0$

(c) $\frac{54a^2}{a^3} = \frac{54\cdot a^2}{a\cdot a^2} = \frac{54}{a}$, $a \neq 0$

(d) $\frac{63a^2b}{14ab^2} = \frac{9a\cdot 7ab}{2b\cdot 7ab} = \frac{9a}{2b}$, $a,b \neq 0$

(e) $\frac{25x-5y}{15xy} = \frac{5\cdot(5x-y)}{5\cdot 3xy} = \frac{5x-y}{3xy}$, $x,y \neq 0$

(f) $\frac{56x^2y-16xy^2}{24yz+40y^2} = \frac{(7x^2-2xy)\cdot 8y}{(3z+5y)\cdot 8y} = \frac{7x^2-2xy}{3z+5y}$, $y \notin \{0,-\frac{3}{5}z\}$

(g) $\frac{12xy-4yz}{16xz+8xy} = \frac{4\cdot y(3x-z)}{4\cdot x(4z+2y)} = \frac{y(3x-z)}{x(4z+2y)} = \frac{3xy-yz}{4xz+2xy}$, $x \neq 0$, $y \neq -2z$

(h) $\frac{3ab^4-17ab^2+39a^2b^2}{ab^2} = \frac{ab^2\cdot(3b^2-17+39a)}{ab^2} = 3b^2-17+39a$, $a,b \neq 0$

(i) $\frac{63a^2b^2-9ab}{18ab+27a^2b^2} = \frac{(7ab-1)\cdot 9ab}{(2+3ab)\cdot 9ab} = \frac{7ab-1}{2+3ab}$, $a,b \neq 0$, $b \neq \frac{-2}{3a}$

3.3 Lösung ($\boxed{96}$Aufgabe)

(a) $\frac{x^2+2xy+y^2}{x+y} = \frac{(x+y)(x+y)}{x+y} = x+y$, falls $x \neq -y$

(b) $\frac{a^2-2ab+b^2}{2a-2b} = \frac{(a-b)^2}{2(a-b)} = \frac{a-b}{2}$, falls $a \neq b$

(c) $\frac{7a^2-14ab+7b^2}{3(a-b)} = \frac{7(a-b)(a-b)}{3(a-b)} = \frac{7(a-b)}{3}$, falls $a \neq b$

(d) $\frac{x^2-y^2}{6x-6y} = \frac{(x-y)(x+y)}{6(x-y)} = \frac{x+y}{6}$, falls $x \neq y$

(e) $\frac{27a^2+36ab+12b^2}{9a^2+12ab+4b^2} = \frac{3(9a^2+12ab+4b^2)}{9a^2+12ab+4b^2} = \frac{3(3a+2b)^2}{(3a+2b)^2} = 3$, falls $a \neq -\frac{2}{3}b$

(f) $\frac{54a^2-36ab+6b^2}{6a-2b} = \frac{6(9a^2-6ab+b^2)}{2(3a-b)} = \frac{2\cdot3(3a-b)^2}{2(3a-b)} = 3(3a-b)$, falls $b \neq 3a$

(g) $\frac{40x^2-490y^2}{20x^2+140xy+245y^2} = \frac{10(4x^2-49y^2)}{5(4x^2+28xy+49y^2)} = \frac{5\cdot2(2x-7y)(2x+7y)}{5(2x+7y)^2}$

$\qquad = \frac{2(2x-7y)}{2x+7y}$, falls $x \neq -\frac{7}{2}y$

(h) $\frac{32x^2z+128xyz+128y^2z}{32x^2+64xy} = \frac{32z(x^2+4xy+4y^2)}{32x(x+2y)} = \frac{z(x+2y)^2}{x(x+2y)}$

$\qquad = \frac{z(x+2y)}{x}$, falls $x \notin \{0,-2y\}$

(i) $\frac{108a^2c-192b^2c}{54a^2c^2-144abc^2+96b^2c^2} = \frac{12c(9a^2-16b^2)}{6c^2(9a^2-24ab+16b^2)} = \frac{2\cdot6c(3a-4b)(3a+4b)}{c\cdot6c(3a-4b)(3a-4b)}$

$\qquad = \frac{2(3a+4b)}{c(3a-4b)}$, falls $c \neq 0, a \neq \frac{4}{3}b$

3.4 Lösung ($\boxed{97}$Aufgabe)

(a) $\frac{a^2+7ab+4b^2}{3a+6b} - \frac{ab}{a+2b} = \frac{a^2+7ab+4b^2}{3(a+2b)} - \frac{3ab}{3(a+2b)} = \frac{a^2+4ab+4b^2}{3(a+2b)} = \frac{(a+2b)^2}{3(a+2b)}$

$\qquad = \frac{a+2b}{3}, \quad a \neq -2b$

(b) $\frac{2a^2+5ab}{4(a+1)} + \frac{4b^2-2ab}{8a+8} = \frac{2a^2+5ab}{4(a+1)} + \frac{2b^2-ab}{4(a+1)} = \frac{2a^2+4ab+2b^2}{4(a+1)} = \frac{(a+b)^2}{2(a+1)}, a \neq -1$

(c) $\frac{3x}{x-y} - \frac{4(x-y)}{x+y} = \frac{3x(x+y)}{(x-y)(x+y)} - \frac{4(x-y)(x-y)}{(x+y)(x-y)} = \frac{3x^2+3xy-(4x^2-8xy+4y^2)}{(x+y)(x-y)}$

$\qquad = \frac{-x^2+11xy-4y^2}{x^2-y^2}, \quad x \neq \pm y$

3.5 Lösung ($\boxed{97}$Aufgabe)

(a) $\frac{2}{3} + \frac{4}{3} = \frac{2+4}{3} = \frac{6}{3} = 2$

(b) $\frac{a}{5} + \frac{2}{10} = \frac{a}{5} + \frac{1}{5} = \frac{a+1}{5}$

(c) $\frac{1}{2} + \frac{1}{7} = \frac{7}{14} + \frac{2}{14} = \frac{9}{14}$

(d) $\frac{1}{2} + \frac{1}{4} - \frac{1}{12} + \frac{3}{8} = \frac{12}{24} + \frac{6}{24} - \frac{2}{24} + \frac{9}{24} = \frac{25}{24}$

(e) $\frac{3a}{7} + \frac{6a}{3} - \frac{12a}{21} = \frac{9a}{21} + \frac{42a}{21} - \frac{12a}{21} = \frac{39a}{21} = \frac{13a}{7}$

(f) $\frac{2}{a+1} + \frac{1}{3a+3} - \frac{4}{a+1} = \frac{6}{3(a+1)} + \frac{1}{3(a+1)} - \frac{12}{3(a+1)} = -\frac{5}{3(a+1)}$, falls $a \neq -1$

(g) $\frac{2x}{x+1} - \frac{3y}{y+1} + \frac{xy}{(x+1)(y+1)} = \frac{2x(y+1)}{(x+1)(y+1)} - \frac{3y(x+1)}{(y+1)(x+1)} + \frac{xy}{(x+1)(y+1)}$

$$= \frac{2xy+2x-3xy-3y+xy}{(x+1)(y+1)} = \frac{2x-3y}{(x+1)(y+1)}, \text{ falls } x,y \neq -1$$

(h) $\frac{3a}{6ab} - \frac{7b}{3a} + \frac{2ab}{4} = \frac{3a}{6ab} - \frac{14b^2}{6ab} + \frac{3a^2b^2}{6ab} = \frac{3a-14b^2+3a^2b^2}{6ab}$, $a,b \neq 0$

(i) $\frac{x}{-x-2y} + \frac{y}{x+2y} = \frac{-x}{x+2y} + \frac{y}{x+2y} = \frac{y-x}{x+2y}$, $x \neq -2y$

(j) $\frac{2y}{3z+6} - \frac{1-y}{z+2} + \frac{3x-2xy}{3xz+6x} = \frac{2xy}{3x(z+2)} - \frac{3x(1-y)}{3x(z+2)} + \frac{3x-2xy}{3x(z+2)} = \frac{2xy-3x+3xy+3x-2xy}{3x(z+2)}$

$$= \frac{3xy}{3x(z+2)} = \frac{y}{z+2}, \quad z \neq -2, x \neq 0$$

3.6 Lösung (97 Aufgabe)

(a) $\frac{1}{2} \cdot \frac{1}{4} = \frac{1 \cdot 1}{2 \cdot 4} = \frac{1}{8}$

(b) $\frac{10}{7} \cdot \frac{5}{3} \cdot \frac{2}{3} = \frac{10 \cdot 5 \cdot 2}{7 \cdot 3 \cdot 3} = \frac{100}{63}$

(c) $\frac{a}{b} \cdot \frac{3}{b} = \frac{3 \cdot a}{b \cdot b} = \frac{3a}{b^2}$, $b \neq 0$

(d) $\frac{3}{12b} \cdot \frac{4b^2}{6} = \frac{1}{1} \cdot \frac{b}{6} = \frac{b}{6}$, $b \neq 0$

(e) $\frac{3}{a^2} \cdot \frac{ab^2}{9} \cdot \frac{18a}{b^2} = \frac{3}{1} \cdot \frac{1}{9} \cdot \frac{18}{1} = \frac{3}{1} \cdot \frac{1}{1} \cdot \frac{2}{1} = 6$, $a,b \neq 0$

(f) $\frac{ab^2}{a+1} \cdot \frac{2a+2}{b^2} \cdot \frac{16}{2ab} = \frac{1}{a+1} \cdot \frac{2(a+1)}{1} \cdot \frac{16}{2b} = \frac{1}{1} \cdot \frac{2}{1} \cdot \frac{8}{b} = \frac{16}{b}$, $a \neq -1$, $a,b \neq 0$

(g) $\frac{40ab+10c}{a^2c^2} \cdot \frac{a^2b^2+c}{12ab+3c} = \frac{10(4ab+c)}{a^2c^2} \cdot \frac{a^2b^2+c}{3(4ab+c)} = \frac{10(a^2b^2+c)}{3a^2c^2}$, $a,c \neq 0$, $c \neq -4ab$

(h) $\frac{1}{2} : \frac{1}{4} = \frac{1}{2} \cdot \frac{4}{1} = \frac{4}{2} = 2$

(i) $\frac{3x}{4y} : \frac{6x^2}{2y^2} : \frac{21}{16xy} = \frac{3x}{4y} \cdot \frac{2y^2}{6x^2} \cdot \frac{16xy}{21} = \frac{1}{1} \cdot \frac{2y^2}{1} \cdot \frac{2}{21} = \frac{4y^2}{21}$, $x,y \neq 0$

(j) $\frac{3y^2}{3x+1} : \frac{6y^2}{12x+4} = \frac{3y^2}{3x+1} \cdot \frac{12x+4}{6y^2} = \frac{1}{3x+1} \cdot \frac{4(3x+1)}{2} = \frac{1}{1} \cdot \frac{4}{2} = 2$, $x \neq -\frac{1}{3}$, $y \neq 0$

(k) $\frac{2x-7y}{5y^2+6z} : \frac{6x-21y}{25y^2z+30z^2} = \frac{2x-7y}{5y^2+6z} \cdot \frac{25y^2z+30z^2}{6x-21y} = \frac{2x-7y}{5y^2+6z} \cdot \frac{5z(5y^2+6z)}{3(2x-7y)}$

$$= \frac{1}{1} \cdot \frac{5z}{3} = \frac{5z}{3}, \quad x \neq \frac{7}{2}y, z \notin \{0, -\frac{5}{6}y^2\}$$

(l) $\frac{35xy^2}{8x-4y} : \frac{70x^2y}{4x-2y} = \frac{35xy^2}{2(4x-2y)} \cdot \frac{4x-2y}{70x^2y} = \frac{y}{2} \cdot \frac{1}{2x} = \frac{y}{4x}$, $y \neq 2x$, $x,y \neq 0$

3.7 Lösung (98 Aufgabe)

(a) $\frac{2}{x-y} \cdot \frac{4}{x+y} = \frac{2 \cdot 4}{(x-y)(x+y)} = \frac{8}{x^2-y^2}$, $x \neq \pm y$

(b) $\frac{3}{a-b} \cdot \frac{a^2-b^2}{9} \cdot \frac{2}{a+b} = \frac{6(a^2-b^2)}{9(a-b)(a+b)} = \frac{6(a^2-b^2)}{9(a^2-b^2)} = \frac{2}{3}$, $a \neq \pm b$

(c) $\frac{a+b}{x} : \frac{y}{a+b} = \frac{a+b}{x} \cdot \frac{a+b}{y} = \frac{(a+b)^2}{xy}$, $x,y \neq 0$, $a \neq -b$

(d) $\frac{x+y}{x^2-y^2} : \frac{x-y}{x+y} : \frac{1}{x+y} = \frac{x+y}{x^2-y^2} \cdot \frac{x+y}{x-y} \cdot \frac{x+y}{1} = \frac{(x+y)(x+y)(x+y)}{(x+y)(x-y)(x-y)} = \frac{(x+y)^2}{(x-y)^2}$,

$\quad x \neq \pm y$

(e) $\frac{2x^2+4xy+2y^2}{3x^2-6x+3} : \frac{(x+y)^2}{x-1} = \frac{2x^2+4xy+2y^2}{3x^2-6x+3} \cdot \frac{x-1}{(x+y)^2} = \frac{2(x+y)^2}{3(x-1)^2} \cdot \frac{x-1}{(x+y)^2}$

$\qquad = \frac{2}{3(x-1)} \cdot \frac{1}{1} = \frac{2}{3(x-1)}, \quad x \notin \{-y, 1\}$

(f) $\frac{16x^3-4xy^2}{48x^2+48xy+12y^2} : \frac{4x^2+2xy}{12x-6y} = \frac{16x^3-4xy^2}{48x^2+48xy+12y^2} \cdot \frac{12x-6y}{4x^2+2xy}$

$\qquad = \frac{4x(4x^2-y^2)}{12(4x^2+4xy+y^2)} \cdot \frac{6(2x-y)}{2x(2x+y)}$

$\qquad = \frac{4x(2x-y)(2x+y)}{12(2x+y)^2} \cdot \frac{6(2x-y)}{2x(2x+y)}$

$\qquad = \left(\frac{2x-y}{2x+y}\right)^2, \quad y \neq \pm 2x, x \neq 0$

(g) $\frac{ax+ay-bx-by}{ax-ay-bx+by} = \frac{a(x+y)-b(x+y)}{a(x-y)-b(x-y)} = \frac{(a-b)(x+y)}{(a-b)(x-y)} = \frac{x+y}{x-y}, a \neq b, x \neq y$

(h) $\frac{\frac{a}{a+1}-\frac{b}{b+1}}{\frac{a-b}{a+b}} = \left(\frac{a(b+1)}{(a+1)(b+1)} - \frac{b(a+1)}{(a+1)(b+1)}\right) \cdot \frac{a+b}{a-b} = \frac{ab+a-ab-b}{(a+1)(b+1)} \cdot \frac{a+b}{a-b}$

$\qquad = \frac{a-b}{(a+1)(b+1)} \cdot \frac{a+b}{a-b} = \frac{a+b}{(a+1)(b+1)}$

$\qquad = \frac{a+b}{ab+a+b+1}, \quad a, b \neq -1, a \neq \pm b$

(i) $\frac{\frac{ab}{2a+4}+\frac{b}{a+2}}{\frac{a}{b+3}-\frac{ab}{3b-9}} = \frac{\frac{ab}{2(a+2)}+\frac{2b}{2(a+2)}}{\frac{3a(b-3)}{3(b+3)(b-3)}-\frac{ab(b+3)}{3(b+3)(b-3)}} = \frac{\frac{ab+2b}{2(a+2)}}{\frac{3a(b-3)-ab(b+3)}{3(b+3)(b-3)}}$

$\qquad = \frac{ab+2b}{2(a+2)} \cdot \frac{3(b+3)(b-3)}{3a(b-3)-ab(b+3)} = \frac{b(a+2)}{2(a+2)} \cdot \frac{3(b^2-9)}{3ab-9a-ab^2-3ab}$

$\qquad = \frac{b}{2} \cdot \frac{3(b^2-9)}{-a(b^2+9)} = \frac{3b(b^2-9)}{(-2a)(b^2+9)}$

$\qquad = -\frac{3b^3-27b}{18a+2ab^2}, \quad a \notin \{0, -2\}, b \neq \pm 3$

3.8 Lösung (⑨⑧Aufgabe)

(a) $(x-y)(x-y)(x-y)(x-y) = (x-y)^4$

(b) $\frac{1}{a} \cdot \left(-\frac{1}{a}\right) \cdot \frac{1}{-a} = \frac{1}{a} \cdot \left(-\frac{1}{a}\right) \cdot \left(-\frac{1}{a}\right) = \left(\frac{1}{a}\right)^3 = \frac{1}{a^3}$, falls $a \neq 0$

(c) $(-a^2) \cdot (-a)^2 \cdot (-a)^3 = (-a^2) \cdot a^2 \cdot (-a^3) = a^{2+2+3} = a^7$

(d) $\frac{xy}{-z} \cdot \frac{-xy^2}{z^2} \cdot \frac{x^2(-y)}{z} = \frac{xy(-x)y^2x^2(-y)}{(-z)z^2z} = \frac{x^4y^4}{-z^4} = -\left(\frac{xy}{z}\right)^4$, falls $z \neq 0$

(e) $(x+y)^{-3}(x+y)^8(x+y)^{-2} = (x+y)^{-3+8-2} = (x+y)^3$, falls $x \neq -y$

(f) $\frac{(x-y)^{-1}}{(x+y)^2} \cdot \frac{(x+y)^{-2}}{(x-y)^3} = \frac{1}{(x-y)(x+y)^2} \cdot \frac{1}{(x-y)^3(x+y)^2} = \frac{1}{(x-y)^{1+3}(x+y)^{2+2}}$

$\qquad = \frac{1}{(x-y)^4(x+y)^4} = \frac{1}{[(x-y)(x+y)]^4} = \frac{1}{(x^2-y^2)^4}$, falls $x \neq \pm y$

3.9 Lösung ([98]Aufgabe)

(a) $(a^2)^3 = a^{2\cdot3} = a^6$

(b) $((-2)^2)^4 = (-2)^{2\cdot4} = (-2)^8 = 2^8 = 256$

(c) $(a^2b)^3 = (a^2)^3b^3 = a^{2\cdot3}b^3 = a^6b^3$

(d) $\frac{(x-1)^3}{(1-x)^3} = \left(\frac{x-1}{1-x}\right)^3 = \left(\frac{x-1}{-(x-1)}\right)^3 = (-1)^3 = -1,\ x \neq 1$

(e) $(x-1)^4+7(x-1)^4-12(x-1)^4+3(x-1)^4 = (1+7-12+3)(x-1)^4 = -(x-1)^4$

(f) $13(a-1)^3 + 2(1-a)^3 - 8(a-1)^3 + 2(1-a)^3$

$\qquad = (13-8)(a-1)^3 + (2+2)(1-a)^3 = 5(a-1)^3 + 4(-(a-1))^3$

$\qquad = 5(a-1)^3 - 4(a-1)^3 = (a-1)^3$

3.10 Lösung ([99]Aufgabe)

(a) $2^3a^3b^3 \cdot 7^3c^3 = (2ab \cdot 7c)^3 = (14abc)^3$

(b) $x^2yz^3 \cdot xy^2 + (2xyz)^3 = x^3y^3z^3 + 8(xyz)^3 = 9(xyz)^3$

(c) $5^2x^{-1}y^3 \cdot 5^{-2}x^2y^{-2} = \frac{5^2y^3}{x} \cdot \frac{x^2}{5^2y^2} = xy,\ x,y \neq 0$

　　alternativ: $5^2x^{-1}y^3 \cdot 5^{-2}x^2y^{-2} = 5^25^{-2}x^{-1}x^2y^{-2}y^3 = xy$

(d) $(4(x^2y^2))^3 - ((2xy)^3)^2 = ((2xy)^2)^3 - (2xy)^{2\cdot3} = (2xy)^6 - (2xy)^6 = 0$

(e) $16xy^2 \cdot (2x)^2 - 2^5x^3y^2 + (8x)^2 \cdot x^{-1} \cdot (xy)^2$

$\qquad = 16xy^2 \cdot 4x^2 - 32x^3y^2 + 64x^2x^{-1}x^2y^2$

$\qquad = 64x^3y^2 - 32x^3y^2 + 64x^3y^2 = 96x^3y^2,\quad x \neq 0$

(f) $-121ab^3 - (11a^2b)^2 \cdot (-2a^{-3}b) = -121ab^3 - 11^2a^4b^2 \cdot (-2a^{-3}b)$

$\qquad\qquad\qquad\qquad = -121ab^3 + 121 \cdot 2a^{4-3}b^{2+1}$

$\qquad\qquad\qquad\qquad = -121ab^3 + 242ab^3 = 121ab^3,\quad a \neq 0$

3.11 Lösung ([99]Aufgabe)

(a) $\frac{2a^4a^n}{36} = \frac{2a^{4+n}}{36} = \frac{a^{4+n}}{18}$

(b) $\frac{x^7 \cdot x^n}{y^3 \cdot y^{-m}} = \frac{x^{7+n}}{y^{3-m}} = x^{n+7}y^{-(3-m)} = x^{n+7}y^{m-3},\ y \neq 0$

(c) $\frac{a^3b^2}{3} \cdot \frac{a^nb^m}{a^{3+n}b^{2+m}} = \frac{a^3a^nb^2b^m}{3a^{3+n}b^{2+m}} = \frac{a^{3+n}b^{2+m}}{3a^{3+n}b^{2+m}} = \frac{1}{3},\ a,b \neq 0$

(d) $\left(\frac{a^7}{b^3} : \frac{a^{7+n}}{b^n}\right) \cdot \frac{a^n}{b} = \frac{a^7}{b^3} \cdot \frac{b^n}{a^{7+n}} \cdot \frac{a^n}{b} = \frac{a^7b^na^n}{b^3a^{7+n}b} = \frac{a^{7+n}b^n}{a^{7+n}b^4} = b^{n-4},\ a,b \neq 0$

(e) $\left(\frac{xy}{z^n}\right)^2 : \frac{(xy)^n}{z^4} = \frac{(xy)^2}{(z^n)^2} \cdot \frac{z^4}{(xy)^n} = \frac{(xy)^2 z^4}{z^{2n}(xy)^n} = (xy)^{2-n} z^{4-2n}$, $x,y,z \neq 0$

(f) $\frac{4x^{a+1}}{15xy^{a-1}} : \frac{(2x^a)^2}{5y^a} = \frac{4x^a}{15y^{a-1}} \cdot \frac{5y^a}{4x^{2a}} = \frac{x^a}{3} \cdot \frac{y}{x^{2a}} = \frac{x^{a-2a}y}{3} = \frac{x^{-a}y}{3}$, $x,y > 0$

(g) $\frac{(2x+y)^8}{(4x^2+4xy+y^2)^6} = \frac{((2x+y)^2)^4}{((2x+y)^2)^6} = \frac{1}{((2x+y)^2)^2} = \frac{1}{(2x+y)^4}$, $x \neq -\frac{y}{2}$

(h) $\frac{(16a^2-36b^2)^6}{(16a^2-48ab+36b^2)^3} = \frac{((4a-6b)(4a+6b))^6}{((4a-6b)^2)^3} = \frac{(4a-6b)^6(4a+6b)^6}{(4a-6b)^6} = (4a+6b)^6$,

$a \neq \frac{3}{2}b$

(i) $\frac{((x^2+2x+1)(x-1)^2)^3}{(x^2-1)^6} = \frac{((x+1)^2(x-1)^2)^3}{[(x-1)(x+1)]^6} = \frac{(x+1)^6(x-1)^6}{(x-1)^6(x+1)^6} = 1$, $x \neq \pm 1$

3.12 Lösung (⑨⑨Aufgabe)

(a) $2\sqrt{3} - 5\sqrt{3} + 12\sqrt{3} - 4\sqrt{3} = (2-5+12-4)\sqrt{3} = 5\sqrt{3}$

(b) $15\sqrt{ab} - 12\sqrt{ab} + 6\sqrt{ab} - 8\sqrt{ab} = (15-12+6-8)\sqrt{ab} = \sqrt{ab}$, $ab \geqslant 0$

(c) $12\sqrt{x} - \sqrt{4x} - \sqrt{x} = 12\sqrt{x} - \sqrt{4}\sqrt{x} - \sqrt{x} = (12-2-1)\sqrt{x} = 9\sqrt{x}$, $x \geqslant 0$

(d) $2\sqrt{75y} + \sqrt{27y} - 3\sqrt{48y} = 2\sqrt{3y}\sqrt{25} + \sqrt{3y}\sqrt{9} - 3\sqrt{3y}\sqrt{16}$

$\qquad = 10\sqrt{3y} + 3\sqrt{3y} - 12\sqrt{3y} = \sqrt{3y}$, $\quad y \geqslant 0$

(e) $\sqrt{3 \cdot 7} \cdot \sqrt{3 \cdot 7} = \sqrt{(3 \cdot 7)(3 \cdot 7)} = \sqrt{(3 \cdot 7)^2} = 3 \cdot 7 = 21$

alternativ: $\sqrt{3 \cdot 7} \cdot \sqrt{3 \cdot 7} = \sqrt{21} \cdot \sqrt{21} = \left(\sqrt{21}\right)^2 = 21$

(f) $\sqrt{2 \cdot 5 \cdot 3} \cdot \sqrt{2 \cdot 3} \cdot \sqrt{5} = \sqrt{2 \cdot 5 \cdot 3 \cdot 2 \cdot 3 \cdot 5} = \sqrt{(2 \cdot 3 \cdot 5)^2} = 2 \cdot 3 \cdot 5 = 30$

(g) $\sqrt{20} \cdot \sqrt{10} \cdot \sqrt{2} = \sqrt{20 \cdot 10 \cdot 2} = \sqrt{400} = 20$

(h) $\sqrt{ab} \cdot \sqrt{a} \cdot \sqrt{b} \cdot \sqrt{a^2b^2} = \sqrt{ab \cdot ab} \cdot \sqrt{(ab)^2} = \sqrt{(ab)^2} \cdot \sqrt{(ab)^2}$

$\qquad = \left(\sqrt{(ab)^2}\right)^2 = (ab)^2$, $\quad a,b \geqslant 0$

3.13 Lösung (⑩⑩Aufgabe)

(a) $\sqrt{36a^4b^4} : \sqrt{4a^2} = \sqrt{(36a^4b^4):(4a^2)} = \sqrt{\frac{36a^4b^4}{4a^2}} = \sqrt{9a^2b^4} = 3|a|b^2$,

$a \neq 0$

(b) $x\sqrt{xy} \cdot 2y\sqrt{y} \cdot 4\sqrt{x} = 8xy\sqrt{xy \cdot y \cdot x} = 8xy\sqrt{(xy)^2} = 8xy \cdot xy = 8x^2y^2$,

$x,y \geqslant 0$

(c) $(\sqrt{x+y} - \sqrt{y-z})(\sqrt{x+y} + \sqrt{y-z}) = \sqrt{x+y}^2 - \sqrt{y-z}^2$

$\qquad = (x+y) - (y-z)$

$\qquad = x+z$, $\quad x \geqslant -y, y \geqslant z$

(d) $\dfrac{\sqrt{a}-\sqrt{b}}{\sqrt{a}+\sqrt{b}}\cdot\dfrac{a+2\sqrt{ab}+b}{a-b}=\dfrac{\sqrt{a}-\sqrt{b}}{\sqrt{a}+\sqrt{b}}\cdot\dfrac{\sqrt{a}^2+2\sqrt{a}\sqrt{b}+\sqrt{b}^2}{\sqrt{a}^2-\sqrt{b}^2}$

$\qquad\quad=\dfrac{\sqrt{a}-\sqrt{b}}{\sqrt{a}+\sqrt{b}}\cdot\dfrac{(\sqrt{a}+\sqrt{b})^2}{(\sqrt{a}-\sqrt{b})(\sqrt{a}+\sqrt{b})}$

$\qquad\quad=1,\ a,b\geqslant0,\ a\neq b$

(e) $\dfrac{3\sqrt{45}}{\sqrt{x^2-y^2}}-\dfrac{4\sqrt{5}}{\sqrt{(x-y)(x+y)}}=\dfrac{3\sqrt{5}\sqrt{9}}{\sqrt{x^2-y^2}}-\dfrac{4\sqrt{5}}{\sqrt{x^2-y^2}}=\dfrac{9\sqrt{5}-4\sqrt{5}}{\sqrt{x^2-y^2}}$

$\qquad\qquad\qquad\qquad\quad=\dfrac{5\sqrt{5}}{\sqrt{x^2-y^2}},\quad x^2>y^2$

(f) $\dfrac{16\sqrt{x-y}}{9}-\dfrac{\sqrt{x^2-y^2}}{\sqrt{81(x+y)}}=\dfrac{16\sqrt{x-y}}{9}-\dfrac{\sqrt{(x-y)(x+y)}}{\sqrt{81}\sqrt{x+y}}=\dfrac{16\sqrt{x-y}}{9}-\dfrac{\sqrt{x-y}\sqrt{x+y}}{9\sqrt{x+y}}$

$\qquad\qquad\qquad\quad=\dfrac{16\sqrt{x-y}}{9}-\dfrac{\sqrt{x-y}}{9}=\dfrac{15\sqrt{x-y}}{9}$

$\qquad\qquad\qquad\quad=\dfrac{5}{3}\sqrt{x-y},\quad x-y\geqslant0,\ x+y>0$

(g) $\dfrac{12\sqrt{x^2-y^2}}{\sqrt{9x-9y}}-3\sqrt{x+y}=\dfrac{12\sqrt{(x-y)(x+y)}}{\sqrt{9(x-y)}}-3\sqrt{x+y}$

$\qquad\qquad\qquad\quad=\dfrac{12\sqrt{x-y}\sqrt{x+y}}{\sqrt{9}\sqrt{x-y}}-3\sqrt{x+y}$

$\qquad\qquad\qquad\quad=4\sqrt{x+y}-3\sqrt{x+y}$

$\qquad\qquad\qquad\quad=\sqrt{x+y},\quad x-y>0,\ x+y\geqslant0$

(h) $\dfrac{3y^{a+2}}{\sqrt{2x^2+4xy+2y^2}}+\dfrac{3xy^{a+1}}{\sqrt{2}(x+y)}=\dfrac{3y^{a+2}}{\sqrt{2(x+y)^2}}+\dfrac{3xy^{a+1}}{\sqrt{2}(x+y)}$

$\qquad\qquad\qquad\qquad\quad=\dfrac{3y^{a+2}}{\sqrt{2}|x+y|}+\dfrac{3xy^{a+1}}{\sqrt{2}(x+y)},\quad y>0$

Für $|x+y|$ werden zwei Fälle unterschieden:

❶ $x+y>0:\ =\dfrac{3y^{a+2}}{\sqrt{2}(x+y)}+\dfrac{3xy^{a+1}}{\sqrt{2}(x+y)}=\dfrac{3y^{a+2}+3xy^{a+1}}{\sqrt{2}(x+y)}=\dfrac{3y^{a+1}(y+x)}{\sqrt{2}(x+y)}$

$\qquad\qquad\quad=\dfrac{3y^{a+1}}{\sqrt{2}}$

❷ $x+y<0:\ =\dfrac{3y^{a+2}}{-\sqrt{2}(x+y)}+\dfrac{3xy^{a+1}}{\sqrt{2}(x+y)}=\dfrac{3y^{a+1}(x-y)}{\sqrt{2}(x+y)}$

3.14 Lösung (⒈⒪⒪Aufgabe)

(a) $\sqrt[3]{8^5}=(\sqrt[3]{8})^5=(\sqrt[3]{2^3})^5=2^5=32$

(b) $\sqrt{\sqrt{a^4}}=\sqrt{\sqrt{(a^2)^2}}=\sqrt{a^2}=|a|$

(c) $\sqrt[4]{a^{\frac{2}{3}}}=(a^{\frac{2}{3}})^{\frac{1}{4}}=a^{\frac{2}{12}}=a^{\frac{1}{6}}=\sqrt[6]{a},\ a\geqslant0$

(d) $\sqrt[8]{a^2b\cdot\sqrt[4]{b^{12}}}=(a^2b\cdot(b^{12})^{\frac{1}{4}})^{\frac{1}{8}}=(a^2)^{\frac{1}{8}}b^{\frac{1}{8}}(b^{\frac{12}{4}})^{\frac{1}{8}}=|a|^{\frac{2}{8}}b^{\frac{1}{8}}b^{\frac{3}{8}}=|a|^{\frac{1}{4}}b^{\frac{1}{2}}$

$\qquad\qquad\qquad=\sqrt[4]{|a|}\sqrt{b},\quad b\geqslant0$

(e) $\sqrt[4]{(x+1)^8} \cdot \sqrt[4]{x+1} = \sqrt[4]{(x+1)^8(x+1)} = \sqrt[4]{(x+1)^9}$, $x \geqslant -1$

(f) $\dfrac{\sqrt[6]{x^4} \cdot \sqrt[3]{x^2}}{\sqrt[8]{y^6} \cdot \sqrt[9]{y^2}} = \dfrac{\left(x^4 \cdot (x^2)^{\frac{1}{3}}\right)^{\frac{1}{6}}}{\left(y^6 \cdot (y^2)^{\frac{1}{9}}\right)^{\frac{1}{8}}} = \dfrac{|x|^{\frac{4}{6}} \cdot |x|^{\frac{2}{18}}}{|y|^{\frac{6}{8}} \cdot |y|^{\frac{2}{72}}} = \dfrac{|x|^{\frac{7}{9}}}{|y|^{\frac{7}{9}}} = \sqrt[9]{\left|\dfrac{x}{y}\right|^7}$, $y \neq 0$

(g) $\dfrac{\sqrt[5]{x^2 \cdot \sqrt[3]{x^9 \cdot \sqrt{x^{45}}}}}{\sqrt[3]{y^2 \cdot \sqrt[3]{y^6}}} \cdot \dfrac{\sqrt[6]{y^5 \cdot \sqrt[4]{y^{36}}}}{\sqrt[4]{x^3 \cdot \sqrt[6]{x^{18}}}} = \dfrac{\left[x^2 \cdot \left(x^9 \cdot (x^{45})^{\frac{1}{2}}\right)^{\frac{1}{3}}\right]^{\frac{1}{5}}}{\left[y^2 \cdot (y^6)^{\frac{1}{3}}\right]^{\frac{1}{3}}} \cdot \dfrac{\left[y^5 \cdot (y^{36})^{\frac{1}{4}}\right]^{\frac{1}{6}}}{\left[x^3 \cdot (x^{18})^{\frac{1}{6}}\right]^{\frac{1}{4}}}$

$= \dfrac{x^{\frac{2}{5}} \cdot x^{\frac{9}{15}} \cdot x^{\frac{45}{30}}}{y^{\frac{2}{3}} \cdot y^{\frac{6}{9}}} \cdot \dfrac{y^{\frac{5}{6}} \cdot y^{\frac{36}{24}}}{x^{\frac{3}{4}} \cdot x^{\frac{18}{24}}} = \dfrac{x^{\frac{5}{2}}}{y^{\frac{4}{3}}} \cdot \dfrac{y^{\frac{7}{3}}}{x^{\frac{3}{2}}}$

$= xy$, $\quad x, y > 0$

(h) $\dfrac{a^2 - 4b^2}{\sqrt[3]{a^9} - b \cdot \sqrt{16a^2b^2}} \cdot \dfrac{1}{\sqrt{a^3}} = \dfrac{a^2 - 4b^2}{a^3 - b \cdot 4|ab|} \cdot \dfrac{1}{\sqrt{a^3}} = \dfrac{a^2 - 4b^2}{a^3 - 4ab|b|} \cdot \dfrac{1}{\sqrt{a^3}} = \dfrac{a^2 - 4b^2}{a^2 - 4b|b|} \cdot \dfrac{1}{\sqrt{a^5}}$,

$a > 0$, $a^2 \neq 4b|b|$. Für $b > 0$ vereinfacht sich dies wegen $b = |b|$ zu
$\dfrac{a^2 - 4b^2}{a^2 - 4b^2} \cdot \dfrac{1}{\sqrt{a^5}} = \dfrac{1}{\sqrt{a^5}}$.

(i) $\dfrac{(3 + 5\sqrt{a})^2}{9 - 25a} \cdot \dfrac{12 - 20\sqrt{a}}{\sqrt{36 + 120\sqrt{a} + 100a}} = \dfrac{(3 + 5\sqrt{a})^2}{3^2 - (5\sqrt{a})^2} \cdot \dfrac{4(3 - 5\sqrt{a})}{2\sqrt{3^2 + 2 \cdot 3 \cdot 5\sqrt{a} + (5\sqrt{a})^2}}$

$= \dfrac{(3 + 5\sqrt{a})^2}{(3 + 5\sqrt{a})(3 - 5\sqrt{a})} \cdot \dfrac{4(3 - 5\sqrt{a})}{2\sqrt{(3 + 5\sqrt{a})^2}}$

$\overset{(*)}{=} \dfrac{2(3 + 5\sqrt{a})}{3 + 5\sqrt{a}} = 2$, $\quad a \geqslant 0, a \neq \dfrac{9}{25}$

Hierbei ist zu beachten, dass wegen $3 + 5\sqrt{a} > 0$ die folgende, in $(*)$ verwendete Beziehung gilt:

$$\sqrt{(3 + 5\sqrt{a})^2} = |3 + 5\sqrt{a}| = 3 + 5\sqrt{a}.$$

3.15 Lösung ($\boxed{100}$Aufgabe)

(a) $\dfrac{a}{\sqrt{a}} = \dfrac{a\sqrt{a}}{\sqrt{a}\sqrt{a}} = \dfrac{a\sqrt{a}}{a} = \sqrt{a}$, $a > 0$

(b) $\dfrac{5}{\sqrt{ab}} = \dfrac{5\sqrt{ab}}{\sqrt{ab}\sqrt{ab}} = \dfrac{5\sqrt{ab}}{ab}$, $ab > 0$

(c) $\dfrac{4}{\sqrt[3]{2}} = \dfrac{4}{2^{\frac{1}{3}}} = \dfrac{4 \cdot 2^{\frac{2}{3}}}{2^{\frac{1}{3}} \cdot 2^{\frac{2}{3}}} = \dfrac{4 \cdot \sqrt[3]{2^2}}{2} = 2\sqrt[3]{4}$

(d) $\dfrac{28}{4 + \sqrt{2}} = \dfrac{28(4 - \sqrt{2})}{(4 + \sqrt{2})(4 - \sqrt{2})} = \dfrac{28(4 - \sqrt{2})}{4^2 - \sqrt{2}^2} = \dfrac{28(4 - \sqrt{2})}{14} = 2(4 - \sqrt{2}) = 8 - 2\sqrt{2}$

(e) $\dfrac{2(\sqrt{5} - \sqrt{3})}{\sqrt{5} + \sqrt{3}} = \dfrac{2(\sqrt{5} - \sqrt{3})(\sqrt{5} - \sqrt{3})}{(\sqrt{5} + \sqrt{3})(\sqrt{5} - \sqrt{3})} = \dfrac{2(\sqrt{5}^2 - 2\sqrt{3}\sqrt{5} + \sqrt{3}^2)}{\sqrt{5}^2 - \sqrt{3}^2} = \dfrac{2(5 - 2\sqrt{3 \cdot 5} + 3)}{5 - 3}$

$= 8 - 2\sqrt{15}$

3.16 Lösung ($\boxed{\text{101}}$Aufgabe)

Es gilt für $b > 0, b \neq 1$ und $a > 0$: $\log_b(a) = c \iff b^c = a$

(a) $\log_2(4) = \log_2(2^2) = 2$

(b) $\log_4(64) = \log_4(4^3) = 3$

(c) $\log_2(\frac{1}{8}) = \log_2(2^{-3}) = -3$

(d) $\log_4(2) = \log_4(4^{1/2}) = \frac{1}{2}$

(e) $\log_7(7^n) = n$

3.17 Lösung ($\boxed{\text{101}}$Aufgabe)

Unter Verwendung des dekadischen Logarithmus $\lg(\cdot)$ gilt:*

(a) $\log_2(3) = \frac{\lg(3)}{\lg(2)} \approx 1{,}585$

(b) $\log_7(21) = \frac{\lg(21)}{\lg(7)} \approx 1{,}565$

(c) $\log_{0,5}(\frac{3}{2}) = \frac{\lg(3/2)}{\lg(1/2)} \approx -0{,}585$

(d) $\log_2(10) = \frac{\lg(10)}{\lg(2)} \approx 3{,}322$

(e) $\log_5(12) = \frac{\lg(12)}{\lg(5)} \approx 1{,}544$

Die Ähnlichkeit im Ergebnis von (a) und (c) ergibt sich aus folgenden Umformungen:

$$\log_{0,5}\left(\frac{3}{2}\right) = \frac{\lg(3/2)}{\lg(1/2)} = \frac{\lg(3) - \lg(2)}{-\lg(2)} = -\frac{\lg(3)}{\lg(2)} + 1 = 1 - \log_2(3).$$

3.18 Lösung ($\boxed{\text{101}}$Aufgabe)

(a) $\log_x(3) + \log_x(4) = \log_x(3 \cdot 4) = \log_x(12)$, $x > 0$, $x \neq 1$

(b) $\log_y(10) - \log_y(5) = \log_y(\frac{10}{5}) = \log_y(2)$, $y > 0$, $y \neq 1$

(c) $\log_a(u) + \log_{a^2}(u) = \log_a(u) + \dfrac{\log_a(u)}{\log_a(a^2)} = \log_a(u) + \dfrac{1}{2}\log_a(u)$

$\qquad\qquad = \frac{3}{2}\log_a(u), \quad a, u > 0, a \neq 1$

(d) $2\log_a(4) + \log_b(4) - 3\log_a(2) + 2\log_b(5)$

$\qquad = \log_a(4^2) + \log_b(4) - \log_a(2^3) + \log_b(5^2)$

$\qquad = \log_a(16) + \log_b(4) - \log_a(8) + \log_b(25) = \log_a(\frac{16}{8}) + \log_b(4 \cdot 25)$

$\qquad = \log_a(2) + \log_b(100) = \log_a(2) + 2\log_b(10), \quad a, b > 0, a, b \neq 1$

---

*Alternativ kann auch der natürliche Logarithmus $\ln(\cdot)$ für die Berechnung verwendet werden. Probieren Sie es aus!

(e) $\frac{1}{3}\log_a(x) - \frac{1}{9}\log_a(x^3) + 2\log_a(x) - \frac{1}{4}\log_a(x^4)$

$$= \log_a(x^{\frac{1}{3}}) - \log_a(x^{\frac{3}{9}}) + \log_a(x^2) - \log_a(x^{\frac{4}{4}})$$

$$= \log_a(x^{\frac{1}{3}}x^{-\frac{1}{3}}x^2x^{-1}) = \log_a(x), \quad a, x > 0, a \neq 1$$

(f) $2\log_a(3x) + \log_a(3x) + 4\log_a(2x) - \frac{1}{2}\log_a(64x^2)$

$$= \log_a((3x)^2) + \log_a(3x) + \log_a((2x)^4) - \log_a(8x)$$

$$= \log_a\left(9x^2 \cdot 3x \cdot 16x^4 \cdot \frac{1}{8x}\right) = \log_a(54x^6), \quad a, x > 0, a \neq 1$$

3.19 Lösung ($\boxed{102}$Aufgabe)

(a) $\ln\left(\sqrt{\frac{1}{5}}\right) = \ln\left(\left(\frac{1}{5}\right)^{\frac{1}{2}}\right) = \frac{1}{2}\ln\left(\frac{1}{5}\right) = \frac{1}{2}(\ln(1) - \ln(5)) = -\frac{1}{2}\ln(5)$

(b) $\ln\left(\sqrt[4]{\frac{a^2c}{bd^2}}\right) = \ln\left(\frac{a^{\frac{1}{2}}c^{\frac{1}{4}}}{b^{\frac{1}{4}}d^{\frac{1}{2}}}\right) = \ln\left(a^{\frac{1}{2}}c^{\frac{1}{4}}\right) - \ln\left(b^{\frac{1}{4}}d^{\frac{1}{2}}\right)$

$$= \ln(a^{\frac{1}{2}}) + \ln(c^{\frac{1}{4}}) - (\ln(b^{\frac{1}{4}}) + \ln(d^{\frac{1}{2}}))$$

$$= \frac{1}{2}\ln(a) + \frac{1}{4}\ln(c) - \frac{1}{4}\ln(b) - \frac{1}{2}\ln(d)$$

(c) $\lg\left(3\sqrt[4]{2\sqrt[3]{a^5b\sqrt[5]{a^5c^4}}}\right) = \lg(3) + \lg\left(\left(2\sqrt[3]{a^5b\sqrt[5]{a^5c^4}}\right)^{\frac{1}{4}}\right)$

$$= \lg(3) + \frac{1}{4}\lg\left(2\sqrt[3]{a^5b\sqrt[5]{a^5c^4}}\right)$$

$$= \lg(3) + \frac{1}{4}\left(\lg(2) + \lg\left(\left(a^5b\sqrt[5]{a^5c^4}\right)^{\frac{1}{3}}\right)\right)$$

$$= \lg(3) + \frac{1}{4}\lg(2) + \frac{1}{4}\cdot\frac{1}{3}\lg\left(a^5b\sqrt[5]{a^5c^4}\right)$$

$$= \lg(3) + \frac{1}{4}\lg(2) + \frac{1}{12}\left(\lg(a^5) + \lg(b) + \lg(\sqrt[5]{a^5c^4})\right)$$

$$= \lg(3) + \frac{1}{4}\lg(2) + \frac{5}{12}\lg(a) + \frac{1}{12}\lg(b) + \frac{1}{12}\lg(ac^{\frac{4}{5}})$$

$$= \lg(3) + \frac{1}{4}\lg(2) + \frac{5}{12}\lg(a) + \frac{1}{12}\lg(b) + \frac{1}{12}(\lg(a) + \lg(c^{\frac{4}{5}}))$$

$$= \lg(3) + \frac{1}{4}\lg(2) + \frac{1}{2}\lg(a) + \frac{1}{12}\lg(b) + \frac{1}{15}\lg(c)$$

Kapitel 4

Summen- und Produktzeichen

4.1 Summenzeichen

Das Summenzeichen $\sum$ dient der Vereinfachung der Notation, wenn viele Zahlen gleicher Struktur summiert werden. Die Summe aller geraden Zahlen von 2 bis 20 kann beispielsweise durch Auflistung aller Summanden explizit angegeben werden

$$2 + 4 + 6 + 8 + 10 + 12 + 14 + 16 + 18 + 20.$$

Bei einer noch größeren Anzahl von Summanden wird diese Darstellung zunehmend unübersichtlich, so dass oft die abkürzende Schreibweise $2 + 4 + 6 + \cdots + 20$ verwendet wird. Durch die Angabe der ersten Summanden ist das Bildungsgesetz der Summanden erkennbar, die letzte Zahl legt das Summationsende fest.

Das Summenzeichen verwendet die selben Informationen zur Festlegung der Summe. Im obigen Beispiel ist der i-te Summand das Doppelte $2i$ der Zahl i. Dieses Bildungsgesetz wird in die Summenzeichen-Schreibweise direkt aufgenommen, wobei zusätzlich Summationsanfang und -ende angegeben werden:

$$\sum_{i=1}^{10} 2i = 2 \cdot 1 + 2 \cdot 2 + 2 \cdot 3 + \cdots + 2 \cdot 10 = 2 + 4 + 6 + \cdots + 20.$$

Wesentlich bei der „Übersetzung" des Symbols ist, dass beginnend beim Anfang (hier $i = 1$ mit Summand $2 \cdot 1 = 2$) die Zahlen $2i$ addiert werden bis der letzte Index (hier $i = 10$ mit Summand $2 \cdot 10 = 20$) erreicht ist. Der Index durchläuft dabei alle natürlichen Zahlen zwischen Summationsanfang und -ende. Die Summenzeichendarstellung besteht daher aus den Elementen

- ❯ Bildungsgesetz der Summanden (im Beispiel $2i$),

- ❯ Summationsvariable mit Werten in $\mathbb{N}$ (im Beispiel i),

- ❯ Summationsanfang (im Beispiel $i = 1$) und

- ❯ Summationsende (im Beispiel $i = 10$).

Diese kompakte Notation wird in der folgenden Bezeichnung eingeführt.

© Springer-Verlag GmbH Deutschland, ein Teil von Springer Nature 2018
E. Cramer und J. Nešlehová, *Vorkurs Mathematik*, EMIL@A-stat,
https://doi.org/10.1007/978-3-662-57494-2_4

> **Bezeichnung (Summenzeichen)**

Seien $a_1, \ldots, a_n$ reelle Zahlen und $n \geqslant 2$ eine natürliche Zahl. Die Summe der Zahlen $a_1, \ldots, a_n$ wird bezeichnet mit

$$\sum_{i=1}^{n} a_i = a_1 + \cdots + a_n.^*$$

Das Zeichen Σ (großes griechisches Sigma) wird Summenzeichen genannt. Die weiteren Bestandteile der Notation können folgender Darstellung entnommen werden:

$$\sum_{i=1}^{n} a_i \quad \widehat{=} \quad \overset{\text{obere Summationsgrenze}}{\underset{\underset{\text{untere Summationsgrenze}}{\text{Summationsindex}}}{\sum}} \quad i\text{-ter Summand.}$$

Der Summationsindex heißt auch Laufindex.[†]

4.1 Beispiel

(i) $1 + 2 + 3 + 4 + 5 + 6 = \sum_{i=1}^{6} i$

(ii) $4 + 16 + 64 = 4^1 + 4^2 + 4^3 = \sum_{i=1}^{3} 4^i$

(iii) $\sum_{i=1}^{2} \log_2(i) = \log_2(1) + \log_2(2) = 0 + 1 = 1$

(iv) $\sum_{i=1}^{3} \left(\frac{1}{i} - \frac{1}{i+1} \right) = \left(1 - \frac{1}{2} \right) + \left(\frac{1}{2} - \frac{1}{3} \right) + \left(\frac{1}{3} - \frac{1}{4} \right) = 1 - \frac{1}{4} = \frac{3}{4}$ ✗

4.2 Beispiel (Arithmetisches Mittel, empirische Standardabweichung)

In der Statistik wird das Summenzeichen in vielen Notationen verwendet. Beispiele sind das arithmetische Mittel $\bar{x}$ und die empirische Standardabweichung s von Messwerten $x_1, \ldots, x_n$:

$$\bar{x} = \frac{1}{n} \sum_{i=1}^{n} x_i, \qquad s = \sqrt{\frac{1}{n} \sum_{i=1}^{n} (x_i - \bar{x})^2}.$$

Das arithmetische Mittel $\bar{x}$ beschreibt das Zentrum des Datensatzes $x_1, \ldots, x_n$, während die empirische Standardabweichung ein Maß für die Streuung der Messwerte um dieses Zentrum ist.

---

*lies: Summe der Zahlen a_i von i gleich 1 bis n.

[†]Die Summationsgrenzen beziehen sich auf den Laufindex und nicht auf das Bildungsgesetz der Summanden.

Bei einer Verkehrskontrolle wurden folgende Geschwindigkeiten der ersten zehn gemessenen Fahrzeuge ermittelt:

Fahrzeug Nr. i	1	2	3	4	5	6	7	8	9	10
Geschwindigkeit x_i	55	76	47	52	49	48	50	62	47	55

Daraus ergibt sich eine mittlere Geschwindigkeit dieser Fahrzeuge von

$$\overline{x} = \frac{1}{10} \sum_{i=1}^{10} x_i = \frac{1}{10} (55 + 76 + 47 + \cdots + 55) = 54,1.$$

Zur Berechnung der Streuung wird die quadratische Abweichung $(x_i - \overline{x})^2$ jedes Messwerts x_i vom arithmetischen Mittel $\overline{x}$ bestimmt:

Fahrzeug Nr. i	1	2	3	4	5	6	7	8	9	10
Abweichung $(x_i - \overline{x})^2$	0,81	479,61	50,41	4,41	26,01	37,21	16,81	62,41	50,41	0,81

Daraus ergibt sich schließlich

$$s = \sqrt{\frac{1}{10} (0,81 + 479,61 + \cdots + 0,81)} = \sqrt{72,89} \approx 8,54. \qquad \textbf{✗}$$

Als Summationsgrenzen können auch beliebige ganze Zahlen eingesetzt werden. Für eine untere Summationsgrenze $m \in \mathbb{Z}$ mit m kleiner oder gleich $n - 1 \in \mathbb{Z}$ und reelle Zahlen $a_m, \ldots, a_n$ wird das Summenzeichen definiert als

$$\sum_{i=m}^{n} a_i = a_m + \cdots + a_n.$$

Die Zahl m gibt also den Index des ersten Summanden an.

Die Summationsvariable kann beliebig bezeichnet werden (sofern kein Konflikt mit anderen Bezeichnungen vorliegt), d.h. es gilt etwa

$$\sum_{i=m}^{n} a_i = \sum_{j=m}^{n} a_j = \sum_{k=m}^{n} a_k.$$

4.3 Beispiel

(i) $1 + 2 + 4 + 8 + 16 + 32 = 2^0 + 2^1 + 2^2 + 2^3 + 2^4 + 2^5 = \sum_{j=0}^{5} 2^j$

(ii) $3 + 6 + 9 + 12 + 15 + 18 + 21 = \sum_{k=0}^{6} (3k + 3) = \sum_{k=0}^{6} 3(k + 1)$

(iii) $\displaystyle\sum_{i=-2}^{2} (-i)^2 = 2^2 + 1^2 + 0^2 + (-1)^2 + (-2)^2 = 4 + 1 + 0 + 1 + 4 = 10$

(iv) $\displaystyle\sum_{j=0}^{4} x^j = x^0 + x^1 + x^2 + x^3 + x^4 = 1 + x + x^2 + x^3 + x^4$

(v) $\displaystyle\sum_{j=1}^{n} 1 = \underbrace{1 + \cdots + 1}_{n\text{-mal}} = n$

(vi) $\displaystyle\sum_{j=0}^{n} 1 = \underbrace{1 + \cdots + 1}_{(n+1)\text{-mal}} = n + 1$ ✗

Zur Vereinheitlichung der Notation werden noch einige Sonderfälle betrachtet. Seien n, m ganze Zahlen und $a_m, \ldots, a_n$ reelle Zahlen.

❶ Ist die untere Summationsgrenze gleich der oberen, bedeutet dies, dass die Summe nur aus einer Zahl (etwa a_j) besteht

$$\sum_{i=j}^{j} a_i = a_j.$$

❷ Ist die untere Summationsgrenze größer als die obere Summationsgrenze, wird das Ergebnis der Summe als Null definiert. Daher gilt z.B.

$$\sum_{i=3}^{1} a_i = 0 \quad \text{oder} \quad \sum_{i=n}^{n-1} a_i = 0.$$

Dies ist eine Vereinbarung, die in vielen Fällen nützlich ist und Fallunterscheidungen überflüssig macht. Beispielsweise gilt somit

$$\sum_{i=5}^{5} i = 5, \quad \sum_{j=50}^{9} i^2 = 0, \quad \sum_{i=-2}^{-2} (2i + 1) = 2 \cdot (-2) + 1 = -3.$$

Die Notation lässt sich bzgl. der zu summierenden Zahlen weiter verallgemeinern. Zu diesem Zweck seien I eine Teilmenge der ganzen Zahlen $\mathbb{Z}$ und a_i, $i \in I$, reelle Zahlen. Dann bezeichnet

$$\sum_{i \in I} a_i{}^*$$

die Summe aller Zahlen a_i, deren Index i in der Menge I enthalten ist. i heißt Summationsindex, a_i heißt Summand und I wird als Summationsmenge bezeichnet. Für nicht endliche Indexmengen ist zu beachten, ob die zu bildende Summe sinnvoll ist. Diese Fragestellung wird in 358 Abschnitt 9.2 unter dem Thema *Reihen* behandelt. Für eine leere Indexmenge $I = \emptyset$ wird

$$\sum_{i \in \emptyset} a_i = 0$$

---

*lies: Summe der Zahlen a_i mit Index i aus der Menge I.

vereinbart. Für die Indexmenge $I = \{m, \ldots, n\}$ mit einem $m \in \mathbb{Z}$ kleiner oder gleich $n \in \mathbb{Z}$ resultiert die bekannte Notation

$$\sum_{i \in I} a_i = \sum_{i=m}^{n} a_i.$$

4.4 Beispiel

(i) Für $I = \{2, 5, 7, 12, 15\}$ gilt

$$\sum_{i \in I} i = 2 + 5 + 7 + 12 + 15 = 41, \qquad \sum_{i \in I} x^{2i} = x^4 + x^{10} + x^{14} + x^{24} + x^{30}.$$

(ii) Ist $I = \{k \mid k = 2n, n \in \mathbb{N}\} = \{2, 4, 6, \ldots\}$ die Menge der geraden Zahlen, so gilt

$$\sum_{i \in I} \frac{1}{i^2} = \frac{1}{2^2} + \frac{1}{4^2} + \frac{1}{6^2} + \cdots = \frac{1}{4} + \frac{1}{16} + \frac{1}{36} + \cdots \qquad \times$$

> **Regel (Rechenregeln für das Summenzeichen)**
>
> Seien $a_1, \ldots, a_n$, $b_1, \ldots, b_n$, c, d reelle Zahlen und n eine natürliche Zahl. Für das Summenzeichen gelten folgende Rechenregeln:
>
> ① $\displaystyle\sum_{i=1}^{n} a_i = \sum_{i=1}^{k} a_i + \sum_{i=k+1}^{n} a_i$ mit $k \in \{1, \ldots, n\}$
>
> ② $\displaystyle\sum_{i=1}^{n} (c \cdot a_i) = c \left(\sum_{i=1}^{n} a_i \right)$
>
> ③ $\displaystyle\sum_{i=1}^{n} (a_i + b_i) = \sum_{i=1}^{n} a_i + \sum_{i=1}^{n} b_i$
>
> ④ $\displaystyle\sum_{i=1}^{n} (c \cdot a_i + d \cdot b_i) = c \sum_{i=1}^{n} a_i + d \sum_{i=1}^{n} b_i$

Nachweis ① Sei zunächst $k \in \{1, \ldots, n-1\}$. Durch Aufteilen der Summe in die ersten k Summanden und die verbleibenden $n-k$ Summanden resultiert die gewünschte Rechenregel:

$$\sum_{i=1}^{n} a_i = \underbrace{a_1 + \cdots + a_k}_{\text{1. Summe}} + \underbrace{a_{k+1} + \cdots + a_n}_{\text{2. Summe}} = \sum_{i=1}^{k} a_i + \sum_{i=k+1}^{n} a_i.$$

Die Regel ist auch für $k = n$ richtig, da dann die zweite Summe per Definition Null gesetzt ist.

$$\boxed{\text{Beispiel}} \quad \sum_{i=1}^{12} i = \underbrace{1 + 2 + 3 + 4 + 5}_{\text{1. Summe}} + \underbrace{6 + 7 + 8 + 9 + 10 + 11 + 12}_{\text{2. Summe}} = \sum_{i=1}^{5} i + \sum_{i=6}^{12} i.$$

② Die Regel ergibt sich durch Ausklammern des Faktors c aus jedem Summanden:

$$\sum_{i=1}^{n} (c \cdot a_i) = (c \cdot a_1) + \cdots + (c \cdot a_n) = c \cdot (a_1 + \cdots + a_n) = c \sum_{i=1}^{n} a_i.$$

Beispiel $\sum_{i=1}^{6} (3i) = 3 + 6 + 9 + 12 + 15 + 18 = 3 \cdot (1 + 2 + 3 + 4 + 5 + 6) = 3 \sum_{i=1}^{6} i.$

③ Diese Vorschrift beruht auf dem Umsortieren der Summanden in einer (endlichen) Summe:

$$\sum_{i=1}^{n} (a_i + b_i) = (a_1 + b_1)$$

$$+ (a_2 + b_2)$$

$$+ \cdots$$

$$+ (a_n + b_n)$$

$$= (a_1 + \cdots + a_n) + (b_1 + \cdots + b_n) = \sum_{i=1}^{n} a_i + \sum_{i=1}^{n} b_i.$$

Beispiel $\sum_{i=1}^{4} (i + i^2) = (1 + 1) + (2 + 4) + (3 + 9) + (4 + 16)$

$$= (1 + 2 + 3 + 4) + (1 + 4 + 9 + 16) = \sum_{i=1}^{4} i + \sum_{i=1}^{4} i^2.$$

④ Das Ergebnis resultiert durch Kombination der vorstehenden Resultate:

$$\sum_{i=1}^{n} (c \cdot a_i + d \cdot b_i) = \sum_{i=1}^{n} (c \cdot a_i) + \sum_{i=1}^{n} (d \cdot b_i) = c \cdot \sum_{i=1}^{n} a_i + d \cdot \sum_{i=1}^{n} b_i.$$

Die obigen Regeln gelten auch für Summen mit einem Summenzeichen der Art $\sum_{i=m}^{n}$.

4.5 Beispiel

(i) $\sum_{i=1}^{10} 2 = 2 \sum_{i=1}^{10} 1 = 2(\underbrace{1 + \cdots + 1}_{10\text{-mal}}) = 2 \cdot 10 = 20$

(ii) $\sum_{i=0}^{4} (i - 2) = \sum_{i=0}^{4} i - \sum_{i=0}^{4} 2 = (0 + 1 + 2 + 3 + 4) - 5 \cdot 2 = 10 - 10 = 0$

(iii) $\sum_{i=1}^{3} (2(i + 1) - i^2) = 2 \sum_{i=1}^{3} (i + 1) - \sum_{i=1}^{3} i^2 = 2 \sum_{i=1}^{3} i + 2 \sum_{i=1}^{3} 1 - \sum_{i=1}^{3} i^2$

$$= 2(1 + 2 + 3) + 2 \cdot 3 - (1 + 4 + 9) = 12 + 6 - 14 = 4$$

(iv) $\displaystyle\sum_{i=2}^{100}(2i+3) - \sum_{i=2}^{100}(5i-3) - \sum_{i=2}^{100}(3-3i)$

$\displaystyle = \sum_{i=2}^{100}[(2i+3)-(5i-3)-(3-3i)]$

$\displaystyle = \sum_{i=2}^{100}(2i+3-5i+3-3+3i) = \sum_{i=2}^{100}3 = 99\cdot 3 = 297$

(v) $\displaystyle\sum_{i=1}^{20}(i^3+1) - \sum_{i=1}^{20}(i-1)^3 - 3\sum_{i=1}^{20}i^2 + \sum_{i=1}^{20}3i$

$\displaystyle = \sum_{i=1}^{20}[i^3+1-(i-1)^3-3i^2+3i]$

$\displaystyle = \sum_{i=1}^{20}[i^3+1-(i^3-3i^2+3i-1)-3i^2+3i] = \sum_{i=1}^{20}2 = 20\cdot 2 = 40,$

wobei die [140]Formel $(i-1)^3 = i^3 - 3i^2 + 3i - 1$ benutzt wurde.

(vi) $\displaystyle 3\sum_{i=1}^{10}i^2 - 6\sum_{i=1}^{10}i - 3\sum_{i=1}^{9}i(i-2)$

$\displaystyle = 3\left[10^2 - 2\cdot 10 + \sum_{i=1}^{9}\underbrace{(i^2-2i-i(i-2))}_{=0}\right] = 3\cdot(100-20+0) = 240$

In den beiden Summen mit Summationsobergrenze 10 wird jeweils der letzte Summand ($i = 10$) aus der Summenzeichen-Schreibweise herausgenommen und separat aufgeführt. Anschließend haben alle Summen die selben Summationsunter- und obergrenzen und können in einer Summe zusammengefasst werden. ✗

4.6 Beispiel (Linearität des arithmetischen Mittels)

Seien $a, b \in \mathbb{R}$ und $y_1,\ldots,y_n$ ein linear transformierter Datensatz von $x_1,\ldots,x_n$, d.h.

$$y_i = ax_i + b, \quad i \in \{1,\ldots,n\}.$$

Das arithmetische Mittel $\overline{y}$ der Daten $y_1,\ldots,y_n$ ist gegeben durch

$$\overline{y} = a\overline{x} + b.$$

Diese Linearitätseigenschaft beruht auf den [117]Rechenregeln für Summen:

$$\overline{y} = \frac{1}{n}\sum_{i=1}^{n}y_i = \frac{1}{n}\sum_{i=1}^{n}(ax_i+b) = a\left(\frac{1}{n}\sum_{i=1}^{n}x_i\right) + \frac{1}{n}\sum_{i=1}^{n}b = a\overline{x} + b. \quad ✗$$

4.7 Beispiel (Empirische Varianz)

Die empirische Varianz s^2 ist definiert als (vgl. ⅠⅠ④empirische Standardabweichung)

die Summe $s^2 = \frac{1}{n} \sum_{i=1}^{n} (x_i - \overline{x})^2$. Mittels der obigen Regeln ergibt sich unter Beachtung der zweiten ⅠⅢ④binomischen Formel eine alternative Berechnungsvorschrift:

$$s^2 = \frac{1}{n} \sum_{i=1}^{n} (x_i - \overline{x})^2 = \frac{1}{n} \sum_{i=1}^{n} \left(x_i^2 - 2x_i\overline{x} + \overline{x}^2 \right)$$

$$= \frac{1}{n} \sum_{i=1}^{n} x_i^2 - 2\overline{x} \cdot \underbrace{\frac{1}{n} \sum_{i=1}^{n} x_i}_{=\overline{x}} + \frac{1}{n} \cdot n\overline{x}^2 = \frac{1}{n} \sum_{i=1}^{n} x_i^2 - 2\overline{x}^2 + \overline{x}^2$$

$$= \frac{1}{n} \sum_{i=1}^{n} x_i^2 - \overline{x}^2 = \overline{x^2} - \overline{x}^2. \qquad \qquad \text{✗}$$

Indexverschiebung

Gelegentlich ist es nützlich, die Summationsgrenzen zu verschieben. Das Verfahren beruht auf einer Darstellung der Art

$$\sum_{i=1}^{2} a_i = a_1 + a_2 = a_{3-2} + a_{4-2} = \sum_{i=3}^{4} a_{i-2}.$$

Für reelle Zahlen $a_1, \ldots, a_n$ gilt z.B.

$$\sum_{i=1}^{n} a_i = \sum_{i=0}^{n-1} a_{i+1} = \sum_{i=2}^{n+1} a_{i-1} = \cdots$$

Durch Einsetzen der Summationsgrenzen wird deutlich, dass es sich in allen Fällen um die selbe Summe handelt. Eine solche Manipulation heißt **Indexverschiebung**. Allgemein kann eine Verschiebung um einen beliebigen Wert k nach unten bzw. nach oben erfolgen. Bei einer Verschiebung um k Einheiten nach unten ergibt sich

$$\sum_{i=1}^{n} a_i = \sum_{i=1-k}^{n-k} a_{i+k},$$

bei einer Verschiebung um k Einheiten nach oben lautet das Resultat

$$\sum_{i=1}^{n} a_i = \sum_{i=1+k}^{n+k} a_{i-k}.$$

Zusammenfassend ergibt sich für eine Indexverschiebung die folgende Regel.

> **Regel (Indexverschiebung)**

Bei einer Indexverschiebung sind folgende Regeln zu beachten:

① Die obere und untere Summationsgrenze werden um den selben Wert k erniedrigt bzw. erhöht.

② Der Summationsindex i wird in der Summation bei jedem Auftreten durch $i+k$ bzw. $i-k$ ersetzt. Dabei ist insbesondere auf Minuszeichen vor dem Index i zu achten ($1-i$ wird zu $1-(i+k) = 1-i-k$ bzw. zu $1-(i-k) = 1-i+k$).

Analog wird bei ¹³⁵Produkten (Produktzeichen) und bei ³⁵⁹unendlichen Summen (Reihen) verfahren.

4.8 Beispiel

(i) $\displaystyle\sum_{i=1}^{4}(i-1) = \sum_{i=1-1}^{4-1}(i+1-1) = \sum_{i=0}^{3} i = 0+1+2+3 = 6$

(ii) $\displaystyle\sum_{i=3}^{10}(2i-3) - 2\sum_{i=1}^{8} i - 8 = \sum_{i=1}^{8}(2(i+2)-3) - 2\sum_{i=1}^{8} i - 8$

$$= \sum_{i=1}^{8}(2i+1) - \sum_{i=1}^{8}(2i+1) = 0$$

(iii) $\displaystyle\sum_{i=2}^{k} x^{i-2} = \sum_{i=0}^{k-2} x^{i}$

(iv) $\displaystyle\sum_{k=1}^{n} 2^{k} - \sum_{k=2}^{n+1} 2^{k-2} = \sum_{k=1}^{n} 2^{k} - \sum_{k=0}^{n-1} 2^{k} = \sum_{k=1}^{n-1} 2^{k} + 2^{n} - 2^{0} - \sum_{k=1}^{n-1} 2^{k} = 2^{n} - 1$

(v) $\displaystyle\sum_{i=1}^{n}(a_i - a_{i-1}) = \sum_{i=1}^{n} a_i - \sum_{i=1}^{n} a_{i-1} = \sum_{i=1}^{n} a_i - \sum_{i=0}^{n-1} a_i$

$$= \left(\sum_{i=1}^{n-1} a_i + a_n\right) - \left(a_0 + \sum_{i=1}^{n-1} a_i\right) = a_n - a_0$$

Derartige Summen werden als **Teleskopsummen** bezeichnet. Einsetzen von $a_i = 2^i$ ergibt als direkte Anwendung dieser Regel

$$\sum_{i=1}^{n}(2^i - 2^{i-1}) = 2^n - 1.$$

Daraus folgt auch das Resultat

$$2^n - 1 = \sum_{i=1}^{n}(2^i - 2^{i-1}) = \sum_{i=1}^{n} 2^{i-1}(2-1) = \sum_{i=1}^{n} 2^{i-1} = \sum_{i=0}^{n-1} 2^i. \qquad ✗$$

Spezielle Summen

Seien $a_1, \ldots, a_n$, c reelle Zahlen und n eine natürliche Zahl.

① Sind alle a_i gleich einem Wert c, d.h. gilt $a_i = c$ für jedes i, lässt sich die Summe über alle a_i schreiben als

$$\sum_{i=1}^{n} a_i = \sum_{i=1}^{n} c = \underbrace{c + \cdots + c}_{n-\text{mal}} = n \cdot c.$$

Speziell für $c = 1$ ergibt sich $\sum_{i=1}^{n} 1 = n$, d.h. die Summe über 1 von i gleich 1 bis n entspricht der Anzahl der Summanden. Beginnt die Summation beim Index j ($\leqslant n$), resultiert die Identität

$$\sum_{i=j}^{n} a_i = \sum_{i=j}^{n} c = (n - j + 1) \cdot c.$$

② Sind alle a_i gleich ihrem Index i, d.h. gilt $a_i = i$ für jedes i, lässt sich die Summe über alle a_i schreiben als

$$\sum_{i=1}^{n} a_i = \sum_{i=1}^{n} i = \frac{n(n+1)}{2}.$$

Die Summe heißt **arithmetische Summe**. Dieses Ergebnis wird nachstehend 🖳graphisch illustriert.

③ Sind alle a_i gleich dem Quadrat ihres Index i, d.h. gilt $a_i = i^2$ für jedes i, lässt sich die Summe über alle a_i schreiben als

$$\sum_{i=1}^{n} a_i = \sum_{i=1}^{n} i^2 = \frac{n(n+1)(2n+1)}{6}.$$

④ Sind alle a_i gleich der i-ten Potenz einer Zahl c, die von 1 verschieden ist, d.h. gilt $a_i = c^i$ für jedes i mit $c \neq 1$, lässt sich die Summe über alle a_i schreiben als

$$\sum_{i=1}^{n} a_i = \sum_{i=1}^{n} c^i = \frac{1 - c^{n+1}}{1 - c} - 1 = \frac{c - c^{n+1}}{1 - c}.$$

Wegen $c^0 = 1$ lautet die Summe über $a_0, a_1, \ldots, a_n$ mit $a_0 = 1$

$$\sum_{i=0}^{n} a_i = \sum_{i=0}^{n} c^i = \frac{1 - c^{n+1}}{1 - c}.$$

Diese Summe heißt **geometrische Summe**.

Nachweis Der Nachweis dieser Eigenschaft beruht auf der Beziehung

$$(1-c)\sum_{i=0}^{n} c^i = \sum_{i=0}^{n}(1-c)c^i = \underbrace{\sum_{i=0}^{n}(c^i - c^{i+1})}_{(*)}$$

$$= \sum_{i=0}^{n} c^i - \sum_{i=0}^{n} c^{i+1} = \sum_{i=0}^{n} c^i - \sum_{i=1}^{n+1} c^i$$

$$= c^0 + \sum_{i=1}^{n} c^i - \sum_{i=1}^{n} c^i - c^{n+1} = 1 - c^{n+1}.$$

Division beider Seiten durch $1-c$ liefert das gewünschte Resultat. Alternativ kann direkt benutzt werden, dass $(*)$ eine ⟦121⟧Teleskopsumme ist. ✔

4.9 Beispiel

(i) $\sum_{i=1}^{7} i(i-1) = \sum_{i=1}^{7} i^2 - \sum_{i=1}^{7} i = \frac{7\cdot 8\cdot 15}{6} - \frac{7\cdot 8}{2} = 140 - 28 = 112$

(ii) $\sum_{i=1}^{5} \frac{1}{2^i} = \sum_{i=1}^{5} \left(\frac{1}{2}\right)^i = \frac{1-\left(\frac{1}{2}\right)^{5+1}}{1-\frac{1}{2}} - 1 = \frac{1-\frac{1}{2^6}}{\frac{1}{2}} - 1 = 2 - \frac{1}{2^5} - 1 = 1 - \frac{1}{32} = \frac{31}{32}$

(iii) $\sum_{i=3}^{10}\left((i-3)^2 - 2^i\right) = \sum_{i=0}^{7}(i^2 - 2^{i+3}) \overset{(*)}{=} \sum_{i=1}^{7} i^2 - \sum_{i=0}^{7} 2^{i+3} = \frac{7\cdot 8\cdot 15}{6} - 2^3 \cdot \sum_{i=0}^{7} 2^i$

$$= 140 - 8\cdot\sum_{i=0}^{7} 2^i = 140 - 8\cdot\frac{1-2^8}{1-2}$$

$$= 140 - 8\cdot 255 = -1\,900$$

In $(*)$ wird $0^2 = 0$ benutzt, d.h. der erste Summand ist gleich Null und kann daher weggelassen werden. ✗

Illustration zur arithmetischen Summe

Die Summenformel $\sum_{i=1}^{n} i = \frac{n(n+1)}{2}$ kann durch geometrische Überlegungen veranschaulicht werden. Begonnen wird im ersten Schritt mit Rechtecken der Kantenlänge 1 und 1 (Einheitsquadrat), die aufeinander gestapelt werden und damit ein aufrecht stehendes Rechteck mit Kantenlänge 1 (unten) und 2 (links) bilden (s. ⟦124⟧Abbildung 4.1). Im zweiten Schritt werden dann jeweils ein Rechteck mit Kantenlängen 2 und 1 links und rechts angefügt, so dass ein Rechteck mit den Kantenlängen 3 (unten) und 2 (links) entsteht. Die nächsten Rechtecke haben Kantenlängen 1 und 3 und werden oben bzw. unten angelegt. Dieses Verfahren wird – wie in der Tabelle angedeutet – fortgesetzt. Im n-ten Schritt werden jeweils Rechtecke mit Kantenlänge n oben/unten bzw. rechts/links angefügt. Durch Multiplikation der Kantenlängen des Rechtecks n und $n+1$ resultiert seine Fläche $n(n+1)$, die der Anzahl von Einheitsquadraten entspricht. Da im i-ten Schritt $2i$ Einheitsquadrate dazu kommen, liegen im n-ten Schritt insgesamt $\sum_{i=1}^{n}(2i) = 2\sum_{i=1}^{n} i$ Quadrate vor, so dass die obige Summenformel entsteht. Ein Beweis kann mit Hilfe der vollständigen Induktion (s. Kamps, Cramer und Oltmanns (2009)) erfolgen.

n	1	2	3
$\frac{n(n+1)}{2}$	1	3	6
Rechteck		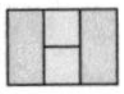	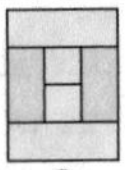
Obere Kante	1	3	3
Linke Kante	2	2	4
Anzahl Einheitsquadrate	2	6	12
n	4	5	6
$\frac{n(n+1)}{2}$	10	15	21
Rechteck	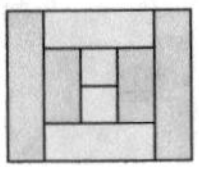	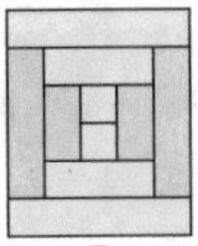	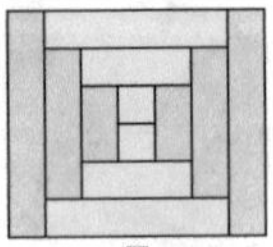
Obere Kante	5	5	7
Linke Kante	4	6	6
Anzahl Einheitsquadrate	20	30	42

Abbildung 4.1: Illustration zur arithmetischen Summe.

Anwendungen des Summenzeichens in der Statistik

Im Folgenden werden einige Anwendungsbereiche des Summenzeichens in der Statistik vorgestellt. Für detaillierte Informationen sei auf die Erläuterungen der Begriffe in Burkschat, Cramer und Kamps (2012) verwiesen.

4.10 Beispiel (Mittel)

Seien $x_1,\ldots,x_n$ reelle Zahlen und n eine natürliche Zahl.

(i) Wie bereits eingeführt heißt die Summe $\sum_{i=1}^{n} x_i$ dieser Zahlen dividiert durch ihre Anzahl n arithmetisches Mittel

$$\overline{x} = \frac{1}{n}\sum_{i=1}^{n} x_i.$$

(ii) Sind $p_1, \ldots, p_n$ nicht-negative Zahlen mit $S = \sum\limits_{i=1}^{n} p_i > 0$, heißt

$$\overline{x}_g = \frac{1}{S} \sum_{i=1}^{n} p_i x_i$$

gewichtetes arithmetisches Mittel. Oft wird angenommen, dass die Gewichte $p_1, \ldots, p_n$ die Bedingung $S = \sum\limits_{i=1}^{n} p_i = 1$ erfüllen, so dass das gewichtete arithmetische Mittel in dieser Situation lautet

$$\overline{x}_g = \sum_{i=1}^{n} p_i x_i.$$

(iii) Sind $x_1, \ldots, x_n$ positiv, wird die Summe $\sum\limits_{i=1}^{n} \frac{1}{x_i}$ der Kehrwerte $\frac{1}{x_1}, \ldots, \frac{1}{x_n}$ dieser Zahlen zur Definition des harmonischen Mittels verwendet:

$$\overline{x}_{\text{harm}} = \frac{1}{\dfrac{1}{n} \sum\limits_{i=1}^{n} \dfrac{1}{x_i}}. \qquad \textbf{✗}$$

4.11 Beispiel (Häufigkeiten)

Das Summenzeichen erweist sich auch bei der Auswertung von ▨absoluten und ▨relativen Häufigkeiten als sehr nützlich. Seien $f_1, \ldots, f_n$ relative Häufigkeiten von Ausprägungen $x_1, \ldots, x_n$ ($x_i = i$ sei etwa die Jahrgangsstufe ($i \in \{1, 2, 3, \cdots, 13\}$), und f_i bezeichne den Anteil von Schülerinnen und Schülern in einer Stadt, die in dieser Jahrgangsstufe sind). Dann bezeichnet $\sum\limits_{i=1}^{k} f_i$ den Anteil der Ausprägungen $x_1, \ldots, x_k$, $k \in \{1, \ldots, n\}$. Bezogen auf das Schulbeispiel bedeutet dies, dass $\sum\limits_{i=1}^{k} f_i$ den Anteil von Schülerinnen und Schülern beschreibt, die höchstens in Jahrgangsstufe k sind. Wegen dieser „Anhäufung" (Kumulierung) von Häufigkeiten werden die Werte $\sum\limits_{i=1}^{k} f_i$, $k \in \{1, \ldots, n\}$, auch als kumulierte Häufigkeiten bezeichnet. ✗

In der Wahrscheinlichkeitsrechnung tritt das Summenzeichen als Normierungsbedingung für diskrete Wahrscheinlichkeitsverteilungen auf.

▸ **Bezeichnung (Diskrete Wahrscheinlichkeitsverteilung)**

Seien n eine natürliche Zahl, $\Omega = \{x_1, \ldots, x_n\}$ eine ▨Grundmenge und $p_1, \ldots, p_n$ nicht-negativ.

Falls $\sum\limits_{i=1}^{n} p_i = 1$ gilt, heißen das n-Tupel $(p_1, \ldots, p_n)$ (diskrete) Wahrscheinlichkeitsverteilung auf Ω und die Zahl p_i **Wahrscheinlichkeit** von x_i.

Die obigen Begriffe werden in der Praxis folgendermaßen interpretiert: Bei einem Zufallsexperiment sind die Ausgänge $x_1, \ldots, x_n$ möglich, wobei das Ergebnis x_i mit Wahrscheinlichkeit p_i auftrete und $\sum_{i=1}^{n} p_i = 1$ gelte. Andere Ausgänge des Experiments treten nicht bzw. nur mit Wahrscheinlichkeit Null auf.

4.12 Beispiel (Einfacher Würfelwurf)

Der einfache Würfelwurf wird in der Wahrscheinlichkeitsrechnung auf folgende Weise modelliert. Als Ergebnisse treten die Ziffern (Augenzahlen) $1, \cdots, 6$ auf, die in der ▣Grundmenge $\Omega = \{1, \ldots, 6\}$ zusammengefasst werden. Bei Verwendung eines fairen Würfels wird angenommen, dass jede Seite mit gleicher Wahrscheinlichkeit auftritt. Die Wahrscheinlichkeit p_i beträgt somit für jede Seite i jeweils $\frac{1}{6}$, d.h. $p_i = \frac{1}{6}$ für $i \in \Omega$. Damit ist $\left(\frac{1}{6}, \frac{1}{6}, \frac{1}{6}, \frac{1}{6}, \frac{1}{6}, \frac{1}{6} \right)$ die zugehörige Wahrscheinlichkeitsverteilung auf Ω.   ✗

Eine wichtige diskrete Wahrscheinlichkeitsverteilung ist die Gleichverteilung auf n verschiedenen Werten, die den einfachen Würfelwurf erweitert. Für $n = 2$ resultiert ein Modell für den einfachen Münzwurf mit einer symmetrischen Münze und den Ergebnissen Kopf und Zahl.

> ▶ **Bezeichnung (Gleichverteilung)**
>
> Seien $x_1, \ldots, x_n$ verschiedene reelle Zahlen.
>
> Die (diskrete) Gleichverteilung auf dem Grundraum $\Omega = \{x_1, \ldots, x_n\}$ ist definiert durch das Tupel $(p_1, \ldots, p_n) = \left(\frac{1}{n}, \ldots, \frac{1}{n} \right)$, d.h. die Wahrscheinlichkeit eines Ergebnisses x_i hat jeweils den selben Wert $p_i = \frac{1}{n}$.

Wegen $\frac{1}{n} \geqslant 0$ und $\sum_{i=1}^{n} p_i = \sum_{i=1}^{n} \frac{1}{n} = \frac{1}{n} \cdot n = 1$ erfüllt die diskrete Gleichverteilung die Anforderung an eine Wahrscheinlichkeitsverteilung. Sie ist in der Wahrscheinlichkeitsrechnung von Bedeutung, da mit ihrer Hilfe der so genannte **Laplace-Raum** eingeführt wird. Sie heißt deshalb auch **Laplace-Verteilung**. Die Wahrscheinlichkeit eines ▣Ereignisses (d.h. einer Menge von Ergebnissen) wird dann definiert als

$$\frac{\text{Anzahl günstiger Fälle}}{\text{Anzahl möglicher Fälle}}.$$

Bezeichnet A die Menge der günstigen Fälle, so gilt mit Ω als der Menge der möglichen Fälle die Rechenregel

$$\text{Wahrscheinlichkeit von } A = \frac{|A|}{|\Omega|},$$

wobei $|A|$ die ▣Mächtigkeit der Menge A ist. Das Berechnen einer Wahrscheinlichkeit wird somit auf das Abzählen der günstigen Ergebnisse reduziert.

4.13 Beispiel

Beim einfachen Würfelwurf beträgt die Wahrscheinlichkeit, eine gerade Zahl zu würfeln, $\frac{1}{2}$, denn die Menge der günstigen Ergebnisse $A = \{2, 4, 6\}$ hat drei Elemente, die Menge der möglichen Ergebnisse $\Omega = \{1, \ldots, 6\}$ hat sechs Elemente, d.h. $\frac{|A|}{|\Omega|} = \frac{3}{6} = \frac{1}{2}$. Entsprechend hat das Ereignis B *mindestens eine Fünf zu würfeln* die Wahrscheinlichkeit

$$\frac{|B|}{|\Omega|} = \frac{|\{5, 6\}|}{6} = \frac{2}{6} = \frac{1}{3}.$$

Für Wahrscheinlichkeitsverteilungen werden Kenngrößen definiert, die Aussagen über den mittleren Ausgang eines Zufallsexperiments bzw. die Abweichung von diesem mittleren Ergebnis treffen.

> ▶ **Bezeichnung (Erwartungswert, Varianz, Standardabweichung)**
>
> Sei $p_1, \ldots, p_n$ eine Wahrscheinlichkeitsverteilung auf den (verschiedenen Zahlen) $x_1, \ldots, x_n$. Dann heißt das gewichtete arithmetische Mittel der Ausgänge des Experiments
>
> $$E = \sum_{i=1}^{n} p_i x_i$$
>
> Erwartungswert des Zufallsexperiments. Die Größen
>
> $$v = \sum_{i=1}^{n} p_i (x_i - E)^2 \quad \text{bzw.} \quad s = \sqrt{v} = \sqrt{\sum_{i=1}^{n} p_i (x_i - E)^2}$$
>
> heißen Varianz bzw. Standardabweichung und sind Maße für die Abweichung des Ausgangs vom Erwartungswert.

4.14 Beispiel (Fortsetzung Einfacher Würfelwurf)

Beim einfachen Würfelwurf berechnen sich die genannten Größen wie folgt:

(i) $E = \sum\limits_{i=1}^{6} p_i x_i = \frac{1}{6} \sum\limits_{i=1}^{6} i = \frac{1}{6} \cdot \frac{6(6+1)}{2} = \frac{7}{2} = 3{,}5.$

(ii) Für die Varianz gilt $v = \sum\limits_{i=1}^{6} p_i (x_i - E)^2 = \frac{1}{6} \sum\limits_{i=1}^{6} (i - 3{,}5)^2$, so dass mit Auswertung der Summe

$$\sum_{i=1}^{6} (i - 3{,}5)^2 = \sum_{i=1}^{6} (i^2 - 7i + 3{,}5^2) = \sum_{i=1}^{6} i^2 - 7 \sum_{i=1}^{6} i + \sum_{i=1}^{6} 12{,}25$$

$$= \frac{6(6+1)(2 \cdot 6 + 1)}{6} - 7 \cdot \frac{6(6+1)}{2} + 6 \cdot 12{,}25$$

$$= 91 - 147 + 73{,}5 = 17{,}5$$

die Varianz $v = \frac{1}{6} \cdot 17,5 = 2,91\overline{6}$ und die Standardabweichung $s = \sqrt{2,91\overline{6}} \approx$ 1,708 resultieren.

Der mittlere Wert des Würfelwurfs ist somit 3,5, wobei eine Schwankungsbreite von 1,708 vorliegt.   ✗

Doppelsummen

Seien n, m natürliche Zahlen und a_{ij} ⊠doppelindizierte reelle Zahlen, die in folgendem Schema (**Matrix**) angeordnet sind

$$
m \text{ Zeilen} \left\{ \begin{array}{cccc} a_{11} & a_{12} & \cdots & a_{1n} \\ a_{21} & a_{22} & \cdots & a_{2n} \\ \vdots & \vdots & \ddots & \vdots \\ a_{m1} & a_{m2} & \cdots & a_{mn} \end{array} \right.
$$

$$
\underbrace{\hspace{4cm}}_{n \text{ Spalten}}
$$

Insgesamt liegen also $n \cdot m$ Zahlen a_{ij} vor. Dann wird die Summe aller Zahlen a_{ij} als **Doppelsumme** bezeichnet, d.h.

$$
\sum_{i=1}^{m} \sum_{j=1}^{n} a_{ij} = a_{11} + \cdots + a_{mn}.
$$

Entsprechend zur Definition des Summenzeichens sind Notationen der Art $\sum_{(i,j) \in I} a_{ij}$ zu verstehen, wobei I eine aus Paaren (i, j) bestehende Indexmenge ist. Ist die Indexmenge I aus dem Kontext klar, so wird auf ihre Angabe gelegentlich verzichtet und kurz $\sum_{i,j} a_{ij}$ geschrieben.

> ▸ **Regel (Rechenregel für die Doppelsumme)**
>
> Seien n, m natürliche Zahlen und a_{ij} reelle Zahlen:
>
> $$
> \begin{array}{cccc} a_{11} & a_{12} & \cdots & a_{1n} \\ a_{21} & a_{22} & \cdots & a_{2n} \\ \vdots & \vdots & \ddots & \vdots \\ a_{m1} & a_{m2} & \cdots & a_{mn} \end{array}
> $$
>
> Dann gilt für die Doppelsumme
>
> $$
> \sum_{i=1}^{m} \sum_{j=1}^{n} a_{ij} = \sum_{j=1}^{n} \sum_{i=1}^{m} a_{ij},
> $$
>
> d.h. die Reihenfolge der Summation ist unerheblich.

Es spielt also keine Rolle, ob die Zahlen a_{ij} zunächst zeilenweise summiert werden, i.e., $\sum_{j=1}^{n} a_{ij} = a_{i1} + \cdots + a_{in}$, und dann die Summe über die Zeilensummen gebildet wird, oder ob zunächst spaltenweise summiert wird, i.e., $\sum_{i=1}^{m} a_{ij} = a_{1j} + \cdots + a_{mj}$, und dann die Summe über die Spaltensummen gebildet wird. (s. Abbildung 4.2)

$\diagdown\!^{j}_{i}$	1	2	...	j	...	n	Zeilen-summe
1	a_{11}	a_{12}	...	a_{1j}	...	a_{1n}	$\sum_{j=1}^{n} a_{1j}$
2	a_{21}	a_{22}	...	a_{2j}	...	a_{2n}	$\sum_{j=1}^{n} a_{2j}$
$\vdots$	$\vdots$	$\vdots$		$\vdots$		$\vdots$	$\vdots$
i	a_{i1}	a_{i2}	...	a_{ij}	...	a_{in}	$\sum_{j=1}^{n} a_{ij}$
$\vdots$	$\vdots$	$\vdots$		$\vdots$		$\vdots$	$\vdots$
m	a_{m1}	a_{m2}	...	a_{mj}	...	a_{mn}	$\sum_{j=1}^{n} a_{mj}$
Spalten-summe	$\sum_{i=1}^{m} a_{i1}$	$\sum_{i=1}^{m} a_{i2}$	...	$\sum_{i=1}^{m} a_{ij}$	...	$\sum_{i=1}^{m} a_{in}$	$\sum_{i=1}^{m}\sum_{j=1}^{n} a_{ij}$ $= \sum_{j=1}^{n}\sum_{i=1}^{m} a_{ij}$ Gesamtsumme

Abbildung 4.2: Illustration einer Doppelsumme mit Spalten- und Zeilensummen.

Bei der Vertauschung der Summationsreihenfolge ist zu berücksichtigen, dass die Anzahlen von Summanden in jeder Zeile ($= n$) bzw. in jeder Spalte ($= m$) gleich sein müssen. Bei gewissen Fragestellungen kann es vorkommen, dass etwa in jeder Spalte unterschiedlich viele Einträge stehen, d.h. die Anzahl von Einträgen hängt von der Spaltennummer j ab.

$$
\begin{array}{cccc}
a_{11} & a_{12} & \cdots & a_{1n} \\
a_{21} & a_{22} & \cdots & a_{2n} \\
\vdots & \vdots & \ddots & \vdots \\
\vdots & a_{m_2 2} & \cdots & \vdots \\
a_{m_1 1} & & & \vdots \\
& & a_{m_n n} &
\end{array}
$$

In dieser Situation kann die Summationsreihenfolge natürlich nicht vertauscht werden. Gibt es in der Spalte j insgesamt m_j Summanden, resultiert die Spaltensumme $\sum\limits_{i=1}^{m_j} a_{ij}$. Die Gesamtsumme ist dann die Summe über diese Spaltensummen

$$\sum_{j=1}^{n} \sum_{i=1}^{m_j} a_{ij}.$$

Eine analoge Situation kann natürlich auch mit unterschiedlich vielen Einträgen pro Zeile vorliegen. Die Aussagen übertragen sich entsprechend.

4.15 Beispiel

(i) $\displaystyle\sum_{i=0}^{1} \sum_{j=2}^{3} a_{ij} = \sum_{i=0}^{1} (a_{i2} + a_{i3}) = a_{02} + a_{03} + a_{12} + a_{13}$

(ii) $\displaystyle\sum_{i=1}^{2} \sum_{j=1}^{10} 2ij = \sum_{i=1}^{2} 2i \left(\sum_{j=1}^{10} j \right) = \sum_{i=1}^{2} 2i \cdot \frac{10 \cdot 11}{2} = 110 \sum_{i=1}^{2} i = 110 \cdot 3 = 330$

(iii) $\displaystyle\sum_{k=1}^{10} \sum_{j=0}^{k} 2^j = \sum_{k=1}^{10} \frac{2^{k+1} - 1}{2 - 1} = \sum_{k=1}^{10} 2^{k+1} - \sum_{k=1}^{10} 1$

$\displaystyle\qquad = 2 \left(\frac{2^{11} - 2}{2 - 1} \right) - 10 = 2^{12} - 14 = 4\,082$

(iv) $\displaystyle\sum_{k=1}^{4} \sum_{j=1}^{k} j = 1 + (1 + 2) + (1 + 2 + 3) + (1 + 2 + 3 + 4) = 20$

(v) $\displaystyle\sum_{k=1}^{4} \sum_{j=1}^{k} k = 1 + (2 + 2) + (3 + 3 + 3) + (4 + 4 + 4 + 4) = 30$

Hier gilt wegen $\sum\limits_{j=1}^{k} k = k \cdot k = k^2$ die Identität $\sum\limits_{k=1}^{4} \sum\limits_{j=1}^{k} k = \sum\limits_{k=1}^{4} k^2$. Dies gilt auch allgemein, d.h.

$$\sum_{k=1}^{n} \sum_{j=1}^{k} k = \sum_{k=1}^{n} k^2, \quad n \in \mathbb{N}.$$

✗

> ▶ **Bezeichnung (Teilsummen bei Doppelsummen)**
>
> Seien n, m natürliche Zahlen und a_{ij} reelle Zahlen:
>
> $$\begin{array}{cccc} a_{11} & a_{12} & \cdots & a_{1n} \\ a_{21} & a_{22} & \cdots & a_{2n} \\ \vdots & \vdots & \ddots & \vdots \\ a_{m1} & a_{m2} & \cdots & a_{mn} \end{array}$$
>
> Dann werden für die Zeilen- und Spaltensummen im obigen Rechteckschema

auch folgende Notationen verwendet:

> ❯ $a_{i\bullet} = \sum\limits_{j=1}^{n} a_{ij}$ für $i \in \{1, \ldots, m\}$

> ❯ $a_{\bullet j} = \sum\limits_{i=1}^{m} a_{ij}$ für $j \in \{1, \ldots, n\}$

In Analogie wird die Gesamtsumme mit $a_{\bullet\bullet} = \sum\limits_{i=1}^{m} \sum\limits_{j=1}^{n} a_{ij}$ bezeichnet. An-stelle des Punktes ($\bullet$) wird gelegentlich ein Plus ($+$) verwendet, also a_{++}, a_{i+} bzw. a_{+j} geschrieben. Bei ⬛Mehrfachindizierungen mit mehr als zwei Indizes wird entsprechend verfahren.

4.16 Beispiel (Kontingenztafel)

Natürliche Zahlen $n_{ij} \in \mathbb{N}_0$, $i \in \{1, \ldots, p\}$, $j \in \{1, \ldots, q\}$, können als ⬛absolute Häufigkeiten von Paaren (x_i, y_j) aufgefasst werden. Die tabellarische Darstellung der n_{ij} wird in dieser Situation als Kontingenztafel bezeichnet.

	y_1	y_2	$\cdots$	y_q	Summe
x_1	n_{11}	n_{12}	$\cdots$	n_{1q}	$n_{1\bullet}$
x_2	n_{21}	n_{22}	$\cdots$	n_{2q}	$n_{2\bullet}$
$\vdots$	$\vdots$	$\vdots$	$\ddots$	$\vdots$	$\vdots$
x_p	n_{p1}	n_{p2}	$\cdots$	n_{pq}	$n_{p\bullet}$
Summe	$n_{\bullet 1}$	$n_{\bullet 2}$	$\cdots$	$n_{\bullet q}$	$n_{\bullet\bullet}$

Die Zahlen $n_{1\bullet}, \ldots, n_{p\bullet}$ bzw. $n_{\bullet 1}, \ldots, n_{\bullet q}$ heißen absolute **Randhäufigkeiten**. Entsprechend wird für die zugehörigen ⬛relativen Häufigkeiten $f_{ij} = \frac{n_{ij}}{n}$ verfahren, wobei $n = n_{\bullet\bullet}$. Für diese gilt insbesondere

$$\sum_{i=1}^{p} \sum_{j=1}^{q} f_{ij} = \sum_{i=1}^{p} \sum_{j=1}^{q} \frac{n_{ij}}{n} = \frac{n_{\bullet\bullet}}{n} = 1.$$

Relative Randhäufigkeiten $f_{1\bullet}, \ldots, f_{p\bullet}$ bzw. $f_{\bullet 1}, \ldots, f_{\bullet q}$ werden mittels der Vorschrift

$$f_{i\bullet} = \sum_{j=1}^{q} f_{ij} = \frac{1}{n} \sum_{j=1}^{q} n_{ij} = \frac{n_{i\bullet}}{n}, \qquad f_{\bullet j} = \sum_{i=1}^{p} f_{ij} = \frac{1}{n} \sum_{i=1}^{p} n_{ij} = \frac{n_{\bullet j}}{n}$$

gebildet.   ✗

4.17 Beispiel

Bei einer Fragebogenaktion wird neben dem Geschlecht einer Person zusätzlich deren Augenfarbe abgefragt. Die Auswertung von 14 Fragebögen ergibt folgenden Datensatz, wobei der erste Eintrag das Geschlecht (männlich/weiblich (m/w)) und der zweite die Augenfarbe (Blau (1), Grün (2), Braun (3)) angeben:

$$(\text{m},1)\ (\text{m},2)\ (\text{w},1)\ (\text{m},2)\ (\text{w},1)\ (\text{w},3)\ (\text{m},2)$$
$$(\text{m},1)\ (\text{w},1)\ (\text{m},3)\ (\text{m},2)\ (\text{w},2)\ (\text{w},3)\ (\text{m},1)$$

Die Kontingenztafeln dieser Daten mit absoluten bzw. relativen Häufigkeiten sind gegeben durch

	1	2	3	
m	3	4	1	8
w	3	1	2	6
	6	5	3	14

	1	2	3	
m	$\frac{3}{14}$	$\frac{2}{7}$	$\frac{1}{14}$	$\frac{4}{7}$
w	$\frac{3}{14}$	$\frac{1}{14}$	$\frac{1}{7}$	$\frac{3}{7}$
	$\frac{3}{7}$	$\frac{5}{14}$	$\frac{3}{14}$	1

Aufgaben zum Üben in Abschnitt 4.1

[143]Aufgabe 4.1 – [145]Aufgabe 4.7

4.2 Produktzeichen

In Analogie zur Verwendung des Summenzeichens Σ bei der kompakten Darstellung von Summen wird das Produktzeichen Π bei Produkten eingesetzt.

> ▸ **Bezeichnung (Produktzeichen)**
>
> Seien $a_1, \ldots, a_n$ reelle Zahlen und $n \geqslant 2$ eine natürliche Zahl. Dann wird das Produkt der Zahlen $a_1, \ldots, a_n$ bezeichnet mit
>
> $$\prod_{i=1}^{n} a_i = a_1 \cdot \ldots \cdot a_n.^*$$
>
> Das Zeichen Π (großes [495]griechisches Pi) wird Produktzeichen genannt. Die weiteren Bestandteile der Notation können folgender Darstellung entnommen werden:
>
> $$\prod_{i=1}^{n} a_i \ \widehat{=} \ \underset{\underset{\text{untere Grenze}}{=}}{\overset{\overset{\text{obere Grenze}}{\displaystyle\prod}}{\underset{\text{Laufindex}}{}}} \quad i\text{-ter Faktor.}$$

---

*lies: Produkt der Zahlen a_i von i gleich 1 bis n.

Für eine untere Grenze $m \in \mathbb{Z}$ mit m kleiner oder gleich $n - 1 \in \mathbb{Z}$ und reelle Zahlen $a_m, \ldots, a_n$ wird das Produktzeichen definiert als

$$\prod_{i=m}^{n} a_i = a_m \cdot \ldots \cdot a_n.$$

Die Zahl m bezeichnet also den Index des ersten Faktors.

Zur Vereinheitlichung der Notation werden oft noch einige Sonderfälle betrachtet. Seien $a_m, \ldots, a_n$ reelle Zahlen und n, m ganze Zahlen.

❶ Ist die untere Grenze gleich der oberen, bedeutet dies, dass das Produkt nur aus einer Zahl (etwa a_j) besteht

$$\prod_{i=j}^{j} a_i = a_j.$$

❷ Ist die untere Grenze größer als die obere, wird das Ergebnis des Produkts als Eins definiert. Daher gilt z.B.

$$\prod_{i=3}^{1} a_i = 1 \quad \text{oder} \quad \prod_{i=n}^{n-1} a_i = 1.$$

Für eine Indexmenge I und reelle Zahlen a_i, $i \in I$, bezeichnet

$$\prod_{i \in I} a_i{}^{*}$$

das Produkt aller Zahlen a_i, deren Index i in der Menge I enthalten ist. i heißt Laufindex, a_i heißt Faktor und I wird als Indexmenge bezeichnet. Für eine leere Indexmenge $I = \emptyset$ wird

$$\prod_{i \in \emptyset} a_i = 1$$

vereinbart. Gilt $I = \{m, \ldots, n\}$ mit einem $m \in \mathbb{Z}$ kleiner oder gleich $n \in \mathbb{Z}$, resultiert die bekannte Notation

$$\prod_{i \in I} a_i = \prod_{i=m}^{n} a_i.$$

---

*lies: Produkt der Zahlen a_i mit Index i aus der Menge I.

> **Regel (Rechenregeln für das Produktzeichen)**
>
> Seien $a_1, \ldots, a_n, b_1, \ldots, b_n, c, d$ reelle Zahlen und n eine natürliche Zahl. Dann gelten die folgenden Rechenregeln für das Produktzeichen:
>
> ① $\displaystyle\prod_{i=1}^{n} a_i = \prod_{i=1}^{k} a_i \cdot \prod_{i=k+1}^{n} a_i$ mit $k \in \{1, \ldots, n\}$
>
> ② $\displaystyle\prod_{i=1}^{n} (c \cdot a_i) = c^n \left(\prod_{i=1}^{n} a_i \right)$
>
> ③ $\displaystyle\prod_{i=1}^{n} (a_i \cdot b_i) = \left(\prod_{i=1}^{n} a_i \right) \cdot \left(\prod_{i=1}^{n} b_i \right)$

Nachweis   ① Sei zunächst $k \in \{1, \ldots, n-1\}$. Durch Aufteilen des Produkts in die ersten k Faktoren und die verbleibenden $n-k$ Faktoren resultiert die gewünschte Rechenregel:

$$\prod_{i=1}^{n} a_i = \underbrace{a_1 \cdot \ldots \cdot a_k}_{\text{1. Produkt}} \cdot \underbrace{a_{k+1} \cdot \ldots \cdot a_n}_{\text{2. Produkt}} = \left(\prod_{i=1}^{k} a_i \right) \cdot \left(\prod_{i=k+1}^{n} a_i \right).$$

Die Regel ist auch für $k = n$ richtig, da dann das zweite Produkt per Definition Eins gesetzt ist.

$\underline{\text{Beispiel}}$ $\displaystyle\prod_{i=1}^{12} i = \underbrace{1 \cdot 2 \cdot 3 \cdot 4 \cdot 5}_{\text{1. Produkt}} \cdot \underbrace{6 \cdot 7 \cdot 8 \cdot 9 \cdot 10 \cdot 11 \cdot 12}_{\text{2. Produkt}} = \left(\prod_{i=1}^{5} i \right) \cdot \left(\prod_{i=6}^{12} i \right).$

② Die Regel ergibt sich durch Umsortieren der Faktoren:

$$\prod_{i=1}^{n} (c \cdot a_i) = (c \cdot a_1) \cdot \ldots \cdot (c \cdot a_n) = \underbrace{(c \cdot \ldots \cdot c)}_{n\text{-mal}} \cdot (a_1 \cdot \ldots \cdot a_n) = c^n \left(\prod_{i=1}^{n} a_i \right).$$

$\underline{\text{Beispiel}}$ $\displaystyle\prod_{i=1}^{6} (3i) = 3 \cdot 6 \cdot 9 \cdot 12 \cdot 15 \cdot 18 = (3 \cdot 1 \cdot 3 \cdot 2 \cdot 3 \cdot 3 \cdot 3 \cdot 4 \cdot 3 \cdot 5 \cdot 3 \cdot 6) = 3^6 \prod_{i=1}^{6} i.$

③ Diese Vorschrift beruht ebenfalls auf dem Umsortieren der Faktoren:

$$\prod_{i=1}^{n} (a_i \cdot b_i) = (a_1 \cdot b_1)$$
$$\cdot (a_2 \cdot b_2)$$
$$\cdot \ldots \cdot$$
$$\cdot (a_n \cdot b_n)$$
$$= (a_1 \cdot \ldots \cdot a_n) \cdot (b_1 \cdot \ldots \cdot b_n) = \prod_{i=1}^{n} a_i \cdot \prod_{i=1}^{n} b_i.$$

$\underline{\text{Beispiel}}$ $\displaystyle\prod_{i=1}^{4} (i \cdot i^2) = (1 \cdot 1) \cdot (2 \cdot 4) \cdot (3 \cdot 9) \cdot (4 \cdot 16) = (1 \cdot 2 \cdot 3 \cdot 4) \cdot (1 \cdot 4 \cdot 9 \cdot 16).$

$$= \left(\prod_{i=1}^{4} i \right) \cdot \left(\prod_{i=1}^{4} i^2 \right) \qquad ✔$$

Die obigen Regeln gelten entsprechend für Produkte der Form $\prod\limits_{i=m}^{n}$.

4.18 Beispiel

(i) $\prod\limits_{i=1}^{5}(2i) = 2^5 \prod\limits_{i=1}^{5} i = 32 \cdot (1 \cdot 2 \cdot 3 \cdot 4 \cdot 5) = 3\,840$

(ii) $\prod\limits_{i=1}^{5} 2^i = 2^1 \cdot 2^2 \cdot 2^3 \cdot 2^4 \cdot 2^5 = 2 \cdot 4 \cdot 8 \cdot 16 \cdot 32 = 32\,768$. Alternativ gilt mit den

[91]Potenzgesetzen $\prod\limits_{i=1}^{5} 2^i = 2^{\sum\limits_{i=1}^{5} i} = 2^{\frac{5 \cdot 6}{2}} = 2^{15} = 32\,768$.

(iii) $\prod\limits_{j=1}^{4}(3x^j) = 3^4 \prod\limits_{j=1}^{4} x^j = 3^4 x^{\sum\limits_{j=1}^{4} j} = 3^4 x^{\frac{4 \cdot 5}{2}} = 3^4 x^{10} = 81 x^{10}$ ✗

Die Verschiebung von Indizes erfolgt analog zu den [120]Verschiebungsregeln bei Summen.

> ### ▶ Regel (Indexverschiebung)
>
> Bei einer Verschiebung um k Einheiten nach unten bzw. oben ergibt sich
>
> $$\prod_{i=1}^{n} a_i = \prod_{i=1-k}^{n-k} a_{i+k} \quad \text{bzw.} \quad \prod_{i=1}^{n} a_i = \prod_{i=1+k}^{n+k} a_{i-k}.$$

4.19 Beispiel

Durch Anwendung der Indexverschiebung resultiert folgende Darstellung

$$\prod_{i=1}^{n} \frac{i+1}{i} = \prod_{i=1}^{n}\left[(i+1) \cdot \frac{1}{i}\right] = \prod_{i=1}^{n}(i+1) \cdot \prod_{i=1}^{n} \frac{1}{i} = \frac{\prod\limits_{i=2}^{n+1} i}{\prod\limits_{i=1}^{n} i} = \frac{n+1}{1} = n+1.$$

Dieses Produkt ist ein spezielles **Teleskopprodukt**. Allgemein gilt für Zahlen $a_1, \ldots, a_{n+1} \neq 0$:

$$\prod_{i=1}^{n} \frac{a_{i+1}}{a_i} = \frac{\prod\limits_{i=1}^{n} a_{i+1}}{\prod\limits_{i=1}^{n} a_i} = \frac{\prod\limits_{i=2}^{n+1} a_i}{\prod\limits_{i=2}^{n} a_i} = \frac{\prod\limits_{i=2}^{n} a_i \cdot a_{n+1}}{a_1 \cdot \prod\limits_{i=2}^{n} a_i} = \frac{a_{n+1}}{a_1}.$$ ✗

Die folgenden Regeln stellen einen Bezug zwischen Produkt- und Summenzeichen her.

> **Regel (Summen und Produkte, Potenzen und Logarithmen)**

> Für Zahlen $x_1, \ldots, x_n \in \mathbb{R}$ und $a > 0$ gilt

$$\prod_{i=1}^{n} a^{x_i} = a^{\sum_{i=1}^{n} x_i}.$$

> Für Zahlen $x_1, \ldots, x_n > 0$ und $a > 0$, $a \neq 1$ gilt

$$\sum_{i=1}^{n} \log_a(x_i) = \log_a\left(\prod_{i=1}^{n} x_i\right).$$

Das Produktzeichen wird in der Statistik u.a. zur Definition des geometrischen Mittels eingesetzt.

> **Bezeichnung (Geometrisches Mittel)**
>
> Für positive Zahlen $x_1, \ldots, x_n$ und eine natürliche Zahl n heißt die n-te Wurzel des Produkts dieser Zahlen geometrisches Mittel von $x_1, \ldots, x_n$:

$$\overline{x}_{\text{geo}} = \sqrt[n]{\prod_{i=1}^{n} x_i}.$$

Dieses Mittel wird etwa zur Berechnung von durchschnittlichen Steigerungsraten benutzt.

4.20 Beispiel

Zu Beginn eines Jahres wird ein Betrag K_0 in Bundesschatzbriefen des Typs B angelegt. Diese besitzen eine Laufzeit von sieben Jahren, wobei die Verzinsung variabel ist und am Ende des jeweiligen Jahres erfolgt. Die Zinssätze stehen zu Beginn der Anlage fest und sind in folgender Tabelle angegeben:

Jahr i	1	2	3	4	5	6	7
Verzinsung (in %)	3,00%	3,50%	4,00%	4,25%	4,75%	5,00%	5,00%
Zinssatz p_i	0,03	0,035	0,04	0,0425	0,0475	0,05	0,05

Damit ergibt sich am Ende des ersten Jahres ein Kapital von

$$K_1 = K_0 + K_0 \cdot p_1 = K_0(1 + p_1).$$

Zu Beginn des zweiten Jahres ist das Kapital also auf den Betrag $K_1 = K_0(1 + p_1)$ angewachsen. Dieser wird am Ende des zweiten Jahres mit dem Zinssatz p_2 verzinst, so dass am Ende des zweiten Jahres das Kapital

$$K_2 = K_1 + K_1 \cdot p_2 = K_1(1 + p_2) = K_0(1 + p_1)(1 + p_2)$$

erzielt wird. Durch Fortsetzung resultiert als Kapital nach dem n-ten Jahr

$$K_n = K_0 \cdot \prod_{i=1}^{n}(1 + p_i).$$

Daher gilt im Zahlenbeispiel:

$$K_7 = K_0 \cdot \prod_{i=1}^{7}(1 + p_i)$$
$$= K_0(1 + 0{,}03)(1 + 0{,}035)(1 + 0{,}04)(1 + 0{,}0425)(1 + 0{,}0475)(1 + 0{,}05)^2$$
$$\approx 1{,}33 \cdot K_0.$$

Die mittlere jährliche Verzinsung p ist der Zinssatz, der bei konstanter jährlicher Verzinsung des Startkapitals K_0 gezahlt werden muss, um das gleiche Endkapital K_n zu erzielen. Daher muss gelten

$$K_0 \prod_{i=1}^{n}(1 + p) = K_0(1 + p)^n = K_n = K_0 \prod_{i=1}^{n}(1 + p_i).$$

Dies ergibt die Gleichung $(1 + p)^n = \prod_{i=1}^{n}(1 + p_i)$ bzw. nach Auflösen nach p:

$$p = \sqrt[n]{\prod_{i=1}^{n}(1 + p_i)} - 1.$$

Im Wesentlichen beruht p auf dem geometrischen Mittel der Wachstumsraten $1 + p_i$. Im obigen Beispiel ergibt dies

$$\sqrt[7]{1{,}03 \cdot 1{,}035 \cdot 1{,}04 \cdot 1{,}0425 \cdot 1{,}0475 \cdot 1{,}05 \cdot 1{,}05} - 1 = \sqrt[7]{1{,}334810478} - 1 \approx 0{,}0421.$$

Bei konstanter jährlicher Verzinsung resultiert der Zinssatz 4,21%.   ✗

Aufgaben zum Üben in Abschnitt 4.2

[145]Aufgabe 4.8 – [145]Aufgabe 4.9

4.3 Fakultäten und Binomialkoeffizienten

Fakultät

Das Produkt der ersten n natürlichen Zahlen wird als Fakultät bezeichnet.

▶ Definition (Fakultät)

Sei n eine natürliche Zahl. Das Produkt über alle Zahlen $1, \ldots, n$ wird geschrieben als

$$n!^* = \prod_{i=1}^{n} i$$

und als Fakultät (von n) bezeichnet. Gemäß der Vereinbarung für das Produktzeichen wird $0!$, d.h. der Wert der Fakultät für $n = 0$, auf Eins gesetzt:

$$0! = \prod_{i=1}^{0} i = 1.$$

▶ Regel (Spezielle Werte der Fakultät)

Die folgende Tabelle enthält die Werte von $n!$ für $n \in \{1, \ldots, 10\}$:

n	1	2	3	4	5	6	7	8	9	10
$n!$	1	2	6	24	120	720	5040	40320	362880	3628800

Für die Fakultät $n!$ gelten folgende Rechenregeln.

▶ Regel (Rechenregeln für die Fakultät)

Seien k, n natürliche Zahlen mit $k \leqslant n$. Dann gilt:

① $n! = n \cdot (n-1)!$

② $\dfrac{n!}{k!} = (k+1) \cdot \ldots \cdot n = \prod_{i=k+1}^{n} i$

③ $\dfrac{n!}{(n-k)!} = (n-k+1) \cdot \ldots \cdot n = \prod_{i=n-k+1}^{n} i = \prod_{j=0}^{k-1} (n-j)$

Die Binomialkoeffizienten werden mittels der Fakultäten definiert.

▶ Definition (Binomialkoeffizient)

Seien $k, n \in \mathbb{N}_0$ mit $k \leqslant n$. Der Binomialkoeffizient $\binom{n}{k}^{\dagger}$(an der Stelle n, k) ist definiert durch

$$\binom{n}{k} = \frac{n!}{k!(n-k)!}.$$

▶ Regel (Eigenschaften von Binomialkoeffizienten)

① $\binom{n}{0} = \binom{n}{n} = 1$ für jedes $n \in \mathbb{N}_0$

② $\binom{n}{1} = \binom{n}{n-1} = n$ für jedes $n \in \mathbb{N}$

③ $\binom{n}{k} = \binom{n}{n-k}$ für jedes $n \in \mathbb{N}_0$ und $k \in \{0, \ldots, n\}$

---

*lies: n Fakultät.
†lies: n über k

④ $\binom{n+1}{k} = \binom{n}{k} + \binom{n}{k-1}$ für alle $n \in \mathbb{N}$, $k \in \{1, \ldots, n\}$ (Regel von Pascal)

⑤ $\binom{n+1}{k} = \frac{n+1}{k} \cdot \binom{n}{k-1}$ für jedes $k \in \{1, \ldots, n+1\}$

4.21 Beispiel

(i) $\binom{200}{0} = 1$, $\binom{200}{199} = 200$

(ii) $\binom{200}{198} = \frac{200!}{198!2!} = \frac{200 \cdot 199 \cdot \cancel{198!}}{\cancel{198!} \cdot 2} = 19\,900$

(iii) $\binom{200}{2} = \binom{200}{200-2} = \binom{200}{198} = 19\,900$

(iv) $\frac{\binom{10}{4}}{\binom{9}{3}} = \frac{\binom{9+1}{4}}{\binom{9}{4-1}} = \frac{10}{4} = \frac{5}{2}$ oder alternativ $\frac{\binom{10}{4}}{\binom{9}{3}} = \frac{\frac{10}{4}\binom{9}{3}}{\binom{9}{3}} = \frac{10}{4} = \frac{5}{2}$

(v) $\binom{5}{2} = \binom{4}{2} + \binom{4}{1} = \binom{3}{2} + \binom{3}{1} + 4 = 3 + 3 + 4 = 10$ ✗

Regel von Pascal / Pascalsches Dreieck

Die **Regel von Pascal** $\binom{n+1}{k} = \binom{n}{k} + \binom{n}{k-1}$ mit $k \in \{1, \ldots, n\}$ und $n \in \mathbb{N}$ liefert eine einfache Möglichkeit, Binomialkoeffizienten rekursiv zu berechnen. Der Binomialkoeffizient an der Stelle $n + 1, k$ lässt sich nämlich als Summe seiner „Vorgänger" an den Stellen n, k und $n, k - 1$ darstellen. Unter Berücksichtigung der Startbedingungen $\binom{0}{0} = 1$ und $\binom{n}{0} = \binom{n}{n} = 1$ können alle Binomialkoeffizienten auf diese Weise ermittelt werden. Eine einfache tabellarische Darstellung dieses Zusammenhangs ist das Pascalsche Dreieck. Eine numerische Auswertung der Binomialkoeffizienten führt zu dem in 140 Abbildung 4.3 bzw. 141 Abbildung 4.4 dargestellten Zahlendreieck. Die Rekursion ist leicht erkennbar: die Summe zweier nebeneinander stehender Zahlen ergibt die Zahl, die jeweils unter diesen beiden Zahlen steht. 141 Abbildung 4.4 verdeutlicht, wie einfach die Berechnung der Binomialkoeffizienten mittels dieses Schemas wird.

Binomischer Lehrsatz

> ### ▸ Regel (Binomischer Lehrsatz)
>
> Seien x, y reelle Zahlen und $n \in \mathbb{N}_0$. Dann gilt der Binomische Lehrsatz:
>
> $$(x + y)^n = \sum_{i=0}^{n} \binom{n}{i} x^i y^{n-i} = \sum_{i=0}^{n} \binom{n}{i} x^{n-i} y^i.$$

Wird an Stelle von y der Wert $-y$ eingesetzt, resultiert folgende Identität:

$$(x - y)^n = \sum_{i=0}^{n} (-1)^{n-i} \binom{n}{i} x^i y^{n-i} = \sum_{i=0}^{n} (-1)^i \binom{n}{i} x^{n-i} y^i.$$

Mit der Wahl $n = 2$ resultieren aus dem Binomischen Lehrsatz die erste und zweite 14 binomische Formel

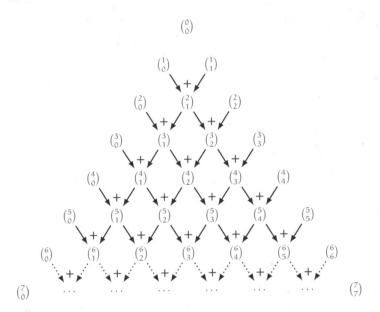

Abbildung 4.3: Pascalsches Dreieck mit Binomialkoeffizienten.

❶ $(x + y)^2 = \sum_{i=0}^{2} \binom{2}{i} x^{2-i} y^i = x^2 + 2xy + y^2$

❷ $(x - y)^2 = \sum_{i=0}^{2} (-1)^i \binom{2}{i} x^{2-i} y^i = x^2 - 2xy + y^2$

Für $n = 3$ ergibt sich

❸ $(x + y)^3 = \sum_{i=0}^{3} \binom{3}{i} x^{3-i} y^i = x^3 + 3x^2 y + 3xy^2 + y^3$

❹ $(x - y)^3 = \sum_{i=0}^{3} (-1)^i \binom{3}{i} x^{3-i} y^i = x^3 - 3x^2 y + 3xy^2 - y^3$

Mit Hilfe des Binomischen Lehrsatzes können einige interessante Identitäten nachgewiesen werden, indem für die Variablen x, y spezielle Werte eingesetzt werden.
Beispielsweise gilt:

❯ $x = y = 1$: $2^n = (1 + 1)^n = \sum_{i=0}^{n} \binom{n}{i}$

❯ $-x = y = 1$: $0 = (1 - 1)^n = \sum_{i=0}^{n} (-1)^i \binom{n}{i}$

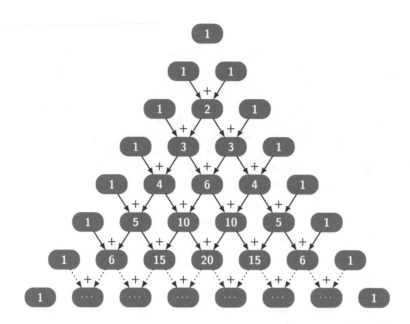

Abbildung 4.4: Pascalsches Dreieck mit ausgewerteten Binomialkoeffizienten.

4.22 Beispiel

In der Wahrscheinlichkeitsrechnung treten Binomialkoeffizienten u.a. im Rahmen von Urnenmodellen auf. Der Binomialkoeffizient $\binom{n}{k}$ gibt die Anzahl der Möglichkeiten an, aus einer Urne mit n unterscheidbaren Kugeln genau k Kugeln zu ziehen. Dabei wird die Reihenfolge der Ziehung nicht beachtet und ohne Zurücklegen gezogen, d.h. eine Kugel wird nachdem sie gezogen wurde nicht mehr in die Urne zurückgelegt.

Diese Situation ist beim Zahlenlotto *6 aus 49* gegeben, bei dem in einer Ziehung 6 von 49 mit den Zahlen $1, \ldots, 49$ markierten Kugeln gezogen werden. Der Binomialkoeffizient $\binom{49}{k}$ gibt die verschiedenen Möglichkeiten an, aus 49 Kugeln k Kugeln zu ziehen:

k	1	2	3	4	5	6
$\binom{49}{k}$	49	1 176	18 424	211 876	1 906 884	13 983 816

Da nur eine der 13 983 816 möglichen Ziehungen die Gewinnstufe *6 Richtige* liefert, beträgt die Wahrscheinlichkeit, die gezogenen sechs Zahlen zu tippen, $\frac{1}{13\,983\,816} \approx 0{,}000000072$. Dabei wird angenommen, dass jedes Ziehungsergebnis gleich wahrscheinlich ist. ✗

Binomialverteilung

Eine für die Statistik wichtige Konsequenz aus dem Binomischen Lehrsatz führt zu einer speziellen ₁₂₅diskreten Wahrscheinlichkeitsverteilung: der **Binomialverteilung**. Sie ist ein Modell für die Situation, aus einer Urne mit einem Anteil von $p \in (0,1)$ roten und einem Anteil von $1 - p$ schwarzen Kugeln bei einer Ziehung von insgesamt n Kugeln genau k rote Kugeln (ohne Berücksichtigung der Ziehungsreihenfolge) zu erhalten. Dabei wird jeweils eine Kugel zufällig entnommen, ihre Farbe notiert und diese dann wieder in die Urne zurückgelegt. Anschließend wird erneut eine Kugel gezogen etc. Dieses Verfahren wird fortgeführt, bis die gewünschte Anzahl von n Kugeln gezogen wurde.

Die Wahrscheinlichkeit, genau k rote Kugeln zu ziehen, ist dann durch

$$p_k = \binom{n}{k} p^k (1-p)^{n-k}$$

gegeben. Für k sind offensichtlich die Werte $0, \ldots, n$ möglich. Aufgrund des binomischen Lehrsatzes gilt nun

$$\sum_{k=0}^{n} p_k = \sum_{k=0}^{n} \binom{n}{k} p^k (1-p)^{n-k} = (p + (1-p))^n = 1,$$

d.h. die (Einzel-)Wahrscheinlichkeiten summieren sich zu Eins. Dies zeigt insbesondere, dass es sich um eine ₁₂₅diskrete Wahrscheinlichkeitsverteilung handelt.

> **⊠ Bezeichnung (Binomialverteilung)**
>
> Die durch die Zahlen
>
> $$p_k = \binom{n}{k} p^k (1-p)^{n-k} \quad \text{für } k \in \{0, \ldots, n\}$$
>
> festgelegte diskrete Wahrscheinlichkeitsverteilung heißt Binomialverteilung mit Parameter $p \in [0,1]$ auf den Zahlen $\{0, \ldots, n\}$.

Wahrscheinlichkeiten ausgewählter Binomialverteilungen sind in ₁₄₃Abbildung 4.5 dargestellt.

Aufgaben zum Üben in Abschnitt 4.3

₁₄₅Aufgabe 4.10 – ₁₄₆Aufgabe 4.13

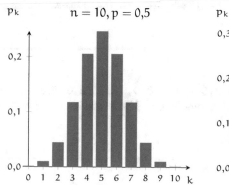
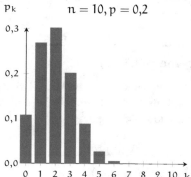

Abbildung 4.5: Wahrscheinlichkeiten von Binomialverteilungen mit Parametern $n = 10$ und $p \in \{0,5; 0,2\}$ für $k \in \{0, \ldots, 10\}$.

4.4 Aufgaben

4.1 Aufgabe ([146]Lösung)

Schreiben Sie die Summen mit dem Summenzeichen.

(a) $1 + 2 + 3 + 4 + 5$

(b) $2 + 4 + 6 + 8$

(c) $-1 + 4 + 9 + 14 + 19$

(d) $1 + 8 + 27 + 64 + 125$

(e) $\frac{1}{4} + \frac{1}{2} + 1 + 2 + 4$

(f) $\frac{1}{5} + \frac{1}{4} + \frac{1}{3} + \frac{1}{2} + 1$

4.2 Aufgabe ([146]Lösung)

Berechnen Sie die Summen.

(a) $\sum\limits_{i=2}^{5} (3i - 3)$

(b) $\sum\limits_{i=-2}^{0} i^3$

(c) $\sum\limits_{k=-2}^{2} k$

(d) $\sum\limits_{k=-2}^{2} \sqrt{k^2}$

(e) $\sum\limits_{i=0}^{10} (i + 1)^2$

(f) $\sum\limits_{j=0}^{20} 2^j$

(g) $\sum\limits_{j=4}^{80} (j - 2)$

(h) $\sum\limits_{i=2}^{19} i(i - 2)$

(i) $\sum\limits_{k=0}^{n} (x + 1)^k$

(j) $\sum\limits_{j=k}^{2k} j$

(k) $\sum\limits_{j=k}^{2k} k$

(l) $\sum\limits_{j=1}^{100} (j^2 - (j - 1)^2)$

(m) $\sum\limits_{j=1}^{100} (j^2 - (j - 2)^2)$

(n) $\sum\limits_{k=1}^{2n} 1^k$

(o) $\sum\limits_{k=1}^{n} (-1)^k$

(p) $\displaystyle\sum_{j=1}^{k} (-2)^j$ (q) $\displaystyle\sum_{k=0}^{5} (-x)^k$ (r) $\displaystyle\sum_{k=0}^{5} (-x)^j$

4.3 Aufgabe (₁₄₈Lösung)

Berechnen Sie für die Messwerte 2,3 3,9 4,1 1,8 4,0 3,6 2,0 3,3 2,6 2,4 das arithmetische, harmonische und geometrische Mittel sowie die empirische Standardabweichung.

4.4 Aufgabe (₁₄₈Lösung)

Zeigen Sie, dass durch die Zahlen

p_1	p_2	p_3	p_4	p_5
$\frac{1}{4}$	$\frac{1}{8}$	$\frac{1}{4}$	$\frac{1}{8}$	$\frac{1}{4}$

eine Wahrscheinlichkeitsverteilung auf $\{1,\ldots,5\}$ definiert wird. Berechnen Sie deren Erwartungswert und Standardabweichung.

4.5 Aufgabe (₁₄₉Lösung)

Bei einer Datenerhebung wurde die folgende Kontingenztafel von absoluten Häufigkeiten beobachtet.

	0	1	2
-1	5	2	9
0	2	1	7
1	9	9	6

Berechnen Sie alle relativen Randhäufigkeiten der Kontingenztafel.

4.6 Aufgabe (₁₄₉Lösung)

Berechnen Sie die Doppelsummen.

(a) $\displaystyle\sum_{i=1}^{4}\sum_{j=1}^{4} ij$ (c) $\displaystyle\sum_{j=0}^{2}\sum_{k=0}^{2j} k$ (e) $\displaystyle\sum_{k=1}^{3}\sum_{j=1}^{k}\sum_{i=k}^{4} i^2$

(b) $\displaystyle\sum_{i=1}^{3}\sum_{k=0}^{i} i^k$ (d) $\displaystyle\sum_{k=1}^{3}\sum_{i=-k}^{k} (i\cdot x + 1)$ (f) $\displaystyle\sum_{k=1}^{2}\sum_{j=1}^{k}\sum_{i=k}^{4} j^2$

4.7 Aufgabe ([149]Lösung)

Berechnen Sie jeweils die Konstante $c \in \mathbb{R}$, so dass $(p_0, \ldots, p_n)$ eine Wahrscheinlichkeitsverteilung auf $\{0, \ldots, n\}$ bildet.

(a) $p_i = c \cdot i$

(b) $p_i = c \cdot i^2$

(c) $p_i = c \cdot 3^i$

(d) $p_i = c \cdot \frac{1}{2^i}$

(e) $p_i = c \cdot \binom{n}{i}$

(f) $p_i = c \cdot \binom{n}{i} \left(\frac{p}{1-p}\right)^i$ mit $p \in (0,1)$

4.8 Aufgabe ([150]Lösung)

Schreiben Sie mit dem Produktzeichen.

(a) $5 \cdot 5 \cdot 5 \cdot 5 \cdot 5$

(b) $2 \cdot 4 \cdot 6 \cdot 8 \cdot 10 \cdot 12$

(c) $2 \cdot 4 \cdot 8 \cdot 16$

(d) $1 \cdot (-1) \cdot 1 \cdot (-1) \cdot 1$

(e) $(-3) \cdot (-1) \cdot 1 \cdot 3 \cdot 5$

(f) $0{,}1 \cdot 1 \cdot 10 \cdot 100 \cdot 1000$

(g) $\frac{n!}{k!}, \, 0 \leqslant k \leqslant n$

(h) $\frac{n!}{(n-k)!}, \, 0 \leqslant k \leqslant n$

(i) $\frac{(2n)!}{n!}$

(j) $\frac{2n!}{n!}$

(k) n^k

(l) k^n

4.9 Aufgabe ([150]Lösung)

Vereinfachen Sie die folgenden Ausdrücke.

(a) $\displaystyle\prod_{i=1}^{10} 5^i$

(b) $\displaystyle\prod_{j=1}^{n} 5^j \cdot \prod_{k=1}^{n-1} 10^{-k}$

(c) $\displaystyle\prod_{j=1}^{10} (j+1)$

(d) $\displaystyle\prod_{j=1}^{k} 2^p$

(e) $\displaystyle\prod_{k=i}^{2i} k^2$

(f) $\displaystyle\prod_{j=1}^{2k} 3c^j$

4.10 Aufgabe ([151]Lösung)

Berechnen Sie.

(a) $\binom{20}{4}$

(b) $\binom{100}{1}$

(c) $\binom{50}{48}$

(d) $\binom{510}{3}$

(e) $\binom{47}{46}$

(f) $\binom{20}{2} + \binom{20}{1}$

(g) $\binom{10}{5} - \binom{11}{5}$

(h) $\frac{\binom{50}{25}}{\binom{49}{24}}$

(i) $\frac{\binom{100}{26}}{\binom{98}{28}}$

4.11 Aufgabe (151Lösung)

Ermitteln Sie die Summen.

(a) $\sum_{i=0}^{n} (-1)^{n-i} \binom{n}{i}$

(c) $\sum_{i=0}^{n-1} \binom{n}{i} \frac{1}{4^i}$

(b) $\sum_{i=1}^{n} (-1)^i \binom{n}{i}$

(d) $\sum_{i=0}^{n} (-1)^i \binom{n}{i} 2^i$

4.12 Aufgabe (152Lösung)

Berechnen Sie Erwartungswert und Varianz der 126Gleichverteilung auf den Werten $x_1, \ldots, x_n$. Was ergibt sich speziell für $x_i = i$, $i \in \{1, \ldots, n\}$?

4.13 Aufgabe (152Lösung)

Berechnen Sie den Erwartungswert der 142Binomialverteilung mit Parameter $p \in [0, 1]$.

4.5 Lösungen

4.1 Lösung (143Aufgabe)

(a) $\sum_{i=1}^{5} i$

(c) $\sum_{j=1}^{5} (5j - 6)$

(e) $\sum_{k=-2}^{2} 2^k$

(b) $\sum_{i=1}^{4} 2i$

(d) $\sum_{j=1}^{5} j^3$

(f) $\sum_{k=1}^{5} \frac{1}{6-k} = \sum_{k=1}^{5} \frac{1}{k}$

4.2 Lösung (143Aufgabe)

(a) $\sum_{i=2}^{5} (3i - 3) = 3 + 6 + 9 + 12 = 30$

(b) $\sum_{i=-2}^{0} i^3 = -8 - 1 + 0 = -9$

(c) $\sum_{k=-2}^{2} k = -2 - 1 + 0 + 1 + 2 = 0$

(d) $\sum_{k=-2}^{2} \sqrt{k^2} = \sum_{k=-2}^{2} |k| = 2 + 1 + 0 + 1 + 2 = 6$

(e) $\sum_{i=0}^{10}(i+1)^2 = \sum_{i=1}^{11} i^2 = \frac{11\cdot 12\cdot 23}{6} = 506$

(f) $\sum_{j=0}^{20} 2^j = \frac{1-2^{21}}{1-2} = \frac{1-2^{21}}{-1} = 2^{21} - 1 = 2\,097\,151$ (⟦122⟧geometrische Summe)

(g) $\sum_{j=4}^{80}(j-2) = \sum_{j=2}^{78} j = \sum_{j=1}^{78} j - 1 = \frac{78\cdot 79}{2} - 1 = 3\,080$ oder alternativ

$\sum_{j=4}^{80}(j-2) = \sum_{j=4-3}^{80-3}(j+3-2) = \sum_{j=1}^{77}(j+1) = \sum_{j=1}^{77} j + 77 = \frac{77\cdot 78}{2} + 77 = 3\,080$

(h) $\sum_{i=2}^{19} i(i-2) = \sum_{i=2-1}^{19-1}(i+1)(i+1-2) = \sum_{i=1}^{18}(i+1)(i-1) \overset{(*)}{=} \sum_{i=1}^{18}(i^2-1)$

$= \sum_{i=1}^{18} i^2 - \sum_{i=1}^{18} 1 = \frac{18\cdot 19\cdot 37}{6} - 18 = 2\,109 - 18 = 2\,091$

In $(*)$ wird die dritte ⟦14⟧binomische Formel benutzt.

(i) $\sum_{k=0}^{n}(x+1)^k = \frac{1-(x+1)^{n+1}}{1-(x+1)} = \frac{(x+1)^{n+1}-1}{x}$

(j) $\sum_{j=k}^{2k} j = \sum_{j=1}^{2k} j - \sum_{j=1}^{k-1} j = \frac{2k(2k+1)}{2} - \frac{(k-1)k}{2} = \frac{k(4k+2-(k-1))}{2}$

$= \frac{k(3k+3)}{2} = \frac{3k(k+1)}{2}$

(k) $\sum_{j=k}^{2k} k = k\sum_{j=k}^{2k} 1 = k(2k-k+1) = k(k+1)$

(l) $\sum_{j=1}^{100}(j^2-(j-1)^2) = 100^2 - 0^2 = 100^2 = 10\,000$ (⟦121⟧Teleskopsumme)

Alternativ ist folgende Lösung möglich:

$\sum_{j=1}^{100}(j^2-(j-1)^2) = \sum_{j=1}^{100}(j^2-(j^2-2j+1)) = \sum_{j=1}^{100}(2j-1) = 2\sum_{j=1}^{100} j - \sum_{j=1}^{100} 1$

$= 2\cdot\frac{100\cdot 101}{2} - 100 = 10\,100 - 100 = 10\,000$

(m) $\sum_{j=1}^{100}(j^2-(j-2)^2) = \sum_{j=1}^{100}[(j^2-(j^2-4j+4)] = \sum_{j=1}^{100}(4j-4) = 4\sum_{j=1}^{100}(j-1)$

$= 4\sum_{j=0}^{99} j = 4\sum_{j=1}^{99} j = 4\cdot\frac{99\cdot 100}{2} = 19\,800$

(n) $\sum_{k=1}^{2n} 1^k = \sum_{k=1}^{2n} 1 = 2n$

(o) $\sum_{k=1}^{n}(-1)^k = \frac{1-(-1)^{n+1}}{1-(-1)} - 1 = \frac{1-(-1)^{n+1}}{2} - 1 = \begin{cases} 0, & \text{falls } n \text{ gerade} \\ -1, & \text{falls } n \text{ ungerade} \end{cases}$

(p) $\sum_{j=1}^{k}(-2)^j = \frac{1-(-2)^{k+1}}{1-(-2)} - 1 = \frac{1-(-2)^{k+1}}{3} - \frac{3}{3} = \frac{1+2(-2)^k-3}{3} = -\frac{2}{3}(1-(-2)^k)$

(q) $\sum_{k=0}^{5}(-x)^k = \frac{1-(-x)^6}{1+x} = \frac{1-x^6}{1+x}$

(r) $\sum_{k=0}^{5}(-x)^j = 6 \cdot (-x)^j = 6 \cdot (-1)^j x^j$

4.3 Lösung (144 Aufgabe)

Das arithmetische Mittel $\bar{x} = \frac{1}{10}\sum_{i=1}^{10} x_i$ ist $\bar{x} = 3$. Für das harmonische Mittel

resultiert der Wert $\bar{x}_{harm} = \dfrac{1}{\frac{1}{10}\sum_{i=1}^{10}\frac{1}{x_i}} \approx \frac{1}{0{,}362} \approx 2{,}762$. Das geometrische Mittel

ist $\bar{x}_{geo} = \sqrt[10]{\prod_{i=1}^{10} x_i} = \sqrt[10]{39\,259{,}05325056} \approx 2{,}880$.

Die empirische Standardabweichung wird aus den quadratischen Abweichungen
berechnet:

x_i	2,3	3,9	4,1	1,8	4,0	3,6	2,0	3,3	2,6	2,4
$(x_i - \bar{x})^2$	0,49	0,81	1,21	1,44	1,00	0,36	1,00	0,09	0,16	0,36

Wegen $\sum_{i=1}^{10}(x_i - \bar{x})^2 = 6{,}92$ resultiert daraus die Standardabweichung

$$s = \sqrt{\frac{1}{10}\sum_{i=1}^{10}(x_i - \bar{x})^2} = \sqrt{0{,}692} \approx 0{,}832.$$

4.4 Lösung (144 Aufgabe)

Wegen $\sum_{i=1}^{5} p_i = \frac{1}{4}+\frac{1}{8}+\frac{1}{4}+\frac{1}{8}+\frac{1}{4} = \frac{3}{4}+\frac{2}{8} = 1$ und $p_i \geqslant 0$ für alle i ist $(p_1,\ldots,p_5)$
eine diskrete Wahrscheinlichkeitsverteilung.

Erwartungswert und Standardabweichung sind gegeben durch

$$E = \sum_{i=1}^{5} i \cdot p_i = 1 \cdot \frac{1}{4} + 2 \cdot \frac{1}{8} + 3 \cdot \frac{1}{4} + 4 \cdot \frac{1}{8} + 5 \cdot \frac{1}{4} = \frac{1}{4}+\frac{1}{4}+\frac{3}{4}+\frac{1}{2}+\frac{5}{4} = 3,$$

$$s = \sqrt{\sum_{i=1}^{5} p_i \cdot (i-E)^2}$$

$$= \sqrt{\frac{1}{4}\cdot(-2)^2 + \frac{1}{8}\cdot(-1)^2 + \frac{1}{4}\cdot 0^2 + \frac{1}{8}\cdot 1^2 + \frac{1}{4}\cdot 2^2} = \sqrt{\frac{9}{4}} = \frac{3}{2}.$$

4.5 Lösung ($\overline{144}$Aufgabe)

Durch Summation der Einträge in den Zeilen und Spalten resultieren jeweils die absoluten Randhäufigkeiten. Division durch die Gesamtsumme $n_{\bullet\bullet} = 50$ liefert die zugehörigen relativen Häufigkeiten.

	0	1	2	$n_{i\bullet}$
-1	5	2	9	16
0	2	1	7	10
1	9	9	6	24
$n_{\bullet j}$	16	12	22	50

	0	1	2	$n_{i\bullet}$
-1	0,10	0,04	0,18	0,32
0	0,04	0,02	0,14	0,20
1	0,18	0,18	0,12	0,48
$n_{\bullet j}$	0,32	0,24	0,44	1,00

4.6 Lösung ($\overline{144}$Aufgabe)

(a) $\displaystyle\sum_{i=1}^{4}\sum_{j=1}^{4} ij = \sum_{i=1}^{4} i\cdot\frac{4\cdot 5}{2} = 10\cdot\frac{4\cdot 5}{2} = 100$

(b) $\displaystyle\sum_{i=1}^{3}\sum_{k=0}^{i} i^k = \underbrace{(1^0+1^1)}_{\text{Term für } i=1} + \sum_{i=2}^{3}\frac{i^{i+1}-1}{i-1} = 2 + \frac{2^3-1}{2-1} + \frac{3^4-1}{3-1} = 2+7+40 = 49$

(c) $\displaystyle\sum_{j=0}^{2}\sum_{k=0}^{2j} k = \sum_{j=0}^{2}\frac{2j(2j+1)}{2} = \sum_{j=0}^{2} j(2j+1) = 0+3+10 = 13$

(d) $\displaystyle\sum_{k=1}^{3}\sum_{i=-k}^{k} (i\cdot x+1) = \sum_{k=1}^{3}\Big(x\underbrace{\sum_{i=-k}^{k} i}_{=0} + \underbrace{\sum_{i=-k}^{k} 1}_{=2k+1}\Big) = \sum_{k=1}^{3}(2k+1) = 3+5+7 = 15$

(e) $\displaystyle\sum_{k=1}^{3}\sum_{j=1}^{k}\sum_{i=k}^{4} i^2 = \sum_{k=1}^{3} k\sum_{i=k}^{4} i^2 = \sum_{i=1}^{4} i^2 + 2\sum_{i=2}^{4} i^2 + 3\sum_{i=3}^{4} i^2 = 30+58+75 = 163$

(f) $\displaystyle\sum_{k=1}^{2}\sum_{j=1}^{k}\sum_{i=k}^{4} j^2 = \sum_{k=1}^{2}\sum_{j=1}^{k}(5-k)j^2 = 4\cdot 1 + 3\cdot(1+4) = 19$

4.7 Lösung ($\overline{145}$Aufgabe)

Die Konstante $c \in \mathbb{R}$ ist so zu bestimmen, dass $\displaystyle\sum_{i=0}^{n} p_i = 1$ gilt.

(a) $\displaystyle\sum_{i=0}^{n} p_i = c\sum_{i=0}^{n} i = c\cdot\frac{n(n+1)}{2}$, d.h. $c = \frac{2}{n(n+1)}$

(b) $\displaystyle\sum_{i=0}^{n} p_i = c\sum_{i=0}^{n} i^2 = c\cdot\frac{n(n+1)(2n+1)}{6}$, d.h. $c = \frac{6}{n(n+1)(2n+1)}$

(c) $\sum\limits_{i=0}^{n} p_i = c \sum\limits_{i=0}^{n} 3^i = c \cdot \frac{1-3^{n+1}}{1-3} = c \cdot \frac{3^{n+1}-1}{2}$, d.h. $c = \frac{2}{3^{n+1}-1}$

(d) $\sum\limits_{i=0}^{n} p_i = c \sum\limits_{i=0}^{n} \frac{1}{2^i} = c \sum\limits_{i=0}^{n} \left(\frac{1}{2}\right)^i = c \cdot \frac{1-\left(\frac{1}{2}\right)^{n+1}}{1-\frac{1}{2}} = 2c\left(1-\frac{1}{2^{n+1}}\right)$, d.h. die
Konstante ist $c = \frac{1}{2\left(1-\frac{1}{2^{n+1}}\right)} = \frac{2^n}{2^{n+1}-1}$

(e) $\sum\limits_{i=0}^{n} p_i = c \sum\limits_{i=0}^{n} \binom{n}{i} = c \cdot 2^n$, d.h. $c = \frac{1}{2^n} = 2^{-n}$

(f) $\sum\limits_{i=0}^{n} p_i = c \sum\limits_{i=0}^{n} \binom{n}{i} \left(\frac{p}{1-p}\right)^i = c \sum\limits_{i=0}^{n} \binom{n}{i} p^i (1-p)^{-i}$

$\qquad = c(1-p)^{-n} \sum\limits_{i=0}^{n} \binom{n}{i} p^i (1-p)^{n-i} = c(1-p)^{-n}(p+1-p)^n$

$\qquad = c(1-p)^{-n},$

d.h. die Konstante ist gegeben durch $c = (1-p)^n$. Alternativ kann die
Konstante folgendermaßen ermittelt werden:

$$\sum\limits_{i=0}^{n} p_i = c \sum\limits_{i=0}^{n} \binom{n}{i} \left(\frac{p}{1-p}\right)^i = c \sum\limits_{i=0}^{n} \binom{n}{i} \left(\frac{p}{1-p}\right)^i 1^{n-i} = c\left(\frac{p}{1-p}+1\right)^n$$

$$= c\left(\frac{p+(1-p)}{1-p}\right)^n = \frac{c}{(1-p)^n}.$$

4.8 Lösung ([145]Aufgabe)

(a) $\prod\limits_{i=1}^{5} 5$

(b) $\prod\limits_{j=1}^{6} 2j$

(c) $\prod\limits_{i=1}^{4} 2^i$

(d) $\prod\limits_{j=0}^{4} (-1)^j$

(e) $\prod\limits_{i=1}^{5} (2i-5)$

(f) $\prod\limits_{i=-1}^{3} 10^i$

(g) $\dfrac{\prod\limits_{j=1}^{n} j}{\prod\limits_{j=1}^{k} j} = \prod\limits_{j=k+1}^{n} j$

(h) $\dfrac{\prod\limits_{j=1}^{n} j}{\prod\limits_{j=1}^{n-k} j} = \prod\limits_{j=n-k+1}^{n} j$

(i) $\prod\limits_{j=n+1}^{2n} j$

(j) $2^{\frac{\prod\limits_{j=1}^{n} j}{\prod\limits_{j=1}^{n} j}} = 2$

(k) $\prod\limits_{j=1}^{k} n$

(l) $\prod\limits_{j=1}^{n} k$

4.9 Lösung ([145]Aufgabe)

(a) $\prod\limits_{i=1}^{10} 5^i = 5^{\sum\limits_{i=1}^{10} i} = 5^{\frac{10 \cdot 11}{2}} = 5^{55}$

(b) $\prod\limits_{j=1}^{n} 5^j \cdot \prod\limits_{k=1}^{n-1} 10^{-k} = 5^n \cdot \prod\limits_{j=1}^{n-1} 5^j \cdot \prod\limits_{j=1}^{n-1} \left(\frac{1}{10}\right)^j = 5^n \cdot \prod\limits_{j=1}^{n-1} \left(5^j \left(\frac{1}{10}\right)^j\right) = 5^n \prod\limits_{j=1}^{n-1} \left(\frac{5}{10}\right)^j$

$\qquad = 5^n \prod\limits_{j=1}^{n-1} \frac{1}{2^j} = 5^n \cdot \frac{1}{2^{(n-1)n/2}} = \left(\frac{5}{2^{(n-1)/2}}\right)^n$

(c) $\displaystyle\prod_{j=1}^{10}(j+1) = \prod_{j=2}^{11} j = \frac{11!}{1} = 11!$

(d) $\displaystyle\prod_{j=1}^{k} 2^p = (2^p)^k = 2^{p \cdot k}$

(e) $\displaystyle\prod_{k=i}^{2i} k^2 = \left(\prod_{k=i}^{2i} k\right)^2 = \left(\frac{(2i)!}{(i-1)!}\right)^2$

(f) $\displaystyle\prod_{j=1}^{2k} 3c^j = 3^{2k}\prod_{j=1}^{2k} c^j = 3^{2k} c^{\sum\limits_{j=1}^{2k} j} = 3^{2k} c^{k(2k+1)}$

4.10 Lösung (⒈⒋⒌Aufgabe)

(a) $\binom{20}{4} = \frac{20!}{16! \cdot 4!} = \frac{20 \cdot 19 \cdot 18 \cdot 17}{2 \cdot 3 \cdot 4} = 5 \cdot 19 \cdot 3 \cdot 17 = 4\,845$

(b) $\binom{100}{1} = 100$

(c) $\binom{50}{48} = \frac{50 \cdot 49}{2} = 25 \cdot 49 = 1\,225$

(d) $\binom{510}{3} = \frac{510 \cdot 509 \cdot 508}{2 \cdot 3} = 21\,978\,620$

(e) $\binom{47}{46} = 47$

(f) $\binom{20}{2} + \binom{20}{1} = \binom{21}{2} = 210$

(g) $\binom{10}{5} - \binom{11}{5} = -\left(\binom{11}{5} - \binom{10}{5}\right) = -\binom{10}{4} = -\frac{10 \cdot 9 \cdot 8 \cdot 7}{2 \cdot 3 \cdot 4} = -5 \cdot 3 \cdot 2 \cdot 7 = -210$

(h) $\frac{\binom{50}{25}}{\binom{49}{24}} = \frac{50! \, 24! \, 25!}{25! \, 25! \, 49!} = \frac{50}{25} = 2$

(i) $\frac{\binom{100}{26}}{\binom{98}{28}} = \frac{100! \, 28! \, 70!}{26! \, 74! \, 98!} = \frac{100 \cdot 99 \cdot 28 \cdot 27}{74 \cdot 73 \cdot 72 \cdot 71} = \frac{25 \cdot 11 \cdot 7 \cdot 27}{37 \cdot 73 \cdot 1 \cdot 71} = \frac{51\,975}{191\,771} \approx 0{,}271$

4.11 Lösung (⒈⒋⒍Aufgabe)

Mit dem Binomischen Lehrsatz gilt jeweils für $n \in \mathbb{N}$:

(a) $\displaystyle\sum_{i=0}^{n}(-1)^{n-i}\binom{n}{i} = \sum_{i=0}^{n}\binom{n}{i}1^i(-1)^{n-i} = (1-1)^n = 0$

(b) $\displaystyle\sum_{i=1}^{n}(-1)^i\binom{n}{i} = \sum_{i=0}^{n}(-1)^i\binom{n}{i} - 1 = (1-1)^n - 1 = -1$

(c) $\displaystyle\sum_{i=0}^{n-1}\binom{n}{i}\frac{1}{4^i} = \sum_{i=0}^{n}\binom{n}{i}\left(\frac{1}{4}\right)^i 1^{n-i} - \frac{1}{4^n} = \left(\frac{1}{4}+1\right)^n - \frac{1}{4^n} = \frac{5^n - 1}{4^n}$

(d) $\displaystyle\sum_{i=0}^{n}(-1)^i\binom{n}{i}2^i = \sum_{i=0}^{n}\binom{n}{i}(-2)^i 1^{n-i} = (-2+1)^n = (-1)^n$

$$= \begin{cases} 1, & n \text{ gerade} \\ -1, & n \text{ ungerade} \end{cases}$$

4.12 Lösung ([146]Aufgabe)

Für den Erwartungswert der [126]Gleichverteilung auf $\{x_1, \ldots, x_n\}$ gilt

$$E = \sum_{i=1}^{n} p_i x_i = \sum_{i=1}^{n} \frac{1}{n} \cdot x_i = \frac{1}{n} \sum_{i=1}^{n} x_i = \bar{x},$$

d.h. der Erwartungswert der diskreten Gleichverteilung auf $\{x_1, \ldots, x_n\}$ ist das arithmetische Mittel der Ergebnisse $x_1, \ldots, x_n$. Für die Varianz resultiert der Wert

$$v = \sum_{i=1}^{n} p_i (x_i - E)^2 = \sum_{i=1}^{n} \frac{1}{n} (x_i - \bar{x})^2 = \frac{1}{n} \sum_{i=1}^{n} (x_i - \bar{x})^2.$$

Wegen $s = \sqrt{v}$ ist die Varianz der diskreten Gleichverteilung somit gleich der quadrierten [114]empirischen Standardabweichung der Werte $x_1, \ldots, x_n$.

Im Spezialfall $x_i = i$, $i \in \{1, \ldots, n\}$, resultiert der Erwartungswert

$$E = \bar{x} = \frac{1}{n} \sum_{i=1}^{n} i = \frac{1}{n} \cdot \frac{n(n+1)}{2} = \frac{n+1}{2}.$$

Für die Varianz gilt nach [120]Beispiel 4.7 $v = \overline{x^2} - \bar{x}^2$. Wegen

$$\overline{x^2} = \frac{1}{n} \sum_{i=1}^{n} i^2 = \frac{1}{n} \cdot \frac{n(n+1)(2n+1)}{6} = \frac{(n+1)(2n+1)}{6}$$

resultiert daraus die Formel

$$v = \frac{(n+1)(2n+1)}{6} - \left(\frac{n+1}{2}\right)^2 = \frac{n+1}{12} \cdot (2(2n+1) - 3(n+1))$$

$$= \frac{(n+1)(n-1)}{12} = \frac{n^2 - 1}{12}.$$

4.13 Lösung ([146]Aufgabe)

Für den [425]Erwartungswert der Binomialverteilung ergibt sich wegen $E = \sum_{k=0}^{n} k \cdot p_k$ und $p_k = \binom{n}{k} p^k (1-p)^{n-k}$, $k \in \{0, \ldots, n\}$,

$$E = \sum_{k=0}^{n} k \binom{n}{k} p^k (1-p)^{n-k} = \sum_{k=1}^{n} k \frac{n!}{k!(n-k)!} p^k (1-p)^{n-k}$$

Kürzen von k ergibt

$$= \sum_{k=1}^{n} \frac{n!}{(k-1)!(n-k)!} p^k (1-p)^{n-k}$$

Ausklammern von np und die Identität $n - k = (n - 1) - (k - 1)$ führen zu

$$= np \sum_{k=1}^{n} \frac{(n-1)!}{(k-1)!((n-1)-(k-1))!} p^{k-1}(1-p)^{(n-1)-(k-1)}$$

Eine Indexverschiebung, die k in $k + 1$ überführt, liefert

$$= np \sum_{k=0}^{n-1} \frac{(n-1)!}{k!((n-1)-k)!} p^k (1-p)^{(n-1)-k}$$

$$= np \sum_{k=0}^{n-1} \binom{n-1}{k} p^k (1-p)^{(n-1)-k} \overset{(*)}{=} np(p + (1-p))^{n-1} = np,$$

wobei in $(*)$ der Binomische Lehrsatz mit $n - 1$ als oberer Summationsgrenze verwendet wird. Der Erwartungswert einer Binomialverteilung mit Parameter p ist somit np.

Kapitel 5

Funktionen

5.1 Relationen und Funktionen

In diesem Abschnitt werden die für die Mathematik fundamentalen Konzepte Abbildung und Funktion eingeführt, die spezielle Zuordnungen von Elementen einer Menge $\mathbb{D}$ (dem Definitionsbereich) zu Elementen einer Menge $\mathbb{W}$ (dem Wertebereich) darstellen. Eine Zuordnung (**Relation**) ist eine Vorschrift, die einen Bezug zwischen den Elementen zweier Mengen herstellt. Sie kann als Teilmenge $\mathbb{V}$ des ▣kartesischen Produkts von $\mathbb{D}$ und $\mathbb{W}$ aufgefasst werden

$$\mathbb{V} = \{(d, w) \mid d \in \mathbb{D} \text{ steht in Relation zu } w \in \mathbb{W}\} \subseteq \mathbb{D} \times \mathbb{W},$$

wobei die Eigenschaft *steht in Relation zu* eine Festlegung der Beziehung zwischen den Elementen d und w ist. Diese Darstellung ermöglicht u.a. auch die Beschreibung der ▣Ordnungsrelationen. Beispielsweise wird die Gleichheitsrelation „$=$" auf den reellen Zahlen unter Verwendung der Menge

$$\mathbb{G} = \{(d, d) \mid d \in \mathbb{R}\},$$

definiert gemäß $d = w \iff (d, w) \in \mathbb{G}$.

5.1 Beispiel (Zuordnung)

Eine Zuordnung zwischen den Elementen der Menge $\mathbb{D} = \{1, 2, 3, 4\}$ und den Elementen der Menge $\mathbb{W} = \{5, 6, 7, 8, 9\}$ wird durch die Menge von Paaren

$$\mathbb{V} = \{(1, 5), (1, 8), (3, 7), (4, 5), (4, 6), (4, 8)\}$$

beschrieben. Das Diagramm in ▣Abbildung 5.1 visualisiert diese Relation, wobei der Pfeil im Sinne einer Zuordnung verstanden wird: dem Element $d \in \mathbb{D}$ wird das Element $w \in \mathbb{W}$ zugeordnet. ✗

Diese graphische Darstellung einer Relation wird **Graph** der Relation genannt.

Sind die Mengen $\mathbb{D}, \mathbb{W}$ Teilmengen von $\mathbb{R}$, so können die Elemente von $\mathbb{V}$ in ein ▣Koordinatensystem eingetragen werden. Für das obige Beispiel ergibt sich die als Graph der Relation bezeichnete Darstellung in ▣Abbildung 5.2.

© Springer-Verlag GmbH Deutschland, ein Teil von Springer Nature 2018
E. Cramer und J. Nešlehová, *Vorkurs Mathematik*, EMIL@A-stat,
https://doi.org/10.1007/978-3-662-57494-2_5

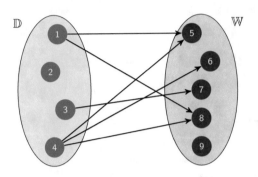

Abbildung 5.1: Graphische Darstellung einer Relation mittels Pfeildiagramm.

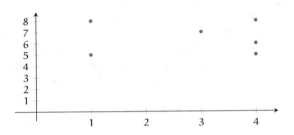

Abbildung 5.2: Graph einer Relation.

5.2 Beispiel

Die Menge $\mathbb{V} = \{(d^2, d^3) \mid d \in [-1, 1]\}$ definiert ebenfalls eine Relation. Ihr Graph ist als ⬛Kurve in der Ebene in 157Abbildung 5.3 dargestellt.   ✗

Die Beispiele zeigen, dass einem Element aus $\mathbb{D}$ kein Element in $\mathbb{W}$ zugeordnet werden muss bzw. mehrere Elemente aus $\mathbb{W}$ zugewiesen werden können.

Funktionen (Abbildungen) <u>von $\mathbb{D}$ nach $\mathbb{W}$</u> sind spezielle Relationen, die <u>jedem</u> Element aus $\mathbb{D}$ <u>genau ein</u> Element aus $\mathbb{W}$ zuordnen.

> ▸ **Definition (Funktion, Abbildung)**
>
> Seien $\mathbb{D}$ und $\mathbb{W}$ nicht-leere Mengen.
>
> Eine Funktion (Abbildung) f ist eine Zuordnung zwischen den Mengen $\mathbb{D}$ und $\mathbb{W}$, die jedem Element aus der Menge $\mathbb{D}$ genau ein Element der Menge $\mathbb{W}$ zuordnet.
>
> Als Bezeichnung wird die Notation $f : \mathbb{D} \longrightarrow \mathbb{W}$ benutzt. Für die konkrete Zuordnung eines Elements $d \in \mathbb{D}$ zu einem Element $w \in \mathbb{W}$ werden die Schreibweisen $w = f(d)$ bzw. $d \longmapsto f(d)$ verwendet. $f(d)$ heißt **Funktions-**

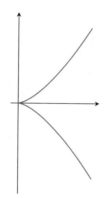

Abbildung 5.3: Graph der Relation aus ⌜156⌝Beispiel 5.2.

wert von f (an der Stelle d), d heißt **Argument** von f.

$\mathbb{D}$ heißt **Definitionsbereich**, $\mathbb{W}$ heißt **Wertebereich**. Die Teilmenge

$$f(\mathbb{D}) = \{w \in \mathbb{W} \,|\, w = f(d), d \in \mathbb{D}\}$$

von $\mathbb{W}$ heißt **Bild** von f.

5.3 Beispiel (Funktionen)

Die in ⌜155⌝Beispiel 5.1 angegebene Zuordnung ist keine Funktion, da den Elementen $1 \in \mathbb{D}$ und $4 \in \mathbb{D}$ jeweils mehrere Elemente der Menge $\mathbb{W}$ und dem Element $2 \in \mathbb{D}$ kein Wert aus $\mathbb{W}$ zugeordnet werden. Beispiele für Zuordnungen $f : \mathbb{D} \longrightarrow \mathbb{W}$, die tatsächlich Funktionen sind, sind in den Darstellungen in ⌜158⌝Abbildung 5.4 gegeben.

Die Beispiele zeigen, dass das Bild einer Funktion den ganzen Wertebereich $\mathbb{W}$ umfassen kann ($f_1(\mathbb{D}) = \mathbb{W}$) oder auch eine ⌜44⌝echte Teilmenge von $\mathbb{W}$ sein kann ($f_2(\mathbb{D}) \subsetneq \mathbb{W}$).   ✗

Ist f eine Funktion von $\mathbb{D}$ nach $\mathbb{W}$, so wird auch die Schreibweise

$$f : \begin{cases} \mathbb{D} \longrightarrow \mathbb{W} \\ d \longmapsto f(d) \end{cases}$$

verwendet. Neben den bereits beschriebenen Darstellungen für Funktionen ist es üblich, Funktionen (evtl. auszugsweise) in Form einer **Wertetabelle** anzugeben.

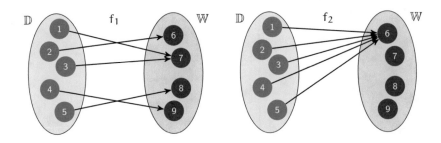

Abbildung 5.4: Illustration von Funktionen.

5.4 Beispiel (Fortsetzung ¹⁵⁷Beispiel 5.3)

Die Wertetabellen der Funktionen lauten:

f_1 :

Argument d	1	2	3	4	5
Funktionswert $f_1(d)$	7	6	7	9	8

f_2 :

Argument d	1	2	3	4	5
Funktionswert $f_2(d)$	6	6	6	6	6

✗

Funktionen werden i.Allg. mit Kleinbuchstaben bezeichnet (z.B. f, g oder h). In speziellen Kontexten und für bestimmte Funktionen sind auch andere Bezeichnungen üblich (z.B. φ für die ⁴²⁴Dichtefunktion der ⁴²⁷Standardnormalverteilung).

Mittels einer Wertetabelle wird eine Funktion durch die Paare (*Argument, Funktionswert*), d.h. durch $(d, f(d))$ mit $d \in \mathbb{D}$ und $f(d) \in \mathbb{W}$, festgelegt. Diese aufzählende Angabe der Paare $(d, f(d))$ ist zur Definition einer Funktion i.Allg. jedoch ungeeignet, da sie leicht unübersichtlich wird und die Eigenschaften der Funktion nur schwer erkennbar sind. Daher wird eine Funktion in der Regel durch den Definitionsbereich und die konkrete Zuordnungsvorschrift spezifiziert. Letztere legt die Funktionswerte fest, indem jedem Element d der Menge $\mathbb{D}$ durch die Vorschrift $d \longmapsto f(d)$ ein Wert zugeordnet wird.*

5.5 Beispiel

(i) $f : \mathbb{N} \longrightarrow \mathbb{N}$, $n \longmapsto n + 1$, definiert die Funktion, die einer natürlichen Zahl n ihren „Nachfolger" $n + 1$ zuweist (kurz: $f(n) = n + 1$).

(ii) $g : \mathbb{R} \longrightarrow \mathbb{R}$, $x \longmapsto x^n$, mit $n \in \mathbb{N}$, ist die Funktion, die einer reellen Zahl x ihre n-te Potenz zuordnet (kurz: $g(x) = x^n$).

---

*Die Bezeichnung der Variablen kann beliebig gewählt werden: $f(d) = d^2 + 1$, $d \in \mathbb{D}$, oder $f(x) = x^2 + 1$, $x \in \mathbb{D}$, beschreiben die selben Funktionswerte.

(iii) $h : (0, \infty) \longrightarrow \mathbb{R}$, $z \longmapsto \ln(z)$, ist die Funktion, die einer positiven Zahl z den Wert ihres ⊠natürlichen Logarithmus zuordnet (kurz: $h(z) = \ln(z)$).

(iv) $f : \mathbb{R} \times \mathbb{R} \longrightarrow \mathbb{R}$, $(x, y) \longmapsto x \cdot y$, definiert die Funktion, die einem ⊠Tupel $(x, y) \in \mathbb{R}^2$ das Produkt $x \cdot y$ seiner Komponenten x und y zuweist (kurz: $f(x, y) = x \cdot y$). ✗

Bei der Festlegung einer Funktion mit Definitionsbereich $\mathbb{D}$ und Abbildungsvorschrift $f(d)$ muss darauf geachtet werden, dass die Vorschrift für jedes Element d des Definitionsbereichs erklärt ist. Eine weitere Einschränkung auf eine Teilmenge des maximal möglichen Definitionsbereichs kann in einer konkreten Fragestellung sinnvoll sein (z.B. wenn klar ist, dass nur positive Werte* in die Funktion eingesetzt werden können).

5.6 Beispiel

(i) In die durch $f(x) = x + 1$ definierte Funktion f können alle reellen Zahlen als Argument eingesetzt werden. Der (maximale) Definitionsbereich ist daher $\mathbb{D} = \mathbb{R}$.

(ii) Der ⊠natürliche Logarithmus $\ln(z)$ ist nur für positive Zahlen z definiert, d.h. der maximale Definitionsbereich der Logarithmusfunktion $\ln : \mathbb{D} \longrightarrow \mathbb{R}$ ist $\mathbb{D} = (0, \infty)$.

(iii) Für die durch $h(y) = \frac{1}{y}$ gegebene Funktion ist zu beachten, dass der Term für $y = 0$ nicht erklärt ist. Der maximale Definitionsbereich ist somit $\mathbb{D} = \mathbb{R} \setminus \{0\}$. ✗

Graph einer Funktion

Eine einfache Visualisierung einer reellwertigen Funktion ist ihr Graph.

> ▶ **Definition (Graph einer Funktion)**
>
> Sei $f : \mathbb{D} \longrightarrow \mathbb{W}$ eine Funktion.
>
> Die Menge $\{(d, f(d)) \mid d \in \mathbb{D}\} \subseteq \mathbb{D} \times \mathbb{W}$ heißt Graph von f.

Sind $\mathbb{D}$ und $\mathbb{W}$ Teilmengen der reellen Zahlen, so ist der Graph von f eine Teilmenge der Ebene $\mathbb{R}^2$ und kann daher in einem ⊠Koordinatensystem als ⊠Kurve eingezeichnet werden. Durch den Graphen einer Funktion werden deren Eigenschaften veranschaulicht. Beispielsweise ist das ⊠Monotonieverhalten direkt aus der Graphik ablesbar.

---

*Etwa bei Längen- und Gewichtsmessungen.

5.7 Beispiel

Für die durch $f(x) = x^2$ definierte Funktion $f : [-1,1] \longrightarrow \mathbb{R}$ ist der Graph gegeben durch die Punktmenge $\{(x, x^2) \mid x \in [-1,1]\}$, die in [160]Abbildung 5.5 dargestellt ist.   ✘

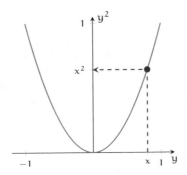

Abbildung 5.5: Graph einer Funktion (die gestrichelte Linie deutet die Zuordnungsrichtung an).

Mittels des [155]Graphen einer Relation kann leicht überprüft werden, ob es sich bei der Relation um eine Funktion handelt, d.h. ob der Graph ein Funktionsgraph ist. Dazu wird verwendet, dass eine Relation zwischen den Mengen $\mathbb{D}, \mathbb{W} \subseteq \mathbb{R}$ eine Funktion ist, falls jedem $x \in \mathbb{D}$ genau <u>eine</u> reelle Zahl $w \in \mathbb{W}$ zugeordnet ist. Am Graphen der Relation äußert sich dies dadurch, dass Schnitte des Graphen mit vertikalen Geraden höchstens einen Punkt ergeben. Die in [161]Abbildung 5.6(a) dargestellten Graphen von Relationen sind daher Funktionsgraphen. Die Graphen in [161]Abbildung 5.6(b) repräsentieren keine Funktionen, da (fast) allen Argumenten mehrere Werte (d.h. zwei Werte) zugeordnet sind.

Nullstellen und y-Achsenabschnitt

Die Schnittpunkte des Graphen einer Funktion f mit der [61]Abszisse werden als **Nullstellen** (oder auch x-Achsenabschnitte) der Funktion bezeichnet. Diese entsprechen den Lösungen der [193]Gleichung

$$f(x) = 0.$$

Die Menge aller Nullstellen $\{x \in \mathbb{D} \mid f(x) = 0\}$ heißt Nullstellenmenge. Ist $x = 0$ im Definitionsbereich $\mathbb{D}$ der Funktion f enthalten, heißt der Funktionswert $f(0)$ an der Stelle 0 y-**Achsenabschnitt** (Schnittpunkt mit der [61]Ordinate).

5.8 Beispiel

Die durch

$$f(t) = (t-1)(t+1)(t+2) = t^3 + 2t^2 - t - 2, \quad t \in \mathbb{R},$$

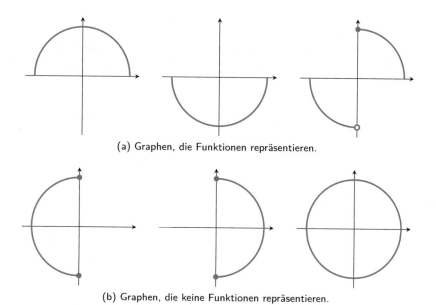

(a) Graphen, die Funktionen repräsentieren.

(b) Graphen, die keine Funktionen repräsentieren.

Abbildung 5.6: Graphen von Relationen (das Symbol ● zeigt an, dass der Punkt zum Graphen gehört; ○ deutet an, dass der Punkt nicht Element des Graphen ist).

definierte Funktion f hat die Nullstellen $-2, -1, 1$, so dass $\{-2, -1, 1\}$ die Nullstellenmenge ist. Der y-Achsenabschnitt hat den Wert $f(0) = -2$. Dies ist am Graphen der Funktion in ̄161̄Abbildung 5.7 direkt abzulesen.   ✗

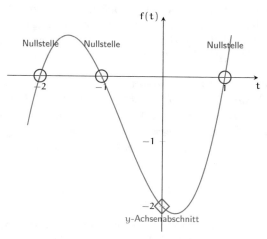

Abbildung 5.7: Graph der Funktion f mit $f(t) = (t-1)(t+1)(t+2) = t^3 + 2t^2 - t - 2$.

5.9 Beispiel

Die Funktion $h : \mathbb{R} \setminus \{0\} \longrightarrow \mathbb{R}$ mit $h(x) = \frac{1}{x}$ hat keine Nullstellen (s. [162]Abbildung 5.8). Ebenso gibt es keinen y-Achsenabschnitt, da 0 eine Definitionslücke von h ist.   ✗

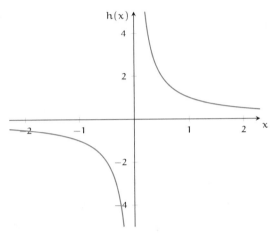

Abbildung 5.8: Graph der Funktion h mit $h(x) = \frac{1}{x}$.

Abbildungen in der Statistik

Abbildungen bzw. Funktionen haben ebenfalls eine zentrale Bedeutung in der Statistik. Exemplarisch werden einige Beispiele genannt, in denen Funktionen auftreten. Diese zeigen, dass der Begriff der Funktion weiter gefasst werden kann, als das zuvor der Fall war. Definitions- und Wertebereich müssen z.B. keine Teilmengen der reellen Zahlen sein. Im Folgenden werden jedoch nur solche Funktionen betrachtet, die von einer reellen Variablen abhängen und deren Wertebereich eine Teilmenge der reellen Zahlen ist, d.h. es gilt $\mathbb{D} \subseteq \mathbb{R}$ und $\mathbb{W} \subseteq \mathbb{R}$. Zu Informationen im Fall mehrerer Veränderlicher, d.h. $\mathbb{D} \subseteq \mathbb{R}^n$, $n \geqslant 2$, sei auf Kamps, Cramer und Oltmanns (2009) verwiesen.

5.10 Beispiel (Abbildungen in der Statistik)

(i) Eine [424]Dichtefunktion ist eine Funktion $f : \mathbb{R} \longrightarrow [0, \infty)$, deren Funktionswerte alle nicht negativ sind (d.h. $f(x) \geqslant 0$) und die eine zusätzliche Bedingung an die von [61]Abszisse und [159]Funktionsgraph eingeschlossene Fläche erfüllt (s. [411]Kapitel 11). Ein Beispiel ist in [163]Abbildung 5.9 dargestellt mit

$$f(x) = \begin{cases} 2xe^{-x^2}, & x > 0 \\ 0, & x \leqslant 0 \end{cases}.$$

(ii) Eine **Zufallsvariable** X ist eine Abbildung von einer Menge Ω in die reellen Zahlen, d.h. $X : \Omega \longrightarrow \mathbb{R}$. Jedem Element der Grundmenge Ω wird eine reelle Zahl als Funktionswert zugewiesen.

Beim einfachen Münzwurf ist die Grundmenge gegeben durch $\Omega = \{\text{Kopf},$ $\text{Zahl}\}$. Ein Gewinnspiel könnte nun so ablaufen, dass Spielerin A gewinnt (etwa 1€), wenn Kopf fällt. Ansonsten zahlt sie an Spieler B den gleichen Betrag. Die Gewinnfunktion von Spielerin A wird dann beschrieben durch

$$X : \{\text{Kopf}, \text{Zahl}\} \longrightarrow \{-1, 1\}, \qquad X(\text{Kopf}) = 1, X(\text{Zahl}) = -1.$$

Beim zweifachen Würfelwurf beschreibt die Zufallsvariable

$$X : \{(i,j) \mid i,j \in \{1,\ldots,6\}\} \longrightarrow \mathbb{R}, \qquad X(i,j) = i + j$$

die Summe der gewürfelten Augenzahlen.

(iii) Ein (diskretes) Wahrscheinlichkeitsmaß P ist eine Abbildung von der [46]Potenzmenge $\mathcal{P}(\Omega)$ einer nicht-leeren endlichen Menge $\Omega = \{\omega_1,\ldots,\omega_n\}$ in das Intervall $[0,1]$:

$$P : \mathcal{P}(\Omega) \longrightarrow [0,1], \qquad A \longmapsto P(A),$$

d.h. P weist jeder Menge $A \in \mathcal{P}(\Omega)$ eine Wahrscheinlichkeit $P(A)$ zu. Darüber hinaus hat P die Eigenschaften

$$P(\emptyset) = 0, \quad P(\Omega) = 1, \quad P(A \cup B) = P(A) + P(B), \quad \text{falls } A \cap B = \emptyset.$$

Die Zahlen $p_j = P(\{\omega_j\})$, $j \in \{1,\ldots,n\}$, definieren eine [125]diskrete Wahrscheinlichkeitsverteilung. ✗

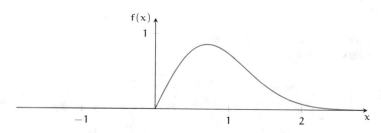

Abbildung 5.9: Dichtefunktion aus [162]Beispiel 5.10.

Aufgaben zum Üben in Abschnitt 5.1

[184]Aufgabe 5.1

5.2 Grundlegende Funktionen

Nachfolgend werden einige grundlegende Funktionen vorgestellt, wobei jeweils der maximale Definitionsbereich $\mathbb{D}$, die Abbildungsvorschrift f sowie Graphen von Beispielen angegeben werden.

Konstante Funktion

- ➤ $\mathbb{D} = \mathbb{R}$

- ➤ $f(t) = a$ mit $a \in \mathbb{R}$

$$f(t) = 1$$

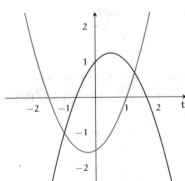

Lineare Funktion

- ➤ $\mathbb{D} = \mathbb{R}$

- ➤ $f(t) = a + b \cdot t$ mit $a, b \in \mathbb{R}$

- ➤ Konstante Funktionen sind ein Spezialfall mit $b = 0$.

$$f_1(t) = -\tfrac{1}{2}t + \tfrac{1}{2}, \ f_2(t) = t + 1$$

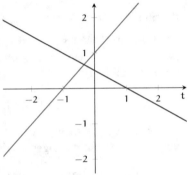

Quadratische Funktion

- ➤ $\mathbb{D} = \mathbb{R}$

- ➤ $f(t) = a + bt + ct^2$ mit $a, b, c \in \mathbb{R}$

- ➤ Lineare Funktionen sind ein Spezialfall mit $c = 0$.

$$f_1(t) = t^2 + \tfrac{1}{2}t - \tfrac{3}{2}, \ f_2(t) = 1 - t^2 + t$$

Monom

- ➤ $\mathbb{D} = \mathbb{R}$

- ➤ $f(t) = t^n$ mit $n \in \mathbb{N}$

$$f_1(t) = t^3, \ f_2(t) = t^4$$

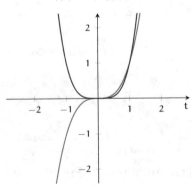

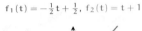

Polynom (ganzrationale Funktion)

- $\mathbb{D} = \mathbb{R}$

- $f(t) = \sum_{j=0}^{n} a_j t^j$ mit $n \in \mathbb{N}_0$ und Koeffizienten $a_j \in \mathbb{R}$, $a_n \neq 0^*$

- Quadratische Funktionen sind ein Spezialfall mit $n = 2$.

Gebrochen rationale Funktion

- $\mathbb{D} = \mathbb{R}$ ohne Nullstellen des Nennerpolynoms

- $f(t) = \dfrac{\sum_{j=0}^{n} a_j t^j}{\sum_{j=0}^{m} b_j t^j}$ mit $m, n \in \mathbb{N}_0$, für $a_j, b_j \in \mathbb{R}$

$f_1(t) = -t^3 + \frac{1}{2}t^2 + 2t - \frac{3}{2}$,
$f_2(t) = \frac{4t^6 - 29t^4 + 121t^3 + 43t^2 - 30t}{32}$

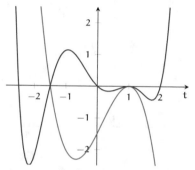

$f_1(t) = \frac{t^3 - 3t^2 + t + 1}{4t^4 - 4t^2 + 2}$,
$f_2(t) = \frac{t^2 + 1}{6t^2 - 2}$

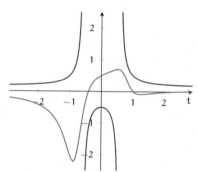

Potenzfunktion

- $\mathbb{D} = (0, \infty)$ (evtl. $[0, \infty)$)

- $f(t) = t^a$ mit $a \in \mathbb{R}$

- Spezialfälle: Monome ($a = n \in \mathbb{N}$); Wurzelfunktionen ($a = \frac{1}{n}$, $n \in \mathbb{N}, n \geqslant 2$)

Exponentialfunktion

- $\mathbb{D} = \mathbb{R}$

- $f(t) = a^t$ mit $a > 0, a \neq 1$

- Für $a = e = 2,7182\ldots$ wird auch $e^t = \exp(t)$ geschrieben.

$f_1(t) = \sqrt{t} = t^{1/2}, f_2(t) = \frac{1}{\sqrt{t}} = t^{-1/2}$

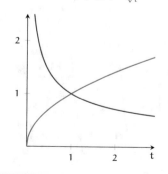

$f_1(t) = e^t, f_2(t) = e^{-t} = \left(\frac{1}{e}\right)^t$

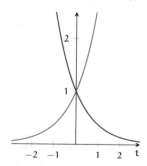

---

*Der Koeffizient mit dem größten Index (hier n) heißt Leitkoeffizient.

Logarithmusfunktion

- $\mathbb{D} = (0, \infty)$

- $f(t) = \log_a(t)$ mit $a > 0$, $a \neq 1$

- Für $a = e$: $\ln(t)$; für $a = 10$: $\lg(t)$

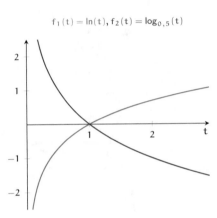

$$f_1(t) = \ln(t), f_2(t) = \log_{0,5}(t)$$

Betragsfunktion

- $\mathbb{D} = \mathbb{R}$

- $f(t) = |t|$

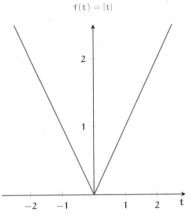

$$f(t) = |t|$$

Indikatorfunktion

- $\mathbb{D} = \mathbb{R}$

- $f(t) = \mathbb{1}_{[a,\infty)}(t) = \begin{cases} 1, & t \geqslant a \\ 0, & t < a \end{cases}$ mit $a \in \mathbb{R}$

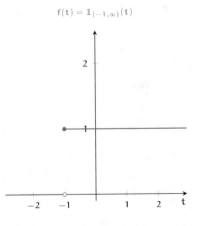

$$f(t) = \mathbb{1}_{[-1,\infty)}(t)$$

Trigonometrische Funktionen

- $\mathbb{D} = \mathbb{R}$

- $f(t) = \sin(at)$, $f(t) = \cos(at)$ mit $a \in \mathbb{R}$

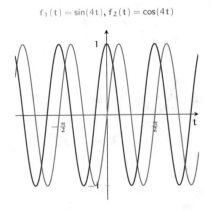

$$f_1(t) = \sin(4t), f_2(t) = \cos(4t)$$

Stückweise definierte Funktionen

Die bisher vorgestellten Funktionen wurden meist durch eine einheitliche Abbildungsvorschrift auf ihrem Definitionsbereich eingeführt. Eine Ausnahme bildet etwa die Betragsfunktion, die stückweise definiert ist. Ihr Definitionsbereich kann als Vereinigung der Intervalle $(-\infty, 0)$ und $[0, \infty)$ interpretiert werden, wobei die Betragsfunktion auf jedem Intervall gleich einer linearen Funktion ist. Für die Indikatorfunktion $\mathbb{1}_{[a,\infty)}$ gilt ähnliches. Sie ist aus zwei (verschiedenen) konstanten Funktionen zusammengesetzt. Dieses Konstruktionsverfahren wird bereits in der Definition deutlich:

$$|x| = \begin{cases} x, & x \geqslant 0 \\ -x, & x < 0 \end{cases}, \qquad \mathbb{1}_{[a,\infty)}(x) = \begin{cases} 1, & x \geqslant a \\ 0, & x < a \end{cases}.$$

Allgemein kann eine Funktion durch Angabe ihrer Funktionswerte auf Teilintervallen spezifiziert werden. Dies ist insbesondere in der Wahrscheinlichkeitsrechnung und Statistik von zentraler Bedeutung.

Wahrscheinlichkeiten werden in der Statistik oft durch Funktionen beschrieben. Die Zähldichte einer (diskreten) Verteilung wird festgelegt als Funktion $f : \mathbb{R} \longrightarrow [0, 1]$, wobei der Funktionswert $f(x)$ jeweils als Wahrscheinlichkeit für den Wert x interpretiert wird.

5.11 Beispiel (Zähldichte, Verteilungsfunktion)

Die Zähldichte der [142]Binomialverteilung ist definiert durch

$$f(k) = \begin{cases} \binom{n}{k} p^k (1-p)^{n-k}, & k \in \{0, \dots, n\} \\ 0, & \text{sonst} \end{cases},$$

wobei $n \in \mathbb{N}$ und $p \in (0, 1)$ die (fest gewählten) Parameter der Verteilung sind. Zur Beschreibung wird oft auch die Notation

$$b(k; n, p) = \binom{n}{k} p^k (1-p)^{n-k}, \quad k \in \{0, \dots, n\},$$

$(b(k; n, p) = 0, k \notin \{0, \dots, n\})$ verwendet, wobei allerdings beachtet werden muss, dass die Parameter n und p als fest angenommen werden und nur k eine Variable ist.

Durch Summenbildung wird aus der Zähldichte die Verteilungsfunktion $F : \mathbb{R} \longrightarrow [0, 1]$,

$$F(x) = \sum_{k \in \{0,\dots,n\}: k \leqslant x} f(k), \qquad x \in \mathbb{R}.$$

In der Summation werden nur die Werte $f(k)$ mit $k \in \{0, \dots, n\}$ berücksichtigt, die die Bedingung $k \leqslant x$ erfüllen. Die Verteilungsfunktion an der Stelle x gibt die Wahrscheinlichkeit des Intervalls $(-\infty, x]$ an.

Für $n = 10$ und $p = 0{,}4$ werden die obigen Formeln ausgewertet. Dies kann mittels einer [157]Wertetabelle erfolgen, die sich auf die Werte $k \in \{0, \dots, 10\}$ beschränkt (jeweils auf drei Nachkommastellen gerundet). Die anderen Werte sind aus der Definition der Funktionen unmittelbar klar.

k	0	1	2	3	4	5	6	7	8	9	10
$b(k; 10, 0,4)$	0,006	0,040	0,121	0,215	0,251	0,201	0,111	0,042	0,011	0,002	0,000
$F(k)$	0,006	0,046	0,167	0,382	0,633	0,834	0,945	0,987	0,998	1,000	1,000

Für die Verteilungsfunktion resultiert daraus folgende Darstellung als stückweise definierte Funktion

$$F(x) = \begin{cases} 0, & x < 0 \\ 0,006, & 0 \leqslant x < 1 \\ 0,046, & 1 \leqslant x < 2 \\ 0,167, & 2 \leqslant x < 3 \\ 0,382, & 3 \leqslant x < 4 \\ 0,633, & 4 \leqslant x < 5 \\ 0,834, & 5 \leqslant x < 6 \\ 0,945, & 6 \leqslant x < 7 \\ 0,987, & 7 \leqslant x < 8 \\ 0,998, & 8 \leqslant x < 9 \\ 1,000, & 9 \leqslant x < 10 \\ 1, & 10 \leqslant x \end{cases}.$$

Aufgrund der Rundung auf drei Nachkommastellen wird der Wert Eins der Funktion bereits an der Stelle $x = 9$ angenommen. Werden vier Nachkommastellen berücksichtigt, ergibt sich abweichend $F(x) = 0,9999$, $9 \leqslant x < 10$, und $F(x) = 1$, $x \geqslant 10$.

Die Graphen der obigen Funktionen sind in Abbildung 5.10 dargestellt. Aus dem Graph der Zähldichte wird deutlich, dass sie fast überall den Wert Null hat. Wegen ihrer speziellen Gestalt heißt eine Verteilungsfunktion F mit einem derartigen Graphen auch **Treppenfunktion**.   ✗

5.12 Beispiel

Die Dichtefunktion einer Exponentialverteilung mit Parameter 1 ist die stückweise definierte Funktion (Graph s. Abbildung 5.11 mit $\lambda = 1$)

$$f(t) = \begin{cases} e^{-t}, & t \geqslant 0 \\ 0, & t < 0 \end{cases}.$$ ✗

5.3 Funktionen mit Parametern

In der Statistik werden oft Funktionen benutzt, die neben einer Variablen noch weitere Unbekannte in ihrer Abbildungsvorschrift beinhalten. Diese Unbekannten

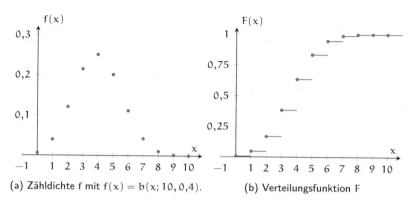

(a) Zähldichte f mit $f(x) = b(x; 10, 0,4)$.

(b) Verteilungsfunktion F

Abbildung 5.10: Zähldichte und Verteilungsfunktion einer Binomialverteilung mit Parametern $n = 10$ und $p = 0,4$.

werden als **Parameter** bezeichnet (vgl. auch ̲2̲4̲2̲Gleichungen mit Parametern). Bei der Analyse von Funktionen mit Parametern ist daher zu beachten, welche Unbekannte als Argument der Funktion bzw. welche Unbekannte(n) als Parameter interpretiert werden. Zur Unterscheidung werden Parameter oft als Indizes an den Funktionsnamen geschrieben (z.B. f_μ, g_λ, h_a).* Zur Illustration wird das folgende Beispiel herangezogen.

5.13 Beispiel (Parameterabhängige Funktionen)

Mittels des Parameters $\lambda > 0$ wird durch die Vorschrift

$$f_\lambda(x) = \lambda e^{-\lambda x}, \quad x \geqslant 0,$$

eine parameterabhängige Funktion definiert. Für jedes feste $\lambda > 0$ ergibt sich eine spezielle Funktion: $f_{\frac{1}{2}}(x) = \frac{1}{2}e^{-\frac{x}{2}}$, $f_1(x) = e^{-x}$, $f_2(x) = 2e^{-2x}$. Die Graphen dieser Funktionen bilden eine so genannte Kurvenschar und werden in ̲1̲7̲0̲Abbildung 5.11 gemeinsam dargestellt.

Eine weitere, in der Statistik wichtige parameterabhängige Funktion ist durch

$$f_\mu(t) = \frac{1}{\sqrt{2\pi}} e^{-\frac{1}{2}(t-\mu)^2}, \quad t \in \mathbb{R},$$

definiert. Der Parameter μ kann eine beliebige reelle Zahl sein. Der griechische Buchstabe π bezeichnet die Kreiszahl $\pi = 3,1415\ldots$ und ist damit eine Konstante. Für verschiedene Werte von μ wird der Graph von f_μ verschoben (s. ̲1̲7̲1̲Abbildung 5.12(a)).

Entsprechend können auch mehrere Parameter vorkommen:

$$f_{\mu,\sigma^2}(t) = \frac{1}{\sqrt{2\pi\sigma^2}} e^{-\frac{1}{2\sigma^2}(t-\mu)^2}, \quad t \in \mathbb{R},$$

---

*Parameter werden oft mit kleinen ̲4̲9̲5̲griechischen Buchstaben bezeichnet.

wobei $\mu \in \mathbb{R}$ und $\sigma^2 > 0$ vorausgesetzt wird. Die Funktion f_{μ,σ^2} ist die ▣Dichte-funktion der zweiparametrigen ▣Normalverteilung. Für festes μ bestimmt der Parameter σ^2 die Abweichung von μ. Der Graph der Funktion f_{μ,σ^2} ist für ein festes μ und verschiedene Werte von σ^2 in ▣Abbildung 5.12(b) dargestellt. Je kleiner σ^2 ist, desto steiler ist die Kurve in der Nähe von μ. Wird σ^2 größer, so flacht die Kurve ab. Die Form selbst („Glockenform") wird aber weder durch μ noch durch σ^2 beeinflusst.   ✗

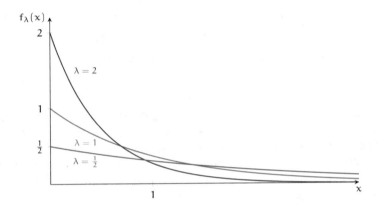

Abbildung 5.11: Kurvenschar f_λ mit $f_\lambda(x) = \lambda e^{-\lambda x}$ für $\lambda \in \{\frac{1}{2}, 1, 2\}$.

5.4 Verknüpfung von Funktionen

Funktionen werden auf unterschiedliche Weise miteinander verknüpft. Zu den Verknüpfungen mittels elementarer Rechenoperationen (Addition, Subtraktion, Multiplikation, Division) kommt noch die Verkettung.

Verknüpfung mittels elementarer Rechenoperationen

Die Verknüpfung zweier Funktionen mittels elementarer Rechenoperationen wird durch die Anwendung dieser Operationen auf die Funktionswerte definiert, d.h. die Summe $f + g$ der Funktionen f und g hat die Funktionswerte $f(x) + g(x)$.

▣ **Definition (Verknüpfung mittels elementarer Rechenoperationen)**

Seien $f : \mathbb{D} \longrightarrow \mathbb{R}$ und $g : \mathbb{D} \longrightarrow \mathbb{R}$ Funktionen auf dem selben Definitionsbereich $\mathbb{D}$. Dann wird

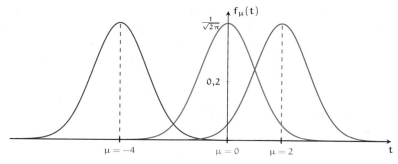

(a) Kurvenschar f_μ mit $f_\mu(t) = \frac{1}{\sqrt{2\pi}} e^{-\frac{1}{2}(t-\mu)^2}$ für $\mu \in \{-4, 0, 2\}$.

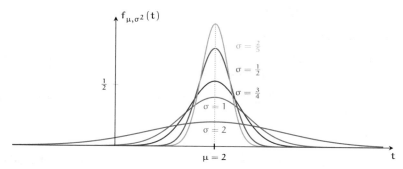

(b) Kurvenschar f_{μ,σ^2} mit $f_{\mu,\sigma^2}(t) = \frac{1}{\sqrt{2\pi\sigma^2}} e^{-\frac{1}{2\sigma^2}(t-\mu)^2}$ für $\mu = 2$ und $\sigma \in \{\frac{2}{5}, \frac{1}{2}, \frac{3}{4}, 1, 2\}$.

Abbildung 5.12: Dichtefunktionen von Normalverteilungen.

▶ die Summe $f + g$ definiert durch

$$f + g : \mathbb{D} \longrightarrow \mathbb{R}, x \longmapsto f(x) + g(x),$$

▶ die Differenz $f - g$ definiert durch

$$f - g : \mathbb{D} \longrightarrow \mathbb{R}, x \longmapsto f(x) - g(x),$$

▶ das Produkt $f \cdot g$ definiert durch

$$f \cdot g : \mathbb{D} \longrightarrow \mathbb{R}, x \longmapsto f(x) \cdot g(x),$$

▶ der Quotient $\frac{f}{g}$ definiert durch

$$\frac{f}{g} : \mathbb{D} \setminus N \longrightarrow \mathbb{R}, x \longmapsto \frac{f(x)}{g(x)},$$

wobei $N = \{x \in \mathbb{D} \mid g(x) = 0\}$ die Menge aller Nullstellen von g ist.

Bei der Definition dieser Verknüpfungen kann der Definitionsbereich i.Allg. beibehalten werden. Eine Einschränkung stellt die Quotientenbildung dar, bei der die
[160]Nullstellen der Funktion im Nenner zunächst ausgeschlossen werden müssen.
Eine separate Definition der Funktion an diesen Stellen ist natürlich möglich und
oft auch sinnvoll.

5.14 Beispiel

In den folgenden Beispielen werden jeweils Funktionen f und g mittels elementarer
Rechenoperationen verknüpft.

(i) $f : \mathbb{R} \longrightarrow \mathbb{R}$, $f(x) = x^2$, $g : \mathbb{R} \longrightarrow \mathbb{R}$, $g(x) = x^2 + 1$

  ❯ Summe: $f(x) + g(x) = 2x^2 + 1$

  ❯ Differenz: $f(x) - g(x) = -1$

  ❯ Produkt: $f(x)g(x) = x^4 + x^2$

  ❯ Quotient: $\frac{f(x)}{g(x)} = \frac{x^2}{x^2+1}$, wobei wegen $g(x) = x^2 + 1 \geqslant 1$ der Nenner
  keine Nullstelle hat. Daher wird $\mathbb{D} = \mathbb{R}$ gewählt.

  Die zugehörigen Graphen sind in [173]Abbildung 5.13 gemeinsam dargestellt.

(ii) $f : \mathbb{R} \longrightarrow \mathbb{R}$, $f(x) = x^2$, $g : \mathbb{R} \longrightarrow \mathbb{R}$, $g(x) = x + 1$

  Wegen $g(-1) = 0$ muss der Wert -1 in der Definition des Quotienten
  ausgeschlossen werden:

$$\frac{f(x)}{g(x)} = \frac{x^2}{x+1}, \quad x \in \mathbb{R} \setminus \{-1\}.$$

(iii) $f : \mathbb{R} \longrightarrow \mathbb{R}$, $f(x) = x^2 - 1$, $g : \mathbb{R} \longrightarrow \mathbb{R}$, $g(x) = x + 1$

  Zunächst ergibt sich wie oben $\mathbb{D} = \mathbb{R} \setminus \{-1\}$. Wegen

$$\frac{f(x)}{g(x)} = \frac{x^2 - 1}{x + 1} = \frac{(x-1)(x+1)}{x+1} = x - 1, \quad x \in \mathbb{R} \setminus \{-1\},$$

  stimmt der Quotient auf $\mathbb{D}$ mit der linearen Funktion $h(x) = x - 1$ überein.
  Es liegt daher nahe, die Quotientenfunktion an der Stelle $x = -1$ durch die
  Definition $\frac{f}{g}(-1) = -2$ zu ergänzen.   ✗

Im obigen Verständnis sind [164]lineare Funktionen das Ergebnis der Verknüpfung
dreier Funktionen:
$$f(x) = a + bx = k(x) + h(x) \cdot g(x)$$
mit $g(x) = x$ und den konstanten Funktionen $h(x) = b$ und $k(x) = a$. Entsprechend ist ein [165]Polynom die Summe aus dem Produkt von Monomen mit konstanten Funktionen. Eine gebrochen rationale Funktion ist der Quotient zweier
Polynome.

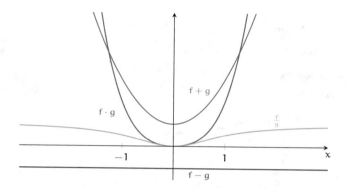

Abbildung 5.13: Summe, Differenz, Produkt und Quotient von zwei Funktionen.

Verkettung von Funktionen

Die Verkettung von Funktionen wird definiert als die Hintereinanderausführung von Operationen.

5.15 Beispiel

Für $g : \mathbb{R} \longrightarrow \mathbb{R}$, $g(x) = e^x$, $f : \mathbb{R} \longrightarrow \mathbb{R}$, $f(z) = z^3 - 1$ wird eine Zahl $x \in \mathbb{R}$ zunächst auf $z = g(x)$ abgebildet. Dieser Wert wird dann durch f auf die Zahl $f(z)$ abgebildet:

$$x \xrightarrow{g} z = g(x) = e^x \xrightarrow{f} f(z) = f(g(x)) = f(e^x) = (e^x)^3 - 1 = e^{3x} - 1. \quad \times$$

> **Definition (Verkettung von Funktionen)**
>
> Seien f, g Funktionen mit $g : \mathbb{D} \longrightarrow \mathbb{V}$ und $f : \mathbb{V} \longrightarrow \mathbb{W}$.
>
> Die Funktion $f \circ g : \mathbb{D} \longrightarrow \mathbb{W}$, $x \longmapsto f(g(x))$, definiert durch die Hintereinanderausführung von f und g, heißt Verkettung von f und g.

Bei der Verkettung $f \circ g$ von Funktionen f und g ist zu beachten, dass die relevanten Funktionswerte von g im Definitionsbereich von f liegen müssen, da sonst evtl. $f(g(x))$ für ein x im Definitionsbereich von g nicht erklärt ist. Diese wichtige Voraussetzung bei der Verkettung von Funktionen wird durch 174Abbildung 5.14 illustriert. Entsprechend können unter Beachtung der Definitionsbereiche auch mehr als zwei Funktionen verkettet werden. Die Verkettung von f, g, h wird definiert als $f \circ (g \circ h)$ mit den Funktionswerten $f(g(h(x)))$. Durch die Definition ist unmittelbar klar, dass die Klammern nicht gesetzt werden müssen. Es gilt nämlich $f \circ (g \circ h) = (f \circ g) \circ h$, so dass die Verkettung assoziativ ist. Daher wird auch die Notation $f \circ g \circ h$ verwendet. Das folgende Beispiel zeigt u.a., dass die Verkettung i.Allg. nicht vertauschbar ist, d.h. i.Allg. gilt $f \circ g \neq g \circ f$.

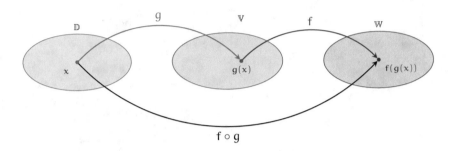

Abbildung 5.14: Verkettung der Funktionen f und g.

5.16 Beispiel

Die folgenden Beispiele illustrieren, wie die Verkettung von Funktionen ausgeführt wird.

(i) Seien $f : \mathbb{R} \longrightarrow \mathbb{R}$, $x \longmapsto x^3$ und $g : \mathbb{R} \longrightarrow \mathbb{R}$, $y \longmapsto -2y$. Dann definieren die Vorschriften $f(g(y)) = (-2y)^3 = -8y^3$ und $g(f(x)) = -2(x^3) = -2x^3$ die Verkettungen $f \circ g$ und $g \circ f$. In dieser Situation können aufgrund der Definitions- und Wertebereiche beide Verkettungen gebildet werden.

(ii) Seien $f : (0, \infty) \longrightarrow \mathbb{R}$, $x \longmapsto \ln(x)$ und $g : \mathbb{R} \longrightarrow (0, \infty)$, $y \longmapsto e^{3y}$. Dann definieren $f(g(y)) = \ln(e^{3y}) = 3y$ und $g(f(x)) = e^{3\ln(x)} = (e^{\ln(x)})^3 = x^3$ die Verkettung von f und g bzw. von g und f. In dieser Situation können aufgrund der Definitions- und Wertebereiche beide Verkettungen gebildet werden. ✗

5.17 Beispiel

Die [424]Dichtefunktion der [427]Standardnormalverteilung ist gegeben durch $\varphi(t) = \frac{1}{\sqrt{2\pi}} e^{-\frac{1}{2}t^2}$, $t \in \mathbb{R}$. φ ist somit eine Verkettung der durch $f(x) = \frac{1}{\sqrt{2\pi}} e^{-x}$ definierten Exponentialfunktion und der durch $g(t) = \frac{1}{2}t^2$ definierten quadratischen Funktion, d.h. $\varphi(t) = f(g(t))$. ✗

Bei der Auswertung verketteter Funktionen kann es leicht zu Fehlern kommen, wenn die Reihenfolge der Verkettung nicht beachtet wird. Die durch $f(x) = 3^x$ definierte Funktion wird an der Stelle $z = x - 1$ ausgewertet als $f(z) = f(x - 1) = 3^{x-1}$. Das Ergebnis ist daher nicht $3^x - 1$.

Aufgaben zum Üben in Abschnitt 5.4

[185]Aufgabe 5.3, [185]Aufgabe 5.4

5.5 Eigenschaften von Funktionen

Monotonie

Aus dem Verlauf des Graphen der durch $f(x) = x^2$ definierten quadratischen Funktion ist ersichtlich, dass der Graph bei Betrachtung von links nach rechts zunächst fällt und dann ansteigt. Diese Beobachtung gibt das Monotonieverhalten der Funktion wieder, das folgendermaßen definiert wird.

> **▶ Definition (Monotonie einer Funktion)**
>
> Eine Funktion $f : [a, b] \longrightarrow \mathbb{W}$ heißt
>
> ▶ (streng) monoton wachsend im Intervall $[a, b]$, wenn für alle $x, y \in [a, b]$ mit $x < y$ die Beziehung $f(x) \leqslant f(y)$ $(f(x) < f(y))$ gilt.
>
> ▶ (streng) monoton fallend im Intervall $[a, b]$, wenn für alle $x, y \in [a, b]$ mit $x < y$ die Beziehung $f(x) \geqslant f(y)$ $(f(x) > f(y))$ gilt.

Beispiele für das Monotonieverhalten sind in ͟1͟7͟5Abbildung 5.15 illustriert.

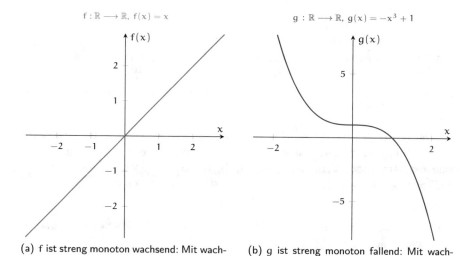

(a) f ist streng monoton wachsend: Mit wachsendem x-Wert <u>wächst</u> $f(x)$.

(b) g ist streng monoton fallend: Mit wachsendem x-Wert <u>fällt</u> $g(x)$.

Abbildung 5.15: Monotonieverhalten von Funktionen.

Die Monotonie der Funktionen f und g ist in ͟1͟7͟5Abbildung 5.15 direkt am Graph der Funktionen erkennbar. Jedoch ist zu beachten, dass der Graph Eigenschaften andeuten kann, die sich bei genauerer Betrachtung als falsch erweisen. Das Auge kann getäuscht werden, wenn die Auflösung zu grob ist.

5.18 Beispiel

Die Funktion $f : \mathbb{R} \longrightarrow \mathbb{R}$, $f(t) = t^3 - t^2 - t$ wird in den Bereichen $[-2, 2]$, $[-5, 5]$, $[-10, 10]$ in ⁱ⁷⁶Abbildung 5.16 dargestellt. Während in ⁱ⁷⁶Abbildung 5.16(a) deutlich erkennbar ist, dass f nicht monoton wachsend ist, ist dies für den Graphen derselben (!) Funktion in ⁱ⁷⁶Abbildung 5.16(b) bzw. ⁱ⁷⁶Abbildung 5.16(c) mit größerem Definitionsbereich kaum bzw. nicht erkennbar. Wesentlich ist hierbei der Maßstab auf der ⁶¹Ordinate. ✘

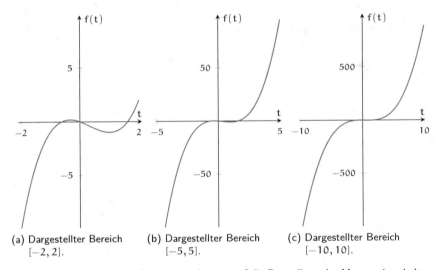

(a) Dargestellter Bereich $[-2, 2]$.

(b) Dargestellter Bereich $[-5, 5]$.

(c) Dargestellter Bereich $[-10, 10]$.

Abbildung 5.16: Einfluss der Ordinatenskalierung auf die Darstellung des Monotonieverhaltens.

Das obige Beispiel zeigt, dass eine Betrachtung des Graphen nur Anhaltspunkte geben kann, jedoch nicht ausreicht, um die Monotoniebereiche festzulegen. Dazu sind mathematische Verfahren erforderlich. An zwei einfachen Beispielen wird zunächst gezeigt, wie dies prinzipiell durchgeführt werden kann.

5.19 Beispiel

(i) Für eine lineare Funktion $f : \mathbb{R} \longrightarrow \mathbb{R}$, $f(x) = a + bx$, können die Monotoniebereiche wie folgt bestimmt werden.

Für $x, y \in \mathbb{R}$ mit $x < y$ gilt

$$f(x) < f(y) \iff a + bx < a + by.$$

Mit einfachen Mitteln (s. ³¹³Kapitel 8) kann gefolgert werden

$$f(x) < f(y) \iff 0 < b(y - x) \overset{x < y}{\iff} 0 < b,$$

d.h. f ist streng monoton wachsend für $0 < b$.

(ii) Die durch $f(x) = x^2 + 1$ definierte quadratische Funktion kann mittels einer [14]binomischen Formel untersucht werden. Für $x < y$ gilt

$$f(x) < f(y) \iff x^2 + 1 < y^2 + 1 \iff 0 < y^2 - x^2.$$

Die Anwendung der dritten binomischen Formel ergibt

$$0 < (y - x)(y + x) \overset{x<y}{\iff} 0 < y + x.$$

Daher folgt für $x, y \in (0, \infty)$ mit $x < y$ die Ungleichung $f(x) < f(y)$, d.h. f ist streng monoton steigend. Für $x, y \in (-\infty, 0)$ mit $x < y$ gilt $x + y < 0$, so dass $f(x) > f(y)$, d.h. f ist streng monoton fallend. ✗

Die obigen Beispiele zeigen, dass die verwendeten (elementaren) Methoden bereits bei einfachen Funktionen zu vergleichsweise aufwändigen Untersuchungen führen. Daher wird an dieser Stelle auf eine detailliertere Darstellung der Monotonie verzichtet. Die Fragestellung wird in [454]Kapitel 12.1 nochmals aufgegriffen und dort mit den Methoden der Differenzialrechnung behandelt.

Zum Abschluss werden noch Monotonieeigenschaften einiger grundlegender Funktionen in [177]Übersicht 5.1 zusammengestellt.

5.1 Übersicht (Monotonieeigenschaften einiger Funktionen)

$f(x)$	$\mathbb{D}$	Monotonieverhalten
$a + bx$	$\mathbb{R}$	streng monoton wachsend, falls $b > 0$
		streng monoton fallend, falls $b < 0$
x^n	$\mathbb{R}$	streng monoton wachsend, falls $n \in \mathbb{N}$ ungerade
		streng monoton wachsend auf $[0, \infty)$, falls $n \in \mathbb{N}$ gerade
		streng monoton fallend auf $(-\infty, 0]$, falls $n \in \mathbb{N}$ gerade
$\frac{1}{x^n}$	$(0, \infty)$	streng monoton fallend
$\frac{1}{x^n}$	$(-\infty, 0)$	streng monoton wachsend, falls $n \in \mathbb{N}$ gerade
		streng monoton fallend, falls $n \in \mathbb{N}$ ungerade
x^p	$[0, \infty)$	streng monoton wachsend ($p > 0$)
x^{-p}	$(0, \infty)$	streng monoton fallend ($p > 0$)
$\ln(x)$	$(0, \infty)$	streng monoton wachsend
e^x	$\mathbb{R}$	streng monoton wachsend
e^{-x}	$\mathbb{R}$	streng monoton fallend

Beschränktheit

Während das Monotonieverhalten einer Funktion deren Wachstumsverhalten beschreibt, führt die Untersuchung der Beschränktheit auf eine genauere Analyse des ⁵⁷Wertebereichs einer Funktion.

> **▶ Definition (Beschränktheit einer Funktion)**
>
> Eine Funktion $f : \mathbb{D} \longrightarrow \mathbb{R}$ mit $\mathbb{D} \subseteq \mathbb{R}$ heißt
>
> ❍ beschränkt, falls es eine Zahl $B > 0$ gibt mit
> $$-B \leqslant f(x) \leqslant B \quad \text{für alle } x \in \mathbb{D}.$$
>
> ❍ nach unten beschränkt, falls es eine Zahl $B \in \mathbb{R}$ gibt mit
> $$B \leqslant f(x) \quad \text{für alle } x \in \mathbb{D}.$$
>
> ❍ nach oben beschränkt, falls es eine Zahl $B \in \mathbb{R}$ gibt mit
> $$f(x) \leqslant B \quad \text{für alle } x \in \mathbb{D}.$$
>
> Ist f nicht (nach oben/unten) beschränkt, so heißt f (nach oben/unten) unbeschränkt.

Beschränktheit bedeutet somit, dass das ⁵⁷Bild der Funktion in einem Intervall $[-B, B]$ enthalten ist, d.h. $f(\mathbb{D}) \subseteq [-B, B]$. Insbesondere ist eine Funktion genau dann beschränkt, wenn sie sowohl nach oben als auch nach unten beschränkt ist.

5.20 Beispiel

Die konstante Funktion $f : \mathbb{R} \longrightarrow \mathbb{R}$, $f(x) = 1$ ist offenbar beschränkt, da alle Funktionswerte im Intervall $[-1, 1]$ enthalten sind. Die Funktion $g : \mathbb{R} \longrightarrow \mathbb{R}$, $g(x) = x^2$, ist wegen $x^2 \geqslant 0$ nach unten durch 0, aber nicht nach oben beschränkt. Entsprechend ist die Funktion $h : \mathbb{R} \longrightarrow \mathbb{R}$, $h(x) = 1 - x^2$ nach oben durch 1 beschränkt, aber nach unten unbeschränkt. Die Funktion $k : \mathbb{R} \longrightarrow \mathbb{R}$, $k(x) = x$ ist unbeschränkt. Jede Zahl $B > 0$ wird überschritten, da etwa mit $x = B + 1$ gilt $k(x) = k(B + 1) = B + 1 > B$. Analog wird die Zahl $-B$ unterschritten (etwa mit $x = -B - 1$). ✗

Ob eine Funktion beschränkt ist, hängt insbesondere von ihrem Definitionsbereich ab. Die Funktion $k : \mathbb{R} \longrightarrow \mathbb{R}$, $k(x) = x$ ist nach obigem Beispiel unbeschränkt. Wird der Definitionsbereich hingegen auf das Intervall $[0, 1]$ eingeschränkt, resultiert offenbar das Bild $k([0, 1]) = [0, 1]$. Somit ist $k : [0, 1] \longrightarrow \mathbb{R}$ beschränkt. Die Beschränktheit einer Funktion ist insbesondere bedeutsam bei der Bestimmung ⁴⁵⁹globaler Extrema.

Injektivität, Surjektivität, Bijektivität

Bei der Definition einer Funktion f wird jedem Element des Definitionsbereichs $\mathbb{D}$ ein Element des Wertebereichs $\mathbb{W}$ zugeordnet. Aus der Definition ergeben sich jedoch keine Forderungen an die Elemente des Wertebereichs $\mathbb{W}$. Das folgende Beispiel zeigt, welche Eigenschaften die Funktion im Hinblick auf die Elemente des Wertebereichs haben kann.

5.21 Beispiel

Die Funktion $f : \{1, 2, 3\} \longrightarrow \{4, 5, 6\}$ sei definiert durch $f(1) = 4$, $f(2) = 6$, $f(3) = 4$. Dabei wird deutlich, dass die Elemente der Wertemenge $\mathbb{W} = \{4, 5, 6\}$ unterschiedlich behandelt werden: Der Wert 4 tritt als Funktionswert zweimal auf, während 5 überhaupt nicht vorkommt. Das Element 6 tritt einmal als Funktionswert auf.   ✗

Diese Beobachtungen führen zur Definition der folgenden Begriffe.

> **Definition (Injektivität, Surjektivität,Bijektivität)**
>
> Sei $f : \mathbb{D} \longrightarrow \mathbb{W}$ eine Funktion.
>
> ① f heißt **injektiv**, wenn jedes Element des Wertebereichs höchstens einem Element des Definitionsbereichs zugeordnet wird, d.h. für alle $x, y \in \mathbb{D}$ mit $x \neq y$ gilt für die Funktionswerte $f(x) \neq f(y)$.
>
> ② f heißt **surjektiv**, wenn alle Elemente des Wertebereichs Funktionswerte sind, d.h. für alle $w \in \mathbb{W}$ gibt es (mindestens) ein $d \in \mathbb{D}$ mit $f(d) = w$.
>
> ③ f heißt **bijektiv**, wenn sie sowohl injektiv als auch surjektiv ist, d.h. jedes Element des Wertebereichs wird genau einem Element des Definitionsbereichs zugeordnet: Für alle $w \in \mathbb{W}$ gibt es genau ein $d \in \mathbb{D}$ mit $f(d) = w$.

5.22 Beispiel (Eigenschaften von Funktionen)

(i) Die Funktion $f : \{2, 3, 5\} \longrightarrow \{2, 4, 6, 8\}$ mit $f(2) = 2$, $f(3) = 6$, $f(5) = 4$ ist injektiv, aber nicht surjektiv. Alle Funktionswerte sind verschieden, aber es gibt kein $d \in \{2, 3, 5\}$ mit $f(d) = 8$.

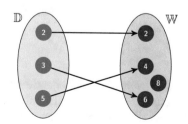

(ii) $f : \{1, 2, 3\} \longrightarrow \{4, 5\}$ mit $f(1) = 4$, $f(2) = 5$, $f(3) = 4$ ist surjektiv, aber nicht injektiv, da $f(1) = f(3) = 4$.

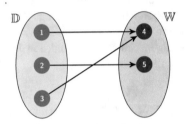

(iii) $f : \{1, 2, 3\} \longrightarrow \{4, 5, 6\}$ mit $f(1) = 6$, $f(2) = 5$, $f(3) = 4$ ist bijektiv.

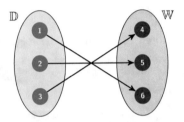

(iv) $f : \{1, 2, 3\} \longrightarrow \{4, 5, 6\}$ mit $f(1) = 5$, $f(2) = 5$, $f(3) = 4$ ist weder injektiv noch surjektiv.

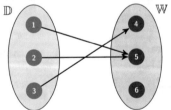

✗

5.23 Beispiel

Die Funktion $f : \mathbb{R} \longrightarrow \mathbb{R}$, $f(x) = x$ ist injektiv, surjektiv und damit auch bijektiv. Am Graphen der Funktion ist direkt abzulesen, dass jedem $x \in \mathbb{R}$ genau ein $y = f(x) \in \mathbb{R}$ zugeordnet wird.

✗

Ob eine Funktion surjektiv, injektiv oder bijektiv ist, hängt nicht nur von der Abbildungsvorschrift ab, sondern auch von Definitions- und Wertebereich. Das folgende Beispiel zeigt, dass eine Abbildung je nach Wahl dieser Bereiche surjektiv, injektiv oder bijektiv sein kann.

5.24 Beispiel

Die Funktion $g : \mathbb{R} \longrightarrow \mathbb{R}$, $g(x) = x^2$ ist weder injektiv (z.B. gilt $g(1) = 1 = g(-1)$) noch surjektiv (z.B. ist -1 kein Funktionswert). Wird g als Funktion von $\mathbb{R}$ nach $g(\mathbb{D}) = \{g(x)|x \in \mathbb{D}\} = [0, \infty)$ aufgefasst, so ist sie zwar surjektiv, jedoch immer noch nicht injektiv. Eine Einschränkung des Definitionsbereichs auf das Intervall $[0, \infty)$ liefert eine bijektive Abbildung $g : [0, \infty) \longrightarrow [0, \infty)$ mit $g(x) = x^2$ (s. 181Abbildung 5.17).   ✗

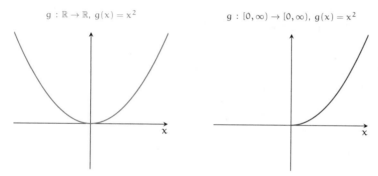

Abbildung 5.17: Bijektivität und Einschränkung des Definitionsbereichs.

Aus dem obigen Beispiel lässt sich folgende allgemeingültige Aussage ableiten:

Surjektivität kann immer durch Einschränkung des Wertebereichs, Injektivität durch Einschränkung des Definitionsbereichs erreicht werden.

Umkehrfunktion

Mit Hilfe der Verkettung von Funktionen wird der Begriff der Umkehrfunktion erklärt.

> **▶ Definition (Umkehrfunktion)**
>
> Sei $f : \mathbb{D} \longrightarrow \mathbb{W}$ eine bijektive Funktion.
>
> Eine Funktion $g : \mathbb{W} \longrightarrow \mathbb{D}$ mit $g(f(x)) = x$ für alle $x \in \mathbb{D}$ und $f(g(y)) = y$ für alle $y \in \mathbb{W}$ heißt Umkehrfunktion zu f. Sie wird mit f^{-1} bezeichnet.

5.25 Beispiel

An 179Beispiel 5.22(iii) wird die Umkehrfunktion illustriert, indem die Pfeile eine andere Richtung erhalten.

Die Umkehrfunktion $f^{-1} : \{4, 5, 6\} \longrightarrow \{1, 2, 3\}$ zu $f : \{1, 2, 3\} \longrightarrow \{4, 5, 6\}$ mit $f(1) = 6$, $f(2) = 5$, $f(3) = 4$ ist gegeben durch $f^{-1}(6) = 1$, $f^{-1}(5) = 2$, $f^{-1}(4) = 3$.

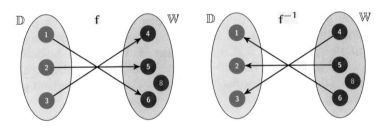

Aus der Graphik ist direkt ersichtlich, dass die Verkettungen $f \circ f^{-1}(w)$ bzw. $f^{-1} \circ f(d)$ stets das Argument liefern.   ✗

Für Funktionen $f : \mathbb{D} \longrightarrow \mathbb{R}$ mit $\mathbb{D} \subseteq \mathbb{R}$ ergibt sich eine einfache Interpretation mittels des Graphen von f. In ▨Abbildung 5.18 demonstriert die Richtung des Pfeils jeweils die Richtung der Abbildung.

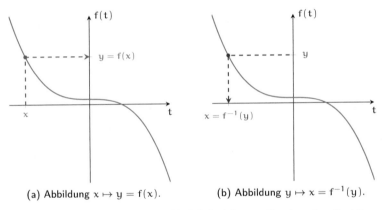

(a) Abbildung $x \mapsto y = f(x)$.   (b) Abbildung $y \mapsto x = f^{-1}(y)$.

Abbildung 5.18: Interpretation der Umkehrfunktion am Graphen einer Funktion.

 Die Bijektivität einer Funktion ist äquivalent zur Existenz einer Umkehrfunktion.

5.26 Beispiel

Die durch $f(x) = x^2$ auf $\mathbb{R}$ definierte quadratische Funktion besitzt keine Umkehrfunktion, denn f hat für $x = -1$ und $x = 1$ den selben Funktionswert $f(1) = 1 = f(-1)$ und ist daher nicht bijektiv.   ✗

> ▷ **Regel (Eindeutigkeit der Umkehrfunktion)**
>
> Die Umkehrfunktion einer bijektiven Funktion f ist eindeutig bestimmt, d.h. es gibt genau eine Umkehrfunktion zu einer Funktion f. Die Umkehrfunktion zu f^{-1} ist f, d.h. $(f^{-1})^{-1} = f$.

Aus diesem Resultat folgt: Ist g Umkehrfunktion zu f, dann ist f Umkehrfunktion zu g. Deshalb wird i.Allg. nur die Eigenschaft g *ist Umkehrfunktion zu f* benannt, womit jedoch implizit klar ist, dass auch die Eigenschaft f *ist Umkehrfunktion zu g* zutrifft.

5.27 Beispiel

(i) $g : \mathbb{R} \longrightarrow \mathbb{R}$, $g(y) = \frac{1}{5}y$, ist Umkehrfunktion zu $f : \mathbb{R} \longrightarrow \mathbb{R}$, $f(x) = 5x$ denn für alle $x, y \in \mathbb{R}$ gilt jeweils $f(g(y)) = 5\left(\frac{1}{5}y\right) = y$ und $g(f(x)) = \frac{1}{5}(5x) = x$. Also folgt $g = f^{-1}$.

(ii) Die (natürliche) Logarithmusfunktion $g : (0,\infty) \longrightarrow \mathbb{R}$, $g(y) = \ln(y)$, ist Umkehrfunktion zur Exponentialfunktion $f : \mathbb{R} \longrightarrow (0,\infty)$, $f(x) = e^x$, denn $f(g(y)) = e^{\ln(y)} = y$ für alle $y \in (0,\infty)$ und $g(f(x)) = \ln(e^x) = x$ für alle $x \in \mathbb{R}$. Also gilt $g = f^{-1}$.

(iii) Die Funktion $g : [0,\infty) \longrightarrow [0,\infty)$, $g(y) = \sqrt{y}$, ist nicht Umkehrfunktion zu $f : \mathbb{R} \longrightarrow [0,\infty)$, $f(x) = x^2$. Für alle $y \geqslant 0$ gilt zwar die Beziehung $f(g(y)) = \left(\sqrt{y}\right)^2 = y$. Die Verkettung $g \circ f$ liefert jedoch für $x \in \mathbb{R}$ die Identität $g(f(x)) = |x|$, was für $x < 0$ von x verschieden ist.

Wird die Funktion f auf die positive Halbachse eingeschränkt, d.h. $f : [0,\infty) \longrightarrow [0,\infty)$, $f(x) = x^2$, so gilt auch $g(f(x)) = \sqrt{x^2} = x$ für alle $x \geqslant 0$. Somit ist f Umkehrfunktion zu g, wenn der Definitionsbereich von f auf $[0,\infty)$ eingeschränkt wird. ✗

Die Graphen von Funktion und Umkehrfunktion weisen eine interessante Beziehung auf: Die zugehörigen Kurven sind Spiegelungen an der Winkelhalbierenden (s. Abbildung 5.19).

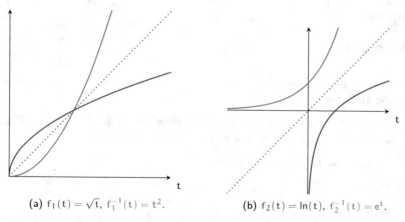

(a) $f_1(t) = \sqrt{t}$, $f_1^{-1}(t) = t^2$.   (b) $f_2(t) = \ln(t)$, $f_2^{-1}(t) = e^t$.

Abbildung 5.19: Graph der Umkehrfunktion und Spiegelung an der Winkelhabierenden.

Die folgende Eigenschaft formuliert ein einfaches Kriterium für die Existenz einer
Umkehrfunktion.

> **Regel (Monotonie und Umkehrfunktion)**
>
> Eine streng monotone Funktion f ist bijektiv, falls der Wertebereich auf das
> ¹⁵⁷Bild von f eingeschränkt wird, d.h. eine streng monotone Funktion besitzt
> stets eine Umkehrfunktion auf ihrem Bild.

Die Umkehrfunktion einer ⁴²⁴Verteilungsfunktion wird in der Statistik **Quantilfunktion** genannt.

5.28 Beispiel (Quantilfunktion)

Im Fall der ⁴²⁵Exponentialverteilung ist die Verteilungsfunktion $F : \mathbb{R} \longrightarrow [0,1)$
definiert durch

$$F(x) = \begin{cases} 0, & x < 0 \\ 1 - e^{-x}, & x \geqslant 0 \end{cases}.$$

Damit ist zunächst klar, dass die Umkehrfunktion im obigen Verständnis lediglich
auf dem Intervall $[0, \infty)$ existiert.

Die Quantilfunktion auf diesem Bereich ist gegeben durch $F^{-1} : [0,1) \longrightarrow \mathbb{R}$ mit
$F^{-1}(y) = -\ln(1-y)$, denn

$$F(F^{-1}(y)) = 1 - e^{-\,-\ln(1-y)} = 1 - (1-y) = y \text{ für alle } y \in [0,1) \quad \text{und}$$

$$F^{-1}(F(x)) = -\ln(1 - (1 - e^{-x})) = -\ln(e^{-x}) = x \text{ für alle } x \in [0, \infty). \quad ✗$$

Aufgaben zum Üben in Abschnitt 5.5

¹⁸⁵Aufgabe 5.2, ¹⁸⁶Aufgabe 5.5, ¹⁸⁶Aufgabe 5.6

5.6 Aufgaben

5.1 Aufgabe (¹⁸⁶Lösung)

Geben Sie an, welche der Zuordnungen mit Definitionsbereich $\mathbb{D} = \{a, b, c, d\}$ und
Wertebereich $\mathbb{W} = \{a, c, e\}$ Funktionen von $\mathbb{D}$ nach $\mathbb{W}$ sind.

(a) (a, a), (b, a), (c, a), (d, a)

(b) (a, a), (c, c)

(c) (b, a), (c, c), (d, e)

(d) (b, c), (c, e), (d, a), (a, c)

(e) (a, a), (b, a), (a, c), (d, c)

(f) (a, e), (b, c), (d, a), (c, e)

(g) (a, a), (b, a), (c, c), (c, e), (d, a)

(h) (a, c), (b, c), (c, e), (d, b)

5.2 Aufgabe (⌑187Lösung)

Prüfen Sie folgende Funktionen auf Injektivität, Surjektivität und Bijektivität.

(a) $f : \mathbb{R} \longrightarrow \mathbb{R}$, $f(x) = 2x + 3$

(b) $f : [0, 1] \longrightarrow [0, 4]$, $f(x) = x^2$

(c) $f : [0, 2] \longrightarrow [0, 16]$, $f(x) = 2x^3$

(d) $f : \mathbb{R} \longrightarrow (0, \infty)$, $f(x) = e^x + 1$

(e) $f : [0, 2] \longrightarrow [0, 1]$, $f(x) = \mathbb{1}_{[0,1]}(x)$

(f) $f : \mathbb{R} \setminus \{0\} \longrightarrow \mathbb{R} \setminus \{4\}$, $f(x) = \frac{1}{x} + 4$

(g) $f : [-1, 1] \longrightarrow [1, 2]$, $f(x) = x^2 + 1$

5.3 Aufgabe (⌑187Lösung)

Verketten Sie die Funktionen f und g zu $f \circ g$ und $g \circ f$. Die Definitionsbereiche der Funktionen können als geeignet angenommen werden.

(a) $f(x) = 2x$, $g(y) = y^2$

(b) $f(x) = 4x^3$, $g(y) = \frac{2}{y}$

(c) $f(x) = e^{3x}$, $g(y) = \ln(y + \frac{1}{3})$

(d) $f(x) = 2x^2 - 4x + 1$, $g(y) = y^2 - 1$

(e) $f(x) = \sqrt{x\sqrt{x}}$, $g(y) = 16y^4$

(f) $f(x) = (x - 1)(x - 2)$, $g(y) = \mathbb{1}_{(0,\infty)}(y)$

5.4 Aufgabe (⌑188Lösung)

Bestimmen Sie jeweils den maximalen Definitionsbereich der Verkettung $f \circ g$ und ermitteln Sie die Funktionswerte an den angegebenen Stellen.

(a) $f(x) = x^2$, $g(y) = y - 1$; $y = 3$

(b) $g(x) = x^2$, $f(y) = y - 1$; $x = 3$

(c) $f(x) = x^2$, $g(y) = \frac{1}{y}$; $y = -1$

(d) $f(x) = \ln(x)$, $g(y) = \frac{1}{y}$; $y = 1$

(e) $f(x) = \ln(x)$, $g(y) = e^{-y}$; $y = \frac{1}{2}$

(f) $f(x) = x^{1/3}$, $g(y) = \frac{1}{y}$; $y = 8$

(g) $f(x) = \frac{1}{x^2-1}$, $g(y) = \frac{1}{y}$; $y = -2$

(h) $g(x) = \frac{1}{x^2-1}$, $f(y) = \frac{1}{y}$; $x = -2$

(i) $f(x) = \frac{1}{x}$, $g(y) = \frac{2y^3-3y^2-2y+3}{y^3+y-2y^2-2}$; $y = 0$

Hinweis: Raten Sie Nullstellen und führen Sie [292]Polynomdivisionen aus.

5.5 Aufgabe ([190]Lösung)

Bestimmen Sie zu folgenden Funktionen die Umkehrfunktion.

(a) $f : [-1, 1] \longrightarrow [-5, 1]$, $f(x) = 3x - 2$

(b) $f : [0, \infty) \longrightarrow [0, \infty)$, $f(x) = x^4$

(c) $f : \mathbb{R} \longrightarrow (0, \infty)$, $f(x) = \frac{1}{2}e^{3x}$

(d) $f : (0, \infty) \longrightarrow \mathbb{R}$, $f(x) = \lg(x^2)$

(e) $f : \mathbb{R} \longrightarrow (1, \infty)$, $f(x) = 3^{ax} + 1$ mit $a \neq 0$

(f) $f : \{0, 1\} \longrightarrow \{0, 1\}$, $f(x) = \mathbb{1}_{\{0\}}(x)$

5.6 Aufgabe ([190]Lösung)

Zeigen Sie jeweils, dass F^{-1} die [184]Quantilfunktion zur Verteilungsfunktion F ist ($\alpha > 0$, $y \in (0, 1)$).

(a) $F(x) = 1 - \frac{1}{x^\alpha}$, $x > 1$, $F^{-1}(y) = (1 - y)^{-1/\alpha}$

(b) $F(x) = 1 - e^{-\alpha x^2}$, $x > 0$, $F^{-1}(y) = \sqrt{-\frac{1}{\alpha} \ln(1 - y)}$

(c) $F(x) = x^\alpha$, $x \in (0, 1)$, $F^{-1}(y) = y^{1/\alpha}$

(d) $F(x) = \sqrt{1 - \frac{1}{\alpha \ln(x)+1}}$, $x > 1$, $F^{-1}(y) = \exp\left(\frac{1}{\alpha}\left[[1 - y^2]^{-1} - 1\right]\right)$

5.7 Lösungen

5.1 Lösung ([184]Aufgabe)

(a) $(a, a), (b, a), (c, a), (d, a)$ definiert eine Funktion, denn jedem Element aus $\mathbb{D}$ wird genau ein Element aus $\mathbb{W}$ zugeordnet.

(b) $(a, a), (c, c)$ definiert keine Funktion, denn den Elementen b und d aus $\mathbb{D}$ wird kein Element aus $\mathbb{W}$ zugeordnet.

(c) $(b, a), (c, c), (d, e)$ definiert keine Funktion, denn dem Element a aus $\mathbb{D}$ wird kein Element aus $\mathbb{W}$ zugeordnet.

(d) $(b, c), (c, e), (d, a), (a, c)$ definiert eine Funktion, denn jedem Element aus $\mathbb{D}$ wird genau ein Element aus $\mathbb{W}$ zugeordnet.

(e) $(a, a), (b, a), (a, c), (d, c)$ definiert keine Funktion, denn dem Element c aus $\mathbb{D}$ wird kein Element aus $\mathbb{W}$ zugeordnet und dem Element a aus $\mathbb{D}$ werden zwei Elemente aus $\mathbb{W}$ zugeordnet.

(f) $(a, e), (b, c), (d, a), (c, e)$ definiert eine Funktion, denn jedem Element aus $\mathbb{D}$ wird genau ein Element aus $\mathbb{W}$ zugeordnet.

(g) $(a, a), (b, a), (c, c), (c, e), (d, a)$ definiert keine Funktion, denn dem Element c aus $\mathbb{D}$ werden zwei Elemente aus $\mathbb{W}$ zugeordnet.

(h) $(a, c), (b, c), (c, e), (d, b)$ definiert keine Funktion, denn (d, b) ist keine gültige Zuordnung, da $b \notin \mathbb{W}$.

5.2 Lösung ([185]Aufgabe)

(a) $f: \mathbb{R} \longrightarrow \mathbb{R}$, $\quad f(x) = 2x + 3$ ist bijektiv, da f streng monoton wachsend ist.

(b) $f: [0, 1] \longrightarrow [0, 4]$, $\quad f(x) = x^2$ ist injektiv, aber nicht surjektiv, da Werte aus dem Intervall $(1, 4]$ nicht angenommen werden.

(c) $f: [0, 2] \longrightarrow [0, 16]$, $\quad f(x) = 2x^3$ ist bijektiv.

(d) $f: \mathbb{R} \longrightarrow (0, \infty)$, $\quad f(x) = e^x + 1$ ist injektiv, aber nicht surjektiv, da Werte aus dem Intervall $(0, 1]$ nicht angenommen werden.

(e) $f: [0, 2] \longrightarrow [0, 1]$, $\quad f(x) = \mathbb{1}_{[0, 1]}(x)$ ist nicht injektiv, da die Werte 1 und 0 mehrfach angenommen werden und nicht surjektiv, da Werte aus dem Intervall $(0, 1)$ nicht angenommen werden.

(f) $f: \mathbb{R} \setminus \{0\} \longrightarrow \mathbb{R} \setminus \{4\}$, $\quad f(x) = \frac{1}{x} + 4$ ist bijektiv, da f jeweils streng monoton fallend auf $(0, \infty)$ und auf $(-\infty, 0)$ ist sowie $f(x) < 4$, $x \in (-\infty, 0)$ bzw. $f(x) > 4$, $x \in (0, \infty)$.

(g) $f: [-1, 1] \longrightarrow [1, 2]$, $\quad f(x) = x^2 + 1$ ist surjektiv, aber nicht injektiv (z.B. gilt $f(-1) = f(1) = 2$).

5.3 Lösung ([185]Aufgabe)

(a) $f(x) = 2x$, $g(y) = y^2$,

❶ $f \circ g(y) = 2(y^2) = 2y^2$,

❷ $g \circ f(x) = (2x)^2 = 4x^2$

(b) $f(x) = 4x^3$, $g(x) = \frac{2}{y}$

   ❶ $f \circ g(y) = 4\left(\frac{2}{y}\right)^3 = \frac{32}{y^3}$,

   ❷ $g \circ f(x) = \frac{2}{4x^3} = \frac{1}{2x^3}$

(c) $f(x) = e^{3x}$, $g(y) = \ln\left(y + \frac{1}{3}\right)$

   ❶ $f \circ g(y) = e^{3\ln(y + \frac{1}{3})} = (y + \frac{1}{3})^3$,

   ❷ $g \circ f(x) = \ln(e^{3x} + \frac{1}{3})$

(d) $f(x) = 2x^2 - 4x + 1$, $g(y) = y^2 - 1$

   ❶ $f \circ g(y) = 2(y^2 - 1)^2 - 4(y^2 - 1) + 1 = 2y^4 - 8y^2 + 7$,

   ❷ $g \circ f(x) = (2x^2 - 4x + 1)^2 - 1 = 4x^4 - 16x^3 + 20x^2 - 8x$

(e) $f(x) = \sqrt{x\sqrt{x}}$, $g(y) = 16y^4$

   ❶ $f \circ g(y) = \sqrt{16y^4 \sqrt{16y^4}} = \sqrt{64y^6} = 8|y|^3$,

   ❷ $g \circ f(x) = 16\left(\sqrt{x\sqrt{x}}\right)^4 = 16x^3$

(f) $f(x) = (x - 1)(x - 2)$, $g(y) = \mathbb{1}_{(0,\infty)}(y)$

   ❶ $f \circ g(y) = (\mathbb{1}_{(0,\infty)}(y) - 1)(\mathbb{1}_{(0,\infty)}(y) - 2)$,

   ❷ $g \circ f(x) = \mathbb{1}_{(0,\infty)}((x - 1)(x - 2)) = \mathbb{1}_{(-\infty,1) \cup (2,\infty)}(x)$

Die Menge $(-\infty, 1) \cup (2, \infty)$ enthält alle Werte von x, für die das Produkt $(x - 1)(x - 2)$ positiv ist.

5.4 Lösung ([185]Aufgabe)

Bei der Bestimmung des maximalen Definitionsbereichs von $f \circ g$ ist zu beachten, dass der Wertebereich von g im Definitionsbereich von f enthalten sein muss. Werte des Definitionsbereichs von g, die zu Werten außerhalb des Definitionsbereichs von f führen, müssen daher ausgeschlossen werden. Zur Bestimmung des Wertebereichs sind daher zunächst die maximalen Definitionsbereiche von f und g sowie der Wertebereich von g zu ermitteln.

(a) $\mathbb{D}_g = \mathbb{R}$, $\mathbb{W}_g = \mathbb{R}$, $\mathbb{D}_f = \mathbb{R}$, so dass $\mathbb{D}_{f \circ g} = \mathbb{R}$;

   $f \circ g(3) = f(g(3)) = f(3 - 1) = 2^2 = 4$

(b) $\mathbb{D}_g = \mathbb{R}$, $\mathbb{W}_g = [0, \infty)$, $\mathbb{D}_f = \mathbb{R}$, so dass $\mathbb{D}_{f \circ g} = \mathbb{R}$;

   $f \circ g(3) = f(g(3)) = f(3^2) = 3^2 - 1 = 8$

(c) $\mathbb{D}_g = \mathbb{R} \setminus \{0\}$, $\mathbb{W}_g = \mathbb{R} \setminus \{0\}$, $\mathbb{D}_f = \mathbb{R}$, so dass $\mathbb{D}_{f \circ g} = \mathbb{R} \setminus \{0\}$;

   $f \circ g(-1) = f(g(-1)) = f(\frac{1}{-1}) = (-1)^2 = 1$

(d) $\mathbb{D}_g = \mathbb{R} \setminus \{0\}$, $\mathbb{W}_g = \mathbb{R} \setminus \{0\}$, $\mathbb{D}_f = (0, \infty)$, so dass $\mathbb{D}_{f \circ g} = (0, \infty)$;

$f \circ g(1) = f(g(1)) = f(\frac{1}{1}) = \ln(1) = 0$

(e) $\mathbb{D}_g = \mathbb{R}$, $\mathbb{W}_g = (0, \infty)$, $\mathbb{D}_f = (0, \infty)$, so dass $\mathbb{D}_{f \circ g} = \mathbb{R}$;

Es gilt: $f \circ g(y) = f(g(y)) = \ln\left(e^{-y}\right) = -y$, so dass $f \circ g(\frac{1}{2}) = -\frac{1}{2}$.

(f) $\mathbb{D}_g = \mathbb{R} \setminus \{0\}$, $\mathbb{W}_g = \mathbb{R} \setminus \{0\}$, $\mathbb{D}_f = \mathbb{R}$, so dass $\mathbb{D}_{f \circ g} = \mathbb{R} \setminus \{0\}$;

$f \circ g(8) = f(g(8)) = f(\frac{1}{8}) = \left(\frac{1}{8}\right)^{1/3} = \frac{1}{2}$

(g) $\mathbb{D}_g = \mathbb{R} \setminus \{0\}$, $\mathbb{W}_g = \mathbb{R} \setminus \{0\}$, $\mathbb{D}_f = \mathbb{R} \setminus \{-1, 1\}$. Daher müssen zusätzlich die Stellen aus $\mathbb{D}_g$ ausgeschlossen werden mit $g(y) \in \{-1, 1\}$. Wegen $g(y) = \frac{1}{y}$ sind dies -1 und 1. Daher gilt $\mathbb{D}_{f \circ g} = \mathbb{R} \setminus \{-1, 0, 1\}$.

$f \circ g(-2) = f(g(-2)) = f(\frac{1}{-2}) = \frac{1}{\frac{1}{2^2} - 1} = \frac{1}{-\frac{3}{4}} = -\frac{4}{3}$

(h) $\mathbb{D}_g = \mathbb{R} \setminus \{-1, 1\}$, $\mathbb{W}_g = \mathbb{R} \setminus \{0\}$, $\mathbb{D}_f = \mathbb{R} \setminus \{0\}$, so dass $\mathbb{D}_{f \circ g} = \mathbb{R} \setminus \{-1, 1\}$.

$f \circ g(-2) = f(g(-2)) = f\left(\frac{1}{(-2)^2 - 1}\right) = \frac{1}{\frac{1}{3}} = 3$

(i) Zunächst muss der Definitionsbereich von g bestimmt werden. Dieser umfasst $\mathbb{R}$ ohne die Nullstellen des Nennerpolynoms. Für dieses errät man zunächst die Nullstelle $y = 2$. Eine ▨▨Polynomdivision liefert:

$$
\begin{array}{l}
(\quad y^3 - 2y^2 + y - 2) : (y - 2) = y^2 + 1 \\
\underline{-y^3 + 2y^2} \\
\qquad\qquad\quad y - 2 \\
\qquad\qquad\underline{-y + 2} \\
\qquad\qquad\qquad\quad 0
\end{array}
$$

Damit ist $y = -2$ einzige Nullstelle des Nennerpolynoms und $\mathbb{D}_g = \mathbb{R} \setminus \{2\}$. Der Definitionsbereich von f ist $\mathbb{R} \setminus \{0\}$, so dass zusätzlich die Nullstellen der Funktion g ausgeschlossen werden müssen. Die Nullstellen des Zählerpolynoms von g erhält man folgendermaßen: Raten liefert die Nullstelle $y = 1$. Mittels Polynomdivision folgt dann:

$$
\begin{array}{l}
(\quad 2y^3 - 3y^2 - 2y + 3) : (y - 1) = 2y^2 - y - 3 \\
\underline{-2y^3 + 2y^2} \\
\qquad\quad -y^2 - 2y \\
\qquad\quad\underline{\;\;y^2 \;\; - y} \\
\qquad\qquad\qquad -3y + 3 \\
\qquad\qquad\qquad\underline{\;\;3y - 3} \\
\qquad\qquad\qquad\qquad\quad 0
\end{array}
$$

Eine quadratische Ergänzung zeigt, dass $y = -1$ und $y = \frac{3}{2}$ weitere Nullstellen sind. Daher müssen also zusätzlich die Stellen $-1, 1, \frac{3}{2}$ ausgeschlossen werden. Damit folgt insgesamt $\mathbb{D}_{f \circ g} = \mathbb{R} \setminus \left\{ -1, 1, \frac{3}{2}, 2 \right\}$.

Weiterhin gilt: $f \circ g(0) = f(g(0)) = f(\frac{3}{-2}) = -\frac{2}{3}$.

5.5 Lösung ([186]Aufgabe)

(a) $f : [-1, 1] \longrightarrow [-5, 1]$, $f(x) = 3x - 2$ hat die Umkehrfunktion

$$f^{-1} : [-5, 1] \longrightarrow [-1, 1], \quad f^{-1}(x) = \frac{1}{3}(x + 2)$$

(b) $f : [0, \infty) \longrightarrow [0, \infty)$, $f(x) = x^4$ hat die Umkehrfunktion

$$f^{-1} : [0, \infty) \longrightarrow [0, \infty), \quad f^{-1}(x) = \sqrt[4]{x}$$

(c) $f : \mathbb{R} \longrightarrow (0, \infty)$, $f(x) = \frac{1}{2}e^{3x}$ hat die Umkehrfunktion

$$f^{-1} : (0, \infty) \longrightarrow \mathbb{R}, \quad f^{-1}(x) = \frac{1}{3}\ln(2x)$$

(d) $f : (0, \infty) \longrightarrow \mathbb{R}$, $f(x) = \lg(x^2)$ hat die Umkehrfunktion

$$f^{-1} : \mathbb{R} \longrightarrow (0, \infty), \quad f^{-1}(x) = \sqrt{10^x}$$

(e) $f : \mathbb{R} \longrightarrow (1, \infty)$, $f(x) = 3^{ax} + 1$ hat die Umkehrfunktion

$$f^{-1} : (1, \infty) \longrightarrow \mathbb{R}, \quad f^{-1}(x) = \frac{1}{a}\log_3(x - 1)$$

(f) $f : \{0, 1\} \longrightarrow \{0, 1\}$, $f(x) = \mathbb{1}_{\{0\}}(x)$ hat die Umkehrfunktion

$$f^{-1} : \{0, 1\} \longrightarrow \{0, 1\}, \quad f^{-1}(x) = \mathbb{1}_{\{0\}}(x) = 1 - \mathbb{1}_{\{1\}}(x)$$

5.6 Lösung ([186]Aufgabe)

(a) $F(F^{-1}(y)) = 1 - \frac{1}{((1-y)^{-1/\alpha})^\alpha} = 1 - \frac{1}{(1-y)^{-1}} = 1 - (1 - y) = y$

$F^{-1}(F(x)) = \left(1 - \left(1 - \frac{1}{x^\alpha}\right)\right)^{-\frac{1}{\alpha}} = (x^{-\alpha})^{-\frac{1}{\alpha}} = x$

(b) $F(F^{-1}(y)) = 1 - \exp\left(-\alpha\left[\sqrt{-\frac{1}{\alpha}\ln(1-y)}\right]^2\right)$

$\qquad = 1 - \exp\left(\ln(1-y)\right)$

$\qquad = 1 - (1 - y) = y$

$F^{-1}(F(x)) = \sqrt{-\frac{1}{\alpha}\ln\left(1 - (1 - e^{-\alpha x^2})\right)} = \sqrt{-\frac{1}{\alpha}(-\alpha x^2)} = \sqrt{x^2} = x$, da $x > 0$

(c) $F(F^{-1}(y)) = (y^{1/\alpha})^{\alpha} = y$

$F^{-1}(F(x)) = (x^{\alpha})^{\frac{1}{\alpha}} = x$

(d) $F(F^{-1}(y)) = \sqrt{1 - \dfrac{1}{\alpha \ln\left(\exp\left(\frac{1}{\alpha}\left[[1-y^2]^{-1} - 1\right]\right)\right) + 1}}$

$\qquad = \sqrt{1 - \dfrac{1}{([1-y^2]^{-1} - 1) + 1}}$

$\qquad = \sqrt{1 - [1-y^2]} = \sqrt{y^2} = |y| \overset{(*)}{=} y.$

In $(*)$ wird $y \in (0,1)$ benutzt (bzw. $y > 0$).

$F^{-1}(F(x)) = \exp\left(\dfrac{1}{\alpha}\left[\left(1 - \left[\sqrt{1 - \dfrac{1}{\alpha \ln(x) + 1}}\right]^2\right)^{-1} - 1\right]\right)$

$\qquad \overset{(\clubsuit)}{=} \exp\left(\dfrac{1}{\alpha}\left[\left(1 - \left[1 - \dfrac{1}{\alpha \ln(x) + 1}\right]\right)^{-1} - 1\right]\right)$

$\qquad = \exp\left(\dfrac{1}{\alpha}\left[\alpha \ln(x) + 1 - 1\right]\right)$

$\qquad = \exp\left(\dfrac{1}{\alpha} \cdot \alpha \ln(x)\right) = x$

In $(\clubsuit)$ wird benutzt, dass $1 - \frac{1}{\alpha \ln(x) + 1} > 0$ gilt für $x > 1$.

Kapitel 6

Gleichungen

Alle mathematischen Gleichungen haben die selbe Struktur. Sie bestehen aus zwei Termen, die durch das Gleichheitszeichen in Relation gesetzt und als rechte und linke Seite der Gleichung bezeichnet werden. Ein weiteres, wesentliches Merkmal einer Gleichung ist, dass die Terme i.Allg. (evtl. mehrere) Variablen (Unbekannte) enthalten.*

6.1 Beispiel (Gleichungen)

(i) $\underbrace{4x-5}_{\text{linke Seite}} = \underbrace{x-2}_{\text{rechte Seite}}$

(ii) $\underbrace{2t^2-t-1}_{\text{linke Seite}} = \underbrace{5t-3}_{\text{rechte Seite}}$

(iii) $\underbrace{2x-4(x-x^2)}_{\text{linke Seite}} = \underbrace{x+3y+1}_{\text{rechte Seite}}$

(iv) $\underbrace{\ln(z)-3}_{\text{linke Seite}} = \underbrace{\ln(2z^2)}_{\text{rechte Seite}}$ ✗

Die Bezeichnung der Variablen ist für die Bedeutung einer Gleichung irrelevant, d.h. die Gleichung $\ln(z)-3 = \ln(2z^2)$ ist gleichbedeutend mit $\ln(x)-3 = \ln(2x^2)$.

Eine Gleichung zu lösen bedeutet, alle reellen Zahlen zu bestimmen, die – eingesetzt für die Variablen – auf beiden Seiten der Gleichung zum selben Ergebnis führen. Wird z.B. $x = 1$ in die Gleichung (i) eingesetzt, so resultiert auf beiden Seiten die selbe Zahl (jeweils -1). Einsetzen von $x = 0$ ergibt die offenbar falsche Aussage $-5 \overset{!}{=} -2$, so dass $x = 0$ keine Lösung der Gleichung ist. Das Einsetzen konkreter Zahlen für die Variable erzeugt somit eine ⑤Aussage. Ist diese

❶ wahr, ist die eingesetzte Zahl eine Lösung,

❷ falsch, ist die Zahl keine Lösung der Gleichung.

In diesem Kapitel werden verschiedene Typen von Gleichungen mit einer Unbekannten† vorgestellt und Fragen folgender Art behandelt:

◗ Wann gibt es eine Lösung?

◗ Wie viele Lösungen gibt es?

◗ Wie können Lösungen systematisch bestimmt werden?

Für die Menge aller Lösungen wird folgende Bezeichnung eingeführt.

*Im ▣193Beispiel 6.1 sind dies x, t, z in den Gleichungen (i), (ii), (iv), x und y in der Gleichung (iii).

†In ▣246Abschnitt 6.10 wird der Fall zweier Gleichungen mit zwei Unbekannten behandelt.

© Springer-Verlag GmbH Deutschland, ein Teil von Springer Nature 2018
E. Cramer und J. Nešlehová, *Vorkurs Mathematik*, EMIL@A-stat,
https://doi.org/10.1007/978-3-662-57494-2_6

> **Bezeichnung (Lösungsmenge, Definitionsbereich)**

Die Lösungsmenge einer Gleichung in der Unbekannten x wird mit

$$\mathbb{L} = \{x \in \mathbb{D} \mid x \text{ löst die Gleichung}\},$$

bezeichnet, wobei $\mathbb{D}$ der Definitionsbereich (bzw. die Definitionsmenge) der Gleichung ist. Diese umfasst alle reellen Zahlen, für die die Terme auf der linken und rechten Seite der Gleichung erklärt sind.

Die obige Definition zeigt, dass die Lösungsmenge stets eine Teilmenge der Definitionsmenge ist. Daher sollte vor dem Lösen einer Gleichung zunächst deren Definitionsmenge bestimmt werden.

> **Regel (Strategie zur Lösung von Gleichungen)**

❶ Ermitteln der Definitionsmenge

❷ Lösen der Gleichung

6.2 Beispiel (Fortsetzung ﹇193﹈Beispiel 6.1)

Für die Gleichungen resultieren folgende Definitionsbereiche:

(i) $\mathbb{D} = \mathbb{R}$, da jede reelle Zahl eingesetzt werden darf (die Variablen treten nur in linearen Termen auf).

(ii) $\mathbb{D} = \mathbb{R}$, da jede reelle Zahl eingesetzt werden darf (die Variablen treten nur in linearen und quadratischen Termen auf).

(iii) $\mathbb{D} = \mathbb{R}^2$, da beide Variablen nur in linearen und quadratischen Termen vorkommen.

(iv) $\mathbb{D} = (0,\infty)$, da der ﹇92﹈natürliche Logarithmus nur für positive Zahlen definiert ist.   ✗

Im Folgenden wird als Definitionsbereich stets der maximale Definitionsbereich verstanden. Für ein spezielles Problem kann es natürlich vorkommen, dass der Definitionsbereich aus Plausibilitätsgründen kleiner gewählt wird. Ist z.B. sinnvoll, dass eine Variable nur positive Werte annimmt (z.B. wenn sie die Dauer eines Produktionsprozesses beschreibt), so ist die Betrachtung des Problems (evtl. unter Beachtung weiterer Einschränkungen) auf $(0, \infty)$ zu beschränken.

Ehe auf konkrete Typen von Gleichungen eingegangen wird, werden zunächst einige allgemeine Prinzipien vorgestellt, die der systematischen Bestimmung der Lösungsmenge dienen.

Äquivalente Umformungen

> ### ▶ Bezeichnung (Äquivalente Gleichungen)
>
> Zwei Gleichungen heißen äquivalent, wenn sie die gleiche Lösungsmenge besitzen. Die Äquivalenz von Gleichungen wird durch den Äquivalenzpfeil $\iff$ zwischen den Gleichungen zum Ausdruck gebracht.
>
> Eine Gleichung impliziert eine andere, wenn ihre Lösungsmenge eine Teilmenge der Lösungsmenge der anderen Gleichung ist. Dies wird durch den Folgerungspfeil $\implies$ bezeichnet.

6.3 Beispiel

Die Gleichungen $x = 5$ und $5x = 25$ sind äquivalent, da ihre Lösungsmenge jeweils $\mathbb{L} = \{5\}$ ist. Die verwendete Notation ist

$$x = 5 \iff 5x = 25.$$

Die Lösungsmengen der Gleichungen $x = 5$ und $x^2 = 25$ sind $\mathbb{L}_1 = \{5\}$ bzw. $\mathbb{L}_2 = \{-5, 5\}$, d.h. $\mathbb{L}_1 \subseteq \mathbb{L}_2$. Daher gilt

$$x = 5 \implies x^2 = 25.$$

Die Umkehrung gilt jedoch nicht, da -5 zwar eine Lösung von $x^2 = 25$, aber nicht von $x = 5$ ist. Daher folgt aus $x^2 = 25$ nicht $x = 5$. Insbesondere sind diese Gleichungen daher nicht äquivalent. ✗

Zur Bestimmung von Lösungen einer Gleichung wird von folgendem Resultat Gebrauch gemacht, das für beliebige Gleichungen zutrifft.

> ### ▶ Regel (Elementare Umformungen von Gleichungen)
>
> Die Lösungsmenge $\mathbb{L}$ einer Gleichung wird durch folgende, jeweils auf beiden Seiten der Gleichung ausgeführte Operationen nicht verändert:
>
> - ◉ Addition oder Subtraktion einer reellen Zahl (bzw. eines Terms).
>
> - ◉ Multiplikation oder Division mit einer von Null verschiedenen reellen Zahl (bzw. mit einem von Null verschiedenen Term).
>
> Diese Operationen heißen elementare Umformungen.

Die Anwendung dieser Umformungen zur Lösung einer Gleichung wird in 196Beispiel 6.4 detailliert erläutert.

6.4 Beispiel

Zur Bestimmung der Lösungen der Gleichung $3x - 4(x-1) = \frac{1}{3} + \frac{1}{2} + \frac{13}{6}x$ werden zunächst die Terme auf beiden Seiten so weit wie möglich vereinfacht:

$$3x - \underbrace{4(x-1)}_{\text{Ausmultiplizieren}} = \underbrace{\frac{1}{3} + \frac{1}{2}}_{\substack{\text{Brüche auf den gleichen} \\ \text{Nenner bringen}}} + \frac{13}{6}x$$

$$\Longleftrightarrow 3x - \underbrace{(4x-4)}_{\substack{\text{Klammer mit Vorzeichen-} \\ \text{wechsel auflösen}}} = \underbrace{\frac{2+3}{6}}_{\text{Zähler addieren}} + \frac{13}{6}x$$

$$\Longleftrightarrow \qquad \underbrace{3x - 4x}_{\text{Addieren}} + 4 = \frac{5}{6} + \frac{13}{6}x$$

$$\Longleftrightarrow \qquad -x + 4 = \frac{5}{6} + \frac{13}{6}x$$

Bei diesen Termumformungen wurde zwar die Form, jedoch nicht der Wert beider Seiten verändert. Deshalb ist die Lösungsmenge nach wie vor die selbe.

Die Terme sowohl der linken als auch der rechten Seite lassen sich nicht weiter zusammenfassen. Da die Gleichung $-x + 4 = \frac{5}{6} + \frac{13}{6}x$ noch nicht in einer Form vorliegt, in der die Lösung direkt abgelesen werden kann, besteht der nächste Schritt in einer simultanen Veränderung beider Seiten durch elementare Umformungen (und einer sich anschließenden Vereinfachung der entstandenen Terme):

$$-x + 4 = \frac{5}{6} + \frac{13}{6}x \qquad \left|\begin{array}{l}\text{Bruch auflösen durch Multiplikation bei-}\\\text{der Seiten der Gleichung mit 6}\end{array}\right.$$

$$\Longleftrightarrow \quad 6(-x + 4) = 6\left(\frac{5}{6} + \frac{13}{6}x\right) \qquad \left|\text{Ausmultiplizieren}\right.$$

$$\Longleftrightarrow \quad -6x + 24 = 5 + 13x \qquad \left|\begin{array}{l}\text{Alle Terme ohne x durch Addition von}\\-24\text{ auf die rechte Seite bringen}\end{array}\right.$$

$$\Longleftrightarrow \quad -6x + 24 - 24 = 5 - 24 + 13x \qquad \left|\text{Vereinfachen}\right.$$

$$\Longleftrightarrow \quad -6x = -19 + 13x \qquad \left|\begin{array}{l}\text{Alle Terme mit x durch Addition von}\\-13x\text{ auf die linke Seite bringen}\end{array}\right.$$

$$\Longleftrightarrow \quad -6x - 13x = -19 + 13x - 13x \qquad \left|\text{Vereinfachen}\right.$$

$$\Longleftrightarrow \quad -19x = -19$$

Durch die Umformungen, die simultan auf beiden Seiten durchgeführt wurden, hat sich der Wert der linken und rechten Seite zwar geändert, die Lösungsmenge der Gleichung ist jedoch die selbe geblieben. Würde die letzte Gleichung $-19x = -19$ jetzt mit Null multipliziert, dann wäre die resultierende Gleichung $0 = 0$ für jedes $x \in \mathbb{R}$ wahr. Dies ist jedoch für die ursprüngliche Gleichung $-19x = -19$ nicht der Fall, d.h. die Lösungsmenge hätte sich vergrößert. Dies zeigt, dass die Multiplikation mit Null keine Äquivalenzumformung ist.

Eine Division durch -19 hingegen ist zulässig und führt zur Gleichung $x = 1$, aus der die Lösungsmenge $\mathbb{L} = \{1\}$ sofort abgelesen werden kann. Eine Probe (Einsetzen des berechneten Werts $x = 1$ in die Ausgangsgleichung) bestätigt dieses Ergebnis. Auf beiden Seiten resultiert jeweils der Wert 3.   ✗

Im obigen Beispiel wurde deutlich, dass eine Gleichung niemals mit Null multipliziert werden darf (entsprechendes gilt natürlich für die Division durch Null). Dies ist insbesondere zu beachten, wenn Gleichungen mit Termen multipliziert bzw. durch Terme dividiert werden, in denen die Unbekannte vorkommt. Das nachstehende Beispiel zeigt, dass derartige Modifikationen mit Vorsicht ausgeführt werden müssen.

6.5 Beispiel

Die Gleichung $x = -x$ besitzt nur die Lösung 0, wie die Rechnung

$$x = -x \big| +x \iff 2x = 0 \big| : 2 \iff x = 0$$

bestätigt. Ein anderer naheliegender Zugang zur Lösung der Gleichung wäre, beide Seiten durch x zu dividieren, was zu folgender Argumentation führt:

$$x = -x \qquad \big| : x$$
$$\frac{x}{x} = -\frac{x}{x} \qquad \big| x \text{ auf beiden Seiten kürzen}$$
$$1 \overset{?}{=} -1$$

Die letzte Gleichung ist offenbar für kein $x \in \mathbb{R}$ erfüllbar, so dass ihre Lösungsmenge – im Gegensatz zur Lösungsmenge der Ausgangsgleichung $x = -x$ – leer ist. Bei der Rechnung wurde nicht beachtet, dass die Division durch x für $x = 0$ nicht zulässig ist. ✗

Umformungen von Gleichungen werden – wie im vorhergehenden Beispiel – im Folgenden stets rechts neben der Gleichung notiert:

$$4x + 5 = 2x - 3 \qquad \big| -5$$
$$\iff \quad 4x = 2x - 8 \qquad \big| -2x$$
$$\iff \quad 2x = -8 \qquad \big| : 2$$
$$\iff \quad x = -4$$

Gelegentlich werden Operationen auch simultan ausgeführt. Dies könnte im obigen Beispiel etwa folgendermaßen aussehen:

$$4x + 5 = 2x - 3 \qquad \big| -5 \big| -2x$$
$$\iff \quad 2x = -8 \qquad \big| : 2$$
$$\iff \quad x = -4$$

Eine Gleichung kann stets auf die Form $\cdots = 0$ gebracht werden, indem der Term der rechten Seite von dem der linken subtrahiert wird. Der auf der linken Seite entstehende Term kann als Funktionswert einer ⌐156⌐Funktion f an der Stelle x aufgefasst werden, so dass die ursprüngliche Gleichung äquivalent geschrieben werden kann als

$$f(x) = 0.$$

Damit entspricht die Berechnung von Lösungen der betrachteten Gleichung der Bestimmung von 160Nullstellen der Funktion f. Die Lösungsmenge kann daher stets als $\mathbb{L} = \{x \in \mathbb{R} \mid f(x) = 0\}$ geschrieben werden. Dieser Zugang führt zur graphischen Veranschaulichung der Lösungen von Gleichungen.

Graphische Lösung von Gleichungen

Gemäß der obigen Ausführungen kann der Graph der Funktion f zur Visualisierung der Lösungsmenge eingesetzt werden und liefert daher zumindest eine grobe Vorstellung von der Lage und der Anzahl der Lösungen.

Diese Vorgehensweise wird an der Gleichung

$$\underbrace{4(x - x^2)}_{\text{linke Seite}} = \underbrace{x - 1}_{\text{rechte Seite}}$$

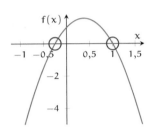

erläutert. Subtraktion der rechten von der linken Seite liefert die äquivalente Gleichung

$$\underbrace{4(x - x^2)}_{\text{linke Seite}} - \underbrace{(x - 1)}_{\text{rechte Seite}} = 0,$$

Abbildung 6.1: Graphische Lösung einer Gleichung.

die mit der Setzung $f(x) = 4(x - x^2) - (x - 1) = -4x^2 + 3x + 1$ in der Form $f(x) = 0$ geschrieben werden kann. Der 159Graph der Funktion f liefert die gewünschte Visualisierung der obigen Gleichung. Der Abbildung ist zu entnehmen, dass es zwei Nullstellen gibt: eine *in der Nähe von* 1 und eine *in der Nähe von* $-0,25$ (eingekreiste Punkte).

Zur Methode der graphischen Lösung einer Gleichung ist festzuhalten, dass die Graphik lediglich Anhaltspunkte liefern kann. Eine exakte Bestimmung der Lösung ist in der Regel nicht möglich, da aufgrund der Auflösung der Graphik i.Allg. nicht entschieden werden kann, ob z.B. 1 oder 1,01 die Lösung ist.

> ▶ **Regel (Graphische Lösung einer Gleichung)**
>
> Das Ablesen der Lösungen aus einer Graphik liefert nur eine mehr oder weniger grobe Vorstellung von der Lage (und Anzahl) der Lösungen. Die graphische Methode ist kein adäquater Weg zur Bestimmung exakter Lösungen einer Gleichung.

Gleichungen können alternativ graphisch dargestellt werden, in dem die linke und rechte Seite der Gleichung jeweils separat als Funktion aufgefasst werden. Die Lösungen der Gleichung ergeben sich als Schnittmenge der Graphen der jeweiligen Funktionen. Die x-Koordinaten der Schnittpunkte sind die Lösungen der Gleichung. In 199Abbildung 6.2 sind linke und rechte Seite der 198Gleichung $4(x - x^2) = x - 1$ dargestellt.

Nachfolgend werden ausgewählte Typen von Gleichungen behandelt sowie Lösungsstrategien für diese Gleichungen vorgestellt. Polynomgleichungen werden

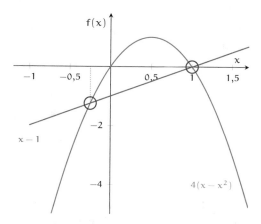

Abbildung 6.2: Lösungen einer Gleichung als Schnittpunkte der Graphen von Funktionen.

gesondert in Kapitel 7 untersucht. Die Ergebnisse werden u.a. in Kapitel 8 bei der Behandlung von Ungleichungen angewendet.

An dieser Stelle sei darauf hingewiesen, dass die hier behandelten Gleichungen aus Trainingsgründen meist explizit lösbar sind. In praktischen Fällen ist aber oft eine numerische Lösung erforderlich. Zur Bestimmung von approximativen Lösungen werden dann Iterationsverfahren wie das in 🔲Beispiel 1.18 vorgestellte Bisektionsverfahren oder Prozeduren wie Newton-, Sekanten- oder Fixpunktverfahren verwendet. Eine exemplarische Anwendung des Bisektionsverfahrens ist in 🔲Beispiel 6.51 ausgeführt. Zu Details wird auf die entsprechende Literatur verwiesen.

6.1 Lineare Gleichungen

Gleichungen, in denen die Unbekannte nur in linearer Form vorkommt, heißen **lineare Gleichungen**.

6.6 Beispiel
Auf ein Konto wurde vor einem Jahr ein unbekannter Betrag x eingezahlt, der sich nach Verzinsung (2% pro Jahr) auf 1 020€ erhöht hat. Um den ursprünglich angelegten Betrag zu ermitteln, ist die lineare Gleichung

$$1{,}02 \cdot x = 1\,020$$

zu lösen. Division beider Seiten durch 1,02 liefert die Lösung $x = \frac{1\,020}{1{,}02} = 1\,000$, d.h. zu Beginn des Jahres wurden 1 000€ eingezahlt.   ✗

> **Bezeichnung (Lineare Gleichung)**
>
> Seien a, b reelle Zahlen. Dann heißt $ax = b$ lineare Gleichung mit der Unbekannten x. Definitionsbereich einer linearen Gleichung sind die reellen Zahlen.

Die Buchstaben a und b stehen stellvertretend für beliebige, aber bekannte Zahlen. x ist die Unbekannte, für die die Gleichung in Abhängigkeit von a und b gelöst werden soll. Im obigen Beispiel gilt somit

$$\underbrace{1{,}02}_{=a} \cdot x = \underbrace{1\,020}_{=b}.$$

Die Lösung der linearen Gleichung $ax = b$ ergibt sich mittels einer elementaren Umformung in Abhängigkeit von den Koeffizienten a, b.

> **Regel (Lösungsmenge einer linearen Gleichung)**
>
> Zur Lösung einer linearen Gleichung $ax = b$ werden folgende Fälle unterschieden:
>
> ① Ist $a \neq 0$, besitzt die lineare Gleichung genau eine Lösung $x = \frac{b}{a}$, d.h. die Lösungsmenge ist gegeben durch $\mathbb{L} = \left\{ \frac{b}{a} \right\}$.
>
> ② Ist $a = 0$, dann lautet die Gleichung $0 \cdot x = b$ bzw. $0 = b$.
>
> > ❶ Für $b \neq 0$ erfüllt kein $x \in \mathbb{R}$ die Gleichung, d.h. es gibt keine Lösung und es gilt $\mathbb{L} = \emptyset$.
> >
> > ❷ Für $b = 0$ lautet die Gleichung $0 = 0$. Dies ist offensichtlich für jedes $x \in \mathbb{R}$ erfüllt, d.h. es gibt unendlich viele Lösungen und es gilt $\mathbb{L} = \mathbb{R}$.

6.7 Beispiel

(i) $2x = 3$

$\underline{\text{Lösung}}$: $2x = 3 \mid : 2 \iff x = \frac{3}{2}$,   d.h. $\mathbb{L} = \left\{ \frac{3}{2} \right\}$.

(ii) $5z - 4 = 3z + 2$

$\underline{\text{Lösung}}$: $5z - 4 = 3z + 2 \mid +4 \mid -3z \iff 2z = 6 \mid : 2 \iff z = 3$,

d.h. $\mathbb{L} = \{3\}$.

(iii) $3(2y - 3) + 1 = 2(3y - 4)$

$\underline{\text{Lösung}}$: $3(2y - 3) + 1 = 2(3y - 4) \mid$ Zusammenfassen

$\iff 6y - 8 = 6y - 8 \mid -6y \mid +8$

$\iff 0 = 0$

Dies ist eine wahre Aussage, so dass $\mathbb{L} = \mathbb{R}$.

(iv) $2(t+3) = 4(t-1) - 2t$

> **Lösung**: Im ersten Schritt werden die Terme auf jeder Seite der Gleichung so vereinfacht, dass alle Terme, die t enthalten, zusammengefasst werden.
>
> $$\begin{aligned} 2(t+3) &= 4(t-1) - 2t & &|\text{Zusammenfassen} \\ \Longleftrightarrow \quad 2t + 6 &= 2t - 4 & &|-2t \;|-6 \\ \Longleftrightarrow \quad 0 &\overset{?}{=} -10 \end{aligned}$$
>
> Die letzte Gleichung ist offenbar eine falsche Aussage (vgl. Fall $a = 0$ und $b \neq 0$). Daher hat die Gleichung keine Lösung, und es gilt $\mathbb{L} = \emptyset$.   ✗

Die Lösung einer linearen Gleichung kann mittels des ¹⁵⁹Graphen der Funktion $f(x) = ax - b$ visualisiert werden, da die ¹⁹⁸Lösungsmenge der Gleichung $ax = b$ identisch mit der Nullstellenmenge $\{x \in \mathbb{R} \mid f(x) = 0\}$ der Funktion f ist. Der Graph der ¹⁶⁴Funktion f ist eine Gerade mit Steigung a und ¹⁶⁰y-Achsenabschnitt $-b$. ²⁰¹Abbildung 6.3 illustriert die drei Fälle, zwischen denen das obige Lösungsverfahren unterscheidet. Die Lösungen sind durch die Schnittpunkte der Geraden mit der ⁶¹Abszisse gegeben. Für $a \neq 0$ schneidet die Gerade die Abszisse an einer

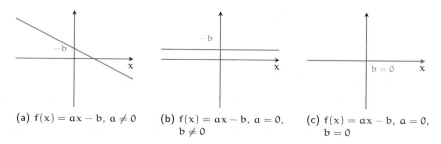

(a) $f(x) = ax - b$, $a \neq 0$,   (b) $f(x) = ax - b$, $a = 0$,   (c) $f(x) = ax - b$, $a = 0$,
                                                       $b \neq 0$ $b = 0$

Abbildung 6.3: Lösungen einer linearen Gleichung.

einzigen Stelle, d.h. es existiert genau eine Lösung der Gleichung. Gilt hingegen $a = 0$, ist die Gerade eine Parallele zur Abszisse. Es gibt daher entweder keine Nullstelle ($b \neq 0$) oder die Gerade ist identisch mit der Abszisse ($b = 0$), so dass jede reelle Zahl eine Nullstelle ist.

Aufgaben zum Üben in Abschnitt 6.1

²⁵⁵Aufgabe 6.1

6.2 Quadratische Gleichungen

Gleichungen, in denen die Unbekannte höchstens als zweite Potenz vorkommt, heißen quadratische Gleichungen.

6.8 Beispiel (Quadratische Gleichungen)

$$x^2 = 0, \quad t^2 = -3t, \quad y^2 - 2y = y + 4, \quad 5z^2 - 3z + 1 = 2z^2 - 4. \qquad \text{✗}$$

Jede quadratische Gleichung kann durch 195elementare Umformungen auf die Form

$$ax^2 + bx + c = 0$$

mit reellen Zahlen a, b, c gebracht werden. ax^2 heißt quadratischer Term, bx Linearterm und c Absolutglied. Definitionsbereich einer quadratischen Gleichung sind die reellen Zahlen.

Ist $a = 0$, entfällt der quadratische Anteil und die Gleichung wird zu einer 199linearen Gleichung $bx + c = 0$. Da diese bereits behandelt wurde, wird in diesem Abschnitt stets $a \neq 0$ vorausgesetzt. Dann kann die Gleichung durch a dividiert werden, und es entsteht die Normalform $x^2 + \frac{b}{a}x + \frac{c}{a} = 0$ einer quadratischen Gleichung.

> **▶ Definition (Quadratische Gleichung)**
>
> Seien p, q reelle Zahlen. Dann heißt
>
> $$x^2 + px + q = 0$$
>
> Normalform einer quadratischen Gleichung.

Im Folgenden wird davon ausgegangen, dass die quadratische Gleichung in Normalform vorliegt. Daher <u>muss</u> diese stets durch 195äquivalente Umformungen erzeugt werden, ehe die vorgestellten Lösungsverfahren angewendet werden.

6.9 Beispiel

Die Gleichung $t^2 = 0$ liegt bereits in Normalform vor. Die Gleichung $x^2 - 2x = x + 4$ lässt sich in wenigen Schritten in Normalform bringen:

$$x^2 - 2x = x + 4 \;\Big|\; -x \;\Big|\; -4 \quad \Longleftrightarrow \quad x^2 - 3x - 4 = 0.$$

Die Normalform der Gleichung $5x^2 - 3x + 1 = 2x^2 - 4$ entsteht gemäß

$$5x^2 - 3x + 1 = 2x^2 - 4 \;\Big|\; -2x^2 \;\Big|\; +4 \;\Big|\; :3 \quad \Longleftrightarrow \quad x^2 - x + \frac{5}{3} = 0. \qquad \text{✗}$$

Quadratische Gleichungen in Produktform

Bevor auf allgemeine Lösungsverfahren für quadratische Gleichungen eingegangen wird, sei noch darauf hingewiesen, dass in „Produktform" $(x - x_1) \cdot (x - x_2) = 0$ vorliegende quadratische Gleichungen ohne die Anwendung eines der folgenden Verfahren gelöst werden. Die Lösung ergibt sich aus der Eigenschaft, dass ein Produkt zweier Faktoren nur Null sein kann, wenn (mindestens) ein Faktor gleich Null ist. Daher folgt $x - x_1 = 0$ oder $x - x_2 = 0$. Die Lösungen $x = x_1$ und $x = x_2$ können daher direkt abgelesen werden, d.h. $\mathbb{L} = \{x_1, x_2\}$. Insbesondere ist die Erzeugung der Normalform überflüssig.

> ▶ **Regel (Lösung einer quadratischen Gleichung in Produktform)**
> Die Lösungen der quadratischen Gleichung $(x - x_1) \cdot (x - x_2) = 0$ sind gegeben durch x_1 und x_2.

6.10 Beispiel

(i) Für die quadratische Gleichung $(x-3)(x+1) = 0$ resultiert die Lösungsmenge $\mathbb{L} = \{-1, 3\}$.

(ii) Die Gleichung $(3x-4)(5x+9) = 0$ kann ebenfalls nach der obigen Methode gelöst werden:

$$(3x - 4)(5x + 9) = 0 \iff 3x - 4 = 0 \text{ oder } 5x + 9 = 0$$
$$\iff x = \tfrac{4}{3} \text{ oder } x = -\tfrac{9}{5}.$$

Die Lösungsmenge ist daher $\mathbb{L} = \left\{-\tfrac{9}{5}, \tfrac{4}{3}\right\}$.

(iii) Die Lösung der Gleichung $(2z + 3)^2 = 0$ ist $z = -\tfrac{3}{2}$.   ✗

Die im Folgenden vorgestellten Verfahren beruhen letztlich auf der Idee, eine derartige Faktorisierung der quadratischen Gleichung zu erzeugen.

Lösung via quadratischer Ergänzung

Das Standardverfahren zur Lösung einer quadratischen Gleichung ist die **quadratische Ergänzung**. Auf dieser Methode beruhen z.B. auch die [209]pq-Formeln genannten Lösungsformeln. Vor der Behandlung des allgemeinen Falls werden zur Motivation zunächst einfache Typen quadratischer Gleichungen gesondert betrachtet.

Quadratische Gleichungen ohne Linearterm

Der einfachste Typ einer quadratischen Gleichung ist

$$x^2 + q = 0 \iff x^2 = -q$$

mit einer reellen Zahl q. In dieser Situation ist zunächst klar, dass eine (reelle) Lösung für positives $q > 0$ nicht existieren kann.* Somit gibt es in diesem Fall keine (reelle) Lösung. Für $q = 0$ resultiert die Gleichung $x^2 = 0$, d.h. $x = 0$ ist die einzige Lösung der Gleichung. Für negatives $q < 0$[†] gibt es zwei Lösungen

$$x_1 = -\sqrt{-q} \quad \text{und} \quad x_2 = \sqrt{-q}.$$

Zur Herleitung wird die dritte ⊞binomische Formel verwendet:

$$x^2 + q = x^2 - (-q) = x^2 - (\sqrt{-q})^2 = (x - \sqrt{-q})(x + \sqrt{-q}).$$

Das Produkt ist gleich Null genau dann, wenn einer der Faktoren Null ist. Dies führt direkt zu den genannten Lösungen.

6.11 Beispiel

Die Gleichung $x^2 + 4 = 0$ hat keine reelle Lösung. Die äquivalente Gleichung $x^2 = -4$ zeigt, dass die linke Seite wegen $x^2 \geqslant 0$ für alle $x \in \mathbb{R}$ stets nicht-negativ ist, während die rechte Seite negativ ist. Daher gibt es kein $x \in \mathbb{R}$, das die Gleichung löst.

Die Gleichung $x^2 - 4 = 0$ ist äquivalent zu $x^2 = 4$, so dass $x_1 = -\sqrt{4} = -2$ und $x_2 = \sqrt{4} = 2$ Lösungen der Gleichung sind.   ✗

Quadratische Gleichungen ohne Absolutglied

Eine quadratische Gleichung mit $q = 0$ heißt quadratische Gleichung ohne Absolutglied. Die Lösungen der Gleichung $x^2 + px = 0$ sind gegeben durch $x_1 = 0$ und $x_2 = -p$. Diese resultieren, indem durch Ausklammern des Faktors x auf der linken Seite der Gleichung eine quadratische Gleichung in Produktform erzeugt wird:

$$x^2 + px = 0 \iff x \cdot (x + p) = 0 \iff x = 0 \text{ oder } x = -p.$$

 Wiederum wird benutzt, dass ein Produkt zweier Faktoren nur dann Null sein kann, wenn mindestens ein Faktor gleich Null ist. Diese Argumentation ist <u>nur</u> möglich, wenn die rechte Seite den Wert Null hat!

6.12 Beispiel

Die Lösungen der Gleichung $x^2 - 3x = 0$ sind gegeben durch
$$x^2 - 3x = 0 \iff x \cdot (x - 3) = 0 \iff x = 0 \text{ oder } x = 3.$$

Die Lösungen der Gleichung $x^2 + 3x = 0$ sind gegeben durch

$$x^2 + 3x = 0 \iff x \cdot (x + 3) = 0 \iff x = 0 \text{ oder } x = -3.$$ ✗

---

*denn $x^2 \geqslant 0$ für alle $x \in \mathbb{R}$ und $-q < 0$
[†]Daher gilt $-q > 0$.

Allgemeine quadratische Gleichungen

Die Lösung einer allgemeinen quadratischen Gleichung in Normalform wird auf den zuerst betrachteten Fall einer quadratischen Gleichung ohne Linearterm zurückgeführt. Die resultierende Methode verwendet die erste ⚑binomische Formel $(x + a)^2 = x^2 + 2ax + a^2$ und heißt quadratische Ergänzung.

6.13 Beispiel

Die Methode der quadratischen Ergänzung wird an der Gleichung $x^2 + x - 6 = 0$ demonstriert. Sie basiert auf der Idee, die <u>linke</u> Seite so zu modifizieren, dass sie mit der binomischen Formel zerlegt werden kann. Ein Vergleich der Terme $x^2 + x - 6$ und $x^2 + 2ax + a^2$ ergibt folgende Beobachtung:

- Die rein quadratischen Terme x^2 stimmen überein.

- Damit die linearen Terme x und $2ax$ übereinstimmen, muss $a = \frac{1}{2}$ gewählt werden.

- Wird $a = \frac{1}{2}$ gewählt, ist $a^2 = \frac{1}{4}$, d.h. es kann keine Übereinstimmung mit dem Absolutglied -6 erzielt werden, ohne die rechte Seite der Gleichung in Betracht zu ziehen.

Eine Anpassung des Linearterms mit $a = \frac{1}{2}$ liefert:

$$x^2 + x - 6 = 0 \qquad \big| + 6$$
$$\Longleftrightarrow \qquad x^2 + x = 6$$
$$\Longleftrightarrow \qquad x^2 + 2 \cdot \frac{1}{2} \cdot x = 6 \qquad \Big| + \left(\tfrac{1}{2}\right)^2$$

Der noch zur Anwendung der binomischen Formel fehlende Term $a^2 = \left(\frac{1}{2}\right)^2$ wird auf beiden Seiten addiert. Diese Umformung wird als quadratische Ergänzung bezeichnet.

$$\Longleftrightarrow \quad x^2 + 2 \cdot \frac{1}{2} \cdot x + \left(\frac{1}{2}\right)^2 = 6 + \left(\frac{1}{2}\right)^2$$

Der Term auf der linken Seite der Gleichung hat die Form der ersten binomischen Formel mit den Bestandteilen x und $a = \frac{1}{2}$. Die „Rückwärtsanwendung" $x^2 + 2 \cdot \frac{1}{2} \cdot x + \left(\frac{1}{2}\right)^2 = \left(x + \frac{1}{2}\right)^2$ ergibt die gewünschte Darstellung.

$$\Longleftrightarrow \qquad \left(x + \frac{1}{2}\right)^2 = 6 + \left(\frac{1}{2}\right)^2$$
$$\Longleftrightarrow \qquad \left(x + \frac{1}{2}\right)^2 = 6 + \frac{1}{4}$$
$$\Longleftrightarrow \qquad \left(x + \frac{1}{2}\right)^2 = \frac{25}{4}$$

Somit resultiert eine quadratische Gleichung mit einem Quadrat der Unbekannten auf der linken Seite und einer reellen Zahl auf der rechten. Damit ist klar, dass es nur dann eine Lösung geben kann, wenn die rechte Seite nicht-negativ ist. Dies trifft wegen $\frac{25}{4} > 0$ zu. Der letzte Schritt der Lösung wird mit der dritten ⒕binomischen Formel $a^2 - b^2 = (a+b)(a-b)$ begründet. Wegen $\left(\sqrt{\frac{25}{4}}\right)^2 = \frac{25}{4}$ gilt nämlich mit $a = x + \frac{1}{2}$ und $b = \sqrt{\frac{25}{4}}$*

$$\left(x+\frac{1}{2}\right)^2 = \frac{25}{4} \iff \qquad \left(x+\frac{1}{2}\right)^2 - \left(\sqrt{\frac{25}{4}}\right)^2 = 0$$

$$\iff \quad \left(x+\frac{1}{2}-\sqrt{\frac{25}{4}}\right)\left(x+\frac{1}{2}+\sqrt{\frac{25}{4}}\right) = 0$$

Ein Produkt zweier Faktoren ist gleich Null, wenn mindestens ein Faktor Null ist, d.h. wenn gilt

$$x+\frac{1}{2}-\sqrt{\frac{25}{4}} = 0 \quad \text{oder} \quad x+\frac{1}{2}+\sqrt{\frac{25}{4}} = 0.$$

Dies ergibt schließlich

$$x_1 = -\frac{1}{2}+\sqrt{\frac{25}{4}} = -\frac{1}{2}+\frac{5}{2} = 2 \quad \text{und} \quad x_2 = -\frac{1}{2}-\sqrt{\frac{25}{4}} = -3,$$

so dass $\mathbb{L} = \{-3, 2\}$ die Lösungsmenge der Gleichung ist.   ✘

Bevor die Lösung des allgemeinen Falls vorgestellt wird, werden noch zwei relevante Sonderfälle in Beispielen betrachtet.

6.14 Beispiel

Die Gleichung $x^2 + 2 \cdot \frac{1}{2}x + \frac{1}{4} = 0$ lässt sich mit dem obigen Verfahren besonders leicht lösen, da die binomische Formel direkt auf die linke Seite angewendet werden kann:

$$\left(x+\frac{1}{2}\right)^2 = 0 \iff x+\frac{1}{2} = 0$$

In diesem Fall ist $x = -\frac{1}{2}$ die einzige Lösung.   ✘

6.15 Beispiel

Die Gleichung $x^2 - 2x - 3 = 0$ wird mittels der Methode der quadratischen Ergänzung gelöst:

$$x^2 - 2x - 3 = 0$$
$$\iff \qquad x^2 + 2 \cdot (-1) \cdot x - 3 = 0 \qquad\qquad \big| +3$$

---

*Es gilt natürlich $b = \frac{5}{2}$. Auf diese Vereinfachung wird aber in der folgenden Rechnung zunächst verzichtet, um deutlich zu machen, wie die Lösungen der quadratischen Gleichung mit dem Wurzelterm $\sqrt{\frac{25}{4}}$ zusammenhängen.

$$\Longleftrightarrow \qquad x^2 + 2 \cdot (-1) \cdot x = 3 \qquad \qquad \Big| + (-1)^2$$
$$\Longleftrightarrow \quad x^2 + 2 \cdot (-1) \cdot x + (-1)^2 = 3 + (-1)^2$$
$$\Longleftrightarrow \qquad \qquad (x + (-1))^2 = 4$$
$$\Longleftrightarrow \qquad \qquad (x - 1)^2 = 2^2 \qquad \qquad \Big| - 2^2$$
$$\Longleftrightarrow \qquad \qquad (x - 1)^2 - 2^2 = 0$$

Mit der dritten $_{14}$binomischen Formel $a^2 - b^2 = (a + b)(a - b)$ ergibt sich nun

$$0 = (x - 1)^2 - 2^2 = (x - 1 + 2) \cdot (x - 1 - 2) = (x + 1) \cdot (x - 3),$$

so dass $x_1 = -1$ und $x_2 = 3$ die gesuchten Lösungen sind. $\mathbb{L} = \{-1, 3\}$ ist daher die Lösungsmenge der quadratischen Gleichung. ✗

6.16 Beispiel

Wird die Gleichung $x^2 - 2x + 2 = 0$ mit der Methode der quadratischen Ergänzung bearbeitet, ergibt sich:

$$x^2 - 2x + 2 = 0$$
$$\Longleftrightarrow \qquad x^2 + 2 \cdot (-1) \cdot x + 2 = 0 \qquad \qquad \Big| - 2$$
$$\Longleftrightarrow \qquad x^2 + 2 \cdot (-1) \cdot x = -2 \qquad \qquad \Big| + (-1)^2$$
$$\Longleftrightarrow \quad x^2 + 2 \cdot (-1) \cdot x + (-1)^2 = -2 + (-1)^2$$
$$\Longleftrightarrow \qquad \qquad (x + (-1))^2 = -1$$
$$\Longleftrightarrow \qquad \qquad (x - 1)^2 = -1$$

Die linke Seite ist ein Quadrat und somit nie negativ, d.h. die Gleichung ist von keiner reellen Zahl x erfüllbar. Die Lösungsmenge ist daher leer. ✗

6.17 Beispiel

Die quadratische Gleichung $2t^2 - 6t = -6$ wird wie folgt gelöst:

$$2t^2 - 6t = -6 \qquad \Big| : 2$$
$$\Longleftrightarrow \qquad t^2 - 3t = -3 \qquad \Big| + \frac{9}{4} = \left(\frac{3}{2}\right)^2$$
$$\Longleftrightarrow \qquad t^2 - 3t + \frac{9}{4} = -\frac{3}{4} \qquad \Big| + \frac{9}{4}$$
$$\Longleftrightarrow \qquad \left(t - \frac{3}{2}\right)^2 = -\frac{3}{4}$$

Da die rechte Seite negativ ist und die linke ein Quadrat, gibt es kein $t \in \mathbb{R}$, das die Gleichung löst. Es gilt also $\mathbb{L} = \emptyset$. ✗

Die Methode der quadratischen Ergänzung lässt sich allgemein wie folgt beschreiben.

> **Regel (Methode der quadratischen Ergänzung)**

Sei $x^2 + px + q = 0$ eine quadratische Gleichung in Normalform.

① Der Linearterm der linken Seite wird in der Form $2 \cdot \frac{p}{2} \cdot x$ geschrieben:

$$x^2 + 2 \cdot \frac{p}{2} \cdot x + q = 0.$$

② q wird auf beiden Seiten der Gleichung subtrahiert:

$$x^2 + 2 \cdot \frac{p}{2} \cdot x = -q.$$

③ $\left(\frac{p}{2}\right)^2$ wird auf beiden Seiten der Gleichung addiert:

$$x^2 + 2 \cdot \frac{p}{2} \cdot x + \left(\frac{p}{2}\right)^2 = -q + \left(\frac{p}{2}\right)^2.$$

④ Die linke Seite wird mit der ersten binomischen Formel umgeformt:

$$\left(x + \frac{p}{2}\right)^2 = -q + \left(\frac{p}{2}\right)^2.$$

⑤ Anhand der rechten Seite wird die Anzahl von Lösungen bestimmt:

❶ $-q + \left(\frac{p}{2}\right)^2 > 0$:

Es gibt <u>zwei</u> Lösungen x_1 und x_2:

$$x_1 = -\frac{p}{2} - \sqrt{\left(\frac{p}{2}\right)^2 - q} \quad \text{und} \quad x_2 = -\frac{p}{2} + \sqrt{\left(\frac{p}{2}\right)^2 - q}.$$

❷ $-q + \left(\frac{p}{2}\right)^2 = 0$: Es gibt <u>eine</u> Lösung $x = -\frac{p}{2}$.

❸ $-q + \left(\frac{p}{2}\right)^2 < 0$: Es gibt <u>keine</u> Lösung.

Lösung via pq-Formel

Wie sich im vorhergehenden Abschnitt gezeigt hat, kann eine in Normalform $x^2 + px + q = 0$ vorliegende quadratische Gleichung allgemein gelöst werden. Dieses Ergebnis kann mit der so genannten pq-Formel formuliert werden, wobei diese nur angewendet werden darf, wenn die Gleichung <u>mindestens eine</u> Lösung besitzt. Die Anzahl der Lösungen einer quadratischen Gleichungen wird durch die **Diskriminante**

$$D = \left(\frac{p}{2}\right)^2 - q$$

bestimmt. Die Diskriminante ist gleich der rechten Seite der Gleichung aus Schritt ④ der [208]quadratischen Ergänzung. Das Vorzeichen von D liefert folgende Regel.*

> ▷ **Regel (pq-Formel zur Lösung quadratischer Gleichungen)**
>
> Sei $x^2 + px + q = 0$ eine quadratische Gleichung in Normalform mit Diskriminante D. Dann sind drei Fälle zu unterscheiden:
>
> ❶ $D > 0$: die Gleichung $x^2 + px + q = 0$ hat zwei Lösungen
>
> $$x_1 = -\frac{p}{2} - \sqrt{D} \qquad x_2 = -\frac{p}{2} + \sqrt{D}.$$
>
> ❷ $D = 0$: die Gleichung $x^2 + px + q = 0$ hat eine Lösung $x = -\frac{p}{2}$.
>
> ❸ $D < 0$: die Gleichung hat keine Lösung.

6.18 Beispiel

Die pq-Formel wird auf die Gleichung $x^2 - x + \frac{9}{100} = 0$ angewendet. Für die Diskriminante D ergibt sich $D = \left(-\frac{1}{2}\right)^2 - \frac{9}{100} = \frac{25-9}{100} = \frac{16}{100} > 0$, d.h. die Gleichung hat zwei Lösungen

$$x_1 = -\frac{-1}{2} - \sqrt{D} = \frac{1}{2} - \frac{4}{10} = \frac{1}{10}, \quad x_2 = -\frac{-1}{2} + \sqrt{D} = \frac{1}{2} + \frac{4}{10} = \frac{9}{10}. \qquad ✗$$

6.19 Beispiel

Für die Gleichung $x^2 - 2x + 1 = 0$ hat die Diskriminante den Wert $D = \left(\frac{-2}{2}\right)^2 - 1 = 1 - 1 = 0$. Die Gleichung hat also nur die Lösung $x = -\frac{-2}{2} = 1$. Würde auf die Berechnung der Diskriminante verzichtet und die Lösung direkt mit der pq-Formel bestimmt, ergäbe sich

$$x_1 = -\frac{-2}{2} - \sqrt{\left(\frac{-2}{2}\right)^2 - 1} = 1, \qquad x_2 = -\frac{-2}{2} + \sqrt{\left(\frac{-2}{2}\right)^2 - 1} = 1,$$

d.h. $x_1 = x_2 = 1$. Dies zeigt ebenfalls, dass die Gleichung nur eine einzige Lösung besitzt. ✗

6.20 Beispiel

Abschließend wird die Gleichung $x^2 - 4x + 5 = 0$ betrachtet. Wegen $D = \left(\frac{-4}{2}\right)^2 - 5 = 4 - 5 = -1$ gibt es keine reelle Lösung. Würde die pq-Formel in dieser Situation direkt angewendet, resultierte für die erste Lösung der „Wert" $x_1 = -\frac{-4}{2} + \sqrt{-1} = 2 + \sqrt{-1}$. Die [87]Wurzel einer negativen Zahl ist (hier) jedoch nicht erklärt.[†]

---

*Vgl. Schritt 5 der [208]quadratischen Ergänzung.
[†]Diese Beobachtung führt zur Menge der so genannten komplexen Zahlen $\mathbb{C}$.

Graphische Darstellung der Lösungen einer quadratischen Gleichung

Quadratische Gleichungen lassen sich [198]visualisieren, indem die linke Seite der Normalform als quadratische Funktion $f(x) = x^2 + px + q$ aufgefasst wird. Der Graph einer [164]quadratischen Funktion ist eine **Parabel**.

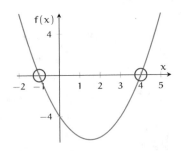

Abbildung 6.4: Lösungen einer quadratischen Gleichung.

Hinsichtlich der Anzahl von Lösungen einer quadratischen Gleichung (in Normalform) gibt es drei Fälle, die in Abhängigkeit von den Koeffizienten p und q auftreten (s. [210]Abbildung 6.5).

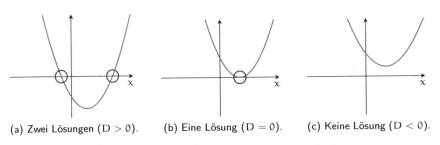

(a) Zwei Lösungen ($D > 0$).   (b) Eine Lösung ($D = 0$).   (c) Keine Lösung ($D < 0$).

Abbildung 6.5: Lösungsvarianten einer quadratischen Gleichung.

Scheitelpunktform einer Parabel

Eine quadratische Funktion $f(x) = ax^2 + bx + c$ mit $a \neq 0$ kann mittels der quadratischen Ergänzung in die so genannte **Scheitelpunktform** gebracht werden:

$$f(x) = ax^2 + bx + c = a\left(x^2 + \frac{b}{a}x + \frac{c}{a}\right) = a\left(x^2 + 2 \cdot \frac{b}{2a}x + \frac{c}{a}\right)$$

$$= a\left(x^2 + 2 \cdot \frac{b}{2a}x + \left(\frac{b}{2a}\right)^2 - \left(\frac{b}{2a}\right)^2 + \frac{c}{a}\right)$$

$$= a\left(\left(x + \frac{b}{2a}\right)^2 - \frac{b^2}{4a^2} + \frac{c}{a}\right)$$

$$= a\left(x + \frac{b}{2a}\right)^2 + c - \frac{b^2}{4a}$$

Die Bezeichnung *Scheitelpunktform* ergibt sich aus der Beobachtung, dass der tiefste (bzw. höchste) Punkt der Parabel ihr **Scheitelpunkt** $\left(-\frac{b}{2a}; c - \frac{b^2}{4a}\right)$ ist. Er kann an der obigen Darstellung von $f(x)$ direkt abgelesen werden.

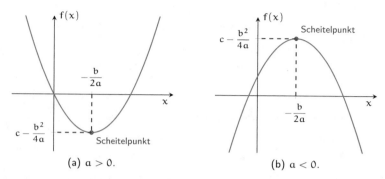

(a) $a > 0$.   (b) $a < 0$.

Abbildung 6.6: Scheitelpunktform einer Parabel.

Diese Beobachtung kann zur [451]Maximierung bzw. Minimierung einer quadratischen Funktion benutzt werden. Ist etwa $a > 0$, so gilt $a\left(x + \frac{b}{2a}\right)^2 \geqslant 0$ mit Gleichheit genau dann, wenn $x = -\frac{b}{2a}$. Daraus folgt mit der Scheitelpunktform die Abschätzung

$$f(x) = \underbrace{a\left(x + \frac{b}{2a}\right)^2}_{\geqslant 0} + c - \frac{b^2}{4a} \geqslant c - \frac{b^2}{4a},$$

d.h. $f(x) \geqslant c - \frac{b^2}{4a}$ für $x \in \mathbb{R}$ mit Gleichheit, falls $x = -\frac{b}{2a}$. Daher hat f an der Stelle $x = -\frac{b}{2a}$ ein [459]globales Minimum. Entsprechend liegt für $a < 0$ an der Stelle $x = -\frac{b}{2a}$ ein globales Maximum vor.

Satz von Vieta

In den obigen Ausführungen wurde deutlich, dass die Lösungen einer Quadratischen Gleichung in Normalform nur von den Koeffizienten p und q abhängen. Das folgende Beispiel zeigt, dass diese Koeffizienten auch noch in anderer Beziehung zu den Lösungen der Gleichung stehen.

6.21 Beispiel

Die Lösungen der Gleichung $(x - 2)(x + 3) = 0$ sind $x = 2$ und $x = -3$. Um deren Verhältnis zu den Koeffizienten p und q zu untersuchen, wird die linke Seite zunächst ausmultipliziert und anschließend so weit wie möglich vereinfacht:

$$x^2 - 2x + 3x - 2 \cdot 3 = 0$$
$$\Longleftrightarrow \quad x^2 + x\underbrace{(-2+3)}_{=p} + \underbrace{(-2) \cdot 3}_{=q} = 0$$
$$\Longleftrightarrow \qquad\qquad x^2 + x - 6 = 0$$

Der Term $(-2+3)$ kann aber auch als $-(2-3)$ geschrieben werden, das Produkt $(-2) \cdot 3$ als $2 \cdot (-3)$, woraus der Zusammenhang der Koeffizienten und der Lösungen zu erkennen ist: $-p$ ist die Summe der Lösungen, q ist deren Produkt.   ✗

> ▶ **Regel (Satz von Vieta)**
>
> Für die Lösungen der quadratischen Gleichung $x^2 + px + q = 0$ gilt:
>
> ❶ Gibt es zwei Lösungen x_1 und x_2, so ist
>
> $$p = -(x_1 + x_2), \qquad q = x_1 \cdot x_2.$$
>
> ❷ Gibt es nur eine Lösung x_0, so gilt
>
> $$p = -2x_0, \qquad q = x_0^2.$$

Der Satz von Vieta stellt somit eine einfache Möglichkeit dar, zu prüfen, ob die berechneten Werte x_1 und x_2 die Lösungen der betrachteten quadratischen Gleichung sind.

Anwendungen des Satzes von Vieta

Der Satz von Vieta kann insbesondere in folgenden Situationen sinnvoll angewendet werden:

- ❯ Bestimmung der zweiten Lösung einer quadratischen Gleichung, wenn eine Lösung bereits bekannt ist.
- ❯ Ermittlung einer quadratischen Gleichung zu vorgegebenen Lösungen.
- ❯ Zerlegung von quadratischen Termen.

> ▶ **Regel (Bestimmung der zweiten Lösung einer quadratischen Gleichung, wenn eine Lösung bekannt ist)**
>
> Ist eine Lösung x_1 der Gleichung $x^2 + px + q = 0$ bekannt, kann die zweite Lösung x_2 direkt aus den Koeffizienten bestimmt werden:
>
> $$x_2 = -p - x_1 \quad \text{bzw. falls } x_1 \neq 0: \quad x_2 = \frac{q}{x_1}.$$

6.22 Beispiel

Die Gleichung $x^2 - 9x + 14 = 0$ besitzt – wie durch Einsetzen leicht überprüft werden kann – die Lösung $x_1 = 2$. Die zweite Lösung ist dann

$$x_2 = -p - x_1 = 9 - 2 = 7 \quad \text{oder alternativ} \quad x_2 = \frac{q}{x_1} = \frac{14}{2} = 7.$$

Die Gleichung $x^2 - 4x + 4 = 0$ wird ebenfalls durch $x_1 = 2$ gelöst. Die Anwendung des ₂₁₂Satzes von Vieta ergibt die zweite Lösung

$$x_2 = 4 - 2 = 2 \quad \text{(oder alternativ } x_2 = \tfrac{4}{2} = 2\text{)}.$$

Sie ist gleich der ersten, so dass die Gleichung nur eine Lösung hat.   ✗

Eine Lösung der Gleichung zu kennen, mag an dieser Stelle vielleicht künstlich erscheinen. Das ⌑214Beispiel 6.24 zeigt jedoch, dass eine derartige Situation auf einfache Weise entstehen kann.

Bei der Anwendung dieser ⌑212Regel ist zu beachten, dass die quadratische Gleichung in Normalform vorliegt. Ansonsten wird eine falsche zweite Lösung ermittelt. Die quadratische Gleichung

$$2t^2 - t - 1 = 0$$

hat offenbar die Lösung $t_1 = 1$. Eine Anwendung der obigen Regel ohne vorherige Division durch 2 würde die zweite „Lösung" $t_2 = 0$ liefern, was aber offensichtlich falsch ist. Division der Gleichung durch 2 und korrekte Anwendung der Regel zeigt $t_2 = -\frac{1}{2}$.

Der Satz von Vieta kann auch benutzt werden, um eine quadratische Gleichung mit vorgegebenen Lösungen zu erzeugen.

> ▶ **Regel (Quadratische Gleichung mit vorgegebenen Lösungen)**
>
> Eine quadratische Gleichung in **Normalform**, die zwei (nicht notwendig verschiedene) Zahlen x_1 und x_2 als Lösungen besitzt, ist gegeben durch
>
> $$x^2 - (x_1 + x_2)x + x_1 x_2 = 0.$$

6.23 Beispiel

(i) Zu den Zahlen $x_1 = 1$ und $x_2 = -9$ wird eine quadratische Gleichung ermittelt, die diese Lösungen besitzt. Nach dem obigen Schema ist dies

$$x^2 - (1 - 9)x + 1 \cdot (-9) = 0 \quad \Longleftrightarrow \quad x^2 + 8x - 9 = 0.$$

(ii) Die quadratische Gleichung $(x - 1)(x + 9) = 0$ hat natürlich auch die Lösungen $x_1 = 1$ und $x_2 = -9$. Ausmultiplizieren der linken Seite führt zur obigen Darstellung der Gleichung.

(iii) Die Gleichung $2x^2 + 16x - 18 = 0$, die sich aus der obigen durch Multiplikation beider Seiten mit 2 ergibt, besitzt ebenfalls $x_1 = 1$ und $x_2 = -9$ als Lösungen. Sie liegt jedoch nicht in Normalform vor. ✗

Das Beispiel zeigt, dass es zu vorgegebenen Werten x_1 und x_2 viele (äquivalente) quadratische Gleichungen gibt, die die Werte x_1 und x_2 als Lösungen besitzen. Die Normalform ist jedoch eindeutig.

Faktorisierung quadratischer Terme

> ▶ **Regel (Faktorisierung eines quadratischen Terms in Linearfaktoren)**
>
> Für die quadratische Gleichung $x^2 + px + q = 0$ gilt:
>
> ❶ Besitzt sie zwei Lösungen x_1 und x_2, so kann der quadratische Ausdruck auf der linken Seite zerlegt werden gemäß
>
> $$x^2 + px + q = (x - x_1)(x - x_2).$$
>
> $(x - x_1)$ und $(x - x_2)$ heißen Linearfaktoren.
>
> ❷ Besitzt sie nur eine Lösung x_0, so gilt
>
> $$x^2 + px + q = (x - x_0)^2.$$

Die Faktorisierung in Linearfaktoren ist besonders dann nützlich, wenn mit Brüchen bzw. ¹⁶⁵gebrochen rationalen Funktionen gearbeitet wird.

6.24 Beispiel (Kenntnis einer Nullstelle, Vereinfachung eines Bruchs)

Der Bruch $\frac{x^2-10x+21}{x-3}$ lässt sich auf den ersten Blick nicht vereinfachen. Wird die Nullstelle des Nenners $x_1 = 3$ in den Zähler eingesetzt, ergibt sich $3^2 - 10 \cdot 3 + 21 = 9 - 30 + 21 = 0$. Somit löst $x_1 = 3$ auch die aus Nullsetzen des Zählers resultierende quadratische Gleichung $x^2 - 10x + 21 = 0$. Aus dem ²¹²Satz von Vieta ergibt sich direkt die zweite Lösung $x_2 = 10 - 3 = 7$.

Daher lässt sich der Zähler faktorisieren gemäß

$$x^2 - 10x + 21 = (x - x_1)(x - x_2) = (x - 3)(x - 7).$$

Der gesamte Bruch kann somit durch Kürzen des Terms $x - 3$ weiter vereinfacht werden:

$$\frac{x^2 - 10x + 21}{x - 3} = \frac{(x - 3)(x - 7)}{x - 3} = x - 7.$$

Allerdings ist zu beachten, dass der Definitionsbereich des Bruchs $\frac{x^2-10x+21}{x-3}$ durch $\mathbb{D} = \mathbb{R} \setminus \{3\}$ gegeben ist. Bei weiterer Verwendung des Terms $x - 7$ anstelle des Bruchs $\frac{x^2-10x+21}{x-3}$ ist dies zu beachten, obwohl dieser Ausdruck natürlich auch für die Zahl 3 erklärt ist!

Die Darstellung des Zählers lässt sich alternativ bequemer mittels einer ²⁹²Polynomdivision ermitteln. Im Vorgriff auf dieses in Kapitel 7 behandelte Verfahren ergibt sich:

$$
\begin{array}{l}
(\quad x^2 - 10x + 21) : (x - 3) = x - 7 \qquad \text{✗} \\
\underline{-x^2 + 3x} \\
\qquad\quad -7x + 21 \\
\qquad\quad \underline{7x - 21} \\
\qquad\qquad\qquad 0
\end{array}
$$

Aufgaben zum Üben in Abschnitt 6.2

[255]Aufgabe 6.2 – [256]Aufgabe 6.7

6.3 Bruchgleichungen

> **Bezeichnung (Bruchgleichung)**
>
> Eine Bruchgleichung ist eine Gleichung, in der die Unbekannte im Nenner eines Bruchs vorkommt.

6.25 Beispiel

Die folgenden Gleichungen sind Bruchgleichungen:

$$\frac{1}{x-1} = 5, \quad \frac{t}{t^2 - 2t + 5} = \frac{2}{t-3}, \quad \frac{1}{z} + 2 = \frac{z-1}{z+1}. \qquad ✗$$

Zu Beginn dieses Kapitels wurde bereits darauf hingewiesen, dass die Multiplikation einer Gleichung mit Termen evtl. keine Äquivalenzumformung darstellt (analoges gilt für die Division). Dies ist dann der Fall, wenn der verwendete Term nach Einsetzen eines Elements der Definitionsmenge Null ergibt. Diese Beobachtung ist insbesondere bei Bruchgleichungen relevant, weswegen in diesen Fällen die Bestimmung der Definitionsmenge von zentraler Bedeutung ist.

6.26 Beispiel

Würde die Gleichung $\frac{x-2}{x^2-4} = 0$ mit $x^2 - 4$ multipliziert, so ergäbe sich

$$\frac{x-2}{x^2-4} = 0 \qquad | \cdot (x^2 - 4)$$
$$x - 2 = 0 \qquad | + 2$$
$$\Longleftrightarrow \qquad x = 2.$$

Wird dieser Wert jedoch in die linke Seite der Ausgangsgleichung $\frac{x-2}{x^2-4} = 0$ eingesetzt, resultiert eine unerlaubte Division durch Null: $\frac{2-2}{2^2-4} = \frac{0}{0}$.

Um dieses Phänomen zu klären, wird der Term $x^2 - 4$ näher betrachtet. Er ist offensichtlich Null für $x = 2$ oder $x = -2$, d.h. die Definitionsmenge der Gleichung ist $\mathbb{D} = \mathbb{R} \setminus \{-2, 2\}$. Da eine Multiplikation mit Null keine Äquivalenzumformung ist, darf die Gleichung mit dem Term $x^2 - 4$ nur multipliziert werden, wenn die Werte $x = 2$ und $x = -2$ ausgeschlossen werden. Unter dieser Einschränkung ergibt sich wie oben die Gleichung $x - 2 = 0$ bzw. $x = 2$. Da dieser Wert als Lösung jedoch ausgeschlossen wurde, ist die Lösungsmenge der Gleichung leer. ✗

Das Beispiel zeigt, wie das Verfahren zur Lösung von Bruchgleichungen verbessert werden kann:

- Zunächst wird der Definitionsbereich $\mathbb{D}$ der Gleichung bestimmt, d.h. die Betrachtung wird auf diejenigen Werte für x eingeschränkt, für die die Gleichung sinnvoll erklärt ist (d.h. keiner der Nenner nimmt den Wert Null an).

- Vor jeder Multiplikation/Division mit einem Term ist zu klären, für welche Werte von x eine Multiplikation mit Null bzw. Division durch Null vorliegt. Diese Werte sind mit den Elementen der ermittelten „Lösungsmenge" zu vergleichen.

- Alternativ kann nach Lösung der Gleichung mittels Einsetzen der berechneten Werte geprüft werden, ob sie (zulässige) Lösungen sind.

Wird diese Vorgehensweise beachtet, ergibt sich auch für die obige Gleichung die richtige Antwort: Die Lösungsmenge ist leer.

6.27 Beispiel

Die Lösungen der Gleichung $\frac{x-1}{x-3} = \frac{2x-5}{x-3} + 5$ werden mit dem oben diskutierten Verfahren bestimmt. Beide Brüche haben für $x = 3$ den Nenner 0, so dass der Wert $x = 3$ aus der Betrachtung ausgeschlossen werden muss. Der Definitionsbereich der Gleichung ist somit $\mathbb{R} \setminus \{3\}$. Unter dieser Einschränkung liefern folgende Äquivalenzumformungen die Lösung der Gleichung:

$$
\begin{array}{rll}
& \dfrac{x-1}{x-3} = \dfrac{2x-5}{x-3} + 5 & \Big| \cdot (x-3) \\[2ex]
\Longleftrightarrow & x - 1 = 2x - 5 + 5(x-3) & \big| \text{Vereinfachen} \\[1ex]
\Longleftrightarrow & x - 1 = 7x - 20 & \big| -x + 20 \\[1ex]
\Longleftrightarrow & 19 = 6x & \big| : 6 \\[1ex]
\Longleftrightarrow & x = \frac{19}{6} &
\end{array}
$$

Da $\frac{19}{6}$ im Definitionsbereich liegt, ist $\mathbb{L} = \left\{ \frac{19}{6} \right\}$ die Lösungsmenge.   ✘

6.28 Beispiel

Die Gleichung $\frac{x-2}{x+1} + \frac{x}{x-1} = 1 + \frac{2x}{x^2-1}$ wird auf eine quadratische Gleichung zurückgeführt. Da der Nenner $x^2 - 1 = (x-1)(x+1)$ für $x = 1$ bzw. $x = -1$ Null wird und die beiden anderen Nennerterme für keine weiteren Werte Null ergeben, ist $\mathbb{D} = \mathbb{R} \setminus \{-1, 1\}$ Definitionsbereich der Gleichung.

Da $(x-1)(x+1) = x^2 - 1$ gilt, ist $x^2 - 1$ der Hauptnenner aller Brüche, so dass die betrachtete Gleichung äquivalent ist zu

$$
\begin{array}{rl}
& \dfrac{x-2}{x+1} + \dfrac{x}{x-1} = 1 + \dfrac{2x}{x^2-1} \\[2ex]
\Longleftrightarrow & \dfrac{(x-2)(x-1)}{x^2-1} + \dfrac{x(x+1)}{x^2-1} = 1 + \dfrac{2x}{x^2-1}
\end{array}
$$

Multiplikation beider Seiten mit $x^2 - 1$ ergibt:

$$\frac{(x-2)(x-1)}{x^2-1} + \frac{x(x+1)}{x^2-1} = 1 + \frac{2x}{x^2-1} \qquad \big| \cdot (x^2-1)$$

$$\iff \quad (x-2)(x-1) + x(x+1) = (x^2-1) + 2x$$

$$\iff \quad x^2 - 3x + 2 + x^2 + x = x^2 - 1 + 2x \qquad \big| -x^2 + 1 - 2x$$

$$\iff \quad x^2 - 4x + 3 = 0$$

Die quadratische Gleichung $x^2 - 4x + 3 = 0$ kann z.B. mit der [209]pq-Formel gelöst werden. Für die Diskriminante ergibt sich $D = \left(\frac{-4}{2}\right)^2 - 3 = 4 - 3 = 1$, so dass es zwei Lösungen $x_1 = -\frac{-4}{2} + \sqrt{1} = 3$ und $x_2 = -\frac{-4}{2} - \sqrt{1} = 1$ gibt. Da $x_2 = 1$ nicht im Definitionsbereich der ursprünglichen Gleichung liegt, enthält deren Lösungsmenge nur den Wert $x_2 = 3$, d.h. $\mathbb{L} = \{3\}$. ✗

Aufgaben zum Üben in Abschnitt 6.3

[256]Aufgabe 6.8, [257]Aufgabe 6.9

6.4 Wurzelgleichungen

> **Bezeichnung (Wurzelgleichung)**
> Gleichungen, in denen die Unbekannte als Argument von Wurzeln vorkommt, heißen Wurzelgleichungen.

6.29 Beispiel

Die folgenden Gleichungen sind Wurzelgleichungen:

$$\sqrt{x-5} = -2, \quad \sqrt{t} - t = 5, \quad \sqrt{y^2 - 3} = y^2 + y, \quad \sqrt[5]{v^2 - 1} = v. \qquad ✗$$

Im Folgenden werden bis auf eine kurze Passage am Ende dieses Abschnitts nur Wurzelgleichungen betrachtet, die Quadratwurzeln enthalten.

Die obigen Gleichungen können mittels einfacher Umformungen in bereits bekannte Gleichungstypen überführt werden. Dabei ist jedoch zu beachten, dass auch von Umformungen Gebrauch gemacht wird, die i.Allg. keine Äquivalenzumformungen sind.

Aus der [91]Potenzrechnung ist die Regel $(x^a)^b = x^{ab}$, $x \geqslant 0$, bekannt. Die Anwendung im Spezialfall $a = \frac{1}{2}$ und $b = 2$ ergibt

$$\left(x^{\frac{1}{2}}\right)^2 = x^{\frac{1}{2} \cdot 2} = x, \quad x \geqslant 0,$$

d.h. durch Quadrieren einer Quadratwurzel werden die Wurzelausdrücke beseitigt. Bei Anwendung dieser Operation auf eine Gleichung muss berücksichtigt werden, dass die Lösungsmenge der Gleichung möglicherweise verändert wird.

6.30 Beispiel

Die obigen Anmerkungen werden bei der Lösung der Gleichung $\sqrt{x-5} = -2$ illustriert, deren Definitionsbereich $\mathbb{D} = [5, \infty)$ ist. Da die rechte Seite der Gleichung negativ ist, ist klar, dass die Lösungsmenge leer sein muss.

Quadrieren beider Seiten der Gleichung liefert die Argumentationskette

$$\sqrt{x-5} = -2 \quad |(\ )^2 \quad \Longrightarrow \quad x - 5 = 4 \quad \Longleftrightarrow \quad x = 9.$$

Wird die Lösung $x = 9$ in die linke Seite der Ausgangsgleichung eingesetzt, resultiert der Wert $\sqrt{9-5} = 2 \neq -2$. Dies liegt darin begründet, dass das Quadrieren einer Gleichung die Lösungsmenge evtl. vergrößert. Um festzustellen, welche Lösungen der ursprünglichen Gleichung tatsächlich genügen, muss daher stets eine Probe durchgeführt werden. In diesem Beispiel ergibt die Probe, dass der berechnete Wert $x = 9$ keine Lösung der ursprünglichen Gleichung ist. Die Lösungsmenge ist daher leer, d.h. $\mathbb{L} = \emptyset$. ✗

Das Beispiel zeigt, dass die Operation *Quadrieren* keine Äquivalenzumformung ist. Da jedoch jede Lösung der Ursprungsgleichung eine Lösung der quadrierten Gleichung ist, kann keine Lösung verloren gehen. Die letztlich ermittelte Menge von Kandidaten enthält aber möglicherweise Elemente, die keine Lösung der Ausgangsgleichung sind. Diese können durch eine Probe eliminiert werden.

Die Lösungsstrategie aus dem obigen Beispiel kann für die allgemeine Situation direkt formuliert werden.

> ### ▶ Regel (Lösungsverfahren für Wurzelgleichungen)
>
> ① Definitionsbereich der Gleichung festlegen (u.a. sind die Werte auszuschließen, für die unter einer Wurzel stehende Terme negativ werden).
>
> ② Beide Seiten der Gleichung werden quadriert bis alle Wurzelterme eliminiert sind. Dabei müssen die Ausdrücke nach dem Quadrieren ggf. mit elementaren Umformungen bearbeitet werden.
>
> Zum Ziel führt die Strategie, nach jedem Quadrieren <u>einen</u> evtl. noch vorhandenen Wurzelterm auf eine Seite und <u>alle</u> restlichen Terme auf die andere Seite zu bringen und erst dann die Gleichung erneut zu quadrieren.
>
> ③ Nachdem alle Wurzelterme auf diese Weise eliminiert worden sind, wird die resultierende Gleichung gelöst.
>
> ④ Mittels einer Probe wird geprüft, ob die ermittelten Lösungen auch Lösungen der Ausgangsgleichung sind.

An dieser Stelle sei darauf hingewiesen, dass das Quadrieren nach der [14]binomischen Formel $(a+b)^2 = a^2 + 2ab + b$ erfolgt. Daher gilt

$$(\sqrt{x-1}+2)^2 = (x-1) + 4\sqrt{x-1} + 4$$

und nicht etwa $(\sqrt{x-1}+2)^2 \overset{\text{\tiny{4}}}{=} (\sqrt{x-1})^2 + 2^2 = (x-1)+4$.

6.31 Beispiel

Die Gleichung $\sqrt{t+1} = 4$ hat die Definitionsmenge $\mathbb{D} = [-1,\infty)$. Quadrieren ergibt die lineare Gleichung $t+1 = 16$, die durch $t = 15$ gelöst wird. Eine Probe zeigt, dass $t = 15 \in \mathbb{D}$ tatsächlich eine Lösung der Gleichung ist. Die Lösungsmenge ist somit gegeben durch $\mathbb{L} = \{15\}$. ✗

6.32 Beispiel

Die Gleichung $\sqrt{x+8} - x = 2$ ist für alle $x \geqslant -8$ definiert, d.h. $\mathbb{D} = [-8,\infty)$. Gemäß dem oben vorgestellten Verfahren wird der Wurzelterm isoliert:

$$
\begin{aligned}
& \sqrt{x+8} - x = 2 && | +x \\
\Longleftrightarrow \quad & \sqrt{x+8} = 2+x && | \ (\ )^2 \\
\Longrightarrow \quad & x+8 = (x+2)^2 \\
\Longleftrightarrow \quad & x+8 = x^2 + 4x + 4 && | -x-8 \\
\Longleftrightarrow \quad & x^2 + 3x - 4 = 0
\end{aligned}
$$

Die entstandene quadratische Gleichung kann z.B. mit [208]quadratischer Ergänzung gelöst werden:

$$
\begin{aligned}
\Longleftrightarrow \quad & x^2 + 3x - 4 = 0 && | +4 \\
\Longleftrightarrow \quad & x^2 + 2 \cdot \frac{3}{2} \cdot x = 4 && \left| + \left(\frac{3}{2}\right)^2 \right. \\
\Longleftrightarrow \quad & x^2 + 2 \cdot \frac{3}{2} \cdot x + \left(\frac{3}{2}\right)^2 = 4 + \left(\frac{3}{2}\right)^2 \\
\Longleftrightarrow \quad & \left(x + \frac{3}{2}\right)^2 = \frac{25}{4}
\end{aligned}
$$

Die letzte Gleichung hat die Lösungen

$$x_1 = -\frac{3}{2} - \sqrt{\frac{25}{4}} = -\frac{3}{2} - \frac{5}{2} = -4, \quad x_2 = -\frac{3}{2} + \sqrt{\frac{25}{4}} = -\frac{3}{2} + \frac{5}{2} = 1.$$

Die Probe für den Wert $x_1 = -4$ liefert

linke Seite: $\quad \sqrt{-4+8} + 4 = 6,$ rechte Seite: 2,

so dass $x_1 = -4$ keine Lösung ist. Für den Kandidaten $x_2 = 1$ ergibt sich

linke Seite: $\quad \sqrt{1+8} - 1 = 2,$ rechte Seite: 2,

d.h. $\mathbb{L} = \{1\}$ ist Lösungsmenge der ursprünglichen Wurzelgleichung. ✗

Kommen in der Gleichung mehrere Wurzeln vor, muss evtl. mehrfach quadriert werden.

6.33 Beispiel

Die Gleichung $\sqrt{x-1} + \sqrt{x+2} = 1$ hat den maximalen Definitionsbereich $\mathbb{D} = [1, \infty)$, da beide Wurzelterme dort definiert sind. Die Gleichung wird folgendermaßen gelöst:

$$
\begin{aligned}
& \sqrt{x-1} + \sqrt{x+2} = 1 && \big| - \sqrt{x-1} \\
\Longleftrightarrow \quad & \sqrt{x+2} = 1 - \sqrt{x-1} && \big| (\ )^2 \\
\Longrightarrow \quad & x+2 = (1 - \sqrt{x-1})^2 \\
\Longleftrightarrow \quad & x+2 = 1 - 2\sqrt{x-1} + x - 1 && \big| -x \\
\Longleftrightarrow \quad & 2 = -2\sqrt{x-1} && \big| (\ )^2 && (\clubsuit) \\
\Longrightarrow \quad & 4 = 4(x-1) && \big| :4 \,\big| +1 \\
\Longleftrightarrow \quad & 2 = x
\end{aligned}
$$

Die Probe ergibt

linke Seite: $\quad \sqrt{2-1} + \sqrt{2+2} = 1 + 2 = 3 \qquad$ rechte Seite: 1,

so dass die obige Gleichung keine Lösung hat, d.h. $\mathbb{L} = \emptyset$.

Dies zeigt auch bereits eine genauere Betrachtung der Gleichung $(*)$. Die linke Seite ist positiv, die rechte für jedes $x > 1$ stets negativ bzw. gleich Null für $x = 1$. Daher kann es kein $x \in \mathbb{D}$ geben, das $(*)$ und damit die Ausgangsgleichung erfüllt.   ✗

6.34 Beispiel

Definitionsbereich der Gleichung $\sqrt{4x^2 + \sqrt{x^2+1}} = x+1$ sind die reellen Zahlen $\mathbb{R}$. Die Lösung lautet

$$
\begin{aligned}
& \sqrt{4x^2 + \sqrt{x^2+1}} = x+1 && \big| (\ )^2 \\
\Longrightarrow \quad & 4x^2 + \sqrt{x^2+1} = (x+1)^2 \\
\Longleftrightarrow \quad & 4x^2 + \sqrt{x^2+1} = x^2 + 2x + 1 && \big| -4x^2 - 1 \\
\Longleftrightarrow \quad & \sqrt{x^2} = -3x^2 + 2x && \big| (\ )^2 \\
\Longrightarrow \quad & x^2 = (-3x^2 + 2x)^2 \\
\Longleftrightarrow \quad & x^2 = 9x^4 - 12x^3 + 4x^2 && \big| -x^2 \\
\Longleftrightarrow \quad & 0 = 9x^4 - 12x^3 + 3x^2 && \big| :3 \,\big| \text{Ausklammern von } x^2 \\
\Longleftrightarrow \quad & 0 = x^2(3x^2 - 4x + 1)
\end{aligned}
$$

Die letzte Gleichung hat die Lösung $x_0 = 0$ sowie die Lösungen der Gleichung $3x^2 - 4x + 1 = 0$. Diese Gleichung lautet in Normalform $x^2 - \frac{4}{3}x + \frac{1}{3} = 0$, so dass die pq-Formel wegen $D = \left(\frac{4/3}{2}\right)^2 - \frac{1}{3} = \frac{1}{9}$ die Lösungen

$$x_1 = -\frac{4/3}{2} - \sqrt{\frac{1}{9}} = \frac{2}{3} - \frac{1}{3} = \frac{1}{3}, \quad x_2 = -\frac{4/3}{2} + \sqrt{\frac{1}{9}} = \frac{2}{3} + \frac{1}{3} = 1$$

liefert. Eine Probe ergibt, dass 0 und $\frac{1}{3}$ die Ursprungsgleichung lösen, während $x = 1$ die (offensichtlich falsche) Gleichung $\sqrt{6} \overset{\ell}{=} 2$ ergibt. Daher ist $\mathbb{L} = \{0, \frac{1}{3}\}$ die Lösungsmenge.   ✗

Eine Betrachtung der obigen Gleichung könnte nahe legen, den Term $\sqrt{x^2}$ durch x zu ersetzen und durch diese Vereinfachung schneller zu einer Lösung zu gelangen. Diese Umformung ist jedoch mit Vorsicht durchzuführen, da $\sqrt{x^2} = |x|$ gilt und für negative Werte von x daher die Ersetzung $\sqrt{x^2} = -x$ vorgenommen werden muss. Aus dieser Fallunterscheidung resultieren also für $x \geqslant 0$ und $x < 0$ verschiedene Gleichungen, die dann separat gelöst werden müssen. Diese Vorgehensweise wird an folgendem Beispiel illustriert.

6.35 Beispiel

Die Gleichung $\sqrt{(x-2)^2} = 2$ besitzt den Definitionsbereich $\mathbb{D} = \mathbb{R}$. Nach Quadrieren ergibt sich

$$(x-2)^2 = 4 \iff x^2 - 4x + 4 = 4 \iff x(x-4) = 0 \iff x = 0 \text{ oder } x = 4.$$

Die Probe liefert für beide Werte eine wahre Aussage, d.h. $\mathbb{L} = \{0, 4\}$.

Wird der Term $\sqrt{(x-2)^2}$ jedoch direkt durch $x-2$ ersetzt, resultiert die Gleichung $x - 2 = 2$. Somit wird nur die Lösung $x = 4$ berechnet, die Lösung $x = 0$ wird übersehen! Dies liegt darin begründet, dass bei diesem Lösungsweg angenommen wird, dass $x - 2 \geqslant 0$ erfüllt ist. Somit wird $x \geqslant 2$ unterstellt. Damit alle reellen Zahlen in Betracht gezogen werden, muss zusätzlich noch der Fall $x - 2 < 0$ berücksichtigt werden. In dieser Situation resultiert dann wegen $\sqrt{(x-2)^2} = 2-x$ die Gleichung $2 - x = 2$, die die Lösung $x = 0$ hat. Damit werden wiederum beide Lösungen ermittelt.   ✗

Wurzelgleichungen mit größerem Wurzelexponent

Zum Abschluss werden noch einfache Wurzelgleichungen der Art

$$\sqrt[n]{f(x)} = c \quad \text{mit } c \in \mathbb{R} \text{ und } n \in \mathbb{N}$$

diskutiert. Zur Lösung werden zwei Fälle unterschieden.

❶ *n ist eine ungerade Zahl* Die Wurzelgleichung ist äquivalent zur Gleichung $f(x) = c^n$, so dass die Lösungen durch Lösung dieser Gleichung ermittelt werden können.

❷ n *ist eine gerade Zahl*

Zunächst ist zu beachten, dass die Wurzel nur für Werte von x erklärt ist, die einen nicht-negativen Wert des Terms $f(x)$ liefern. Die Definitionsmenge muss daher auf eine Teilmenge von $\{x \mid f(x) \geqslant 0\}$ eingeschränkt werden.

Für $c < 0$ besitzt die Gleichung keine Lösung, da die Wurzel $\sqrt[n]{}$ für gerades n per Definition eine nicht-negative Zahl ist. Für $c \geqslant 0$ ist die Gleichung äquivalent zu $f(x) = c^n$, wobei auf einen Vergleich der Lösungen mit der Definitionsmenge der Wurzelgleichung und eine Probe nicht verzichtet werden kann.

6.36 Beispiel

Die Gleichung $\sqrt[4]{x+2} = -2$ hat den Definitionsbereich $\mathbb{D} = [-2, \infty)$. Da die rechte Seite negativ ist und die vierte Wurzel gebildet werden soll, ist die Lösungsmenge leer.

Für die Gleichung $\sqrt[4]{x+2} = 2$ ergibt sich der selbe Definitionsbereich. Wegen

$$\sqrt[4]{x+2} = 2 \implies x + 2 = 2^4 \iff x = 14^*$$

ist $14 \in \mathbb{D}$ ein Kandidat für die Lösung. Die Probe ergibt $\sqrt[4]{14+2} = 2$, so dass $\mathbb{L} = \{14\}$.

Der Definitionsbereich der Gleichungen $\sqrt[3]{x+2} = -2$ und $\sqrt[3]{x+2} = 2$ ist jeweils $\mathbb{D} = \mathbb{R}$. Die Lösungen sind

$$\sqrt[3]{x+2} = -2 \iff x + 2 = (-2)^3 \iff x = -10 \quad \text{bzw.}$$
$$\sqrt[3]{x+2} = 2 \iff x + 2 = 2^3 \iff x = 6. \qquad\qquad ✗$$

Eine ähnliche Strategie kann auch für Gleichungen des Typs $\sqrt[n]{f(x)} = g(x)$ angewendet werden, wobei die rechte Seite durch einen Term $g(x)$ gegeben ist. Bzgl. der Lösungsmenge ist wiederum obige Fallunterscheidung zu beachten.

6.37 Beispiel

Die Gleichung $\sqrt[4]{x^3+4} = \sqrt{x+2}$ hat den Definitionsbereich $\mathbb{D} = [-\sqrt[3]{4}, \infty)$, da $x^3 \geqslant -4$ und $x \geqslant -2$ gelten muss ($-\sqrt[3]{4} \approx -1{,}587 \geqslant -2$). Unter dieser Einschränkung gilt:

$$\sqrt[4]{x^3+4} = \sqrt{x+2} \qquad \big| ()^4$$
$$\implies \qquad x^3 + 4 = \left(\sqrt{x+2}\right)^4$$

---

*Die Umformungen der Gleichung $\sqrt[4]{x+2} = 2$ bilden in diesem Fall sogar eine Äquivalenzumformung. Wird die Gleichung leicht modifiziert zu $\sqrt[4]{x+2} = x$, folgt durch Potenzieren die Gleichung $x + 2 = x^4$ bzw. $x^4 - x - 2 = 0$. Diese Gleichung hat – wie durch Einsetzen überprüft werden kann – die Lösung $x = -1$. Die Probe $1 \overset{?}{=} -1$ zeigt jedoch, dass dies keine Lösung der Ausgangsgleichung ist. Daher ist auch bei Wurzelgleichungen mit geradem [87]Wurzelexponent eine Probe notwendig.

$$\iff \qquad x^3 + 4 = (x+2)^2$$
$$\iff \qquad x^3 + 4 = x^2 + 4x + 4 \qquad | -x^2 - 4x - 4$$
$$\iff \quad x^3 - x^2 - 4x = 0$$
$$\iff \quad x(x^2 - x - 4) = 0$$

Somit ist $x = 0$ eine Lösung der Gleichung. Die quadratische Gleichung $x^2 - x - 4 = 0$ hat die Lösungen $x_1 = \frac{1}{2} - \frac{\sqrt{17}}{2} \approx -1{,}562$ und $x_2 = \frac{1}{2} + \frac{\sqrt{17}}{2} \approx 2{,}562$, die auch die Ausgangsgleichung lösen. Daher folgt $\mathbb{L} = \{\frac{1}{2} - \frac{\sqrt{17}}{2}, 0, \frac{1}{2} + \frac{\sqrt{17}}{2}\}$.

Der Graph der durch $f(x) = \sqrt[4]{x^3 + 4} - \sqrt{x + 2}$ definierten Funktion ist in ²²³Abbildung 6.7. Die Nullstellen sind die gesuchten Lösungen der obigen Gleichung.✗

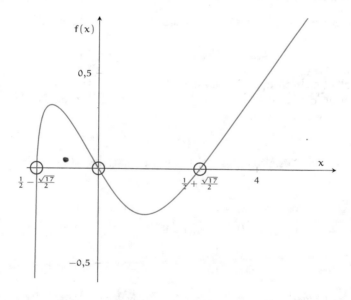

Abbildung 6.7: Lösungen der Gleichung aus ²²²Beispiel 6.37.

Aufgaben zum Üben in Abschnitt 6.4

²⁵⁷Aufgabe 6.10, ²⁵⁷Aufgabe 6.11

6.5 Logarithmische Gleichungen

> ▷ **Bezeichnung (Logarithmische Gleichungen)**
>
> Gleichungen, in denen die Unbekannte als Argument des Logarithmus vorkommt, heißen logarithmische Gleichungen.

Zur Entwicklung eines Lösungsansatzes wird zunächst die Gleichung

$$\log_{10}(x - 2) = 1$$

untersucht. Vor ihrer Lösung ist zu beachten, dass der Logarithmus nur für positive Argumente erklärt ist. Das bedeutet in diesem Beispiel, dass der Term $x - 2$ nur Werte annehmen darf, die positiv sind. Der Definitionsbereich der Gleichung ist somit das Intervall $(2, \infty)$.

Zur Lösung der Gleichung bietet sich folgende Regel für 🔢Logarithmen an

$$\log_a(x) = \log_a(y) \quad \Longleftrightarrow \quad x = y, \tag{♣}$$

die für alle positiven x, y und alle $a > 0$ mit $a \neq 1$ gilt. An dieser Stelle sei außerdem an die 🔢Darstellung $b = \log_a(a^b)$ einer Zahl b als Logarithmus zur Basis a erinnert.

6.38 Beispiel

Mit den obigen Hilfsmitteln lässt sich die Gleichung $\log_{10}(x - 2) = 1$ wie folgt lösen:

$$
\begin{array}{rll}
& \log_{10}(x - 2) = 1 & \left| 1 = \log_{10}(10^1) \right. \\
\Longleftrightarrow & \log_{10}(x - 2) = \log_{10}(10^1) & \left| \text{Regel (♣) für Logarithmen} \right. \\
\Longrightarrow & x - 2 = 10^1 & \left| + 2 \right. \\
\Longleftrightarrow & x = 12 &
\end{array}
$$

Der zweite Lösungsschritt ist i.Allg. keine Äquivalenzumformung, da der Logarithmus nur für positive Argumente angewendet werden darf. Daher ist nach Bestimmung aller möglichen Lösungen eine Überprüfung dieser Werte durch eine Probe in der Ursprungsgleichung bzw. durch einen Vergleich mit der Definitionsmenge notwendig. Wegen $12 \in \mathbb{D} = (2, \infty)$ ist $\mathbb{L} = \{12\}$ die Lösungsmenge der Gleichung. ✗

Zur Lösung der Gleichung wird die Äquivalenz in (♣) benutzt, d.h. der Logarithmus kann bei diesem Gleichungstyp weggelassen werden. Alternativ kann eine (♣) entsprechende Exponentialgleichung verwendet werden:

$$a^x = a^y \Longleftrightarrow x = y,$$

wobei $a > 0, a \neq 1$. Daher kann die Lösung der Gleichung auch so ausgeführt werden, dass auf beiden Seiten der Gleichung die Potenz zur Basis $a = 10$ gebildet wird:

$$\log_{10}(x-2) = 1 \qquad \text{Potenzbildung mit Basis 10}$$
$$\Longleftrightarrow \quad 10^{\log_{10}(x-2)} = 10^1 \qquad \text{[94]Regeln für Potenzen } a^{\log_a(b)} = b$$
$$\Longrightarrow \qquad \qquad x - 2 = 10 \qquad \Big| +2$$
$$\Longleftrightarrow \qquad \qquad \quad x = 12$$

> **Regel (Umformungen von logarithmischen Gleichungen)**
>
> Sei $a > 0$ mit $a \neq 1$. Alle Lösungen der logarithmischen Gleichung
>
> $$\log_a(f(x)) = b$$
>
> sind Lösungen der Gleichung $f(x) = a^b$. Da die Gleichung $f(x) = a^b$ weitere Lösungen haben kann, muss nach Berechnung dieser Lösungen stets eine Probe in der logarithmischen Gleichung bzw. ein Vergleich mit der Definitionsmenge durchgeführt werden.

Formal wird die Gleichung $f(x) = a^b$ durch Bildung der Potenzen $a^{\log_a f(x)}$ und a^b und Anwendung der [94]Regel $a^{\log_a(c)} = c$ für $c > 0$ erzeugt. Bei Anwendung von Logarithmusgesetzen ist jedoch zu beachten, dass der Logarithmus nur für positive Argumente definiert ist. Da jede Lösung der Ursprungsgleichung auch weiterhin eine Lösung ist, müssen lediglich die ermittelten Kandidaten für Lösungen einer Probe unterzogen werden.

Diese Vorgehensweise lässt sich auch bei komplizierteren logarithmischen Gleichungen anwenden. In den folgenden Beispielen werden einige typische Situationen behandelt.

6.39 Beispiel

In der Gleichung $\lg(4x) - \lg(x-1) = \lg(2) + \lg(x)$ treten mehrere Logarithmen auf. In solchen Fällen können folgende [94]Rechenregeln für Logarithmen ausgenutzt werden:

$$\lg(a) + \lg(b) = \lg(ab), \quad \lg(a) - \lg(b) = \lg\left(\frac{a}{b}\right), \qquad a, b > 0.$$

Vor Lösung der Gleichung ist zunächst zu klären, welche Werte zulässig sind. Da der Logarithmus nur für positive Argumente definiert ist, resultieren die Bedingungen

$$4x > 0, \quad x > 1 \quad \text{und} \quad x > 0,$$

so dass $x \in \mathbb{D} = (1, \infty)$ sein muss. Damit ergibt sich:

$$\lg(4x) - \lg(x-1) = \lg(2) + \lg(x)$$

$$\Longleftrightarrow \qquad \lg\left(\frac{4x}{x-1}\right) = \lg(2x) \qquad\qquad \Big| \text{Potenzbildung zur Basis } 10$$

$$\Longrightarrow \qquad\qquad \frac{4x}{x-1} = 2x \qquad\qquad \Big| \cdot (x-1)$$

$$\Longleftrightarrow \qquad\qquad 4x = 2x(x-1) \qquad \Big| -4x \;\Big| \text{Ausklammern von } 2x$$

$$\Longleftrightarrow \qquad\qquad 0 = 2x(x-3)$$

$$\Longleftrightarrow \qquad\qquad x = 0 \text{ oder } x = 3$$

Die Kandidaten $x_1 = 0$ und $x_2 = 3$ müssen nun dahingehend untersucht werden, ob sie auch der ursprünglichen, logarithmischen Gleichung genügen. $x_1 = 0$ scheidet als Lösung aus, da Null nicht in der Definitionsmenge der Gleichung enthalten ist. $x_2 = 3$ liegt im Definitionsbereich und ist somit eine Lösung. Dies zeigt auch die Probe:

$$\text{linke Seite:} \quad \lg(4 \cdot 3) - \lg(3-1) = \lg\left(\frac{12}{2}\right) = \lg(6),$$

$$\text{rechte Seite:} \quad \lg(2) + \lg(3) = \lg(2 \cdot 3) = \lg(6).$$

Daher ist $\mathbb{L} = \{3\}$ Lösungsmenge der ursprünglichen Gleichung. $\qquad\qquad$ ✗

6.40 Beispiel

Der Definitionsbereich der Gleichung $\ln(x) - \frac{1}{2}\ln(3x-2) = 0$ ist gegeben durch das Intervall $\mathbb{D} = \left(\frac{2}{3}, \infty\right)$, da sowohl $x > 0$ als auch $3x - 2 > 0$ gelten muss.

Da der zweite Logarithmus mit dem Faktor $\frac{1}{2}$ multipliziert wird, kann die Regel $a\ln(x) = \ln(x^a)$, $a \in \mathbb{R}$, benutzt werden. Wegen $x^{\frac{1}{2}} = \sqrt{x}$ ergibt sich:

$$\ln(x) - \frac{1}{2}\ln(3x-2) = 0 \qquad\qquad \Big| a\ln(x) = \ln(x^a)$$

$$\Longleftrightarrow \quad \ln(x) - \ln(\sqrt{3x-2}) = 0 \qquad \Big| \ln(a) - \ln(b) = \ln\left(\frac{a}{b}\right)$$

$$\Longleftrightarrow \quad \ln\left(\frac{x}{\sqrt{3x-2}}\right) = 0 \qquad\qquad \Big| \text{Potenzbildung zur Basis } e$$

$$\Longrightarrow \qquad\qquad \frac{x}{\sqrt{3x-2}} = e^0 \qquad \Big| \cdot \sqrt{3x-2} \;\Big| e^0 = 1$$

$$\Longleftrightarrow \qquad\qquad x = \sqrt{3x-2} \qquad \Big| (\;)^2$$

$$\Longrightarrow \qquad\qquad x^2 = 3x - 2 \qquad \Big| -3x + 2$$

$$\Longleftrightarrow \qquad\qquad x^2 - 3x + 2 = 0$$

Die quadratische Gleichung kann z.B. mit der [209]pq-Formel gelöst werden. Für die Diskriminante gilt $D = \left(-\frac{3}{2}\right)^2 - 2 = \frac{9}{4} - \frac{8}{4} = \frac{1}{4}$, so dass es zwei Lösungen $x_1 = \frac{3}{2} + \frac{1}{2} = 2$ und $x_2 = \frac{3}{2} - \frac{1}{2} = 1$ gibt. Da die Werte im Definitionsbereich der Ausgangsgleichung liegen, sind beide Lösungen der Gleichung. Die Proben ergeben für die linken Seiten

$$\ln(2) - \frac{1}{2}\ln(3 \cdot 2 - 2) = \ln(2) - \ln(\sqrt{4}) = \ln(2) - \ln(2) = 0,$$

$$\ln(1) - \tfrac{1}{2}\ln(3 \cdot 1 - 2) = \ln(1) - \ln(\sqrt{1}) = \ln(1) - \ln(1) = 0.$$

Da die rechte Seite ebenfalls gleich Null ist, gilt $\mathbb{L} = \{1, 2\}$.   ✗

6.41 Beispiel

Der Definitionsbereich der Gleichung $\log_2(x^2 - 1) = \log_2(2x^2)$ ist der Bereich $\mathbb{D} = (-\infty, -1) \cup (1, \infty)$, da die Argumente der Logarithmen für diese Werte positiv sind. Daraus ergibt sich

$$\log_2(x^2 - 1) = \log_2(2x^2)$$
$$\implies \qquad x^2 - 1 = 2x^2 \qquad \big| - x^2$$
$$\iff \qquad -1 = x^2$$

Da die letzte Gleichung keine Lösung hat, ist die Lösungsmenge leer: $\mathbb{L} = \emptyset$.   ✗

Gelegentlich ist es sinnvoll, eine Gleichung durch Substitution eines Terms in zwei Schritten zu lösen. Dies wird an folgendem Beispiel erläutert.

6.42 Beispiel

Die Gleichung $\log_3(x^2 - 3) + \log_3(x^2 - 1) = 1$ hängt von der Variablen x nur über den Ausdruck x^2 ab. Daher kann die Gleichung durch Einführung der neuen Variablen $y = x^2$ geschrieben werden als

$$\log_3(y - 3) + \log_3(y - 1) = 1.$$

Diese Ersetzung der Variablen ist ein Beispiel der in 244 Abschnitt 6.9 vorgestellten Substitutionsmethode.

Die so entstandene Gleichung wird zunächst für die Unbekannte y gelöst, wobei der Definitionsbereich für y durch das Intervall $(3, \infty)$ gegeben ist:

$$\log_3(y - 3) + \log_3(y - 1) = 1$$
$$\iff \qquad \log_3[(y - 3)(y - 1)] = 1 \qquad \text{| Potenzbildung zur Basis 3}$$
$$\implies \qquad (y - 3)(y - 1) = 3^1$$
$$\iff \qquad y^2 - 4y + 3 = 3 \qquad \big| - 3$$
$$\iff \qquad y(y - 4) = 0$$
$$\iff \qquad y = 0 \text{ oder } y = 4$$

Wegen $y \in (3, \infty)$ ist nur $y = 4$ Lösung der Gleichung (in y). Nun wird die Rücksubstitution $y = x^2$ ausgeführt, d.h. die Lösung für x ergibt sich aus der Beziehung $x^2 = 4$. Diese Gleichung hat die Lösungen $x_1 = -2$ und $x_2 = 2$. Eine Probe bestätigt, dass diese Werte auch Lösungen der Ausgangsgleichung sind. Also gilt $\mathbb{L} = \{-2, 2\}$.   ✗

Aufgaben zum Üben in Abschnitt 6.5

$\overline{257}$Aufgabe 6.12, $\overline{258}$Aufgabe 6.13

6.6 Exponentialgleichungen

> **▶ Bezeichnung (Exponentialgleichungen)**
>
> Gleichungen, in denen die Unbekannte im Exponenten einer Potenz vorkommt, heißen Exponentialgleichungen.

6.43 Beispiel

Die folgende Gleichungen sind Exponentialgleichungen:

$$3^{x-1} = 10, \quad e^{t^2+4} = 4, \quad 10^{-4u+3} = -2. \qquad \text{✗}$$

Das Lösungsverfahren beruht auf der Rechenregel $(a > 0, a \neq 1)$

$$a^x = a^y \quad \Longleftrightarrow \quad x = y$$

und der Tatsache, dass jede positive Zahl c als Potenz dargestellt werden kann, d.h. $c = a^{\log_a(c)} = a^{\frac{\ln(c)}{\ln a}}$.

6.44 Beispiel

Die Gleichung $2^z = 2$ ist äquivalent zu $2^z = 2^{\log_2(2)}$. Wegen $\log_2(2) = 1$ ist $z = 1$ die einzige Lösung der Gleichung, d.h. $\mathbb{L} = \{1\}$. ✗

6.45 Beispiel

Für die erste der obigen Gleichungen bedeutet dies

$$3^{x-1} = 10 \Longleftrightarrow 3^{x-1} = 3^{\log_3(10)} \Longleftrightarrow x - 1 = \log_3(10) \quad |+1$$
$$\Longleftrightarrow x = \log_3(10) + 1 \Longleftrightarrow x = \log_3(10) + \log_3(3)$$
$$\Longleftrightarrow x = \log_3(30).$$

Dieses Ergebnis kann auch direkt durch Logarithmieren* beider Seiten der Gleichung ermittelt werden. Dabei ist zu beachten, dass der Logarithmus nur für positive Werte definiert ist. Da 10 und die Potenz 3^{x-1} positiv sind, gilt

$$3^{x-1} = 10 \Longleftrightarrow \log_3(3^{x-1}) = \log_3(10) \Longleftrightarrow x - 1 = \log_3(10)$$
$$\Longleftrightarrow x = 1 + \log_3(10) \Longleftrightarrow x = \log_3(30)$$

---

*Die Basis des Logarithmus wird passend zur Basis der Potenz gewählt.

Da es sich in dieser Situation um Äquivalenzumformungen handelt, ist $\mathbb{L} = \{\log_3(30)\}$ Lösungsmenge der Gleichung.

Die berechnete Lösung kann (etwa mit einem Taschenrechner; s. auch ⊞Beispiel 3.25) numerisch mittels des dekadischen Logarithmus ausgewertet werden gemäß

$$\log_3(30) = \frac{\lg(30)}{\lg(3)} \approx \frac{1{,}477}{0{,}477} \approx 3{,}096.$$

Alternativ kann die Gleichung auch durch Anwenden des dekadischen Logarithmus gelöst werden:

$$3^{x-1} = 10 \iff \lg(3^{x-1}) = \lg(10) \iff (x-1)\lg(3) = \lg(10)$$
$$\iff x = 1 + \frac{1}{\lg 3}.$$

Hierbei wird $\lg(10) = 1$ benutzt, da 10 Basis des dekadischen Logarithmus $\lg$ ist. Mit den ⊞Rechenregeln für den Logarithmus folgt aus der Identität

$$1 + \frac{1}{\lg 3} = \frac{\lg(3) + 1}{\lg 3} = \frac{\lg(3) + \lg(10)}{\lg(3)} = \frac{\lg(30)}{\lg(3)}$$

die obige Darstellung der Lösung. ✗

> **Regel (Lösungen von Exponentialgleichungen)**
>
> Sei $a^{f(x)} = b$ eine Exponentialgleichung mit $a > 0, a \neq 1, b \in \mathbb{R}$. Dann hat diese Gleichung
>
> ❶ dieselben Lösungen wie die Gleichung $f(x) = \log_a(b)$ bzw. wegen Regel 3 der ⊞Logarithmusgesetze $f(x) = \frac{\lg(b)}{\lg(a)}$, falls $b > 0$ ist.
>
> ❷ keine Lösung, falls $b \leqslant 0$ ist.

Diese Lösungsstrategie lässt sich auf kompliziertere Beispiele erweitern. Hierzu seien $f(x)$ und $g(x)$ beliebige Terme mit

$$a^{f(x)} = g(x) \qquad \text{mit } a > 0, a \neq 1.$$

Wegen $a^{f(x)} > 0$ für alle x kann die Gleichung nur für x mit $g(x) > 0$ Lösungen haben. Da Logarithmieren der Gleichung auch nur für diejenigen Werte x im Definitionsbereich der Terme $f(x)$ und $g(x)$ mit $g(x) > 0$ erlaubt ist, ist die Lösungsmenge der obigen Gleichung gegeben durch die Lösungsmenge der logarithmischen Gleichung

$$f(x) = \log_a(g(x)) \qquad \text{mit } g(x) > 0.$$

6.46 Beispiel

Die Gleichung $(3^2)^{x-1} = 3^6 \cdot 3^x$ hat den Definitionsbereich $\mathbb{R}$. Zur Lösung werden folgende ⚑Rechenregeln für Potenzen ausgenutzt:

$$(a^x)^y = a^{x \cdot y}, \quad a^x \cdot a^y = a^{x+y}.$$

Damit gilt:

$$
\begin{aligned}
& \left(3^2\right)^{x-1} = 3^6 \cdot 3^x & \\
\iff \quad & 3^{2(x-1)} = 3^{6+x} & \Big| \text{Logarithmieren mit } \log_3 \\
\iff \quad & 2(x-1) = 6+x & \Big| -x \mid +2 \\
\iff \quad & x = 8 &
\end{aligned}
$$

Die Lösungsmenge der Exponentialgleichung ist also $\mathbb{L} = \{8\}$.   ✗

6.47 Beispiel

In der Gleichung $4^{\frac{x-1}{x}} = 2^8$ haben beide Potenzen eine unterschiedliche Basis. Der Definitionsbereich der Gleichung sind alle reellen Zahlen außer der Null, d.h. $\mathbb{D} = \mathbb{R} \setminus \{0\}$. Die Lösung ergibt sich gemäß

$$
\begin{aligned}
& 4^{\frac{x-1}{x}} = 2^8 & \Big| 2^8 = (2^2)^4 = 4^4 \\
\iff \quad & 4^{\frac{x-1}{x}} = 4^4 & \Big| \log_4(\ ) \\
\iff \quad & \frac{x-1}{x} = 4 & \Big| \cdot x \mid -x \mid :3 \\
\iff \quad & x = -\frac{1}{3} &
\end{aligned}
$$

Wegen $-\frac{1}{3} \in \mathbb{D}$ ist $\mathbb{L} = \left\{ -\frac{1}{3} \right\}$ die Lösungsmenge der Gleichung.   ✗

6.48 Beispiel

Die Definitionsmenge der Gleichung

$$3^{x+3} - 2 \cdot 5^x = 5^{x+1} + 2(3^x + 5^x)$$

ist $\mathbb{D} = \mathbb{R}$. Da die in der Gleichungen vorkommenden Potenzen unterschiedliche ⚑Basen haben, bietet es sich an, beide Seiten zunächst so weit wie möglich zu vereinfachen und dann Potenzen mit der selben Basis auf die selbe Seite zu bringen:

$$
\begin{aligned}
& 3^{x+3} - 2 \cdot 5^x = 5^{x+1} + 2(3^x + 5^x) & \Big| +2 \cdot 5^x - 2 \cdot 3^x \\
\iff \quad & 3^{x+3} - 2 \cdot 3^x = 5^{x+1} + 4 \cdot 5^x. &
\end{aligned}
$$

Die Lösung der Gleichung wird auf folgende Weise fortgesetzt:

- ▸ Ausklammern von 3^x auf der linken und 5^x auf der rechten Seite (mit der Regel $a^{x+b} = a^b \cdot a^x$).

⊙ Dividieren der Gleichung durch 3^x oder durch 5^x.

$$3^{x+3} - 2 \cdot 3^x = 5^{x+1} + 4 \cdot 5^x$$
$$\Longleftrightarrow \quad 3^3 \cdot 3^x - 2 \cdot 3^x = 5 \cdot 5^x + 4 \cdot 5^x$$
$$\Longleftrightarrow \quad 3^x(27 - 2) = 5^x(5 + 4)$$
$$\Longleftrightarrow \quad 25 \cdot 3^x = 9 \cdot 5^x \qquad \big| : 9 \big| : 3^x$$
$$\Longleftrightarrow \quad \frac{25}{9} = \frac{5^x}{3^x} \qquad \Big| \frac{5^x}{3^x} = \left(\frac{5}{3}\right)^x$$
$$\Longleftrightarrow \quad \frac{25}{9} = \left(\frac{5}{3}\right)^x \qquad \Big| \log_{\frac{5}{3}}()$$
$$\Longleftrightarrow \quad \log_{\frac{5}{3}}\left(\frac{25}{9}\right) = x$$

Wegen $\frac{25}{9} = \left(\frac{5}{3}\right)^2$ gilt $\log_{\frac{5}{3}}\left(\frac{25}{9}\right) = \log_{\frac{5}{3}}\left[\left(\frac{5}{3}\right)^2\right] = 2$, d.h. $\mathbb{L} = \{2\}$. ✗

6.49 Beispiel

Die Gleichung $3^{x^2-4} = 6^{-x}$ hat den Definitionsbereich $\mathbb{R}$. Weiter gilt

$$3^{x^2-4} = 6^{-x} \qquad \big| 6^{-x} = 3^{-x} \cdot 2^{-x}$$
$$\Longleftrightarrow \quad 3^{x^2-4} = 3^{-x} \cdot 2^{-x} \qquad \big| \cdot 3^x$$
$$\Longleftrightarrow \quad 3^{x^2-4} \cdot 3^x = 2^{-x}$$
$$\Longleftrightarrow \quad 3^{x^2+x-4} = 2^{-x} \qquad \big| \log_3()$$
$$\Longleftrightarrow \quad x^2 + x - 4 = \log_3(2^{-x}) \qquad \big| \log_3(2^{-x}) = -x\log_3(2)$$
$$\Longleftrightarrow \quad x^2 + x - 4 = -x\log_3(2) \qquad \big| + x\log_3(2)$$
$$\Longleftrightarrow \quad x^2 + (1 + \log_3(2))x - 4 = 0$$

Diese quadratische Gleichung kann mit den bekannten Methoden gelöst werden. Wegen $D = \left(\frac{1+\log_3(2)}{2}\right)^2 + 4 \approx 4{,}66 > 0$ gibt es zwei Lösungen

$$x_1 = -\frac{1+\log_3(2)}{2} - \sqrt{D} \approx -2{,}98, \quad x_2 = -\frac{1+\log_3(2)}{2} + \sqrt{D} \approx 1{,}34. \quad ✗$$

6.50 Beispiel

Eine Bank bietet einen Sparvertrag mit konstantem Zinssatz 3% an, der jeweils zum Jahresende gekündigt werden kann. Wie lange muss ein Kunde sein Geld anlegen, um ein Kapital von 1 000 € auf 1 300 € zu erhöhen?

Bezeichnet n die Laufzeit in Jahren, so ergibt sich

❶ nach einem Jahr das Kapital $1{,}03 \cdot 1\,000 = 1\,030$€

❷ nach zwei Jahren das Kapital $1{,}03^2 \cdot 1\,000 = 1\,060{,}90$€ bzw.

❸ nach n Jahren das Kapital $1{,}03^n \cdot 1\,000$€.

Die Kapitalstände in den Jahren $1, \ldots, 10$ sind in ▨▨Abbildung 6.8 und der zugehörigen Tabelle dargestellt. Gesucht ist der Zeitpunkt, zu dem das angestrebte Kapital erreicht ist.

Die blaue Kurve in ▨▨Abbildung 6.8 beschreibt die Funktion $k \mapsto 1{,}03^k \cdot 1000$. Zur Bestimmung der gesuchten Anlagedauer n kann daher zunächst die Gleichung

$$1{,}03^n \cdot 1000 = 1300$$

gelöst werden. Mit dem dekadischen Logarithmus gilt nun

$$1{,}03^n \cdot 1000 = 1300 \iff 1{,}03^n = 1{,}3 \iff n \lg(1{,}03) = \lg(1{,}3)$$
$$\iff n = \frac{\lg(1{,}3)}{\lg(1{,}03)} \approx 8{,}876.$$

Das gewünschte Kapital von $1\,300\,€$ wird daher nach $8{,}876$ Jahren erreicht. Da die Laufzeit n des Sparvertrags jedoch eine natürliche Zahl ist, ist die berechnete Lösung nicht zulässig. In (vollen) Jahren muss der Anleger sein Kapital daher mindestens 9 Jahre anlegen, damit er $1\,300\,€$ erreicht. In diesem Fall erzielt der Kunde $1\,304{,}77\,€$.

Das obige Problem kann auch wie folgt beschrieben werden: Gesucht ist die kleinste natürliche Zahl n, so dass das angestrebte Kapital von $1\,300\,€$ erstmals überschritten wird. Dies führt zur Ungleichung

$$1{,}03^n \cdot 1\,000 \geqslant 1300,$$

wobei n möglichst klein mit $n \in \mathbb{N}$ gewählt werden soll. Derartige Ungleichungen werden in Abschnitt 8.5 kurz behandelt.   ✗

Numerische Lösung von Gleichungen

Wie bereits zu Beginn des Kapitels erwähnt sind Gleichungen oft nicht explizit lösbar und numerische Verfahren zur Berechnung einer Näherungslösung notwendig. Dieses Prinzip soll explizit an einer Exponentialgleichung illustriert werden. Die numerische Lösung wird mit Hilfe des ▨Bisektionsverfahrens erzeugt, wobei anzumerken ist, dass andere Verfahren wie das Newton-Verfahren meist deutlich effizienter zur Berechnung sind.

6.51 Beispiel (Numerische Lösung von Gleichungen)
Betrachtet werde die Gleichung

$$e^t = t + 2 \quad t \in \mathbb{R}.$$

Die Darstellung der linken und rechten Seite der Gleichung als Funktionsgraphen zeigt die Existenz zweier Schnittpunkte im Intervall $[-2, 2]$ (s. ▨▨Abbildung 6.9(a)). Eine erste Näherung ergibt Lösungen im Intervall $[-2, -1{,}8]$ bzw. $[1, 1{,}2]$.

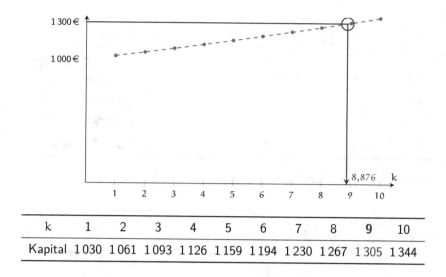

k	1	2	3	4	5	6	7	8	9	10
Kapital	1 030	1 061	1 093	1 126	1 159	1 194	1 230	1 267	1 305	1 344

Abbildung 6.8: Kapitalstände (gerundet auf Euro) aus 231 Beispiel 6.50.

Zur einfacheren Behandlung des Problems wird die Gleichung zunächst auf die Form

$$f(t) = e^t - t - 2 = 0$$

mit $f : \mathbb{R} \longrightarrow \mathbb{R}$ gebracht. Der Graph von f ist in (s. 234 Abbildung 6.9(b)) dargestellt. Die Bestimmung der Lösungen der obigen Gleichungen entspricht daher der Berechnung der Nullstellen von f. Die Existenz der Lösung folgt wegen der 386 Stetigkeit von f jeweils aus dem 389 Zwischenwertsatz.

Die nachfolgenden Tabellen illustrieren den Ablauf des Bisektionsverfahrens zur. Bestimmung der Näherungslösungen.

linke Intervallgrenze t_1	rechte Intervallgrenze t_2	$f(t_1)$	$f(t_2)$
−2	−1,8	0,135335	−0,034701
−1,9	−1,8	0,049568	−0,034701
−1,85	−1,8	0,007237	−0,034701
−1,85	−1,825	0,007237	−0,013782
−1,85	−1,8375	0,007237	−0,003285

Die gesuchte Lösung hat die Näherung −1,8414056604. Für den zweiten Fall ergibt sich zunächst mittels des Bisektionsverfahrens die folgende Näherung.

linke Intervallgrenze t_1	rechte Intervallgrenze t_2	$f(t_1)$	$f(t_2)$
1	1,2	−0,281718	0,120117
1,1	1,2	−0,095834	0,120117
1,1	1,15	−0,095834	0,008193
1,125	1,15	−0,044783	0,008193
1,1375	1,15	−0,018539	0,008193

Die gesuchte Lösung hat die Näherung 1,1461932206.   ✗

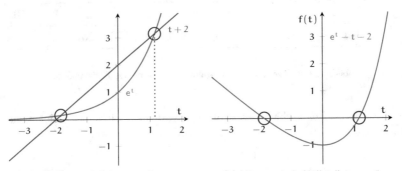

(a) Lösungen als Schnittpunkte von Graphen.

(b) Lösungen als Nullstellen von f.

Abbildung 6.9: Graphische Darstellung der Lösungsmenge einer Gleichung.

Aufgaben zum Üben in Abschnitt 6.6

258Aufgabe 6.14

6.7 Betragsgleichungen

▷ Bezeichnung (Betragsgleichung)

Gleichungen, in denen die Unbekannte in Beträgen vorkommt, heißen Betragsgleichungen.

6.52 Beispiel

Folgende Gleichungen sind Betragsgleichungen:

$$|x - 1| = 5, \quad 4 + |2t - 1| = |t|, \quad |z^2 - 2z - 1| = |z + 3|.$$ ✗

Zur Visualisierung von Betragsglei-chungen werden alle Terme auf die linke Seite der Gleichung gebracht:

$$|x - 1| = 5 \iff |x - 1| - 5 = 0.$$

Die entstandene linke Seite

$$f(x) = |x - 1| - 5$$

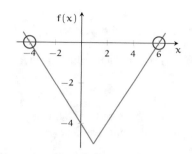

Abbildung 6.10: Visualisierung einer Betragsglei-chung.

definiert eine Funktion f, deren Graph dann die Lösungen der Gleichung als Schnittpunkte mit der ⑥⑪Abszisse be-sitzt.

Charakteristisch für Graphen von Betragsfunktionen ist der „Knick". Dieser wird verursacht durch den Vorzeichenwechsel des ⑫Betrags $|x|$ der Zahl $x \in \mathbb{R}$, der definiert ist durch

$$|x| = \begin{cases} x, & \text{falls } x \in [0, \infty) \\ -x, & \text{falls } x \in (-\infty, 0) \end{cases}.$$

6.53 Beispiel

Die Auflösung des Betrags $|x - 1|$ führt zu

$$|x - 1| = \begin{cases} x - 1, & \text{falls } x - 1 \in [0, \infty) \\ -(x - 1), & \text{falls } x - 1 \in (-\infty, 0) \end{cases} = \begin{cases} x - 1, & \text{falls } x \in [1, \infty) \\ 1 - x, & \text{falls } x \in (-\infty, 1) \end{cases}.$$

Für die Funktion f resultiert somit die Darstellung

$$f(x) = |x - 1| - 5 = \begin{cases} x - 1 - 5, & \text{falls } x \in [1, \infty) \\ 1 - x - 5, & \text{falls } x \in (-\infty, 1) \end{cases}$$

$$= \begin{cases} x - 6, & \text{falls } x \in [1, \infty) \\ -x - 4, & \text{falls } x \in (-\infty, 1) \end{cases}.$$

Der Graph von f ist also – wie bereits in der Graphik deutlich wurde – aus zwei Geradenstücken zusammengesetzt. ✗

Lösungsverfahren

Der Lösungsansatz für Betragsgleichungen beruht darauf, die Beträge mit Fallun-terscheidungen nach obigem Muster aufzulösen. Dazu werden die reellen Zahlen in Intervalle unterteilt, in denen die Betragsgleichung jeweils eine andere Form hat. Anschließend werden die verschiedenen Gleichungen gelöst. Für die ursprüngliche Betragsgleichung sind jedoch nur diejenigen Lösungen zulässig, die tatsächlich in den entsprechenden Bereichen liegen.

> ▶ **Regel (Lösungsverfahren für Betragsgleichungen)**
>
> ❶ Die reellen Zahlen werden in Intervalle zerlegt, deren Grenzen die Stellen sind, an denen einer der in der Gleichung vorkommenden Betragsausdrücke das Vorzeichen wechselt.
>
> ❷ Für jedes Intervall werden die Beträge aufgelöst und die entstandene Gleichung gelöst.
>
> ❸ Für die berechneten Lösungen wird geprüft, ob sie in dem gerade betrachteten Intervall liegen. Ist dies der Fall, dann ist der Wert eine Lösung der Betragsgleichung. Andernfalls ist er keine Lösung.
>
> ❹ Die Lösungsmenge der Betragsgleichung ergibt sich als Vereinigung der Lösungsmengen in den einzelnen Intervallen.

6.54 Beispiel

In der Gleichung $|x - 1| = 5$ kommt nur der Betrag $|x - 1|$ vor, so dass – wie oben gesehen – an der Stelle $x = 1$ eine Einteilung der x-Achse in die Intervalle $(-\infty, 1)$ und $[1, \infty)$ erfolgt.*

❶ Für $x \in [1, \infty)$ ergibt sich die Gleichung $x - 1 = 5$, d.h. $x = 6$. Da diese Lösung im Intervall $[1, \infty)$ liegt, gehört sie zur Lösungsmenge der ursprünglichen Betragsgleichung.

❷ Für $x \in (-\infty, 1)$ lautet die Betragsgleichung hingegen $-x + 1 = 5$:

$$-x + 1 = 5 \quad | + x - 5 \quad \Longleftrightarrow \quad -4 = x.$$

Wegen $-4 \in (-\infty, 1)$ gehört -4 zur Lösungsmenge der Betragsgleichung.

Insgesamt ergibt sich also $\mathbb{L} = \{-4, 6\}$.   ✗

Das folgende Beispiel zeigt, dass die Überprüfung, ob die ermittelte Lösung im jeweils betrachteten Bereich liegt, tatsächlich notwendig ist.

6.55 Beispiel

Für die Betragsgleichung $|x - 1| = 2x$ ergibt sich mit der obigen Fallunterscheidung:

❶ $x \in [1, \infty)$:

$$x - 1 = 2x \quad | -x \quad \Longleftrightarrow \quad x = -1.$$

Dieser Wert liegt <u>nicht</u> im Intervall $[1, \infty)$ und gehört somit nicht zur Lösungsmenge der ursprünglichen Betragsgleichung.

❷ $x \in (-\infty, 1)$:

$$-x + 1 = 2x \quad | + x \quad \Longleftrightarrow \quad 1 = 3x \quad | : 3 \quad \Longleftrightarrow \quad x = \tfrac{1}{3}.$$

---

*Alternativ kann z.B. auch die Einteilung $(-\infty, 1], (1, \infty)$ benutzt werden. Wesentlich ist nur, dass die Stellen, an denen einer der Beträge sein Vorzeichen wechselt, einem benachbarten Intervall zugeordnet werden. Die Intervalle müssen eine ⁵⁴Zerlegung der reellen Zahlen bilden.

In diesem Fall gilt $\frac{1}{3} \in (-\infty, 1)$, so dass $\frac{1}{3}$ zur Lösungsmenge gehört. Es ergibt sich daher $\mathbb{L} = \left\{ \frac{1}{3} \right\}$. ✗

In vielen Betragsgleichungen kommen Beträge mehrfach vor. Auch hier beruht das Lösungsverfahren auf einer Fallunterscheidung sowie der anschließenden Überprüfung, ob die ermittelten Lösungen in den betrachteten Bereichen liegen.

6.56 Beispiel

In der Gleichung $|x - 1| + |x - 2| = 5$ wird zweimal der Betrag gebildet, wobei

$$|x - 1| = \begin{cases} x - 1, & \text{falls } x \in [1, \infty) \\ 1 - x, & \text{falls } x \in (-\infty, 1) \end{cases}, \quad |x - 2| = \begin{cases} x - 2, & \text{falls } x \in [2, \infty), \\ 2 - x, & \text{falls } x \in (-\infty, 2). \end{cases}$$

Somit wird die reelle Achse durch die Stellen $x = 1$ und $x = 2$ in drei Intervalle eingeteilt:

In jedem Teilintervall wird die Gleichung nun gesondert untersucht, wobei die Beträge jeweils aufgelöst werden.

❶ $x \in (-\infty, 1)$:

In dieser Situation gilt $|x - 1| = 1 - x$ und $|x - 2| = 2 - x$, so dass die Gleichung und ihre Lösung lauten:

$$(1 - x) + (2 - x) = 5 \quad | -3 \quad \Longleftrightarrow \quad -2x = 2 \quad | : (-2) \quad \Longleftrightarrow \quad x = -1.$$

In diesem Fall gilt $-1 \in (-\infty, 1)$ und -1 gehört zur Lösungsmenge.

❷ $x \in [1, 2)$:

Nun gilt $|x - 1| = x - 1$ und $|x - 2| = 2 - x$, so dass

$$(x - 1) + (2 - x) = 5 \quad | -1 \quad \Longleftrightarrow \quad 0 \overset{\frac{\iota}{\prime}}{=} 4.$$

Daher gibt es keine Lösung in diesem Bereich.

❸ $x \in [2, \infty)$:

In diesem Fall gilt $|x - 1| = x - 1$ und $|x - 2| = x - 2$, so dass

$$(x - 1) + (x - 2) = 5 \quad | +3 \quad \Longleftrightarrow \quad 2x = 8 \quad | : 2 \quad \Longleftrightarrow \quad x = 4.$$

Wegen $4 \in [2, \infty)$ ist 4 ein Element der Lösungsmenge.

Die Betragsgleichung besitzt daher die Lösungsmenge $\mathbb{L} = \{-1, 4\}$. ✗

Aus den Beispielen wird deutlich, dass die Einteilung der reellen Zahlen durch die Nullstellen der Terme in den Betragsausdrücken festgelegt wird. Für lineare Terme $|ax + b|$ mit $a \neq 0$ ergibt sich somit die Grenze $-\frac{b}{a}$, für quadratische Ausdrücke $|ax^2 + bx + c|$ resultieren die Grenzen als Lösungen der ⌐202⌐quadratischen Gleichung $ax^2 + bx + c = 0$. Sind diese Werte ermittelt, kann mit einem Vorzeichentest* geprüft werden, welches Vorzeichen der jeweilige Term im gesamten betrachteten Intervall hat.

6.57 Beispiel

In der Gleichung $|x^2 - 4x + 3| + |x + 1| - |x - 2| = 2$ wird dreimal der Betrag gebildet. Nach den obigen Ausführungen müssen lediglich die Nullstellen der Terme in den Betragsausdrücken ermittelt werden, um die Einteilung der reellen Zahlen zu bestimmen.

In diesem Fall resultieren für die Betragsterme die folgenden Nullstellen (die quadratische Gleichung wird mit ⌐208⌐quadratischer Ergänzung gelöst):

❶ $|x^2 - 4x + 3|$:

$$x^2 - 4x + 3 = 0 \qquad \big| -3$$
$$\Longleftrightarrow \qquad x^2 + 2 \cdot (-2)x = -3 \qquad \big| + (-2)^2$$
$$\Longleftrightarrow \qquad x^2 + 2 \cdot (-2)x + (-2)^2 = -3 + (-2)^2$$
$$\Longleftrightarrow \qquad (x - 2)^2 = 1$$
$$\Longleftrightarrow \qquad x = 3 \text{ oder } x = 1$$

❷ $|x + 1|$: $x + 1 = 0 \Longleftrightarrow x = -1$

❸ $|x - 2|$: $x - 2 = 0 \Longleftrightarrow x = 2$

Werden diese vier Punkte auf der x-Achse abgetragen, ergibt sich die Einteilung:

Zur Eliminierung der Beträge muss festgestellt werden, welches Vorzeichen die Ausdrücke in diesen Intervallen haben. Dazu wird für x eine beliebige Zahl[†] aus dem ⌐58⌐Inneren des jeweiligen Intervalls eingesetzt. Dies ergibt:

	$(-\infty, -1)$	$[-1, 1)$	$[1, 2)$	$[2, 3)$	$[3, \infty)$
Prüfstelle	$x = -2$	$x = 0$	$x = 1{,}5$	$x = 2{,}5$	$x = 4$
$x^2 - 4x + 3$	$+$	$+$	$-$	$-$	$+$
$x + 1$	$-$	$+$	$+$	$+$	$+$
$x - 2$	$-$	$-$	$-$	$+$	$+$

---

*d.h. mit einer (beliebig gewählten) Stelle aus dem ⌐58⌐Inneren des jeweils betrachteten Intervalls wird das Vorzeichen des Arguments im Intervall bestimmt.

†eine so genannte ⌐319⌐Prüfstelle

Die nach Auflösung der Beträge in den einzelnen Intervallen resultierenden Ausdrücke sind in der folgenden Tabelle verzeichnet (die Terme, die aus einem negativen Ausdruck entstehen sind blau markiert).

	$(-\infty, -1)$	$[-1, 1)$	$[1, 2)$	$[2, 3)$	$[3, \infty)$
$\lvert x^2 - 4x + 3 \rvert$	$x^2 - 4x + 3$	$x^2 - 4x + 3$	$-x^2 + 4x - 3$	$-x^2 + 4x - 3$	$x^2 - 4x + 3$
$\lvert x + 1 \rvert$	$-x - 1$	$x + 1$	$x + 1$	$x + 1$	$x + 1$
$\lvert x - 2 \rvert$	$2 - x$	$2 - x$	$2 - x$	$x - 2$	$x - 2$

Zur Lösung der Gleichung $\lvert x^2 - 4x + 3 \rvert + \lvert x + 1 \rvert - \lvert x - 2 \rvert = 2$ sind daher folgende Fälle zu diskutieren (die Betragsgleichung ist bereits jeweils ohne Beträge formuliert):

❶ $x \in (-\infty, -1)$:

$$(x^2 - 4x + 3) + (-x - 1) - (2 - x) = 2$$
$$\iff \quad x^2 - 4x + 3 - x - 1 + x - 2 = 2$$
$$\iff \quad x^2 - 4x = 2 \qquad \big| + (-2)^2$$
$$\iff \quad x^2 + 2 \cdot (-2)x + (-2)^2 = 6$$
$$\iff \quad (x - 2)^2 = 6$$
$$\iff \quad x = 2 - \sqrt{6} \approx -0{,}449 \text{ oder } x = 2 + \sqrt{6} \approx 4{,}449$$

Keine der Lösungen liegt im Intervall $(-\infty, -1)$, d.h. $\mathbb{L}_1 = \emptyset$.

❷ $x \in [-1, 1)$:

$$(x^2 - 4x + 3) + (x + 1) - (2 - x) = 2$$
$$\iff \quad x^2 - 4x + 3 + x + 1 + x - 2 = 2$$
$$\iff \quad x^2 - 2x + 2 = 2 \quad \big| - 2$$
$$\iff \quad x(x - 2) = 0$$
$$\iff \quad x = 0 \text{ oder } x = 2$$

Nur die erste Lösung liegt im Intervall $[-1, 1)$, d.h. $\mathbb{L}_2 = \{0\}$.

❸ $x \in [1, 2)$:

$$(-x^2 + 4x - 3) + (x + 1) - (2 - x) = 2$$
$$\iff \quad -x^2 + 4x - 3 + x + 1 + x - 2 = 2$$
$$\iff \quad -x^2 + 6x - 4 = 2 \quad \big| + 4 \,\big| \cdot (-1)$$
$$\iff \quad x^2 - 6x = -6 \quad \big| + (-3)^2$$
$$\iff \quad x^2 + 2 \cdot (-3)x + (-3)^2 = 3$$
$$\iff \quad (x - 3)^2 = 3$$
$$\iff \quad x = 3 - \sqrt{3} \approx 1{,}268 \text{ oder } x = 3 + \sqrt{3} \approx 4{,}732$$

Nur die erste Lösung liegt im Intervall $[1, 2)$, d.h. $\mathbb{L}_3 = \{3 - \sqrt{3}\}$.

❹ $x \in [2, 3)$:

$$(-x^2 + 4x - 3) + (x + 1) - (x - 2) = 2$$
$$\Longleftrightarrow \qquad -x^2 + 4x - 3 + x + 1 - x + 2 = 2$$
$$\Longleftrightarrow \qquad -x^2 + 4x = 2 \qquad | \cdot (-1)$$
$$\Longleftrightarrow \qquad x^2 - 4x = -2 \qquad | + (-2)^2$$
$$\Longleftrightarrow \qquad x^2 + 2 \cdot (-2)x + (-2)^2 = 2$$
$$\Longleftrightarrow \qquad (x - 2)^2 = 2$$
$$\Longleftrightarrow \qquad x = 2 - \sqrt{2} \approx 0{,}586 \text{ oder } x = 2 + \sqrt{2} \approx 3{,}414$$

Keine der Lösungen liegt im Intervall $[2, 3)$, d.h. $\mathbb{L}_4 = \emptyset$.

❺ $x \in [3, \infty)$:

$$(x^2 - 4x + 3) + (x + 1) - (x - 2) = 2$$
$$\Longleftrightarrow \qquad x^2 - 4x + 3 + x + 1 - x + 2 = 2$$
$$\Longleftrightarrow \qquad x^2 - 4x + 6 = 2 \qquad | -2$$
$$\Longleftrightarrow \qquad x^2 - 4x + 4 = 0 \qquad |\text{2. binomische Formel}$$
$$\Longleftrightarrow \qquad (x - 2)^2 = 0$$
$$\Longleftrightarrow \qquad x = 2$$

Die Lösung liegt nicht im Intervall $[3, \infty)$, so dass $\mathbb{L}_5 = \emptyset$ folgt.

Die Lösungsmenge der Betragsgleichung ist die Vereinigung der bereits berechneten fünf Lösungsmengen

$$\mathbb{L} = \mathbb{L}_1 \cup \mathbb{L}_2 \cup \mathbb{L}_3 \cup \mathbb{L}_4 \cup \mathbb{L}_5 = \emptyset \cup \{0\} \cup \{3 - \sqrt{3}\} \cup \emptyset \cup \emptyset = \{0, 3 - \sqrt{3}\}.$$

Dies wird auch am Graphen der durch $f(x) = |x^2 - 4x + 3| + |x + 1| - |x - 2| - 2$ definierten Funktion deutlich, der zwei Schnittpunkte mit der x-Achse hat (s. [241]Abbildung 6.11).   ✗

Zusammenhang zu quadratischen Gleichungen

Eine Betragsgleichung kann durch geeignetes Quadrieren in eine quadratische Gleichung überführt werden. Dabei wird die Eigenschaft $|a|^2 = a^2$, $a \in \mathbb{R}$, ausgenutzt. Bei Anwendung dieser Lösungsstrategie ist jedoch zu beachten, dass durch das Quadrieren der beiden Seiten der Gleichung evtl. zusätzliche Lösungen erzeugt werden. Daher muss abschließend stets geprüft werden, ob ein auf diese Weise ermittelter Kandidat auch die Ausgangsgleichung löst.

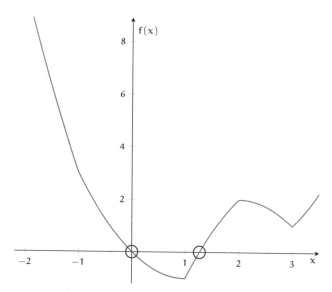

Abbildung 6.11: Lösungen der Gleichung aus ⟦238⟧Beispiel 6.57.

6.58 Beispiel

Die Betragsgleichung $|x + 1| = 2$ wird durch Quadrieren in die quadratische Gleichung $(x + 1)^2 = 2^2$ überführt. Aus der dritten ⟦14⟧binomischen Formel folgt

$$(x + 1)^2 - 2^2 = (x + 1 - 2)(x + 1 + 2) = (x - 1)(x + 3),$$

d.h. $(x + 1)^2 = 2^2 \iff (x - 1)(x + 3) = 0 \iff x = 1$ oder $x = -3$. Eine Probe bestätigt diese Lösungen, d.h. $\mathbb{L} = \{-3, 1\}$.   ✗

6.59 Beispiel

Für die Gleichung $|5t - 3| = 1 - 3t$ liefert diese Lösungsmethode:

$$|5t - 3| = 1 - 3t \qquad |(\ )^2$$
$$\implies (5t - 3)^2 = (1 - 3t)^2 \qquad |-(1 - 3t)^2$$
$$\iff (5t - 3)^2 - (1 - 3t)^2 = 0 \qquad |\text{3. binomische Formel}$$
$$\iff (5t - 3 - (1 - 3t))(5t - 3 + (1 - 3t)) = 0$$
$$\iff (8t - 4)(2t - 2) = 0$$
$$\iff 8t - 4 = 0 \text{ oder } 2t - 2 = 0$$
$$\iff t = \tfrac{1}{2} \text{ oder } t = 1$$

Daher sind $t = \tfrac{1}{2}$ und $t = 1$ Kandidaten für Lösungen. Einsetzen in die rechte Seite der Ausgangsgleichung ergibt jedoch in beiden Fällen einen negativen Wert, so dass beide Kandidaten keine Lösungen sind, d.h. $\mathbb{L} = \emptyset$.

Für die Gleichung $|5t - 3| = 3t - 1$ gilt hingegen $\mathbb{L} = \{\tfrac{1}{2}, 1\}$.   ✗

6.60 Beispiel

Für die Gleichung $|z^2 - 2z| = z$ ergibt sich:

$$
\begin{array}{rll}
& |z^2 - 2z| = z & \quad |(\ )^2 \\
\Longrightarrow & (z^2 - 2z)^2 = z^2 & \quad |-z^2 \\
\Longleftrightarrow & z^2(z-2)^2 - z^2 = 0 & \quad \text{Ausklammern} \\
\Longleftrightarrow & z^2[(z-2)^2 - 1] = 0 & \quad \text{3. binomische Formel} \\
\Longleftrightarrow & z^2(z-1)(z-3) = 0 & \\
\Longleftrightarrow & z = 0 \text{ oder } z = 1 \text{ oder } z = 3 &
\end{array}
$$

Die Probe ergibt $\mathbb{L} = \{0, 1, 3\}$.   ✗

Diese Methode zur Lösung von Betragsgleichungen hat den Nachteil, dass mehr-faches Quadrieren hohe Potenzen der Unbekannten erzeugt. I. Allg. resultiert eine 286 Polynomgleichung, die oft schwierig zu lösen ist.

Aufgaben zum Üben in Abschnitt 6.7

259 Aufgabe 6.17

6.8 Gleichungen mit Parametern

In den bisher behandelten Beispielen enthielten die Gleichungen außer den Va-riablen keine unbekannten Größen. In vielen Problemen treten jedoch neben den interessierenden Variablen oft zusätzliche Größen auf, deren Wert nicht näher spezifiziert ist. Diese, als Parameter bezeichneten Variablen spielen eine andere Rolle in dem Sinn, dass die Gleichung in der Unbekannten in Abhängigkeit von diesen Parametern allgemein gelöst werden soll.

Ein Beispiel einer Gleichung mit Parametern ist die bereits behandelte, allgemeine Form einer 199 linearen Gleichung (in x)

$$ ax = b, $$

wobei a, b gegebene reelle Zahlen repräsentieren, deren Wert nicht explizit ange-geben wird. Ziel ist die Bestimmung einer allgemeinen Lösung x der Gleichung in Abhängigkeit von den Parametern a, b. Für $a \neq 0$ resultiert die allgemeine Lösung $x = \frac{b}{a}$, so dass die Gleichung in einer konkreten Situation durch Einsetzen der speziellen Werte für die Parameter a, b leicht gelöst werden kann. Vor Lösung einer Gleichung mit Parametern muss also geklärt werden, welche Variablen Pa-rameter sind und welche Größe die Unbekannte ist, für die die Gleichung gelöst werden soll.

Im Folgenden werden noch einige Beispiele derartiger Gleichungen betrachtet.

6.61 Beispiel

Die Gleichung $e^{ax^2-1} = 1$ hat einen Parameter $a \in \mathbb{R}$. Zunächst gilt

$$e^{ax^2-1} = 1 \quad | \ln( ) \quad \Longleftrightarrow \quad ax^2 - 1 = 0 \Longleftrightarrow ax^2 = 1.$$

Für $a = 0$ ist die Gleichung offenbar nicht lösbar. Ist $a \neq 0$, resultiert die Gleichung $x^2 = \frac{1}{a}$, d.h. für $a < 0$ existiert keine Lösung. Im Fall $a > 0$ sind $-\sqrt{\frac{1}{a}}$ und $\sqrt{\frac{1}{a}}$ Lösungen. Daher gilt für die Lösungsmenge in Abhängigkeit vom Parameter a:

$$\mathbb{L} = \begin{cases} \emptyset, & a \leqslant 0 \\ \left\{ -\sqrt{\frac{1}{a}}, \sqrt{\frac{1}{a}} \right\}, & a > 0 \end{cases}. \qquad \textbf{✗}$$

6.62 Beispiel

Seien $b, c \in \mathbb{R}$. Dann hat die Gleichung $\frac{6}{x-b} + \frac{c}{x-1} = 0$ den Definitionsbereich $\mathbb{D} = \mathbb{R} \setminus \{1\}$, falls $b = 1$, bzw. $\mathbb{D} = \mathbb{R} \setminus \{1, b\}$, falls $b \neq 1$.

Gilt $b = 1$, ist die Lösung gegeben durch

$$\frac{6}{x-1} + \frac{c}{x-1} = 0 \Longleftrightarrow \frac{6+c}{x-1} = 0 \Longleftrightarrow 6 + c = 0 \Longleftrightarrow c = -6.$$

Für $c = -6$ ergibt sich daher $\mathbb{L} = \mathbb{R} \setminus \{1\}$. Ansonsten ist $\mathbb{L} = \emptyset$.

Sei $b \neq 1$. Dann gilt für $x \in \mathbb{R} \setminus \{1, b\}$:

$$\frac{6}{x-b} + \frac{c}{x-1} = 0 \qquad | \cdot (x-b)(x-1)$$
$$\Longleftrightarrow \quad 6(x-1) + c(x-b) = 0$$
$$\Longleftrightarrow \quad (6+c)x = 6 + cb$$

Ist $c = -6$, resultiert die Gleichung $0 = 6(1 - b)$. Da $b \neq 1$ ist, gibt es keine Lösung. Für $c \neq -6$ ist $x = \frac{6+cb}{6+c}$ die einzige Lösung der Gleichung, die wegen $b \neq 1$ im Definitionsbereich der Gleichung liegt. Insgesamt folgt

$$\mathbb{L} = \begin{cases} \mathbb{R} \setminus \{1\}, & b = 1, c = -6 \\ \emptyset, & b = 1, c \neq -6 \\ \emptyset, & b \neq 1, c = -6 \\ \left\{ \frac{6+cb}{6+c} \right\}, & b \neq 1, c \neq -6 \end{cases}. \qquad \textbf{✗}$$

6.63 Beispiel

Die Gleichung $\frac{x^2-a^2}{|x-a|} = x$ ist für $x \in \mathbb{D} = \mathbb{R} \setminus \{a\}$ erklärt. Weiter gilt

$$\frac{x^2-a^2}{|x-a|} = x \Longleftrightarrow \frac{(x-a)(x+a)}{|x-a|} = x.$$

Der Betrag im Nenner des Bruchs führt zu einer Fallunterscheidung.

❶ Für $x \in (-\infty, a)$ folgt $|x - a| = a - x$ und

$$\frac{x^2 - a^2}{|x - a|} = x \iff \frac{(x - a)(x + a)}{a - x} = x \iff -(x + a) = x \iff x = -\frac{a}{2}.$$

Für $a > 0$ gilt $-\frac{a}{2} \in (-\infty, a)$, d.h. $\mathbb{L}_1 = \{-\frac{a}{2}\}$. Ist hingegen $a \leqslant 0$, so folgt $a \leqslant -\frac{a}{2}$ und $-\frac{a}{2} \notin (-\infty, a)$, d.h. $\mathbb{L}_1 = \emptyset$.

❷ Für $x \in (a, \infty)$ ergibt sich $|x - a| = x - a$ und

$$\frac{x^2 - a^2}{|x - a|} = x \iff \frac{(x - a)(x + a)}{x - a} = x \iff x + a = x \iff 0 = a,$$

so dass $\mathbb{L}_2 = \emptyset$ für $a \neq 0$. Für $a = 0$ folgt $\mathbb{D} = \mathbb{R} \setminus \{0\}$, d.h. $\mathbb{L}_2 = (a, \infty) = (0, \infty)$.

Insgesamt gilt also

$$\mathbb{L} = \mathbb{L}_1 \cup \mathbb{L}_2 = \begin{cases} \emptyset, & a < 0 \\ (0, \infty), & a = 0 \\ \{-\frac{a}{2}\}, & a > 0 \end{cases} \qquad \text{✗}$$

Aufgaben zum Üben in Abschnitt 6.8

258Aufgabe 6.16

6.9 Substitutionsmethode

Das Substitutionsprinzip ist ein Verfahren, das bei geeigneter Struktur einer Gleichung deren Lösung in zwei Schritten ermöglicht. Grundvoraussetzung ist, dass die interessierende Unbekannte nur im selben Term vorkommt. Dieser wird durch eine neue Variable ersetzt und die resultierende Gleichung zunächst für diese Variable gelöst.

6.64 Beispiel

Für die Gleichung $(\ln(x))^2 - 4\ln(x) + 4 = 0$ liefert die Substitution $y = \ln(x)$ die quadratische Gleichung $y^2 - 4y + 4 = 0$, die im ersten Schritt bzgl. der Variablen y gelöst wird. Wegen $y^2 - 4y + 4 = (y - 2)^2$ resultiert die einzige Lösung $y_0 = 2$.

Da eigentlich Lösungen in der Variablen x gesucht wurden, wird die Substitution im zweiten Schritt rückgängig gemacht. Dabei wird benutzt, dass $y_0 = \ln(x_0)$ genau dann eine Lösung der Gleichung $y^2 - 4y + 4 = 0$ ist, wenn x_0 der Ausgangsgleichung $(\ln(x))^2 - 4\ln(x) + 4 = 0$ genügt. Daher muss die logarithmische Gleichung

$$\ln(x_0) = y_0 = 2$$

gelöst werden. Dies ergibt $x_0 = e^2$, d.h. $\mathbb{L} = \{e^2\}$ ist Lösungsmenge der Ausgangsgleichung.   ✗

Aus dem Beispiel wird deutlich, dass die Substitutionsmethode angewendet werden kann, wenn die interessierende Variable in der Gleichung nur als Argument eines Terms $g(x)$ auftritt. In diesem Fall kann die Gleichung als ☞Verkettung zweier Terme aufgefasst werden. Beschreibt also f die betrachtete Gleichung in der Form $f(x) = 0$ und tritt die Variable x nur als Argument einer Funktion $g(x)$ auf, kann die Gleichung als

$$f(x) = 0 \iff h(g(x)) = 0$$

mit einer geeigneten Funktion h geschrieben werden. Durch Einführung der neuen Variablen $y = g(x)$ wird das Problem in die zwei Gleichungen

$$h(y) = 0 \quad \text{und} \quad y = g(x)$$

zerlegt, wobei in der Gleichung $y = g(x)$ nur die Werte für y betrachtet werden, die Lösung der Gleichung $h(y) = 0$ sind.

6.65 Beispiel

Für die Gleichung $(\ln(x))^2 - 4\ln(x) + 4 = 0$ lauten die einzelnen Ausdrücke

$$f(x) = (\ln(x))^2 - 4\ln(x) + 4, \quad g(x) = \ln(x), \quad h(y) = y^2 - 4y + 4. \qquad \textbf{✗}$$

▣ Regel (Substitutionsverfahren)

Kann eine Gleichung $f(x) = 0$ in der Form $h(g(x)) = 0$ mit geeigneten Funktionen g und h geschrieben werden, dann können die Lösungen der Gleichung $f(x) = 0$ wie folgt ermittelt werden:

① Substitution $y = g(x)$.

② Bestimmung aller Lösungen der Gleichung $h(y) = 0$.

③ Für jede Lösung y_0 der Gleichung $h(y) = 0$ resultiert eine zu lösende Gleichung $g(x) = y_0$.

Die Gesamtheit der Lösungen dieser Gleichungen bildet die Lösungsmenge der Gleichung $f(x) = 0$.

6.66 Beispiel

Die linke Seite der Gleichung $e^{2x} - e^{4x} + 2 = 0$ kann wegen $e^{4x} = (e^{2x})^2$ geschrieben werden als $f(x) = e^{2x} - (e^{2x})^2 + 2$, wobei $x \in \mathbb{D} = \mathbb{R}$. Mit der Substitution $y = e^{2x}$ resultiert die Gleichung

$$y - y^2 + 2 = 0 \iff y^2 - y - 2 = 0,$$

deren Lösungen $y_1 = -1$ und $y_2 = 2$ sind. Somit ergeben sich zwei zu lösende Gleichungen in x:

$$e^{2x} = -1 \quad \text{bzw.} \quad e^{2x} = 2.$$

Da die Exponentialfunktion stets positiv ist, hat die erste Gleichung keine Lösung. Die zweite Gleichung ist eine Exponentialgleichung mit der Lösung $x = \frac{1}{2}\ln(2) = \ln(2^{1/2}) = \ln(\sqrt{2})$. Insgesamt ist die Lösungsmenge der Ausgangsgleichung also durch $\mathbb{L} = \left\{\frac{1}{2}\ln(2)\right\}$ gegeben.   ✗

Das obige Beispiel zeigt insbesondere, dass die im zweiten Schritt zu lösenden Gleichungen nicht notwendig lösbar sein müssen. In diesem Fall liefern diese Gleichungen keinen Beitrag zur Lösungsmenge.

6.67 Beispiel
Die Anwendung der Substitutionsmethode auf die Gleichung $e^{\sqrt{x}} - e^{-x} = 0$ liefert mit $x \in \mathbb{D} = [0, \infty)$ und $y = \sqrt{x}$

$$e^y - e^{-y^2} = 0 \iff e^y = e^{-y^2} \iff e^{y+y^2} = 1 \iff y^2 + y = 0.$$

Die Lösungen dieser Gleichung sind daher $y_1 = -1$ und $y_2 = 0$. Die Rücksubstitution führt zu den Gleichungen $\sqrt{x} = -1$ bzw. $\sqrt{x} = 0$, wobei die erste Gleichung nicht lösbar ist.*Die zweite Gleichung hat die Lösung $x = 0$, d.h. $\mathbb{L} = \{0\}$.   ✗

Weitere Anwendungsbeispiele finden sich in 289Abschnitt 7.2.

Aufgaben zum Üben in Abschnitt 6.9

258Aufgabe 6.15

6.10 Lineare Gleichungssysteme mit zwei Gleichungen und zwei Unbekannten

In den bisher behandelten Fragestellungen wurden stets nur eine Unbekannte und eine Gleichung für diese Unbekannte betrachtet. Als einfache Erweiterung dieser Situation wird das Problem zweier linearer Gleichungen mit zwei Unbekannten behandelt.

Der Graph einer linearen Funktion ist eine Gerade in der Ebene. Für zwei (verschiedene) lineare Funktionen werden sich die zugehörigen Geraden i.Allg. schneiden.

6.68 Beispiel (Schnitt von Geraden)
247Abbildung 6.12 zeigt die Graphen der durch $f_1(t) = t + 3$ und $f_2(t) = -t + 1$ definierten linearen Funktionen.

Der durch die Geraden markierte Schnittpunkt (x, y) erfüllt offensichtlich die Bedingungen

$$y = x + 3 \quad \text{und} \quad y = -x + 1.$$

---
*Quadratwurzeln sind stets nicht-negativ.

Da y sowohl der Bedingung $x+3=y$ als auch der Bedingung $y=-x+1$ genügen muss, ergibt sich an x die Forderung

$$x+3=-x+1.$$

Dies ist eine lineare Gleichung in <u>einer</u> Unbekannten x, deren Lösung durch $x=-1$ gegeben ist. Somit ist der x-Wert des gesuchten Schnittpunkts bestimmt. Daraus ergibt sich sofort durch Einsetzen in eine der beiden linearen Funktionen die y-Koordinate $f_1(-1)=f_2(-1)=2$. Also ist $(-1,2)$ der Schnittpunkt der Geraden. ✗

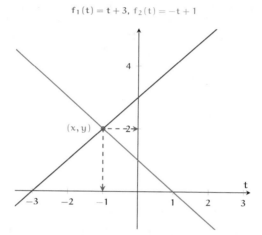

$$f_1(t)=t+3,\ f_2(t)=-t+1$$

Abbildung 6.12: Schnittpunkt von zwei Geraden.

Im Beispiel ergaben sich zwei lineare Gleichungen mit den Unbekannten x und y. Diese Situation wird im Folgenden näher untersucht, zugehörige Lösungsstrategien werden entwickelt.

▶ **Bezeichnung**

Seien $a_{11}, a_{12}, a_{21}, a_{22}, b_1, b_2$ reelle Zahlen. Dann heißt

$$a_{11}x_1 + a_{12}x_2 = b_1$$
$$a_{21}x_1 + a_{22}x_2 = b_2$$

lineares Gleichungssystem mit zwei Gleichungen und zwei Unbekannten x_1, x_2. Definitionsbereich ist $\mathbb{D}=\mathbb{R}^2$.

Werden die Unbekannten im obigem Beispiel mit x_1 und x_2 statt mit x und y bezeichnet, ergibt sich in der Notation des Gleichungssystems

$$\underbrace{(-1)}_{=a_{11}}\cdot x_1 + \underbrace{1}_{=a_{12}}\cdot x_2 = \underbrace{3}_{=b_1}$$
$$\underbrace{1}_{=a_{21}}\cdot x_1 + \underbrace{1}_{=a_{22}}\cdot x_2 = \underbrace{1}_{=b_2}$$

Die Lösungsmenge eines linearen Gleichungssystems besteht aus allen Paaren (x_1, x_2) derart, dass x_1 und x_2 beiden Gleichungen des Gleichungssystems genügen. Wie in den nächsten Abschnitten gezeigt wird, gibt es drei Typen von Lösungsmengen: Sie bestehen entweder aus einem, keinem oder unendlich vielen Elementen.

Graphische Interpretation

Eine lineare Gleichung kann als 201Gerade im Koordinatensystem visualisiert werden, d.h. zwei lineare Gleichungen werden durch zwei Geraden repräsentiert (sofern nicht die Koeffizienten vor den Unbekannten jeweils Null sind). Das zugehörige Gleichungssystem kann somit – wie im Eingangsbeispiel bereits angedeutet – als eine Forderung verstanden werden, die die Schnittpunkte der Geraden erfüllen müssen:

$$\text{Gerade } f_1: \quad a_{11}x_1 + a_{12}x_2 = b_1$$
$$\text{Gerade } f_2: \quad a_{21}x_1 + a_{22}x_2 = b_2$$

Intuitiv ist daher klar, welches Aussehen die Menge aller Schnittpunkte der Geraden haben kann:

❶ Schneiden sich die Geraden an genau einer Stelle, besitzt das zugehörige lineare Gleichungssystem genau eine Lösung.

❷ Sind die Geraden parallel, aber nicht identisch, besitzt das Gleichungssystem keine Lösung.

❸ Sind die Geraden identisch, ist jeder Punkt der Geraden ein Schnittpunkt. Dann gibt es unendlich viele Lösungen.

Lösungsmenge eines linearen Gleichungssystems

Die Lösungsmenge eines Gleichungssystems mit zwei Unbekannten und zwei Gleichungen hat folgende Gestalt:

❶ Das Gleichungssystem hat unendlich viele Lösungen. Für die Koeffizienten der Gleichungen bedeutet dies, dass es eine Zahl c gibt mit

$$a_{11} = c \cdot a_{21} \quad \text{und} \quad a_{12} = c \cdot a_{22} \quad \text{und} \quad b_1 = c \cdot b_2,$$

d.h. die erste Gleichung ist ein Vielfaches der anderen. Dies ist z.B. für das System

$$x_1 + x_2 = 3$$
$$2x_1 + 2x_2 = 6$$

der Fall, da die zweite Gleichung durch Multiplikation mit dem Faktor 2 aus der ersten entsteht. Beide Gleichungen sind daher äquivalent.

❷ Das Gleichungssystem hat keine Lösung, d.h. $\mathbb{L} = \emptyset$.

Dies ist der Fall, wenn es eine reelle Zahl c gibt mit

$$a_{11} = c \cdot a_{21} \quad \text{und} \quad a_{12} = c \cdot a_{22} \quad \text{und} \quad b_1 \neq c \cdot b_2.$$

Die linken Seiten der Gleichungen sind Vielfache mit dem Faktor c, die rechten Seiten erfüllen diese Bedingung aber nicht. Diese Situation liegt im Beispiel

$$x_1 + x_2 = 3$$
$$2x_1 + 2x_2 = 17$$

vor, da $2(x_1 + x_2) = 2x_1 + 2x_2$, aber $2 \cdot 3 \neq 17$.

❸ Das Gleichungssystem besitzt eine eindeutige Lösung, d.h. $\mathbb{L} = \{(x_1, x_2)\}$.

Dies ist stets der Fall, wenn keiner der obigen beiden Fälle eintritt.

Zur Bestimmung von Lösungen eines linearen Gleichungssystems werden im Folgenden drei verschiedene Lösungsmethoden, das Einsetzungsverfahren, das Additionsverfahren und das Gleichsetzungsverfahren, vorgestellt. Dabei ist es unerheblich, welche Variable zu Lösung herangezogen wird. Die jeweils aktuelle erste Gleichung wird mit I, die zweite mit II bezeichnet.

Einsetzungsverfahren

Beim **Einsetzungsverfahren** wird eine der Gleichungen nach einer der Unbekannten aufgelöst und das Ergebnis in die andere eingesetzt. Dabei spielen weder die Wahl der Gleichung noch die der Unbekannten eine Rolle.

Wesentlich bei den folgenden Lösungsschritten ist, dass lediglich elementare Umformungen verwendet werden und die Gleichung, die nach einer Variablen aufgelöst wird, stets mitgeführt wird. Letzteres ist allerdings nicht notwendig und aus Gründen einer kompakteren Notation kann darauf verzichtet werden. Im Folgenden wird bei allen Umformungen die zweite Gleichung jedoch stets notiert, da diese systematische Darstellung ein besseres Verständnis der Lösungsstrategie ermöglicht.

6.69 Beispiel

$$\begin{aligned} x_1 - x_2 &= 3 \\ x_1 + 2x_2 &= 6 \end{aligned} \quad \Big| \text{nach } x_1 \text{ auflösen}$$

$$\Longleftrightarrow \quad \begin{aligned} x_1 - x_2 &= 3 \\ x_1 &= 6 - 2x_2 \end{aligned} \quad \Big| \text{Einsetzen in I}$$

$$\Longleftrightarrow \quad \begin{aligned} 6 - 2x_2 - x_2 &= 3 \\ x_1 &= 6 - 2x_2 \end{aligned} \quad \Big| \text{Auflösen nach } x_2$$

$$\Longleftrightarrow \qquad x_2 = 1 \qquad\qquad \Big| \text{Einsetzen in II}$$
$$ x_1 \quad = 6 - 2x_2$$

$$\Longleftrightarrow \qquad x_2 = 1$$
$$ x_1 \quad = 6 - 2 \cdot 1 \qquad \Big| \text{Vereinfachen}$$

$$\Longleftrightarrow \qquad x_2 = 1$$
$$ x_1 \quad = 4$$

Die Lösungsmenge ist somit $\mathbb{L} = \{(4, 1)\}$.   ✗

Dieser Ansatz lässt sich wie folgt zusammenfassen:

> ▸ **Regel (Einsetzungsverfahren)**
>
> ① Auflösen einer Gleichung nach einer der Unbekannten.
>
> ② Einsetzen des Ergebnisses in die andere Gleichung.
>
> ③ Lösen der entstandenen linearen Gleichung mit einer Unbekannten.
>
> ④ Einsetzen der Lösung in eine der ursprünglichen Gleichungen und Berechnung der anderen Unbekannten.

Nun wird an Beispielen illustriert, wie sich dieses Verfahren verhält, wenn es keine bzw. unendlich viele Lösungen gibt.

6.70 Beispiel

$$x_1 - x_2 = 4 \qquad\qquad \Big| \text{nach } x_1 \text{ auflösen}$$
$$-3x_1 + 3x_2 = 2$$

$$\Longleftrightarrow \qquad x_1 \quad = 4 + x_2 \qquad \Big| \text{Einsetzen in II}$$
$$ -3x_1 + 3x_2 = 2$$

$$\Longleftrightarrow \qquad x_1 \quad = 4 + x_2$$
$$ -3(4 + x_2) + 3x_2 = 2 \qquad \Big| \text{Vereinfachen}$$

$$\Longleftrightarrow \qquad x_1 \quad = 4 + x_2$$
$$ -12 \overset{!}{=} 2$$

Dies ist offensichtlich ein Widerspruch, da die Aussage $-12 \overset{!}{=} 2$ falsch ist. Das Gleichungssystem hat daher keine Lösung, d.h. $\mathbb{L} = \emptyset$.   ✗

6.71 Beispiel

Das folgende Gleichungssystem hat eine unendliche Lösungsmenge.

$$
\begin{aligned}
x_1 - \ x_2 &= 4 \qquad &&\big|\text{nach } x_1 \text{ auflösen} \\
-3x_1 + 3x_2 &= -12 &&
\end{aligned}
$$

$$
\Longleftrightarrow \quad
\begin{aligned}
x_1 \ &= 4 + x_2 \qquad &&\big|\text{Einsetzen in II} \\
-3x_1 + 3x_2 &= -12 &&
\end{aligned}
$$

$$
\Longleftrightarrow \quad
\begin{aligned}
x_1 \ &= 4 + x_2 \\
-3(4 + x_2) + 3x_2 &= -12 \qquad &&\big|\text{Vereinfachen}
\end{aligned}
$$

$$
\Longleftrightarrow \quad
\begin{aligned}
x_1 \ &= 4 + x_2 \\
-12 &= -12
\end{aligned}
$$

Die Aussage $-12 = -12$ ist wahr, so dass es unendlich viele Lösungen gibt, die auf der durch die Gleichung $x_1 = 4 + x_2$ definierten Geraden liegen:

$$\mathbb{L} = \{(x_1, x_2) \mid x_1 = x_2 + 4, x_2 \in \mathbb{R}\} = \{(x_2 + 4, x_2) \mid x_2 \in \mathbb{R}\}.$$

Da Division der Gleichung $-3x_1 + 3x_2 = -12$ durch -3 gerade die Gleichung $x_1 - x_2 = 4$ ergibt, kann auch die folgende, äquivalente Darstellung der Lösungsmenge verwendet werden: $\mathbb{L} = \{(x_1, x_2) \mid -3x_1 + 3x_2 = -12\}.$ ✘

Gleichsetzungsverfahren

Beim **Gleichsetzungsverfahren** werden beide Gleichungen nach der selben Unbekannten aufgelöst und anschließend gleichgesetzt. Die resultierende lineare Gleichung wird dann nach der verbliebenen Unbekannten aufgelöst. Die Wahl der Unbekannten spielt dabei keine Rolle. Von der Vorgehensweise ist das Gleichsetzungsverfahren dem Einsetzungsverfahren daher sehr ähnlich.

6.72 Beispiel

$$
\begin{aligned}
x_1 + 2x_2 &= 6 \qquad &&\big|\text{nach } x_1 \text{ auflösen} \\
x_1 - \ x_2 &= 3 &&\big|\text{nach } x_1 \text{ auflösen}
\end{aligned}
$$

$$
\Longleftrightarrow \quad
\begin{aligned}
x_1 \ &= 6 - 2x_2 \\
x_1 \ &= 3 + x_2 \qquad &&\big|\text{Gleichsetzen}
\end{aligned}
$$

$$
\Longleftrightarrow \quad
\begin{aligned}
x_1 \ &= 6 - 2x_2 \\
6 - 2x_2 &= 3 + x_2 \qquad &&\big|\text{Auflösen nach } x_2
\end{aligned}
$$

$$
\Longleftrightarrow \quad
\begin{aligned}
x_1 \ &= 6 - 2x_2 \\
x_2 &= 1 \qquad &&\big|\text{Einsetzen in I}
\end{aligned}
$$

$$
\Longleftrightarrow \quad
\begin{aligned}
x_1 \ &= 4 \\
x_2 &= 1
\end{aligned}
$$

Die Lösungsmenge ist somit $\mathbb{L} = \{(4, 1)\}$. ✘

Dieses Verfahren lässt sich wie folgt zusammenfassen.

> ▶ **Regel (Gleichsetzungsverfahren)**
>
> ① Auflösen beider Gleichungen nach der selben Unbekannten.
>
> ② Gleichsetzen der resultierenden rechten Seiten.
>
> ③ Lösen der entstandenen linearen Gleichung mit einer Unbekannten.
>
> ④ Einsetzen der Lösung in eine der ursprünglichen Gleichungen und Berechnung der anderen Unbekannten.

Abschließend wird auch dieses Verfahren für die zwei Sonderfälle betrachtet.

6.73 Beispiel

$$x_1 + x_2 = 6 \qquad \text{| nach } x_1 \text{ auflösen}$$
$$2x_1 + 2x_2 = 4 \qquad \text{| nach } x_1 \text{ auflösen}$$

$$\Longleftrightarrow \quad x_1 = 6 - x_2$$
$$x_1 = 2 - x_2 \qquad \text{| Gleichsetzen}$$

$$\Longleftrightarrow \quad x_1 = 6 - x_2$$
$$6 - x_2 = 2 - x_2 \qquad \text{| Vereinfachen}$$

$$\Longleftrightarrow \quad x_1 = 6 - x_2$$
$$6 \overset{\text{?}}{=} 2$$

Die entstandene lineare Gleichung ist also nicht lösbar, so dass die Lösungsmenge des Gleichungssystems leer ist, d.h. $\mathbb{L} = \emptyset$.   ✗

6.74 Beispiel

Das folgende Gleichungssystem hat eine unendliche Lösungsmenge.

$$x_1 + x_2 = 6 \qquad \text{| nach } x_1 \text{ auflösen}$$
$$2x_1 + 2x_2 = 12 \qquad \text{| nach } x_1 \text{ auflösen}$$

$$\Longleftrightarrow \quad x_1 = 6 - x_2 \qquad \text{| Gleichsetzen}$$
$$x_1 = 6 - x_2$$

$$\Longleftrightarrow \quad x_1 = 6 - x_2$$
$$6 - x_2 = 6 - x_2 \qquad \text{| Auflösen nach } x_2$$
$$\Longleftrightarrow \quad x_1 = 6 - x_2$$
$$6 = 6$$

Die letzte Gleichung ist stets erfüllt, so dass die Lösungen des Gleichungssystems auf der Geraden $x_1 + x_2 = 6$ liegen. Es folgt $\mathbb{L} = \{(x_1, x_2) \,|\, x_1 + x_2 = 6\}$.   ✗

Additionsverfahren

Beim **Additionsverfahren** werden die Gleichungen jeweils mit einer geeigneten Zahl (ungleich Null) derart multipliziert, dass beim Addieren der linken und rechten Seiten mindestens eine der Variablen verschwindet. Die nach der Addition entstandene lineare Gleichung wird dann gelöst und das Ergebnis in eine der ursprünglichen Gleichungen eingesetzt. Wie die anderen Lösungsstrategien wird auch diese zunächst an einem Beispiel erläutert.

6.75 Beispiel

$$x_1 + 2x_2 = 6$$
$$x_1 - x_2 = 3 \qquad | \cdot (-1)$$

$$\Longleftrightarrow \quad x_1 + 2x_2 = 6$$
$$-x_1 + x_2 = -3 \qquad | \text{Addieren von I und II}$$

$$\Longleftrightarrow \quad x_1 + 2x_2 = 6$$
$$3x_2 = 3 \qquad | : 3$$

$$\Longleftrightarrow \quad x_1 + 2x_2 = 6$$
$$x_2 = 1 \qquad | \text{Einsetzen in I}$$

$$\Longleftrightarrow \quad x_1 \quad = 4$$
$$x_2 = 1$$

Es ergibt sich also $\mathbb{L} = \{(4, 1)\}$.   ✗

Dieses Verfahren lässt sich wie folgt zusammenfassen:

> ▶ **Regel (Additionsverfahren)**
>
> ① Geeignete Multiplikation der Gleichungen derart, dass sich mindestens eine der Unbekannten bei der anschließenden Addition der modifizierten Gleichungen aufhebt.
>
> ② Addition der linken und rechten Seiten.
>
> ③ Lösen der entstandenen linearen Gleichung mit einer Unbekannten.
>
> ④ Einsetzen der Lösung in eine der ursprünglichen Gleichungen und Berechnung der anderen Unbekannten.

An den folgenden Beispielen wird gezeigt, wie mittels des Additionsverfahrens erkannt werden kann, dass das Gleichungssystem keine Lösung bzw. unendlich viele Lösungen besitzt.

6.76 Beispiel

$$x_1 + 2x_2 = 6$$
$$-2x_1 - 4x_2 = 8 \qquad | : 2$$

$$\Longleftrightarrow \qquad x_1 + 2x_2 = 6$$
$$-x_1 - 2x_2 = 4 \qquad \Big| \text{Addieren von I und II}$$

$$\Longleftrightarrow \qquad x_1 + 2x_2 = 6$$
$$0 \overset{!}{=} 10$$

Die resultierende Gleichung hat also keine Lösung, d.h. $\mathbb{L} = \emptyset$.   ✗

6.77 Beispiel

Das folgende Gleichungssystem hat unendlich viele Lösungen.

$$x_1 + 2x_2 = 6$$
$$-2x_1 - 4x_2 = -12 \qquad | : 2$$

$$\Longleftrightarrow \qquad x_1 + 2x_2 = 6$$
$$-x_1 - 2x_2 = -6 \qquad \Big| \text{Addieren von I und II}$$

$$\Longleftrightarrow \qquad x_1 + 2x_2 = 6$$
$$0 = 0$$

Die letzte Gleichung ist immer erfüllt, d.h. die Lösungsmenge wird durch die erste Gleichung vollständig beschrieben. Sie besteht aus allen Punkten (x_1, x_2), die auf der Geraden $x_1 + 2x_2 = 6$ liegen, d.h.

$$\mathbb{L} = \{(x_1, x_2) \mid x_1 + 2x_2 = 6\}.   ✗$$

Abschließend sei angemerkt, dass auch lineare Gleichungssysteme mit mehr als zwei Unbekannten und mehr als zwei Gleichungen betrachtet werden können. Zu Fragen der Lösbarkeit und zur allgemeinen Lösung dieser Systeme sei auf Kamps, Cramer und Oltmanns (2009) verwiesen.

Aufgaben zum Üben in Abschnitt 6.10

[259]Aufgabe 6.18, [259]Aufgabe 6.19

6.11 Aufgaben

6.1 Aufgabe ([259]Lösung)

Lösen Sie die linearen Gleichungen.

(a) $4x + (2x - 3) = 3$ (f) $x(3 + 4) + 14 = 7(x + 2)$

(b) $(3 - x) + (6x - 1) = 5x + 2$ (g) $4x + 5(x + 2) = 12 + 5x$

(c) $(4x + 1) - (2x - 2) = 9$ (h) $1 - 2(x + 2) = (4 + x) - 3(x + 2)$

(d) $-4 + (7x + 1) = 3(x - 1)$ (i) $3(x + 5) - 5(1 + 3x) = 2$

(e) $4(1 + 2x) = 3 + 2(1 + 4x)$ (j) $3(3x - 1) - 3x = 3(1 + 2x)$

6.2 Aufgabe ([260]Lösung)

Bestimmen Sie die Lösungen der quadratischen Gleichungen. Verwenden Sie ggf. die [14]binomischen Formeln.

(a) $(x + 3)(x + 4) = 0$ (c) $x^2 - 5x = 0$ (e) $x^2 - 2x + 1 = 0$

(b) $x^2 - 9 = 0$ (d) $2x^2 = 6x$ (f) $x^2 = 25$

6.3 Aufgabe ([261]Lösung)

Lösen Sie die quadratischen Gleichungen mit der Methode der quadratischen Ergänzung.

(a) $x^2 - 4x + 3 = 0$ (c) $-x^2 - 6x - 5 = 0$ (e) $x^2 + 10x + 50 = 0$

(b) $x^2 - 3x + \frac{9}{4} = 0$ (d) $4x^2 - 8x + 3 = 0$ (f) $x^2 + 14x = -13$

6.4 Aufgabe ([262]Lösung)

Lösen Sie die quadratischen Gleichungen mit der [209]pq-Formel.

(a) $x^2 + 4x + 3 = 0$ (c) $x^2 + x + 1 = 0$ (e) $x^2 + 5x + 7 = 0$

(b) $x^2 + 2x = -1$ (d) $3x^2 + 3x - 18 = 0$ (f) $x^2 + 6x + 9 = 0$

6.5 Aufgabe (262 Lösung)

Stellen Sie jeweils eine quadratische Gleichung in Normalform auf, die folgende Lösungen besitzt.

(a) $x_1 = 3$, $x_2 = -3$ (d) $x_1 = 1 + \sqrt{3}$, $x_2 = 1 - \sqrt{3}$

(b) $x_1 = \frac{1}{2}$, $x_2 = 0$ (e) $x_1 = 2$, $x_2 = -5$

(c) $x_1 = x_2 = 4$ (f) $x_1 = x_2 = 0$

6.6 Aufgabe (262 Lösung)

Schreiben Sie die Terme als Produkt von Linearfaktoren.

(a) $x^2 - 1$ (c) $x^2 + \frac{1}{3}x$ (e) $x^2 + 5x - 14$

(b) $x^2 - 6x + 4$ (d) $x^2 - 2x - 15$ (f) $2x^2 - 2x - 24$

6.7 Aufgabe (263 Lösung)

Bestimmen Sie jeweils die zweite Lösung der quadratischen Gleichung, ohne diese explizit zu lösen.

(a) $x^2 + x - 6 = 0$; $x_1 = 2$ (d) $x^2 + \frac{x}{2} - 3 = 0$; $x_1 = -2$

(b) $x^2 - 8x - 9 = 0$; $x_1 = -1$ (e) $6x^2 + 2x = 0$; $x_1 = 0$

(c) $4x^2 - 16x + 7 = 0$; $x_1 = \frac{1}{2}$ (f) $2x^2 - 18x + 40 = 0$; $x_1 = 4$

6.8 Aufgabe (263 Lösung)

Ermitteln Sie jeweils die Definitionsmenge der Bruchgleichung, und lösen Sie die Gleichung.

(a) $\frac{2x-1}{2x+5} = \frac{1}{3}$ (d) $\frac{4x+3}{x-6} = \frac{4x-5}{x+2}$

(b) $\frac{1}{x+4} = \frac{3}{x-3}$ (e) $\frac{1}{9x} + \frac{2}{21x} = -\frac{9}{63x} + \frac{2}{21}$

(c) $\frac{x-2}{x-2} = \frac{2x-7}{3x-9}$ (f) $\frac{x-1}{1-x} - \frac{x-3}{x-1} = 0$

6.9 Aufgabe (265 Lösung)

Ermitteln Sie jeweils die Definitionsmenge der Bruchgleichung, und lösen Sie die Gleichung.

(a) $\frac{3x+2}{x-2} = \frac{4x+3}{x-1}$

(b) $\frac{x-2}{x-3} = \frac{2x^2-x-1}{(x-3)(x-1)}$

(c) $\frac{x-2}{5x+3} + \frac{3}{x+1} = 1$

(d) $\frac{x-3}{x^2-9} = 0$

(e) $\frac{2x-10}{14-2x} = 1 - \frac{4}{2x-14}$

(f) $\frac{x-6}{1-x} + \frac{5}{(1-x)(x-6)} = \frac{x-7}{x-6}$

6.10 Aufgabe (267 Lösung)

Ermitteln Sie jeweils die Definitionsmenge der Wurzelgleichung, und lösen Sie die Gleichung.

(a) $\sqrt{12x-3} = 3$

(b) $\sqrt{3x-21} = x-7$

(c) $\sqrt{15x-40} + 3x = 8$

(d) $\sqrt{9x-5} = 4 - \sqrt{3+x}$

(e) $\sqrt{2+x} + \sqrt{4x-3} = 2$

(f) $\sqrt{2x-5} - \sqrt{3x+4} = 1$

6.11 Aufgabe (268 Lösung)

Ermitteln Sie jeweils die Definitionsmenge der Wurzelgleichung, und lösen Sie die Gleichung.

(a) $\sqrt{1+\sqrt{x}} = \sqrt{x-1}$

(b) $\sqrt{x+\sqrt{x+16}} = 2$

(c) $\sqrt[4]{x-1} = 3$

(d) $\sqrt[6]{2x+4} = -1$

(e) $\sqrt[5]{x+4} = -2$

(f) $\sqrt[4]{x+1} - \sqrt{x-1} = 0$

6.12 Aufgabe (271 Lösung)

Ermitteln Sie jeweils die Definitionsmenge der logarithmischen Gleichung, und lösen Sie die Gleichung.

(a) $\log_3(x-1) = 2$

(b) $-\log_4(2x) = \log_4(6)$

(c) $\lg(x^2-1) = 0$

(d) $2\ln(3x-3) = 1$

(e) $\lg(x+1) - \lg(2) = 2$

(f) $\log_2(x) = \log_3(x)$

6.13 Aufgabe (272Lösung)

Ermitteln Sie jeweils die Definitionsmenge der logarithmischen Gleichung, und lösen Sie die Gleichung.

(a) $\lg(5) + \lg(25x) = 6 - \lg(5x)$

(b) $\log_2\left((x+1)^2\right) = 2\log_2(4)$

(c) $2\ln(2x-2) = \ln(x) + \ln(5x-11)$

(d) $\ln(x-1) - \frac{1}{3}\ln(8) = \frac{1}{5}\ln(32) - \ln(x+2)$

(e) $-\frac{1}{3}\ln\left(\frac{1}{27}\right) - \ln(x-5) - \ln(x-7) = \frac{1}{2}\ln\left(\frac{1}{25}\right)$

(f) $2\lg(4(x-1)) = \lg(x) + \lg(17x-38)$

6.14 Aufgabe (274Lösung)

Lösen Sie die Exponentialgleichungen.

(a) $(3^{x-3})^{x+3} = (3^{x+2})^{x-3}$

(b) $4(4^{x+2})^{x-5} = 4^{3x-2}(4^x)^{x-4}$

(c) $\sqrt{5^{4x-8}} = \sqrt[3]{5^{9x+1}}$

(d) $(6^{x+3})^{1/(5-x)} = (6^{3-x})^{1/(x-7)}$

(e) $\left(\frac{3}{2}\right)^{5x-7} = \left(\frac{2}{3}\right)^{3x-17}$

(f) $9 \cdot 2^{x+3} - 4 \cdot 3^x = 3^{x+1} + 9(3^x - 2^x)$

6.15 Aufgabe (275Lösung)

Lösen Sie die Gleichungen mit der Substitutionsmethode. Geben Sie außerdem den Definitionsbereich an.

(a) $x^6 - x^3 + 1 = 0$

(b) $2^{z+1} = 4^z + 1$

(c) $e^{3y} - e^{-y} = 0$

(d) $\ln(t^6) - \ln(3t^6 - 1) = 0$

6.16 Aufgabe (276Lösung)

Lösen Sie die Gleichungen in Abhängigkeit vom Parameter a.

(a) $x^2 - a = 0$

(b) $x^2 - 2ax = 0$

(c) $x^2 - 2ax - 15a^2 = 0$

(d) $x^2 - 4ax - 7x + 28a = 0$

(e) $\frac{x^2 + 3a}{3+a} = 0$, $a \neq -3$

(f) $x - a = \frac{2a^2}{x}$

6.17 Aufgabe (278Lösung)

Lösen Sie die Betragsgleichungen.

(a) $|5x - 1| = 9$

(b) $|3x - 2| + 2 = x^2$

(c) $|x - 1| + 2|x - 2| = 2x$

(d) $|x + 1| + 2 = -|2x - 6| + |x - 1|$

(e) $|x - 3| - |2x + 4| = 0$

(f) $|x - 5| + |x + 1| - 2|x - 2| = 1$

6.18 Aufgabe (279Lösung)

Lösen Sie die Gleichungen in zwei Variablen jeweils mit den im Text eingeführten Verfahren.

(a)
$$\begin{aligned} x_1 - 3x_2 &= -1 \\ -4x_1 + 5x_2 &= -3 \end{aligned}$$
(b)
$$\begin{aligned} 4x_1 - 3x_2 &= 3 \\ -8x_1 + 6x_2 &= -6 \end{aligned}$$
(c)
$$\begin{aligned} 4x_1 - 3x_2 &= 3 \\ -8x_1 + 6x_2 &= 0 \end{aligned}$$

6.19 Aufgabe (281Lösung)

Ermitteln Sie alle Schnittpunkte der durch die folgenden Gleichungen festgelegten Geraden:

$$(I)\ 2y + x = 4, \quad (II)\ 4x - y = 1, \quad (III)\ 2x + 4y = -1.$$

Skizzieren Sie die Situation zunächst in einem Graphen.

6.12 Lösungen

Ausgewählte Gleichungen werden jeweils als Schnittpunkte von Funktionsgraphen illustriert. Dabei werden die rechte Seite der Gleichung stets durch eine blau gezeichnete Kurve, die linke durch eine schwarz gezeichnete Kurve dargestellt.

6.1 Lösung (255Aufgabe)

(a) $4x + (2x - 3) = 3 \iff 6x - 3 = 3 \mid +3 \iff 6x = 6 \mid : 6$
$\iff x = 1; \quad \blacktriangleright \mathbb{L} = \{1\}$

(b) $(3 - x) + (6x - 1) = 5x + 2 \iff 5x + 2 = 5x + 2 \mid -5x - 2$
$\iff 0 = 0; \quad \blacktriangleright \mathbb{L} = \mathbb{R}$

(c) $(4x + 1) - (2x - 2) = 9 \iff 4x + 1 - 2x + 2 = 9$
$\iff 2x + 3 = 9 \mid -3 \iff 2x = 6 \mid : 2$
$\iff x = 3; \quad \blacktriangleright \mathbb{L} = \{3\}$

(d) $-4 + (7x + 1) = 3(x - 1) \iff 7x - 3 = 3x - 3 \,|-3x + 3$
$$\iff 4x = 0 \,|:4 \iff x = 0; \quad \blacktriangleright \mathbb{L} = \{0\}$$

(e) $4(1 + 2x) = 3 + 2(1 + 4x) \iff 4 + 8x = 3 + 2 + 8x$
$$\iff 8x + 4 = 8x + 5 \,|-8x - 4$$
$$\iff 0 \overset{\text{\tiny 4}}{=} 1; \quad \blacktriangleright \mathbb{L} = \emptyset$$

(f) $x(3 + 4) + 14 = 7(x + 2) \iff 7x + 14 = 7x + 14 \,|-7x - 14$
$$\iff 0 = 0; \quad \blacktriangleright \mathbb{L} = \mathbb{R}$$

(g) $4x + 5(x + 2) = 12 + 5x \iff 4x + 5x + 10 = 12 + 5x \,|-5x - 10$
$$\iff 4x = 2 \,|:4 \iff x = \tfrac{1}{2}; \quad \blacktriangleright \mathbb{L} = \{\tfrac{1}{2}\}$$

(h) $1 - 2(x + 2) = (4 + x) - 3(x + 2) \iff 1 - 2x - 4 = 4 + x - 3x - 6$
$$\iff -2x - 3 = -2x - 2 \,|+2x + 3$$
$$\iff 0 \overset{\text{\tiny 4}}{=} 1; \quad \blacktriangleright \mathbb{L} = \emptyset$$

(i) $3(x + 5) - 5(1 + 3x) = 2 \iff 3x + 15 - 5 - 15x = 2 \,|-10$
$$\iff -12x = -8 \,|:(-12)$$
$$\iff x = \tfrac{2}{3}; \quad \blacktriangleright \mathbb{L} = \{\tfrac{2}{3}\}$$

(j) $3(3x - 1) - 3x = 3(1 + 2x) \iff 6x - 3 = 6x + 3 \,|-6x + 3$
$$\iff 0 \overset{\text{\tiny 4}}{=} 6; \quad \blacktriangleright \mathbb{L} = \emptyset$$

6.2 Lösung ([255]Aufgabe)

Die Anwendung einer binomischen Formel wird jeweils mit $\overset{①}{\iff}$, $\overset{②}{\iff}$, $\overset{③}{\iff}$ markiert.

(a) $(x + 3)(x + 4) = 0 \iff x + 3 = 0$ oder $x + 4 = 0$, d.h. $x_1 = -3$ und $x_2 = -4$;
   $\blacktriangleright \mathbb{L} = \{-3, -4\}$

(b) $x^2 - 9 = 0 \overset{③}{\iff} (x - 3)(x + 3) = 0 \iff x - 3 = 0$ oder $x + 3 = 0$, d.h.
   $x_1 = 3$ und $x_2 = -3$; $\blacktriangleright \mathbb{L} = \{-3, 3\}$

(c) $x^2 - 5x = 0 \iff x(x - 5) = 0 \iff x = 0$ oder $x - 5 = 0$, d.h. $x_1 = 0$ und
   $x_2 = 5$; $\blacktriangleright \mathbb{L} = \{0, 5\}$

(d) $2x^2 = 6x \,|-6x \iff 2x^2 - 6x = 0 \iff 2x(x - 3) = 0$
$$\iff 2x = 0 \text{ oder } x - 3 = 0,$$
   d.h. $x_1 = 0$ und $x_2 = 3$; $\blacktriangleright \mathbb{L} = \{0, 3\}$

(e) $x^2 - 2x + 1 = 0 \overset{②}{\iff} (x - 1)^2 = 0 \iff x - 1 = 0 \iff x = 1$;
   $\blacktriangleright \mathbb{L} = \{1\}$

(f) $x^2 = 25 \mid -25 \iff x^2 - 25 = 0 \overset{③}{\iff} (x-5)(x+5) = 0$
$$\iff x - 5 = 0 \text{ oder } x + 5 = 0,$$

d.h. $x_1 = 5$ und $x_2 = -5$; ➥ $\mathbb{L} = \{-5, 5\}$

6.3 Lösung (⊡Aufgabe)

(a) $x^2 - 4x + 3 = 0 \mid -3 \iff x^2 + 2 \cdot (-2)x = -3 \mid + (-2)^2$
$$\iff (x-2)^2 = 1 \iff (x-2)^2 - 1^2 = 0$$
$$\iff (x-1)(x-3) = 0,$$

d.h. $x_1 = 3$ und $x_2 = 1$; ➥ $\mathbb{L} = \{1, 3\}$

(b) $x^2 - 3x + \frac{9}{4} = 0 \iff x^2 + 2 \cdot (-\frac{3}{2}x) + (-\frac{3}{2})^2 = 0$
$$\iff (x - \frac{3}{2})^2 = 0 \iff x = \frac{3}{2}; ➥ \mathbb{L} = \{\frac{3}{2}\}$$

(c) $-x^2 - 6x - 5 = 0 \mid \cdot (-1) \iff x^2 + 6x + 5 = 0 \mid -5$
$$\iff x^2 + 2 \cdot 3x = -5 \mid + 3^2$$
$$\iff (x+3)^2 = 4$$
$$\iff (x+3)^2 - 2^2 = 0$$
$$\iff (x+1)(x+5) = 0,$$

d.h. $x_1 = -1$ und $x_2 = -5$; ➥ $\mathbb{L} = \{-1, -5\}$

(d) $4x^2 - 8x + 3 = 0 \mid : 4 \iff x^2 - 2x + \frac{3}{4} = 0 \mid -\frac{3}{4}$
$$\iff x^2 + 2 \cdot (-x) = -\frac{3}{4} \mid + 1^2$$
$$\iff (x-1)^2 = \frac{1}{4}$$
$$\iff (x-1)^2 - (\frac{1}{2})^2 = 0$$
$$\iff (x - \frac{3}{2})(x - \frac{1}{2}) = 0,$$

d.h. $x_1 = \frac{3}{2}$ und $x_2 = \frac{1}{2}$; ➥ $\mathbb{L} = \{\frac{1}{2}, \frac{3}{2}\}$

(e) $x^2 + 10x + 50 = 0 \mid -50 \iff x^2 + 2 \cdot 5x = -50 \mid + 5^2$
$$\iff (x+5)^2 = -25; ➥ \mathbb{L} = \emptyset$$

(f) $x^2 + 14x = -13 \iff x^2 + 2 \cdot 7x = -13 \mid + 7^2$
$$\iff (x+7)^2 = 36$$
$$\iff (x+1)(x+13) = 0,$$

d.h. $x_1 = -1$ und $x_2 = -13$; ➥ $\mathbb{L} = \{-1, -13\}$

6.4 Lösung (⊠Aufgabe)

In Abhängigkeit von der ⊠Diskriminante $D = \left(\frac{p}{2}\right)^2 - q$ wird zunächst entschieden, wie viele Lösungen die Gleichung hat.

(a) $x^2 + 4x + 3 = 0$; $D = \left(\frac{4}{2}\right)^2 - 3 = 1 > 0$, d.h. $x_1 = -\frac{4}{2} + \sqrt{1} = -1$ und
$x_2 = -\frac{4}{2} - \sqrt{1} = -3$; ➥ $\mathbb{L} = \{-1, -3\}$

(b) $x^2 + 2x = -1 \mid +1 \iff x^2 + 2x + 1 = 0$; $D = \left(\frac{2}{2}\right)^2 - 1 = 0$, d.h.
$x = -\frac{2}{2} = -1$; ➥ $\mathbb{L} = \{-1\}$

(c) $x^2 + x + 1 = 0$; $D = \left(\frac{1}{2}\right)^2 - 1 = -\frac{3}{4} < 0$; ➥ $\mathbb{L} = \emptyset$

(d) $3x^2 + 3x - 18 = 0 \mid :3 \iff x^2 + x - 6 = 0$; $D = \left(\frac{1}{2}\right)^2 + 6 = \frac{25}{4} > 0$, d.h.
$x_1 = -\frac{1}{2} + \sqrt{\frac{25}{4}} = 2$ und $x_2 = -\frac{1}{2} - \sqrt{\frac{25}{4}} = -3$; ➥ $\mathbb{L} = \{-3, 2\}$

(e) $x^2 + 5x + 7 = 0$; $D = \left(\frac{5}{2}\right)^2 - 7 = -\frac{3}{4} < 0$; ➥ $\mathbb{L} = \emptyset$

(f) $x^2 + 6x + 9 = 0$; $D = \left(\frac{6}{2}\right)^2 - 9 = 0$, d.h. $x = -3$; ➥ $\mathbb{L} = \{-3\}$

6.5 Lösung (⊠Aufgabe)

Nach dem ⊠Satz von Vieta gilt mit den Bezeichnungen $x^2 + px + q = 0$ sowie $p = -(x_1 + x_2)$ und $q = x_1 \cdot x_2$ mit den Lösungen x_1 und x_2 ($\overset{③}{=}$ meint die Anwendung der dritten binomischen Formel):

(a) $p = -(3 - 3) = 0$; $q = 3 \cdot (-3) = -9 \implies x^2 - 9 = 0$

(b) $p = -(\frac{1}{2} + 0) = -\frac{1}{2}$; $q = 0 \cdot \frac{1}{2} = 0 \implies x^2 - \frac{1}{2}x = 0$

(c) $p = -(4 + 4) = -8$; $q = 4 \cdot 4 = 16 \implies \underbrace{x^2 - 8x + 16}_{=(x-4)^2} = 0$

(d) $p = -(1 + \sqrt{3} + 1 - \sqrt{3}) = -2$; $q = (1 + \sqrt{3})(1 - \sqrt{3}) \overset{③}{=} 1^2 - (\sqrt{3})^2$
$= 1 - 3 = -2 \implies x^2 - 2x - 2 = 0$

(e) $p = -(2 - 5) = 3$; $q = 2 \cdot (-5) = -10 \implies x^2 + 3x - 10 = 0$

(f) $p = -(0 + 0) = 0$; $q = 0 \cdot 0 = 0 \implies x^2 = 0$

6.6 Lösung (⊠Aufgabe)

(a) $x^2 - 1 = (x - 1)(x + 1)$ (dritte ⊠binomische Formel)

(b) $x^2 - 6x + 4 = 0$: $D = \left(-\frac{6}{2}\right)^2 - 4 = 5 > 0$, d.h. $x_1 = 3 + \sqrt{5}$ und $x_2 = 3 - \sqrt{5}$;
$\implies x^2 - 6x + 4 = (x - 3 - \sqrt{5})(x - 3 + \sqrt{5})$

(c) $x^2 + \frac{1}{3}x = x\left(x + \frac{1}{3}\right)$

(d) $x^2 - 2x - 15 = 0$: $D = \left(-\frac{2}{2}\right)^2 + 15 = 16 > 0$, d.h. $x_1 = 1 + \sqrt{16} = 5$ und
$x_2 = 1 - \sqrt{16} = -3$; $\Longrightarrow x^2 - 2x - 15 = (x-5)(x+3)$

(e) $x^2 + 5x - 14 = 0$: $D = \left(\frac{5}{2}\right)^2 + 14 = \frac{81}{4} > 0$, d.h. $x_1 = -\frac{5}{2} + \frac{9}{2} = 2$ und
$x_2 = -\frac{5}{2} - \frac{9}{2} = -7$; $\Longrightarrow x^2 + 5x - 14 = (x-2)(x+7)$

(f) $2x^2 - 2x - 24 = 0 \,\big|\, : 2 \iff x^2 - x - 12 = 0; D = \left(-\frac{1}{2}\right)^2 + 12 = \frac{49}{4} > 0$,
d.h. $x_1 = \frac{1}{2} + \frac{7}{2} = 4$ und $x_2 = \frac{1}{2} - \frac{7}{2} = -3$;

$\Longrightarrow 2x^2 - 2x - 24 = 2(x^2 - x - 12) = 2(x-4)(x+3)$

6.7 Lösung (256 Aufgabe)

Mit dem Satz von Vieta gilt:

(a) $q = -6$: $x_1 \cdot x_2 = q \iff 2x_2 = -6 \,\big|\, : 2 \iff x_2 = -3$

Alternativ ist eine Lösung über $p = -(x_1 + x_2)$ möglich. In diesem Fall gilt:
$p = -(x_1 + x_2) \iff 1 = -2 - x_2 \iff x_2 = -3$

(b) $q = -9$: $x_1 \cdot x_2 = q \iff -x_2 = -9 \,\big|\, \cdot (-1) \iff x_2 = 9$

(c) $4x^2 - 16x + 7 = 0 \,\big|\, : 4 \iff x^2 - 4x + \frac{7}{4} = 0$, d.h. $q = \frac{7}{4}$:
$x_1 \cdot x_2 = q \iff \frac{x_2}{2} = \frac{7}{4} \,\big|\, \cdot 2 \iff x_2 = \frac{7}{2}$

(d) $q = -3$: $x_1 \cdot x_2 = q \iff -2x_2 = -3 \,\big|\, : (-2) \iff x_2 = \frac{3}{2}$

(e) $6x^2 + 2x = 0 \,\big|\, : 6 \iff x^2 + \frac{x}{3} = 0$, d.h. $p = \frac{1}{3}$:
$x_1 + x_2 = -p \iff 0 + x_2 = -\frac{1}{3} \iff x_2 = -\frac{1}{3}$

(f) $2x^2 - 18x + 40 = 0 \,\big|\, : 2 \iff x^2 - 9x + 20 = 0$, d.h. $q = 20$:
$x_1 \cdot x_2 = q \iff 4x_2 = 20 \,\big|\, : 4 \iff x_2 = 5$

6.8 Lösung (256 Aufgabe)

Die in den Definitionsbereichen ausgeschlossenen Werte ergeben sich jeweils aus
den Nullstellen der Nenner der in der Gleichung auftretenden Brüche.

(a) $\mathbb{D} = \mathbb{R} \setminus \{-\frac{5}{2}\}$:

$$\frac{2x-1}{2x+5} = \frac{1}{3} \,\big|\, \cdot 3(2x+5) \iff 3(2x-1) = 2x+5$$

$$\iff 6x - 3 = 2x + 5 \,\big|\, +3 - 2x$$

$$\iff 4x = 8 \,\big|\, : 4$$

$$\iff x = 2; \quad \cdot \blacktriangleright \mathbb{L} = \{2\}$$

(b) $\mathbb{D} = \mathbb{R} \setminus \{-4, 3\}$:

$$\frac{1}{x+4} = \frac{3}{x-3} \ \big| \cdot (x+4)(x-3) \iff x - 3 = 3x + 12 \ \big| - 3x + 3$$
$$\iff -2x = 15 \ \big| : (-2)$$
$$\iff x = -\frac{15}{2}; \quad \blacktriangleright \mathbb{L} = \left\{-\frac{15}{2}\right\}$$

(c) $\mathbb{D} = \mathbb{R} \setminus \{2, 3\}$:

$$\frac{x-2}{x-2} = \frac{2x-7}{3x-9} \iff 1 = \frac{2x-7}{3x-9} \ \big| \cdot (3x-9)$$
$$\iff 3x - 9 = 2x - 7 \ \big| - 2x + 9$$
$$\iff x = 2 \notin \mathbb{D}; \quad \blacktriangleright \mathbb{L} = \emptyset$$

(d) $\mathbb{D} = \mathbb{R} \setminus \{-2, 6\}$:

$$\frac{4x+3}{x-6} = \frac{4x-5}{x+2} \big| \cdot (x-6)(x+2)$$
$$\iff (4x+3)(x+2) = (4x-5)(x-6)$$
$$\iff 4x^2 + 11x + 6 = 4x^2 - 29x + 30 \big| - 4x^2 + 29x - 6$$
$$\iff 40x = 24 \big| : 40$$
$$\iff x = \frac{3}{5}; \quad \blacktriangleright \mathbb{L} = \left\{\frac{3}{5}\right\}$$

Eine Illustration ist in 265Abbildung 6.13(a) zu finden.

(e) $\mathbb{D} = \mathbb{R} \setminus \{0\}$: $\frac{1}{9x} + \frac{2}{21x} = -\frac{9}{63x} + \frac{2}{21} \iff \frac{7+6}{63x} = \frac{-9+6x}{63x} \ \big| \cdot 63x$
$\iff 13 = -9 + 6x \ \big| + 9 \big| : 6 \iff x = \frac{11}{3}; \quad \blacktriangleright \mathbb{L} = \left\{\frac{11}{3}\right\}$

Eine Illustration ist in265Abbildung 6.13(b) zu finden.

(f) $\mathbb{D} = \mathbb{R} \setminus \{1\}$:

$$\frac{x-1}{1-x} - \frac{x-3}{x-1} = 0 \iff \frac{1-x}{x-1} - \frac{x-3}{x-1} = 0$$
$$\iff \frac{1-x-(x-3)}{x-1} = 0 \ \big| \cdot (x-1)$$
$$\iff 4 - 2x = 0 \ \big| + 2x \ \big| : 2$$
$$\iff x = 2; \quad \blacktriangleright \mathbb{L} = \{2\}$$

Eine Illustration ist in 265Abbildung 6.13(c) zu finden.

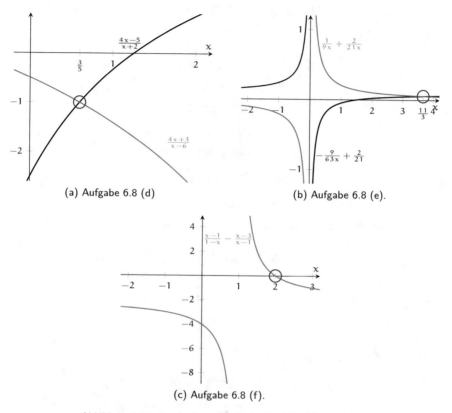

(a) Aufgabe 6.8 (d)

(b) Aufgabe 6.8 (e).

(c) Aufgabe 6.8 (f).

Abbildung 6.13: Illustration zu Aufgabe 6.8 (d), (e) und (f).

6.9 Lösung (257 Aufgabe)

Mit x_1 und x_2 werden jeweils die verschiedenen Lösungen einer quadratischen Gleichung bezeichnet ($\overset{③}{\Longleftrightarrow}$ meint die Anwendung der dritten binomischen Formel).

(a) $\mathbb{D} = \mathbb{R} \setminus \{1, 2\}$:

$$\frac{3x+2}{x-2} = \frac{4x+3}{x-1} \iff \frac{(3x+2)(x-1)}{(x-2)(x-1)} = \frac{(4x+3)(x-2)}{(x-2)(x-1)}$$

$$\iff \frac{3x^2-x-2}{(x-2)(x-1)} - \frac{4x^2-5x-6}{(x-2)(x-1)} = 0$$

$$\iff \frac{-x^2+4x+4}{(x-2)(x-1)} = 0 \;\Big|\; \cdot (x-2)(x-1)$$

$$\iff -x^2 + 4x + 4 = 0$$

$$\iff x^2 - 4x = 4 \;\Big|\; +4$$

$$\iff (x-2)^2 = 8,$$

d.h. $x_1 = 2 + 2\sqrt{2}$ und $x_2 = 2 - 2\sqrt{2}$; ➥ $\mathbb{L} = \{2 - 2\sqrt{2}, 2 + 2\sqrt{2}\}$*

(b) $\mathbb{D} = \mathbb{R} \setminus \{1, 3\}$:

$$\frac{x-2}{x-3} = \frac{2x^2-x-1}{(x-3)(x-1)} \iff \frac{(x-2)(x-1)}{(x-3)(x-1)} = \frac{2x^2-x-1}{(x-3)(x-1)}$$

$$\iff \frac{x^2-3x+2}{(x-3)(x-1)} - \frac{2x^2-x-1}{(x-3)(x-1)} = 0$$

$$\iff \frac{-x^2-2x+3}{(x-3)(x-1)} = 0 \,\big|\cdot (x-3)(x-1)$$

$$\iff -x^2 - 2x + 3 = 0$$

$$\iff x^2 + 2x = 3 \,\big|+1$$

$$\iff (x+1)^2 = 4$$

d.h. $x_1 = 1 \notin \mathbb{D}$ und $x_2 = -3 \in \mathbb{D}$; ➥ $\mathbb{L} = \{-3\}$

Alternativ resultiert aus $2x^2 - x - 1 = (x-1)(2x+1)$ folgender Rechenweg:

$$\frac{x-2}{x-3} = \frac{2x^2-x-1}{(x-3)(x-1)} \iff \frac{x-2}{x-3} = \frac{(x-1)(2x+1)}{(x-3)(x-1)}$$

$$\iff \frac{x-2}{x-3} = \frac{2x+1}{x-3}$$

$$\iff x - 2 = 2x + 1$$

$$\iff x = -3$$

(c) $\mathbb{D} = \mathbb{R} \setminus \left\{-\frac{3}{5}, -1\right\}$:

$$\frac{x-2}{5x+3} + \frac{3}{x+1} = 1 \iff \frac{(x-2)(x+1)+3(5x+3)}{(x+1)(5x+3)} = \frac{(x+1)(5x+3)}{(x+1)(5x+3)}$$

$$\iff \frac{x^2+14x+7}{(x+1)(5x+3)} - \frac{5x^2+8x+3}{(x+1)(5x+3)} = 0$$

$$\iff \frac{-4x^2+6x+4}{(x+1)(5x+3)} = 0 \,\big|\cdot (x+1)(5x+3)$$

$$\iff -4x^2 + 6x + 4 = 0 \,\big|:(-4)$$

$$\iff x^2 - \frac{3}{2}x - 1 = 0$$

Wegen $D = \left(-\frac{3}{4}\right)^2 + 1 = \frac{25}{16} > 0$ gilt $x_1 = 2$ und $x_2 = -\frac{1}{2}$; ➥ $\mathbb{L} = \left\{-\frac{1}{2}, 2\right\}$

(d) $\mathbb{D} = \mathbb{R} \setminus \{-3, 3\}$:

$$\frac{x-3}{x^2-9} = 0 \overset{③}{\iff} \frac{x-3}{(x-3)(x+3)} = 0 \iff \frac{1}{x+3} = 0 \,\big|\cdot (x+3)$$

$$\iff 1 \overset{ɬ}{=} 0; \quad ➥ \mathbb{L} = \emptyset$$

(e) $\mathbb{D} = \mathbb{R} \setminus \{7\}$:

$$\frac{2x-10}{14-2x} = 1 - \frac{4}{2x-14} \iff \frac{2x-10}{14-2x} = \frac{14-2x+4}{14-2x} \,\big|\cdot (14-2x)$$

$$\iff 2x - 10 = 18 - 2x$$

$$\iff 4x = 28 \iff x = 7 \notin \mathbb{D}; \quad ➥ \mathbb{L} = \emptyset$$

_____

*$\sqrt{8} = \sqrt{4 \cdot 2} = \sqrt{4} \cdot \sqrt{2} = 2\sqrt{2}$

(f) $\mathbb{D} = \mathbb{R} \setminus \{1,6\}$:

$$\frac{x-6}{1-x} + \frac{5}{(1-x)(x-6)} = \frac{x-7}{x-6} \iff \frac{(x-6)^2+5}{(1-x)(x-6)} = \frac{(x-7)(1-x)}{(1-x)(x-6)}$$

$$\iff \frac{x^2-12x+41}{(1-x)(x-6)} - \frac{-x^2+8x-7}{(1-x)(x-6)} = 0$$

$$\iff \frac{2x^2-20x+48}{(1-x)(x-6)} = 0 \mid \cdot (1-x)(x-6)$$

$$\iff 2x^2 - 20x + 48 = 0 \mid : 2$$

$$\iff x^2 - 10x + 24 = 0$$

Wegen $D = \left(\frac{10}{2}\right)^2 - 24 = 1 > 0$ gilt $x_1 = 6 \notin \mathbb{D}$ und $x_2 = 4$; ➠ $\mathbb{L} = \{4\}$

6.10 Lösung ([257]Aufgabe)

(a) $\mathbb{D} = \left[\frac{1}{4}, \infty\right)$:

$$\sqrt{12x - 3} = 3 \mid (\ )^2$$
$$\implies 12x - 3 = 9 \iff 12x = 12 \iff x = 1 \in \mathbb{D};$$

Probe: $3 = 3$; ➠ $\mathbb{L} = \{1\}$.

Eine Illustration ist in [269]Abbildung 6.14(a) zu finden.

(b) $\mathbb{D} = [7, \infty)$:

$$\sqrt{3x - 21} = x - 7 \mid (\ )^2$$
$$\implies 3x - 21 = x^2 - 14x + 49 \iff x^2 - 17x + 70 = 0$$

Wegen $D = \frac{9}{4} > 0$ gilt $x_1 = 10 \in \mathbb{D}$ und $x_2 = 7 \in \mathbb{D}$;

Probe für x_1: $3 = 3$; **Probe** für x_2: $0 = 0$; ➠ $\mathbb{L} = \{7, 10\}$.

Eine Illustration ist in [269]Abbildung 6.14(b) zu finden.

(c) $\mathbb{D} = \left[\frac{8}{3}, \infty\right)$:

$$\sqrt{15x - 40} + 3x = 8 \iff \sqrt{15x - 40} = -3x + 8 \mid (\ )^2$$
$$\implies 15x - 40 = 9x^2 - 48x + 64 \iff x^2 - 7x + \frac{104}{9} = 0$$

Wegen $D = \frac{25}{36} > 0$ gilt $x_1 = \frac{13}{3} \in \mathbb{D}$ und $x_2 = \frac{8}{3} \in \mathbb{D}$;

Probe für x_1: $18 \overset{\ell}{=} 8$; **Probe** für x_2: $8 = 8$; ➠ $\mathbb{L} = \left\{\frac{8}{3}\right\}$

Eine Illustration ist in [269]Abbildung 6.14(c) zu finden.

(d) $\mathbb{D} = [\frac{5}{9}, \infty) \cap [-3, \infty) = [\frac{5}{9}, \infty)$:

$$\sqrt{9x-5} = 4 - \sqrt{3+x} \mid (\ )^2$$
$$\Longrightarrow 9x - 5 = 16 - 8\sqrt{3+x} + 3 + x$$
$$\Longleftrightarrow x - 3 = -\sqrt{3+x} \mid (\ )^2$$
$$\Longrightarrow x^2 - 6x + 9 = 3 + x \Longleftrightarrow x^2 - 7x + 6 = 0$$

Wegen $D = \frac{25}{4} > 0$ gilt $x_1 = 6 \in \mathbb{D}$ und $x_2 = 1 \in \mathbb{D}$;

$\boxed{\text{Probe}}$ für x_1: $7 \overset{\lightning}{=} 1$; $\boxed{\text{Probe}}$ für x_2: $2 = 2$; $\blacktriangleright \mathbb{L} = \{1\}$

Eine Illustration ist in 269Abbildung 6.14(d) zu finden.

(e) $\mathbb{D} = [-2, \infty) \cap [\frac{3}{4}, \infty) = [\frac{3}{4}, \infty)$:

$$\sqrt{2+x} + \sqrt{4x-3} = 2 \Longleftrightarrow \sqrt{2+x} = 2 - \sqrt{4x-3} \mid (\ )^2$$
$$\Longrightarrow 2 + x = 4 - 4\sqrt{4x-3} + 4x - 3$$
$$\Longleftrightarrow 3x - 1 = 4\sqrt{4x-3} \mid (\ )^2$$
$$\Longrightarrow 9x^2 - 6x + 1 = 16(4x - 3)$$
$$\Longleftrightarrow x^2 - \frac{70}{9}x + \frac{49}{9} = 0$$

Wegen $D = \frac{784}{81} > 0$ gilt $x_1 = 7 \in \mathbb{D}$ und $x_2 = \frac{7}{9} \in \mathbb{D}$;

$\boxed{\text{Probe}}$ für x_1: $8 \overset{\lightning}{=} 2$; $\boxed{\text{Probe}}$ für x_2: $2 = 2$; $\blacktriangleright \mathbb{L} = \{\frac{7}{9}\}$

Eine Illustration ist in 269Abbildung 6.14(e) zu finden.

(f) $\mathbb{D} = [\frac{5}{2}, \infty) \cap [-\frac{4}{3}, \infty) = [\frac{5}{2}, \infty)$:

$$\sqrt{2x-5} - \sqrt{3x+4} = 1 \Longleftrightarrow \sqrt{2x-5} = \sqrt{3x+4} + 1 \mid (\ )^2$$
$$\Longrightarrow 2x - 5 = 3x + 4 + 2\sqrt{3x+4} + 1$$
$$\Longleftrightarrow -\frac{x}{2} - 5 = \sqrt{3x+4} \mid (\ )^2$$
$$\Longrightarrow \frac{x^2}{4} + 5x + 25 = 3x + 4$$
$$\Longleftrightarrow x^2 + 8x + 84 = 0$$

Wegen $D = -68 < 0$ gibt es keine Lösung: $\blacktriangleright \mathbb{L} = \emptyset$. Eine Illustration ist in 269Abbildung 6.14(f) zu finden.

6.11 Lösung (257Aufgabe)

(a) $\mathbb{D} = [0, \infty) \cap [1, \infty) = [1, \infty)$:

$$\sqrt{1 + \sqrt{x}} = \sqrt{x-1} \mid (\ )^2$$

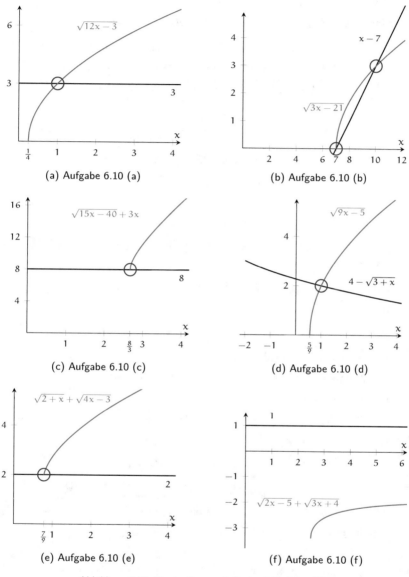

(a) Aufgabe 6.10 (a)

(b) Aufgabe 6.10 (b)

(c) Aufgabe 6.10 (c)

(d) Aufgabe 6.10 (d)

(e) Aufgabe 6.10 (e)

(f) Aufgabe 6.10 (f)

Abbildung 6.14: Illustration zu Aufgabe 6.10 (a) – (f).

$$\Longrightarrow 1 + \sqrt{x} = x - 1 \Longleftrightarrow \sqrt{x} = x - 2 \,\big|\, (\ )^2$$
$$\Longrightarrow x = x^2 - 4x + 4$$
$$\Longleftrightarrow x^2 - 5x + 4 = 0$$

Wegen $D = \frac{9}{4} > 0$ gilt $x_1 = 4 \in \mathbb{D}$ und $x_2 = 1 \in \mathbb{D}$; $\boxed{\text{Probe}}$ für x_1: $\sqrt{3} = \sqrt{3}$;

Probe für x_2: $\sqrt{2} \overset{\text{\tiny 4}}{=} 0$; $\rightarrowtail \mathbb{L} = \{4\}$

Eine Illustration ist in ⁨271⁩Abbildung 6.15(a) zu finden.

(b) $\mathbb{D} = \left[\frac{1}{2} - \frac{1}{2}\sqrt{65}, \infty\right)$ (zunächst muss $x \geqslant -16$ gelten, damit die innere Wurzel definiert ist. Weiterhin muss x so bestimmt werden, dass $x + \sqrt{x + 16} \geqslant 0$ gilt. Das kleinste x, das dies erfüllt, ist $x = \frac{1}{2} - \frac{1}{2}\sqrt{65} \approx -3{,}531$):*

$$\sqrt{x + \sqrt{x + 16}} = 2 \,\big|\,(\ )^2$$
$$\implies x + \sqrt{x + 16} = 4 \big| -x$$
$$\iff \sqrt{x + 16} = 4 - x \,\big|\,(\ )^2$$
$$\implies x + 16 = 16 - 8x + x^2$$
$$\iff x^2 - 9x = 0$$
$$\iff x(x - 9) = 0,$$

d.h. $x_1 = 0 \in \mathbb{D}$ und $x_2 = 9 \in \mathbb{D}$; **Probe** für x_1: $2 = 2$; **Probe** für x_2: $\sqrt{14} \overset{\text{\tiny 4}}{=} 2$; $\rightarrowtail \mathbb{L} = \{0\}$

Eine Illustration ist in ⁨271⁩Abbildung 6.15(b) zu finden.

(c) $\mathbb{D} = [1, \infty)$:

$$\sqrt[4]{x - 1} = 3 \,\big|\,(\ )^4 \implies x - 1 = 81 \iff x = 82$$

Probe: $3 = 3$ $\rightarrowtail \mathbb{L} = \{82\}$

(d) $\mathbb{L} = \emptyset$, da eine sechste Wurzel stets nicht-negativ ist.

(e) $\mathbb{D} = \mathbb{R}$: $\sqrt[5]{x + 4} = -2 \,\big|\,(\ )^5 \iff x + 4 = -32 \iff x = -36$; $\rightarrowtail \mathbb{L} = \{-36\}$

Eine Illustration ist in ⁨271⁩Abbildung 6.15(c) zu finden.

(f) $\mathbb{D} = [-1, \infty) \cap [1, \infty) = [1, \infty)$:

$$\sqrt[4]{x + 1} - \sqrt{x - 1} = 0 \iff \sqrt[4]{x + 1} = \sqrt{x - 1} \,\big|\,(\ )^4$$
$$\implies x + 1 = x^2 - 2x + 1 \iff x(x - 3) = 0$$

d.h. $x_1 = 0 \notin \mathbb{D}$ und $x_2 = 3 \in \mathbb{D}$; **Probe** für x_2: $\sqrt[4]{4} - \sqrt{2} = 0$; $\rightarrowtail \mathbb{L} = \{3\}$

Eine Illustration ist in ⁨271⁩Abbildung 6.15(d) zu finden.

---

*Der Nachweis dieser unteren Grenze kann auf folgende Weise durchgeführt werden. Für $x \geqslant 0$ gilt die Ungleichung immer. Sei daher $x < 0$. Dann gilt mit den Verfahren aus ⁨318⁩Kapitel 8.2:

$$x + \sqrt{x + 16} \geqslant 0 \iff \sqrt{x + 16} \geqslant -x \implies x + 16 \geqslant x^2 \iff x^2 - x - 16 \leqslant 0$$
$$\iff \left(x - \frac{1}{2}\right)^2 - 16 - \frac{1}{4} \leqslant 0 \iff \left(x - \frac{1}{2}\right)^2 - \frac{65}{4} \leqslant 0$$
$$\iff \left(x - \frac{1}{2} - \frac{\sqrt{65}}{2}\right)\left(x - \frac{1}{2} + \frac{\sqrt{65}}{2}\right) \leqslant 0$$
$$\iff \frac{1}{2} - \frac{\sqrt{65}}{2} \leqslant x \leqslant \frac{1}{2} + \frac{\sqrt{65}}{2}$$

Somit muss $x \geqslant \frac{1}{2} - \frac{\sqrt{65}}{2}$ gelten.

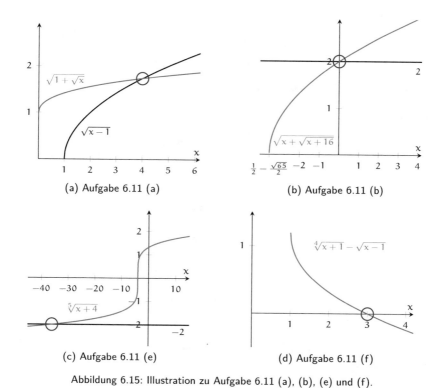

(a) Aufgabe 6.11 (a)

(b) Aufgabe 6.11 (b)

(c) Aufgabe 6.11 (e)

(d) Aufgabe 6.11 (f)

Abbildung 6.15: Illustration zu Aufgabe 6.11 (a), (b), (e) und (f).

6.12 Lösung (257 Aufgabe)

(a) $\mathbb{D} = (1, \infty)$:

$$\log_3(x-1) = 2 \iff \log_3(x-1) = \log_3(9)$$
$$\implies x - 1 = 9 \iff x = 10 \in \mathbb{D}; \; \blacktriangleright \mathbb{L} = \{10\}$$

(b) $\mathbb{D} = (0, \infty)$:

$$-\log_4(2x) = \log_4(6) \iff \log_4\left(\tfrac{1}{2x}\right) = \log_4(6)$$
$$\implies \tfrac{1}{2x} = 6 \iff 1 = 12x$$
$$\iff x = \tfrac{1}{12} \in \mathbb{D}; \; \blacktriangleright \mathbb{L} = \left\{\tfrac{1}{12}\right\}$$

(c) $\mathbb{D} = (1, \infty) \cup (-\infty, -1)$:

$$\lg(x^2 - 1) = 0 \iff \lg(x^2 - 1) = \lg(1) \implies x^2 - 1 = 1 \iff x^2 = 2,$$

d.h. $x_1 = \sqrt{2} \in \mathbb{D}$ und $x_2 = -\sqrt{2} \in \mathbb{D}$; $\blacktriangleright \mathbb{L} = \{-\sqrt{2}, \sqrt{2}\}$

(d) $\mathbb{D} = (1, \infty)$:

$$2\ln(3x - 3) = 1 \iff \ln(3x - 3)^2 = \ln(e) \implies (3x - 3)^2 = e,$$

d.h. $x_1 = \frac{3+\sqrt{e}}{3} \approx 1{,}5 \in \mathbb{D}$ und $x_2 = \frac{3-\sqrt{e}}{3} \approx 0{,}5 \notin \mathbb{D}$;

$\leadsto \mathbb{L} = \left\{ \frac{3+\sqrt{e}}{3} \right\} = \left\{ 1 + \frac{\sqrt{e}}{3} \right\}$

(e) $\mathbb{D} = (-1, \infty)$:

$$\lg(x + 1) - \lg(2) = 2 \iff \lg\left(\frac{x+1}{2}\right) = \lg(100)$$
$$\implies \frac{x+1}{2} = 100 \iff x = 199 \in \mathbb{D}; \; \leadsto \mathbb{L} = \{199\}$$

(f) $\mathbb{D} = (0, \infty)$:

$$\log_2(x) = \log_3(x) \iff \frac{\lg(x)}{\lg(2)} = \frac{\lg(x)}{\lg(3)} \; \Big| \cdot \lg(2)$$
$$\iff \lg(x) = \lg(x) \cdot \frac{\lg(2)}{\lg(3)}$$
$$\iff \lg(x) \left(\frac{\lg(3) - \lg(2)}{\lg(3)}\right) = 0$$
$$\iff \lg(x) \frac{\lg\left(\frac{3}{2}\right)}{\lg(3)} = 0$$
$$\iff \lg(x) = 0 \iff x = 1 \in \mathbb{D}; \; \leadsto \mathbb{L} = \{1\}$$

6.13 Lösung (⟨258⟩Aufgabe)

(a) $\mathbb{D} = (0, \infty)$:

$$\lg(5) + \lg(25x) = 6 - \lg(5x) \iff \lg(5 \cdot 25x \cdot 5x) = 6$$
$$\iff \lg\left((25x)^2\right) = 6 \iff 2\lg(25x) = 6$$
$$\iff \lg(25x) = 3$$
$$\implies 25x = 10^3 \iff x = 40 \in \mathbb{D}; \; \leadsto \mathbb{L} = \{40\}$$

(b) $\mathbb{D} = \mathbb{R} \setminus \{-1\}$:

$$\log_2\left((x + 1)^2\right) = 2\log_2(4) \iff \log_2\left((x + 1)^2\right) = \log_2(4^2)$$
$$\implies (x + 1)^2 = 16,$$

d.h. $x_1 = 3 \in \mathbb{D}$ und $x_2 = -5 \in \mathbb{D}$; $\leadsto \mathbb{L} = \{-5, 3\}$

(c) $\mathbb{D} = (1, \infty) \cap (0, \infty) \cap \left(\frac{11}{5}, \infty\right) = \left(\frac{11}{5}, \infty\right)$:

$$2\ln(2x - 2) = \ln(x) + \ln(5x - 11) \iff \ln\left((2x - 2)^2\right) = \ln[x(5x - 11)]$$
$$\implies (2x - 2)^2 = x(5x - 11)$$
$$\iff x^2 - 3x - 4 = 0$$

Wegen $D = \frac{25}{4} > 0$ gilt $x_1 = 4 \in \mathbb{D}$ und $x_2 = -1 \notin \mathbb{D}$; **Probe** für x_1:
$2\ln(6) = 2\ln(6)$; $\leadsto \mathbb{L} = \{4\}$

Eine Illustration ist in ⟨273⟩Abbildung 6.16 zu finden.

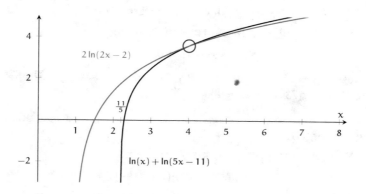

Abbildung 6.16: Illustration zu Aufgabe 6.13 (c).

(d) $\mathbb{D} = (1, \infty) \cap (-2, \infty) = (1, \infty)$:

$$\ln(x-1) - \tfrac{1}{3}\ln(8) = \tfrac{1}{5}\ln(32) - \ln(x+2)$$

$$\iff \ln(x-1) - \ln(\sqrt[3]{8}) = \ln(\sqrt[5]{32}) - \ln(x+2)$$

$$\iff \ln\left(\tfrac{x-1}{2}\right) = \ln\left(\frac{2}{x+2}\right)$$

$$\implies \frac{x-1}{2} = \frac{2}{x+2}$$

$$\implies (x-1)(x+2) = 4 \iff x^2 + x - 6 = 0$$

Wegen $D = \tfrac{25}{4} > 0$ gilt $x_1 = 2 \in \mathbb{D}$ und $x_2 = -3 \notin \mathbb{D}$; **Probe** für x_1:
$-\ln(2) = -\ln(2)$; ➡ $\mathbb{L} = \{2\}$

(e) $\mathbb{D} = (5, \infty) \cap (7, \infty) = (7, \infty)$:

$$-\frac{1}{3}\ln\left(\tfrac{1}{27}\right) - \ln(x-5) - \ln(x-7) = \tfrac{1}{2}\ln\left(\tfrac{1}{25}\right)$$

$$\iff \ln\left(\frac{1}{\sqrt[3]{\tfrac{1}{27}}}\right) - \ln(x-5) - \ln(x-7) = \ln\left(\sqrt{\tfrac{1}{25}}\right)$$

$$\iff \ln\left(\frac{3}{(x-5)(x-7)}\right) = \ln\left(\tfrac{1}{5}\right)$$

$$\implies \frac{3}{(x-5)(x-7)} = \frac{1}{5}$$

$$\implies 15 = (x-5)(x-7)$$

$$\iff x^2 - 12x + 20 = 0$$

Wegen $D = 16 > 0$ gilt $x_1 = 10 \in \mathbb{D}$ und $x_2 = 2 \notin \mathbb{D}$; **Probe** für x_1:
$-\ln(5) = -\ln(5)$; ➡ $\mathbb{L} = \{10\}$

(f) $\mathbb{D} = (1, \infty) \cap (0, \infty) \cap \left(\tfrac{38}{17}, \infty\right) = \left(\tfrac{38}{17}, \infty\right)$:

$$2\lg(4(x-1)) = \lg(x) + \lg(17x - 38)$$

$$\iff \lg\left[(4(x-1))^2\right] = \lg[x(17x-38)]$$
$$\implies 16(x-1)^2 = x(17x-38)$$
$$\iff x^2 - 6x - 16 = 0$$

Wegen $D = 25 > 0$ gilt $x_1 = 8 \in \mathbb{D}$ und $x_2 = -2 \notin \mathbb{D}$; **Probe** für x_1: $\lg(784) = \lg(784)$; $\blacktriangleright \mathbb{L} = \{8\}$

6.14 Lösung (⧉Aufgabe)

(a) $(3^{x-3})^{x+3} = (3^{x+2})^{x-3} \iff 3^{(x-3)(x+3)} = 3^{(x+2)(x-3)}$
$$\iff (x-3)(x+3) = (x+2)(x-3)$$
$$\iff (x-3)(x+3-x-2) = 0$$
$$\iff x-3 = 0 \iff x = 3; \quad \blacktriangleright \mathbb{L} = \{3\}$$

(b) $4(4^{x+2})^{x-5} = 4^{3x-2}(4^x)^{x-4} \iff 4^{(x+2)(x-5)+1} = 4^{3x-2+x(x-4)}$
$$\iff (x+2)(x-5) + 1 = 3x - 2 + x(x-4)$$
$$\iff x^2 - 3x - 9 = -x - 2 + x^2$$
$$\iff 2x = -7 \iff x = -\tfrac{7}{2}; \quad \blacktriangleright \mathbb{L} = \{-\tfrac{7}{2}\}$$

(c) $\sqrt{5^{4x-8}} = \sqrt[3]{5^{9x+1}} \iff 5^{\frac{4x-8}{2}} = 5^{\frac{9x+1}{3}}$
$$\iff 2x - 4 = \frac{9x+1}{3}$$
$$\iff 3x = -13 \iff x = -\tfrac{13}{3}; \quad \blacktriangleright \mathbb{L} = \{-\tfrac{13}{3}\}$$

(d) $\mathbb{D} = \mathbb{R} \setminus \{5,7\}$:
$$(6^{x+3})^{1/(5-x)} = (6^{3-x})^{1/(x-7)} \iff 6^{\frac{x+3}{5-x}} = 6^{\frac{3-x}{x-7}}$$
$$\iff \frac{x+3}{5-x} = \frac{3-x}{x-7}$$
$$\iff (x-7)(x+3) = (3-x)(5-x)$$
$$\iff x^2 - 4x - 21 = x^2 - 8x + 15$$
$$\iff 4x = 36 \iff x = 9; \quad \blacktriangleright \mathbb{L} = \{9\}$$

(e) $\left(\tfrac{3}{2}\right)^{5x-7} = \left(\tfrac{2}{3}\right)^{3x-17} \iff \left(\tfrac{3}{2}\right)^{5x-7} = \left(\tfrac{3}{2}\right)^{-3x+17}$
$$\iff 5x - 7 = -3x + 17$$
$$\iff 8x = 24 \iff x = 3; \quad \blacktriangleright \mathbb{L} = \{3\}$$

(f) $\qquad 9 \cdot 2^{x+3} - 4 \cdot 3^x = 3^{x+1} + 9(3^x - 2^x)$
$$\iff 2^x(9 \cdot 8) - 4 \cdot 3^x = 3 \cdot 3^x + 9 \cdot 3^x - 9 \cdot 2^x$$
$$\iff 2^x \cdot 81 = 3^x \cdot 16$$
$$\iff 2^x 3^4 = 3^x 2^4 \,\big|: 3^x \,\big|: 3^4$$
$$\iff \left(\tfrac{2}{3}\right)^x = \left(\tfrac{2}{3}\right)^4$$
$$\iff x = 4; \blacktriangleright \mathbb{L} = \{4\}$$

6.15 Lösung (▢258Aufgabe)

(a) $\mathbb{D} = \mathbb{R}$. Substitution S $z = x^3$. Damit gilt:

$$x^6 - x^3 + 1 = 0 \overset{S}{\Longleftrightarrow} z^2 - z + 1 = 0$$

Die quadratische Gleichung hat die Diskriminante $D = \frac{1}{4} - 1 = -\frac{3}{4} < 0$ und hat daher keine Lösung. Somit hat auch die Ausgangsgleichung keine Lösung und es gilt $\mathbb{L} = \emptyset$.

Eine Illustration ist in ▢276Abbildung 6.17(a) zu finden.

(b) $\mathbb{D} = \mathbb{R}$. Substitution S $y = 2^z$. Damit gilt wegen $4^z = 2^{2z} = 2^z \cdot 2^z = (2^z)^2$

$$2^{z+1} = 4^z + 1 \iff 2\,(2^z)^1 = (2^z)^2 + 1$$

$$\overset{S}{\iff} 2y = y^2 + 1 \iff y^2 - 2y + 1 = 0 \iff (y-1)^2 = 0 \iff y = 1$$

Durch Rücksubstitution resultiert die Gleichung $2^z = 1$, deren einzige Lösung $z = 0$ ist. Daher gilt $\mathbb{L} = \{0\}$.

Eine Illustration ist in ▢276Abbildung 6.17(b) zu finden.

(c) $\mathbb{D} = \mathbb{R}$. Substitution S $x = e^y$. Damit gilt:

$$e^{3y} - e^{-y} = 0 \iff (e^y)^3 - (e^y)^{-1} = 0 \overset{S}{\iff} x^3 - \frac{1}{x} = 0$$

Durch Multiplikation* mit x resultiert die Gleichung $x^4 = 1$, die die (reellen) Lösungen $x = 1$ und $x = -1$ besitzt. Daraus ergeben sich durch Rücksubstitution für die Unbekannte y die Gleichungen

$$e^y = 1 \text{ und } e^y = -1.$$

Die erste Gleichung hat nur die Lösung $y = 0$, während die zweite Gleichung keine Lösung hat. Die Lösungsmenge der Ausgangsgleichung ist somit $\mathbb{L} = \{0\}$.

Eine Illustration ist in ▢276Abbildung 6.17(c) zu finden.

(d) Der Definitionsbereich ergibt sich aus den Bedingungen $t^6 > 0$ und $3t^6 - 1 > 0$, die äquivalent sind zu $t \neq 0$ bzw. $t^6 > \frac{1}{3}$. Somit gilt $\mathbb{D} = \mathbb{R} \setminus \left[-\sqrt[6]{\frac{1}{3}}, \sqrt[6]{\frac{1}{3}} \right]$.

Substitution S $z = t^6$. Damit gilt:

$$\ln(t^6) - \ln(3t^6 - 1) = 0 \overset{S}{\iff} \ln(z) - \ln(3z - 1) = 0$$

---

*Die Multiplikation ist zulässig, da die Variable $x = e^y$ mit $y \in \mathbb{R}$ nur positive Werte annimmt. Sie kann daher insbesondere nie den Wert Null haben.

Aus den Vorüberlegungen resultiert für die Variable z der Definitionsbereich $\mathbb{D} = \left(\sqrt[6]{\frac{1}{3}}, \infty \right)$. Daraus ergibt sich:

$$\ln(z) - \ln(3z - 1) = 0 \iff \ln \left(\frac{z}{3z - 1} \right) = 0$$

$$\implies \frac{z}{3z - 1} = 1 \iff z = 3z - 1 \iff z = \frac{1}{2}$$

Eine Illustration ist in ²⁷⁶Abbildung 6.17(d) zu finden.

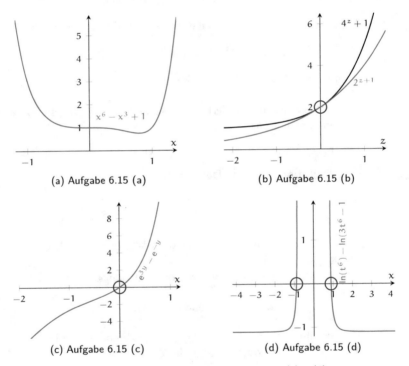

(a) Aufgabe 6.15 (a)   (b) Aufgabe 6.15 (b)

(c) Aufgabe 6.15 (c)   (d) Aufgabe 6.15 (d)

Abbildung 6.17: Illustration zu Aufgabe 6.15 (a) − (d).

6.16 Lösung (²⁵⁸Aufgabe)

(a) $x^2 - a = 0 \iff x^2 = a$;

$$\blacktriangleright \mathbb{L} = \begin{cases} \{-\sqrt{a}, \sqrt{a}\}, & \text{falls } a > 0 \\ \{0\}, & \text{falls } a = 0 \\ \emptyset, & \text{falls } a < 0 \end{cases} = \begin{cases} \{-\sqrt{a}, \sqrt{a}\}, & \text{falls } a \geqslant 0 \\ \emptyset, & \text{falls } a < 0 \end{cases}$$

(b) $x^2 - 2ax = 0 \iff x(x - 2a) = 0 \implies x_1 = 0 \text{ und } x_2 = 2a;$

$$\blacktriangleright \; \mathbb{L} = \begin{cases} \{0, 2a\}, & \text{falls } a \neq 0 \\ \{0\}, & \text{falls } a = 0 \end{cases} = \{0, 2a\}$$

(c) $x^2 - 2ax - 15a^2 = 0 \iff x^2 - 2ax + a^2 = 16a^2$

$$\iff (x - a)^2 = (4a)^2$$
$$\iff (x - a - 4a)(x - a + 4a) = 0$$
$$\iff (x - 5a)(x + 3a) = 0;$$

$$\blacktriangleright \; \mathbb{L} = \begin{cases} \{-3a, 5a\}, & \text{falls } a \neq 0 \\ \{0\}, & \text{falls } a = 0 \end{cases} = \{-3a, 5a\}$$

(d) $x^2 - 4ax - 7x + 28a = 0 \iff x^2 - x(4a + 7) + 28a = 0$

$$\iff x^2 - 2\tfrac{4a+7}{2}x + \tfrac{(4a+7)^2}{4} = -28a + \tfrac{(4a+7)^2}{4}$$
$$\iff \left(x - \tfrac{4a+7}{2}\right)^2 = \tfrac{16a^2 + 56a - 112a + 49}{4}$$

Aus der Identität $\frac{16a^2 + 56a - 112a + 49}{4} = \frac{16a^2 - 56a + 49}{4} = \frac{(4a-7)^2}{4}$ resultiert die äquivalente Gleichung

$$\left(x - \tfrac{4a+7}{2}\right)^2 = \left(\tfrac{4a-7}{2}\right)^2 \iff (x - 7)(x - 4a) = 0.$$

Daraus ergeben sich je nach Wert von a die Lösungen

$$\begin{cases} x_1 = 4a \text{ und } x_2 = 7, & \text{falls } a \neq \tfrac{7}{4} \\ x = 7, & \text{falls } a = \tfrac{7}{4} \end{cases}.$$

Die Lösungsmenge ist daher $\mathbb{L} = \begin{cases} \{4a, 7\}, & \text{falls } a \neq \tfrac{7}{4} \\ \{7\}, & \text{falls } a = \tfrac{7}{4} \end{cases} = \{4a, 7\}.$

(e) $\mathbb{D} = \mathbb{R}: \frac{x^2 + 3a}{3 + a} = 0 \iff x^2 + 3a = 0 \iff x^2 = -3a$

Somit folgt* $\mathbb{L} = \begin{cases} \{-\sqrt{-3a}, \sqrt{-3a}\}, & \text{falls } a < 0 \text{ und } a \neq -3 \\ \{0\}, & \text{falls } a = 0 \\ \emptyset, & \text{falls } a > 0 \end{cases}.$

(f) Für $a = 0$ gilt $\mathbb{D} = \mathbb{R}$ und $\mathbb{L} = \{0\}$, da die Gleichung $x = 0$ resultiert.

Sei nun $a \neq 0$. Dann gilt $\mathbb{D} = \mathbb{R} \setminus \{0\}$ und es folgt

$$x - a = \frac{2a^2}{x}$$
$$\iff x^2 - ax = 2a^2$$

---

*Bei der Angabe der Lösungsmenge muss der Parameter $a = -3$ ausgeschlossen werden, da die Gleichung in diesem Fall nicht definiert ist (der Nenner des Bruchs ist gleich Null).

$$\Longleftrightarrow x^2 - ax + \frac{a^2}{4} = \frac{9a^2}{4}$$

$$\Longleftrightarrow \left(x - \frac{a}{2}\right)^2 = \frac{9a^2}{4}$$

$$\Longleftrightarrow \left(x - \frac{a}{2}\right)^2 = \left(\frac{3|a|}{2}\right)^2$$

$$\Longleftrightarrow \left(x - \frac{a}{2} - \frac{3|a|}{2}\right)\left(x - \frac{a}{2} + \frac{3|a|}{2}\right)$$

$$\Longleftrightarrow \begin{cases} (x - 2a)(x + a), & a > 0 \\ (x + a)(x - 2a), & a < 0 \end{cases}$$

$$\Longleftrightarrow (x - 2a)(x + a) = 0$$

Somit folgt $\mathbb{L} = \begin{cases} \{2a, -a\}, & \text{falls } a \neq 0 \\ \{0\}, & \text{falls } a = 0 \end{cases} = \{2a, -a\}.$

6.17 Lösung (259 Aufgabe)

(a) ❶ $x \in \left(-\infty, \frac{1}{5}\right)$: $1 - 5x = 9 \iff x = -\frac{8}{5} \in \left(-\infty, \frac{1}{5}\right)$

   ❷ $x \in \left[\frac{1}{5}, \infty\right)$: $5x - 1 = 9 \iff x = 2 \in \left[\frac{1}{5}, \infty\right)$

   ➥ $\mathbb{L} = \left\{-\frac{8}{5}, 2\right\}$

Eine Illustration ist in 280 Abbildung 6.18(a) zu finden.

(b) ❶ $x \in \left(-\infty, \frac{2}{3}\right)$: $2 - 3x + 2 = x^2 \iff x^2 + 3x + \frac{9}{4} = 4 + \frac{9}{4}$

   $\iff \left(x + \frac{3}{2}\right)^2 = \frac{25}{4}$, d.h. $x_1 = 1 \notin \left(-\infty, \frac{2}{3}\right)$, $x_2 = -4 \in \left(-\infty, \frac{2}{3}\right)$

   ❷ $x \in \left[\frac{2}{3}, \infty\right)$: $3x - 2 + 2 = x^2 \iff x(x - 3) = 0$, d.h. $x_3 = 0 \notin \left[\frac{2}{3}, \infty\right)$, $x_4 = 3 \in \left[\frac{2}{3}, \infty\right)$

   ➥ $\mathbb{L} = \{-4, 3\}$

Eine Illustration ist in 280 Abbildung 6.18(b) zu finden.

(c) ❶ $x \in (-\infty, 1)$: $1 - x - 2x + 4 = 2x \iff x = 1 \notin (-\infty, 1)$

   ❷ $x \in [1, 2)$: $x - 1 - 2x + 4 = 2x \iff x = 1 \in [1, 2)$

   ❸ $x \in [2, \infty)$: $x - 1 + 2x - 4 = 2x \iff x = 5 \in [2, \infty)$

   ➥ $\mathbb{L} = \{1, 5\}$

Eine Illustration ist in 280 Abbildung 6.18(c) zu finden.

(d) ❶ $x \in (-\infty, -1)$: $-x - 1 + 2 = 2x - 6 - x + 1 \iff -x + 1 = x - 5$

   $\iff x = 3 \notin (-\infty, -1)$

   ❷ $x \in [-1, 1)$: $x + 1 + 2 = 2x - 6 - x + 1$ $x + 3 = x - 5 \iff 3 \overset{!}{=} -5$

   (keine Lösung)

❸ $x \in [1,3)$: $x + 3 = 2x - 6 + x - 1 \iff x = 5 \notin [1,3)$

❹ $x \in [3,\infty)$: $x + 3 = 6 - 2x + x - 1 \iff x = 1 \notin [3,\infty)$

➥ $\mathbb{L} = \emptyset$

Eine Illustration ist in ☐280Abbildung 6.18(d) zu finden.

(e) ❶ $x \in (-\infty, -2)$: $3 - x + 2x + 4 = 0 \iff x = -7 \in (-\infty, -2)$

    ❷ $x \in [-2,3)$: $3 - x - 2x - 4 = 0 \iff x = -\frac{1}{3} \in [-2,3)$

    ❸ $x \in [3,\infty)$: $x - 3 - 2x - 4 = 0 \iff x = -7 \notin [3,\infty)$

➥ $\mathbb{L} = \left\{-7, -\frac{1}{3}\right\}$

Eine Illustration ist in ☐280Abbildung 6.18(e) zu finden.

(f) ❶ $x \in (-\infty, -1)$: $5 - x - 1 - x + 2x - 4 = 1 \iff 0 \overset{\downarrow}{=} 1$ (keine Lösung)

    ❷ $x \in [-1,2)$: $5 - x + x + 1 + 2x - 4 = 1 \iff x = -\frac{1}{2} \in [-1,2)$

    ❸ $x \in [2,5)$: $5 - x + x + 1 - 2x + 4 = 1 \iff x = \frac{9}{2} \in [2,5)$

    ❹ $x \in [5,\infty)$: $x - 5 + x + 1 - 2x + 4 = 1 \iff 0 \overset{\downarrow}{=} 1$ (keine Lösung)

➥ $\mathbb{L} = \left\{-\frac{1}{2}, \frac{9}{2}\right\}$

Eine Illustration ist in ☐280Abbildung 6.18(f) zu finden.

6.18 Lösung (☐259Aufgabe)

(a) Gleichsetzungsverfahren

$$\begin{aligned} x_1 - 3x_2 &= -1 \\ -4x_1 + 5x_2 &= -3 \end{aligned}$$

$$\iff \begin{aligned} x_1 &= -1 + 3x_2 \\ x_1 &= \tfrac{5}{4}x_2 + \tfrac{3}{4} \end{aligned}$$

$$\iff \begin{aligned} x_1 &= -1 + 3x_2 \\ -1 + 3x_2 &= \tfrac{5}{4}x_2 + \tfrac{3}{4} \end{aligned}$$

$$\iff \begin{aligned} x_1 &= -1 + 3x_2 \\ x_2 &= 1 \end{aligned}$$

$$\iff \begin{aligned} x_1 &= 2 \\ x_2 &= 1 \end{aligned}$$

Einsetzungsverfahren

$$\begin{aligned} x_1 - 3x_2 &= -1 \\ -4x_1 + 5x_2 &= -3 \end{aligned}$$

$$\iff \begin{aligned} x_1 &= -1 + 3x_2 \\ -4x_1 + 5x_2 &= -3 \end{aligned}$$

$$\iff \begin{aligned} x_1 &= -1 + 3x_2 \\ 4 - 12x_2 + 5x_2 &= -3 \end{aligned}$$

$$\iff \begin{aligned} x_1 &= -1 + 3x_2 \\ -7x_2 &= -7 \end{aligned}$$

$$\iff \begin{aligned} x_1 &= 2 \\ x_2 &= 1 \end{aligned}$$

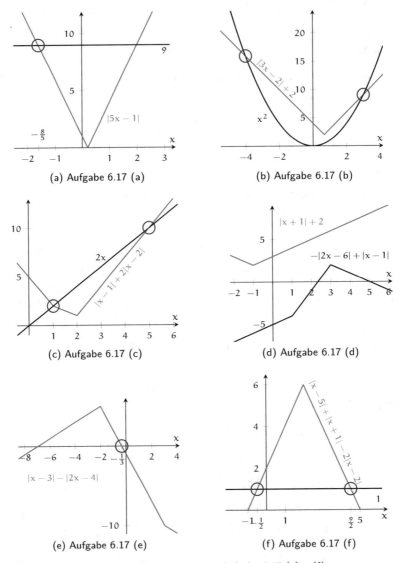

(a) Aufgabe 6.17 (a)

(b) Aufgabe 6.17 (b)

(c) Aufgabe 6.17 (c)

(d) Aufgabe 6.17 (d)

(e) Aufgabe 6.17 (e)

(f) Aufgabe 6.17 (f)

Abbildung 6.18: Illustration zu Aufgabe 6.17 (a) – (f).

Additionsverfahren

$$x_1 - 3x_2 = -1$$
$$-4x_1 + 5x_2 = -3$$

$$\iff \qquad x_1 - 3x_2 = -1$$
$$-7x_2 = -7$$

$$\iff \quad x_1 - 3x_2 = -1$$
$$x_2 = 1$$

$$\iff \quad x_1 \qquad = 2$$
$$x_2 = 1$$

Daher gilt $\mathbb{L} = \{(2, 1)\}$.

Die Gleichungen $x_1 - 3x_2 = -1$ und $-4x_1 + 5x_2 = -3$ legen jeweils eine Punktmenge im $\mathbb{R}^2$ fest: die Mengen aller Paare (x_1, x_2), die die jeweilige Gleichung lösen. Die Schnittmenge dieser Mengen ist dann offenbar die Lösungsmenge des Gleichungssystems. Eine Illustration ist in ²⁸²Abbildung 6.19(a) zu finden.

(b) Offenbar ist die zweite Gleichung das (-2)-fache der ersten, d.h. es gilt die Äquivalenz

$$4x_1 - 3x_2 = 3 \iff -8x_1 + 6x_2 = -6.$$

Daher wird die Lösungsmenge beschrieben durch

$$\mathbb{L} = \left\{ (x_1, \tfrac{4}{3}x_1 - 1) \,|\, x_1 \in \mathbb{R} \right\}$$
$$= \left\{ (\tfrac{3}{4}x_2 + \tfrac{3}{4}, x_2) \,|\, x_2 \in \mathbb{R} \right\}.$$

In der Graphik sind die Punktmengen deckungsgleich, d.h. beide Gleichungen beschreiben dieselbe Gerade. Eine Illustration ist in ²⁸²Abbildung 6.19(b) zu finden. Die Überdeckung wird durch eine Strichelung angedeutet.

(c) Wie in (b) sind die linken Seiten Vielfache mit Faktor -2 voneinander. Dies gilt für die rechten Seiten nicht, d.h. $\mathbb{L} = \emptyset$. Eine Illustration ist in ²⁸²Abbildung 6.19(c) zu finden.

6.19 Lösung (²⁵⁹Aufgabe)

Die Gleichungen beschreiben die in ²⁸³Abbildung 6.20 dargestellten Geraden. Die Graphik zeigt, dass die durch (I) und (III) festgelegten Geraden parallel sind. Dies folgt wegen $2 \cdot (2y + x) = 2x + 4y$. Da die rechten Seiten sich nicht um den Faktor 2 unterscheiden, sind die Geraden parallel, aber nicht deckungsgleich. Damit sind nur noch Schnittpunkte für (I) und (II) sowie (II) und (III) zu bestimmen.

① Gleichung (I) lautet äquivalent $x = 4 - 2y$. Einsetzen in (II) ergibt die Gleichung $16 - 9y = 1$ bzw. $y = \tfrac{5}{3}$. Einsetzen in (I) liefert dann $x = \tfrac{2}{3}$.

② Gleichung (II) lautet äquivalent $y = 4x - 1$. Einsetzen in (III) ergibt die Gleichung $18x - 4 = -1$ bzw. $x = \tfrac{1}{6}$. Einsetzen in (II) liefert dann $y = -\tfrac{1}{3}$.

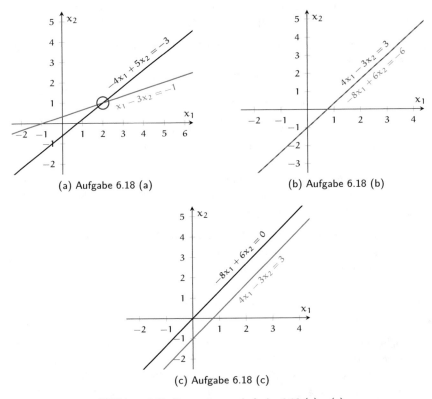

(a) Aufgabe 6.18 (a)   (b) Aufgabe 6.18 (b)

(c) Aufgabe 6.18 (c)

Abbildung 6.19: Illustration zu Aufgabe 6.18 (a) − (c).

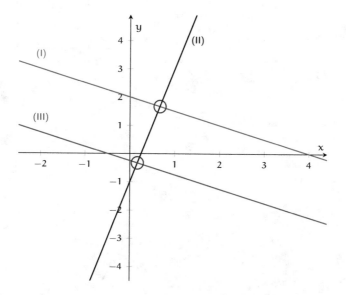

Abbildung 6.20: Illustration zu Aufgabe 6.19.

Kapitel 7

Polynome und Polynomgleichungen

In [202]Kapitel 6.2 wurden quadratische Gleichungen eingeführt und Lösungsmethoden bereitgestellt. Es ist nun nahe liegend, Gleichungen zu betrachten, in denen auch höhere Potenzen vorkommen, wie z.B.

$$\underbrace{x^3 - 6x^2 + 11x - 6}_{=f(x)} = 0.$$

Die linke Seite dieser Gleichung definiert ein [165]Polynom f. Allgemein sind diese gegeben durch die Festlegung

$$f(x) = \sum_{j=0}^{n} a_j x^j = a_n x^n + a_{n-1} x^{n-1} + \cdots + a_1 x + a_0, \quad x \in \mathbb{R},$$

mit Koeffizienten $a_n \neq 0, a_{n-1}, \ldots, a_1, a_0 \in \mathbb{R}$. a_0 heißt Absolutglied, die Zahl n heißt **Grad** des Polynoms f.* Durch die Vorschrift

$$f(x) = 12x^5 - 5x^3 + 3x^2 - x$$

wird ein Polynom vom Grad 5 mit den Koeffizienten

$$a_5 = 12, \quad a_4 = 0, \quad a_3 = -5, \quad a_2 = 3, \quad a_1 = -1 \quad \text{und} \quad a_0 = 0$$

definiert.

> ▶ **Definition (Polynomgleichung)**
>
> Eine Gleichung $f(x) = 0$, deren linke Seite ein Polynom $f(x) = \sum_{j=0}^{n} a_j x^j$ vom Grad n ist, heißt Polynomgleichung vom Grad n.
>
> Der Definitionsbereich einer Polynomgleichung ist $\mathbb{D} = \mathbb{R}$.

Polynome sind [156]Funktionen, die schöne Eigenschaften haben: Sie sind z.B. [386]stetig, beliebig oft [394]differenzierbar und [413]integrierbar. Bei der Lösung von Polynomgleichungen ist die folgende Aussage über die Anzahl der [160]Nullstellen eines Polynoms f, d.h. über die Anzahl von Lösungen der Gleichung $f(x) = 0$, von Bedeutung.

---

*Der Grad eines Polynoms wird bestimmt durch die größte im Polynom vorkommende Potenz der Variablen. Im Folgenden wird bei Verwendung der Schreibweise $f(x) = \sum_{j=0}^{n} a_j x^j$ stets angenommen, dass der [165]Leitkoeffizient a_n ungleich Null ist.

© Springer-Verlag GmbH Deutschland, ein Teil von Springer Nature 2018
E. Cramer und J. Nešlehová, *Vorkurs Mathematik*, EMIL@A-stat,
https://doi.org/10.1007/978-3-662-57494-2_7

> **Regel (Nullstellen eines Polynoms)**
> Ein Polynom f vom Grad n hat höchstens n Nullstellen.

Die **Polynomgleichung**

$$a_n x^n + a_{n-1} x^{n-1} + \cdots + a_1 x + a_0 = 0$$

hat daher maximal n Lösungen. Weiterhin hat jedes Polynom f mit ungeradem Grad mindestens eine reelle Nullstelle.* Für Polynome mit geradem Grad muss dies nicht gelten, wie das Beispiel $f(x) = x^4 + 1$ zeigt. Wegen $x^4 \geqslant 0$ für $x \in \mathbb{R}$ gilt $f(x) \geqslant 1$ für alle $x \in \mathbb{R}$, d.h. f hat keine Nullstelle und die Polynomgleichung $x^4 + 1 = 0$ hat keine reelle Lösung.

Bisher wurden bereits zwei spezielle Typen von Polynomgleichungen behandelt:

> Lineare Gleichungen sind Polynomgleichungen vom Grad 1:

$$a_1 x + a_0 = 0.$$

> Quadratische Gleichungen sind Polynomgleichungen vom Grad 2:

$$a_2 x^2 + a_1 x + a_0 = 0.$$

Für beide Gleichungstypen gibt es – wie bereits erläutert – Lösungsverfahren, die stets zum Ziel führen. Für Polynomgleichungen höheren Grades ist eine explizite Lösung jedoch nur in Sonderfällen möglich. Die folgende Darstellung beschränkt sich daher auf Polynome mit gewissen Struktureigenschaften.

Potenzgleichungen

Spezielle Polynomgleichungen der Art $ax^n = b$ mit Koeffizienten $a, b \in \mathbb{R}$, $a \neq 0$ und einer Potenz $n \in \mathbb{N}$ heißen **Potenzgleichungen**. Für $n = 1$ ergibt sich die allgemeine Form der linearen Gleichung $ax = b$. Potenzgleichungen wurden bereits implizit zur Definition von ⁜Wurzeln eingesetzt.

> **Regel (Lösung von Potenzgleichungen)**
> Eine Potenzgleichung $ax^n = b$ hat folgende Lösungsmenge:
>
> ❶ Ist n ungerade, gilt $\mathbb{L} = \left\{ \sqrt[n]{\frac{b}{a}} \right\}$.
>
> ❷ Ist n gerade, gilt $\mathbb{L} = \begin{cases} \emptyset, & \text{falls } \frac{b}{a} < 0 \\ \{0\}, & \text{falls } b = 0 \\ \left\{ -\sqrt[n]{\frac{b}{a}}, \sqrt[n]{\frac{b}{a}} \right\}, & \text{falls } \frac{b}{a} > 0 \end{cases}$.

---

*Dies ergibt sich daraus, dass für $a_n > 0$ die ⁜Grenzwerte $\lim\limits_{x \to +\infty} f(x) = +\infty$ und $\lim\limits_{x \to -\infty} f(x) = -\infty$ gelten. Aufgrund der ⁜Stetigkeit des Polynoms muss es nach dem ⁜Zwischenwertsatz daher eine Nullstelle geben. Analoges gilt für $a_n < 0$.

7.1 Beispiel

Die Potenzgleichung $3x^4 = -3$ hat keine Lösung, da die rechte Seite negativ ist und die linke Seite für alle $x \in \mathbb{R}$ nur nicht-negative Werte annimmt.* Die Gleichung $3x^4 = 3$ hat hingegen die Lösungsmenge $\mathbb{L} = \{-1, 1\}$.

Für die Gleichung $2x^5 = 64$ resultiert die eindeutige Lösung $x = 2$, die Gleichung $2x^5 = -64$ wird nur von $x = -2$ gelöst.   ✗

Gradreduktion

7.2 Beispiel

Zur Berechnung aller Lösungen der Gleichung $2x^3 - x^2 + x = 0$ wird auf der linken Seite zunächst der Faktor x ausgeklammert, so dass die äquivalente Gleichung $x(2x^2 - x + 1) = 0$ resultiert. Die linke Seite ist gleich Null, wenn entweder $x = 0$ oder $2x^2 - x + 1 = 0$ gilt. Die Lösungsmenge besteht daher aus der Null und allen Lösungen der quadratischen Gleichung $2x^2 - x + 1 = 0$ (bzw. in Normalform $x^2 - \frac{1}{2}x + \frac{1}{2} = 0$). Da die ⟦208⟧Diskriminante $D = \left(-\frac{1}{4}\right)^2 - \frac{1}{2} = -\frac{7}{16}$ negativ ist, hat die quadratische Gleichung keine reelle Lösung, d.h. $\mathbb{L} = \{0\}$.   ✗

Durch das Ausklammern des Faktors x ist es gelungen, eine Polynomgleichung niedrigeren Grads (hier eine quadratische) zu erzeugen. Dieses Vorgehen wird als **Gradreduktion** bezeichnet.[†]

Die im Folgenden vorgestellten Lösungsmethoden nehmen in gewissem Sinn alle eine Gradreduktion des Polynoms vor. Ziel ist es, dies soweit auszuführen, bis nur noch Polynome (etwa als Faktoren) auftreten, die höchstens den Grad 2 haben.

Als Methoden zur Gradreduktion werden vorgestellt:

- ◗ Gradreduktion durch Faktorisierung
- ◗ Gradreduktion durch Substitution
- ◗ Gradreduktion durch Polynomdivision

Eine Polynomdivision führt dabei zu einer Faktorisierung des Polynoms.

7.1 Faktorisierung

An einer Polynomgleichung $a_n x^n + a_{n-1} x^{n-1} + \cdots + a_1 x + a_0 = 0$ kann direkt abgelesen werden, ob sie die Lösung $x = 0$ hat. Dies ist nur der Fall, wenn das Absolutglied a_0 den Wert Null hat. In dieser Situation können der Faktor x gemäß

---

*Division durch 3 ergibt die Gleichung $x^4 = -1 \iff x^4 + 1 = 0$, von der bereits nachgewiesen wurde, dass sie keine Lösung hat.

[†]In der leicht modifizierten Gleichung $2x^3 - x^2 + 1 = 0$ ist das Ausklammern von x jedoch nicht mehr möglich, so dass eine Gradreduktion auf diese Weise nicht erreicht werden kann.

$$a_n x^n + a_{n-1} x^{n-1} + \cdots + a_1 x = x(\underbrace{a_n x^{n-1} + a_{n-1} x^{n-2} + \cdots + a_1}_{=g(x)}) = x \cdot g(x)$$

ausgeklammert und das Ausgangspolynom als Produkt zweier Polynome vom Grad 1 und $n-1$ dargestellt werden. Die Lösungen der Gleichung $f(x) = 0$ sind somit $x = 0$ und die Lösungen von $g(x) = 0$.

> ▸ **Regel (Polynomgleichungen mit $a_0 = 0$)**
>
> Ist in einer Polynomgleichung $a_0 = 0$, d.h. gilt
>
> $$a_n x^n + a_{n-1} x^{n-1} + \cdots + a_1 x = 0,$$
>
> so besteht die Lösungsmenge der Gleichung aus dem Wert $x = 0$ und allen Lösungen der Gleichung
>
> $$a_n x^{n-1} + a_{n-1} x^{n-2} + \cdots + a_1 = 0,$$
>
> d.h. $\mathbb{L} = \{0\} \cup \{x \in \mathbb{R} \mid a_n x^{n-1} + a_{n-1} x^{n-2} + \cdots + a_1 = 0\}$. Die zweite Menge kann dabei höchstens $n-1$ Werte enthalten.

Das Ausklammern von Faktoren kann natürlich auch für höhere Potenzen von x möglich sein.

7.3 Beispiel

In der Gleichung $x^5 - x^4 - 6x^3 = 0$ kommt die Unbekannte x mindestens in der dritten Potenz vor, das Absolutglied fehlt. Daher kann auf der linken Seite der Term x^3 ausgeklammert werden:

$$x^3(x^2 - x - 6) = 0 \iff x^3 = 0 \text{ oder } x^2 - x - 6 = 0.$$

Letzteres ist eine quadratische Gleichung, deren Diskriminante den Wert $D = \left(\frac{-1}{2}\right)^2 + 6 = \frac{1+24}{4} = \frac{25}{4} > 0$ hat. Die Lösungen sind somit

$$x_1 = -\frac{-1}{2} + \sqrt{\frac{25}{4}} = \frac{1}{2} + \frac{5}{2} = 3, \quad x_2 = -\frac{-1}{2} - \sqrt{\frac{25}{4}} = \frac{1}{2} - \frac{5}{2} = -2.$$

Die obige Polynomgleichung hat also die Lösungsmenge $\mathbb{L} = \{-2, 0, 3\}$.   ✗

7.4 Beispiel

In der Gleichung $x^4 - x^3 + 2x^2 + x = 0$ ist das Absolutglied a_0 wiederum gleich Null. Ausklammern von x ergibt die Faktorisierung $x(x^3 - x^2 + 2x + 1) = 0$, so dass $x = 0$ eine Lösung ist. Die weiteren Lösungen resultieren aus der Gleichung

$$x^3 - x^2 + 2x + 1 = 0,$$

die jedoch mit den bisher vorgestellten Methoden nicht weiter behandelt werden kann.   ✗

Das letzte Beispiel zeigt, dass das Ausklammern von Potenzen von x oft nur der erste Schritt der Lösung ist. Ist die reduzierte Gleichung weder linear noch quadratisch, müssen weitere Lösungsstrategien angewendet werden. Von Bedeutung ist hierbei insbesondere die Faktorisierung mit Faktoren der Art $x - a$ mit $a \neq 0$. Diese wird im Rahmen der [292]Polynomdivision behandelt.

Aufgaben zum Üben in Abschnitt 7.1

[297]Aufgabe 7.1

7.2 Substitutionsmethode

In [244]Abschnitt 6.9 wurde die Substitutionsmethode als Lösungsverfahren für geeignete, allgemeine Gleichungen vorgestellt. Da sie auch bei der Lösung von Polynomgleichungen von großer Bedeutung ist, wird ihre Anwendung hier ausführlich erläutert.

Das Substitutionsprinzip bei Polynomgleichungen basiert auf dem [91]Potenzgesetz

$$x^{a \cdot b} = (x^a)^b, \quad x \in \mathbb{R}, a, b \in \mathbb{N}.$$

Die Methode ist nur anwendbar, wenn in jeder Potenz von x der Polynomgleichung der Anteil x^a auftritt, d.h. wenn die Zahl a jeden im Polynom vorkommenden Exponenten teilt.

7.5 Beispiel

Die rechte Seite der Gleichung $x^8 + 2x^4 - 3 = 0$ enthält die Potenzen $x^8 = x^{2 \cdot 4} = (x^4)^2$ und $x^4 = (x^4)^1$, d.h. mit dem obigen Ansatz resultiert die Darstellung

$$(x^4)^2 + 2(x^4)^1 - 3 = 0.$$

Die Gleichung hängt daher von der Variablen x nur über deren vierte Potenz x^4 ab, d.h.:

Eine Zahl x löst die Gleichung $x^8 + 2x^4 - 3 = 0$ genau dann, wenn deren vierte Potenz $y = x^4$ der quadratischen Gleichung $y^2 + 2y - 3 = 0$ genügt.

Die Unbekannte x^4 kann daher formal durch die Variable y ersetzt (substituiert) werden. Die resultierende Gleichung wird dann zunächst für y gelöst:

$$y^2 + 2y - 3 = 0 \iff (y + 1)^2 = 4 \iff y = 1 \text{ oder } y = -3.$$

Die Gleichung in y hat zwei Lösungen $y = 1$ und $y = -3$. Durch Rücksubstitution $y = x^4$ resultieren daraus die [286]Potenzgleichungen

$$x^4 = 1 \quad \text{bzw.} \quad x^4 = -3.$$

Die zweite Gleichung hat offenbar keine Lösung, da x^4 stets einen nicht-negativen Wert hat. Die erste Gleichung hat die Lösungen $x = 1$ und $x = -1$. Somit ist $\mathbb{L} = \{-1, 1\}$ die Lösungsmenge der Ursprungsgleichung.   ✗

> **Regel (Substitutionsverfahren für Polynomgleichungen)**
>
> Kann ein Polynom f vom Grad n in der Form
>
> $$f(x) = g(x^a)$$
>
> geschrieben werden, wobei $a \in \mathbb{N}$ und g ein Polynom sind, so hat g den Grad $m = \frac{n}{a} \in \mathbb{N}$.
>
> Die Polynomgleichung $f(x) = 0$ wird dann in folgenden Schritten gelöst:
>
> ① Substitution $y = x^a$.
>
> ② Bestimmung aller Lösungen der Gleichung $g(y) = 0$.
>
> ③ Für jede Lösung y_0 der Gleichung $g(y) = 0$ resultiert eine zu lösende 286Potenzgleichung $x^a = y_0$.
>
> > ❶ Für a ungerade ist $x_0 = \sqrt[a]{y_0}$ die zugehörige Lösung von $f(x) = 0$.
> >
> > ❷ Für a gerade und $y_0 \geqslant 0$ sind $x_1 = -\sqrt[a]{y_0}$ und $x_2 = \sqrt[a]{y_0}$ die zugehörigen Lösungen von $f(x) = 0$.
> >
> > ❸ Für a gerade und $y_0 < 0$ führt y_0 zu keiner Lösung der Gleichung $f(x) = 0$.

7.6 Beispiel

Die linke Seite der Gleichung $x^6 - x^3 - 2 = 0$ kann wegen $x^6 = (x^3)^2$ geschrieben werden als

$$(x^3)^2 - (x^3)^1 - 2 = 0.$$

Mit der Setzung $y = x^3$ führt dies zur quadratischen Gleichung $y^2 - y - 2 = 0$, die z.B. mit 208quadratischer Ergänzung gelöst werden kann:

$$y^2 - y - 2 = 0 \qquad \left| + 2 + \tfrac{1}{4} \right.$$

$$\Longleftrightarrow \quad y^2 - 2 \cdot \frac{1}{2}y + \frac{1}{4} = 2 + \frac{1}{4}$$

$$\Longleftrightarrow \quad \left(y - \frac{1}{2}\right)^2 = \frac{9}{4}$$

$$\Longleftrightarrow \quad y = 2 \text{ oder } y = -1$$

Da x^3 substituiert wurde und 3 ungerade ist, führt jede dieser Lösungen zu genau einer Lösung der Ausgangsgleichung:

$$x_1 = \sqrt[3]{2} \quad \text{und} \quad x_2 = \sqrt[3]{-1} = -1.$$

Die Lösungsmenge der Polynomgleichung ist daher $\mathbb{L} = \{-1, \sqrt[3]{2}\}$.   ✗

7.7 Beispiel

Die Substitutionsmethode kann auch in allgemeinerer Form eingesetzt werden. Lautet die Polynomgleichung

$$(x-1)^4 - 4(x-1)^2 - 5 = 0,$$

so kann der Term $y = (x-1)^2$ substituiert werden. Dies ergibt die quadratische Gleichung $y^2 - 4y - 5 = 0$, die die Lösungen $y = -1$ und $y = 5$ besitzt. Daraus resultieren für x die Gleichungen

$$(x-1)^2 = -1 \quad \text{und} \quad (x-1)^2 = 5.$$

Die erste Gleichung hat keine Lösung, während die zweite die Lösungen $x_1 = 1 - \sqrt{5}$ und $x_2 = 1 + \sqrt{5}$ hat. Also gilt $\mathbb{L} = \{1 - \sqrt{5}, 1 + \sqrt{5}\}$. $\quad$ ✗

> **Regel (Allgemeines Substitutionsverfahren für Polynomgleichungen)**
>
> Kann ein Polynom f vom Grad n in der Form
>
> $$f(x) = g((x-b)^a)$$
>
> geschrieben werden, wobei $a \in \mathbb{N}$, $b \in \mathbb{R}$ und g ein Polynom sind, so hat g den Grad $m = \frac{n}{a} \in \mathbb{N}$.
>
> Die Polynomgleichung $f(x) = 0$ wird dann in folgenden Schritten gelöst:
>
> ① Substitution $y = (x-b)^a$
>
> ② Bestimmung aller Lösungen der Gleichung $g(y) = 0$
>
> ③ Für jede Lösung y_0 der Gleichung $g(y) = 0$ resultiert eine zu lösende Gleichung $(x-b)^a = y_0$.
>
> > ❶ Für a ungerade ist $x_0 = b + \sqrt[a]{y_0}$ die zugehörige Lösung von $f(x) = 0$.
> >
> > ❷ Für a gerade und $y_0 \geq 0$ sind $x_1 = b - \sqrt[a]{y_0}$ und $x_2 = b + \sqrt[a]{y_0}$ die zugehörigen Lösungen von $f(x) = 0$.
> >
> > ❸ Für a gerade und $y_0 < 0$ führt y_0 zu keiner Lösung der Gleichung $f(x) = 0$.

Aufgaben zum Üben in Abschnitt 7.2

[297]Aufgabe 7.2

7.3 Polynomdivision

Die Polynomdivision ist eine Division mit Rest zweier Polynome, die analog zur
₁₈Division mit Rest zweier Zahlen ausgeführt wird. Letzteres bedeutet z.B., dass
sich die Zahl 124 nach Division durch 12 darstellen lässt als

$$124 = 10 \cdot 12 + 4.$$

Der „Rest" 4 ist dabei eine Zahl, die echt kleiner als 12 ist. Auf einem analogen
Prinzip basiert die Division von Polynomen. Dazu wird der Quotient* $\frac{f(x)}{g(x)}$ zweier
Polynome f und g betrachtet, wobei der ₂₈₅Grad des Zählerpolynoms f mindestens
gleich dem Grad des Nennerpolynoms g ist.

7.8 Beispiel

Der Bruch $\frac{x^3-x+1}{x-1}$ lässt sich mittels Ausklammern und dritter binomischer Formel
schreiben als

$$\frac{x^3 - x + 1}{x - 1} = \frac{x(x^2 - 1) + 1}{x - 1} = \frac{x(x - 1)(x + 1)}{x - 1} + \frac{1}{x - 1} = x(x + 1) + \frac{1}{x - 1}.$$

Somit gilt also $x^3 - x + 1 = [x(x+1)] \cdot (x - 1) + 1$, d.h. $x^3 - x + 1$ ist durch $x - 1$
teilbar mit Rest 1.

Für den Term $\frac{x^4-x^2+x}{x^3+1}$ ergibt sich

$$\frac{x^4 - x^2 + x}{x^3 + 1} = \frac{x(x^3 + 1) - x^2}{x^3 + 1} = \frac{x(x^3 + 1)}{x^3 + 1} - \frac{x^2}{x^3 + 1} = x - \frac{x^2}{x^3 + 1}.$$

Daher gilt $x^4 - x^2 + x = x \cdot (x^3 + 1) - x^2$, so dass $x^4 - x^2 + x$ durch $x^3 + 1$ teilbar
ist mit Rest $-x^2$.   ✗

Division mit Rest bei Polynomen bedeutet somit, für zwei Polynome f und g eine
Darstellung

$$f(x) = h(x) \cdot g(x) + r(x)$$

zu finden, wobei h und r Polynome sind und der Grad von r echt kleiner ist als
der Grad von g. Das Verfahren zur Bestimmung von h und r heißt **Polynomdivision**.

Anhand der obigen Beispiele wird erläutert, wie die Polynomdivision ausgeführt
wird. Die Notation ist an das schriftliche Dividieren zweier Zahlen angelehnt.

7.9 Beispiel

Für die Polynome $f(x) = x^3 - x + 1$ und $g(x) = x - 1$ läuft die Polynomdivision folgendermaßen ab. Zunächst wird die jeweils höchste Potenz beider Terme
festgestellt: x^3 bzw. x. Dann wird die höhere Potenz x^3 in der Form $x^3 = x \cdot x^2$

---

*Dieser Quotient definiert eine ₁₆₅gebrochen rationale Funktion.

geschrieben und anschließend der Ausdruck $x^2 \cdot g(x) = x^2(x-1)$ von $x^3 - x + 1$ abgezogen. Dadurch wird der Term x^3 eliminiert und ein Polynom kleineren Grads erzeugt

$$f(x) - x^2 g(x) = x^3 - x + 1 - x^2(x-1) = x^3 - x + 1 - x^3 + x^2 = x^2 - x + 1.$$

Also gilt

$$x^3 - x + 1 = x^2(x-1) + \underbrace{[x^2 - x + 1]}_{=r_1(x)}. \tag{$\clubsuit$}$$

Das Polynom $r_1(x)$ hat einen niedrigeren Grad als $f(x)$ und einen höheren Grad als $g(x)$. Im nächsten Schritt wird $r_1(x)$ auf analoge Weise zerlegt (die höchsten Potenzen von $r_1(x) = x^2$ und $g(x) = x$ werden verglichen und der Teiler festgestellt: $x^2 = x \cdot x$):

$$r_1(x) - x \cdot (x-1) = x^2 - x + 1 - x^2 + x = 1.$$

Somit gilt wegen ($\clubsuit$)

$$x^3 - x + 1 = x^2(x-1) + r_1(x) = x^2(x-1) + x(x-1) + 1$$
$$= (x^2 + x)(x-1) + 1.$$

Das Verfahren vergleicht in jedem Schritt zunächst die höchste Potenz des Teilers g mit der höchsten Potenz des Rests r und ermittelt so den Faktor vor dem Teiler g. Anschließend werden das Produkt des Faktors und des Teilers g vom Rest subtrahiert und ein neuer Rest erzeugt. Mit diesem wird analog verfahren. Die Division endet, wenn der Rest einen kleineren Grad als der Teiler g hat.

Die Methode wird in Kurzform folgendermaßen notiert:

$$
\begin{array}{rcl}
(x^3 \quad - \quad x \quad + \quad 1) \ : (x-1) = & x^2 & +x & +\dfrac{1}{x-1} \\
\underline{-(x^3 \quad - \quad x^2 \quad)} & & & \\
x^2 \quad - \quad x \quad + \quad 1 & & & \\
\underline{- \ (x^2 \quad - \quad x \quad)} & & & \\
1 & & &
\end{array}
$$

Damit ergibt sich die bereits ermittelte Darstellung

$$\frac{x^3 - x + 1}{x - 1} = x^2 + x + \frac{1}{x - 1}.$$

Für den Bruch $\frac{x^4 - x^2 + x}{x^3 + 1}$ resultiert mit einer Polynomdivision die Darstellung:

$$
\begin{array}{l}
(\quad x^4 - x^2 + x) : (x^3 + 1) = x + \dfrac{-x^2}{x^3 + 1}. \\
\underline{-x^4 \qquad\quad - x} \\
-x^2
\end{array}
$$

Damit ist die gewünschte Form des Terms gefunden.

Von besonderer Bedeutung ist die Polynomdivision, wenn die Division ohne Rest möglich ist, d.h. wenn das Polynom $g(x)$ ein Teiler von $f(x)$ ist.

7.10 Beispiel

Die quadratische Gleichung $x^2 - x - 2 = 0$ hat die Lösungen $x = 2$ und $x = -1$. Der ₂₁₂Satz von Vieta liefert die Zerlegung der linken Seite:

$$x^2 - x - 2 = (x - 2)(x + 1).$$

Dies bedeutet, dass z.B. $x + 1$ ein Teiler von $x^2 - x - 2$ ist. Die Polynomdivision bestätigt dies:

$$
\begin{array}{l}
(\quad x^2 \ - x - 2) : (x + 1) = x - 2 \\
\underline{- x^2 \ - x} \\
\qquad\quad - 2x - 2 \\
\qquad\quad \underline{2x + 2} \\
\qquad\qquad\qquad 0
\end{array}
$$

Die Polynomdivision ist daher zur Faktorisierung eines Polynoms geeignet.   ✗

7.11 Beispiel

Die obige Beobachtung gilt auch für kompliziertere Polynome. Das Polynom $f(x) = x^4 - 2x^3 + x - 2$ wird von $x - 2$ geteilt:

$$
\begin{array}{l}
(\quad x^4 - 2x^3 + x - 2) : (x - 2) = x^3 + 1 \\
\underline{- x^4 + 2x^3} \\
\qquad\qquad\qquad\quad x - 2 \\
\qquad\qquad\qquad \underline{- x + 2} \\
\qquad\qquad\qquad\qquad\quad 0
\end{array}
$$

Somit gilt $f(x) = x^4 - 2x^3 + x - 2 = (x - 2)(x^3 + 1)$. Diese Darstellung ist bei der Lösung der Polynomgleichung $f(x) = 0$ von Bedeutung. Da diese Gleichung nämlich zu $(x - 2)(x^3 + 1) = 0$ äquivalent ist, ergibt sich

$$x^4 - 2x^3 + x - 2 = 0 \iff (x - 2)(x^3 + 1) = 0 \iff x = 2 \text{ oder } x^3 + 1 = 0.$$

Die letzte Gleichung wird nur von $x = -1$ gelöst, so dass $\mathbb{L} = \{-1, 2\}$ die Lösungsmenge der Polynomgleichung ist.   ✗

Die beiden vorhergehenden Beispiele zeigen, dass eine Polynomdivision sinnvoll zur Lösung einer Polynomgleichung eingesetzt werden kann. Das Verfahren beruht auf der folgenden Aussage.

> ▷ **Regel (Faktorisierung eines Polynoms)**
>
> Mit einer Lösung x_1 der Polynomgleichung
>
> $$f(x) = a_n x^n + a_{n-1} x^{n-1} + \cdots + a_1 x + a_0 = 0$$

gilt die Faktorisierung
$$f(x) = (x - x_1) \cdot g(x),$$

wobei $g(x)$ ein Polynom vom Grad $n-1$ ist. Somit ist $x-x_1$ für jede Nullstelle x_1 von f ein Teiler von $f(x)$.

Die Lösungsmenge der Polynomgleichung $f(x) = 0$ besteht daher aus x_1 und aus allen Lösungen der Gleichung $g(x) = 0$.

Um dieses Resultat zu nutzen, muss das Polynom $g(x)$ bestimmt werden. Dieses ist gegeben durch

$$g(x) = \frac{f(x)}{x - x_1} = \frac{a_n x^n + a_{n-1} x^{n-1} + \cdots + a_1 x + a_0}{x - x_1}$$

und kann mittels der Polynomdivision berechnet werden. Dabei ist zu beachten, dass der Nenner $(x - x_1)$ lautet, d.h. die Lösung x_1 wird von x <u>subtrahiert</u>. Ist z.B. -2 Lösung der Gleichung, muss die Polynomdivision mit $x - (-2) = x + 2$ durchgeführt werden.

> **Regel (Lösungsverfahren mittels Polynomdivision)**
>
> Zur Lösung der Polynomgleichung $f(x) = 0$ ist folgendes Verfahren anwendbar:
>
> ① Auf heuristische Weise (z.B. Raten oder Analyse des Graphen des Polynoms) wird eine Lösung x_1 der Polynomgleichung bestimmt.
>
> ② Durch Polynomdivision wird das Polynom $g(x) = \frac{f(x)}{x - x_1}$ berechnet.
>
> Die Lösungsmenge der Polynomgleichung $f(x) = 0$ besteht aus x_1 und aus den Lösungen der Polynomgleichung $g(x) = 0$.

Ist somit eine Lösung der Polynomgleichung $f(x) = 0$ bekannt, kann das Problem auf die Lösung der Gleichung $g(x) = 0$ reduziert werden. Der Grad von $g(x)$ ist um Eins niedriger als der von $f(x)$, d.h. das Problem wird vereinfacht.

7.12 Beispiel

Die Gleichung $x^3 - 6x^2 + 11x - 6 = 0$ hat $x = 1$ als Lösung,* und es gilt:

$$
\begin{array}{l}
(\quad x^3 - 6x^2 + 11x - 6) : (x - 1) = x^2 - 5x + 6 \\
\underline{-x^3 + x^2} \\
\qquad -5x^2 + 11x \\
\qquad \underline{5x^2 - 5x} \\
\qquad\qquad 6x - 6 \\
\qquad\qquad \underline{-6x + 6} \\
\qquad\qquad\qquad 0
\end{array}
$$

---

*Dies kann durch Einsetzen von $x = 1$ in das Polynom geprüft werden.

Die Lösungen der obigen Polynomgleichung sind also neben $x = 1$ alle $x \in \mathbb{R}$, die der quadratischen Gleichung $x^2 - 5x + 6 = 0$ genügen. Da die Diskriminante $D = \left(-\frac{5}{2}\right)^2 - 6 = \frac{25}{4} - 6 = \frac{1}{4}$ positiv ist, gibt es zwei Lösungen:

$$x_1 = -\frac{5}{2} + \frac{1}{2} = 3, \quad x_2 = -\frac{5}{2} - \frac{1}{2} = 2.$$

Die Polynomgleichung hat daher die Lösungsmenge $\mathbb{L} = \{1, 2, 3\}$. Zudem gilt

$$x^3 - 6x^2 + 11x - 6 = (x-1)(x-2)(x-3),$$

d.h. die Polynomdivision liefert zusätzlich eine Faktorisierung in [214]Linearfaktoren.   ✗

Die obige Faktorisierung in Linearfaktoren lässt sich für ein Polynom mit einem Grad größer als Eins nicht immer erreichen.

> **Regel (Faktorisierung eines Polynoms)**
> Ein Polynom lässt sich stets in ein Produkt aus Polynomen vom Grad Eins und Zwei zerlegen, wobei die quadratischen Polynome keine (reellen) Nullstellen haben*.

7.13 Beispiel

Die Polynomgleichung $x^4 + 5x^3 + 8x^2 + x - 15 = 0$ hat die Lösung $x = 1$.[†] Somit gilt

$$
\begin{array}{l}
(\quad x^4 + 5x^3 \quad + 8x^2 \quad + x - 15) : (x - 1) = x^3 + 6x^2 + 14x + 15 \\
\underline{-x^4 \quad + x^3} \\
\qquad\quad 6x^3 \quad + 8x^2 \\
\qquad\underline{-6x^3 \quad + 6x^2} \\
\qquad\qquad\qquad 14x^2 \quad + x \\
\qquad\qquad\underline{-14x^2 + 14x} \\
\qquad\qquad\qquad\qquad 15x - 15 \\
\qquad\qquad\qquad\underline{-15x + 15} \\
\qquad\qquad\qquad\qquad\qquad 0
\end{array}
$$

Damit sind noch die Lösungen der Gleichung $x^3 + 6x^2 + 14x + 15 = 0$ zu ermitteln.

---

*Ein quadratisches Polynom mit reellen Nullstellen kann stets als Produkt von [214]Linearfaktoren geschrieben werden.

[†]Diese kann z.B. durch systematisches Probieren gefunden werden, d.h. durch Einsetzen der Werte $0, 1, -1, 2, -2$ etc. in das Polynom.

Durch Probieren ergibt sich -3 als Lösung. Daher folgt:

$$
\begin{array}{l}
(\quad x^3 + 6x^2 + 14x + 15) : (x + 3) = x^2 + 3x + 5 \\
\underline{-\,x^3 - 3x^2} \\
\qquad\quad 3x^2 + 14x \\
\qquad\underline{-\,3x^2\ -\ 9x} \\
\qquad\qquad\quad 5x + 15 \\
\qquad\qquad\underline{-\,5x - 15} \\
\qquad\qquad\qquad\quad 0
\end{array}
$$

Die Gleichung $x^2 + 3x + 5 = 0$ hat keine Lösung, da die zugehörige Diskriminante $D = \left(\frac{3}{2}\right)^2 - 5 = -\frac{11}{4}$ negativ ist. Also gilt $\mathbb{L} = \{-3, 1\}$. Das Polynom $x^4 + 5x^3 + 8x^2 + x - 15$ kann somit dargestellt werden als

$$x^4 + 5x^3 + 8x^2 + x - 15 = (x - 1)(x + 3)(x^2 + 3x + 5). \qquad ✗$$

Aufgaben zum Üben in Abschnitt 7.3

[298]Aufgabe 7.3 – [299]Aufgabe 7.7

7.4 Aufgaben

7.1 Aufgabe ([299]Lösung)

Lösen Sie die Polynomgleichung durch Faktorisierung.

(a) $x^6 - 2x^5 - 15x^4 = 0$

(b) $4x^5 - 9x^3 = 0$

(c) $3x^4 - 27x^3 + 42x^2 = 0$

(d) $\frac{1}{22}x^7 - \frac{3}{22}x^6 + 7x^5 = 0$

(e) $x^3 - 11x^2 + 30x = 0$

(f) $2x^5 + 14x^4 - 36x^3 = 0$

7.2 Aufgabe ([300]Lösung)

Lösen Sie die Polynomgleichung mit der Substitutionsmethode.

(a) $3x^4 - 78x^2 + 507 = 0$

(b) $\frac{1}{2}x^4 - 12x^2 + 64 = 0$

(c) $2x^6 + 38x^3 - 432 = 0$

(d) $x^8 + 4x^4 + 6 = 0$

(e) $4x^4 - 84x^2 - 400 = 0$

(f) $x^{12} + 3x^6 + 2 = 0$

(g) $x^{10} + 31x^5 - 32 = 0$

(h) $\frac{1}{4}x^8 - 3x^4 - 16 = 0$

7.3 Aufgabe (301 Lösung)

Führen Sie jeweils eine Polynomdivision durch.

(a) $(x^5 - 3x^3 + 2x^2 + 2x - 2) : (x - 1)$

(b) $(x^7 - 4x^5 + x^2 + x - 2) : (x + 2)$

(c) $(x^4 - 3x^2 - 2) : (x^2 - 2)$

(d) $(x^5 + 2x^4 - x^3 + 3x^2 + 6x - 3) : (x^3 + 3)$

(e) $(x^4 - x^3 - 2x^2 - 2x) : (x^3 - 2x)$

(f) $(x^4 - 2x^3 - 9x^2 + 8x - 16) : (x^3 + 2x^2 - x + 4)$

7.4 Aufgabe (302 Lösung)

Lösen Sie die Polynomgleichung mittels Polynomdivision. Verwenden Sie die vorgegebenen Lösungen x_1 und x_2.

(a) $x^4 - x^3 - 12x^2 - 4x + 16 = 0$;   Vorgabe: $x_1 = 4, x_2 = -2$

(b) $x^3 - 5x^2 - 29x + 105 = 0$;   Vorgabe: $x_1 = 3$

(c) $2x^4 - 8x^3 - 42x^2 + 72x + 216 = 0$;   Vorgabe: $x_1 = -2, x_2 = 6$

(d) $x^4 - 3x^3 - 33x^2 + 15x + 140 = 0$;   Vorgabe: $x_1 = -4, x_2 = 7$

7.5 Aufgabe (304 Lösung)

Faktorisieren Sie die folgenden Terme. Verwenden Sie dazu Polynomdivisionen und die vorgegebenen Nullstellen x_1 und x_2.

(a) $x^4 - 2x^3 - 27x^2 + 108$;   Nullstellen: $x_1 = 2, x_2 = -3$

(b) $x^4 + x^3 - 85x^2 + 23x + 1260$;   Nullstellen: $x_1 = -4, x_2 = 5$

(c) $2x^4 + 4x^3 - 162x^2 + 396x$;   Nullstelle: $x_1 = 3$

(d) $x^4 + 8x^3 + 25x^2 + 42x + 36$;   Nullstellen: $x_1 = -3, x_2 = -3$

7.6 Aufgabe (306 Lösung)

Vereinfachen Sie folgende Brüche so weit wie möglich. Verwenden Sie ggf. Polynomdivisionen.

(a) $\frac{x^3-13x+12}{x-3}$

(c) $\frac{x^3+x^2-2x}{x^3-x}$

(e) $\frac{x^2-2x-8}{x^2-16}$

(b) $\frac{x^4-x^3-12x^2+28x-16}{x^2-4x+4}$

(d) $\frac{x^3-11x^2+10x+72}{3x^2-48}$

(f) $\frac{x^3+x^2-4x-4}{x^3+2x^2+x}$

7.7 Aufgabe (307 Lösung)

Zerlegen Sie die folgende Polynome in Linearfaktoren. Raten Sie dazu ggf. Nullstellen.

(a) x^2-1

(e) $z^3 - \frac{13}{6}z^2 + \frac{3}{2}z - \frac{1}{3}$

(b) t^3-5t^2+3t+9

(c) $u^3-3u^2-\frac{1}{9}u+\frac{1}{3}$

(f) $x^4-x^3-34x^2-56x$

(d) x^3-2x+1

(g) $y^6+\frac{3}{2}y^5-5y^4-6y^3+4y^2$

7.5 Lösungen

7.1 Lösung (297 Aufgabe)

(a) $x^6-2x^5-15x^4=0 \iff x^4(x^2-2x-15)=0$

$\iff x^4=0$ oder $x^2-2x-15=0$

$\iff x=0$ oder $x^2-2x-15=0$

$\iff x=0$ oder $x=5$ oder $x=-3$

➥ $\mathbb{L}=\{-3,0,5\}$

(b) $4x^5-9x^3=0 \iff x^3(4x^2-9)=0 \overset{\text{3. bin. Formel}}{\iff} x^3(2x-3)(2x+3)=0$

$\iff x^3=0$ oder $2x-3=0$ oder $2x+3=0$

$\iff x=0$ oder $x=\frac{3}{2}$ oder $x=-\frac{3}{2}$

➥ $\mathbb{L}=\{-\frac{3}{2},0,\frac{3}{2}\}$

(c) $3x^4-27x^3+42x^2=0 \iff x^2(3x^2-27x+42)=0$

$\iff x^2=0$ oder $3x^2-27x+42=0$

$\iff x=0$ oder $x^2-9x+14=0$

$\iff x=0$ oder $x=7$ oder $x=2$

➥ $\mathbb{L}=\{0,2,7\}$

(d) $\frac{1}{22}x^7 - \frac{3}{22}x^6 + 7x^5 = 0 \iff x^5\left(\frac{1}{22}x^2 - \frac{3}{22}x + 7\right) = 0$

$\iff x^5 = 0$ oder $\frac{1}{22}x^2 - \frac{3}{22}x + 7 = 0$

$\iff x = 0$ oder $x^2 - 3x + 154 = 0$

Da die letzte Gleichung wegen $D = \frac{9}{4} - 154 < 0$ keine Lösung hat, gilt $\mathbb{L} = \{0\}$.

(e) $x^3 - 11x^2 + 30x = 0 \iff x(x^2 - 11x + 30) = 0$

$\iff x = 0$ oder $x^2 - 11x + 30 = 0$

$\iff x = 0$ oder $x = 5$ oder $x = 6$

➡ $\mathbb{L} = \{0, 5, 6\}$

(f) $2x^5 + 14x^4 - 36x^3 = 0 \iff x^3(2x^2 + 14x - 36) = 0$

$\iff x^3 = 0$ oder $2x^2 + 14x - 36 = 0$

$\iff x = 0$ oder $x^2 + 7x - 18 = 0$

$\iff x = 0$ oder $x = 2$ oder $x = -9$

➡ $\mathbb{L} = \{-9, 0, 2\}$

7.2 Lösung ([297]Aufgabe)

(a) Substitution $y = x^2$:

$$3y^2 - 78y + 507 = 0 \mid : 3 \iff y^2 - 26y + 169 = 0 \iff (y - 13)^2 = 0$$

$$\iff y = 13$$

Die Gleichung $x^2 = 13$ hat die Lösungen $x_1 = \sqrt{13}$ und $x_2 = -\sqrt{13}$, so dass $\mathbb{L} = \{-\sqrt{13}, \sqrt{13}\}$.

(b) Substitution $y = x^2$:

$$\frac{1}{2}y^2 - 12y + 64 = 0 \mid \cdot 2 \iff y^2 - 24y + 128 = 0$$

$$\iff y = 16 \text{ oder } y = 8$$

Die Gleichungen $x^2 = 16$ bzw. $x^2 = 8$ haben die Lösungen $x_1 = 4$, $x_2 = -4$ bzw. $x_3 = \sqrt{8}$, $x_4 = -\sqrt{8}$, so dass wegen $\sqrt{8} = 2\sqrt{2}$ gilt $\mathbb{L} = \{-4, -2\sqrt{2}, 2\sqrt{2}, 4\}$.

(c) Substitution $y = x^3$:

$$2y^2 + 38y - 432 = 0 \mid : 2 \iff y^2 + 19y - 216 = 0$$

$$\iff y = 8 \text{ oder } y = -27$$

Die Gleichungen $x^3 = 8$ bzw. $x^3 = -27$ haben die Lösung $x_1 = 2$ bzw. $x_2 = -3$, so dass $\mathbb{L} = \{-3, 2\}$.

(d) Substitution $y = x^4$:

Die Gleichung $y^2 + 4y + 6 = 0$ hat die Diskriminante $D = -2 < 0$ und daher keine reelle Lösung. Somit gilt $\mathbb{L} = \emptyset$.

(e) Substitution $y = x^2$:

$$4y^2 - 84y - 400 = 0 \mid : 4 \iff y^2 - 21y - 100 = 0$$
$$\iff y = 25 \text{ oder } y = -4$$

Die Gleichung $x^2 = 25$ hat die Lösungen $x_1 = 5$ und $x_2 = -5$, während $x^2 = -4$ nicht lösbar ist. Daher gilt $\mathbb{L} = \{-5, 5\}$.

(f) Substitution $y = x^6$:

$$y^2 + 3y + 2 = 0 \iff y = -2 \text{ oder } y = -1$$

Da die Gleichungen $x^6 = -2$ und $x^6 = -1$ keine reellen Lösungen haben, gilt $\mathbb{L} = \emptyset$.

(g) Substitution $y = x^5$:

$$y^2 + 31y - 32 = 0 \iff y = -32 \text{ oder } y = 1$$

Die Gleichungen $x^5 = -32$ bzw. $x^5 = 1$ haben die Lösung $x_1 = -2$ bzw. $x_2 = 1$, so dass $\mathbb{L} = \{-2, 1\}$.

(h) Substitution $y = x^4$:

$$\tfrac{1}{4}y^2 - 3y - 16 = 0 \mid \cdot 4 \iff y^2 - 12y - 64 = 0 \iff y = 16 \text{ oder } y = -4$$

Die Gleichung $x^4 = 16$ hat die Lösungen $x_1 = 2$ und $x_2 = -2$, während die Gleichung $x^4 = -4$ keine reelle Lösung hat. Daher gilt $\mathbb{L} = \{-2, 2\}$.

7.3 Lösung (298 Aufgabe)

(a)
$$
\begin{array}{l}
(x^5) : (x-1) = x^4 + x^3 - 2x^2 + 2 \\
\end{array}
$$

$$
\begin{array}{r}
(\ x^5 \qquad\ -3x^3 + 2x^2 + 2x - 2) : (x-1) = x^4 + x^3 - 2x^2 + 2 \\
\underline{-x^5 + x^4} \\
x^4 - 3x^3 \\
\underline{-x^4 + x^3} \\
-2x^3 + 2x^2 \\
\underline{2x^3 - 2x^2} \\
2x - 2 \\
\underline{-2x + 2} \\
0
\end{array}
$$

(b) $(\quad x^7 \qquad -4x^5 + x^2 \;+x-2):(x+2) = x^6 - 2x^5 + x - 1$

$\underline{-x^7 - 2x^6}$

$\qquad -2x^6 - 4x^5$

$\qquad \underline{2x^6 + 4x^5}$

$\qquad\qquad\qquad x^2\;+x$

$\qquad\qquad\qquad \underline{-x^2 - 2x}$

$\qquad\qquad\qquad\qquad -x-2$

$\qquad\qquad\qquad\qquad \underline{x+2}$

$\qquad\qquad\qquad\qquad\qquad 0$

(c) $(\quad x^4 - 3x^2 - 2):(x^2-2) = x^2 - 1 + \dfrac{-4}{x^2-2}$

$\underline{-x^4 + 2x^2}$

$\qquad -x^2 - 2$

$\qquad \underline{x^2 - 2}$

$\qquad\qquad -4$

(d) $(\quad x^5 + 2x^4 - x^3 + 3x^2 + 6x - 3):(x^3+3) = x^2 + 2x - 1$

$\underline{-x^5 \qquad\qquad\quad -3x^2}$

$\qquad 2x^4 - x^3 \qquad +6x$

$\qquad \underline{-2x^4 \qquad\qquad -6x}$

$\qquad\qquad -x^3 \qquad\quad -3$

$\qquad\qquad \underline{x^3 \qquad\qquad +3}$

$\qquad\qquad\qquad\qquad 0$

(e) $(\quad x^4 - x^3 - 2x^2 - 2x):(x^3-2x) = x - 1 + \dfrac{-4x}{x^3-2x}$

$\underline{-x^4 \qquad\quad +2x^2}$

$\qquad -x^3 \qquad\quad -2x$

$\qquad \underline{x^3 \qquad\qquad -2x}$

$\qquad\qquad -4x$

Das Ergebnis kann auch geschrieben werden als $x - 1 - \frac{4}{x^2-2}$.

(f) $(\quad x^4 - 2x^3 - 9x^2 + 8x - 16):(x^3 + 2x^2 - x + 4) = x - 4$

$\underline{-x^4 - 2x^3\;+x^2 - 4x}$

$\qquad -4x^3 - 8x^2 + 4x - 16$

$\qquad \underline{4x^3 + 8x^2 - 4x + 16}$

$\qquad\qquad\qquad 0$

7.4 Lösung (298 Aufgabe)

(a) ❶ $(\quad x^4 - x^3 - 12x^2 - 4x + 16):(x-4) = x^3 + 3x^2 - 4$

$\underline{-x^4 + 4x^3}$

$\qquad 3x^3 - 12x^2$

$\qquad \underline{-3x^3 + 12x^2}$

$\qquad\qquad\qquad -4x + 16$

$\qquad\qquad\qquad \underline{4x - 16}$

$\qquad\qquad\qquad\qquad 0$

❷ $(\quad x^3 + 3x^2 \qquad - 4) : (x + 2) = x^2 + x - 2$
$\underline{-x^3 - 2x^2}$
$\qquad x^2$
$\qquad \underline{-x^2 - 2x}$
$\qquad\qquad -2x - 4$
$\qquad\qquad \underline{2x + 4}$
$\qquad\qquad\qquad 0$

❸ $x^2 + x - 2 = 0 \iff x = -2 \text{ oder } x = 1$

➡ $\mathbb{L} = \{-2, 1, 4\}$

(b) ❶ $(\quad x^3 - 5x^2 - 29x + 105) : (x - 3) = x^2 - 2x - 35$
$\underline{-x^3 + 3x^2}$
$\qquad -2x^2 - 29x$
$\qquad \underline{2x^2 \; - 6x}$
$\qquad\qquad -35x + 105$
$\qquad\qquad \underline{35x - 105}$
$\qquad\qquad\qquad 0$

❷ $x^2 - 2x - 35 = 0 \iff x = 7 \text{ oder } x = -5$

➡ $\mathbb{L} = \{-5, 3, 7\}$

(c) ❶ $(\quad 2x^4 - 8x^3 - 42x^2 + 72x + 216) : (x + 2) = 2x^3 - 12x^2 - 18x + 108$
$\underline{-2x^4 - 4x^3}$
$\qquad -12x^3 - 42x^2$
$\qquad \underline{12x^3 + 24x^2}$
$\qquad\qquad -18x^2 + 72x$
$\qquad\qquad \underline{18x^2 + 36x}$
$\qquad\qquad\qquad 108x + 216$
$\qquad\qquad\qquad \underline{-108x - 216}$
$\qquad\qquad\qquad\qquad 0$

❷ $(\quad 2x^3 - 12x^2 - 18x + 108) : (x - 6) = 2x^2 - 18$
$\underline{-2x^3 + 12x^2}$
$\qquad\qquad -18x + 108$
$\qquad\qquad \underline{18x - 108}$
$\qquad\qquad\qquad 0$

❸ $2x^2 - 18 = 2(x^2 - 9) = 2(x - 3)(x + 3) = 0 \iff x = -3 \text{ oder } x = 3$

➡ $\mathbb{L} = \{-3, -2, 3, 6\}$

(d) **❶** $(\quad x^4 - 3x^3 - 33x^2 + 15x + 140) : (x+4) = x^3 - 7x^2 - 5x + 35$

$\underline{\quad -x^4 - 4x^3}$

$\qquad -7x^3 - 33x^2$

$\underline{\qquad 7x^3 + 28x^2}$

$\qquad\qquad -5x^2 + 15x$

$\underline{\qquad\qquad 5x^2 + 20x}$

$\qquad\qquad\qquad 35x + 140$

$\underline{\qquad\qquad\qquad -35x - 140}$

$\qquad\qquad\qquad\qquad 0$

❷ $(\quad x^3 - 7x^2 - 5x + 35) : (x-7) = x^2 - 5$

$\underline{\quad -x^3 + 7x^2}$

$\qquad\qquad -5x + 35$

$\underline{\qquad\qquad 5x - 35}$

$\qquad\qquad\qquad 0$

❸ $x^2 = 5 \iff x = \sqrt{5} \text{ oder } x = -\sqrt{5}$

➥ $\mathbb{L} = \{-4, -\sqrt{5}, \sqrt{5}, 7\}$

7.5 Lösung (298 Aufgabe)

(a) **❶** $(\quad x^4 - 2x^3 - 27x^2 \qquad + 108) : (x-2) = x^3 - 27x - 54$

$\underline{\quad -x^4 + 2x^3}$

$\qquad\qquad -27x^2$

$\underline{\qquad\qquad 27x^2 - 54x}$

$\qquad\qquad\qquad -54x + 108$

$\underline{\qquad\qquad\qquad 54x - 108}$

$\qquad\qquad\qquad\qquad 0$

❷ $(\quad x^3 \qquad - 27x - 54) : (x+3) = x^2 - 3x - 18$

$\underline{\quad -x^3 - 3x^2}$

$\qquad\qquad -3x^2 - 27x$

$\underline{\qquad\qquad 3x^2 + 9x}$

$\qquad\qquad\qquad -18x - 54$

$\underline{\qquad\qquad\qquad 18x + 54}$

$\qquad\qquad\qquad\qquad 0$

❸ $x^2 - 3x - 18 = 0 \iff x = 6 \text{ oder } x = -3$

Somit folgt $x^4 - 2x^3 - 27x^2 + 108 = (x-2)(x+3)^2(x-6)$.

(b) ❶ $(\quad x^4 + x^3 - 85x^2 + 23x + 1260) : (x+4) = x^3 - 3x^2 - 73x + 315$
$\underline{-x^4 - 4x^3}$
$\qquad -3x^3 - 85x^2$
$\qquad \underline{3x^3 + 12x^2}$
$\qquad\qquad -73x^2 + 23x$
$\qquad\qquad \underline{73x^2 + 292x}$
$\qquad\qquad\qquad 315x + 1260$
$\qquad\qquad\qquad \underline{-315x - 1260}$
$\qquad\qquad\qquad\qquad 0$

❷ $(\quad x^3 - 3x^2 - 73x + 315) : (x-5) = x^2 + 2x - 63$
$\underline{-x^3 + 5x^2}$
$\qquad 2x^2 - 73x$
$\qquad \underline{-2x^2 + 10x}$
$\qquad\qquad -63x + 315$
$\qquad\qquad \underline{63x - 315}$
$\qquad\qquad\qquad 0$

❸ $x^2 + 2x - 63 = 0 \iff x = 7$ oder $x = -9$

Somit folgt $x^4 + x^3 - 85x^2 + 23x + 1260 = (x+4)(x-5)(x-7)(x+9)$.

(c) ❶ $2x^4 + 4x^3 - 162x^2 + 396x = 2x(x^3 + 2x^2 - 81x + 198)$

❷ $(\quad x^3 + 2x^2 - 81x + 198) : (x-3) = x^2 + 5x - 66$
$\underline{-x^3 + 3x^2}$
$\qquad 5x^2 - 81x$
$\qquad \underline{-5x^2 + 15x}$
$\qquad\qquad -66x + 198$
$\qquad\qquad \underline{66x - 198}$
$\qquad\qquad\qquad 0$

❸ $x^2 + 5x - 66 = 0 \iff x = 6$ oder $x = -11$

Somit folgt $2x^4 + 4x^3 - 162x^2 + 396x = 2x(x-3)(x-6)(x+11)$.

(d) ❶ $(\quad x^4 + 8x^3 + 25x^2 + 42x + 36) : (x+3) = x^3 + 5x^2 + 10x + 12$
$\underline{-x^4 - 3x^3}$
$\qquad 5x^3 + 25x^2$
$\qquad \underline{-5x^3 - 15x^2}$
$\qquad\qquad 10x^2 + 42x$
$\qquad\qquad \underline{-10x^2 - 30x}$
$\qquad\qquad\qquad 12x + 36$
$\qquad\qquad\qquad \underline{-12x - 36}$
$\qquad\qquad\qquad\qquad 0$

❷ $(\quad x^3 + 5x^2 + 10x + 12) : (x+3) = x^2 + 2x + 4$
$\underline{-x^3 - 3x^2}$
$\qquad 2x^2 + 10x$
$\qquad \underline{-2x^2 - 6x}$
$\qquad\qquad 4x + 12$
$\qquad\qquad \underline{-4x - 12}$
$\qquad\qquad\qquad 0$

❸ $x^2 + 2x + 4 = 0$ hat wegen $D = -3 < 0$ keine Lösung

Somit folgt $x^4 + 8x^3 + 25x^2 + 42x + 36 = (x+3)^2(x^2 + 2x + 4)$.

7.6 Lösung (299Aufgabe)

(a) Der Nenner hat die Nullstelle 3. Wegen $3^3 - 13 \cdot 3 + 12 = 0$ ist dies auch eine Nullstelle des Zählers. Aus der Polynomdivision $(x^3 - 13x + 12) : (x - 3) = x^2 + 3x - 4$ folgt daher

$$\frac{x^3 - 13x + 12}{x - 3} = \frac{(x-3)(x^2 + 3x - 4)}{x - 3} = x^2 + 3x - 4.$$

(b) Der Nenner $x^2 - 4x + 4 = (x - 2)^2$ hat die (doppelte) Nullstelle 2. Wegen $2^4 - 2^3 - 12 \cdot 2^2 + 28 \cdot 2 - 16 = 0$ ist dies auch eine Nullstelle des Zählers. Polynomdivision ergibt $(x^4 - x^3 - 12x^2 + 28x - 16) : (x - 2) = x^3 + x^2 - 10x + 8$, wobei der Zähler wegen $2^3 + 2^2 - 10 \cdot 2 + 8 = 0$ nochmals die Nullstelle 2 hat. Nochmalige Polynomdivision liefert $(x^3 + x^2 - 10x + 8) : (x - 2) = x^2 + 3x - 4$, so dass

$$\frac{x^4 - x^3 - 12x^2 + 28x - 16}{x^2 - 4x + 4} = \frac{(x-2)^2(x^2 + 3x - 4)}{(x-2)^2} = x^2 + 3x - 4.$$

(c) Der Nenner $x^3 - x = x(x^2 - 1) = x(x-1)(x+1)$ hat die Nullstellen $0, 1$ und -1. Da 1 auch Nullstelle des Zählers ist, folgt aus $(x^2 + x - 2) : (x - 1) = x + 2$ die Darstellung

$$\frac{x(x^2 + x - 2)}{x(x-1)(x+1)} = \frac{x(x-1)(x+2)}{x(x-1)(x+1)} = \frac{x+2}{x+1} = 1 + \frac{1}{x+1}.$$

(d) Der Nenner $3x^2 - 48 = 3(x^2 - 16) = 3(x-4)(x+4)$ hat die Nullstellen 4 und -4. Wegen $4^3 - 11 \cdot 4^2 + 40 + 72 = 0$ ist 4 Nullstelle des Zählers. Mit $(x^3 - 11x^2 + 10x + 72) : (x - 4) = x^2 - 7x - 18$ und $(-4)^2 + 28 - 18 \neq 0$ folgt

$$\frac{x^3 - 11x^2 + 10x + 72}{3x^2 - 48} = \frac{(x-4)(x^2 - 7x - 18)}{3(x-4)(x+4)} = \frac{x^2 - 7x - 18}{3(x+4)}.$$

(e) Der Nenner $x^2 - 16 = (x - 4)(x + 4)$ hat die Nullstellen 4 und -4. Da 4 auch Nullstelle des Zählers ist, gilt $(x^2 - 2x - 8) : (x - 4) = x + 2$ und somit

$$\frac{x^2 - 2x - 8}{x^2 - 16} = \frac{(x + 2)(x - 4)}{(x - 4)(x + 4)} = \frac{x + 2}{x + 4} = 1 - \frac{2}{x + 4}.$$

(f) Der Nenner $x^3 + 2x^2 + x = x(x^2 + 2x + 1) = x(x + 1)^2$ hat die Nullstellen 0 und -1. Da -1 auch Nullstelle des Zählers ist, folgt $(x^3 + x^2 - 4x - 4) : (x + 1) = x^2 - 4 = (x - 2)(x + 2)$, so dass

$$\frac{x^3 + x^2 - 4x - 4}{x^3 + 2x^2 + x} = \frac{(x + 1)(x - 2)(x + 2)}{x(x + 1)^2} = \frac{(x - 2)(x + 2)}{x(x + 1)}.$$

7.7 Lösung (299 Aufgabe)

(a) Nach der dritten 14 binomischen Formel gilt $x^2 - 1 = (x - 1)(x + 1)$.

(b) Durch Raten folgt, dass -1 eine Nullstelle von $t^3 - 5t^2 + 3t + 9$ ist. Eine Polynomdivision liefert

$$
\begin{array}{l}
(\quad t^3 - 5t^2 + 3t + 9) : (t + 1) = t^2 - 6t + 9 \\
\underline{-t^3 \ -t^2} \\
\quad\quad -6t^2 + 3t \\
\quad\quad \underline{6t^2 + 6t} \\
\quad\quad\quad\quad 9t + 9 \\
\quad\quad\quad\quad \underline{-9t - 9} \\
\quad\quad\quad\quad\quad\quad 0
\end{array}
$$

Mit der zweiten 14 binomischen Formel gilt dann $t^2 - 6t + 9 = (t - 3)^2$, so dass

$$p(t) = t^3 - 5t^2 + 3t + 9 = (t + 1)(t - 3)^2.$$

Eine Illustration ist in 308 Abbildung 7.1(a) zu finden.

(c) Raten ergibt, dass der Term $u^3 - 3u^2 - \frac{1}{9}u + \frac{1}{3}$ für $u = 3$ den Wert Null hat. Mittels einer Polynomdivision erhält man dann

$$
\begin{array}{l}
(\quad u^3 - 3u^2 - \tfrac{1}{9}u + \tfrac{1}{3}) : (u - 3) = u^2 - \tfrac{1}{9} \\
\underline{-u^3 + 3u^2} \\
\quad\quad\quad\quad -\tfrac{1}{9}u + \tfrac{1}{3} \\
\quad\quad\quad\quad \underline{\tfrac{1}{9}u - \tfrac{1}{3}} \\
\quad\quad\quad\quad\quad\quad 0
\end{array}
$$

Die dritte 14 binomische Formel liefert dann die Faktorisierung

$$p(u) = u^3 - 3u^2 - \frac{1}{9}u + \frac{1}{3} = (u - 3)\left(u - \frac{1}{3}\right)\left(u + \frac{1}{3}\right).$$

Eine Illustration ist in 308 Abbildung 7.1(b) zu finden.

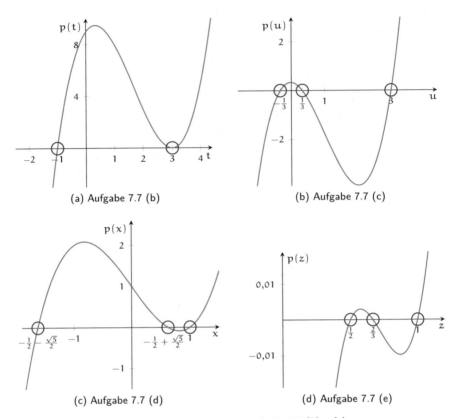

(a) Aufgabe 7.7 (b) (b) Aufgabe 7.7 (c)

(c) Aufgabe 7.7 (d) (d) Aufgabe 7.7 (e)

Abbildung 7.1: Illustration zu Aufgabe 7.7 (b) – (e).

(d) Offenbar ist $x = 1$ eine Nullstelle von $x^3 - 2x + 1$. Mit Polynomdivision gilt

$$
\begin{array}{l}
(\quad x^3 \qquad - 2x + 1) : (x - 1) = x^2 + x - 1 \\
\underline{- x^3 + x^2} \\
\qquad\quad x^2 - 2x \\
\qquad\underline{- x^2 + x} \\
\qquad\qquad - x + 1 \\
\qquad\qquad\underline{x - 1} \\
\qquad\qquad\qquad 0
\end{array}
$$

Mittels quadratischer Ergänzung folgt

$$
x^2 + x - 1 = \left(x + \frac{1}{2}\right)^2 - \frac{1}{4} - 1 = \left(x + \frac{1}{2}\right)^2 - \frac{5}{4}.
$$

Unter Verwendung der dritten binomischen Formel ergibt sich nun

$$
\left(x + \frac{1}{2}\right)^2 - \frac{5}{4} = \left(x + \frac{1}{2} - \frac{\sqrt{5}}{2}\right)\left(x + \frac{1}{2} + \frac{\sqrt{5}}{2}\right),
$$

so dass insgesamt die Faktorisierung

$$p(x) = \left(x + \frac{1}{2} - \frac{\sqrt{5}}{2}\right)\left(x + \frac{1}{2} + \frac{\sqrt{5}}{2}\right)(x - 1)$$

resultiert. Eine Illustration ist in ⁃⁃⁃308⁃⁃⁃Abbildung 7.1(c) zu finden.

(e) Der Ausdruck $z^3 - \frac{13}{6}z^2 + \frac{3}{2}z - \frac{1}{3}$ ist für $z = 1$ gleich Null. Damit gilt

$$
\begin{array}{l}
(\quad z^3 - \frac{13}{6}z^2 + \frac{3}{2}z - \frac{1}{3}) : (z - 1) = z^2 - \frac{7}{6}z + \frac{1}{3} \\
\underline{-z^3 \quad + z^2} \\
\qquad -\frac{7}{6}z^2 + \frac{3}{2}z \\
\qquad \underline{\frac{7}{6}z^2 - \frac{7}{6}z} \\
\qquad\qquad \frac{1}{3}z - \frac{1}{3} \\
\qquad\qquad \underline{-\frac{1}{3}z + \frac{1}{3}} \\
\qquad\qquad\qquad 0
\end{array}
$$

Mittels ⁃⁃⁃203⁃⁃⁃quadratischer Ergänzung folgt

$$z^2 - \frac{7}{6}z + \frac{1}{3} = \left(z - \frac{7}{12}\right)^2 - \left(\frac{7}{12}\right)^2 + \frac{1}{3}.$$

Wegen $-\left(\frac{7}{12}\right)^2 + \frac{1}{3} = -\frac{49}{144} + \frac{48}{144} = -\frac{1}{144} = -\left(\frac{1}{12}\right)^2$ erhält man daraus mit der dritten ⁃⁃⁃14⁃⁃⁃binomischen Formel die Darstellung

$$z^2 - \frac{7}{6}z + \frac{1}{3} = \left(z - \frac{1}{2}\right)\left(z - \frac{2}{3}\right).$$

Insgesamt folgt

$$p(z) = z^3 - \frac{13}{6}z^2 + \frac{3}{2}z - \frac{1}{3} = (z - 1)\left(z - \frac{1}{2}\right)\left(z - \frac{2}{3}\right).$$

Eine Illustration ist in ⁃⁃⁃308⁃⁃⁃Abbildung 7.1(d) zu finden.

(f) Offenbar ist $x^4 - x^3 - 34x^2 - 56x = x(x^3 - x^2 - 34x - 56)$. Da -2 eine Nullstelle des Polynoms dritten Grades ist, ergibt sich

$$
\begin{array}{l}
(\quad x^3 \quad - x^2 - 34x - 56) : (x + 2) = x^2 - 3x - 28 \\
\underline{-x^3 - 2x^2} \\
\qquad -3x^2 - 34x \\
\qquad \underline{3x^2 + 6x} \\
\qquad\qquad -28x - 56 \\
\qquad\qquad \underline{28x + 56} \\
\qquad\qquad\qquad 0
\end{array}
$$

Mit ⁃⁃⁃203⁃⁃⁃quadratischer Ergänzung folgt nun

$$x^2 - 3x - 28 = \left(x - \frac{3}{2}\right)^2 - \frac{9}{4} - 28 = \left(x - \frac{3}{2}\right)^2 - \frac{121}{4} = \left(x - \frac{3}{2}\right)^2 - \frac{11^2}{2^2}.$$

Daraus ergibt sich unter Verwendung der dritten ⑭binomischen Formel wegen $-\frac{3}{2} + \frac{11}{2} = 4$ und $-\frac{3}{2} - \frac{11}{2} = -7$ die Faktorisierung

$$p(x) = x^4 - x^3 - 34x^2 - 56x = x(x + 2)(x + 4)(x - 7).$$

Eine Illustration ist in ③⑩Abbildung 7.2(a) zu finden. Die gepunkteten Linienstücke deuten den Verlauf des Graphen von p im Intervall $[0, 7]$ an. Bei vollständiger Darstellung wären die Nullstellen $-4, -2, 0$ nicht mehr erkennbar.

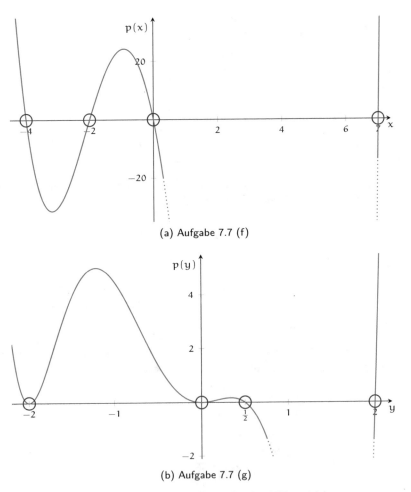

(a) Aufgabe 7.7 (f)

(b) Aufgabe 7.7 (g)

Abbildung 7.2: Illustration zu Aufgabe 7.7 (f) und (g).

(g) Durch Ausklammern von y^2 erhält man zunächst $y^6 + \frac{3}{2}y^5 - 5y^4 - 6y^3 + 4y^2 = y^2(y^4 + \frac{3}{2}y^3 - 5y^2 - 6y + 4)$. Einsetzen von $y = 2$ liefert nun, dass dies eine Nullstelle des zweiten Faktors ist. Daher folgt mit einer Polynomdivision

$$
\begin{aligned}
(\quad y^4 + \tfrac{3}{2}y^3 - 5y^2 - 6y + 4) : (y - 2) &= y^3 + \tfrac{7}{2}y^2 + 2y - 2 \\
\underline{-y^4 + 2y^3} & \\
\tfrac{7}{2}y^3 - 5y^2 & \\
\underline{-\tfrac{7}{2}y^3 + 7y^2} & \\
2y^2 - 6y & \\
\underline{-2y^2 + 4y} & \\
-2y + 4 & \\
\underline{2y - 4} & \\
0 &
\end{aligned}
$$

Eine weitere Nullstelle ist $y = -2$, so dass eine erneute Polynomdivision das quadratische Polynom

$$
\begin{aligned}
(\quad y^3 + \tfrac{7}{2}y^2 + 2y - 2) : (y + 2) &= y^2 + \tfrac{3}{2}y - 1 \\
\underline{-y^3 - 2y^2} & \\
\tfrac{3}{2}y^2 + 2y & \\
\underline{-\tfrac{3}{2}y^2 - 3y} & \\
-y - 2 & \\
\underline{y + 2} & \\
0 &
\end{aligned}
$$

ergibt. Mit einer [203]quadratischen Ergänzung folgt weiterhin

$$
y^2 + \frac{3}{2}y - 1 = \left(y + \frac{3}{4}\right)^2 - \left(\frac{5}{4}\right)^2,
$$

so dass mit der dritten [14]binomischen Formel gilt $y^2 + \tfrac{3}{2}y - 1 = \left(y - \tfrac{1}{2}\right)(y + 2)$. Insgesamt erhält man

$$
p(y) = y^6 + \frac{3}{2}y^5 - 5y^4 - 6y^3 + 4y^2 = y^2(y - 2)(y + 2)^2 \left(y - \frac{1}{2}\right).
$$

Eine Illustration ist in [310]Abbildung 7.2(b) zu finden. Die gepunkteten Linienstücke deuten den Verlauf des Graphen von p im Intervall $[\tfrac{1}{2}, 2]$ an. Bei vollständiger Darstellung wären die Nullstellen $0, \tfrac{1}{2}$ nicht mehr erkennbar.

Kapitel 8

Ungleichungen

Die Ersetzung des Gleichheitszeichens in einer $\boxed{193}$Gleichung durch ein Ordnungszeichen „$\leqslant$", „$<$", „$\geqslant$" oder „$>$" führt zu einer Ungleichung. Sie besitzt analog zu einer Gleichung eine linke und eine rechte Seite, wie z.B.

$$\underbrace{x^2 - 4x}_{\text{linke Seite}} \leqslant \underbrace{2x - 5}_{\text{rechte Seite}} \,.$$

Die Lösungsmenge $\mathbb{L}$ einer Ungleichung besteht aus allen Zahlen, die eingesetzt für die Variable die Ungleichung erfüllen.

> **▶ Bezeichnung (Äquivalente Ungleichungen)**
>
> Zwei Ungleichungen heißen äquivalent, wenn sie die gleiche Lösungsmenge besitzen. Die Äquivalenz von Ungleichungen wird durch den Äquivalenzpfeil „$\Longleftrightarrow$" zwischen den Ungleichungen zum Ausdruck gebracht.
>
> Eine Ungleichung impliziert eine andere, wenn ihre Lösungsmenge eine Teilmenge der Lösungsmenge der anderen ist. Dies wird durch den Folgerungspfeil „$\Longrightarrow$" bezeichnet.

8.1 Beispiel

Die Ungleichungen $2x \leqslant 4$ und $x \leqslant 2$ haben die selbe Lösungsmenge $\mathbb{L} = (-\infty, 2]$ und sind daher äquivalent, d.h.

$$2x \leqslant 4 \quad \Longleftrightarrow \quad x \leqslant 2.$$

Die Lösung der Ungleichung $x^2 < 4$ ist das Intervall $(-2, 2)$. Da jeder Wert dieses Intervalls kleiner als 2 ist, gilt

$$x^2 < 4 \quad \Longrightarrow \quad x < 2.$$

Die Umkehrung ist nicht korrekt, da z.B. -3 wegen $-3 < 2$ die zweite Ungleichung erfüllt, aber wegen $(-3)^2 = 9 > 2$ die erste verletzt. ✘

Da die Äquivalenz von Ungleichungen lediglich von deren Lösungsmenge abhängt, sind beispielsweise die Ungleichungen $x \leqslant 2$ und $2 \geqslant x$ äquivalent. Die Vertauschung der Seiten einer Ungleichung bei gleichzeitiger Vertauschung des Ordnungszeichens liefert somit eine äquivalente Ungleichung. Daher gibt es prinzipiell nur die zwei Typen von Ungleichungen mit Ordnungszeichen „$\leqslant$" und „$<$".

© Springer-Verlag GmbH Deutschland, ein Teil von Springer Nature 2018
E. Cramer und J. Nešlehová, *Vorkurs Mathematik*, EMIL@A-stat,
https://doi.org/10.1007/978-3-662-57494-2_8

Wie bei [195]Gleichungen bilden die elementaren Umformungen unter Beachtung gewisser Einschränkungen auch bei Ungleichungen Äquivalenzumformungen.

> ▶ **Regel (Elementare Umformungen von Ungleichungen)**
>
> Die Lösungsmenge $\mathbb{L}$ einer Ungleichung wird durch folgende, jeweils auf beiden Seiten der Gleichung ausgeführte Operationen nicht verändert:
>
> - ◗ Addition oder Subtraktion einer reellen Zahl (bzw. eines Terms).
>
> - ◗ Multiplikation oder Division mit einer von Null verschiedenen reellen Zahl (bzw. einem von Null verschiedenen Term), wobei bei negativen Ausdrücken das Ordnungszeichen umzukehren ist, d.h. aus „$\leqslant$" wird „$\geqslant$" etc.

Wie bei Gleichungen können auch die Lösungen von Ungleichungen durch den zugehörigen Funktionsgraphen visualisiert werden. Zunächst werden mittels Subtraktion alle Ausdrücke der rechten Seite auf die linke gebracht:

$$x^2 - 4x \leqslant 2x - 5 \quad \big| -2x + 5 \quad \Longleftrightarrow \quad \underbrace{x^2 - 6x + 5}_{=f(x)} \leqslant 0.$$

Die linke Seite lässt sich als Funktionswert der Funktion f an der Stelle x interpretieren. Daher beschreibt die Ungleichung den Bereich aller Zahlen $x \in \mathbb{R}$ mit $f(x) \leqslant 0$, d.h. den Bereich auf der x-Achse, in dem alle Funktionswerte negativ oder gleich Null sind. Der [159]Graph der Funktion f liegt dort <u>unterhalb</u> der x-Achse (rot markierter Bereich).

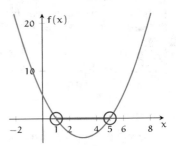

Abbildung 8.1: Lösung einer Ungleichung.

Die Graphik zeigt auch, dass die Bereiche $\{x \mid f(x) \geqslant 0\}$ und $\{x \mid f(x) \leqslant 0\}$ durch die Nullstellen von f separiert werden. Ist die Ungleichheit streng gefordert, d.h. $f(x) < 0$ bzw. $f(x) > 0$, gehören diese Randwerte selbst nicht zur Lösungsmenge.*

Ungleichungen können alternativ graphisch dargestellt werden, in dem die linke und rechte Seite der Ungleichung jeweils als Funktionen f und g aufgefasst werden. Die Lösungsmenge der Ungleichung ergibt sich als der Bereich der Definitionsmenge, wo der Graph der Funktion f (je nach Ungleichungszeichen) oberhalb bzw. unterhalb des Graphen von g liegt. In [315]Abbildung 8.2 sind linke und rechte Seite der Ungleichung $x^2 - 4x = 2x - 5$ dargestellt. Die Lösungsmenge ist der Bereich der [61]Abszisse, wo die grüne Kurve oberhalb der blauen liegt.

---

*Bei dieser Argumentation wird unterstellt, dass die Funktion f [386]stetig auf ihrem Definitionsbereich ist. Dies ist für alle im Folgenden betrachteten Ungleichungen der Fall.

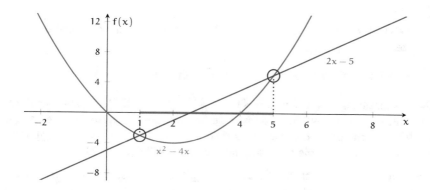

Abbildung 8.2: Lösung einer Ungleichung mittels Schnittpunkten der Graphen von Funktionen.

Im Folgenden werden vier Typen von Ungleichungen behandelt:

- ❯ ³¹⁵Lineare Ungleichungen, d.h. der Graph von f ist eine Gerade,

- ❯ ³¹⁸Quadratische Ungleichungen, d.h. der Graph von f ist eine Parabel,

- ❯ ³²⁴Bruchungleichungen, die auf eine lineare oder eine quadratische Ungleichung führen, jedoch eine spezielle Lösungsmethode erfordern,

- ❯ ³²⁸Betragsungleichungen.

8.1 Lineare Ungleichungen

Eine Ungleichung, die die Variable nur in linearer Form enthält, heißt lineare Ungleichung. Sie kann durch elementare Umformungen stets auf eine der folgenden Formen gebracht werden.

> **❯ Bezeichnung (Lineare Ungleichungen)**
>
> Seien a, b reelle Zahlen. Dann heißen
>
> $$ax \leqslant b, \quad ax < b, \quad ax \geqslant b \quad \text{bzw.} \quad ax > b$$
>
> lineare Ungleichungen.

8.2 Beispiel
Die folgenden Ungleichungen sind lineare Ungleichungen:

$$x \geqslant 3, \quad 3z < 5, \quad 2t + 1 \leqslant -4t + 5, \quad -4y > y - 3. \qquad ✗$$

8.3 Beispiel

Für die Ungleichung $2t + 1 \leqslant -4t + 5$ liefern elementare Umformungen die Äquivalenzen

$$2t + 1 \leqslant -4t + 5 \quad \mid +4t \mid -1 \quad \Longleftrightarrow \quad 6t \leqslant 4 \quad \mid :6 \quad \Longleftrightarrow \quad t \leqslant \tfrac{2}{3}.$$

Die Lösungsmenge ist daher $\mathbb{L} = \{t \mid t \leqslant \tfrac{2}{3}\} = (-\infty, \tfrac{2}{3}]$. Der Graph der durch $f(t) = 6t - 4$ definierten Funktion ist eine Gerade. Die Lösungsmenge der obigen Ungleichung entspricht dem Bereich auf der t-Achse, in dem die Gerade <u>unterhalb</u> der t-Achse liegt oder die t-Achse schneidet (s. ³¹⁶Abbildung 8.3).

Der Bereich, in dem sich die Gerade <u>oberhalb</u> der t-Achse befindet, ist die Lösungsmenge der Ungleichung $6t - 4 > 0$.   ✗

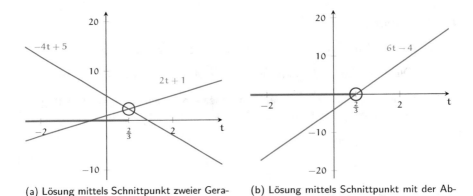

(a) Lösung mittels Schnittpunkt zweier Geraden.   (b) Lösung mittels Schnittpunkt mit der Abszisse.

Abbildung 8.3: Lösung der linearen Ungleichung aus ³¹⁶Beispiel 8.3.

Die Lösungsmenge $\mathbb{L}$ einer linearen Ungleichung ist stets ein Intervall (sofern $\mathbb{L} \neq \emptyset$ gilt).

❶ Für $a = 1$ gilt: Die Lösungsmenge der Ungleichung

   (i) $x \leqslant b$ ist $\mathbb{L} = (-\infty, b]$,   (iii) $x \geqslant b$ ist $\mathbb{L} = [b, \infty)$,

   (ii) $x < b$ ist $\mathbb{L} = (-\infty, b)$,   (iv) $x > b$ ist $\mathbb{L} = (b, \infty)$.

❷ Für $a = 0$ resultiert je nach Ungleichung eine der Aussagen

   (i) $0 \leqslant b$ (ii) $0 < b$ (iii) $0 \geqslant b$ (iv) $0 > b$

und die Unbekannte x tritt in der Ungleichung nicht mehr auf. In dieser Situation ist die Aussage entweder wahr, d.h. es gilt $\mathbb{L} = \mathbb{R}$, oder sie ist falsch, d.h. die Lösungsmenge ist leer, i.e. $\mathbb{L} = \emptyset$.

❸ Gilt $a \neq 1$ und $a \neq 0$, wird die Ungleichung durch a dividiert. Dabei ist zu beachten, dass sich für negatives a das Ordnungszeichen umkehrt. Es resultiert eine der Ungleichungen aus Fall ❶ mit der rechten Seite $\frac{b}{a}$.

Die obigen Betrachtungen führen zu einem allgemeinen Lösungsschema für lineare Ungleichungen.

> ▶ **Regel (Lösung von linearen Ungleichungen)**
>
> Die lineare Ungleichung $ax \leqslant b$ hat die Lösungsmengen:
>
> | a | b | Lösungsmenge |
> |-----|-----|--------------|
> | > 0 | beliebig | $(-\infty, \frac{b}{a}]$ |
> | < 0 | beliebig | $[\frac{b}{a}, \infty)$ |
> | $= 0$ | < 0 | $\emptyset$ |
> | | $\geqslant 0$ | $\mathbb{R}$ |
>
> Analoge Aussagen gelten für die linearen Ungleichungen $ax \geqslant b$, $ax < b$ und $ax > b$.

8.4 Beispiel

Die Lösungsmenge der Ungleichung $2x + 5 \geqslant -3x - 7$ resultiert aus den Umformungen:

$$
\begin{aligned}
& 2x + 5 \geqslant -3x - 7 && | + 3x \;| - 5 \\
\Longleftrightarrow \quad & 5x \geqslant -12 && | : 5 \\
\Longleftrightarrow \quad & x \geqslant -\frac{12}{5}
\end{aligned}
$$

Die Lösungsmenge ist somit $\mathbb{L} = [-\frac{12}{5}, \infty)$. Eine alternative Lösung ist

$$
\begin{aligned}
& 2x + 5 \geqslant -3x - 7 && | - 2x \;| + 7 \\
\Longleftrightarrow \quad & 12 \geqslant -5x && | : (-5) \\
\Longleftrightarrow \quad & -\frac{12}{5} \leqslant x
\end{aligned}
$$

Diese Rechnung illustriert, dass die Umkehrung des Ordnungszeichens nach Multiplikation/Division mit einer negativen Zahl wesentlich ist.   ✗

8.5 Beispiel

Die Ungleichung $\frac{1}{2}x - (4x + 1) > \frac{1}{3} + \frac{1}{6} + 2(x + 2)$ wird mit den angegebenen elementaren Umformungen gelöst:

$$
\begin{aligned}
& \frac{1}{2}x - (4x + 1) > \frac{1}{3} + \frac{1}{6} + 2(x + 2) && | \cdot 6 \\
\Longleftrightarrow \quad & 3x - 6(4x + 1) > 2 + 1 + 12(x + 2) && | \text{Vereinfachen}
\end{aligned}
$$

$$\Longleftrightarrow \qquad -21x - 6 > 12x + 27 \qquad \big| + 21x \,\big| - 27$$
$$\Longleftrightarrow \qquad \qquad -33 > 33x \qquad \qquad \big| : 33$$
$$\Longleftrightarrow \qquad \qquad \quad -1 > x$$

Die Lösungsmenge ist somit das Intervall $\mathbb{L} = (-\infty, -1)$.   ✗

Aufgaben zum Üben in Abschnitt 8.1

335 Aufgabe 8.1

8.2 Quadratische Ungleichungen

Eine Ungleichung, die die Unbekannte nur in linearer und quadratischer Form enthält, heißt **quadratische Ungleichung**. Sie kann durch elementare Umformungen stets auf eine der folgenden Formen gebracht werden (a, b, c sind feste reelle Zahlen, x ist die Unbekannte):

$$ax^2 + bx + c \leqslant 0 \quad \text{bzw.} \quad ax^2 + bx + c < 0$$
$$(\, ax^2 + bx + c \geqslant 0 \quad \text{bzw.} \quad ax^2 + bx + c > 0 \,)$$

Für $a \neq 0$ lassen sich quadratische Ungleichungen mittels Division beider Seiten durch a stets auf eine Normalform bringen (p und q bezeichnen beliebige reelle Zahlen):

$$x^2 + px + q \leqslant 0 \quad \text{bzw.} \quad x^2 + px + q < 0$$
$$(\, x^2 + px + q \geqslant 0 \quad \text{bzw.} \quad x^2 + px + q > 0 \,)$$

Bei diesem Vorgang ist stets das Vorzeichen von a zu beachten. Für $a < 0$ muss das Ordnungszeichen umgedreht werden:

$$-2x^2 + 8x + 10 \leqslant 0 \qquad \big| : (-2) \text{ Umkehrung des Ordnungszeichens}$$
$$\Longleftrightarrow \qquad x^2 - 4x - 5 \geqslant 0$$

Die Lösungsmenge einer quadratischen Ungleichung ist entweder leer, ein Intervall oder eine Vereinigung von zwei Intervallen. Sie lässt sich einfach graphisch darstellen, indem die Ungleichung in Normalform gebracht wird und der Graph der zugehörigen Funktion gezeichnet wird. Dies ist immer eine nach oben geöffnete Parabel, da der quadratische Term ein positives Vorzeichen hat.

8.6 Beispiel

Die linke Seite der Ungleichung $x^2 - 4x - 5 \geqslant 0$ wird als Funktionswert einer Funktion f aufgefasst, d.h. $f(x) = x^2 - 4x - 5$. Der Graph der Funktion f ist eine Parabel, die an den Lösungen der quadratischen Gleichung $x^2 - 4x - 5 = 0$ die x-Achse schneidet ($x_1 = -1$, $x_2 = 5$).

Die Lösungsmenge der Ungleichung

$$x^2 - 4x - 5 \geqslant 0$$

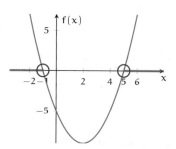

entspricht dem rot markierten Bereich auf der x-Achse, in dem die Parabel oberhalb der x-Achse liegt oder die x-Achse schneidet. Dies trifft in den Intervallen $(-\infty, -1]$ und $[5, \infty)$ zu, d.h. $\mathbb{L} = (-\infty, -1] \cup [5, \infty)$.

Liegt x im Intervall $(-1, 5)$, so befindet sich die Parabel unterhalb der x-Achse, d.h. x erfüllt die Ungleichung $x^2 - 4x - 5 < 0$.   ✗

▷ Regel (Lösung einer quadratischen Ungleichung)

Sei $x^2 + px + q = 0$ die Gleichung (in Normalform) zu einer quadratischen Ungleichung. Folgende Vorgehensweise führt zur Lösungsmenge der Ungleichung.

① Bestimmung der Lösungsmenge $\mathbb{L}_G$ der Gleichung.

② Festlegung des Prüfbereichs I, aus dem eine Prüfstelle* x_0 gewählt wird:

   ❶ $|\mathbb{L}_G| = 2$, d.h es gibt zwei Lösungen $x_1 < x_2$: $I = (x_1, x_2)$

   ❷ $|\mathbb{L}_G| = 1$, d.h es gibt eine Lösung x_1: $I = \mathbb{R} \setminus \{x_1\}$

   ❸ $|\mathbb{L}_G| = 0$, d.h es gibt keine Lösung: $I = \mathbb{R}$

③ Wahl der Prüfstelle x_0 aus dem Bereich I.

④ Die Lösungsmenge $\mathbb{L}$ der Ungleichung ist in folgender Tabelle gegeben:

	Ungleichungszeichen	
	$<, >$	$\leqslant, \geqslant$
x_0 erfüllt die Ungleichung	$\mathbb{L} = I$	$\mathbb{L} = I \cup \mathbb{L}_G$
x_0 erfüllt die Ungleichung nicht	$\mathbb{L} = \mathbb{R} \setminus (\mathbb{L}_G \cup I)$	$\mathbb{L} = \mathbb{R} \setminus I$

---

*Eine **Prüfstelle** ist eine Zahl, die in die Ungleichung eingesetzt wird.

Formal lässt sich eine quadratische Ungleichung analog zu einer quadratischen Gleichung lösen. Anhand der graphischen Visualisierung und der Eigenschaft, dass die linke Seite $x^2 + px + q$ stets eine nach oben geöffnete Parabel beschreibt, kann die Lösungsmenge direkt angegeben werden. Ihre Gestalt richtet sich lediglich danach, wie oft die Parabel die x-Achse schneidet, d.h. wie viele Lösungen die Gleichung $x^2 + px + q = 0$ hat.

1. Fall: $x^2 + px + q = 0$ **besitzt zwei verschiedene Lösungen** x_1 **und** x_2

Besitzt die zugehörige quadratische Gleichung zwei Lösungen x_1 und x_2, so zeigt die graphische Darstellung der Parabel zwei Schnittpunkte mit der Abszisse.

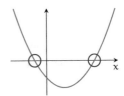

Die Lösungsmengen der vier zugehörigen quadratischen Ungleichungen lassen sich daher in folgender Regel zusammenfassen.

> ▶ **Regel (Lösungsmenge einer quadratischen Ungleichung)**
>
> Seien $x_1 < x_2$ die Lösungen der quadratischen Gleichung $x^2 + px + q = 0$. Die Lösungsmenge der Ungleichung
>
> ❶ $x^2 + px + q \leqslant 0$ ist $\mathbb{L} = [x_1, x_2]$.
>
> ❷ $x^2 + px + q < 0$ ist $\mathbb{L} = (x_1, x_2)$.
>
> ❸ $x^2 + px + q \geqslant 0$ ist $\mathbb{L} = (-\infty, x_1] \cup [x_2, \infty) = \mathbb{R} \setminus (x_1, x_2)$.
>
> ❹ $x^2 + px + q > 0$ ist $\mathbb{L} = (-\infty, x_1) \cup (x_2, \infty) = \mathbb{R} \setminus [x_1, x_2]$.
>
> Diese Fallunterscheidung ist nur anwendbar, wenn die Ungleichung in Normalform vorliegt. Ist dies nicht der Fall, muss diese zunächst erzeugt werden.

8.7 Beispiel

Die Ungleichung $-3x^2 + 3x + 18 < 0$ liegt nicht in Normalform vor, die jedoch durch Division beider Seiten mit (-3) erzeugt wird:

$$-3x^2 + 3x + 18 < 0 \quad | : (-3)\,\text{Umkehrung des Ordnungszeichens} \qquad \Longleftrightarrow \quad x^2 - x - 6 > 0.$$

Die quadratische Gleichung $x^2 - x - 6 = 0$ hat die ▨208Diskriminante $D = \left(\frac{-1}{2}\right)^2 + 6 = \frac{25}{4} > 0$, so dass es zwei Lösungen gibt:

$$x_1 = -\frac{-1}{2} - \sqrt{\frac{25}{4}} = -2, \quad x_2 = -\frac{-1}{2} + \sqrt{\frac{25}{4}} = 3.$$

Daher ist die Lösungsmenge der Ungleichung $x^2 - x - 6 > 0$ gegeben durch $\mathbb{L} = (-\infty, -2) \cup (3, \infty) = \mathbb{R} \setminus [-2, 3]$.

Alternativ kann die Prüfstelle $x = 0^*$ aus dem Prüfbereich $I = (-2,3)$ zur Bestimmung der Lösungsmenge verwendet werden. Einsetzen ergibt $0^2 - 0 - 6 = -6$, d.h. $x^2 - x - 6 < 0$ gilt für alle $x \in (-2,3)$ bzw. $x^2 - x - 6 > 0$ gilt für alle $x \in (-\infty, -2) \cup (3, \infty)$. ✗

Alternativ können die obigen Lösungsmengen auch mit Hilfe einer Faktorisierung des quadratischen Polynoms und anschließender Fallunterscheidung bestimmt werden. In ▥Kapitel 6.2 wurde folgende Darstellung einer quadratischen Funktion hergeleitet:

Hat $x^2 + px + q = 0$ zwei Lösungen x_1 und x_2, so gilt

$$x^2 + px + q = (x - x_1)(x - x_2).$$

Damit folgt

$$x^2 + px + q \geqslant 0 \iff (x - x_1)(x - x_2) \geqslant 0.$$

Letzteres ist genau dann der Fall, wenn beide Faktoren das gleiche Vorzeichen haben, d.h.

$$\left(x - x_1 \geqslant 0 \text{ und } x - x_2 \geqslant 0 \right) \text{ oder } \left(x - x_1 \leqslant 0 \text{ und } x - x_2 \leqslant 0 \right).$$

Dies führt zu den bereits vorgestellten Lösungsmengen.

8.8 Beispiel

Die Gleichung $x^2 - 4x - 5 = 0$ besitzt die Lösungen $x_1 = -1$ und $x_2 = 5$. Daher lässt sich die linke Seite der Ungleichung $x^2 - 4x - 5 \geqslant 0$ als $(x + 1)(x - 5)$ faktorisieren, und es gilt äquivalent

$$(x + 1)(x - 5) \geqslant 0.$$

Das Produkt $(x+1)(x-5)$ ist genau dann nicht-negativ, wenn beide Faktoren das selbe Vorzeichen haben. Die Lösungsmenge ergibt sich aus der Fallunterscheidung:

❶
$$
\begin{aligned}
& x + 1 \geqslant 0 \quad \text{und} \quad x - 5 \geqslant 0 \\
\iff\ & x \geqslant -1 \quad \text{und} \quad x \geqslant 5 \\
\iff\ & x \in [-1, \infty) \quad \text{und} \quad x \in [5, \infty) \\
\iff\ & x \in [-1, \infty) \cap [5, \infty) \\
\iff\ & x \in [5, \infty)
\end{aligned}
$$

Daraus resultiert die Lösungsmenge $\mathbb{L}_1 = [5, \infty)$.

❷
$$
\begin{aligned}
& x + 1 \leqslant 0 \quad \text{und} \quad x - 5 \leqslant 0 \\
\iff\ & x \leqslant -1 \quad \text{und} \quad x \leqslant 5 \\
\iff\ & x \in (-\infty, -1] \quad \text{und} \quad x \in (-\infty, 5] \\
\iff\ & x \in (-\infty, -1] \cap (-\infty, 5] \\
\iff\ & x \in (-\infty, -1]
\end{aligned}
$$

Daher ist $\mathbb{L}_2 = (-\infty, -1]$ die Lösungsmenge.

---

*Als Prüfstelle kann jeder Wert im Intervall $(-2, 3)$ verwendet werden (also etwa auch $x = -1$ oder $x = 1$).

Die Ungleichung $(x + 1)(x - 5) \geqslant 0$ wird also von allen x erfüllt, die entweder in $\mathbb{L}_1$ oder in $\mathbb{L}_2$ liegen, d.h. für alle x aus

$$\mathbb{L} = \mathbb{L}_1 \cup \mathbb{L}_2 = (-\infty, -1] \cup [5, \infty) = \mathbb{R} \setminus (-1, 5). \qquad ✗$$

8.9 Beispiel

Die Ungleichung $-2x^2 + 2x + 12 \geqslant 0$ wird zunächst auf Normalform gebracht:

$$-2x^2 + 2x + 12 \geqslant 0 \quad |:(-2) \quad \Longleftrightarrow \quad x^2 - x - 6 \leqslant 0.$$

Die quadratische Gleichung $x^2 - x - 6 = 0$ besitzt die $\overline{320}$Lösungen 3 und -2, so dass sich die linke Seite gemäß $(x - 3)(x + 2)$ zerlegen lässt. Die linke Seite der Ungleichung ist daher negativ, wenn die Faktoren jeweils verschiedenes Vorzeichen haben:

❶
$$\begin{array}{llll} & x - 3 \leqslant 0 & \text{und} & x + 2 \geqslant 0 \\ \Longleftrightarrow & x \leqslant 3 & \text{und} & x \geqslant -2 \\ \Longleftrightarrow & x \in (-\infty, 3] & \text{und} & x \in [-2, \infty) \\ \Longleftrightarrow & x \in (-\infty, 3] \cap [-2, \infty) \\ \Longleftrightarrow & x \in [-2, 3] \end{array}$$

Daher ist $\mathbb{L}_1 = [-2, 3]$.

❷
$$\begin{array}{llll} & x - 3 \geqslant 0 & \text{und} & x + 2 \leqslant 0 \\ \Longleftrightarrow & x \geqslant 3 & \text{und} & x \leqslant -2 \\ \Longleftrightarrow & x \in [3, \infty) & \text{und} & x \in (-\infty, -2] \\ \Longleftrightarrow & x \in [3, \infty) \cap (-\infty, -2] \\ \Longleftrightarrow & x \in \emptyset \end{array}$$

Also gilt $\mathbb{L}_2 = \emptyset$.

Die Lösungsmenge der Ungleichung $-2x^2 + 2x + 12 \geqslant 0$ ist also

$$\mathbb{L} = \mathbb{L}_1 \cup \mathbb{L}_2 = [-2, 3] \cup \emptyset = [-2, 3]. \qquad ✗$$

2. Fall: $x^2 + px + q = 0$ besitzt genau eine Lösung x_1

In diesem Fall ergibt sich für die quadratische Funktion die nebenstehende graphische Darstellung: Die Parabel berührt die Abszisse in genau einem Punkt. Die Lösungsmengen hängen daher auch nur von der (eindeutigen) Lösung x_1 der quadratischen Gleichung ab.

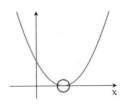

> **Regel (Lösungsmenge einer quadratischen Ungleichung)**
>
> Sei x_1 die einzige Lösung der quadratischen Gleichung $x^2 + px + q = 0$. Die Lösungsmenge der Ungleichung
>
>   (i) $x^2 + px + q \leqslant 0$ ist $\mathbb{L} = \{x_1\}$,   (iii) $x^2 + px + q \geqslant 0$ ist $\mathbb{L} = \mathbb{R}$,
>
>   (ii) $x^2 + px + q < 0$ ist leer: $\mathbb{L} = \emptyset$,   (iv) $x^2 + px + q > 0$ ist $\mathbb{L} = \mathbb{R} \backslash \{x_1\}$.
>
> Diese Fallunterscheidung ist nur anwendbar, wenn die Ungleichung in Normalform vorliegt. Ist dies nicht der Fall, muss diese zunächst erzeugt werden.

8.10 Beispiel

Die Normalform der Ungleichung $2x^2 - 8x + 8 \leqslant 0$ ist $x^2 - 4x + 4 \leqslant 0$. Mittels zweiter ⁇binomischer Formel folgt, dass $x^2 - 4x + 4 = 0$ genau eine Lösung besitzt:

$$x^2 - 4x + 4 = 0 \iff x^2 - 2 \cdot 2x + 2^2 = 0 \iff (x - 2)^2 = 0 \iff x = 2.$$

Damit ist $\mathbb{L} = \{2\}$ Lösungsmenge der Ungleichung $x^2 - 4x + 4 \leqslant 0$.

Alternativ folgt dieses Ergebnis direkt aus der Darstellung $(x - 2)^2 \leqslant 0$. Da die linke Seite stets nicht-negativ ist, gibt es nur die Lösung $x = 2$.   ✗

Wie im obigen Beispiel liefert alternativ eine ⁇Zerlegung der linken Seite die Lösung. Es gilt nämlich

Hat $x^2 + px + q = 0$ genau eine Lösung x_1, so gilt $x^2 + px + q = (x - x_1)^2$.

Der Ausdruck $(x - x_1)^2$ ist als Quadrat stets nicht-negativ. Die Ungleichung $x^2 + px + q < 0$ hat daher keine Lösung, wohingegen $x^2 + px + q \geqslant 0$ für alle reellen Zahlen x erfüllt ist. Die Ungleichung $x^2 + px + q \leqslant 0$ wird nur von x_1 gelöst und $x^2 + px + q > 0$ von allen reellen Zahlen außer von x_1.

8.11 Beispiel

Die Ungleichung $3x^2 - 6x + 3 > 0$ wird durch Division mit 3 auf Normalform gebracht:

$$3x^2 - 6x + 3 > 0 \quad | : 3 \iff x^2 - 2x + 1 > 0.$$

Mittels quadratischer Ergänzung (oder direkt mit der zweiten binomischen Formel) folgt, dass $x^2 - 2x + 1 = 0$ nur eine Lösung besitzt:

$$x^2 - 2x + 1 = 0 \iff x^2 + 2 \cdot (-1)x + (-1)^2 = 0 \iff (x - 1)^2 = 0 \iff x = 1.$$

Damit ist die Ungleichung äquivalent zu $(x - 1)^2 > 0$, was für alle $x \in \mathbb{R} \backslash \{1\}$ erfüllt ist. Die Lösungsmenge ist somit $\mathbb{L} = \mathbb{R} \backslash \{1\}$.   ✗

3. Fall $x^2 + px + q = 0$ **besitzt keine Lösung**

Die graphische Darstellung der Parabel zeigt, dass
es keine Schnitt- oder Berührpunkte mit der Abszisse gibt. Da die Gleichung in Normalform vorliegt, ist
die Parabel nach oben geöffnet und liegt daher in
diesem Fall stets oberhalb der Abszisse.

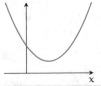

> ▶ **Regel (Lösungsmenge einer quadratischen Ungleichung)**
>
> Hat die quadratische Gleichung $x^2 + px + q = 0$ keine Lösung, dann sind die
> Lösungsmengen der Ungleichungen
>
> > ❭ $x^2 + px + q \leqslant 0$ und $x^2 + px + q < 0$ leer, d.h. $\mathbb{L} = \emptyset$.
> >
> > ❭ $x^2 + px + q \geqslant 0$ und $x^2 + px + q > 0$ gegeben durch $\mathbb{L} = \mathbb{R}$.
>
> Diese Fallunterscheidung ist nur anwendbar, wenn die Ungleichung in Nor-
> malform vorliegt. Ist dies nicht der Fall, muss diese zunächst erzeugt wer-
> den.

Allgemein gilt: Hat die Gleichung $\alpha x^2 + bx + c = 0$ keine Lösung, so genügt es,
die zugehörige Ungleichung an <u>einer</u> Stelle (etwa für $x = 0$) zu prüfen, um die
Lösungsmenge der betrachteten Ungleichung zu ermitteln.

8.12 Beispiel

Für die Ungleichung $-x^2 + x - 6 < 0$ gilt:

$$-x^2 + x - 6 < 0 \quad \big|:(-1) \quad \Longleftrightarrow \quad x^2 - x + 6 > 0.$$

Da die Diskriminante $D = \left(\frac{-1}{2}\right)^2 - 6 = \frac{-23}{4}$ negativ ist, hat die quadratische
Gleichung $x^2 - x + 6 = 0$ keine Lösung. Dies bedeutet, dass die durch $f(x) =$
$x^2 - x + 6$ festgelegte Parabel die x-Achse nicht schneidet. Wegen $f(0) = 6 > 0$
gilt daher $\mathbb{L} = \mathbb{R}$. ✗

Aufgaben zum Üben in Abschnitt 8.2

336 Aufgabe 8.2

8.3 Bruchungleichungen

Ungleichung, bei denen die Unbekannte im Nenner eines Bruchs steht, wie etwa

$$\frac{x-1}{x+3} \geqslant 1,$$

erfordern spezielle Lösungsverfahren. Zunächst muss – wie bei [215]Bruchgleichungen – der Definitionsbereich der Ungleichung bestimmt werden. Dies ist im obigen Beispiel die Menge $\mathbb{R} \setminus \{-3\}$, da der Nenner für $x = -3$ Null wird. Zur Lösung der zugehörigen Gleichung könnten beide Seiten der Gleichung mit dem Nenner $x+3$ multipliziert werden. Diese, sich intuitiv anbietende, Operation ist bei Ungleichungen <u>nicht</u> ohne Weiteres erlaubt. Während bei festen Zahlen das Vorzeichen feststeht, ist bei Termen das Vorzeichen i.Allg. vom Wert der Unbekannten abhängig. Der Term $x + 3$ hat für $x > -3$ positives und für $x < -3$ negatives Vorzeichen.

Bei Multiplikation mit einem Term muss daher zunächst geprüft werden, welches Vorzeichen dieser besitzt und die Betrachtung dann gegebenenfalls für mehrere Bereiche separat durchgeführt werden. Zur Illustration dieses Problems werden die äquivalente Ungleichung $\frac{x-1}{x+3} - 1 \geqslant 0$ und die durch $f(x) = \frac{x-1}{x+3} - 1$ definierte Funktion betrachtet. An dieser Stelle sei darauf hingewiesen, dass die Funktion f an der Stelle $x = -3$ eine Definitionslücke hat.

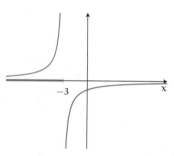

Die Graphik zeigt, dass $(-\infty, -3)$ Lösungsmenge der Ungleichung ist. Würden beide Seiten der Ungleichung ohne Beachtung des Vorzeichens von $x + 3$ mit diesem Term multipliziert, resultierte folgende Rechnung

$$\frac{x - 1}{x + 3} \geqslant 1 \qquad | \cdot (x + 3)$$

$$x - 1 \geqslant x + 3 \qquad | - x$$

$$\Longleftrightarrow \qquad -1 \overset{\text{\tiny{4}}}{\geqslant} 3.$$

Diese Aussage ist offensichtlich falsch, d.h. die Ungleichung besäße nach dieser Rechnung keine Lösung. Dies steht jedoch im Widerspruch zur graphischen Lösung des Problems.

Im Folgenden werden zwei Möglichkeiten zur Lösung einer Bruchungleichung vorgestellt. Dazu werden zunächst alle vorkommenden Brüche auf einen gemeinsamen Nenner gebracht und dann entweder

- ◗ alle Terme auf der linken Seite der Ungleichung gesammelt, zu einem Bruch zusammengefasst und anschließend eine Fallunterscheidung durchgeführt:

  - ❶ Der Bruch ist negativ, wenn Zähler und Nenner jeweils verschiedenes Vorzeichen besitzen.

  - ❷ Der Bruch ist positiv, wenn Zähler und Nenner das selbe Vorzeichen haben.

oder

◉ das Vorzeichen des Nenners in Abhängigkeit von der Unbekannten diskutiert und Bereiche festgelegt, in denen der Nenner positives bzw. negatives Vorzeichen hat. Anschließend werden beide Seiten mit dem Ausdruck im Nenner (unter Berücksichtigung von dessen Vorzeichen) multipliziert.

Beide Strategien werden jeweils an einem Beispiel erläutert.

8.13 Beispiel

Die Ungleichung $\frac{x-1}{x+3} \geqslant 1$ wird mittels des ersten Ansatzes gelöst. Definitionsbereich ist $\mathbb{D} = \mathbb{R} \setminus \{-3\}$.

$$\frac{x-1}{x+3} \geqslant 1 \qquad |-1$$

$$\Longleftrightarrow \quad \frac{x-1}{x+3} - 1 \geqslant 0$$

$$\Longleftrightarrow \quad \frac{x-1}{x+3} - \frac{x+3}{x+3} \geqslant 0$$

$$\Longleftrightarrow \quad \frac{x-1-x-3}{x+3} \geqslant 0$$

$$\Longleftrightarrow \quad \frac{-4}{x+3} \geqslant 0.$$

Soll der Bruch auf der linken Seite nicht-negativ sein, müssen Zähler und Nenner jeweils das selbe Vorzeichen besitzen. Das führt zur Fallunterscheidung:

❶ $-4 \overset{\xi}{\geqslant} 0$ und $x + 3 > 0$

Da -4 negativ ist, ist dieser Bereich leer, d.h. $\mathbb{L}_1 = \emptyset$.

❷ $-4 \leqslant 0$ und $x + 3 < 0$

Da die erste Ungleichung stets erfüllt ist, muss lediglich bestimmt werden, wann die zweite Ungleichung gilt. Dies ist für $x < -3$ der Fall, d.h. $\mathbb{L}_2 = (-\infty, -3)$.

Die Lösungsmenge der ursprünglichen Ungleichung ist die Vereinigung der beiden Lösungsmengen, d.h. $\mathbb{L} = \mathbb{L}_1 \cup \mathbb{L}_2 = \emptyset \cup (-\infty, -3) = (-\infty, -3)$.   ✘

8.14 Beispiel

Die Ungleichung $\frac{2}{x-2} + \frac{x}{x+1} \leqslant 1$ wird mit dem zweiten Ansatz gelöst (Definitionsbereich ist $\mathbb{R} \setminus \{-1, 2\}$). Hierzu werden beide Brüche zunächst durch Erweitern auf den gemeinsamen Nenner $(x-2)(x+1)$ gebracht:

$$\frac{2(x+1)}{(x-2)(x+1)} + \frac{x(x-2)}{(x-2)(x+1)} \leqslant 1.$$

Als nächstes wird das Vorzeichen des Nenners diskutiert:

❶ $(x-2)(x+1) > 0$

Dies ist genau dann der Fall, wenn beide Faktoren das selbe Vorzeichen haben, d.h. wenn beide positiv sind

$$x - 2 > 0 \quad \text{und} \quad x + 1 > 0$$
$$\Longleftrightarrow \quad x > 2 \quad \text{und} \quad x > -1$$
$$\Longleftrightarrow \quad x \in (2, \infty) \quad \text{und} \quad x \in (-1, \infty)$$
$$\Longleftrightarrow \quad x \in (2, \infty) \cap (-1, \infty)$$
$$\Longleftrightarrow \quad x \in (2, \infty)$$

oder beide negativ sind

$$\Longleftrightarrow \quad x - 2 < 0 \quad \text{und} \quad x + 1 < 0$$
$$\Longleftrightarrow \quad x < 2 \quad \text{und} \quad x < -1$$
$$\Longleftrightarrow \quad x \in (-\infty, 2) \quad \text{und} \quad x \in (-\infty, -1)$$
$$\Longleftrightarrow \quad x \in (-\infty, 2) \cap (-\infty, -1)$$
$$\Longleftrightarrow \quad x \in (-\infty, -1)$$

Insgesamt gilt dies für $x \in (-\infty, -1) \cup (2, \infty)$.

❷ $(x - 2)(x + 1) < 0$

Dies ist genau dann der Fall, wenn die Faktoren verschiedene Vorzeichen haben. Dieser Bereich kann wie oben untersucht werden. Aus obiger Rechnung folgt jedoch bereits, dass $(x - 2)(x + 1)$ im Intervall $(-1, 2)$ negativ sein muss (Das Vorzeichen kann nur positiv oder negativ sein). Daher ist also $x \in (-1, 2)$.

Somit kann die Ungleichung wie folgt mit dem Nenner multipliziert werden:

❶ $x \in (-\infty, -1) \cup (2, \infty)$

In diesem Fall ist $(x - 2)(x + 1) > 0$ und das Ordnungszeichen ändert sich bei der Multiplikation <u>nicht</u>:

$$\frac{2}{x - 2} + \frac{x}{x + 1} \leqslant 1 \qquad \left| \cdot (x - 2)(x + 1) \right.$$
$$\Longleftrightarrow \quad 2(x + 1) + x(x - 2) \leqslant (x - 2)(x + 1)$$
$$\Longleftrightarrow \quad 2x + 2 + x^2 - 2x \leqslant x^2 - x - 2 \qquad \left| -x^2 \right.$$
$$\Longleftrightarrow \quad 2 \leqslant -x - 2 \qquad \left| +x - 2 \right.$$
$$\Longleftrightarrow \quad x \leqslant -4.$$

Das Intervall $(-\infty, -4]$ liegt ganz in der in diesem Fall betrachteten Menge $(-\infty, -1) \cup (2, \infty)$, so dass $\mathbb{L}_1 = (-\infty, -4]$ resultiert.

❷ $x \in (-1, 2)$

Wegen $(x - 2)(x + 1) < 0$ kehrt sich das Ordnungszeichen bei der Multiplikation um:

$$\frac{2}{x - 2} + \frac{x}{x + 1} \leqslant 1 \qquad \left| \cdot (x - 2)(x + 1) \right.$$

$$\iff \quad 2(x+1) + x(x-2) \geqslant (x-2)(x+1)$$
$$\iff \quad 2x + 2 + x^2 - 2x \geqslant x^2 - x - 2 \qquad \big| -x^2$$
$$\iff \quad 2 \geqslant -x - 2 \qquad\qquad \big| +x - 2$$
$$\iff \quad x \geqslant -4.$$

Ein Vergleich des Intervalls $[-4, \infty)$ mit dem betrachteten Intervall $(-1, 2)$ ergibt die Lösungsmenge $\mathbb{L}_2 = [-4, \infty) \cap (-1, 2) = (-1, 2)$.

Die Lösungsmenge der ursprünglichen Ungleichung ist die Vereinigung der obigen Lösungsmengen, d.h $\mathbb{L} = \mathbb{L}_1 \cup \mathbb{L}_2 = (-\infty, -4] \cup (-1, 2)$. Eine Illustration ist in ͟328Abbildung 8.4 dargestellt.   ✗

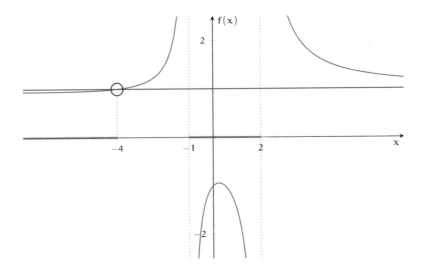

Abbildung 8.4: Illustration zu ͟326Beispiel 8.14.

Aufgaben zum Üben in Abschnitt 8.3

͟336Aufgabe 8.3

8.4 Betragsungleichungen

Wird in einer ͟234Betragsgleichung das Gleichheitszeichen durch „$\leqslant$", „$<$", „$\geqslant$", bzw. „$>$" ersetzt, entsteht eine **Betragsungleichung**.

Betragsungleichungen können entsprechend den bereits behandelten Ungleichungen visualisiert werden. Für $|x - 1| - 3 \leqslant 0$ erfolgt dies mittels des Graphen der durch $f(x) = |x - 1| - 3$ definierten ⟦166⟧Betragsfunktion.

In ⟦329⟧Abbildung 8.5 entspricht die Lösungsmenge der Ungleichung

$$|x - 1| - 3 \leqslant 0$$

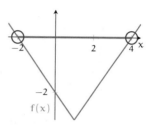

dem rot markierten Intervall auf der x-Achse, in dem der Graph von f <u>unterhalb</u> der x-Achse liegt oder die x-Achse schneidet. Der Bereich, in dem der Graph von f <u>oberhalb</u> der x-Achse liegt, beschreibt die Lösungsmenge der Ungleichung $|x - 1| - 3 > 0$.

Abbildung 8.5: Visualisierung einer Betragsungleichung.

Allgemein sind Lösungsmengen von Betragsungleichungen Vereinigungen von Intervallen.

> ▶ **Regel (Lösungsverfahren für Betragsungleichungen)**
>
> ① Bestimmung der Lösung der zugehörigen Betragsgleichung.
>
> ② Diese Lösungen führen zu einer Einteilung der reellen Zahlen in offene Intervalle.* In jedem Intervall wird mit einer ⟦319⟧Prüfstelle die Ausgangsungleichung geprüft.
>
> Genügt diese Prüfstelle der Ungleichung, gehört das jeweils betrachtete Intervall zur Lösungsmenge.
>
> ③ Die Lösungsmenge der Betragsungleichung ist die Vereinigung der in Punkt 2 ermittelten Mengen sowie ggf. der in Punkt 1 berechneten Lösungen der Gleichung. Diese müssen gesondert überprüft werden.

Grundsätzlich gilt: Ist Gleichheit in der Ungleichung zugelassen, so gehören die Lösungen der Gleichung zur Lösungsmenge. Ansonsten gehören sie nicht zur Lösungsmenge.

8.15 Beispiel

Die Ungleichung $|x - 1| \leqslant 3$ führt zur Betragsgleichung $|x - 1| = 3$. Wegen

$$|x - 1| = \begin{cases} x - 1, & \text{falls } x - 1 \geqslant 0 \\ -(x - 1), & \text{falls } x - 1 < 0 \end{cases} = \begin{cases} x - 1, & \text{falls } x \geqslant 1 \\ 1 - x, & \text{falls } x < 1 \end{cases}$$

wird die Gleichung in zwei Schritten gelöst:

❶ $x \in (-\infty, 1)$: $\quad |x - 1| = 3 \iff 1 - x = 3 \iff x = -2$.

---

*Die offenen Intervalle werden gewählt, da an den Intervallgrenzen die Ungleichung mit Gleichheit erfüllt ist. Ob die Ränder zur Lösungsmenge gehören, hängt davon ab, ob die Ungleichung strikt erfüllt sein muss.

❷ $x \in [1, \infty)$: $|x - 1| = 3 \iff x - 1 = 3 \iff x = 4$.

Aus diesen Überlegungen ergibt sich eine Einteilung in die Intervalle $(-\infty, -2)$, $(-2, 4)$ und $(4, \infty)$, und es gilt:

Intervall	$(-\infty, -2)$	$(-2, 4)$	$(4, \infty)$
Prüfstelle	$x = -3$	$x = 0$	$x = 5$
Ungleichung nach Einsetzen Ungleichung erfüllt	$4 \leqslant 3$ nein	$1 \leqslant 3$ ja	$4 \leqslant 3$ nein

Die Lösungen der Gleichung $x = -2$ und $x = -4$ erfüllen ebenfalls die Ungleichung, da diese Gleichheit liefern. Somit ist die Ausgangsungleichung für $x \in [-2, 4]$ erfüllt, d.h. $\mathbb{L} = [-2, 4]$.   ✗

8.16 Beispiel

Zur Lösung der Ungleichung

$$|x - 1| + |x + 2| - |x - 3| \leqslant 0$$

werden zunächst die Nullstellen der Ausdrücke in den einzelnen Beträgen benötigt, die offensichtlich $1, -2, 3$ sind. Daraus resultieren folgende, zur Lösung der zugehörigen Gleichung gesondert zu betrachtende Bereiche:*

$$(-\infty, -2), \quad [-2, 1), \quad [1, 3), \quad [3, \infty).$$

Die Vorzeichen sind in folgender Tabelle enthalten.

	Intervall	$(-\infty, -2)$	$[-2, 1)$	$[1, 3)$	$[3, \infty)$
	Prüfstelle	$x = -3$	$x = 0$	$x = 2$	$x = 4$
Vorzeichen von	$x - 1$	$-$	$-$	$+$	$+$
	$x + 2$	$-$	$+$	$+$	$+$
	$x - 3$	$-$	$-$	$-$	$+$
Auflösen des Betrags	$|x - 1|$	$1 - x$	$1 - x$	$x - 1$	$x - 1$
	$|x + 2|$	$-x - 2$	$x + 2$	$x + 2$	$x + 2$
	$|x - 3|$	$3 - x$	$3 - x$	$3 - x$	$x - 3$

Die Gleichung wird mittels einer Fallunterscheidung gelöst. Die resultierenden Terme nach Auflösung der Beträge können jeweils der obigen Tabelle entnommen werden.

---

*Alternativ kann z.B. auch die Einteilung $(-\infty, -2]$, $(-2, 1]$, $(1, 3]$, $(3, \infty)$ benutzt werden. Wesentlich ist nur, dass die Stellen, an denen einer der Beträge sein Vorzeichen wechselt, einem Intervall zugeordnet werden. Die Intervalle müssen eine [54]Zerlegung der reellen Zahlen bilden.

❶ $x \in (-\infty, -2)$:
$$|x - 1| + |x + 2| - |x - 3| = 0$$
$$\Longleftrightarrow \quad (1 - x) + (-x - 2) - (3 - x) = 0$$
$$\Longleftrightarrow \quad -x + 1 - x - 2 + x - 3 = 0$$
$$\Longleftrightarrow \quad -x - 4 = 0$$
$$\Longleftrightarrow \quad x = -4$$

Wegen $-4 \in (-\infty, -2)$ ist -4 eine Lösung der Gleichung.

❷ $x \in [-2, 1)$:
$$|x - 1| + |x + 2| - |x - 3| = 0$$
$$\Longleftrightarrow \quad (1 - x) + (x + 2) - (3 - x) = 0$$
$$\Longleftrightarrow \quad -x + 1 + x + 2 + x - 3 = 0$$
$$\Longleftrightarrow \quad x = 0$$

Wegen $0 \in [-2, 1)$ ist 0 eine Lösung der Gleichung.

❸ $x \in [1, 3)$:
$$|x - 1| + |x + 2| - |x - 3| = 0$$
$$\Longleftrightarrow \quad (x - 1) + (x + 2) - (3 - x) = 0$$
$$\Longleftrightarrow \quad x - 1 + x + 2 + x - 3 = 0$$
$$\Longleftrightarrow \quad 3x - 2 = 0$$
$$\Longleftrightarrow \quad x = \frac{2}{3}$$

Wegen $\frac{2}{3} \notin [1, 3)$ ist $\frac{2}{3}$ keine Lösung der Gleichung.

❹ $x \in [3, \infty)$:
$$|x - 1| + |x + 2| - |x - 3| = 0$$
$$\Longleftrightarrow \quad (x - 1) + (x + 2) - (x - 3) = 0$$
$$\Longleftrightarrow \quad x - 1 + x + 2 - x + 3 = 0$$
$$\Longleftrightarrow \quad x + 4 = 0$$
$$\Longleftrightarrow \quad x = -4$$

Wegen $-4 \notin [3, \infty)$ ist -4 keine Lösung der Gleichung.

Aus diesen Überlegungen folgt, dass die Gleichung die Lösungen -4 und 0 besitzt. Die linke Seite der Ungleichung kann daher lediglich an diesen Stellen ihr Vorzeichen ändern. Daher müssen lediglich die Bereiche $(-\infty, -4)$, $(-4, 0)$ und $(0, \infty)$ untersucht werden. Dies ergibt:

Intervall	$(-\infty, -4)$	$(-4, 0)$	$(0, \infty)$
Prüfstelle	$x = -5$	$x = -1$	$x = 1$
Ungleichung nach Einsetzen	$1 \leqslant 0$	$-1 \leqslant 0$	$1 \leqslant 0$
Ungleichung erfüllt	nein	ja	nein

Die Lösungsmenge der Ungleichung ist somit das Intervall $\mathbb{L} = [-4, 0]$. Dies wird auch in ³³²Abbildung 8.6 deutlich. ✗

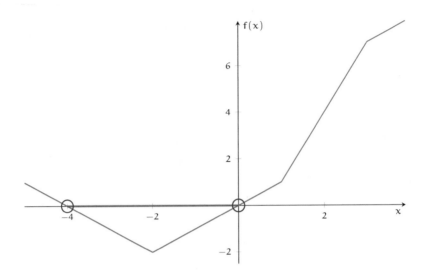

Abbildung 8.6: Illustration zu 330Beispiel 8.16.

Aufgaben zum Üben in Abschnitt 8.4

336Aufgabe 8.4

8.5 Weitere Ungleichungstypen

Wie bei Gleichungen treten auch bei Ungleichungen oft andere Funktionen als die bisher in diesem Kapitel behandelten innerhalb der Ungleichung auf. Exemplarisch wird nachfolgend die Vorgehensweise für Exponentialfunktionen erläutert.

8.17 Beispiel (Fortsetzung von 231Beispiel 6.50)

In 231Beispiel 6.50 wurde die Ungleichung

$$1{,}03^n \cdot 1000 \geqslant 1300$$

betrachtet, wobei zusätzlich gefordert wurde, dass n eine natürliche Zahl ist. Mit Division durch 1 000 ist diese Ungleichung zunächst äquivalent zu

$$1{,}03^n \geqslant 1{,}3.$$

Wendet man nun den dekadischen Logarithmus an, so ergibt sich

$$1{,}03^n \geqslant 1{,}3 \iff \lg(1{,}03^n) \geqslant \lg(1{,}3) \iff n \lg(1{,}03) \geqslant \lg(1{,}3)$$

$$\iff n \geqslant \frac{\lg(1{,}3)}{\lg(1{,}03)} \approx 8{,}876.$$

Die Ungleichung ist also erfüllt, wenn n den Wert $8{,}876$ übersteigt. Damit ist das Sparziel nach $n = 9$ Jahren erreicht (s. auch ⟨233⟩Abbildung 6.8).   ✗

In der obigen Rechnung wird zunächst der Logarithmus auf beide Seiten der Ungleichung angewendet. Dies ist erlaubt, wenn beide Seiten positiv sind, d.h. wenn die Ausdrücke jeweils im Definitionsbereich des Logarithmus liegen. Da der Logarithmus eine streng monoton wachsende Funktion definiert, bleibt das Ungleichungszeichen nach seiner Anwendung erhalten (s. ⟨94⟩Eigenschaften des Logarithmus). Die Division mit $\lg(1{,}03)$ verändert das Ungleichungszeichen nicht, da $\lg(1{,}03)$ positiv ist (s. ⟨94⟩Eigenschaften des Logarithmus).

Die Grundform der obigen Ungleichung ist (evtl. nach Division eines Vorfaktors unter Beachtung von dessen Vorzeichen)

$$b^x \geqslant c, \quad x \in \mathbb{R},$$

mit $c \in \mathbb{R}$ und $b > 0, b \neq 1$. Da $b^x > 0$ für alle $x \in \mathbb{R}$ gilt, hat die Ungleichung die Lösungsmenge $\mathbb{L} = \mathbb{R}$, falls $c \leqslant 0$ gilt. Ist hingegen $c > 0$, so liefert Logarithmieren (etwa mit dem dekadischen oder natürlichen Logarithmus) die äquivalente Ungleichung

$$x \lg(b) \geqslant \lg(c).$$

Deren Lösungsmenge ist $\mathbb{L} = \left[\frac{\lg(c)}{\lg(b)}, \infty\right)$, falls $\lg(b) > 0$ bzw. $b > 1$. Ist hingegen $\lg(b) < 0$ bzw. $0 < b < 1$, so gilt $\mathbb{L} = \left(-\infty, \frac{\lg(c)}{\lg(b)}\right]$.

Alternativ kann jeweils die zur Ungleichung gehörige Gleichung gelöst werden. Durch die resultierenden Lösungen werden die reellen Zahlen wie oben in Intervalle eingeteilt. Für jedes Teilintervall wird dann durch Einsetzen einer Prüfstelle getestet, ob die Ungleichung erfüllt ist.

8.18 Beispiel

Die Ungleichung $3 \cdot 2^y \leqslant 6$ wird zunächst in die Gleichung $3 \cdot 2^y = 6$ überführt. Dann erhält man die Lösung

$$3 \cdot 2^y = 6 \iff 2^y = 2 \iff y = 1.$$

Einsetzen von $y = 0$ in die Ungleichung liefert die wahre Aussage $3 \leqslant 6$, während $y = 2$ die falsche Aussage $12 \leqslant 6$ ergibt. Damit ist $\mathbb{L} = (-\infty, 1]$ Lösungsmenge der Ungleichung. Dies ist in ⟨334⟩Abbildung 8.7 illustriert, wobei $f(y) = 3 \cdot 2^y$ als linke Seite dargestellt ist und mit der horizontalen Geraden durch den Wert 6 verglichen wird.   ✗

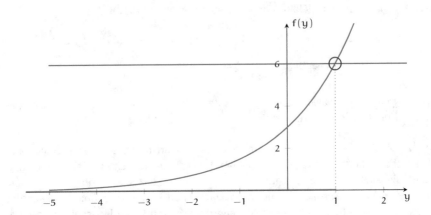

Abbildung 8.7: Illustration der Ungleichung aus ▨▨▨Beispiel 8.18.

Hat die zugehörige Gleichung keine Lösung, so ist die Ungleichung für alle reellen Zahlen entweder korrekt oder nicht erfüllt.

8.19 Beispiel

Die Ungleichung $-3^z \leqslant 1$ führt zur Gleichung $3^z = -1$. Da die linke Seite stets positiv ist, hat die Gleichung keine Lösung. Setzt man nun $z = 0$ in die Ungleichung ein, ergibt sich die wahre Aussage $-1 \leqslant 1$. In diesem Fall ist die Lösungsmenge daher $\mathbb{L} = \mathbb{R}$.

Die Ungleichung $-3^z \geqslant 1$ führt zur selben Gleichung. In diesem Fall ergibt sich durch Einsetzen der Prüfstelle $z = 0$ die falsche Aussage $-1 \geqslant 1$. Daher ist die Lösungsmenge nun $\mathbb{L} = \emptyset$.   ✗

Das Lösungsverfahren zeigt, dass im Prinzip eine Gleichung zu lösen ist und dann mittels Prüfstellen untersucht wird, in welchen Bereichen die Ungleichung erfüllt ist. Insofern können alle Lösungsverfahren für Gleichungen (etwa die in ▨▨▨Abschnitt 6.9 vorgestellte Substitutionsmethode) verwendet werden.

8.20 Beispiel

Gesucht sind die Lösungen der Ungleichung $f(z) = 3^z - 3^{-z} \leqslant 2$. Dies führt zur Gleichung $3^z - 3^{-z} = 2$ und nach Multiplikation mit 3^z zu $3^{2z} - 1 = 2 \cdot 3^z$. Die Substitution $t = 3^z$ ergibt dann wegen $3^{2z} = (3^z)^2$ die quadratische Gleichung

$$t^2 - 2t - 1 = 0 \iff (t-1)^2 - 2 = 0 \iff t = 1 + \sqrt{2} \text{ oder } t = 1 - \sqrt{2}.$$

Die Rücksubstitution ergibt dann die beiden Gleichungen

$$3^z = 1 + \sqrt{2} \text{ oder } 3^z = 1 - \sqrt{2},$$

wobei die zweite wegen $1 - \sqrt{2} \approx -0{,}4142 < 0$ keine Lösung in z besitzt. Loga-

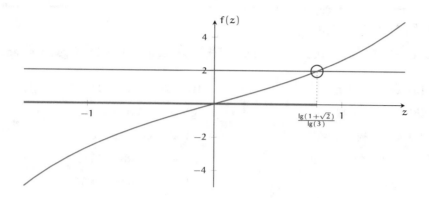

Abbildung 8.8: Illustration der Ungleichung aus ⌐334⌐Beispiel 8.20.

rithmieren der ersten Gleichung führt zur Lösung

$$z = \frac{\lg(1 + \sqrt{2})}{\lg(3)} \approx 0{,}802.$$

Da die Ungleichung für $z = 0$ offenbar erfüllt ist, folgt $\mathbb{L} = (-\infty, \frac{\lg(1+\sqrt{2})}{\lg(3)}]$
(s. ⌐335⌐Abbildung 8.8). ✗

Aufgaben zum Üben in Abschnitt 8.5

⌐336⌐Aufgabe 8.5, ⌐337⌐Aufgabe 8.6

8.6 Aufgaben

8.1 Aufgabe (⌐337⌐Lösung)

Lösen Sie die linearen Ungleichungen, und geben Sie die Lösungsmenge an.

(a) $x - 2 > 2x - 1$

(b) $4x + 3 \leqslant 2(x - 6)$

(c) $\frac{x-1}{2} \geqslant \frac{1-x}{3}$

(d) $4(x - 1) - 3(x + 2) < 8$

(e) $2(x - 1) < 6\left(x + \frac{5}{3}\right)$

(f) $3x - 1 \leqslant 2(x - 3) - (2 - x)$

(g) $9x \geqslant \frac{3(6x-1)}{2}$

(h) $-7x \geqslant \frac{3(x-1)}{2}$

8.2 Aufgabe (⟨338⟩Lösung)

Lösen Sie die quadratischen Ungleichungen, und geben Sie die Lösungsmenge an.

(a) $x^2 - x - 2 < 0$

(b) $x^2 - 7x + 12 \geqslant 0$

(c) $4x^2 - 8x + 3 > 0$

(d) $-x^2 - 4x + 5 \geqslant 0$

(e) $x^2 + 6x + 9 \geqslant 0$

(f) $-2x^2 + 16x - 32 \geqslant 0$

(g) $-x^2 - 14x - 49 < 0$

(h) $x^2 + 2x + 10 \leqslant 0$

(i) $-3x^2 + 18x - 36 < 0$

(j) $-x^2 + 4x + 21 > 0$

8.3 Aufgabe (⟨339⟩Lösung)

Lösen Sie die Bruchungleichungen, und geben Sie die Lösungsmenge an. Bestimmen Sie zunächst die Definitionsmenge der Ungleichung.

(a) $\frac{x+2}{x-3} \leqslant 2$

(b) $\frac{x}{x-1} > 3$

(c) $\frac{2x-4}{2-x} \geqslant 0$

(d) $\frac{2}{x-1} \leqslant \frac{1}{x+1}$

(e) $\frac{x}{x+3} - \frac{1}{x-2} \geqslant 1$

(f) $\frac{x}{x-1} + \frac{2}{x+1} \leqslant \frac{-4}{x^2-1}$

8.4 Aufgabe (⟨341⟩Lösung)

Lösen Sie die Betragsungleichungen, und geben Sie die Lösungsmenge an.

(a) $|x + 2| \leqslant 2x - 1$

(b) $|x - 3| > 1$

(c) $|x - 4| - |2x + 6| \geqslant 0$

(d) $|3x - 1| + |x + 2| \leqslant 3$

(e) $|x + 1| - |x - 1| + 2|x + 2| > 0$

(f) $-|x + 1| + |x - 3| \geqslant 1 + |x + 4|$

8.5 Aufgabe (⟨343⟩Lösung)

Bestimmen Sie Definitionsbereich und Lösungsmenge der folgenden Ungleichungen. Führen Sie ggf. zunächst eine geeignete Substitution aus.

(a) $e^t - 5 \leqslant 2$

(b) $y^2 + y^4 + 2 \geqslant 0$

(c) $e^x + e^{2x} - 1 \leqslant 0$

(d) $\frac{e^x}{e^x+1} \geqslant 1$

(e) $\frac{e^z-1}{e^z-2} \geqslant 0$

(f) $\ln(z^2) - \ln(z-1) \geqslant 0$

8.6 Aufgabe ([347]Lösung)

Ein Energieversorger bietet seinen Kunden zum Jahreswechsel einen neuen Erdgastarif an. Der bisher angebotene sowie der neue Tarif bestehen jeweils aus einer monatlichen Gebühr (Grundpreis) und einer verbrauchsabhängigen Komponente (Arbeitspreis), der je Kilowattstunde (kWh) berechnet wird:

Tarif	Grundpreis (€/Monat)	Arbeitspreis (Cent/kWh)
neu	18	5,5
alt	20	5,3

Kunden, die auf den neuen Tarif umsteigen, bietet der Versorger zudem einen einmaligen Bonus von 50 €.

(a) Ermitteln Sie die jährlichen Erdgaskosten für den alten Tarif, den neuen Tarif im Jahr der Umstellung und den neuen Tarif im Folgejahr, falls jeweils $z \in [0, \infty)$ kWh im Jahr verbraucht werden. Welche Kosten ergeben sich jeweils bei einem Verbrauch von 20 000 kWh?

(b) Stellen Sie die linearen Funktionen, die jeweils die jährlichen Erdgaskosten beschreiben, in einem gemeinsamen Koordinatensystem dar.

(c) Ermitteln Sie jeweils, für welche Verbrauchsmengen der neue bzw. alte Tarif günstiger ist. Führen Sie diese Berechnung für das Jahr der Umstellung und das Folgejahr durch.

8.7 Lösungen

8.1 Lösung ([335]Aufgabe)

(a) $x - 2 > 2x - 1 \big| -x + 1 \iff -1 > x; \Rightarrow \mathbb{L} = (-\infty, -1)$

(b) $4x + 3 \leqslant 2(x - 6) \iff 4x + 3 \leqslant 2x - 12 \big| -2x - 3$

$\iff 2x \leqslant -15 \big| : 2$

$\iff x \leqslant -\frac{15}{2}; \quad \Rightarrow \mathbb{L} = \left(-\infty, -\frac{15}{2}\right]$

(c) $\frac{x-1}{2} \geqslant \frac{1-x}{3} \big| \cdot 6 \iff 3(x - 1) \geqslant 2(1 - x)$

$\iff 3x - 3 \geqslant 2 - 2x \big| + 2x + 3$

$\iff 5x \geqslant 5 \big| : 5 \iff x \geqslant 1; \quad \Rightarrow \mathbb{L} = [1, \infty)$

(d) $4(x - 1) - 3(x + 2) < 8 \iff 4x - 4 - 3x - 6 < 8 \iff x - 10 < 8 \big| + 10$

$\iff x < 18; \quad \Rightarrow \mathbb{L} = (-\infty, 18)$

(e) $2(x-1) < 6\left(x+\dfrac{5}{3}\right) \iff 2x-2 < 6x+10 \,|-6x+2$

$\iff -4x < 12 \,|:(-4)$

$\iff x > -3; \quad \blacktriangleright \mathbb{L} = (-3, \infty)$

(f) $3x - 1 \leqslant 2(x-3) - (2-x) \iff 3x-1 \leqslant 2x-6-2+x$

$\iff 3x - 1 \leqslant 3x - 8 \,|-3x+1$

$\iff 0 \overset{\text{\scriptsize 4}}{\leqslant} -7; \quad \blacktriangleright \mathbb{L} = \emptyset$

(g) $9x \geqslant \dfrac{3(6x-1)}{2} \,|\cdot 2 \iff 18x \geqslant 18x - 3 \,|-18x \iff 0 \geqslant -3; \quad \blacktriangleright \mathbb{L} = \mathbb{R}$

(h) $-7x \geqslant \dfrac{3(x-1)}{2} \,|\cdot 2 \iff -14x \geqslant 3x - 3 \,|-3x$

$\iff -17x \geqslant -3 \,|:(-17)$

$\iff x \leqslant \dfrac{3}{17}; \quad \blacktriangleright \mathbb{L} = \left(-\infty, \dfrac{3}{17}\right]$

8.2 Lösung (⎯336⎯Aufgabe)

D bezeichne jeweils die ⎯208⎯Diskriminante der quadratischen Gleichung. x_1 und x_2 seien die zugehörigen Lösungen. Die Anwendung einer binomischen Formel wird jeweils mit $\overset{\text{❶}}{\iff}$, $\overset{\text{❷}}{\iff}$ markiert.

(a) zugehörige Gleichung: $x^2 - x - 2 = 0$; $D = \frac{9}{4} > 0$, d.h. $x_1 = 2$ und $x_2 = -1$ $\blacktriangleright \mathbb{L} = (-1, 2)$

(b) zugehörige Gleichung: $x^2 - 7x + 12 = 0$; $D = \frac{1}{4} > 0$, d.h. $x_1 = 4$ und $x_2 = 3$ $\blacktriangleright \mathbb{L} = (-\infty, 3] \cup [4, \infty) = \mathbb{R} \setminus (3, 4)$

(c) $4x^2 - 8x + 3 > 0 \,|:4 \iff x^2 - 2x + \frac{3}{4} > 0$

zugehörige Gleichung: $x^2 - 2x + \frac{3}{4} = 0$; $D = \frac{1}{4} > 0$, d.h. $x_1 = \frac{3}{2}$ und $x_2 = \frac{1}{2}$ $\blacktriangleright \mathbb{L} = \left(-\infty, \frac{1}{2}\right) \cup \left(\frac{3}{2}, \infty\right) = \mathbb{R} \setminus \left[\frac{1}{2}, \frac{3}{2}\right]$

(d) $-x^2 - 4x + 5 \geqslant 0 \,|:(-1) \iff x^2 + 4x - 5 \leqslant 0$

zugehörige Gleichung: $x^2 + 4x - 5 = 0$; $D = 9 > 0$, d.h. $x_1 = 1$ und $x_2 = -5$; $\blacktriangleright \mathbb{L} = [-5, 1]$

(e) $x^2 + 6x + 9 \geqslant 0 \overset{\text{❶}}{\iff} (x+3)^2 \geqslant 0$; $\blacktriangleright \mathbb{L} = \mathbb{R}$

(f) $-2x^2 + 16x - 32 \geqslant 0 \,|:(-2) \iff x^2 - 8x + 16 \leqslant 0 \overset{\text{❷}}{\iff} (x-4)^2 \leqslant 0$; $\blacktriangleright \mathbb{L} = \{4\}$

(g) $-x^2 - 14x - 49 < 0 \,|\cdot(-1) \iff x^2 + 14x + 49 > 0 \overset{\text{❶}}{\iff} (x+7)^2 > 0$; $\blacktriangleright \mathbb{L} = (-\infty, -7) \cup (-7, \infty) = \mathbb{R} \setminus \{-7\}$

(h) zugehörige Gleichung: $x^2 + 2x + 10 = 0$; $D = -9 < 0$, d.h. es gibt keine Lösung der Gleichung. Prüfstelle $x = 0$: $10 \overset{\text{\tiny 4}}{\leqslant} 0$; $\mathbb{L} = \emptyset$

(i) $-3x^2 + 18x - 36 < 0 \mid : (-3) \iff x^2 - 6x + 12 > 0$;

zugehörige Gleichung: $x^2 - 6x + 12 = 0$; $D = -3 < 0$, d.h. es gibt keine Lösung der Gleichung. Prüfstelle $x = 0$: $12 > 0$; $\mathbb{L} = \mathbb{R}$

(j) $-x^2 + 4x + 21 > 0 \mid \cdot (-1) \iff x^2 - 4x - 21 < 0$;

zugehörige Gleichung: $x^2 - 4x - 21 = 0$; $D = 25 > 0$, d.h. $x_1 = 7$ und $x_2 = -3$; $\mathbb{L} = (-3, 7)$

8.3 Lösung (⬛Aufgabe)

(a) $\mathbb{D} = \mathbb{R} \setminus \{3\}$: $\frac{x+2}{x-3} \leqslant 2 \iff \frac{x+2}{x-3} - \frac{2(x-3)}{x-3} \leqslant 0 \iff \frac{-x+8}{x-3} \leqslant 0$

❶ $-x + 8 \geqslant 0$ und $x - 3 < 0 \iff x \leqslant 8$ und $x < 3$
$$\iff x \in (-\infty, 8] \cap (-\infty, 3)$$
$$\mathbb{L}_1 = (-\infty, 3)$$

❷ $-x + 8 \leqslant 0$ und $x - 3 > 0 \iff x \geqslant 8$ und $x > 3$
$$\iff x \in [8, \infty) \cap (3, \infty)$$
$$\mathbb{L}_2 = [8, \infty)$$

$\mathbb{L} = \mathbb{L}_1 \cup \mathbb{L}_2 = (-\infty, 3) \cup [8, \infty) = \mathbb{R} \setminus [3, 8)$

(b) $\mathbb{D} = \mathbb{R} \setminus \{1\}$: $\frac{x}{x-1} > 3 \iff \frac{x}{x-1} - \frac{3(x-1)}{x-1} > 0 \iff \frac{-2x+3}{x-1} > 0$

❶ $-2x + 3 > 0$ und $x - 1 > 0 \iff x < \frac{3}{2}$ und $x > 1$
$$\iff x \in \left(-\infty, \frac{3}{2}\right) \cap (1, \infty)$$
$$\mathbb{L}_1 = \left(1, \frac{3}{2}\right)$$

❷ $-2x + 3 < 0$ und $x - 1 < 0 \iff x > \frac{3}{2}$ und $x < 1$
$$\iff x \in \left(\frac{3}{2}, \infty\right) \cap (-\infty, 1)$$
$$\mathbb{L}_2 = \emptyset$$

$\mathbb{L} = \mathbb{L}_1 \cup \mathbb{L}_2 = \left(1, \frac{3}{2}\right) \cup \emptyset = \left(1, \frac{3}{2}\right)$

(c) $\mathbb{D} = \mathbb{R} \setminus \{2\}$:

❶ $2x - 4 \geqslant 0$ und $2 - x > 0 \iff x \geqslant 2$ und $x < 2$
$$\iff x \in [2, \infty) \cap (-\infty, 2) \quad \mathbb{L}_1 = \emptyset$$

❷ $2x - 4 \leqslant 0$ und $2 - x < 0 \iff x \leqslant 2$ und $x > 2$
$$\iff x \in (\infty, 2] \cap (2, \infty) \quad \mathbb{L}_2 = \emptyset$$

$\mathbb{L} = \mathbb{L}_1 \cup \mathbb{L}_2 = \emptyset \cup \emptyset = \emptyset$

Alternativ gilt für $x \neq 2$: $\frac{2x-4}{2-x} = \frac{2(x-2)}{2-x} = -2$, d.h. die linke Seite der Ungleichung ist für $x \neq 2$ stets gleich -2. Die Ungleichung ist daher unerfüllbar.

(d) $\mathbb{D} = \mathbb{R} \setminus \{-1, 1\}$:

$$\frac{2}{x-1} \leqslant \frac{1}{x+1} \iff \frac{2(x+1)}{(x-1)(x+1)} - \frac{x-1}{(x+1)(x-1)} \leqslant 0 \iff \frac{x+3}{x^2-1} \leqslant 0$$

❶ $x + 3 \leqslant 0$ und $x^2 - 1 > 0 \iff x \leqslant -3$ und $x^2 > 1$

$$\iff x \in (-\infty, -3] \cap ((-\infty, -1) \cup (1, \infty))$$

$$\blacktriangleright \mathbb{L}_1 = (-\infty, -3]$$

❷ $x + 3 \geqslant 0$ und $x^2 - 1 < 0 \iff x \geqslant -3$ und $x^2 < 1$

$$\iff x \in [-3, \infty) \cap (-1, 1)$$

$$\blacktriangleright \mathbb{L}_2 = (-1, 1)$$

$\blacktriangleright \mathbb{L} = \mathbb{L}_1 \cup \mathbb{L}_2 = (-\infty, -3] \cup (-1, 1)$

(e) $\mathbb{D} = \mathbb{R} \setminus \{-3, 2\}$:

$$\frac{x}{x+3} - \frac{1}{x-2} \geqslant 1 \iff \frac{x(x-2) - (x+3) - (x+3)(x-2)}{(x+3)(x-2)} \geqslant 0 \iff \frac{-4x+3}{(x+3)(x-2)} \geqslant 0$$

❶ $-4x + 3 \geqslant 0$ und $(x+3)(x-2) > 0$

$$\iff x \leqslant \tfrac{3}{4} \text{ und } x^2 + x - 6 > 0$$

$$\iff x \in \left(-\infty, \tfrac{3}{4}\right] \cap ((-\infty, -3) \cup (2, \infty)) \blacktriangleright ; \mathbb{L}_1 = (-\infty, -3)$$

❷ $-4x + 3 \leqslant 0$ und $(x+3)(x-2) < 0$

$$\iff x \geqslant \tfrac{3}{4} \text{ und } x^2 + x - 6 < 0$$

$$\iff x \in \left[\tfrac{3}{4}, \infty\right) \cap (-3, 2) \blacktriangleright \mathbb{L}_2 = \left[\tfrac{3}{4}, 2\right)$$

$\blacktriangleright \mathbb{L} = \mathbb{L}_1 \cup \mathbb{L}_2 = (-\infty, -3) \cup \left[\tfrac{3}{4}, 2\right)$

(f) $\mathbb{D} = \mathbb{R} \setminus \{-1, 1\}$:

$$\frac{x}{x-1} + \frac{2}{x+1} \leqslant \frac{-4}{x^2-1} \iff \frac{x(x+1) + 2(x-1) + 4}{x^2-1} \leqslant 0 \iff \frac{x^2+3x+2}{x^2-1} \leqslant 0$$

Die quadratische Gleichung $x^2 + 3x + 2 = 0$ hat die Diskriminante $D = \frac{1}{4} > 0$, d.h. $x_1 = -2$ und $x_2 = -1$ sind die Lösungen der Gleichung. Daraus folgt:

❶ $x^2 + 3x + 2 \leqslant 0$ und $x^2 - 1 > 0$

$$\iff x^2 + 3x + 2 \leqslant 0 \text{ und } x^2 > 1$$

$$\iff x \in [-2, -1] \cap ((-\infty, -1) \cup (1, \infty)) \blacktriangleright \mathbb{L}_1 = [-2, -1)$$

❷ $x^2 + 3x + 2 \geqslant 0$ und $x^2 - 1 < 0$

$$\iff x^2 + 3x + 2 \geqslant 0 \text{ und } x^2 < 1$$

$$\iff x \in ((-\infty, -2] \cup [-1, \infty)) \cap (-1, 1) \blacktriangleright \mathbb{L}_2 = (-1, 1)$$

$\blacktriangleright \mathbb{L} = \mathbb{L}_1 \cup \mathbb{L}_2 = [-2, -1) \cup (-1, 1) = [-2, 1) \setminus \{-1\}$

8.4 Lösung (336Aufgabe)

(a) ❶ $x \in (-\infty, -2]$: $-x - 2 = 2x - 1 \iff -3x = 1 \iff x = -\frac{1}{3}$;

$-\frac{1}{3} \notin (-\infty, -2]$ ist keine Lösung

❷ $x \in (2, \infty)$: $x + 2 = 2x - 1 \iff 3 = x$;

$3 \in (2, \infty)$ ist eine Lösung

Intervall	$(-\infty, 3)$	$(3, \infty)$
Prüfstelle	$x = 0$	$x = 4$
Ungleichung nach Einsetzen	$2 \leqslant -1$	$6 \leqslant 7$
Ungleichung erfüllt	nein	ja

➡ $\mathbb{L} = [3, \infty)$

Eine Illustration ist in 344Abbildung 8.9(a) zu finden.

(b) ❶ $x \in (-\infty, 3]$: $-x + 3 = 1 \iff 2 = x$;

$2 \in (-\infty, 3]$ ist eine Lösung

❷ $x \in (3, \infty)$: $x - 3 = 1 \iff x = 4$;

$4 \in (3, \infty)$ ist eine Lösung

Intervall	$(-\infty, 2)$	$(2, 4)$	$(4, \infty)$
Prüfstelle	$x = 0$	$x = 3$	$x = 5$
Ungleichung nach Einsetzen	$3 > 1$	$0 > 1$	$2 > 1$
Ungleichung erfüllt	ja	nein	ja

➡ $\mathbb{L} = (-\infty, 2) \cup (4, \infty) = \mathbb{R} \setminus [2, 4]$

Eine Illustration ist in 344Abbildung 8.9(b) zu finden.

(c) ❶ $x \in (-\infty, -3]$: $-x + 4 + 2x + 6 = 0 \iff x = -10$;

$-10 \in (-\infty, -3]$ ist eine Lösung

❷ $x \in (-3, 4]$: $-x + 4 - 2x - 6 = 0 \iff -3x = 2 \iff x = -\frac{2}{3}$;

$-\frac{2}{3} \in (-3, 4]$ ist eine Lösung

❸ $x \in (4, \infty)$: $x - 4 - 2x - 6 = 0 \iff x = -10$;

$-10 \notin (4, \infty)$ ist keine Lösung

Intervall	$(-\infty, -10)$	$\left(-10, -\frac{2}{3}\right)$	$\left(-\frac{2}{3}, \infty\right)$
Prüfstelle	$x = -11$	$x = -1$	$x = 0$
Ungleichung nach Einsetzen Ungleichung erfüllt	$-1 \geqslant 0$ nein	$1 \geqslant 0$ ja	$-2 \geqslant 0$ nein

➥ $\mathbb{L} = \left[-10, -\frac{2}{3}\right]$

Eine Illustration ist in ▦Abbildung 8.9(c) zu finden.

(d) ❶ $x \in (-\infty, -2]$: $-3x + 1 - x - 2 = 3 \iff -4x = 4 \iff x = -1$;

   $-1 \notin (-\infty, -2]$ ist keine Lösung

❷ $x \in \left(-2, \frac{1}{3}\right]$: $-3x + 1 + x + 2 = 3 \iff -2x = 0 \iff x = 0$;

   $0 \in \left(-2, \frac{1}{3}\right]$ ist eine Lösung

❸ $x \in \left(\frac{1}{3}, \infty\right)$: $3x - 1 + x + 2 = 3 \iff 4x = 2 \iff x = \frac{1}{2}$;

   $\frac{1}{2} \in \left(\frac{1}{3}, \infty\right)$ ist eine Lösung

Intervall	$(-\infty, 0)$	$\left(0, \frac{1}{2}\right)$	$\left(\frac{1}{2}, \infty\right)$
Prüfstelle	$x = -1$	$x = \frac{1}{3}$	$x = 1$
Ungleichung nach Einsetzen Ungleichung erfüllt	$5 \leqslant 3$ nein	$\frac{7}{3} \leqslant 3$ ja	$5 \leqslant 3$ nein

➥ $\mathbb{L} = \left[0, \frac{1}{2}\right]$

Eine Illustration ist in ▦Abbildung 8.9(d) zu finden.

(e) ❶ $x \in (-\infty, -2]$: $-x - 1 + x - 1 - 2x - 4 = 0 \iff -2x = 6 \iff x = -3$;

   $-3 \in (-\infty, -2]$ ist eine Lösung

❷ $x \in (-2, -1]$: $-x - 1 + x - 1 + 2x + 4 = 0 \iff 2x = -2 \iff x = -1$;

   $-1 \in (-2, -1]$ ist eine Lösung

❸ $x \in (-1, 1]$: $x + 1 + x - 1 + 2x + 4 = 0 \iff 4x = -4 \iff x = -1$;

   $-1 \notin (-1, 1]$ ist keine Lösung*

❹ $x \in (1, \infty)$: $x + 1 - x + 1 + 2x + 4 = 0 \iff 2x = -6 \iff x = -3$;
   $-3 \notin (1, \infty)$ ist keine Lösung

---

*Diese Aussage bezieht sich lediglich auf <u>diesen</u> Teil der Untersuchung. Nach Teil ❷ ist -1 eine Lösung und muss daher im Folgenden berücksichtigt werden.

Intervall	$(-\infty, -3)$	$(-3, -1)$	$(-1, \infty)$
Prüfstelle	$x = -4$	$x = -2$	$x = 0$
Ungleichung nach Einsetzen	$2 > 0$	$-2 > 0$	$4 > 0$
Ungleichung erfüllt	ja	nein	ja

➡ $\mathbb{L} = (-\infty, -3) \cup (-1, \infty) = \mathbb{R} \setminus [-3, -1]$

Eine Illustration ist in 344Abbildung 8.9(e) zu finden.

(f) ❶ $x \in (-\infty, -4]$: $x + 1 - x + 3 = 1 - x - 4 \iff x = -7$;

   $-7 \in (-\infty, -4]$ ist eine Lösung

   ❷ $x \in (-4, -1]$: $x + 1 - x + 3 = 1 + x + 4 \iff x = -1$;

   $-1 \in (-4, -1]$ ist eine Lösung

   ❸ $x \in (-1, 3]$: $-x - 1 - x + 3 = 1 + x + 4 \iff -3x = 3 \iff x = -1$;

   $-1 \notin (-1, 3]$ ist keine Lösung

   ❹ $x \in (3, \infty)$: $-x - 1 + x - 3 = 1 + x + 4 \iff x = -9$;

   $-9 \notin (3, \infty)$ ist keine Lösung

Intervall	$(-\infty, -7)$	$(-7, -1)$	$(-1, \infty)$
Prüfstelle	$x = -8$	$x = -2$	$x = 0$
Ungleichung nach Einsetzen	$4 \geqslant 5$	$4 \geqslant 3$	$2 \geqslant 5$
Ungleichung erfüllt	nein	ja	nein

➡ $\mathbb{L} = [-7, -1]$

Eine Illustration ist in 344Abbildung 8.9(f) zu finden.

8.5 Lösung (336Aufgabe)

(a) Definitionsbereich der Ungleichung $e^t - 5 \leqslant 2$ ist $\mathbb{D} = \mathbb{R}$, da die Exponentialfunktion auf $\mathbb{R}$ definiert ist. Dann ergibt sich unter Anwendung des Logarithmus und dessen 94Monotonie sowie $\ln(e^t) = t \ln(e) = t$:

$$e^t - 5 \leqslant 2 \iff e^t \leqslant 7 \iff \ln(e^t) \leqslant \ln(7) \iff t \leqslant \ln(7).$$

Damit ist $\mathbb{L} = (-\infty, \ln(7)]$.

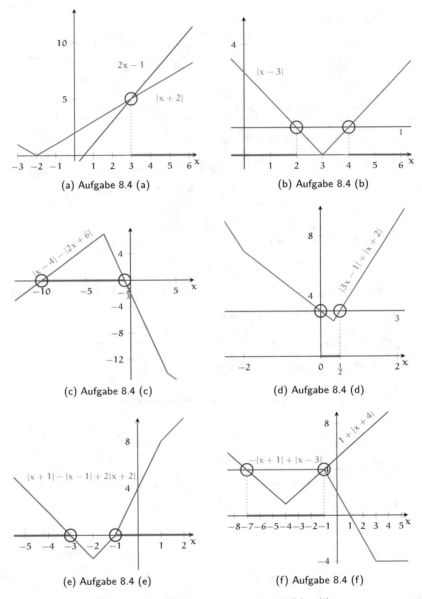

(a) Aufgabe 8.4 (a)   (b) Aufgabe 8.4 (b)

(c) Aufgabe 8.4 (c)   (d) Aufgabe 8.4 (d)

(e) Aufgabe 8.4 (e)   (f) Aufgabe 8.4 (f)

Abbildung 8.9: Illustration zu Aufgabe 8.4 (a) – (f).

(b) Definitionsbereich der Ungleichung $y^2 + y^4 + 2 \geqslant 0$ ist $\mathbb{D} = \mathbb{R}$. Zur Lösung wird zunächst die Substitution $z = y^2$ durchgeführt. Dies führt zur Ungleichung

$$z^2 + z + 2 \geqslant 0$$

mit Definitionsbereich $\mathbb{R}$. Nun gilt mit einer [203]quadratischen Ergänzung

$$z^2 + z + 2 \geqslant 0 \iff \left(z + \frac{1}{2}\right)^2 - \frac{1}{4} + 2 \geqslant 0 \iff \left(z + \frac{1}{2}\right)^2 \geqslant -\frac{7}{4}.$$

Da die letzte Ungleichung für jedes $z \in \mathbb{R}$ erfüllt ist, gilt dies wegen $z = y^2$ auch für jedes $y \in \mathbb{R}$. Also gilt $\mathbb{L} = \mathbb{R}$.

(c) Definitionsbereich der Ungleichung $e^x + e^{2x} - 1 \leqslant 0$ ist $\mathbb{D} = \mathbb{R}$. Die Substitution $y = e^x$ liefert nun wegen $e^{2x} = \left(e^x\right)^2$ die quadratische Ungleichung

$$y + y^2 - 1 \leqslant 0.$$

Die zugehörige Gleichung $y + y^2 - 1 = 0$ hat die [208]Diskriminante $D = 1 - \frac{1}{4} = \frac{3}{4} > 0$, so dass die Gleichung die Lösungen

$$y_1 = -\frac{1}{2} - \frac{\sqrt{3}}{4} \quad \text{und} \quad y_2 = -\frac{1}{2} + \frac{\sqrt{3}}{2}$$

besitzt. Daher gilt

$$y + y^2 - 1 \leqslant 0 \iff y \in \left[-\frac{1}{2} - \frac{\sqrt{3}}{2}, -\frac{1}{2} + \frac{\sqrt{3}}{2}\right].$$

Folglich ist die Ausgangsungleichung erfüllt, falls

$$e^x \in \left[-\frac{1}{2} - \frac{\sqrt{3}}{2}, -\frac{1}{2} + \frac{\sqrt{3}}{2}\right].$$

Die linke Intervallgrenze ist offenbar negativ, so dass e^x wegen der Positivität der Exponentialfunktion stets größer als dieser Wert ist. Daher hat die Ungleichung nur dann Lösungen, wenn die obere Intervallgrenze positiv ist. Wegen

$$-\frac{1}{2} + \frac{\sqrt{3}}{2} > 0 \iff \sqrt{3} > 1$$

ist dies der Fall. Damit muss x die Ungleichung

$$e^x \leqslant -\frac{1}{2} + \frac{\sqrt{3}}{2}$$

erfüllen, was mittels des Logarithmus zur Bedingung $x \leqslant \ln\left(-\frac{1}{2} + \frac{\sqrt{3}}{2}\right)$ führt. Die Lösungsmenge ist daher $\mathbb{L} = \left(-\infty, \ln\left(-\frac{1}{2} + \frac{\sqrt{3}}{2}\right)\right]$.

(d) Definitionsbereich der Ungleichung $\frac{e^x}{e^x + 1} \geqslant 1$ ist $\mathbb{D} = \mathbb{R}$, da der Nenner stets positiv ist. Eine Multiplikation der Ungleichung mit $e^x + 1$ führt zu

$$\frac{e^x}{e^x + 1} \geqslant 1 \iff e^x \geqslant e^x + 1 \iff 0 \geqslant 1.$$

Diese Aussage ist falsch, so dass es kein x gibt, das die Ungleichung erfüllt. Daher ist $\mathbb{L} = \emptyset$.

(e) Die Ungleichung $\frac{e^z-1}{e^z-2} \geqslant 0$ ist nur definiert, falls der Nenner $e^z - 2$ von Null verschieden ist. Es gilt

$$e^z - 2 = 0 \iff e^z = 2 \iff z = \ln(2),$$

so dass $\mathbb{D} = \mathbb{R} \setminus \{\ln(2)\}$. Zur Lösung der Ungleichung wird eine Fallunterscheidung durchgeführt:

❶ $z < \ln(2)$: Der Nenner ist negativ und die Ungleichung daher äquivalent zu

$$\frac{e^z-1}{e^z-2} \geqslant 0 \iff e^z - 1 \leqslant 0 \iff e^z \leqslant 1 \iff z \leqslant 0.$$

Also gilt $\mathbb{L}_1 = (-\infty, 0]$, da $\ln(2) > 0$.

❷ $z > \ln(2)$: Nun ist der Nenner positiv, und es gilt:

$$\frac{e^z-1}{e^z-2} \geqslant 0 \iff e^z - 1 \geqslant 0 \iff e^z \geqslant 1 \iff z \geqslant 0.$$

Damit ist $\mathbb{L}_2 = (\ln(2), \infty)$.

Insgesamt ergibt sich die Lösungsmenge

$$\mathbb{L} = \mathbb{L}_1 \cup \mathbb{L}_2 = (-\infty, 0] \cup (\ln(2), \infty) = \mathbb{R} \setminus (0, \ln(2)].$$

Eine Illustration ist in ₃₄₇Abbildung 8.10(a) zu finden.

(f) Aus dem Definitionsbereich des Logarithmus resultiert für die Ungleichung $\ln(z^2) - \ln(z-1) \geqslant 0$ der Definitionsbereich $\mathbb{D} = (1, \infty)$. Aus der ₉₄Rechenregel $\ln(a) - \ln(b) = \ln\left(\frac{a}{b}\right)$ folgt

$$\ln(z^2) - \ln(z - 1) \geqslant 0 \iff \ln\left(\frac{z^2}{z-1}\right) \geqslant 0 \iff \frac{z^2}{z-1} \geqslant 1.$$

Die letzte Äquivalenz ergibt sich aus ₉₄Monotonie des Logarithmus. Da der Definitionsbereich $\mathbb{D} = (1, \infty)$ ist und somit $z > 1$ gilt, folgt weiter mit ₂₀₃quadratischer Ergänzung

$$\frac{z^2}{z-1} \geqslant 1 \iff z^2 \geqslant z - 1$$
$$\iff z^2 - z + 1 \geqslant 0$$
$$\iff \left(z - \frac{1}{2}\right)^2 + \frac{3}{4} \geqslant 0.$$

Da die letzte Ungleichung stets erfüllt ist, gilt $\mathbb{L} = \mathbb{D} = (1, \infty)$. Eine Illustration ist in ₃₄₇Abbildung 8.10(b) zu finden.

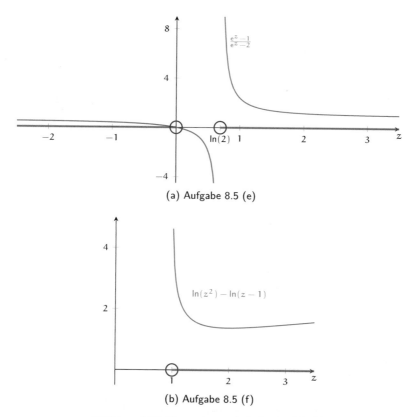

(a) Aufgabe 8.5 (e)

(b) Aufgabe 8.5 (f)

Abbildung 8.10: Illustration zu Aufgabe 8.5 (e), (f).

8.6 Lösung (337Aufgabe)

(a) Die für einen Kunden anfallenden jährlichen Kosten K ergeben sich als Summe aus dem zwölffachen monatlichen Grundpreis und der Verbrauchsmenge z mal Arbeitspreis. Im neuen Tarif wird im ersten Jahr noch der Bonus abgezogen. Man erhält somit:

$$K_{alt}(z) = 12 \cdot 20 + 0{,}053z \quad\quad = 240 + 0{,}053z$$
$$K_{neu\ 1}(z) = 12 \cdot 18 + 0{,}055z - 50 = 166 + 0{,}055z$$
$$K_{neu\ 2}(z) = 12 \cdot 18 + 0{,}055z \quad\quad = 216 + 0{,}055z$$

Die Kosten bei einem Verbrauch von 20 000 kWh sind somit:

Tarif	alt	neu 1	neu 2
Kosten bei 20 000 kWh	1 300	1 266	1 316

(b) Die jährlichen Kosten sind als Graph in 348Abbildung 8.11 dargestellt.

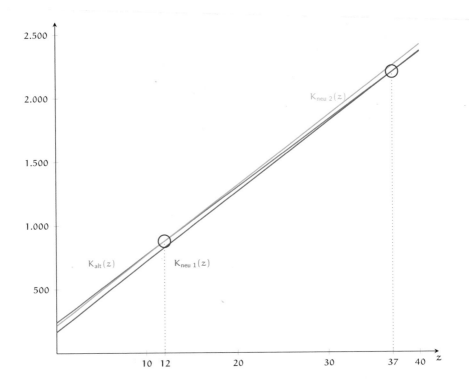

Abbildung 8.11: Illustration zu Aufgabe 8.6.

(c) Der Vergleich von neuem und altem Tarif (im Jahr der Umstellung) ergibt:

$$K_{neu\ 1}(z) \leqslant K_{alt}(z) \iff 166 + 0{,}055z \leqslant 240 + 0{,}053z$$
$$\iff \quad 0{,}002z \leqslant 74$$
$$\iff \quad z \leqslant 37\,000$$

Der neue Tarif ist daher im ersten Jahr für $z \leqslant 37\,000$ (kWh) günstiger. Für die Folgejahre ergibt sich:

$$K_{neu\ 2}(z) \leqslant K_{alt}(z) \iff 216 + 0{,}055z \leqslant 240 + 0{,}053z$$
$$\iff \quad 0{,}002z \leqslant 24$$
$$\iff \quad z \leqslant 12\,000$$

Der neue Tarif ist daher ab dem zweiten Jahr nur noch für Verbräuche von höchstens 12 000 kWh günstiger als der alte Tarif.

Kapitel 9

Folgen und Reihen

9.1 Folgen

In ⚡Kapitel 1.2 wurden u.a. die natürlichen Zahlen eingeführt. Diese Menge besitzt unendlich viele Elemente und wird i.Allg. in der aufzählenden Schreibweise $\mathbb{N} = \{1, 2, 3, 4, 5, 6, \ldots\}$ notiert. Da die Reihenfolge der Elemente in der aufzählenden Darstellung einer Menge ohne Bedeutung ist, beschreibt die Menge $\{3, 2, 1, 4, 5, 6, \ldots\}$ ebenfalls die natürlichen Zahlen. Die Interpretation der natürlichen Zahlen als ⚡Folge berücksichtigt jedoch die Reihenfolge der Aufzählung, d.h. in dieser Situation hat jeder Eintrag einen eindeutig definierten Nachfolger: auf 1 folgt 2, auf 2 folgt 3 etc. Zur Abgrenzung der Notation werden die Mengenklammern durch runde Klammern ersetzt

$$(1, 2, 3, 4, \ldots).$$

Eine Folge ist somit eine Erweiterung eines ⚡n-Tupels in dem Sinne, dass die Folge statt der festen Anzahl n unendlich viele Komponenten hat. Wie bei Tupeln sind zwei Folgen verschieden, wenn sie sich an mindestens einer Stelle unterscheiden. Daher gilt beispielsweise

$$(1, 2, 3, 4, 5, 6, \ldots) \neq (3, 2, 1, 4, 5, 6, \ldots).$$

> ▶ **Definition (Folge)**
>
> Seien $a_1, a_2, \ldots$ reelle Zahlen, d.h. jeder natürlichen Zahl n ist eine Zahl a_n zugeordnet. Dann heißt die nach Indizes geordnete Zusammenstellung der Zahlen
>
> $$(a_1, a_2, a_3, \ldots)$$
>
> Zahlenfolge oder kurz Folge. Als Notation wird auch $(a_n)_{n \in \mathbb{N}}$ verwendet. Die Zahl a_n mit dem Index n heißt n-tes Folgenglied (der Folge $(a_n)_{n \in \mathbb{N}}$). a_{n+1} heißt Nachfolger von a_n, $n \in \mathbb{N}$.

Allgemein werden auch Folgen von Zahlen a_n betrachtet, deren Indizes aus einer (⚡abzählbaren) Indexmenge I (etwa einer echten Teilmenge der natürlichen Zahlen oder $\mathbb{N}_0$) gewählt werden. Die zugehörige Notation ist dann $(a_n)_{n \in I}$.

© Springer-Verlag GmbH Deutschland, ein Teil von Springer Nature 2018
E. Cramer und J. Nešlehová, *Vorkurs Mathematik*, EMIL@A-stat,
https://doi.org/10.1007/978-3-662-57494-2_9

9.1 Beispiel

(i) $(a_n)_{n\in\mathbb{N}}$ definiert durch $a_n = 2n$, $n \in \mathbb{N}$, ist die Folge der geraden natürlichen Zahlen $(2, 4, 6, 8, \dots)$.

(ii) Durch die Vorschrift $a_n = (-1)^n$, $n \in \mathbb{N}$, wird die Folge $(a_n)_{n\in\mathbb{N}} = (-1, 1, -1, 1, -1, \dots)$ definiert.

(iii) $(a_n)_{n\in\mathbb{N}}$ definiert durch $a_n = \frac{1}{n}$, $n \in \mathbb{N}$, ist die Folge $(1, \frac{1}{2}, \frac{1}{3}, \frac{1}{4}, \dots)$.

(iv) $(a_n)_{n\in\mathbb{N}_0}$ definiert durch $a_n = x^n$, $n \in \mathbb{N}_0$, ist die Folge $(1, x, x^2, x^3, \dots)$, wobei $x^0 = 1$ verwendet wurde.   ✗

In der Wahrscheinlichkeitsrechnung und Statistik treten Folgen z.B. in Form 360diskreter Wahrscheinlichkeitsverteilungen auf 45abzählbaren Mengen auf. Die Folgenglieder werden als Wahrscheinlichkeiten für gewisse Ereignisse interpretiert.

> **▶ Bezeichnung (Geometrische Verteilung)**
>
> Die geometrische Verteilung mit Parameter $p \in (0, 1)$ ist definiert als die Folge $(a_n)_{n\in\mathbb{N}_0}$ mit
>
> $$a_n = p(1-p)^n, \qquad n \in \mathbb{N}_0,$$
>
> d.h. $(a_n)_{n\in\mathbb{N}_0} = (p, p(1-p), p(1-p)^2, p(1-p)^3, \dots)$.

Speziell für $p = \frac{1}{2}$ ergibt sich die Wahrscheinlichkeitsverteilung $(\frac{1}{2}, \frac{1}{4}, \frac{1}{8}, \dots)$.

> **▶ Bezeichnung (Poisson-Verteilung)**
>
> Die Poisson-Verteilung mit Parameter $\lambda > 0$ ist definiert durch
>
> $$a_n = \frac{\lambda^n}{n!} e^{-\lambda}, \qquad n \in \mathbb{N}_0.$$

Formal kann eine Folge auch mittels einer 156Abbildung beschrieben werden, die jeder Zahl aus der Indexmenge eine reelle Zahl zuordnet. Exemplarisch sei f : $\mathbb{N} \longrightarrow \mathbb{R}$ eine Abbildung von $\mathbb{N}$ nach $\mathbb{R}$. Die Zahlenfolge $(a_n)_{n\in\mathbb{N}}$ wird definiert durch

$$f(n) = a_n, \qquad n \in \mathbb{N}.$$

Dies bedeutet beispielsweise, dass die Folge $(1, \frac{1}{2}, \frac{1}{3}, \frac{1}{4}, \dots)$ auch durch die Funktion $f(x) = \frac{1}{x}$, $x \in \mathbb{N}$, definiert werden kann.

Es gibt eine Vielzahl von Eigenschaften, die eine Folge $(a_n)_{n\in\mathbb{N}}$ haben kann. An dieser Stelle werden nur die für die weiteren Ausführungen relevanten Aspekte betrachtet.

> **Definition (Monotonie und Beschränktheit von Folgen)**

Sei $(a_n)_{n \in \mathbb{N}}$ eine Folge.

① Die Folge heißt monoton wachsend, wenn die Folgenglieder monoton wachsend sind, d.h. jeder Nachfolger ist größer oder gleich seinem Vorgänger:

$$a_n \leqslant a_{n+1}.$$

② Die Folge heißt monoton fallend, wenn die Folgenglieder monoton fallend sind, d.h. jeder Nachfolger ist kleiner oder gleich seinem Vorgänger:

$$a_n \geqslant a_{n+1}.$$

③ Haben alle Folgenglieder den gleichen Wert, so heißt die Folge konstant.

④ Die Folge heißt beschränkt, wenn es eine positive Zahl B gibt, so dass alle Folgenglieder im Intervall $[-B, B]$ liegen, d.h.

$$-B \leqslant a_n \leqslant B \quad \text{für alle } n.$$

9.2 Beispiel (Folgen)

(i) Die Folge der geraden Zahlen $(2, 4, 6, \ldots)$ ist monoton wachsend, jedoch nicht beschränkt. Für jede feste Zahl $B > 0$ gibt es nämlich stets eine gerade Zahl, die größer als B ist.

(ii) Die durch $a_n = (-1)^n$ definierte Folge $(-1, 1, -1, 1, \ldots)$ ist beschränkt, da für $B = 1$ gilt: $-B \leqslant a_n \leqslant B$ für alle $n \in \mathbb{N}$. Die Folge ist offensichtlich nicht monoton.

(iii) Die durch $a_n = \frac{1}{n}$ definierte Folge $(1, \frac{1}{2}, \frac{1}{3}, \frac{1}{4}, \ldots)$ ist monoton fallend, da $\frac{1}{n} > \frac{1}{n+1}$. Sie ist außerdem beschränkt, da $1 = a_1 \geqslant a_n = \frac{1}{n} \geqslant 0 \geqslant -1$ und somit $-1 \leqslant a_n \leqslant 1$ gilt.

Der Graph einer Folge wird wie der 159Graph einer Funktion als Punktmenge im Koordinatensystem dargestellt. Da auf der Abszisse nur die Werte aus der Indexmenge relevant sind, besteht der Graph aus einer abzählbaren Menge von Punkten $\{(n, a_n) | n \in I\}$. Für obige Beispiele resultieren die Graphen in 352Abbildung 9.1.   ✗

Folgen können wie Zahlen durch elementare Operationen verknüpft werden.

> **Definition (Verknüpfung von Folgen)**

Seien $(a_n)_{n \in \mathbb{N}}$ und $(b_n)_{n \in \mathbb{N}}$ Folgen. Die Addition, Subtraktion, Multiplikation und Division sind definiert durch:

① $(a_n + b_n)_{n \in \mathbb{N}} = (a_1 + b_1, a_2 + b_2, a_3 + b_3, \ldots)$,

② $(a_n - b_n)_{n \in \mathbb{N}} = (a_1 - b_1, a_2 - b_2, a_3 - b_3, \ldots)$,

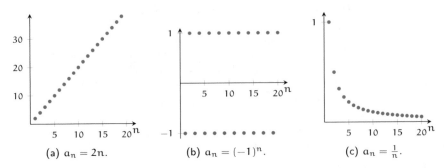

(a) $a_n = 2n$.   (b) $a_n = (-1)^n$.   (c) $a_n = \frac{1}{n}$.

Abbildung 9.1: Illustration zu [351]Beispiel 9.2.

> ③ $(a_n \cdot b_n)_{n \in \mathbb{N}} = (a_1 \cdot b_1, a_2 \cdot b_2, a_3 \cdot b_3, \ldots)$,
>
> ④ $\left(\dfrac{a_n}{b_n} \right)_{n \in \mathbb{N}} = \left(\dfrac{a_1}{b_1}, \dfrac{a_2}{b_2}, \dfrac{a_3}{b_3}, \ldots \right)$, falls $b_n \neq 0$ für alle $n \in \mathbb{N}$.

Funktionen können ebenfalls zur Definition von Folgen verwendet werden.

> **▶ Definition (Folgen und Funktionen)**
>
> Seien $(a_n)_{n \in \mathbb{N}}$ eine Folge und h eine Funktion derart, dass jedes Folgenglied im Definitionsbereich der Funktion h liegt. Dann wird durch Einsetzen der Folgenglieder in die Funktion, d.h. durch $h(a_n)$ für $n \in \mathbb{N}$, eine neue Folge definiert
> $$(h(a_n))_{n \in \mathbb{N}} = (h(a_1), h(a_2), h(a_3), \ldots).$$

9.3 Beispiel (Folgen und Funktionen)

Seien $(a_n)_{n \in \mathbb{N}}$ eine Folge und h eine Funktion derart, dass jedes Folgenglied im Definitionsbereich der Funktion h liegt.

① $h(x) = 2x + 1$, $x \in \mathbb{R}$: $(h(a_n))_{n \in \mathbb{N}} = (2a_1 + 1, 2a_2 + 1, 2a_3 + 1, \ldots)$.

② $h(x) = x^2$, $x \in \mathbb{R}$: $(h(a_n))_{n \in \mathbb{N}} = (a_1^2, a_2^2, a_3^2, \ldots)$.

③ $h(x) = 2^x$, $x \in \mathbb{R}$: $(h(a_n))_{n \in \mathbb{N}} = (2^{a_1}, 2^{a_2}, 2^{a_3}, \ldots)$.

④ $h(x) = \sqrt{x}$, $x \geqslant 0$: $(h(a_n))_{n \in \mathbb{N}} = (\sqrt{a_1}, \sqrt{a_2}, \sqrt{a_3}, \ldots)$, wobei $a_n \geqslant 0$ für alle $n \in \mathbb{N}$.

⑤ $h(x) = \ln(x)$, $x > 0$: $(h(a_n))_{n \in \mathbb{N}} = (\ln(a_1), \ln(a_2), \ln(a_3), \ldots)$, wobei $a_n > 0$ für alle $n \in \mathbb{N}$.   ✗

In den einführenden Beispielen zeigte sich, dass Folgen hinsichtlich Monotonie und Beschränktheit sehr unterschiedliche Verhaltensmuster haben können. Eine weitere Eigenschaft von Folgen, die für viele Bereiche der Mathematik und Statistik von grundlegender Bedeutung ist, ist die Frage, ob sich die Folgenglieder einem festen Wert nähern. Dazu werden zunächst einige Beispiele betrachtet.

Konvergenz von Folgen

9.4 Beispiel

Die folgenden Beobachtungen können direkt aus der [351]graphischen Darstellung der Folgen abgeleitet werden.

(i) Die durch $a_n = \frac{1}{n}$, $n \in \mathbb{N}$, definierte Folge $(1, \frac{1}{2}, \frac{1}{3}, \frac{1}{4}, \ldots)$ ist beschränkt und monoton fallend. Die Folgenglieder nähern sich offensichtlich der Null an, wobei das n-te Folgenglied jedoch stets von Null verschieden ist und der Abstand zu Null geringer wird, d.h. für große Indizes n gilt $a_n = \frac{1}{n} \approx 0$.

(ii) Die durch $a_n = 2n$, $n \in \mathbb{N}$, definierte Folge der geraden natürlichen Zahlen $(2, 4, 6, 8, \ldots)$ ist monoton wachsend und unbeschränkt. Daher kann es keine reelle Zahl geben, der sich die Folgenglieder nähern.

(iii) Die durch die Vorschrift $a_n = (-1)^n$, $n \in \mathbb{N}$, definierte Folge $(a_n)_{n\in\mathbb{N}} = (-1, 1, -1, 1, -1, \ldots)$ nähert sich keinem Wert an. Aufgrund der Konstruktionsvorschrift kämen nur die Werte 1 oder -1 in Frage. Da die Folge jedoch zwischen diesen Werten hin und her springt (sie ist alternierend), stabilisiert sie sich nicht. ✗

Die oben beschriebenen Phänomene werden nun formalisiert.

> ▶ **Definition (Konvergenz von Folgen)**
>
> Eine Folge $(a_n)_{n\in\mathbb{N}}$ heißt konvergent gegen eine Zahl a, wenn es für jede Zahl $\varepsilon > 0$ einen Index n_0 gibt, so dass alle Nachfolger von a_{n_0} im Intervall $[a - \varepsilon, a + \varepsilon]$ liegen, d.h. ist der Index groß genug, so unterscheiden sich die Folgenglieder höchstens um einen beliebig kleinen vorgegebenen Wert ε von a. In diesem Fall werden auch die Schreibweisen
>
> $$\lim_{n\to\infty} a_n = a \quad \text{bzw.} \quad a_n \xrightarrow{n\to\infty} a$$
>
> verwendet. a heißt Grenzwert oder Limes der Folge $(a_n)_{n\in\mathbb{N}}$. Eine konvergente Folge mit Grenzwert 0 heißt Nullfolge.
>
> Existiert kein solches $a \in \mathbb{R}$, so heißt die Folge divergent oder nicht konvergent.
>
> Eine Folge $(a_n)_{n\in\mathbb{N}}$ heißt konvergent gegen ∞, falls es für jede positive Zahl B einen Index n_0 gibt, so dass alle Nachfolger von a_{n_0} größer als B sind, d.h. $a_n > B$ für alle $n \geqslant n_0$.
>
> Eine Folge $(a_n)_{n\in\mathbb{N}}$ heißt konvergent gegen $-\infty$, falls es für jede positive Zahl B einen Index n_0 gibt, so dass alle Nachfolger von a_{n_0} kleiner als $-B$ sind, d.h. $a_n < -B$ für alle $n \geqslant n_0$.

> In diesen beiden Fällen wird auch die Sprechweise „bestimmt divergent"
> verwendet. In Abgrenzung dazu heißt die Konvergenz einer Folge gegen eine
> reelle Zahl auch endliche Konvergenz.

Anschaulich bedeutet die Konvergenz einer Folge, dass sich die Folgenglieder ab
einem Wert n_0 innerhalb eines Bandes um den Grenzwert a bewegen, wobei die
Breite des Bandes beliebig klein werden darf. Dies wird für die durch die Vorschrift
$a_n = 1 + (-1)^n \frac{1}{n}$ definierte Folge in ³⁵⁴Abbildung 9.2 illustriert. Da $(-1)^n \frac{1}{n}$ eine
Nullfolge ist, ist der Grenzwert der betrachteten Folge $a = 1$.

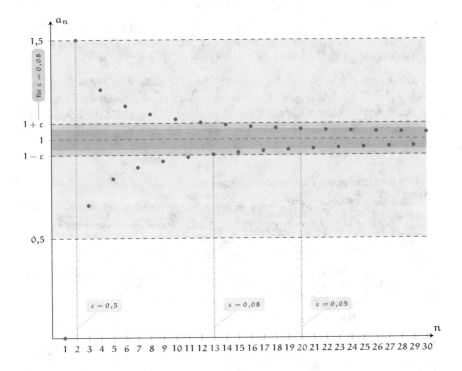

Abbildung 9.2: Illustration zur Konvergenz der Folge $a_n = 1 + (-1)^n \frac{1}{n}$ mit verschiedenen ε.

Wird $\varepsilon = 0{,}5$ gewählt, so liegen alle Folgenglieder ab $n_0 = 2$ in dem oben eingezeichneten Band mit den Grenzen 0,5 und 1,5 (hellroter Bereich). Für $\varepsilon = 0{,}08$
liegen die Folgenglieder erst ab $n_0 = 13$ in dem mittelrot markierten Bereich
$[0{,}92, 1{,}08]$. Wird das Band enger gewählt, dann wächst die Nummer n_0, ab der
die Folgenglieder das Band nicht mehr verlassen (für $\varepsilon = 0{,}05$ ist dies das dun-
kelrote Band). Die Indizes n_0 sind jeweils durch eine gepunktete Linie illustriert.

Die folgende Tabelle enthält für einige Werte von ε das zugehörige n_0.

ε	0,5	0,08	0,05	0,01	0,0025	0,001
n_0	2	13	20	100	400	1 000

Die Konvergenzbedingung besagt, dass für jede noch so kleine Zahl $\varepsilon > 0$ stets ein n_0 mit dieser Eigenschaft existieren muss.

9.5 Beispiel

Wichtige Beispiele konvergenter Folgen sind die durch $a_n = \frac{1}{n^p}$, $n \in \mathbb{N}$, definierten Folgen mit einem <u>nicht-negativen</u> Exponenten $p > 0$. In dieser Situation ist $(a_n)_{n \in \mathbb{N}}$ stets eine Nullfolge, d.h. $a_n \to 0$. Je größer p ist, desto schneller nähern sich die Folgenglieder der Null an.

Für $p = 0$ resultiert die konstante Folge mit $a_n = 1$, $n \in \mathbb{N}$. Ist p negativ, so ist $(a_n)_{n \in \mathbb{N}}$ bestimmt divergent gegen $+\infty$. ✗

Ein Beispiel einer nicht konvergenten Folge ist in $\overline{355}$Abbildung 9.3 dargestellt. Da zur Prüfung der Konvergenz nur kleine Werte von ε von Interesse sind, wird deutlich, dass die Folge für jeden Wert a dieses Band stets verlässt (wenn ε nur klein genug ist).

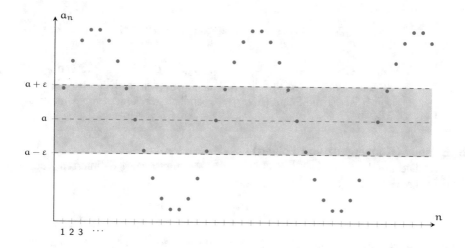

Abbildung 9.3: Illustration einer nicht-konvergenten Folge.

Die Definition der Konvergenz einer Folge gegen eine Zahl $a \in \mathbb{R}$ setzt voraus, dass der Grenzwert a oder zumindest Kandidaten für den Grenzwert bekannt sind. Mittels geeigneter Kriterien kann die Grenzwertbestimmung jedoch auf bekannte Situationen zurückgeführt werden.

▶ **Regel (Eigenschaften konvergenter Folgen)**

Seien $(a_n)_{n \in \mathbb{N}}$ und $(b_n)_{n \in \mathbb{N}}$ endlich konvergente Folgen mit Grenzwert a bzw. b sowie c, d reelle Zahlen. Dann gilt:

① $\lim\limits_{n \to \infty} (c \cdot a_n + d) = c \cdot a + d$

② $\lim\limits_{n \to \infty} (a_n + b_n) = a + b$

③ $\lim\limits_{n \to \infty} (a_n - b_n) = a - b$

④ $\lim\limits_{n \to \infty} (a_n \cdot b_n) = a \cdot b$

⑤ $\lim\limits_{n \to \infty} \frac{a_n}{b_n} = \frac{a}{b}$, falls $b \neq 0$

Zur Definition der Quotienten $\frac{a_n}{b_n}$ ist die Voraussetzung $b_n \neq 0$ notwendig. Da aber aus der Konvergenz von $(b_n)_{n \in \mathbb{N}}$ gegen $b \neq 0$ folgt, dass ab einem Index n_0 alle Folgenglieder b_n von Null verschieden sein müssen, kann für die Grenzwertbetrachtung dieses Problem vernachlässigt werden. Die Folge der Quotienten ist dann ab dem Index n_0 wohldefiniert. Für die Grenzwertbetrachtung wird daher die Quotientenfolge $\left(\frac{a_n}{b_n} \right)_{n \in \mathbb{N}, n \geqslant n_0}$ herangezogen.

▶ **Regel (Kriterien für Konvergenz einer Folge)**

Sei $(a_n)_{n \in \mathbb{N}}$ eine Folge.

▶ Ist $(a_n)_{n \in \mathbb{N}}$ beschränkt und monoton, so ist die Folge endlich konvergent gegen eine reelle Zahl a.

▶ Sind h eine ³⁸⁶stetige Funktion, $(a_n)_{n \in \mathbb{N}}$ eine endlich konvergente Folge mit Grenzwert a und liegen $(a_n)_{n \in \mathbb{N}}$ und a im Definitionsbereich von h, so ist die Folge $(h(a_n))_{n \in \mathbb{N}}$ endlich konvergent mit Grenzwert $h(a)$.

9.6 Beispiel (Konvergenz von Folgen)

(i) Die durch $a_n = 1 + \frac{1}{n}$ und $b_n = \frac{2n^2 + 1}{n^2}$ für $n \in \mathbb{N}$ definierten Folgen konvergieren gegen 1 bzw. 2, denn

$$b_n = \frac{2n^2 + 1}{n^2} = 2 + \frac{1}{n^2}$$

sowie $\lim\limits_{n \to \infty} \frac{1}{n} = \lim\limits_{n \to \infty} \frac{1}{n^2} = 0$. Damit resultieren für die aus $(a_n)_{n \in \mathbb{N}}$ und $(b_n)_{n \in \mathbb{N}}$ gebildeten Folgen die Grenzwerte

Folge	$(a_n + b_n)_{n \in \mathbb{N}}$	$(a_n - b_n)_{n \in \mathbb{N}}$	$(a_n \cdot b_n)_{n \in \mathbb{N}}$	$\left(\frac{a_n}{b_n} \right)_{n \in \mathbb{N}}$
Grenzwert	3	-1	2	$\frac{1}{2}$

Die Folge $(b_n^p)_{n \in \mathbb{N}}$ mit $p \in \mathbb{R}$ besitzt den Grenzwert 2^p, da die Potenzfunktion $h(x) = x^p$, $x > 0$, eine ³⁸⁶stetige Funktion ist.

(ii) Die durch $a_n = \frac{n^2-n+1}{n^3+2}$ definierte Folge konvergiert gegen 0, denn es gilt

$$a_n = \frac{n^2 - n + 1}{n^3 + 2} = \frac{\frac{1}{n} - \frac{1}{n^2} + \frac{1}{n^3}}{1 + \frac{2}{n^3}}.$$

Aus dieser Darstellung des Bruchs folgt, dass der Zähler gegen 0 und der Nenner gegen 1 konvergieren. Also ist $\frac{0}{1} = 0$ der Grenzwert von $(a_n)_n$.

(iii) Die durch $a_n = 1 - (-1)^n \frac{1}{n}$ definierte Folge konvergiert gegen $a = 1$. Da $a_n > 0$ für alle $n \in \mathbb{N}$ gilt, ist jedes Folgenglied a_n im Definitionsbereich des [92]natürlichen Logarithmus. Somit konvergiert die Folge $(\ln(a_n))_{n\in\mathbb{N}}$ gegen $\ln(1) = 0$.

(iv) Die durch $a_n = q^n$ mit $q \in (-1, 1)$, $n \in \mathbb{N}_0$, definierte geometrische Folge konvergiert gegen Null, d.h. $\lim\limits_{n\to\infty} q^n = 0$. Diese Eigenschaft resultiert aus den folgenden Überlegungen. Für $q = 0$ ist die Folge konstant gleich Null und die Behauptung offensichtlich.

Seien nun $q \in (-1, 1)$, $q \neq 0$, und $\varepsilon > 0$ beliebig. Dann gilt zunächst $0 < |q| < 1$ und damit $\ln(|q|) < 0$. Damit folgt für $n \in \mathbb{N}$:

$$|q^n| < \varepsilon \iff |q|^n < \varepsilon \iff \ln(|q|^n) < \ln(\varepsilon)$$
$$\iff n\ln(|q|) < \ln(\varepsilon) \overset{(*)}{\iff} n > \frac{\ln(\varepsilon)}{\ln(|q|)},$$

wobei in $(*)$ $\ln(|q|) < 0$ zu beachten ist. Damit kann also für jedes $\varepsilon > 0$ stets ein $n_0 \in \mathbb{N}$ gefunden werden, so dass $|q^n| < \varepsilon$ für alle $n \geqslant n_0$.

Im Fall $q = 1$ ist die Folge konstant mit $a_n = 1$ für alle $n \in \mathbb{N}_0$. Für $q > 1$ konvergiert $(a_n)_{n\in\mathbb{N}_0}$ gegen $+\infty$. Für $q \leqslant -1$ ist sie nicht konvergent und alternierend. ✗

9.7 Beispiel

Im Folgenden bezeichne p_m ein [165]Polynom vom Grad $m \in \mathbb{N}$ mit Koeffizienten $a_0, \ldots, a_m \in \mathbb{R}$, $a_m \neq 0$, d.h.

$$p_m(t) = \sum_{j=0}^{m} a_j t^j, \quad t \in \mathbb{R}.$$

Betrachtet wird nun der Grenzwert von $p_m(n)$ für $n \to \infty$. Nach [13]Ausklammern der höchsten Potenz n^m resultiert die Darstellung

$$p_m(n) = \sum_{j=0}^{m} a_j n^j = n^m \left(a_m + \sum_{j=0}^{m-1} a_j \frac{n^j}{n^m} \right) = n^m \left(a_m + \sum_{j=0}^{m-1} a_j \frac{1}{n^{m-j}} \right).$$

Für $j \in \{0, \ldots, m-1\}$ ist der Exponent von $\frac{1}{n^{m-j}}$ stets positiv, d.h. es gilt $\lim_{n\to\infty} \frac{1}{n^{m-j}} = 0$ für $j \in \{0, \ldots, m-1\}$. Daher folgt für den Ausdruck in Klammern

$$\lim_{n\to\infty} \left(a_m + \sum_{j=0}^{m-1} a_j \frac{1}{n^{m-j}} \right) = a_m.$$

Da $a_m \neq 0$ vorausgesetzt wurde und $\lim_{n\to\infty} n^m = +\infty$ gilt, resultiert die Grenzwertaussage

$$\lim_{n\to\infty} p_m(n) = \begin{cases} +\infty, & a_m > 0 \\ -\infty, & a_m < 0 \end{cases}.$$

Das Verhalten von $p_m(n)$ für $n \to \infty$ wird daher nur durch den Term $a_m n^m$ bestimmt. Das Vorzeichen des Leitkoeffizienten legt fest, ob Konvergenz gegen $+\infty$ oder $-\infty$ vorliegt.   ✗

Aufgaben zum Üben in Abschnitt 9.1

[364]Aufgabe 9.1 – [365]Aufgabe 9.5, [366]Aufgabe 9.8 – [367]Aufgabe 9.10

9.2 Reihen

9.8 Beispiel (Dezimalzahlen)

Die Folge der Dezimalzahlen

$$0{,}1, \quad 0{,}11, \quad 0{,}111, \quad 0{,}1111, \quad 0{,}11111, \ldots$$

nähert sich offensichtlich der periodischen Dezimalzahl $0{,}\overline{1}$ an. Ein Nachweis dieser Beobachtung beruht auf der Darstellung

$$0{,}1 = \frac{1}{10}, \qquad 0{,}11 = \frac{1}{10} + \frac{1}{100} = \frac{1}{10^1} + \frac{1}{10^2},$$
$$0{,}111 = \frac{1}{10} + \frac{1}{100} + \frac{1}{1\,000} = \frac{1}{10^1} + \frac{1}{10^2} + \frac{1}{10^3}, \ldots,$$

d.h. die Dezimalzahl $0{,}111\ldots$ mit n Nachkommastellen kann geschrieben werden als

$$\frac{1}{10^1} + \frac{1}{10^2} + \cdots + \frac{1}{10^n} = \sum_{j=1}^{n} \frac{1}{10^j}.$$

Sie entsteht durch Summation $a_1 + \cdots + a_n$ der Folgenglieder der durch $a_n = \frac{1}{10^n}$ definierten Folge. Auf diese Weise konstruierte Folgen werden als Reihen bezeichnet.   ✗

> **Definition (Reihe, Partialsumme)**

Sei $(a_n)_{n\in\mathbb{N}}$ eine Folge. Dann heißt $s_n = \sum_{i=1}^{n} a_i$ n-te Partialsumme (von $(a_n)_{n\in\mathbb{N}}$). Die Folge der Partialsummen

$$(s_n)_{n\in\mathbb{N}} = \left(\sum_{i=1}^{n} a_i\right)_{n\in\mathbb{N}} = (a_1, a_1 + a_2, a_1 + a_2 + a_3, \ldots)$$

heißt Reihe.

Da Reihen letztlich nur spezielle Folgen sind, können alle Begriffe, die zur Beschreibung und Analyse von Folgen benutzt werden, übertragen werden. Für den Grenzwert wird folgende Bezeichnung eingeführt.

> **Bezeichnung (Grenzwert einer Reihe)**

Seien $(a_n)_{n\in\mathbb{N}}$ eine Folge reeller Zahlen und $s_n = \sum_{i=1}^{n} a_i$, $n \in \mathbb{N}$, die n-te Partialsumme. Die Reihe $(s_n)_{n\in\mathbb{N}}$ sei konvergent gegen eine reelle Zahl s, d.h. die Folge $(s_n)_{n\in\mathbb{N}}$ habe den Grenzwert s. Dann wird der Grenzwert auch bezeichnet mit

$$s = \lim_{n\to\infty} s_n = \lim_{n\to\infty} \sum_{i=1}^{n} a_i = \sum_{i=1}^{\infty} a_i.$$

Aus den Konvergenzkriterien für Folgen können Kriterien für Reihen hergeleitet werden, die die spezielle Struktur einer Reihe ausnutzen.

> **Regel (Kriterium für die Konvergenz einer Reihe)**

Seien $(a_n)_{n\in\mathbb{N}}$ eine Folge nicht-negativer reeller Zahlen und $(s_n)_{n\in\mathbb{N}}$ die zugehörige Reihe. Dann ist die Folge $(s_n)_{n\in\mathbb{N}}$ endlich konvergent gegen eine reelle Zahl s genau dann, wenn $(s_n)_{n\in\mathbb{N}}$ beschränkt ist. Insbesondere ist $(s_n)_{n\in\mathbb{N}}$ bestimmt divergent gegen $+\infty$, falls $(s_n)_{n\in\mathbb{N}}$ unbeschränkt ist.

> **Regel (Quotientenkriterium für die Konvergenz einer Reihe)**

Seien $(a_n)_{n\in\mathbb{N}}$ eine Folge reeller Zahlen und $(s_n)_{n\in\mathbb{N}}$ die zugehörige Reihe, wobei $a_n \neq 0$ für alle n gelte.*

Dann ist die Folge $(s_n)_{n\in\mathbb{N}}$ endlich konvergent gegen eine reelle Zahl s, wenn es eine Zahl $0 \leqslant q < 1$ und einen Index n_0 gibt, so dass für alle weiteren Indizes der Quotient aufeinander folgender Folgenglieder durch q beschränkt ist, d.h.

$$\left|\frac{a_{n+1}}{a_n}\right| \leqslant q < 1 \quad \text{für alle } n \geqslant n_0.$$

---

*Andernfalls können diese Folgenglieder vernachlässigt werden, da sie keinen Einfluss auf die Konvergenz der Partialsummenfolge $(s_n)_{n\in\mathbb{N}}$ haben.

Aus der Konvergenz einer Reihe wird das folgende Resultat abgeleitet, das eine Aussage zur Folge der Summanden macht. Das Kriterium ist insbesondere nützlich, um zu entscheiden, dass eine Reihe nicht konvergiert.

> **Regel (Zusammenhänge zwischen Partialsummen- und Summandenfolge)**
>
> Seien $(a_n)_{n \in \mathbb{N}}$ eine Folge und $s_n = \sum_{i=1}^{n} a_i$ die n-te Partialsumme. Dann gilt:
>
> > Konvergiert die Reihe $(s_n)_{n \in \mathbb{N}}$ gegen eine Zahl $s \in \mathbb{R}$, so ist $(a_n)_{n \in \mathbb{N}}$ eine Nullfolge, d.h. $\lim_{n \to \infty} a_n = 0$.
>
> > Ist $(a_n)_{n \in \mathbb{N}}$ <u>keine</u> Nullfolge, so konvergiert die Reihe <u>nicht</u> gegen eine reelle Zahl.

9.9 Beispiel

Die durch die Partialsumme $s_n = \sum_{i=1}^{n} i^k$, $n \in \mathbb{N}$, mit $k \in \mathbb{N}$ definierte Reihe konvergiert nicht, da die Summanden $a_i = i^k$ keine Nullfolge bilden.   ✗

> **Regel**
>
> Ist $(a_n)_n$ eine Nullfolge, so muss die Reihe $(s_n)_n$ <u>nicht</u> konvergieren. Ein Beispiel für diese Aussage ist die harmonische Reihe, für die gilt $\sum_{n=1}^{\infty} \frac{1}{n} = \infty$.

> **Bezeichnung (Diskrete Wahrscheinlichkeitsverteilung)**
>
> Sei $(p_n)_{n \in \mathbb{N}_0}$ eine Folge nicht-negativer Zahlen. Dann heißt $(p_n)_{n \in \mathbb{N}_0}$ diskrete Wahrscheinlichkeitsverteilung auf $\mathbb{N}_0$, falls $\sum_{n=0}^{\infty} p_n = 1$ gilt.*

Beispiele für diskrete Wahrscheinlichkeitsverteilungen sind die ₃₅₀geometrische Verteilung und die ₃₅₀Poisson-Verteilung. Durch entsprechende Summationsbedingungen können auch diskrete Wahrscheinlichkeitsverteilungen auf $\mathbb{N}$ bzw. anderen ₄₅abzählbaren Mengen definiert werden.

Aufgaben zum Üben in Abschnitt 9.2

₃₆₅Aufgabe 9.6

---

*Diese Voraussetzung impliziert insbesondere $0 \leqslant p_n \leqslant 1$ für alle $n \in \mathbb{N}_0$.

9.3 Spezielle Reihen

Geometrische Reihe

Die **geometrische Reihe** $(s_n)_{n\in\mathbb{N}_0}$ wird mittels der Summanden $a_n = a^n$, $n \in \mathbb{N}_0$, definiert, wobei $a \in (-1,1)$ eine gegebene Zahl ist. Die n-te Partialsumme wird als ▨geometrische Summe explizit berechnet:

$$s_n = \sum_{i=0}^{n} a_i = \sum_{i=0}^{n} a^i = \frac{1 - a^{n+1}}{1 - a} \quad \text{für } n \in \mathbb{N}_0.$$

Die zugehörige Reihe $(s_n)_{n\in\mathbb{N}_0} = \left(\frac{1-a^{n+1}}{1-a}\right)_{n\in\mathbb{N}_0}$ heißt geometrische Reihe. Für $a = \frac{1}{2}$ ergibt sich z.B.

$$(s_n)_{n\in\mathbb{N}_0} = \left(\sum_{i=0}^{n} \left(\frac{1}{2}\right)^i\right)_{n\in\mathbb{N}_0} = \left(1, \frac{3}{2}, \frac{7}{4}, \frac{15}{8}, \frac{31}{16}, \dots\right)$$

Die Konvergenz der geometrischen Reihe folgt aus dem Quotientenkriterium, da

$$\left|\frac{a_{n+1}}{a_n}\right| = \left|\frac{a^{n+1}}{a^n}\right| = |a| < 1$$

gilt. Dies zeigt insbesondere, warum $|a| < 1$, d.h. $a \in (-1,1)$, gefordert wird. Der Grenzwert der Reihe ist gegeben durch

$$\lim_{n\to\infty} s_n = \sum_{i=0}^{\infty} a^i = \lim_{n\to\infty} \frac{1 - a^{n+1}}{1 - a} = \frac{1}{1 - a},$$

da $a^{n+1} \xrightarrow{n\to\infty} 0$ für $|a| < 1$ (s. ▨Beispiel 9.6(iv)). Für $a = \frac{1}{2}$ resultiert der Grenzwert $\sum\limits_{n=0}^{\infty} \frac{1}{2^n} = 2$.

9.10 Beispiel

In der Statistik wird die geometrische Reihe bei Auswertungen der ▨geometrischen Verteilung verwendet, wobei dort die Setzung $a_n = p(1-p)^n$, $n \in \mathbb{N}_0$, mit $p \in (0,1)$ benutzt wird. In diesem Fall gilt

$$\sum_{i=0}^{n} a_i = \sum_{i=0}^{n} p(1-p)^i = p\sum_{i=0}^{n} (1-p)^i = p\frac{1 - (1-p)^{n+1}}{1 - (1-p)} = 1 - (1-p)^{n+1}.$$

Für $n \to \infty$ ergibt sich somit $\sum\limits_{i=0}^{\infty} a_i = \sum\limits_{i=0}^{\infty} p(1-p)^i = \lim\limits_{n\to\infty} [1 - (1-p)^{n+1}] = 1$, d.h. die Summe aller Wahrscheinlichkeiten a_i ist (wie gefordert) gleich Eins. ✗

9.11 Beispiel

Die geometrische Reihe wird oft nur auf dem Bereich $\mathbb{N}$ definiert, d.h. die zugehörige Reihe lautet

$$\left(a, a + a^2, a + a^2 + a^3, \ldots\right).$$

In diesem Fall ist der Grenzwert gegeben durch (falls $-1 < a < 1$)

$$\sum_{n=1}^{\infty} a^n = \sum_{n=0}^{\infty} a^n - a^0 = \frac{1}{1-a} - 1 = \frac{a}{1-a}.$$

Alternativ kann dieses Ergebnis auch mittels einer [120]Indexverschiebung $(*)$ erzielt werden:

$$\sum_{n=1}^{\infty} a^n = \lim_{k \to \infty} \sum_{n=1}^{k} a^n \overset{(*)}{=} \lim_{k \to \infty} \sum_{n=0}^{k-1} a^{n+1} = \lim_{k \to \infty} \sum_{n=0}^{k-1} a \cdot a^n$$

$$= a \cdot \lim_{k \to \infty} \sum_{n=0}^{k-1} a^n = a \cdot \sum_{n=0}^{\infty} a^n = a \cdot \frac{1}{1-a},$$

wobei $\lim_{k \to \infty} (k-1) = +\infty$ benutzt wird. Dies hat zur Folge, dass die Indexverschiebung keine Auswirkungen auf die obere Summationsgrenze hat.   ✗

Aus diesem Beispiel wird folgende Regel zur Indexverschiebung für den Grenzwert einer Reihe abgeleitet.

> ▶ **Regel (Indexverschiebung bei Reihen)**
>
> Sei $(s_n)_{n \in \mathbb{N}}$ eine konvergente Reihe mit Partialsummen $s_n = \sum_{i=1}^{n} a_i$, $n \in \mathbb{N}$.
> Dann gilt
>
> $$\sum_{n=1}^{\infty} a_n = \sum_{n=1+k}^{\infty} a_{n-k} = \sum_{n=1-k}^{\infty} a_{n+k} \qquad \text{für } k \in \mathbb{Z}.$$

9.12 Beispiel

Die geometrische Reihe kann zur Darstellung [19]periodischer Dezimalzahlen verwendet werden. Wird nämlich $a_n = \frac{1}{10^n}$ gewählt, so ergibt sich aus [358]Beispiel 9.8

$$(a_n)_{n \in \mathbb{N}} = \left(\frac{1}{10}, \frac{1}{100}, \frac{1}{1\,000}, \ldots\right).$$

Damit ist die Dezimalzahl $0,\overline{1}$ gegeben durch

$$0,\overline{1} = 0{,}1111\ldots = \sum_{j=1}^{\infty} \frac{1}{10^j} = \frac{\frac{1}{10}}{1 - \frac{1}{10}} = \frac{1}{9}.$$

Daraus ergibt sich etwa für $0{,}\overline{9}$ die Darstellung

$$0{,}\overline{9} = 0{,}9999\ldots = \sum_{j=1}^{\infty} \frac{9}{10^j} = 9 \cdot \sum_{j=1}^{\infty} \frac{1}{10^j} = 9 \cdot \frac{1}{9} = 1.$$

Damit gilt offenbar $0{,}\overline{9} = 1$, d.h. die Zahl Eins besitzt die verschiedenen Dezimaldarstellungen $0{,}\overline{9}$ und 1.

Diese Idee ist auch auf andere periodische Dezimalzahlen übertragbar. Beispielsweise gilt für $\frac{1}{7} = 0{,}\overline{142857}$ mit $a = \frac{1}{8}$ die Beziehung

$$\frac{1}{7} = \frac{\frac{1}{8}}{1 - \frac{1}{8}} = \sum_{j=1}^{\infty} \frac{1}{8^j}.$$

Exponentialreihe

Sei $a_n = \frac{a^n}{n!}$, $n \in \mathbb{N}_0$, wobei a eine gegebene reelle Zahl ist. Die n-te Partialsumme der Exponentialreihe ist

$$s_n = \sum_{i=0}^{n} a_i = \sum_{i=0}^{n} \frac{a^i}{i!} \quad \text{für } n \in \mathbb{N}_0.$$

Die zugehörige Reihe $(s_n)_{n \in \mathbb{N}_0}$ heißt **Exponentialreihe**. Ihre Konvergenz folgt sofort aus dem Quotientenkriterium, da

$$\left| \frac{a_{n+1}}{a_n} \right| = \left| \frac{a^{n+1}/(n+1)!}{a^n/n!} \right| = \frac{|a|}{n+1}$$

gilt. Damit die Ungleichung $\frac{|a|}{n+1} < 1$ für alle n größer oder gleich einem Index n_0 erfüllt ist, kann n_0 als kleinste natürliche Zahl gewählt werden, die größer als $|a| - 1$ ist. Der Grenzwert der Reihe ist gegeben durch

$$\lim_{n \to \infty} s_n = \sum_{i=0}^{\infty} \frac{a^i}{i!} = e^a,$$

wobei $e = 2{,}71828\ldots$* Die Exponentialreihe kann somit als Potenz zur Basis e mit Exponent a verstanden werden. Daraus ergibt sich insbesondere die Darstellung der Zahl

$$e = e^1 = \sum_{i=0}^{\infty} \frac{1}{i!}.$$

---

*Der Beweis dieser Eigenschaft übersteigt den Rahmen dieses Buchs; vgl. Heuser, 2009.

9.13 Beispiel

Die Exponentialreihe wird zur Definition der [350]Poisson-Verteilung verwendet, wobei dort die Setzung $a_n = \frac{\lambda^n}{n!} e^{-\lambda}$, $n \in \mathbb{N}_0$, mit $\lambda > 0$ benutzt wird. In diesem Fall gilt

$$\sum_{i=0}^{\infty} e^{-\lambda} \frac{\lambda^i}{i!} = e^{-\lambda} \sum_{i=0}^{\infty} \frac{\lambda^i}{i!} = e^{-\lambda} \cdot e^{\lambda} = e^{-\lambda+\lambda} = 1,$$

d.h. die Summe aller Wahrscheinlichkeiten ist gleich Eins.

Der sogenannte Erwartungswert der Poisson-Verteilung mit Parameter λ wird durch Auswertung des Grenzwerts $\sum_{i=0}^{\infty} i \cdot e^{-\lambda} \frac{\lambda^i}{i!}$ ermittelt. Für diesen gilt (Veränderungen sind jeweils markiert; in (♣) wird benutzt, dass der erste Summand gleich Null ist):

$$\sum_{i=0}^{\infty} i \cdot e^{-\lambda} \frac{\lambda^i}{i!} \stackrel{(\clubsuit)}{=} \sum_{i=1}^{\infty} i \cdot e^{-\lambda} \frac{\lambda^i}{i!} \stackrel{\text{kürzen}}{=} \sum_{i=1}^{\infty} e^{-\lambda} \frac{\lambda^i}{(i-1)!}$$

$$= \sum_{i=0}^{\infty} e^{-\lambda} \frac{\lambda^{i+1}}{i!} \quad (\text{Indexverschiebung})$$

$$= \sum_{i=0}^{\infty} e^{-\lambda} \frac{\lambda^i \cdot \lambda}{i!} = \lambda \underbrace{\sum_{i=0}^{\infty} e^{-\lambda} \frac{\lambda^i}{i!}}_{=1} = \lambda. \qquad \text{✗}$$

Aufgaben zum Üben in Abschnitt 9.3

[366]Aufgabe 9.7

9.4 Aufgaben

9.1 Aufgabe ([367]Lösung)

Schreiben Sie die Mengen als monotone Folgen:

(a) die Menge der ungeraden natürlichen Zahlen,

(b) die Menge der durch fünf teilbaren natürlichen Zahlen,

(c) die Menge der Zahlen, die sich als Potenz von 3 mit einer natürlichen Zahl bilden lassen,

(d) die Menge der Wurzeln von 7.

9.2 Aufgabe (367Lösung)

Notieren Sie jeweils die ersten fünf Folgenglieder der durch a_n definierten Folge $(a_n)_n$.

(a) $a_n = 5n$, $n \in \mathbb{N}_0$

(b) $a_n = \frac{1}{n^2}$, $n \in \mathbb{N}$

(c) $a_n = \frac{(-1)^n}{n+3}$, $n \in \mathbb{N}_0$

(d) $a_n = 2^n - 2^{n-1}$, $n \in \mathbb{N}_0$

(e) $a_n = \log_4(2^n)$, $n \in \mathbb{N}$

(f) $a_n = a^n$, $n \in \mathbb{N}_0$, $a \in \mathbb{R}$

9.3 Aufgabe (368Lösung)

Geben Sie das Bildungsgesetz der Folgen $(a_n)_{n \in \mathbb{N}}$ an.

(a) $(-1, -1, -1, -1, -1, \ldots)$

(b) $(-4, -1, 2, 5, 8, 11, \ldots)$

(c) $(1, 4, 9, 16, 25, \ldots)$

(d) $(2, \frac{3}{2}, \frac{4}{3}, \frac{5}{4}, \frac{6}{5}, \ldots)$

(e) $(2, -2, 2, -2, 2, \ldots)$

(f) $(1, 3, 7, 15, 31, 63, \ldots)$

(g) $(\frac{1}{4}, \frac{1}{2}, 1, 2, 4, \ldots)$

(h) $(1, 4, 27, 256, 3\,125, 46\,656, \ldots)$

9.4 Aufgabe (368Lösung)

Untersuchen Sie die Folgen $(a_n)_{n \in \mathbb{N}}$ auf Beschränktheit, Monotonie und Konvergenz mit

(a) $a_n = -\frac{2}{n}$

(b) $a_n = \frac{n^2-1}{n}$

(c) $a_n = (-1)^n n^2$

(d) $a_n = \lambda^n$, $0 < \lambda < 1$

(e) $a_n = 4^n$

(f) $a_n = \frac{3n - 2n^2}{n^2 + 1}$

9.5 Aufgabe (369Lösung)

Ermitteln Sie die Grenzwerte der Folgen $(a_n)_{n \in \mathbb{N}}$ mit

(a) $a_n = \frac{n^2-1}{n^2}$

(b) $a_n = \frac{2n^3 - n + 1}{n^4 + 3n^2}$

(c) $a_n = \ln\left(\frac{n+4}{n-\frac{1}{2}}\right)$

(d) $a_n = n \cdot \frac{1 - \frac{1}{4^n}}{3n+5}$

(e) $a_n = 3^{-\ln(n)}$

(f) $a_n = \sqrt[2n]{5^{n+1}}$

9.6 Aufgabe (369Lösung)

Geben Sie zu den Folgen $(a_n)_{n \in \mathbb{N}_0}$ jeweils die zugehörige Reihe $(s_n)_{n \in \mathbb{N}_0}$ an, indem Sie die Partialsumme s_n, $n \in \mathbb{N}_0$, berechnen. Geben Sie im Fall der Existenz den Grenzwert der zugehörigen Reihe an.

(a) $a_n = -1$ (e) $a_n = 4^{-n}$ (h) $a_n = \ln(n+1)$

(b) $a_n = (-1)^n$ (f) $a_n = (n+1)^2$ (i) $a_n = \ln\left(\frac{n+1}{n+2}\right)$

(c) $a_n = n$ (g) $a_n = 3(n+1)^2 -$

(d) $a_n = 4^n$ $3n^2$

9.7 Aufgabe ([371]Lösung)

Berechnen Sie die Grenzwerte:

(a) $\displaystyle\sum_{n=1}^{\infty} \frac{1}{5^n}$ (d) $\displaystyle\sum_{n=0}^{\infty} p^{-n},\, p > 1$ (g) $\displaystyle\sum_{n=2}^{\infty} \frac{(-1)^n}{n!}$

(b) $\displaystyle\sum_{n=0}^{\infty} (-4)^{-n}$ (e) $\displaystyle\sum_{n=0}^{\infty} 3^{-2n}$ (h) $\displaystyle\sum_{n=0}^{\infty} \frac{(-\ln(3))^n}{n!}$

(c) $\displaystyle\sum_{n=0}^{\infty} p^n,\, p \in (-1,1)$ (f) $\displaystyle\sum_{n=0}^{\infty} \frac{2^n}{n!}$ (i) $\displaystyle\sum_{n=0}^{\infty} \frac{q^{3n}}{n!},\, q \in \mathbb{R}$

9.8 Aufgabe ([371]Lösung)

Ist f ein Funktion, so heißt eine Folge $(a_n)_{n\in\mathbb{N}}$ mit $a_1 \in \mathbb{R}$ und $a_{n+1} = f(a_n)$ eine *rekursiv* definierte Folge. Berechnen Sie jeweils die ersten sechs Folgenglieder der rekursiv definierten Folgen. Können Sie aufgrund der berechneten Werte ein Bildungsgesetz für die Folgen formulieren?

(a) $a_1 = 0$; $f(x) = x + 1$, $x \in \mathbb{R}$ (d) $a_1 = 0$; $f(x) = 2x^2 - 1$, $x \in \mathbb{R}$

(b) $a_1 = 2$; $f(x) = 2x$, $x \in \mathbb{R}$ (e) $a_1 = -1$; $f(x) = \frac{x^2-1}{x^2+1}$, $x \in \mathbb{R}$

(c) $a_1 = -1$; $f(x) = x^2 - 1$, $x \in \mathbb{R}$ (f) $a_1 = 1024$; $f(x) = \frac{x}{2}$, $x \in \mathbb{R}$

9.9 Aufgabe ([373]Lösung)

Berechnen Sie unter der Annahme der endlichen Konvergenz von $(a_n)_{n\in\mathbb{N}}$ gegen $a \in \mathbb{R}$ und Verwendung der Eigenschaft

$$\lim_{n\to\infty} a_n = \lim_{n\to\infty} a_{n+1} = f\left(\lim_{n\to\infty} a_n\right)$$

die (möglichen) Grenzwerte der mit der folgenden Funktion f rekursiv definierten Folgen $(a_n)_{n\in\mathbb{N}}$ (Bezeichnungen wie in Aufgabe 9.8):

(a) $f(x) = 1 - \frac{x}{2}$, $x \in \mathbb{R}$ (c) $f(x) = x^2 - x + 1$, $x \in \mathbb{R}$

(b) $f(x) = 1 - \frac{3x}{4}$, $x \in \mathbb{R}$ (d) $f(x) = 1 - x^2$, $x \in \mathbb{R}$

(e) $f(x) = 2x^3 + x - 2$, $x \in \mathbb{R}$ (g) $f(x) = \frac{1}{x}$, $x > 0$

(f) $f(x) = \frac{x+1}{x^2+1}$, $x \in \mathbb{R}$ (h) $f(x) = 1 + \frac{1}{x}$, $x > 0$

9.10 Aufgabe (374̄Lösung)

Die rekursiv definierte Folge $(a_n)_{n \in \mathbb{N}_0}$ mit

$$a_0 = 0, a_1 = 1, \quad a_n = a_{n-1} + a_{n-2}, \quad n \geqslant 2,$$

heißt *Fibonacci-Folge*.

(a) Berechnen Sie die ersten 15 Folgenglieder der *Fibonacci-Folge*.

(b) Berechnen Sie die ersten sechs Folgenglieder der Folge $(b_n)_{n \in \mathbb{N}_0}$ mit

$$b_n = \frac{1}{\sqrt{5}}\left[\left(\tfrac{1+\sqrt{5}}{2}\right)^n - \left(\tfrac{1-\sqrt{5}}{2}\right)^n\right], \quad n \in \mathbb{N}_0.$$

Was stellen Sie fest?

9.5 Lösungen

9.1 Lösung (364̄Aufgabe)

(a) $(1, 3, 5, 7, 9, \ldots)$

(b) $(5, 10, 15, 20, 25, \ldots)$

(c) $(3^1, 3^2, 3^3, 3^4, 3^5, \ldots) = (3, 9, 27, 81, 243, \ldots)$

(d) $(\sqrt[1]{7}, \sqrt[2]{7}, \sqrt[3]{7}, \sqrt[4]{7}, \sqrt[5]{7}, \ldots) = (7, \sqrt[2]{7}, \sqrt[3]{7}, \sqrt[4]{7}, \sqrt[5]{7}, \ldots)$

9.2 Lösung (365̄Aufgabe)

(a) $0, 5, 10, 15, 20$

(b) $1, \frac{1}{4}, \frac{1}{9}, \frac{1}{16}, \frac{1}{25}$

(c) $\frac{1}{3}, -\frac{1}{4}, \frac{1}{5}, -\frac{1}{6}, \frac{1}{7}$

(d) $a_n = 2^n - 2^{n-1} = 2^{n-1}$: $\frac{1}{2}, 1, 2, 4, 8$

(e) $a_n = \log_4(2^n) = n\log_4(2) = \frac{n}{2}$: $\frac{1}{2}, 1, \frac{3}{2}, 2, \frac{5}{2}$

(f) $1, a, a^2, a^3, a^4$ $(a^0 = 1)$

9.3 Lösung ($\boxed{365}$ Aufgabe)

Für $n \in \mathbb{N}$ gilt jeweils:

(a) $a_n = -1$

(b) $a_n = 3n - 7$

(c) $a_n = n^2$

(d) $a_n = 1 + \frac{1}{n} = \frac{n+1}{n}$

(e) $a_n = 2(-1)^{n+1} = 2(-1)^{n-1}$

(f) $a_n = 2^n - 1$

(g) $a_n = \frac{2^n}{8} = 2^{n-3}$

(h) $a_n = n^n$

9.4 Lösung ($\boxed{365}$ Aufgabe)

(a) Die durch $a_n = -\frac{2}{n}$ definierte Folge ist monoton wachsend, da $a_n = -\frac{2}{n} < -\frac{2}{n+1} = a_{n+1}$. Damit ist die Folge nach unten beschränkt und wegen $a_n < 0$ für jedes $n \in \mathbb{N}$ ist sie auch nach oben beschränkt. Eine monotone, beschränkte Folge ist konvergent. $(a_n)_{n \in \mathbb{N}}$ ist eine Nullfolge, d.h. $\lim_{n \to \infty} a_n = 0$.

(b) Für die durch $a_n = \frac{n^2-1}{n}$ definierte Folge gilt $a_n \geqslant 0$, $n \in \mathbb{N}$. Damit ist $(a_n)_{n \in \mathbb{N}}$ nach unten beschränkt. Wegen $a_n = n - \frac{1}{n}$ ist die Folge nach oben nicht beschränkt mit $\lim_{n \to \infty} a_n = \infty$. Weiterhin gilt

$$a_n \leqslant a_{n+1} \iff n - \frac{1}{n} \leqslant n + 1 - \frac{1}{n+1} \iff \underbrace{\frac{1}{n+1}}_{<1} \leqslant \underbrace{1 + \frac{1}{n}}_{\geqslant 1}.$$

Die letzte Ungleichung ist für jedes $n \in \mathbb{N}$ erfüllt, so dass die Folge monoton wachsend ist mit $\lim_{n \to \infty} a_n = \infty$.

(c) Die mittels $a_n = (-1)^n n^2$ definierte Folge ist wegen $a_1 = -1$, $a_2 = 4$, $a_3 = -9$ offenbar nicht monoton. Sie ist alternierend, d.h. das Vorzeichen ändert sich bei jedem Folgenglied. Wegen $|a_n| = n^2$ ist die Folge auch nicht beschränkt. Damit ist sie insbesondere auch nicht konvergent.

(d) Für die durch $a_n = \lambda^n$ definierte Folge gilt wegen $0 < \lambda < 1$ die Ungleichung $a_{n+1} = \lambda^{n+1} = \lambda \cdot \lambda^n = \lambda \cdot a_n < a_n$. Daher ist die Folge monoton fallend. Da alle Folgenglieder positiv sind, ist die Folge auch beschränkt. Als Grenzwert resultiert $\lim_{n \to \infty} a_n = 0$.

(e) Die durch $a_n = 4^n$ definierte Folge ist monoton wachsend, denn $a_{n+1} = 4^{n+1} = 4 \cdot 4^n = 4a_n > a_n$ für $n \in \mathbb{N}$. Sie ist nach unten beschränkt und nach oben unbeschränkt mit $\lim_{n \to \infty} a_n = \infty$.

(f) Die durch $a_n = \frac{3n - 2n^2}{n^2 + 1}$ definierte Folge hat die ersten Folgenglieder $\frac{1}{2}, -\frac{2}{5}$, $-\frac{9}{10}, -\frac{20}{17}$, was vermuten lässt, dass die Folge monoton fallend ist. Es gilt:

$$a_n \geqslant a_{n+1}$$

$$\iff \frac{3n - 2n^2}{n^2 + 1} \geqslant \frac{3(n+1) - 2(n+1)^2}{(n+1)^2 + 1}$$

$$\iff (3n - 2n^2)((n+1)^2 + 1) \geqslant (3(n+1) - 2(n+1)^2)(n^2 + 1)$$

$$\iff -2n^4 - n^3 + 2n^2 + 6n \geqslant -2n^4 - n^3 - n^2 - n + 1$$

$$\iff 3n^2 + 7n - 1 \geqslant 0$$

Die letzte Ungleichung ist für jedes $n \in \mathbb{N}$ erfüllt, so dass die Folge $(a_n)_{n\in\mathbb{N}}$ monoton fallend ist. Als Grenzwert ergibt sich

$$a_n = \frac{3n - 2n^2}{n^2 + 1} = \frac{\frac{3}{n} - 2}{1 + \frac{1}{n^2}} \xrightarrow{n \to \infty} \frac{-2}{1} = -2.$$

Daher ist $(a_n)_{n\in\mathbb{N}}$ insbesondere beschränkt mit $\frac{1}{2} \geqslant a_n > -2$.

9.5 Lösung (⟨365⟩Aufgabe)

(a) $a_n = \frac{n^2 - 1}{n^2} = 1 - \frac{1}{n^2} \longrightarrow 1 - 0 = 1$

(b) $a_n = \frac{2n^3 - n + 1}{n^4 + 3n^2} = \frac{\frac{2}{n} - \frac{1}{n^3} + \frac{1}{n^4}}{1 + \frac{3}{n^2}} \longrightarrow \frac{0 - 0 + 0}{1 + 0} = 0$

(c) Für die durch $b_n = \frac{n+4}{n - \frac{1}{2}}$ definierte Folge gilt $b_n = \frac{1 + \frac{4}{n}}{1 - \frac{1}{2n}} \longrightarrow 1$. Daher folgt aus $a_n = \ln\left(\frac{n+4}{n - \frac{1}{2}}\right) = \ln(b_n)$ die Aussage $a_n = \ln(b_n) \longrightarrow \ln(1) = 0$.

(d) Für die durch $a_n = n \cdot \frac{1 - \frac{1}{4^n}}{3n + 5}$ definierte Folge gilt $a_n = \frac{1 - \frac{1}{4^n}}{3 + \frac{5}{n}} = \frac{b_n}{c_n}$ mit $b_n = 1 - \frac{1}{4^n}$ und $c_n = 3 + \frac{5}{n}$. Wegen $b_n \longrightarrow 1 - 0 = 1$ und $c_n \longrightarrow 3 + 0 = 3$ gilt somit $\lim_{n\to\infty} a_n = \frac{\lim_{n\to\infty} b_n}{\lim_{n\to\infty} c_n} = \frac{1}{3}$.

(e) Aus der Darstellung $a_n = 3^{-\ln(n)}$ folgt $a_n = \frac{1}{3^{\ln(n)}} = \frac{1}{e^{\ln(3)\ln(n)}} = \frac{1}{n^{\ln(3)}}$. Wegen $\ln(3) > 0$ (es gilt $\ln(3) \approx 1{,}099$) resultiert $a_n \longrightarrow 0$.

(f) Für $a_n = \sqrt[2n]{5^{n+1}}$ gilt $a_n = 5^{\frac{n+1}{2n}} = 5^{b_n}$ mit $b_n = \frac{n+1}{2n} = \frac{1}{2} + \frac{1}{2n} \longrightarrow \frac{1}{2}$. Damit folgt $\lim_{n\to\infty} a_n = 5^{\frac{1}{2}} = \sqrt{5}$.

9.6 Lösung (⟨365⟩Aufgabe)

(a) Aus $a_n = -1$ ergibt sich $s_n = \sum_{j=0}^{n} a_j = \sum_{j=0}^{n} (-1) = -(n+1)$, so dass der Grenzwert bestimmt ist durch $\lim_{n\to\infty} s_n = -\infty$.

(b) Aus $a_n = (-1)^n$ folgt

$$s_n = \sum_{j=0}^{n} a_j = \sum_{j=0}^{n} (-1)^j = \frac{1-(-1)^{n+1}}{1-(-1)} = \begin{cases} 0, & n \text{ ungerade} \\ 1, & n \text{ gerade (0 ist gerade)} \end{cases}$$

($\boxed{122}$geometrische Summe mit $c = -1$). Damit alterniert s_n zwischen den Werten 0 und 1, d.h. die Reihe ist nicht konvergent.

(c) Aus $a_n = n$ folgt $s_n = \sum_{j=0}^{n} a_j = \sum_{j=0}^{n} j = \frac{n(n+1)}{2}$, so dass $s_n \longrightarrow \infty$.

(d) Für $a_n = 4^n$ gilt $s_n = \sum_{j=0}^{n} a_j = \sum_{j=0}^{n} 4^j = \frac{1-4^{n+1}}{1-4} = \frac{1}{3}(4^{n+1}-1)$ ($\boxed{122}$geometrische Summe mit $c = 4$). Daher gilt $s_n \longrightarrow \infty$.

(e) Für $a_n = 4^{-n} = \left(\frac{1}{4}\right)^n$ gilt $s_n = \sum_{j=0}^{n} a_j = \sum_{j=0}^{n} \left(\frac{1}{4}\right)^j = \frac{1-\left(\frac{1}{4}\right)^{n+1}}{1-\left(\frac{1}{4}\right)} \longrightarrow \frac{1}{1-\frac{1}{4}} = \frac{4}{3}$ ($\boxed{122}$geometrische Summe mit $c = \frac{1}{4}$).

(f) Für $a_n = (n+1)^2$ gilt $s_n = \sum_{j=0}^{n} a_j = \sum_{j=0}^{n} (j+1)^2 = \sum_{j=1}^{n+1} j^2 = \frac{(n+1)(n+2)(2n+3)}{6}$. Daher gilt $s_n \longrightarrow \infty$.

(g) Aus $a_n = 3(n+1)^2 - 3n^2 = 3[(n+1)^2 - n^2] = 3(2n+1)$ folgt $s_n = \sum_{j=0}^{n} a_j = \sum_{j=0}^{n} 3(2j+1) = 6\sum_{j=0}^{n} j + 3\sum_{j=0}^{n} 1 = 3n(n+1) + 3(n+1) = 3(n+1)^2$, woraus $s_n \longrightarrow \infty$ resultiert.

Alternativ kann ausgenutzt werden, dass $\sum_{j=0}^{n} a_j = \sum_{j=0}^{n} [3(j+1)^2 - 3j^2]$ eine $\boxed{121}$Teleskopsumme mit $b_j = 3j^2$, $j \in \{0, \dots, n+1\}$, bildet. Daraus folgt:

$$\sum_{j=0}^{n} a_j = \sum_{j=0}^{n} (b_{j+1} - b_j) = b_{n+1} - b_0 = 3(n+1)^2 - 3 \cdot 0^2 = 3(n+1)^2.$$

(h) Für $a_n = \ln(n+1)$ gilt $s_n = \sum_{j=0}^{n} a_j = \sum_{j=0}^{n} \ln(j+1) = \ln\left(\prod_{j=0}^{n} (j+1)\right) = \ln((n+1)!)$. Daher gilt $s_n \longrightarrow \infty$.

(i) Gemäß der vorhergehenden Aufgabe ergibt sich für $a_n = \ln\left(\frac{n+1}{n+2}\right)$ die zugehörige Partialsumme

$$s_n = \sum_{j=0}^{n} a_j = \sum_{j=0}^{n} \ln\left(\frac{j+1}{j+2}\right) = \ln\left(\prod_{j=0}^{n} \frac{j+1}{j+2}\right) = \ln\left(\frac{1}{n+2}\right) = -\ln(n+2)$$

(Teleskopprodukt). Somit folgt $s_n \longrightarrow -\infty$.

9.7 Lösung ([366]Aufgabe)

(a) $\sum\limits_{n=1}^{\infty} \frac{1}{5^n} = \sum\limits_{n=1}^{\infty} \left(\frac{1}{5}\right)^n = \sum\limits_{n=0}^{\infty} \left(\frac{1}{5}\right)^n - 1 = \frac{1}{1-\frac{1}{5}} - 1 = \frac{5}{4} - 1 = \frac{1}{4}$

(b) $\sum\limits_{n=0}^{\infty} (-4)^{-n} = \sum\limits_{n=0}^{\infty} \left(-\frac{1}{4}\right)^n = \frac{1}{1-\left(-\frac{1}{4}\right)} = \frac{4}{5}$

(c) $\sum\limits_{n=0}^{\infty} p^n = \frac{1}{1-p}$

(d) $\sum\limits_{n=0}^{\infty} p^{-n} = \sum\limits_{n=0}^{\infty} \left(\frac{1}{p}\right)^n = \frac{1}{1-\frac{1}{p}} = \frac{p}{p-1} = 1 + \frac{1}{p-1}$

(e) $\sum\limits_{n=0}^{\infty} 3^{-2n} = \sum\limits_{n=0}^{\infty} \left(\frac{1}{9}\right)^n = \frac{1}{1-\frac{1}{9}} = \frac{9}{8}$

(f) $\sum\limits_{n=0}^{\infty} \frac{2^n}{n!} = e^2$

(g) $\sum\limits_{n=2}^{\infty} \frac{(-1)^n}{n!} = \sum\limits_{n=0}^{\infty} \frac{(-1)^n}{n!} - \underbrace{\left(\frac{(-1)^0}{0!} + \frac{(-1)^1}{1!}\right)}_{=0} = e^{-1} = \frac{1}{e}$

(h) $\sum\limits_{n=0}^{\infty} \frac{(-\ln(3))^n}{n!} = e^{-\ln(3)} = \frac{1}{3}$

(i) $\sum\limits_{n=0}^{\infty} \frac{q^{3n}}{n!} = \sum\limits_{n=0}^{\infty} \frac{(q^3)^n}{n!} = e^{q^3}$

9.8 Lösung ([366]Aufgabe)

(a) $a_1 = 0$, $a_2 = 1$, $a_3 = 2$, $a_4 = 3$, $a_5 = 4$, $a_6 = 5$

Bildungsgesetz: $a_n = n - 1$, $n \in \mathbb{N}$

[372]Abbildung 9.4(a) veranschaulicht die rekursive Definition der Folge. Der Funktionswert wird auf die Winkelhalbierende übertragen und dann wiederum in die Funktion eingesetzt. Dies wird wiederum auf die Winkelhalbierende übertragen, eingesetzt etc. Dieser rekursive Prozess wird durch die gestrichelte Linie illustriert. Die Punkte auf der Abszisse repräsentieren die Folgenglieder.

(b) $a_1 = 2$, $a_2 = 4$, $a_3 = 8$, $a_4 = 16$, $a_5 = 32$, $a_6 = 64$

Bildungsgesetz: $a_n = 2^n$, $n \in \mathbb{N}$ (Illustration s. [372]Abbildung 9.4(c))

(c) $a_1 = -1$, $a_2 = 0$, $a_3 = -1$, $a_4 = 0$, $a_5 = -1$, $a_6 = 0$

Bildungsgesetz: $a_n = \begin{cases} 0, & n \text{ gerade} \\ -1, & n \text{ ungerade} \end{cases}$ (Illustration s. [372]Abbildung 9.4(b))

(d) $a_1 = 0$, $a_2 = -1$, $a_3 = 1$, $a_4 = 1$, $a_5 = 1$, $a_6 = 1$

   Bildungsgesetz: $a_1 = 0$, $a_2 = -1$, $a_n = 1$, $n \geqslant 2$

(e) $a_1 = -1$, $a_2 = 0$, $a_3 = -1$, $a_4 = 0$, $a_5 = -1$, $a_6 = 0$

   Bildungsgesetz: $a_n = \begin{cases} 0, & n \text{ gerade} \\ -1, & n \text{ ungerade} \end{cases}$

(f) $a_1 = 1024$, $a_2 = 512$, $a_3 = 256$, $a_4 = 128$, $a_5 = 64$, $a_6 = 32$

   Bildungsgesetz: $a_n = 2^{11-n}$, $n \in \mathbb{N}$

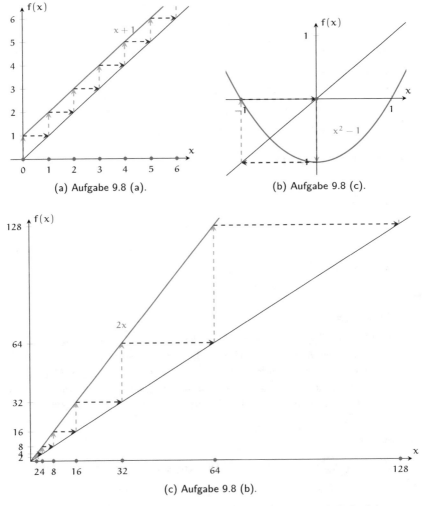

(a) Aufgabe 9.8 (a).   (b) Aufgabe 9.8 (c).

(c) Aufgabe 9.8 (b).

Abbildung 9.4: Illustration von rekursiv definierten Folgen aus Aufgabe 9.8.

9.9 Lösung (⬚Aufgabe)

Ist a (endlicher) Grenzwert von $(a_n)_{n \in \mathbb{N}}$, so folgt aus der Eigenschaft $\lim\limits_{n \to \infty} a_n = f\left(\lim\limits_{n \to \infty} a_n \right)$ die Gleichung

$$a = \lim_{n \to \infty} a_n = f\left(\lim_{n \to \infty} a_n \right) = f(a).$$

Der Grenzwert a muss daher eine Lösung der Gleichung $x = f(x)$ sein, d.h. a ist ein so genannter Fixpunkt von f. Diese Gleichung muss daher für die folgenden Funktionen gelöst werden.

(a) Für $f(x) = 1 - \frac{x}{2}$, $x \in \mathbb{R}$, ergibt sich:

$$x = 1 - \frac{x}{2} \iff \frac{3x}{2} = 1 \iff x = \frac{2}{3}.$$

Also ist $a = \frac{2}{3}$ einziger möglicher Grenzwert.

(b) Für $f(x) = 1 - \frac{3x}{4}$, $x \in \mathbb{R}$, ergibt sich:

$$x = 1 - \frac{3x}{4} \iff \frac{7x}{4} = 1 \iff x = \frac{4}{7}.$$

Also ist $a = \frac{4}{7}$ einziger möglicher Grenzwert.

(c) Für $f(x) = x^2 - x + 1$, $x \in \mathbb{R}$, ergibt sich:

$$x = x^2 - x + 1 \iff 0 = x^2 - 2x + 1 \iff 0 = (x-1)^2 \iff x = 1.$$

Also ist $a = 1$ einziger möglicher Grenzwert.

(d) Für $f(x) = 1 - x^2$, $x \in \mathbb{R}$, ergibt sich mit ⬚quadratischer Ergänzung:

$$x = 1 - x^2 \iff 0 = x^2 + x - 1 \iff 0 = \left(x + \frac{1}{2} \right)^2 - \frac{5}{4} = 0.$$

Diese Gleichung hat die Lösungen $a_1 = \frac{-1+\sqrt{5}}{2}$ und $a_2 = \frac{-1-\sqrt{5}}{2}$, die damit mögliche Grenzwerte sind.

(e) Für $f(x) = 2x^3 + x - 2$, $x \in \mathbb{R}$, ergibt sich:

$$x = 2x^3 + x - 2 \iff 0 = 2x^3 - 2 \iff 0 = x^3 - 1.$$

Offenbar ist dies eine ⬚Potenzgleichung $x^3 = 1$, die genau eine Lösung hat, i.e., $x = 1$. Daher sind $x = 1$ einzige (reelle) Nullstelle von f und $a = 1$ einziger möglicher Grenzwert.

(f) Für $f(x) = \frac{x+1}{x^2+1}$, $x \in \mathbb{R}$, ergibt sich:

$$x = \frac{x+1}{x^2+1} \iff x^3 + x = x + 1 \iff 0 = x^3 - 1.$$

Aus Aufgaben 9.9(e) folgt, dass $a = 1$ einziger möglicher Grenzwert ist.

(g) Für $f(x) = \frac{1}{x}$, $x > 0$, ergibt sich:

$$x = \frac{1}{x} \iff x^2 = 1 \iff x \in \{-1, 1\}.$$

Also sind $a_1 = -1$ und $a_2 = 1$ die möglichen Grenzwerte.

(h) Für $f(x) = 1 + \frac{1}{x}$, $x > 0$, ergibt sich mit [203]quadratischer Ergänzung:

$$x = 1 + \frac{1}{x} \iff x^2 = x + 1 \iff 0 = x^2 - x - 1 \iff 0 = \left(x - \frac{1}{2}\right)^2 - \frac{5}{4} = 0.$$

Diese Gleichung hat die Lösungen $a_1 = \frac{1+\sqrt{5}}{2}$ und $a_2 = \frac{1-\sqrt{5}}{2}$, die damit mögliche Grenzwerte sind.

Bemerkung: Die Zahl $\phi = \frac{1+\sqrt{5}}{2} = 1{,}618033988\ldots$ spielt beim *Goldenen Schnitt* eine wichtige Rolle. Betrachtet wird dabei eine Strecke AC der Länge 1, die durch den Punkt B in zwei Teilstrecken AB und BC geteilt wird.

Die Längen x der Strecke AB und $1 - x$ von BC stehen im Verhältnis des Goldenen Schnittes, wenn

$$\frac{x}{1-x} = \frac{(1-x)+x}{x} = \frac{1}{x}, \quad x \in (0,1).$$

x verhält sich also zu $1 - x$ wie die Gesamtlänge 1 zu x. Diese Gleichung ist äquivalent zu $x^2 + x - 1 = 0$. Die Lösungen dieser Gleichung sind nach Aufgabe 9.9(d) $x_1 = \frac{-1+\sqrt{5}}{2}$ und $x_2 = \frac{-1-\sqrt{5}}{2}$. Da $x \in (0,1)$ gelten muss, ist $x_1 = \frac{-1+\sqrt{5}}{2}$ die gesuchte Lösung. Das Verhältnis von x_1 zu $1 - x_1$ hat nun den Wert

$$\frac{x_1}{1-x_1} = \frac{\frac{-1+\sqrt{5}}{2}}{1 - \frac{-1+\sqrt{5}}{2}} = \frac{-1+\sqrt{5}}{3-\sqrt{5}}$$

$$= \frac{-1+\sqrt{5}}{3-\sqrt{5}} \cdot \frac{3+\sqrt{5}}{3+\sqrt{5}} = \frac{(-1+\sqrt{5})(3+\sqrt{5})}{9-5}$$

$$= \frac{-3+3\sqrt{5}-\sqrt{5}+5}{4} = \frac{2+2\sqrt{5}}{4} = \frac{1+\sqrt{5}}{2} = \phi.$$

9.10 Lösung ([367]Aufgabe)

(a) Die ersten 15 Folgenglieder der *Fibonacci-Folge* lauten:

$$0, 1, 1, 2, 3, 5, 8, 13, 21, 34, 55, 89, 144, 233, 377.$$

(b) Die Berechnung der ersten sechs Folgenglieder der Folge $(b_n)_{n \in \mathbb{N}_0}$ ergibt

$$0, 1, 1, 2, 3, 5.$$

Diese stimmen offenbar mit den Folgengliedern der Fibonacci-Folge überein. In der Tat gilt $a_n = b_n$, $n \in \mathbb{N}_0$. Dieses Ergebnis liefert daher ein explizites Bildungsgesetz für die Fibonacci-Folge.

Kapitel 10

Grenzwerte, Stetigkeit, Differenziation

10.1 Grenzwerte von Funktionen

In ^{349}Kapitel 9 wurden Folgen und deren Grenzwerte* eingeführt. Mittels der Konvergenz von Folgen wird der Begriff der Konvergenz[†] für Funktionen bei Annäherung an eine Stelle x_0 des Definitionsbereichs bzw. an den ^{58}Rand des Definitionsbereichs eingeführt.[‡]

> ▶ **Definition (Grenzwert einer Funktion an einer Stelle x_0)**
>
> Eine Funktion $f : \mathbb{D} \longrightarrow \mathbb{R}$ heißt an der Stelle $x_0 \in \mathbb{R}$ konvergent gegen
>
> > ⊙ eine Zahl $a \in \mathbb{R}$, falls für alle Folgen $(x_n)_{n \in \mathbb{N}}$ mit $x_n \in \mathbb{D}$, $x_n \neq x_0$ für alle $n \in \mathbb{N}$ und $x_n \xrightarrow{n \to \infty} x_0$ gilt:
> >
> > $$f(x_n) \xrightarrow{n \to \infty} a.$$
> >
> > a heißt Grenzwert von f an der Stelle x_0. Als Notationen werden sowohl $\lim\limits_{x \to x_0} f(x) = a$ als auch $f(x) \xrightarrow{x \to x_0} a$ verwendet.
>
> > ⊙ $+\infty$ (bzw. $-\infty$), falls für alle Folgen $(x_n)_{n \in \mathbb{N}}$ mit $x_n \in \mathbb{D}$, $x_n \neq x_0$ für alle $n \in \mathbb{N}$, und $x_n \xrightarrow{n \to \infty} x_0$ gilt:
> >
> > $$f(x_n) \xrightarrow{n \to \infty} +\infty \ (\text{bzw. } -\infty).$$
> >
> > Als Notationen werden $\lim\limits_{x \to x_0} f(x) = +\infty$ und $f(x) \xrightarrow{x \to x_0} +\infty$ verwendet. Entsprechendes gilt für $-\infty$.

Grenzwerte von Funktionen werden also auf Grenzwerte von Folgen zurückgeführt, wobei <u>alle</u> Folgen mit $x_n \xrightarrow{n \to \infty} x_0$ betrachtet werden müssen. Dabei muss die Stelle x_0 nicht im Definitionsbereich von f liegen, sondern es genügt, wenn x_0 Grenzwert von Folgen aus $\mathbb{D}$ ist.[§]

---

*Anstelle der Bezeichnung Grenzwert wird auch der Begriff Limes verwendet.

[†]Eine alternative Definition der Konvergenz von Funktionen (ε-δ-Definition) kann in Kamps, Cramer und Oltmanns, 2009 nachgelesen werden.

[‡]Die ^{352}Verknüpfung von Folgen und Funktionen wurde bereits benutzt, um ^{356}Grenzwerte transformierter Folgen zu ermitteln, falls die betrachtete Funktion ^{386}stetig ist.

[§]d.h. x_0 kann ein ^{58}Randpunkt von $\mathbb{D}$ sein.

© Springer-Verlag GmbH Deutschland, ein Teil von Springer Nature 2018
E. Cramer und J. Nešlehová, *Vorkurs Mathematik*, EMIL@A-stat,
https://doi.org/10.1007/978-3-662-57494-2_10

Da die Anwendung der Definition i.Allg. kein praktikables Verfahren ist, werden im Folgenden Kriterien entwickelt, die eine einfachere Bestimmung der Grenzwerte ermöglichen.

10.1 Beispiel (Grenzwert einer Funktion an einer Stelle x_0)

Für die durch $f(x) = x^2$ definierte Funktion $f : \mathbb{R} \longrightarrow \mathbb{R}$ wird die Stelle $x_0 = 0$ betrachtet. Sei $(x_n)_{n \in \mathbb{N}}$ eine (beliebige) Folge mit Grenzwert $x_0 = 0$. Dann gilt für die Folge $(f(x_n))_{n \in \mathbb{N}}$ die Aussage

$$f(x_n) = x_n^2 = x_n \cdot x_n \xrightarrow{n \to \infty} 0 \cdot 0 = 0,$$

da das ³⁵⁶Produkt zweier konvergenter Folgen gegen das Produkt der beiden Grenzwerte konvergiert. Beispielhaft werden die durch $x_n = \frac{2}{n^2+2}$ und $y_n = -\frac{1}{2n}$ definierten Folgen betrachtet, deren Grenzwert jeweils $x_0 = 0$ ist. Die senkrechten Striche ı ı markieren jeweils die ersten 100 Folgenglieder von $(f(x_n))_{n \in \mathbb{N}}$ und $(f(y_n))_{n \in \mathbb{N}}$ auf dem Funktionsgraphen von f in ³⁷⁹Abbildung 10.1(a).

Der Grenzwert von f an der Stelle x_0 hängt nicht vom Funktionswert $f(x_0)$ an dieser Stelle ab (sofern dieser überhaupt definiert ist). Dies zeigt die durch

$$g(x) = \begin{cases} x^2, & x \in \mathbb{R} \setminus \{0\} \\ \frac{1}{4}, & x = 0 \end{cases}$$

definierte Funktion g, die mit der quadratischen Funktion f nahezu übereinstimmt. Lediglich an der Stelle $x_0 = 0$ weichen $f(x)$ und $g(x)$ voneinander ab. Trotzdem existieren die Grenzwerte der Folgen $(g(x_n))_{n \in \mathbb{N}}$ bzw. $(g(y_n))_{n \in \mathbb{N}}$ mit den obigen Folgen $(x_n)_{n \in \mathbb{N}}$ und $(y_n)_{n \in \mathbb{N}}$ (und die aller anderen Folgen* mit Grenzwert $x_0 = 0$). Dies zeigt auch die (nahezu identische) Illustration in ³⁷⁹Abbildung 10.1(b).

Für den Grenzwert der Folge $(g(x_n))_{n \in \mathbb{N}}$ gilt $\lim\limits_{n \to \infty} g(x_n) = \lim\limits_{n \to \infty} x_n^2 = 0 \neq g(0) = \frac{1}{4}$ (analog für $(y_n)_{n \in \mathbb{N}}$). Der Unterschied zwischen den Grenzwerten der Funktionen f und g an der Stelle x_0 liegt darin, dass der Grenzwert von f der Funktionswert von f an der Stelle $x_0 = 0$ ist. Dies trifft für g nicht zu. Die Funktion f wird daher ³⁸⁶stetig an der Stelle $x_0 = 0$ genannt, während g dort unstetig ist.   ✗

Das folgende Beispiel illustriert eine Situation, in der keine Konvergenz vorliegt.

10.2 Beispiel (Indikatorfunktion)

Sei f die durch $f(t) = \mathbb{1}_{[0,\infty)}(t) + 1 = \begin{cases} 1, & t < 0 \\ 2, & t \geq 0 \end{cases}$ definierte Funktion. Dann ergibt sich für die Folgen $(x_n)_{n \in \mathbb{N}}$ und $(y_n)_{n \in \mathbb{N}}$ aus dem vorhergehenden Beispiel

$$f(x_n) = 2, \quad \text{da } x_n > 0 \text{ für alle } n \in \mathbb{N} \text{ gilt, und}$$
$$f(y_n) = 1, \quad \text{da } y_n < 0 \text{ für alle } n \in \mathbb{N} \text{ gilt.}$$

Daraus folgt $\lim\limits_{n \to \infty} f(x_n) = \lim\limits_{n \to \infty} 2 = 2$ und $\lim\limits_{n \to \infty} f(y_n) = \lim\limits_{n \to \infty} 1 = 1$, d.h. die

---

*Gemäß Definition werden nur Folgen mit $x_n \neq 0$ betrachtet.

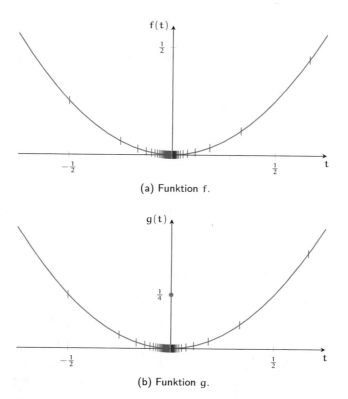

(a) Funktion f.

(b) Funktion g.

Abbildung 10.1: Grenzwerte von Funktionen f und g an der Stelle $x_0 = 0$ aus <u>378</u>Beispiel 10.1.

Grenzwerte dieser Folgen sind verschieden.* f hat somit an der Stelle $x_0 = 0$ keinen Grenzwert. Dies wird auch in <u>380</u>Abbildung 10.2 deutlich, da die Funktion f an der Stelle $x_0 = 0$ einen „Sprung" hat.   ✗

Das vorhergehende Beispiel motiviert die Einführung von einseitigen Grenzwerten, d.h. die Annäherung erfolgt <u>nur</u> von links bzw. <u>nur</u> von rechts.†

---

*Gemäß <u>377</u>Definition der Konvergenz an einer Stelle x_0 muss

$$f(x_n) \xrightarrow{n \to \infty} a \text{ für } \underline{\text{jede}} \text{ Folge mit } x_n \xrightarrow{n \to \infty} x_0$$

gelten. Um nachzuweisen, dass der Grenzwert an der Stelle x_0 nicht existiert, genügt es daher entweder eine Folge $(z_n)_{n \in \mathbb{N}}$ anzugeben, so dass $(f(z_n))_{n \in \mathbb{N}}$ nicht konvergiert, oder zwei konvergente Folgen $(x_n)_{n \in \mathbb{N}}$ und $(y_n)_{n \in \mathbb{N}}$ zu finden, so dass die Grenzwerte der Folgen $(f(x_n))_{n \in \mathbb{N}}$ und $(f(y_n))_{n \in \mathbb{N}}$ verschieden sind.

†Die Pfeile in <u>380</u>Abbildung 10.2 markieren mit ihrer Spitze den Folgenwert und geben ferner die Annäherungsrichtung an die Stelle $t = 0$ an.

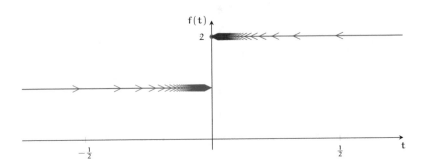

Abbildung 10.2: An der Stelle x_0 nicht existierender Grenzwert am Beispiel der Indikatorfunktion aus 378 Beispiel 10.2.

> **Definition (Einseitige Grenzwerte)**

Eine Funktion $f : \mathbb{D} \longrightarrow \mathbb{R}$ heißt an der Stelle $x_0 \in \mathbb{R}$ von $\begin{cases}\text{links} \\ \text{rechts}\end{cases}$ konvergent gegen eine Zahl $a \in \mathbb{R}$ (gegen $\pm\infty$), falls

$f(x_n) \xrightarrow{n\to\infty} a$ (bzw. $\pm\infty$) für alle Folgen $(x_n)_{n\in\mathbb{N}}$ mit $x_n \in \mathbb{D}$, $x_n \xrightarrow{n\to\infty} x_0$

$$\text{und } \begin{cases}x_n < x_0 \\ x_n > x_0\end{cases} \text{ für alle } n \in \mathbb{N}.$$

a bzw. $\pm\infty$ heißt $\begin{cases}\text{linksseitiger} \\ \text{rechtsseitiger}\end{cases}$ Grenzwert von f an der Stelle x_0.

Als Notationen werden $\lim\limits_{x\to x_0+} f(x) = a$ und $f(x) \xrightarrow{x\to x_0+} a$ für rechtsseitige bzw. $\lim\limits_{x\to x_0-} f(x) = a$ und $f(x) \xrightarrow{x\to x_0-} a$ für linksseitige Grenzwerte verwendet.

> **Regel (Zusammenhang zwischen Konvergenz und links- und rechtsseitiger Konvergenz)**

Eine Funktion ist konvergent an der Stelle x_0 genau dann, wenn sie an der Stelle x_0 rechts- und linksseitig konvergent ist und der links- und rechtsseitige Grenzwert übereinstimmen.

Entsprechend werden Grenzwerte für die Annäherung an $+\infty$ bzw. $-\infty$ definiert.

> **Definition (Konvergenz bei Annäherung an Unendlich)**

Eine Funktion $f : \mathbb{D} \longrightarrow \mathbb{R}$ heißt für $x \to \begin{cases}+\infty \\ -\infty\end{cases}$ konvergent gegen

> eine Zahl $a \in \mathbb{R}$, falls

$$f(x_n) \xrightarrow{n \to \infty} a \text{ für alle Folgen } (x_n)_{n \in \mathbb{N}} \text{ mit } x_n \in \mathbb{D} \text{ und } x_n \xrightarrow{n \to \infty} \begin{cases} +\infty \\ -\infty \end{cases}.$$

a heißt Grenzwert von f für $x \to \begin{cases} +\infty \\ -\infty \end{cases}$.

> $+\infty$ $(-\infty)$, falls

$$f(x_n) \xrightarrow{n \to \infty} +\infty(-\infty) \text{ für alle Folgen } (x_n)_{n \in \mathbb{N}} \text{ mit } x_n \in \mathbb{D} \text{ und}$$

$$x_n \xrightarrow{n \to \infty} \begin{cases} +\infty \\ -\infty \end{cases}.$$

$+\infty$ $(-\infty)$ heißt Grenzwert von f für $x \to \begin{cases} +\infty \\ -\infty \end{cases}$.

In 381Übersicht 10.1 sind für einige wichtige Funktionen die zugehörigen Grenzwerte angegeben. Mit diesen Resultaten können unter Verwendung von 382Übersicht 10.2 Grenzwerte weiterer Funktionen ermittelt werden.

10.1 Übersicht (Grenzwerte von Funktionen)

Funktion		$\mathbb{D}$	Grenzwert für $x \to$		
			$x_0 \in \mathbb{D}$	$+\infty$	$-\infty$
Polynome					
$f(x) = \sum\limits_{j=0}^{n} a_j x^j$, ❶ $a_n > 0, n$ ungerade		$\mathbb{R}$	$f(x_0)$	$+\infty$	$-\infty$
❷ $a_n < 0, n$ ungerade		$\mathbb{R}$	$f(x_0)$	$-\infty$	$+\infty$
❸ $a_n > 0, n$ gerade		$\mathbb{R}$	$f(x_0)$	$+\infty$	$+\infty$
❹ $a_n < 0, n$ gerade		$\mathbb{R}$	$f(x_0)$	$-\infty$	$-\infty$
Betragsfunktion					
$f(x) = |x|$		$\mathbb{R}$	$f(x_0)$	$+\infty$	$+\infty$
Potenzfunktionen					
$f(x) = x^p, p > 0$		$[0, \infty)$	$f(x_0)$	$+\infty$	—
$f(x) = \frac{1}{x^p} = x^{-p}, p > 0$		$(0, \infty)$	$f(x_0)$	0	—
			$\lim\limits_{x \to 0+} f(x) = +\infty$		
$f(x) = \frac{1}{x^n}, n \in \mathbb{N}$		$\mathbb{R} \setminus \{0\}$	$f(x_0)$	0	0
			$x \to 0+$	$+\infty$	
	❶ n gerade		$x \to 0-$	$+\infty$	
	❷ n ungerade		$x \to 0-$	$-\infty$	
Exponentialfunktionen					
$f(x) = a^x$, ❶ $a > 1$		$\mathbb{R}$	$f(x_0)$	$+\infty$	0
❷ $a \in (0, 1)$		$\mathbb{R}$	$f(x_0)$	0	$+\infty$

Funktion	$\mathbb{D}$	Grenzwert für $x \to$		
		$x_0 \in \mathbb{D}$	$+\infty$	$-\infty$
Logarithmusfunktionen				
$f(x) = \log_a(x)$, ❶ $a > 1$	$(0, \infty)$	$f(x_0)$	$+\infty$	$-$
		$\lim\limits_{x \to 0+} f(x) = -\infty$		
❷ $a \in (0, 1)$	$(0, \infty)$	$f(x_0)$	$-\infty$	$-$
		$\lim\limits_{x \to 0+} f(x) = +\infty$		
Gebrochen rationale Funktionen				
$f(x) = \frac{h(x)}{g(x)}$ (h, g Polynome)	$\mathbb{R} \setminus \{x \mid g(x) = 0\}$	$f(x_0)$	★	★
Zusammengesetzte Funktionen				
$f(x) = x^n e^{ax}$, $n \in \mathbb{N}$, $a > 0$	$\mathbb{R}$	$f(x_0)$	$+\infty$	0
$f(x) = x^n e^{-ax}$, ❶ n ungerade, $a > 0$	$\mathbb{R}$	$f(x_0)$	0	$-\infty$
❷ n gerade, $a > 0$	$\mathbb{R}$	$f(x_0)$	0	$+\infty$
$f(x) = x^n \ln(x)$, $n \in \mathbb{N}$	$(0, \infty)$	$f(x_0)$	$+\infty$	$-$
		$\lim\limits_{x \to 0+} f(x) = 0$		
$f(x) = \frac{\ln(x)}{x^n}$, $n \in \mathbb{N}$	$(0, \infty)$	$f(x_0)$	0	$-$
		$\lim\limits_{x \to 0+} f(x) = -\infty$		

Mit „$-$" markierte Einträge bedeuten, dass dort kein Grenzwert betrachtet werden kann (die relevante Stelle liegt nicht am <u>58</u>Rand von $\mathbb{D}$). Der Stern ★ deutet an, dass der Grenzwert jeweils in der <u>383</u>konkreten Situation ermittelt werden muss. Die rechts- bzw. linksseitigen Grenzwerte für die Ränder von $\mathbb{D}$ sind jeweils gesondert angegeben.

10.2 Übersicht (Grenzwerte von Summen, Differenzen, Produkten und Quotienten)

		Grenzwert $\lim\limits_{x \to x_0}$			
$\lim\limits_{x \to x_0} f(x)$	$\lim\limits_{x \to x_0} g(x)$	$f(x) + g(x)$	$f(x) - g(x)$	$f(x)g(x)$	$\frac{f(x)}{g(x)}$
a	b	$a + b$	$a - b$	ab	$\frac{a}{b}$, $b \neq 0$
$a > 0$	$0+$	a	a	0	$+\infty$
$a > 0$	$0-$	a	a	0	$-\infty$
$a < 0$	$0+$	a	a	0	$-\infty$
$a < 0$	$0-$	a	a	0	$+\infty$
0	0	0	0	0	$?$
$a > 0$	$+\infty$	$+\infty$	$-\infty$	$+\infty$	0
$a > 0$	$-\infty$	$-\infty$	$+\infty$	$-\infty$	0
$a < 0$	$+\infty$	$+\infty$	$-\infty$	$-\infty$	0
$a < 0$	$-\infty$	$-\infty$	$+\infty$	$+\infty$	0
0	$+\infty$	$+\infty$	$-\infty$	$?$	0
0	$-\infty$	$-\infty$	$+\infty$	$?$	0

$\lim\limits_{x \to x_0} f(x)$	$\lim\limits_{x \to x_0} g(x)$	$f(x) + g(x)$	$f(x) - g(x)$	$f(x)g(x)$	$\dfrac{f(x)}{g(x)}$
$+\infty$	$b > 0$	$+\infty$	$+\infty$	$+\infty$	$+\infty$
$+\infty$	$b < 0$	$+\infty$	$+\infty$	$-\infty$	$-\infty$
$-\infty$	$b > 0$	$-\infty$	$-\infty$	$-\infty$	$-\infty$
$-\infty$	$b < 0$	$-\infty$	$-\infty$	$+\infty$	$+\infty$
$+\infty$	$0+$	$+\infty$	$+\infty$	?	$+\infty$
$+\infty$	$0-$	$+\infty$	$+\infty$	?	$-\infty$
$-\infty$	$0+$	$-\infty$	$-\infty$	?	$-\infty$
$-\infty$	$0-$	$-\infty$	$-\infty$	?	$+\infty$
$+\infty$	$+\infty$	$+\infty$	?	$+\infty$	?
$+\infty$	$-\infty$	?	$+\infty$	$-\infty$	?
$-\infty$	$+\infty$	?	$-\infty$	$-\infty$	?
$-\infty$	$-\infty$	$-\infty$	?	$+\infty$	?

Spaltenüberschrift: **Grenzwert** $\lim\limits_{x \to x_0}$

a, b bezeichnen jeweils reelle Zahlen. Die mit „?" markierten Einträge müssen gesondert untersucht werden, da der Grenzwert jeweils von den betrachteten Funktionen abhängt. Die Notationen $0+, 0-$ bedeuten, dass $\lim\limits_{x \to x_0} f(x) = 0$ und dass $f(x)$ in der Nähe von 0 positiv bzw. negativ ist.

Die Stelle x_0, an der die Grenzwerte betrachtet werden, ist entweder eine reelle Zahl oder $+\infty, -\infty$. In jedem Fall muss x_0 im Schnitt der Definitionsbereiche von f und g oder an dessen 58 Rand liegen.

Ein wichtiges Hilfsmittel zur Berechnung von Grenzwerten von Quotienten und Produkten sind die Regeln von **l'Hospital**, die auf Methoden der 391 Differenzialrechnung basieren. Diese werden hier nicht behandelt (s. z.B. Kamps, Cramer und Oltmanns, 2009).

Grenzwerte gebrochen rationaler Funktionen

In 381 Übersicht 10.1 wurden die Grenzwerte gebrochen rationaler Funktionen durch einen Stern ★ markiert. Dies liegt darin begründet, dass einige Fallunterscheidungen erforderlich sind. Unterschieden werden zunächst Grenzwerte an den Definitionslücken und für $x \to +\infty$, $x \to -\infty$. Im Folgenden werden die beiden letzten Fälle ausführlich dargestellt. Die möglichen Situationen an den Definitionslücken werden nur in Beispielen behandelt.

▶ **Regel (Grenzwerte gebrochen rationaler Funktionen für** $x \to +\infty$, $x \to -\infty$**)**

Sei $f = \frac{h}{g}$ eine gebrochen rationale Funktion mit den Polynomen h und g. Das Polynom h habe den Grad n mit Leitkoeffizient $a_n \neq 0$, das Polynom g habe den Grad m mit Leitkoeffizient $b_m \neq 0$. Dann gilt:

❶ Falls $n < m$: $\lim\limits_{x \to -\infty} f(x) = \lim\limits_{x \to +\infty} f(x) = 0$

❷ Falls $n = m$: $\lim\limits_{x \to -\infty} f(x) = \lim\limits_{x \to +\infty} f(x) = \frac{a_n}{b_m}$

❸ Falls $n > m$: $\displaystyle\lim_{x \to +\infty} f(x) = \begin{cases} +\infty, & \text{falls } \frac{a_n}{b_m} > 0 \\ -\infty, & \text{falls } \frac{a_n}{b_m} < 0 \end{cases}$

Der Grenzwert $\displaystyle\lim_{x \to -\infty} f(x)$ kann folgender Tabelle entnommen werden.

	$\frac{a_n}{b_m} > 0$		$\frac{a_n}{b_m} < 0$	
	m gerade	m ungerade	m gerade	m ungerade
n gerade	$+\infty$	$-\infty$	$-\infty$	$+\infty$
n ungerade	$-\infty$	$+\infty$	$+\infty$	$-\infty$

Grundsätzlich kann auch die Regel

$$\lim_{x \to -\infty} f(x) = \lim_{x \to \infty} f(-x).$$

zur Berechnung von Grenzwerten für $x \to -\infty$ verwendet werden.

Die obigen Regeln werden beispielhaft an ausgewählten gebrochen rationalen Funktionen erläutert.

10.3 Beispiel

Die durch $f(x) = \frac{x^2 - 3x + 4}{x - 1}$ definierte Funktion hat den Definitionsbereich $\mathbb{D} = \mathbb{R} \setminus \{1\}$ (Graph s. ⁃³⁸⁶⁃Abbildung 10.3(a)). Aus den obigen Regeln ergibt sich somit für $x_0 \in \mathbb{D}$ der Grenzwert $\displaystyle\lim_{x \to x_0} f(x) = f(x_0)$. Für die einseitigen Grenzwerte an der Definitionslücke $x_0 = 1$ folgt

$$\lim_{x \to 1-} f(x) = -\infty, \text{ da } \lim_{x \to 1-} (x^2 - 3x + 4) = 2, \lim_{x \to 1-} (x - 1) = 0-,$$

$$\lim_{x \to 1+} f(x) = +\infty, \text{ da } \lim_{x \to 1+} (x^2 - 3x + 4) = 2, \lim_{x \to 1+} (x - 1) = 0+.$$

Die Grenzwerte für $x \to +\infty$, $x \to -\infty$ werden mit Hilfe der obigen Tabelle ermittelt. Da der Grad des Zählerpolynoms größer ist als der des Nennerpolynoms resultieren die Grenzwerte

$$\lim_{x \to -\infty} f(x) = -\infty, \quad \lim_{x \to +\infty} f(x) = +\infty.$$

Alternativ können die Grenzwerte mit Hilfe einer ⁃²⁹²⁃Polynomdivision ermittelt werden. Es gilt nämlich

$$\begin{array}{l} (\quad x^2 - 3x + 4) : (x - 1) = x - 2 + \dfrac{2}{x - 1}, \\[2pt] \underline{-x^2 \;\; + x} \\[2pt] \qquad -2x + 4 \\[2pt] \qquad \underline{2x - 2} \\[2pt] \qquad\qquad 2 \end{array}$$

so dass $f(x) = x - 2 + \frac{2}{x-1}$. Da der Summand $\frac{2}{x-1}$ für $x \to +\infty$ und $x \to -\infty$ gegen Null konvergiert, ergibt sich insgesamt das Resultat $\lim\limits_{x \to -\infty} f(x) = -\infty$, $\lim\limits_{x \to +\infty} f(x) = +\infty$.

10.4 Beispiel

Die durch $f(x) = \frac{x^2 - 3x + 2}{x - 1}$ definierte Funktion hat den Definitionsbereich $\mathbb{D} = \mathbb{R} \setminus \{1\}$ (Graph s. ▨▨Abbildung 10.3(b)). Wie oben folgt $\lim\limits_{x \to x_0} f(x) = f(x_0)$ für $x_0 \in \mathbb{D}$. Da Zähler und Nenner eine Nullstelle bei $x_0 = 1$ haben, werden die einseitigen Grenzwerte an der Stelle $x_0 = 1$ nach einer Polynomdivision ermittelt. Diese liefert

$$
\begin{array}{l}
(\quad x^2 - 3x + 2) : (x - 1) = x - 2, \\
\underline{-x^2 + x} \\
\qquad -2x + 2 \\
\qquad \underline{2x - 2} \\
\qquad\qquad 0
\end{array}
$$

so dass $f(x) = x - 2$ für $x \in \mathbb{D}$. Somit gilt

$$\lim_{x \to 1-} f(x) = \lim_{x \to 1-} (x - 2) = -1 = \lim_{x \to 1+} (x - 2) = \lim_{x \to 1+} f(x).$$

Somit gilt $\lim\limits_{x \to 1} f(x) = -1$. Aus der Darstellung $f(x) = x - 2$ resultieren auch die Grenzwerte $\lim\limits_{x \to -\infty} f(x) = -\infty$ und $\lim\limits_{x \to \infty} f(x) = \infty$.

10.5 Beispiel

Die durch $f(x) = \frac{-2x^2 - x + 3}{1 - x^2}$ definierte Funktion hat den Definitionsbereich $\mathbb{D} = \mathbb{R} \setminus \{-1, 1\}$ (Graph s. ▨▨Abbildung 10.3(c)). Eine Polynomdivision ergibt zunächst

$$
\begin{array}{l}
(-2x^2 - x + 3) : (-x^2 + 1) = 2 + \dfrac{-x + 1}{-x^2 + 1}, \\
\underline{2x^2 \qquad - 2} \\
\quad -x + 1
\end{array}
$$

so dass $f(x) = 2 + \frac{1-x}{1-x^2}$ gilt. Für $x \in \mathbb{D}$ ergibt sich wegen $1 - x^2 = (1 - x)(1 + x)$

$$f(x) = 2 + \frac{1 - x}{(1 - x)(1 + x)} = 2 + \frac{1}{x + 1}.$$

Daraus resultieren die Grenzwerte

x_0	$x_0 \in \mathbb{D}$	$-1-$	$-1+$	$1-$	$1+$	$-\infty$	$+\infty$
$\lim\limits_{x \to x_0} f(x)$	$f(x_0)$	$-\infty$	$+\infty$	$\frac{5}{2}$	$\frac{5}{2}$	2	2

Die Graphen der gebrochen rationalen Funktionen aus [384]Beispiel 10.3, [385]Beispiel 10.4 und [385]Beispiel 10.5 sind in [386]Abbildung 10.3 dargestellt.

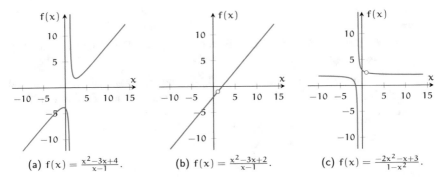

(a) $f(x) = \frac{x^2-3x+4}{x-1}$.   (b) $f(x) = \frac{x^2-3x+2}{x-1}$.   (c) $f(x) = \frac{-2x^2-x+3}{1-x^2}$.

Abbildung 10.3: Graphen gebrochen rationaler Funktionen aus [384]Beispiel 10.3, [385]Beispiel 10.4 und [385]Beispiel 10.5.

Aufgaben zum Üben in Abschnitt 10.1

[400]Aufgabe 10.1, [402]Aufgabe 10.7

10.2 Stetige Funktionen

> **Definition (Stetigkeit einer Funktion)**
>
> Eine Funktion $f : \mathbb{D} \longrightarrow \mathbb{R}$ heißt stetig an der Stelle $x_0 \in \mathbb{D}$, falls $\lim\limits_{x \to x_0} f(x) = f(x_0)$.
>
> f heißt stetig auf $\mathbb{D}$, falls f an jeder Stelle $x_0 \in \mathbb{D}$ stetig ist.
>
> Ist f an einer Stelle x_0 nicht stetig, heißt x_0 Unstetigkeitsstelle und f unstetig an der Stelle x_0.

Anschaulich bedeutet die Stetigkeit einer Funktion an der Stelle x_0, dass dort kein [378]„Sprung" oder [378]„Loch" vorliegt (d.h. der Graph kann „durchgezeichnet" werden).

Die in [381]Übersicht 10.1 genannten Funktionen sind stetig auf ihrem Definitionsbereich. Aus [382]Übersicht 10.2 und der Definition der Stetigkeit ergeben sich folgende Aussagen.

> ▶ **Regel (Verknüpfung stetiger Funktionen)**
>
> Seien $f : \mathbb{D} \longrightarrow \mathbb{R}$ und $g : \mathbb{D} \longrightarrow \mathbb{R}$ stetig in $x_0 \in \mathbb{D}$. Dann sind
>
> $$f + g, \quad f - g, \quad f \cdot g \quad \text{und} \quad \frac{f}{g} \quad (\text{falls } g(x_0) \neq 0)$$
>
> stetig in x_0. Ist $g(x_0) = 0$, muss der Grenzwert $\lim\limits_{x \to x_0} \frac{f(x)}{g(x)}$ gesondert untersucht werden.

Aus dieser Regel folgt, dass Summen, Differenzen, Produkte und Quotienten stetiger Funktionen wiederum stetig auf ihrem Definitionsbereich sind.* Eine entsprechende Aussage gilt für die 173Verkettung zweier Funktionen.

> ▶ **Regel (Verkettung stetiger Funktionen)**
>
> Seien $g : \mathbb{D} \longrightarrow \mathbb{W}$ stetig in $x_0 \in \mathbb{D}$ und $f : \mathbb{W} \longrightarrow \mathbb{R}$ stetig in $g(x_0)$.
> Dann ist $f \circ g$ stetig in x_0.

Aus diesen Regeln kann die Stetigkeit vieler Funktionen abgeleitet werden.

10.3 Übersicht (Beispiele stetiger Funktionen)

Folgende Funktionen sind stetig auf ihrem Definitionsbereich.

- ⊙ 165Polynome
- ⊙ 165gebrochen rationale Funktionen
- ⊙ 165Exponentialfunktionen
- ⊙ 166Logarithmusfunktionen
- ⊙ 166trigonometrische Funktionen
- ⊙ 166Betragsfunktion

Analog zu einseitigen Grenzwerten wird auch die einseitige Stetigkeit von Funktionen definiert. Diese ist in der Statistik von Interesse, da 424Verteilungsfunktionen stets rechtsseitig stetig, aber nicht unbedingt stetig sind.

---

*Hierbei ist zu beachten, dass x_0 mit $g(x_0) = 0$ nicht im Definitionsbereich des Quotienten $\frac{f}{g}$ liegt.

▶ **Definition (Einseitige Stetigkeit)**

Eine reellwertige Funktion $f : \mathbb{D} \longrightarrow \mathbb{R}$ heißt $\begin{cases} \text{linksseitig} \\ \text{rechtsseitig} \end{cases}$ stetig an der

Stelle $x_0 \in \mathbb{D}$, falls $\begin{cases} \lim\limits_{x \to x_0-} f(x) = f(x_0) \\ \lim\limits_{x \to x_0+} f(x) = f(x_0) \end{cases}$.

f heißt $\begin{cases} \text{linksseitig} \\ \text{rechtsseitig} \end{cases}$ stetig auf $\mathbb{D}$, falls f an jeder Stelle $x_0 \in \mathbb{D}$ $\begin{cases} \text{linksseitig} \\ \text{rechtsseitig} \end{cases}$
stetig ist.

10.6 Beispiel (Fortsetzung 378 Beispiel 10.2)

Die durch die Vorschrift $f(t) = \mathbb{1}_{[0,\infty)}(t) + 1$, $t \in \mathbb{R}$, definierte Funktion ist an der Stelle $x_0 = 0$ rechtsseitig stetig, da f auf dem Intervall $[0,\infty)$ mit der konstanten Funktion $g(t) = 2$ übereinstimmt. Somit gilt $\lim\limits_{t \to 0+} f(t) = \lim\limits_{t \to 0+} g(t) = \lim\limits_{x \to 0+} 2 = 2 = f(0)$. Die Funktion ist in $x_0 = 0$ nicht (linksseitig) stetig, da $\lim\limits_{t \to 0-} f(t) = \lim\limits_{t \to 0-} 1 = 1 \neq 2 = f(0)$.

Die durch $h(t) = \mathbb{1}_{(0,\infty)}(t) + 1$ definierte Funktion h ist hingegen an der Stelle $x_0 = 0$ linksseitig, jedoch nicht rechtsseitig stetig.   ✗

▶ **Regel (Zusammenhang zwischen Stetigkeit und links- und rechtsseitiger Stetigkeit)**

Eine Funktion ist an einer Stelle x_0 stetig genau dann, wenn sie dort links- und rechtsseitig stetig ist.

Grenzwerte bei Verkettungen von Funktionen

Die Bildung von Grenzwerten bei der Verkettung von Funktionen lässt sich in der folgenden Weise durchführen, falls die äußere Funktion stetig ist.

▶ **Regel (Grenzwerte bei Verkettungen von Funktionen)**

Seien $g : \mathbb{D} \longrightarrow \mathbb{W}$, $f : \mathbb{W} \longrightarrow \mathbb{R}$ Funktionen und f stetig auf $\mathbb{W}$.

Dann gilt für ein $x_0 \in \mathbb{D}$ bzw. für einen Randpunkt x_0 von $\mathbb{D}$

❶ $\lim\limits_{x \to x_0} f(g(x)) = f\left(\lim\limits_{x \to x_0} g(x) \right) = f(z_0)$, falls $z_0 = \lim\limits_{x \to x_0} g(x) \in \mathbb{W}$.

❷ $\lim\limits_{x \to x_0} f(g(x)) = \lim\limits_{z \to z_0} f(z)$, falls $z_0 = \lim\limits_{x \to x_0} g(x)$ ein Randpunkt von $\mathbb{W}$ ist.

Die Grenzen $+\infty, -\infty$ werden als Randpunkte interpretiert.

10.7 Beispiel

(i) Die durch $h(x) = \ln(x^2 + e^x)$ definierte Funktion h hat den Definitionsbereich $\mathbb{D} = \mathbb{R}$ und ist Verkettung von $f(z) = \ln(z)$ und $g(x) = x^2 + e^x$. Für $x = 0$ resultiert daher wegen $\lim\limits_{x \to 0}(x^2 + e^x) = 1$ der Grenzwert $\lim\limits_{x \to 0} \ln(x^2 + e^x) = \ln(1) = 0$. Dies ergibt sich natürlich auch aus der Stetigkeit von h, die sich wiederum aus der Verkettung der stetigen Funktionen f und g ableitet.

Für den Grenzwert $\lim\limits_{x \to -\infty} \ln(x^2 + e^x)$ resultiert wegen $\lim\limits_{x \to -\infty} x^2 = +\infty$ und $\lim\limits_{x \to -\infty} e^x = 0$ das Ergebnis

$$\lim_{x \to -\infty} \ln(x^2 + e^x) = \lim_{z \to +\infty} \ln(z) = +\infty.$$

(ii) Die durch $h(x) = \ln\left(\frac{1}{1-x^2}\right)$ definierte Funktion h hat den Definitionsbereich $\mathbb{D} = (-1, 1)$, auf dem sie stetig ist. Als Verkettung von $f(z) = \ln(z)$ und $g(x) = \frac{1}{1-x^2}$ resultiert bei Annäherung an den Rand $x = 1$ wegen $\lim\limits_{x \to 1-} \frac{1}{1-x^2} = +\infty$ der einseitige Grenzwert

$$\lim_{x \to 1-} \ln\left(\frac{1}{1-x^2}\right) = \lim_{z \to +\infty} \ln(z) = +\infty. \qquad\qquad ✗$$

Eigenschaften stetiger Funktionen

Stetige Funktionen haben einige interessante Eigenschaften, die insbesondere im Rahmen der 451Optimierung von Bedeutung sind.

> ▶ **Regel (Zwischenwertsatz)**
>
> Eine auf dem Intervall $[a, b]$ stetige Funktion f nimmt jeden Wert im Intervall
>
> $$[\min(f(a), f(b)), \max(f(a), f(b))]$$
>
> (mindestens einmal) an.

Eine Illustration des Zwischenwertsatzes findet sich in 390Abbildung 10.4.

Der Zwischenwertsatz ist beim Nachweis der Existenz von Nullstellen einer Funktion von Bedeutung. Hat beispielsweise eine stetige Funktion für $a < b$ einen negativen Funktionswert $f(a) < 0$ und einen positiven Funktionswert $f(b) > 0$, so folgt aus dem Zwischenwertsatz, dass f (mindestens) eine Nullstelle im Intervall $[a, b]$ haben muss. Auf dieser Eigenschaft basiert insbesondere das 20Bisektionsverfahren.

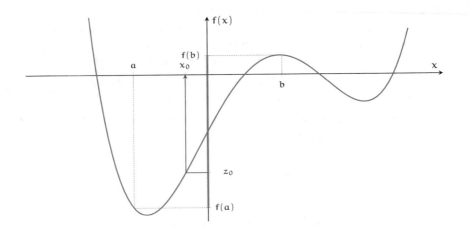

Abbildung 10.4: Illustration zum Zwischenwertsatz.

10.8 Beispiel

Die durch $f(x) = x^3 - 3x^2 - 6x + 8$ definierte Funktion hat für $x = 0$ und $x = 2$ die Funktionswerte $f(0) = 8$ und $f(2) = -8$, d.h. f hat wegen ihrer Stetigkeit im Intervall $[0, 2]$ eine Nullstelle. In der Tat gilt $f(1) = 0$. Eine [292]Polynomdivision ergibt nämlich:

$$
\begin{array}{l}
(\quad x^3 - 3x^2 - 6x + 8) : (x - 1) = x^2 - 2x - 8 \\
\underline{-x^3 + x^2} \\
\qquad -2x^2 - 6x \\
\qquad \underline{2x^2 - 2x} \\
\qquad\qquad -8x + 8 \\
\qquad\qquad \underline{8x - 8} \\
\qquad\qquad\qquad 0
\end{array}
$$

Das Polynom $x^2 - 2x - 8$ hat nach der [209]pq-Formel die Nullstellen $x_1 = -2$ und $x_2 = 4$. Daher gilt $f(x) = (x - 1)(x + 2)(x - 4)$, wobei die Nullstelle $x_0 = 1$ im betrachteten Intervall liegt.   ✗

Bei der Bestimmung von [464]globalen Extrema stetiger Funktionen ist der folgende Sachverhalt von Bedeutung. Er wird im Rahmen der [451]Optimierung angewendet.

> ▶ **Regel (Extrema stetiger Funktionen)**
>
> Eine auf dem abgeschlossenen (und beschränkten) Intervall $[a, b]$ stetige Funktion hat dort sowohl ein [459]globales Minimum als auch ein globales Maximum.

Aufgaben zum Üben in Abschnitt 10.2

400Aufgabe 10.2

10.3 Differenziation

In diesem Abschnitt wird der Begriff der Steigung einer Funktion an einer Stelle x_0 des Definitionsbereichs eingeführt und untersucht.

Zur Motivation wird das Steigungsverhalten einer Straße betrachtet, die über einen Hügel führt. Dieser hat etwa das in 391Abbildung 10.5 skizzierte (durch eine Funktion beschriebene) Profil.

Abbildung 10.5: Höhenprofil.

Aus der Abbildung ist ersichtlich, dass die Steigung sehr unterschiedlich ist. Es gibt steilere und flachere Passagen sowie Bereiche des Anstiegs und Gefälles. Die Quantifizierung dieser Steigungen – wie das z.B. auf Verkehrsschildern

8% Steigung 6% Gefälle

geschieht, ist mit den Methoden der Differenzialrechnung möglich.

Aus dem obigen Beispiel kann intuitiv ein Steigungsbegriff abgeleitet werden, indem eine zurückgelegte Wegstrecke in Beziehung zu den dabei geschafften Höhenmetern gesetzt wird. Es entsteht ein **Steigungsdreieck**, das in392Abbildung 10.6 in ein Koordinatensystem eingezeichnet wird.

Daraus resultiert als Maß für die Steigung der Quotient

$$\frac{\text{Höhenmeter}}{\text{Wegstrecke}} = \frac{h}{w}.$$

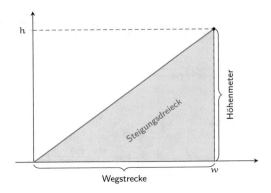

Abbildung 10.6: Steigungsdreieck.

Steigung einer Geraden

Die vorgestellte Methode kann direkt auf lineare Funktionen übertragen werden, deren Funktionsterm in allgemeiner Form durch $f(x) = ax + b$, $x \in \mathbb{R}$, mit $a, b \in \mathbb{R}$ gegeben ist.

Werden zwei Punkte $x_0 < x_1$ auf der x-Achse gewählt, entsteht automatisch ein Steigungsdreieck (s. 392Abbildung 10.7).

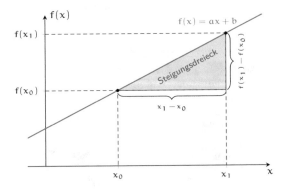

Abbildung 10.7: Steigung einer Geraden.

Daraus ergibt sich (unabhängig von der Wahl von x_0 und x_1) die Steigung

$$\frac{f(x_1) - f(x_0)}{x_1 - x_0} = \frac{(ax_1 + b) - (ax_0 + b)}{x_1 - x_0} = \frac{a(x_1 - x_0)}{x_1 - x_0} = a.$$

Da der Quotient stets den selben Wert besitzt, hat eine lineare Funktion f mit $f(x) = ax + b$ in jedem Punkt die Steigung a.

Steigung beliebiger Funktionen

Es ist nahe liegend, den obigen Ansatz auch auf nicht-lineare Funktionen zu übertragen. Dazu wird zunächst der Begriff des Differenzenquotienten eingeführt, der sich als Steigung einer Geraden durch die Punkte $(x_0, f(x_0))$ und $(x_1, f(x_1))$ ergibt.

> ### ▶ Definition (Differenzenquotient)
>
> Seien $f : \mathbb{D} \longrightarrow \mathbb{R}$ eine Funktion, $(a, b) \subseteq \mathbb{D}$ ein offenes Intervall und $x_0 \in (a, b)$.
>
> Für $x \in (a, b) \setminus \{x_0\}$ heißt der Quotient $\frac{f(x) - f(x_0)}{x - x_0}$ Differenzenquotient in x_0 (an der Stelle x).*

10.9 Beispiel (Quadratische Funktion)

Für lineare Funktionen hat der Differenzenquotient an jeder Stelle x den selben Wert. Dies ist für andere Funktionen nicht der Fall. Für die quadratische Funktion $f(x) = x^2$ ergibt sich z.B. mit Hilfe der dritten ¹⁴binomischen Formel

$$\frac{f(x) - f(x_0)}{x - x_0} = \frac{x^2 - x_0^2}{x - x_0} = \frac{(x - x_0)(x + x_0)}{x - x_0} = x + x_0,$$

d.h. der Differenzenquotient hängt von den betrachteten Stellen x und x_0 ab. Die Steigung an der Stelle x_0 wird nun lokal† durch die Steigung einer Geraden beschrieben, d.h. es wird eine Gerade gesucht, die durch den Punkt $(x_0, f(x_0))$ läuft und die Steigung in diesem Punkt angibt. Dazu wird der Differenzenquotient in x_0 betrachtet, der eine Gerade (eine sogenannte **Sekante**) mit der Steigung

$$\frac{f(x) - f(x_0)}{x - x_0}$$

durch den Punkt $(x_0, f(x_0))$ definiert.‡ Für $x \to x_0$ beschreibt dieser Quotient die Steigung in x_0 immer genauer (s. Abfolge der Graphiken in ³⁹⁴Abbildung 10.8). Die rote Gerade entspricht jeweils der Geraden, die als Ergebnis dieser Grenzwertbildung resultiert und den Graphen von f im Punkt $(x_0, f(x_0))$ lediglich berührt. Aus diesem Grund wird sie als **Tangente** T bezeichnet.

Die Steigung der Tangenten berechnet sich als Grenzwert des Differenzenquotienten in x_0 an der Stelle x für $x \to x_0$. Für die obige Funktion ergibt sich

$$\lim_{x \to x_0} \frac{f(x) - f(x_0)}{x - x_0} = \lim_{x \to x_0} (x + x_0) = 2x_0.$$

Damit hat die Tangente an den Graphen von f durch den Punkt $(x_0, f(x_0))$ die Darstellung

$$T(x) = f(x_0) + 2x_0(x - x_0), \qquad x \in \mathbb{R}. \qquad ✗$$

---

*Der Differenzenquotient ist bei festem x_0 eine Funktion in x mit Definitionsbereich $\mathbb{D} = (a, b) \setminus \{x_0\}$.

†d.h. in der Nähe von x_0.

‡In ³⁹⁴Abbildung 10.8 sind dies die jeweils grün eingezeichneten Geraden.

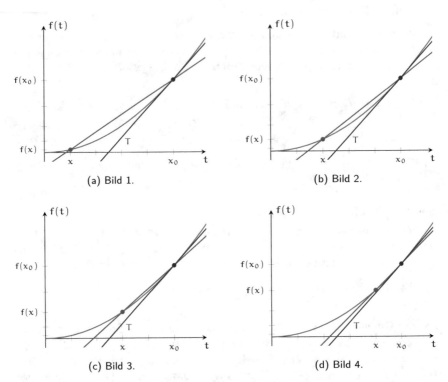

Abbildung 10.8: Annäherung der Sekanten an die Tangente.

> ▷ **Definition (Differenzierbarkeit, Ableitung)**
>
> Seien $f : \mathbb{D} \longrightarrow \mathbb{R}$ eine Funktion und $(a, b) \subseteq \mathbb{D}$ ein offenes Intervall.
>
> ▷ f heißt differenzierbar in $x_0 \in (a, b)$, falls der Grenzwert des Differenzenquotienten $\lim\limits_{x \to x_0} \frac{f(x) - f(x_0)}{x - x_0}$ (Differenzialquotient) an der Stelle x_0 (endlich) existiert.
>
> ▷ Ist f differenzierbar in $x_0 \in (a, b)$, wird der Grenzwert
>
> $$f'(x_0) = \lim_{x \to x_0} \frac{f(x) - f(x_0)}{x - x_0}$$
>
> als Ableitung von f an der Stelle x_0 bezeichnet.*
>
> ▷ f heißt differenzierbar auf (a, b) bzw. $\mathbb{D}$, falls f in jedem $x_0 \in (a, b)$ bzw. $x_0 \in \mathbb{D}$ differenzierbar ist. In diesem Fall bezeichnet f' die Ableitung oder Ableitungsfunktion von f.

---

*Die Ableitung einer Funktion ist nur an einer Stelle x_0 im 🔢Inneren des Intervalls (a, b) definiert. An den Rändern a, b können ggf. einseitige Ableitungen eingeführt werden (s. Kamps, Cramer und Oltmanns (2009), Heuser (2009)).

10.10 Beispiel (Fortsetzung 393Beispiel 10.9)

Der Differenzialquotient der durch $f(x) = x^2$ definierten Funktion ist an der Stelle $x_0 \in \mathbb{R}$ gegeben durch

$$\lim_{x \to x_0} \frac{f(x) - f(x_0)}{x - x_0} = 2x_0.$$

Somit existiert er an jeder Stelle $x_0 \in \mathbb{R}$ und f ist differenzierbar auf $\mathbb{R}$ mit $f'(x) = 2x$, $x \in \mathbb{R}$. ✗

> **Regel (Tangentengleichung)**
>
> Für eine in $x_0 \in \mathbb{D}$ differenzierbare Funktion $f : \mathbb{D} \longrightarrow \mathbb{R}$ ist die Gleichung der Tangenten in x_0 gegeben durch
>
> $$T(x) = f(x_0) + f'(x_0)(x - x_0), \qquad x \in \mathbb{R}.$$

10.11 Beispiel

Die durch $f(x) = x^2$ definierte Funktion hat nach obigem Beispiel die Ableitung $f'(x_0) = 2x_0$. Daher gilt

$$T(x) = x_0^2 + 2x_0(x - x_0) = 2x_0 x - x_0^2, \qquad x \in \mathbb{R}.$$

Daher ist $T(x) = 2x - 1$, $x \in \mathbb{R}$, die Tangentengleichung in $x_0 = 1$. An der Stelle $x_0 = -2$ lautet sie $T(x) = -4x - 4$, $x \in \mathbb{R}$. Die Tangente T wird als rote Gerade in 394Abbildung 10.8 dargestellt. ✗

10.12 Beispiel (Betragsfunktion)

Die 166Betragsfunktion ist im Nullpunkt nicht differenzierbar, da der Differenzialquotient an der Stelle $x_0 = 0$ nicht existiert. Dies ergibt sich aus den einseitigen Grenzwerten

$$\lim_{x \to 0-} \frac{|x| - |0|}{x - 0} = \lim_{x \to 0-} \frac{|x|}{x} = \lim_{x \to 0-} \frac{-x}{x} = \lim_{x \to 0-} -1 = -1,$$

$$\lim_{x \to 0+} \frac{|x| - |0|}{x - 0} = \lim_{x \to 0+} \frac{|x|}{x} = \lim_{x \to 0+} \frac{x}{x} = \lim_{x \to 0+} 1 = 1.$$

Am Graphen der Betragsfunktion äußert sich dies durch einen „Knick" an der Stelle $x_0 = 0$. Die Steigung in diesem Punkt hängt somit davon ab, aus welcher Richtung der Punkt angenähert wird. ✗

395Beispiel 10.12 illustriert die Faustregel, dass Graphen differenzierbarer Funktionen keine „Knicke" haben. Ferner gilt folgende Aussage.

> **Regel (Zusammenhang zwischen Stetigkeit und Differenzierbarkeit)**
>
> Eine an einer Stelle x_0 differenzierbare Funktion ist dort auch stetig. Daher sind (auf einem offenen Intervall) differenzierbare Funktionen auch stetig.

Wie das Beispiel der Betragsfunktion zeigt, ist die Umkehrung dieser Aussage i.Allg. falsch, d.h. eine stetige Funktion muss nicht differenzierbar sein.

Die Ableitung einer differenzierbaren Funktion muss hingegen weder differenzierbar noch stetig sein. Aus diesem Grund wird für differenzierbare Funktionen mit stetiger Ableitung der Begriff **stetig differenzierbar** eingeführt. 399Höhere Ableitungen werden am Ende dieses Kapitels behandelt.

Berechnung von Ableitungen

Die Berechnung des Differenzialquotienten ist i.Allg. aufwändig. Daher wird die Bestimmung der Ableitung (unter Verwendung von Ableitungsregeln) meist auf bereits bekannte Ableitungen zurückgeführt. 396Übersicht 10.4 enthält die Ableitungen wichtiger Funktionen.

10.4   **Übersicht (Ableitungen von Funktionen)**

$f(x)$	Parameter/Parameterbereich	$\mathbb{D}$	$f'(x)$
c	$c \in \mathbb{R}$	$\mathbb{R}$	0
x^n	$n \in \mathbb{N}$	$\mathbb{R}$	nx^{n-1}
$\frac{1}{x^n}$	$n \in \mathbb{N}$	$\mathbb{R} \setminus \{0\}$	$-\frac{n}{x^{n+1}}$
$\sqrt[n]{x}$	$n \in \mathbb{N}$ gerade	$(0, \infty)$	$\frac{1}{n\sqrt[n]{x^{n-1}}}$
	$n \in \mathbb{N}$ ungerade	$\mathbb{R}$	$\frac{1}{n\sqrt[n]{x^{n-1}}}, x \neq 0$
x^a	$a \in \mathbb{R} \setminus \{0\}$	$(0, \infty)$	ax^{a-1}
e^x		$\mathbb{R}$	e^x
a^x	$a > 0$	$\mathbb{R}$	$\ln(a) \cdot a^x$
$\ln(x)$		$(0, \infty)$	$\frac{1}{x}$
$\log_a(x)$	$a \in (0, \infty) \setminus \{1\}$	$(0, \infty)$	$\frac{1}{\ln(a)} \cdot \frac{1}{x}$
$\sin(x)$		$\mathbb{R}$	$\cos(x)$
$\cos(x)$		$\mathbb{R}$	$-\sin(x)$

10.13 Beispiel

Die Ableitung einer Wurzelfunktion kann aus der Ableitung von Potenzfunktionen gewonnen werden ($\mathbb{D} = (0, \infty)$).

Die Ableitung der Quadratwurzel $f(x) = \sqrt{x} = x^{\frac{1}{2}}$ ergibt sich mit $a = \frac{1}{2}$ und der Regel $(x^a)' = ax^{a-1}$ gemäß

$$f'(x) = \left(x^{\frac{1}{2}}\right)' = \frac{1}{2}x^{\frac{1}{2}-1} = \frac{1}{2}x^{-\frac{1}{2}} = \frac{1}{2\sqrt{x}}, \quad x \in \mathbb{D}.$$

Im allgemeinen Fall $f(x) = \sqrt[n]{x} = x^{\frac{1}{n}}$ gilt mit $a = \frac{1}{n}$

$$f'(x) = \frac{1}{n}x^{\frac{1}{n}-1} = \frac{1}{n}x^{\frac{1-n}{n}} = \frac{1}{nx^{\frac{n-1}{n}}} = \frac{1}{n\sqrt[n]{x^{n-1}}}. \qquad \text{✗}$$

Ableitungen von Verknüpfungen der in ▣396 Übersicht 10.4 genannten Funktionen (z.B. Polynome) können mit Hilfe der folgenden Rechenregeln ermittelt werden.

> **▸ Regel (Ableitungsregeln)**
>
> Für an der Stelle x differenzierbare Funktionen f, g sind die folgenden Funktionen ebenfalls an der Stelle x differenzierbar. Ihre Ableitungen sind durch folgende Ausdrücke gegeben:
>
> ① **Faktorregel**: Die Ableitung von $c \cdot f$, $c \in \mathbb{R}$, ist gegeben durch
>
> $$(c \cdot f(x))' = c \cdot f'(x).$$
>
> ② **Summenregel**: Die Ableitung von $f + g$ ist gegeben durch
>
> $$(f(x) + g(x))' = f'(x) + g'(x).$$
>
> ③ **Produktregel**: Die Ableitung von $f \cdot g$ ist gegeben durch
>
> $$(f(x) \cdot g(x))' = f'(x) \cdot g(x) + f(x) \cdot g'(x).$$
>
> ④ **Quotientenregel**: Die Ableitung von $\frac{f}{g}$ ist gegeben durch
>
> $$\left(\frac{f(x)}{g(x)}\right)' = \frac{f'(x) \cdot g(x) - f(x) \cdot g'(x)}{(g(x))^2}.$$
>
> Der Quotient ist nur für $g(x) \neq 0$ definiert.

10.14 Beispiel

(i) $f(x) = 4x^2$:

Nach der Faktorregel gilt: $f'(x) = (4x^2)' = 4(x^2)' = 4 \cdot 2x = 8x$

(ii) $f(x) = x^3 + \ln(x)$:

Nach der Summenregel gilt: $f'(x) = (x^3 + \ln(x))' = (x^3)' + (\ln(x))'$
$= 3x^2 + \frac{1}{x}$

(iii) $f(x) = x^2 - 2x$: $f'(x) = 2x - 2$

(iv) $f(x) = 3\sqrt{x} + 3^x$: $f'(x) = \frac{3}{2\sqrt{x}} + \ln(3)3^x$

(v) $f(x) = x^2\sqrt{x} = x^{5/2}$: $f'(x) = \frac{5}{2}x^{3/2} = \frac{5}{2}x\sqrt{x}$

(vi) $f(x) = x \ln(x)$:

Nach der Produktregel gilt: $f'(x) = (x \ln(x))' = 1 \cdot \ln(x) + x \cdot \frac{1}{x} = \ln(x) + 1$

(vii) $f(x) = \frac{x}{\ln(x)}$:

Nach der Quotientenregel gilt: $f'(x) = \left(\frac{x}{\ln(x)}\right)' = \frac{1 \cdot \ln(x) - x \cdot \frac{1}{x}}{(\ln(x))^2} = \frac{\ln(x) - 1}{(\ln(x))^2}$

(viii) $f(x) = \frac{x-1}{x+1}$: $f'(x) = \frac{(x+1)-(x-1)}{(x+1)^2} = \frac{2}{(x+1)^2}$

(ix) $f(x) = \frac{1}{x^2-1}$: $f'(x) = \frac{0 \cdot (x^2-1) - 1 \cdot 2x}{(x^2-1)^2} = -\frac{2x}{(x^2-1)^2}$

(x) $f(x) = x^2 e^x$: $f'(x) = 2xe^x + x^2 e^x = (x+2)xe^x$

(xi) $f(x) = \frac{e^x+1}{e^x-1}$: $f'(x) = \frac{e^x(e^x-1) - e^x(e^x+1)}{(e^x-1)^2} = -\frac{2e^x}{(e^x-1)^2}$

(xii) $f(x) = \sin(x) - \cos(x)$: $f'(x) = \cos(x) + \sin(x)$ ✗

> ### ▶ Regel (Kettenregel)
>
> Seien g differenzierbar an der Stelle x und f differenzierbar an der Stelle $g(x)$. Dann ist $f \circ g$ differenzierbar an der Stelle x mit Ableitung
>
> $$(f(g(x)))' = g'(x) \cdot f'(g(x)).$$
>
> Der erste Faktor der rechten Seite heißt innere Ableitung, der zweite äußere Ableitung.

10.15 Beispiel

Die Ableitung einer allgemeinen Exponentialfunktion $h(x) = a^x$ mit $a > 0$, $a \neq 1$ lässt sich aus der Ableitung der Exponentialfunktion direkt bestimmen. Dazu wird die Darstellung $h(x) = a^x = e^{\ln(a)x} = f(\ln(a)x) = f(g(x))$ mit $g(x) = \ln(a)x$ und $f(t) = e^t$ verwendet. Unter Verwendung der Kettenregel gilt nämlich mit $f'(t) = e^t$ und $g'(x) = \ln(a)$:

$$h'(x) = g'(x) \cdot f'(g(x)) = \ln(a) \cdot f'(\ln(a)x) = \ln(a)e^{\ln(a)x} = \ln(a)a^x. \qquad ✗$$

10.16 Beispiel

(i) $h(x) = (x^2 - 1)^2$: $h'(x) = 2x \cdot 2(x^2 - 1) = 4x^3 - 4x$

(ii) $h(x) = (3x^2 + 5x - 1)^3$:

$$h'(x) = (3x^2 + 5x - 1)' \cdot 3(3x^2 + 5x - 1)^{3-1}$$
$$= (6x + 5) \cdot 3(3x^2 + 5x - 1)^2 = (18x + 15)(3x^2 + 5x - 1)^2$$

(iii) $h(x) = \sqrt{2x + 1}$: $h'(x) = 2 \cdot \frac{1}{2\sqrt{2x+1}} = \frac{1}{\sqrt{2x+1}}$

(iv) $h(x) = e^{x^2}$: $h'(x) = 2xe^{x^2}$

(v) $h(x) = e^{x^4 - x}$: $h'(x) = (x^4 - x)' \cdot e^{x^4 - x} = (4x^3 - 1)e^{x^4 - x}$

(vi) $h(x) = \ln(3x^3 - x)$: $h'(x) = (9x^2 - 1) \cdot \frac{1}{3x^3 - x} = \frac{9x^2 - 1}{3x^3 - x}$ ✗

Ableitungen höherer Ordnung

Da die Ableitung einer Funktion wiederum eine Funktion (mit evtl. eingeschränktem Definitionsbereich) ist, kann sie selbst ebenfalls auf Differenzierbarkeit untersucht werden. Auf diese Weise werden Ableitungen höherer Ordnung definiert. Die zweite Ableitung der Funktion f ist somit Ableitung der Funktion f'. Sie wird mit f'' oder mit $f^{(2)}$ bezeichnet: $f'' = (f')'$. Allgemein gilt im Fall der Differenzierbarkeit von $f^{(n)}$ $(n \in \mathbb{N})$:

$$f^{(n+1)} = (f^{(n)})'.$$

10.17 Beispiel

Die durch $f(x) = 2x^3 - 6x + 1$ gegebene Funktion hat die (erste) Ableitung $f'(x) = 6x^2 - 6$. Die zweite Ableitung f'' ist gegeben durch $f''(x) = (6x^2 - 6)' = 12x$. Die dritte Ableitung ist $f^{(3)}(x) = 12$, so dass alle höheren Ableitungen gleich Null sind, d.h. $f^{(n)}(x) = 0$ für $n \geqslant 4$.   ✗

Aufgaben zum Üben in Abschnitt 10.3

[401]Aufgabe 10.3 – [401]Aufgabe 10.6

10.4 Differenziation parameterabhängiger Funktionen

In [396]Übersicht 10.4 wurden bereits Parameter benutzt, um Ableitungen von Funktionen eines bestimmten Typs anzugeben. Die durch $f(t) = t^n$ definierte Funktion hat den Parameter $n \in \mathbb{N}$. Ihre Ableitung ist gegeben durch $f'(t) = nt^{n-1}$. Die Nützlichkeit des Parameters besteht darin, dass mit dieser Beschreibung die Ableitung für eine Klasse von Funktionen angegeben wird. In einer konkreten Situation wird die Ableitung durch Einsetzen eines speziellen Werts für den Parameter ermittelt.

Grundsätzlich werden Parameter beim Differenzieren wie Konstanten behandelt. Maßgeblich für die Differenziation ist nur das Argument der Funktion.

10.18 Beispiel

(i) $F(x) = 1 - e^{-\lambda x}$ mit Parameter λ: $F'(x) = \lambda e^{-\lambda x}$

(ii) $F(y) = y^\alpha$ mit Parameter α: $F'(y) = \alpha y^{\alpha - 1}$

(iii) $F(t) = 1 - e^{-\lambda t^\beta}$ mit Parametern λ und β: $F'(t) = \lambda \beta t^{\beta-1} e^{-\lambda t^\beta}$

(iv) $F(z) = 1 - \frac{1}{\mu+z}$ mit Parameter μ: $F'(z) = \frac{1}{(\mu+z)^2}$ ✗

Aufgaben zum Üben in Abschnitt 10.4

402 Aufgabe 10.8

10.5 Aufgaben

10.1 Aufgabe (402 Lösung)

Bestimmen Sie mit Hilfe von 381 Übersicht 10.1 und 382 Übersicht 10.2 die Grenzwerte der Funktion an den Rändern ihres Definitionsbereichs.*

(a) $f(x) = 10x^{18} - 5x^{17} + 2$ (d) $f(x) = -3\ln(x) + x^2$

(b) $f(x) = -3 + 4x + 2x^3$ (e) $f(x) = -e^{2x} \cdot x^3$

(c) $f(x) = \frac{4x^2 - 5x + 1}{x - 1}$ (f) $f(x) = \frac{1}{2^x}\left(4x^3 + \frac{5}{x^3}\right)$

10.2 Aufgabe (404 Lösung)

Überprüfen Sie die Funktionen auf Stetigkeit an den angegebenen Stellen.

(a) $f(x) = 2|x|$ an der Stelle $x_0 = 0$

(b) $f(x) = |(x-1)^2|$ an der Stelle $x_0 = 2$

(c) $f(x) = \begin{cases} \frac{1}{x}, & x \neq 0 \\ 0, & x = 0 \end{cases}$ an der Stelle $x_0 = 0$

(d) $f(x) = \begin{cases} \frac{x^2 - 2x + 1}{x - 1}, & x \neq 1 \\ 0, & x = 1 \end{cases}$ an der Stelle $x_0 = 1$

(e) $f(x) = \begin{cases} \sqrt{x}, & x \geqslant 0 \\ \sqrt{1-x}, & x < 0 \end{cases}$ an der Stelle $x_0 = 0$

---

*$+\infty$ bzw. $-\infty$ werden als Ränder des Definitionsbereichs verstanden, wenn der Definitionsbereich nach oben bzw. unten unbeschränkt ist.

10.3 Aufgabe (404Lösung)

Leiten Sie die Funktionen mit Definitionsbereich $(0, \infty)$ unter Verwendung der Faktor- und Summenregel ab.

(a) $f(x) = 5x^3 + 7x^2 - 4x + 9$

(b) $f(x) = \frac{1}{3}x^6 + x + x^{\frac{1}{2}}$

(c) $f(x) = 4x^4 - \sqrt{4x}$

(d) $f(x) = 8x^2 - x + 2 + 6\sqrt[3]{x^4}$

(e) $f(x) = \frac{1}{2}x^{-2} + 2x^{-3} - 3x^{-4}$

(f) $f(x) = \sqrt{x} + \frac{1}{\sqrt{x}} + \frac{1}{\sqrt[3]{x^5}}$

10.4 Aufgabe (405Lösung)

Leiten Sie die Funktionen mit Definitionsbereich $(0, \infty)$ unter Verwendung der Faktor-, Summen- und Produktregel ab.

(a) $f(x) = e^x \cdot x^2 + 3x^5$

(b) $f(x) = 4^x \cdot x^4$

(c) $f(x) = 2x \cdot \ln(x) + \ln(x^3)$

(d) $f(x) = 3x^4 \cdot \sin(x)$

(e) $f(x) = (e^{-x} + 4^x)^2$

(f) $f(x) = (\ln(x))^2 \cdot e^x$

10.5 Aufgabe (405Lösung)

Leiten Sie die Funktionen mit Definitionsbereich $(0, \infty)$ ab.

(a) $f(x) = \frac{3x^2 + 4}{2x}$

(b) $f(x) = \frac{1}{2 + \sqrt{x}}$

(c) $f(x) = \frac{7x^2 + 3x + 1}{x^2 + x}$

(d) $f(x) = (5x - 3)^5$

(e) $f(x) = (3x^4 - \frac{2}{x} + 7)^4$

(f) $f(x) = \sqrt[3]{(2x^3 + 3x)^5}$

10.6 Aufgabe (406Lösung)

Begründen Sie, dass die Grenzwerte für $x \to \infty$ jeweils gleich Eins und für $x \to -\infty$ jeweils gleich Null sind und dass die Funktionen stetig auf $\mathbb{R}$ sind. Berechnen Sie ferner die Ableitung (evtl. mit Ausnahme der Stellen $x_0 = 0$ und $x_0 = 1$).

(a) $F(x) = \begin{cases} 0, & x < 0 \\ 1 - e^{-x}, & x \geqslant 0 \end{cases}$

(b) $F(x) = \begin{cases} e^{-x^2}, & x < 0 \\ 1, & x \geqslant 0 \end{cases}$

(c) $F(x) = \begin{cases} 0, & x < 0 \\ x, & 0 \leqslant x \leqslant 1 \\ 1, & x > 1 \end{cases}$

(d) $F(x) = e^{-e^{-x}}, x \in \mathbb{R}$

10.7 Aufgabe (406 Lösung)

Berechnen Sie die Grenzwerte der durch die folgenden Ausdrücke definierten gebrochen rationalen Funktionen im Unendlichen.

(a) $f(x) = \frac{2x^2 - 1}{x}$

(b) $f(t) = \frac{-3t^3 - 5t^2}{2t^3 + 5t - 1}$

(c) $g(y) = \frac{1 - 2y^2 + y}{1 - 2y^2}$

(d) $g(s) = \frac{s - s^2 - 4s^4}{1 - s^5 + s^3}$

(e) $f(x) = \frac{(2x^2 - 1)^2}{x^3 - (x^4 + 1)^2}$

(f) $f(v) = \frac{1 + v^6 - (3v + 2)^3}{(v + 1)^6}$

(g) $f(x) = \frac{\alpha x^3 - 2x + 2}{x^3 + x}$ mit $\alpha \in \mathbb{R}$

(h) $h(t) = \frac{t^2 - 1}{1 - 2t^k}$ mit $k \in \mathbb{N}_0$

(i) $f(y) = \frac{(1 - \alpha y)^4 + y^4}{(3y - y^2 - 2)^2}$ mit $\alpha \in \mathbb{R}$

10.8 Aufgabe (409 Lösung)

Berechnen Sie die ersten und zweiten Ableitungen der folgenden, parameterabhängigen Funktionen f.

(a) $f(t) = \alpha t^2 + t$, $t \in \mathbb{R}$, mit $\alpha \in \mathbb{R}$

(b) $f(x) = (1 + \beta x^2)^3$, $x \in \mathbb{R}$, mit $\beta \in \mathbb{R}$

(c) $f(y) = \ln(\delta y)$, $y > 0$, mit $\delta > 0$

(d) $f(z) = \ln(1 + \delta z)$, $z > 0$, mit $\delta > 0$

(e) $f(y) = 1 - (1 - y)^{1/\beta}$, $y \in (0, 1)$, mit $\beta > 0$

(f) $f(t) = t^{1 - \delta}$, $t > 0$, mit $\delta > 0$

(g) $f(x) = e^{-(x - \mu)^\alpha}$, $x \in \mathbb{R}$, mit $\alpha \in \mathbb{N}_0$ und $\mu \in \mathbb{R}$

(h) $f(z) = \ln(\delta z)e^{-(z - \mu)}$, $z > 0$, mit $\delta > 0$ und $\mu \in \mathbb{R}$

10.6 Lösungen

10.1 Lösung (400 Aufgabe)

(a) $\mathbb{D} = \mathbb{R}$; Ränder: $-\infty, +\infty$

$$\lim_{x \to +\infty} (10x^{18} - 5x^{17} + 2) = +\infty, \quad \lim_{x \to -\infty} (10x^{18} - 5x^{17} + 2) = +\infty$$

(b) $\mathbb{D} = \mathbb{R}$; Ränder: $-\infty, +\infty$

$$\lim_{x \to +\infty} (-3 + 4x + 2x^3) = +\infty, \quad \lim_{x \to -\infty} (-3 + 4x + 2x^3) = -\infty$$

(c) $\mathbb{D} = \mathbb{R} \setminus \{1\}$; Ränder: $-\infty, +\infty, 1$

Aus der Polynomdivision

$$
\begin{array}{l}
(\quad 4x^2 - 5x + 1) : (x - 1) = 4x - 1, \\
\underline{-4x^2 + 4x} \\
\qquad\quad -x + 1 \\
\qquad\quad \underline{x - 1} \\
\qquad\qquad\quad 0
\end{array}
$$

resultieren folgende Aussagen:

- $\displaystyle\lim_{x \to +\infty} \frac{4x^2 - 5x + 1}{x - 1} = \lim_{x \to +\infty} (4x - 1) = +\infty,$

- $\displaystyle\lim_{x \to -\infty} \frac{4x^2 - 5x + 1}{x - 1} = \lim_{x \to -\infty} (4x - 1) = -\infty$

- $\displaystyle\lim_{x \to 1-} \frac{4x^2 - 5x + 1}{x - 1} = \lim_{x \to 1-} (4x - 1) = 3$

- $\displaystyle\lim_{x \to 1+} \frac{4x^2 - 5x + 1}{x - 1} = \lim_{x \to 1+} (4x - 1) = 3$

Die Funktion kann daher an der Stelle $x = 1$ durch den Funktionswert 3 stetig fortgesetzt werden.

(d) $\mathbb{D} = (0, \infty)$; Ränder: $0, +\infty$

$$
\lim_{x \to +\infty} (-3\ln(x) + x^2) = \lim_{x \to +\infty} x^2 \left(-3\frac{\ln(x)}{x^2} + 1\right)
$$
$$
= \lim_{x \to +\infty} x^2 \cdot \lim_{x \to +\infty} \left(-3\frac{\ln(x)}{x^2} + 1\right) = +\infty,
$$

da $\displaystyle\lim_{x \to +\infty} x^2 = +\infty$ und $\displaystyle\lim_{x \to +\infty} \left(-3\frac{\ln(x)}{x^2} + 1\right) = 1$ gilt.

Der Grenzwert $\displaystyle\lim_{x \to 0+} (-3\ln(x) + x^2)$ ist gleich $+\infty$.

(e) $\mathbb{D} = \mathbb{R}$; Ränder: $-\infty, +\infty$

$$
\lim_{x \to +\infty} (-e^{2x} \cdot x^3) = -\infty, \qquad \lim_{x \to -\infty} (-e^{2x} \cdot x^3) = 0.
$$

(f) $\mathbb{D} = \mathbb{R} \setminus \{0\}$; Ränder: $-\infty, +\infty, 0$

- $\displaystyle\lim_{x \to +\infty} \frac{1}{2^x} \left(4x^3 + \frac{5}{x^3}\right) = \lim_{x \to +\infty} e^{-\ln(2)x} \left(4x^3 + \frac{5}{x^3}\right) = 0,$

- $\displaystyle\lim_{x \to -\infty} \left(\frac{1}{2^x} \left(4x^3 + \frac{5}{x^3}\right)\right) = \lim_{x \to -\infty} e^{-\ln(2)x} \left(4x^3 + \frac{5}{x^3}\right)$
$$
= \lim_{x \to -\infty} 4x^3 e^{-\ln(2)x} + \lim_{x \to -\infty} \frac{5}{e^{\ln(2)x} x^3} = -\infty,
$$

denn der erste und der zweite Grenzwert sind jeweils gleich $-\infty$. Letzteres folgt aus $\displaystyle\lim_{x \to -\infty} e^{\ln(2)x} x^3 = 0-$.

◉ An der Stelle $x = 0$ ergeben sich als Grenzwerte

◉ $\lim\limits_{x \to 0-} \frac{1}{2^x}\left(4x^3 + \frac{5}{x^3}\right) = -\infty$

◉ $\lim\limits_{x \to 0+} \frac{1}{2^x}\left(4x^3 + \frac{5}{x^3}\right) = +\infty$

Diese Aussage resultiert aus den Grenzwerten $\lim\limits_{x \to 0} \frac{1}{2^x} = 1$, $\lim\limits_{x \to 0} 4x^3 = 0$
und $\lim\limits_{x \to 0-} \frac{5}{x^3} = -\infty$ bzw. $\lim\limits_{x \to 0+} \frac{5}{x^3} = +\infty$.

10.2 Lösung (⟨400⟩Aufgabe)

(a) $\lim\limits_{x \to 0+} 2|x| = \lim\limits_{x \to 0+} 2x = 0$, $\lim\limits_{x \to 0-} 2|x| = \lim\limits_{x \to 0-} (-2x) = 0$, also ist f stetig an
der Stelle $x_0 = 0$.

(b) $\lim\limits_{x \to 2+} |(x-1)^2| = 1$, $\lim\limits_{x \to 2-} |(x-1)^2| = 1$, also ist f stetig an der Stelle $x_0 = 2$.
Alternativ gilt $f(x) = |(x-1)^2| = (x-1)^2$, d.h. f ist ein quadratisches
Polynom und daher insbesondere stetig auf $\mathbb{R}$.

(c) $\lim\limits_{x \to 0+} \frac{1}{x} = +\infty \neq f(0) = 0$, $\lim\limits_{x \to 0-} \frac{1}{x} = -\infty \neq f(0) = 0$, also ist f an der
Stelle $x_0 = 0$ nicht stetig.

(d) Wegen $\frac{x^2 - 2x + 1}{x - 1} = \frac{(x-1)^2}{x-1} = x - 1$ für $x \neq 1$ gilt für die Grenzwerte
$\lim\limits_{x \to 1+} \frac{x^2 - 2x + 1}{x - 1} = \lim\limits_{x \to 1+} (x - 1) = 0$ und $\lim\limits_{x \to 1-} \frac{x^2 - 2x + 1}{x - 1} = \lim\limits_{x \to 1-} (x - 1) = 0$.
Daher ist f an der Stelle $x_0 = 1$ wegen $f(1) = 0$ stetig.

(e) Wegen $\lim\limits_{x \to 0+} \sqrt{x} = 0 = f(0)$ und $\lim\limits_{x \to 0-} \sqrt{1 - x} = 1$ ist f an der Stelle $x_0 = 0$
zwar rechtsseitig stetig, aber nicht stetig.

10.3 Lösung (⟨401⟩Aufgabe)

(a) $f'(x) = (5x^3 + 7x^2 - 4x + 9)' = 5 \cdot 3x^2 + 7 \cdot 2x - 4 + 0 = 15x^2 + 14x - 4$

(b) $f'(x) = \left(\frac{1}{3}x^6 + x + x^{\frac{1}{2}}\right)' = \frac{1}{3} \cdot 6x^5 + 1 + \frac{1}{2}x^{\frac{1}{2}-1} = 2x^5 + 1 + \frac{1}{2\sqrt{x}}$

(c) $f'(x) = \left(4x^4 - \sqrt{4x}\right)' = \left(4x^4 - 2x^{\frac{1}{2}}\right)' = 4 \cdot 4x^3 - 2 \cdot \frac{1}{2}x^{\frac{1}{2}-1} = 16x^3 - \frac{1}{\sqrt{x}}$

(d) $f'(x) = \left(8x^2 - x + 2 + 6\sqrt[3]{x^4}\right)' = \left(8x^2 - x + 2 + 6x^{\frac{4}{3}}\right)'$

$= 8 \cdot 2x - 1 + 0 + 6 \cdot \frac{4}{3}x^{\frac{4}{3}-1} = 16x - 1 + 8\sqrt[3]{x}$

(e) $f'(x) = \left(\frac{1}{2}x^{-2} + 2x^{-3} - 3x^{-4}\right)'$

$= \frac{1}{2} \cdot (-2)x^{-2-1} + 2 \cdot (-3)x^{-3-1} - 3 \cdot (-4)x^{-4-1}$

$= -x^{-3} - 6x^{-4} + 12x^{-5}$

(f) $f'(x) = \left(\sqrt{x} + \frac{1}{\sqrt{x}} + \frac{1}{\sqrt[3]{x^5}}\right)' = \left(x^{\frac{1}{2}} + x^{-\frac{1}{2}} + x^{-\frac{5}{3}}\right)'$

$\qquad = \frac{1}{2}x^{\frac{1}{2}-1} + \left(-\frac{1}{2}\right)x^{-\frac{1}{2}-1} + \left(-\frac{5}{3}\right)x^{-\frac{5}{3}-1}$

$\qquad = \frac{1}{2\sqrt{x}} - \frac{1}{2\sqrt{x^3}} - \frac{5}{3\sqrt[3]{x^8}}$

10.4 Lösung (401 Aufgabe)

(a) $f'(x) = (e^x \cdot x^2 + 3x^5)' = e^x \cdot x^2 + e^x \cdot 2x + 3 \cdot 5x^4 = e^x(x^2 + 2x) + 15x^4$

$\qquad = x(x+2)e^x + 15x^4$

(b) $f'(x) = (4^x \cdot x^4)' = \ln(4) \cdot 4^x \cdot x^4 + 4^x \cdot 4x^3 = x^3 4^x(\ln(4)x + 4)$

(c) $f'(x) = (2x \cdot \ln(x) + \ln(x^3))' = 2\ln(x) + 2x \cdot \frac{1}{x} + (3\ln(x))' = 2\ln(x) + 2 + \frac{3}{x}$

(d) $f'(x) = (3x^4 \cdot \sin(x))' = 12x^3 \cdot \sin(x) + 3x^4 \cdot \cos(x) = 3x^3(4\sin(x) + x\cos(x))$

(e) $f'(x) = ((e^{-x} + 4^x)^2)' = ((e^{-x} + 4^x) \cdot (e^{-x} + 4^x))'$

$\qquad = (e^{-x} + 4^x) \cdot (-e^{-x} + \ln(4) \cdot 4^x) + (-e^{-x} + \ln(4) \cdot 4^x) \cdot (e^{-x} + 4^x)$

$\qquad = 2(e^{-x} + 4^x)(-e^{-x} + \ln(4) \cdot 4^x)$

$\qquad = -2e^{-2x} + 2\ln(4)16^x + 2\left(\frac{4}{e}\right)^x (\ln(4) - 1)$

(f) $f'(x) = ((\ln(x))^2 \cdot e^x)' = (\ln(x)\ln(x))' \cdot e^x + (\ln(x))^2 e^x$

$\qquad = \left(\ln(x) \cdot \frac{1}{x} + \frac{1}{x} \cdot \ln(x)\right) \cdot e^x + (\ln(x))^2 e^x$

$\qquad = e^x \ln(x)\left(\frac{2}{x} + \ln(x)\right)$

10.5 Lösung (401 Aufgabe)

(a) $f'(x) = \left(\frac{3x^2+4}{2x}\right)' = \frac{6x \cdot 2x - (3x^2+4) \cdot 2}{(2x)^2} = \frac{6x^2-8}{4x^2} = \frac{3}{2} - \frac{2}{x^2}$

(b) $f'(x) = \left(\frac{1}{2+\sqrt{x}}\right)' = ((2+\sqrt{x})^{-1})' = -(2+\sqrt{x})^{-2} \cdot \frac{1}{2\sqrt{x}} = -\frac{1}{2\sqrt{x}(2+\sqrt{x})^2}$

(c) $f'(x) = \left(\frac{7x^2+3x+1}{x^2+x}\right)' = \frac{(14x+3) \cdot (x^2+x) - (7x^2+3x+1) \cdot (2x+1)}{(x^2+x)^2} = \frac{4x^2-2x-1}{(x^2+x)^2}$

(d) $f'(x) = ((5x-3)^5)' = 5(5x-3)^4 \cdot 5 = 25(5x-3)^4$

(e) $f'(x) = \left(\left(3x^4 - \frac{2}{x} + 7\right)^4\right)' = 4\left(3x^4 - \frac{2}{x} + 7\right)^3 \cdot \left(12x^3 + \frac{2}{x^2}\right)$

$\qquad = \left(48x^3 + \frac{8}{x^2}\right)\left(3x^4 - \frac{2}{x} + 7\right)^3$

(f) $f'(x) = \left(\sqrt[3]{(2x^3+3x)^5}\right)' = \left((2x^3+3x)^{\frac{5}{3}}\right)' = \frac{5}{3}(2x^3+3x)^{\frac{2}{3}} \cdot (6x^2 + 3)$

$\qquad = (10x^2 + 5)\sqrt[3]{(2x^3+3x)^2}$

10.6 Lösung ([401]Aufgabe)

(a) Es gilt $\lim\limits_{x\to-\infty} F(x) = \lim\limits_{x\to-\infty} 0 = 0$ und $\lim\limits_{x\to\infty} F(x) = \lim\limits_{x\to\infty} (1-e^{-x}) = 1$. Zur Untersuchung der Stetigkeit ist lediglich die Stelle $x_0 = 0$ zu betrachten, da sich die Stetigkeit in den anderen Punkten des Definitionsbereichs aus der Stetigkeit [387]grundlegender Funktionen ergibt. Wegen $\lim\limits_{x\to 0+} (1-e^{-x}) = 0 = f(0) = \lim\limits_{x\to 0-} 0$ ist F auch stetig in $x_0 = 0$ und damit stetig auf $\mathbb{R}$.

Die Ableitung ist gegeben durch $f(x) = F'(x) = \begin{cases} 0, & x < 0 \\ e^{-x}, & x > 0 \end{cases}$.

(b) Es gilt $\lim\limits_{x\to-\infty} F(x) = \lim\limits_{x\to-\infty} e^{-x^2} = 0$ und $\lim\limits_{x\to\infty} F(x) = \lim\limits_{x\to\infty} 1 = 1$. Zur Untersuchung der Stetigkeit ist lediglich die Stelle $x_0 = 0$ zu betrachten (vgl. (a)). Wegen $\lim\limits_{x\to 0-} e^{-x^2} = 1 = f(0) = \lim\limits_{x\to 0+} 1$ ist F auch stetig in $x_0 = 0$ und damit stetig auf $\mathbb{R}$.

Die Ableitung ist gegeben durch $f(x) = F'(x) = \begin{cases} -2xe^{-x^2}, & x < 0 \\ 0, & x > 0 \end{cases}$.

(c) Es gilt $\lim\limits_{x\to-\infty} F(x) = \lim\limits_{x\to-\infty} 0 = 0$ und $\lim\limits_{x\to\infty} F(x) = \lim\limits_{x\to\infty} 1 = 1$. Zur Untersuchung der Stetigkeit sind lediglich die Stellen $x_0 = 0$ und $x_1 = 1$ zu betrachten (vgl. (a)). Wegen $\lim\limits_{x\to 0-} 0 = 0 = f(0) = \lim\limits_{x\to 0+} x$ und $\lim\limits_{x\to 1-} x = 1 = f(1) = \lim\limits_{x\to 1+} 1$ ist F auch stetig in $x_0 = 0$ und $x_1 = 1$ und damit stetig auf $\mathbb{R}$.

Die Ableitung ist gegeben durch $f(x) = F'(x) = \begin{cases} 0, & x < 0 \\ 1, & 0 < x < 1 \\ 0, & x > 1 \end{cases}$.

(d) Aus $\lim\limits_{x\to-\infty} (-e^{-x}) = -\infty$ und $\lim\limits_{x\to+\infty} (-e^{-x}) = 0$ resultieren die Grenzwerte

$$\lim\limits_{x\to-\infty} F(x) = \lim\limits_{x\to-\infty} e^{-e^{-x}} = \lim\limits_{z\to-\infty} e^z = 0,$$

$$\lim\limits_{x\to+\infty} F(x) = \lim\limits_{x\to+\infty} e^{-e^{-x}} = \lim\limits_{z\to 0} e^z = 1.$$

Als Verkettung stetiger Funktionen ist F auch stetig auf $\mathbb{R}$. Die Ableitung ist nach der Kettenregel gegeben durch

$$f(x) = F'(x) = e^{-x}e^{-e^{-x}} = e^{-x-e^{-x}} = e^{-(x+e^{-x})}, \quad x \in \mathbb{R}.$$

10.7 Lösung ([402]Aufgabe)

Die Grenzwerte für $x \to -\infty$ werden jeweils mittels der Beziehung

$$\lim\limits_{x\to-\infty} f(x) = \lim\limits_{x\to\infty} f(-x)$$

bestimmt.

(a) Für $f(x) = \frac{2x^2-1}{x}$ gilt:

$$\lim_{x\to\infty} f(x) = \lim_{x\to\infty} \left(2x - \frac{1}{x}\right) = \infty$$

$$\lim_{x\to-\infty} f(x) = \lim_{x\to\infty} \frac{2(-x)^2-1}{-x} = \lim_{x\to\infty} \left(-2x + \frac{1}{x}\right) = -\infty$$

(b) Für $f(t) = \frac{-3t^3-5t^2}{2t^3+5t-1}$ gilt:

$$\lim_{t\to\infty} f(t) = \lim_{t\to\infty} \frac{-3-\frac{5}{t}}{2+\frac{5}{t^2}-\frac{1}{t^3}} = -\frac{3}{2}$$

$$\lim_{t\to-\infty} f(t) = \lim_{t\to\infty} \frac{3-\frac{5}{t}}{-2-\frac{5}{t^2}-\frac{1}{t^3}} = -\frac{3}{2}$$

(c) Für $g(y) = \frac{1-2y^2+y}{1-2y^2}$ gilt:

$$\lim_{y\to\infty} g(y) = \lim_{y\to\infty} \frac{\frac{1}{y^2}-2+\frac{1}{y}}{\frac{1}{y^2}-2} = 1$$

$$\lim_{y\to-\infty} g(y) = \lim_{y\to\infty} \frac{\frac{1}{y^2}-2-\frac{1}{y}}{\frac{1}{y^2}-2} = 1$$

Alternativ kann auch wie folgt vorgegangen werden:

$$g(y) = \frac{1-2y^2+y}{1-2y^2} = 1 + \frac{y}{1-2y^2} \xrightarrow{x\to\pm\infty} 1,$$

da der Term $\frac{y}{1-2y^2}$ in beiden Fällen gegen Null konvergiert.

(d) Für $g(s) = \frac{s-s^2-4s^4}{1-s^5+s^3}$ gilt:

$$\lim_{s\to\infty} g(s) = \lim_{s\to\infty} \frac{\frac{1}{s^4}-\frac{1}{s^3}-\frac{4}{s}}{\frac{1}{s^5}-1+\frac{1}{s^2}} = 0$$

$$\lim_{s\to-\infty} g(s) = \lim_{s\to\infty} \frac{-\frac{1}{s^4}-\frac{1}{s^3}-\frac{4}{s}}{\frac{1}{s^5}+1-\frac{1}{s^2}} = 0$$

(e) Für $f(x) = \frac{(2x^2-1)^2}{x^3-(x^4+1)^2}$ gilt:

$$\lim_{x\to\infty} f(x) = \lim_{x\to\infty} \frac{\frac{1}{x^4}\left(2-\frac{1}{x^2}\right)^2}{\frac{1}{x^5}-\left(1+\frac{1}{x^4}\right)^2} = 0$$

$$\lim_{x\to-\infty} f(x) = \lim_{x\to\infty} \frac{\frac{1}{x^4}\left(2-\frac{1}{x^2}\right)^2}{-\frac{1}{x^5}-\left(1+\frac{1}{x^4}\right)^2} = 0$$

Alternativ können die Terme im Zähler und Nenner ausmultipliziert werden und dann die Grenzwerte bestimmt werden:

$$f(x) = \frac{(2x^2-1)^2}{x^3-(x^4+1)^2} = \frac{4x^4-4x^2+1}{x^3-x^8-2x^4-1}.$$

(f) Für $f(v) = \frac{1+v^6-(3v+2)^3}{(v+1)^6}$ gilt:

$$\lim_{v\to\infty} f(v) = \lim_{v\to\infty} \frac{\frac{1}{v^6}+1-\frac{1}{v^3}\left(3+\frac{2}{v}\right)^3}{\left(1+\frac{1}{v}\right)^6} = 1$$

$$\lim_{v\to-\infty} f(v) = \lim_{v\to\infty} \frac{\frac{1}{v^6}+1-\frac{1}{v^3}\left(-3+\frac{2}{v}\right)^3}{\left(-1+\frac{1}{v}\right)^6} = 1$$

Alternativ können die Terme im Zähler und Nenner ausmultipliziert werden und dann die Grenzwerte bestimmt werden:

$$f(v) = \frac{1+v^6-27v^3-54v^2-36v-8}{v^6+6v^5+15v^4+20v^3+15v^2+6v+1}.$$

(g) Für $f(x) = \frac{\alpha x^3-2x+2}{x^3+x}$ mit $\alpha \in \mathbb{R}$ gilt:

$$\lim_{x\to\infty} f(x) = \lim_{x\to\infty} \frac{\alpha-\frac{2}{x^2}+\frac{2}{x^3}}{1+\frac{1}{x^2}} = \alpha$$

$$\lim_{x\to-\infty} f(x) = \lim_{x\to\infty} \frac{-\alpha+\frac{2}{x^2}+\frac{2}{x^3}}{-1-\frac{1}{x^2}} = \alpha$$

(h) Für $h(t) = \frac{t^2-1}{1-2t^k}$ mit $k \in \mathbb{N}_0$ werden folgende Fälle betrachtet:

❶ $k = 0$: In diesem Fall ist der Nenner konstant und es gilt:

$$\lim_{t\to\infty} h(t) = \lim_{t\to\infty} \frac{t^2-1}{1-2} = \lim_{t\to\infty}(1-t^2) = -\infty$$

$$\lim_{t\to-\infty} h(t) = \lim_{t\to\infty} \frac{(-t)^2-1}{1-2} = \lim_{t\to\infty}(1-t^2) = -\infty$$

❷ $k = 1$: In diesem Fall ist die höchste Potenz im Zähler und es gilt:

$$\lim_{t\to\infty} h(t) = \lim_{t\to\infty} \frac{t^2-1}{1-2t} = \lim_{t\to\infty} \frac{t-\frac{1}{t}}{\frac{1}{t}-2} = -\infty$$

$$\lim_{t\to-\infty} h(t) = \lim_{t\to\infty} \frac{(-t)^2-1}{1+2t} = \lim_{t\to\infty} \frac{t-\frac{1}{t}}{\frac{1}{t}+2} = \infty$$

❸ $k = 2$: In diesem Fall ist die höchste Potenz im Nenner gleich der höchsten Potenz im Zähler und es gilt:

$$\lim_{t\to\infty} h(t) = \lim_{t\to\infty} \frac{t^2-1}{1-2t^2} = \lim_{t\to\infty} \frac{1-\frac{1}{t^2}}{\frac{1}{t^2}-2} = -\frac{1}{2}$$

$$\lim_{t\to-\infty} h(t) = \lim_{t\to\infty} \frac{(-t)^2-1}{1-2(-t)^2} = \lim_{t\to\infty} \frac{1-\frac{1}{t^2}}{\frac{1}{t^2}-2} = -\frac{1}{2}$$

❹ $k \geqslant 3$: In diesem Fall ist die höchste Potenz im Nenner und es gilt:

$$\lim_{t \to \infty} h(t) = \lim_{t \to \infty} \frac{t^2 - 1}{1 - 2t^k} = \lim_{t \to \infty} \frac{\frac{1}{t^{k-2}} - \frac{1}{t^k}}{\frac{1}{t^k} - 2} = 0$$

$$\lim_{t \to -\infty} h(t) = \lim_{t \to \infty} \frac{(-t)^2 - 1}{1 - 2(-t)^k} = \lim_{t \to \infty} \frac{\frac{1}{t^{k-2}} - \frac{1}{t^k}}{\frac{1}{t^k} - 2(-1)^k} = 0$$

(i) Für $f(y) = \frac{(1 - \alpha y)^4 + y^4}{(3y - y^2 - 2)^2}$ gilt:

$$\lim_{y \to \infty} f(y) = \lim_{y \to \infty} \frac{\left(\frac{1}{y} - \alpha\right)^4 + 1}{\left(\frac{3}{y} - 1 - \frac{2}{y^2}\right)^2} = \alpha^4 + 1$$

$$\lim_{y \to -\infty} f(y) = \lim_{y \to \infty} \frac{\left(\frac{1}{y} + \alpha\right)^4 + 1}{\left(-\frac{3}{y} - 1 - \frac{2}{y^2}\right)^2} = \alpha^4 + 1$$

10.8 Lösung (⟨402⟩Aufgabe)

(a) Für $f(t) = \alpha t^2 + t$, $t \in \mathbb{R}$, mit $\alpha \in \mathbb{R}$ gilt:

$$f'(t) = 2\alpha t + 1, \quad f''(t) = 2\alpha.$$

(b) Für $f(x) = (1 + \beta x^2)^3$, $x \in \mathbb{R}$, mit $\beta \in \mathbb{R}$ gilt mit Produkt- und Kettenregel:

$$f'(x) = 2\beta x \cdot 3(1 + \beta x^2)^2 = 6\beta x(1 + \beta x^2)^2,$$
$$f''(x) = 6\beta \left[(1 + \beta x^2)^2 + x \cdot 2\beta x \cdot 2(1 + \beta x^2)\right]$$
$$= 6\beta(1 + \beta x^2)(1 + 5\beta x^2).$$

(c) Für $f(y) = \ln(\delta y)$, $y > 0$, mit $\delta > 0$ gilt mit den ⟨94⟩Logarithmusgesetzen:

$$f(y) = \ln(\delta y) = \ln(\delta) + \ln(y),$$

so dass

$$f'(y) = \frac{1}{y}, \quad f''(y) = -\frac{1}{y^2}.$$

(d) Für $f(z) = \ln(1 + \delta z)$, $z > 0$, mit $\delta > 0$ gilt mit der Kettenregel:

$$f'(z) = \frac{\delta}{1 + \delta z}, \quad f''(z) = -\frac{\delta^2}{(1 + \delta z)^2}.$$

(e) Für $f(y) = 1 - (1 - y)^{1/\beta}$, $y \in (0, 1)$, mit $\beta > 0$ gilt:

$$f'(y) = (-1) \cdot \left[-\frac{1}{\beta}(1 - y)^{1/\beta - 1}\right] = \frac{1}{\beta}(1 - y)^{1/\beta - 1},$$
$$f''(y) = \frac{1}{\beta} \cdot (-1) \cdot \left(\frac{1}{\beta} - 1\right)(1 - y)^{1/\beta - 2} = \frac{\beta - 1}{\beta^2}(1 - y)^{1/\beta - 2}.$$

(f) Für $f(t) = t^{1-\delta}$, $t > 0$, mit $\delta > 0$ gilt:

$$f'(t) = (1 - \delta)t^{-\delta}, \quad f''(t) = \delta(\delta - 1)t^{-\delta - 1}.$$

(g) Für $f(x) = e^{-(x-\mu)^\alpha}$, $x \in \mathbb{R}$, mit $\alpha \in \mathbb{N}_0$ und $\mu \in \mathbb{R}$ gilt:

$$f'(x) = -\alpha(x - \mu)^{\alpha-1}e^{-(x-\mu)^\alpha},$$

$$f''(x) = -\alpha(\alpha - 1)(x - \mu)^{\alpha-2}e^{-(x-\mu)^\alpha} + \left(-\alpha(x - \mu)^{\alpha-1}\right)^2 e^{-(x-\mu)^\alpha}$$

$$= \left[-\alpha(\alpha - 1)(x - \mu)^{\alpha-2} + \alpha^2(x - \mu)^{2\alpha-2}\right]e^{-(x-\mu)^\alpha}$$

$$= \alpha\left[1 - \alpha + \alpha(x - \mu)^\alpha\right](x - \mu)^{\alpha-2}e^{-(x-\mu)^\alpha}.$$

(h) Für $f(z) = \ln(\delta z)e^{-(z-\mu)}$, $z > 0$, mit $\delta > 0$ und $\mu \in \mathbb{R}$ gilt zunächst mit den 94 Logarithmusgesetzen und $e^{-(z-\mu)} = e^{\mu-z}$:

$$f(z) = \ln(\delta z)e^{-(z-\mu)} = \left(\ln(\delta) + \ln(z)\right)e^{\mu-z}.$$

Daraus folgt mit $\left(e^{\mu-z}\right)' = -e^{\mu-z}$:

$$f'(z) = \frac{1}{z}e^{\mu-z} - \left(\ln(\delta) + \ln(z)\right)e^{\mu-z} = \left(\frac{1}{z} - \ln(\delta) - \ln(z)\right)e^{\mu-z},$$

$$f''(z) = \left(-\frac{1}{z^2} - \frac{1}{z}\right)e^{\mu-z} - \left(\frac{1}{z} - \ln(\delta) - \ln(z)\right)e^{\mu-z}$$

$$= \left(-\frac{1}{z^2} - \frac{2}{z} + \ln(\delta) + \ln(z)\right)e^{\mu-z}$$

$$= \left(-\frac{1}{z^2} - \frac{2}{z} + \ln(\delta z)\right)e^{\mu-z}.$$

Kapitel 11

Integration

Die Berechnung von Integralen ist in der Wahrscheinlichkeitsrechnung und der angewandten Statistik ein wichtiges Hilfsmittel zur Bestimmung von Wahrscheinlichkeiten, Verteilungsfunktionen, Erwartungswerten, Varianzen und anderen Kenngrößen bei zu Grunde liegenden stetigen Wahrscheinlichkeitsverteilungen.

11.1 Integration und Stammfunktionen

11.1 Beispiel (Verteilungsfunktion)

In der Stochastik beschreibt der Wert $F(x)$ einer Verteilungsfunktion $F : \mathbb{R} \to [0, 1]$ die Wahrscheinlichkeit, dass eine ⟨162⟩Zufallsvariable einen vorgegebenen Wert x nicht überschreitet. Hat die Verteilungsfunktion F eine sogenannte ⟨424⟩Verteilungsdichte f, so ist die obige Wahrscheinlichkeit durch die vom Graphen von f und der ⟨61⟩Abszisse eingeschlossene Fläche über dem Intervall $(-\infty, x]$ gegeben. Für die ⟨425⟩Standardexponentialverteilung mit Verteilungsdichte

$$f(t) = \begin{cases} 0, & t < 0 \\ e^{-t}, & t \geqslant 0 \end{cases}$$

ist der Wert der Verteilungsfunktion an der Stelle $x > 0$ gleich dem Inhalt der in ⟨412⟩Abbildung 11.1 markierten Fläche. Das Intervall $(-\infty, 0]$ leistet keinen Beitrag zum Integral, da die Funktion f auf diesem Teilintervall gleich Null ist. ✗

Der Zusammenhang zwischen der Verteilungsdichte f und der zugehörigen Verteilungsfunktion F,

$$F(x) = \text{Fläche zwischen Graph von } f \text{ und Abszisse bis zur Stelle } x,$$

wird mittels der Integralschreibweise

$$F(x) = \int_{-\infty}^{x} f(t)\,dt$$

mit dem Integralzeichen $\int$ notiert. $\int_{-\infty}^{x} f(t)\,dt$ heißt Integral von f über dem Intervall $(-\infty, x]$. Die untere **Integrationsgrenze** $-\infty$ und die obere Integrationsgrenze x werden jeweils unten bzw. oben an das Integralzeichen $\int_{-\infty}^{x}$ notiert (vgl.

© Springer-Verlag GmbH Deutschland, ein Teil von Springer Nature 2018
E. Cramer und J. Nešlehová, *Vorkurs Mathematik*, EMIL@A-stat,
https://doi.org/10.1007/978-3-662-57494-2_11

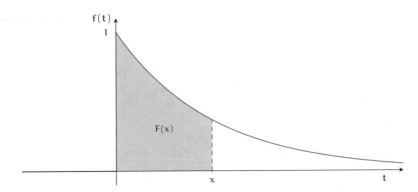

Abbildung 11.1: Fläche unter dem Funktionsgraphen von f über dem Intervall $(-\infty, x]$.

$\overline{114}$Summenzeichen). Mit dem Kürzel dt wird die Variable (hier t) gekennzeichnet, über die die Integration ausgeführt wird. Die Funktion f wird als zu integrierende Funktion bzw. als **Integrand** bezeichnet.

Allgemein lässt sich die Integration einer nicht-negativen Funktion f geometrisch als Berechnung des Flächeninhalts der von der Abszisse und dem Funktionsgraphen über dem Intervall eingeschlossenen Fläche interpretieren (s. $\overline{412}$Abbildung 11.2(a)).

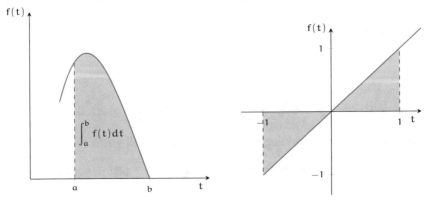

(a) Integral als Inhalt der Fläche unter einem   (b) Integral und Flächeninhalt bei beliebi-
Funktionsgraphen.   gen Funktionen.

Abbildung 11.2: Integral und Flächeninhalt.

Für Integranden f mit negativen und positiven Funktionswerten kann das Integral i.Allg. nicht als Flächenmaß interpretiert werden. Wählt man $f(t) = t$, so hat das Integral $\int_{-1}^{1} f(t)\,dt$ den Wert Null, während der Flächeninhalt der eingeschlossenen Fläche offenbar $1^2 = 1$ beträgt (s. $\overline{412}$Abbildung 11.2(b)).

Formal wird das Integral

$$\int_a^b f(t)\,dt$$

über **Unter- und Obersummen** eingeführt, die die vom Funktionsgraphen und der Abszisse eingeschlossene Fläche approximieren und im ▨Grenzwert dieser entsprechen. Dieser Zugang beruht auf der Idee, den Integrationsbereich in Intervalle zu ▨zerlegen und den Wert des Integrals durch den Wert der Untersumme von unten und durch den Wert der Obersumme von oben einzuschachteln, wobei sich deren Werte als Summe von Rechteckflächen leicht berechnen lassen. Die Zerlegung des Integrationsbereichs wird dann verfeinert, so dass die Näherung genauer wird. Konvergiert dieser Prozess, heißt die Funktion f **integrierbar**.*
▨Abbildung 11.3 illustriert diesen Vorgang. Die Zahl n gibt jeweils die Anzahl der (gleich breit gewählten) Teilintervalle an. Wie aus den Abbildungen ersichtlich ist, approximieren die Treppenstufen den Funktionsgraphen mit wachsender Anzahl von Teilintervallen besser.

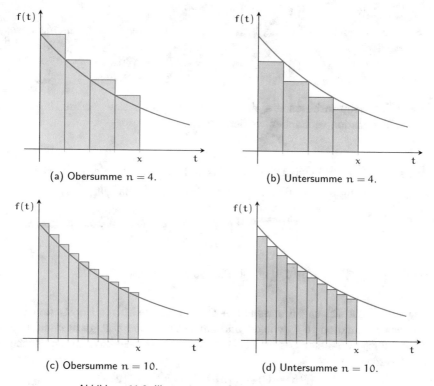

(a) Obersumme $n = 4$.

(b) Untersumme $n = 4$.

(c) Obersumme $n = 10$.

(d) Untersumme $n = 10$.

Abbildung 11.3: Illustration von Ober- und Untersummen.

*Auf einem Intervall $[a, b]$ stetige Funktionen sind dort auch integrierbar (s. Heuser, 2009).

Auf eine Darstellung der mathematischen Zusammenhänge soll hier verzichtet werden, da der Anwendungsaspekt der Integralrechnung im Vordergrund steht (zu weiteren Informationen s. Kamps, Cramer und Oltmanns 2009). Ziel des hier gewählten Vorgehens ist, einfach handhabbare Rechenregeln bereitzustellen, um Integrale (und damit die interessierenden Größen) mit möglichst geringem Aufwand berechnen zu können. Ein zentrales Hilfsmittel bei der Auswertung von Integralen ist der Hauptsatz der Differenzial- und Integralrechnung.

▷ **Regel (Hauptsatz der Differenzial- und Integralrechnung)**

Seien f eine auf dem Intervall $[a, b]$ stetige Funktion und F eine stetige, auf dem offenen Intervall (a, b) differenzierbare Funktion mit

$$f(x) = F'(x) \quad \text{für alle } x \in (a, b).$$

Dann kann das Integral von f über $[a, b]$ berechnet werden gemäß

$$\int_a^b f(t)\, dt = F(b) - F(a).$$

Die Funktion F wird als **Stammfunktion** von f bezeichnet.

Alternativ werden für das Integral $\int_a^b f(t)\, dt$ folgende Bezeichnungen verwendet:

$$F(t)\Big|_a^b = F(t)\Big|_{t=a}^{t=b} = \Big[F(t)\Big]_a^b = \Big[F(t)\Big]_{t=a}^{t=b}.$$

Dieser Satz zeigt insbesondere, dass die Integration als eine gewisse Umkehrung der Differenziation verstanden werden kann.

11.2 Beispiel

Wegen $\left(\frac{x^4}{4}\right)' = x^3$ definiert $F(x) = \frac{x^4}{4}$ nach dem Hauptsatz der Differenzial- und Integralrechnung eine Stammfunktion zu $f(x) = x^3$. Somit gilt

$$\int_a^b x^3\, dx = \left[\frac{x^4}{4}\right]_a^b = \frac{1}{4}(b^4 - a^4).$$

Wegen $\left(\frac{x^4}{4} + 2\right)' = x^3 + 0 = x^3$ gilt dies auch für $G(x) = \frac{x^4}{4} + 2$.   ✗

Allgemein lässt sich sagen, dass $F(x) + C$ mit einer beliebigen Konstanten $C \in \mathbb{R}$ eine Stammfunktion zu f definiert und umgekehrt jede beliebige Stammfunktion zwangsläufig von dieser Gestalt ist. Dabei ist zu beachten, dass für ein beliebiges C die Beziehung

$$(F(b) + C) - (F(a) + C) = F(b) - F(a)$$

gilt, d.h. der Wert des Integrals hängt nicht von der Wahl der Stammfunktion ab. Diese Beobachtung wird in der folgenden Aussage zusammengefasst.

> **Regel (Eigenschaften von Stammfunktionen)**
>
> Sind F und $\tilde{F}$ Stammfunktionen einer Funktion f, so unterscheiden sich F und $\tilde{F}$ nur um eine Konstante $C \in \mathbb{R}$, d.h. es gibt ein $C \in \mathbb{R}$ mit
>
> $$F(t) = \tilde{F}(t) + C \quad \text{für alle } t \in (a, b).$$
>
> <u>Eine</u> Stammfunktion von f ist gegeben durch
>
> $$F(t) = \int_a^t f(x)\,dx, \quad t \in (a, b).$$

Stammfunktionen zu einer Funktion f werden auch als **unbestimmtes Integral** $\int f(t)\,dt$ bezeichnet (die Integrationsgrenzen werden nicht spezifiziert). Zur Abgrenzung wird $\int_a^b f(t)\,dt$ **bestimmtes Integral** genannt.

11.3 Beispiel (Unbestimmte Integrale)

Das unbestimmte Integral $\int x^3\,dx$ wird nach dem Hauptsatz der Differenzial- und Integralrechnung interpretiert als

$$\int x^3\,dx = \frac{1}{4}x^4 + C,$$

wobei C eine beliebige reelle Zahl ist. Dies lässt sich durch Differenzieren der rechten Seite nachweisen. Entsprechend gelten z.B.

- $\int e^t\,dt = e^t + C$

  Als Definitionsbereich kann jedes beliebige Intervall $[a, b]$ aus $\mathbb{R}$ gewählt werden.

- $\int \frac{1}{y}\,dy = \ln(|y|) + C$

  Die Stammfunktion zu $\frac{1}{y}$ ist $\ln(|y|)$, da y auch negative Werte haben kann. Bei Einschränkung auf positive Argumente $y > 0$ ist natürlich $\ln(y)$ Stammfunktion zu $\frac{1}{y}$. Bei der Integration von $\frac{1}{y}$ ist $0 \notin [a, b]$ zu beachten, d.h. 0 darf nicht im Integrationsbereich liegen.

- $\int \frac{1}{z^3}\,dz = -\frac{1}{2z^2} + C.$

  Da die durch $\frac{1}{z^3}$ definiert Funktion in $z = 0$ nicht erklärt ist, existiert die Stammfunktion nur auf Intervallen $[a, b]$, die vollständig in $(-\infty, 0)$ bzw. $(0, \infty)$ enthalten sind. ✗

Die Voraussetzung der Stetigkeit im Hauptsatz der Differenzial- und Integralrechnung ist eine Bedingung, auf die ohne Weiteres nicht verzichtet werden kann (s. 416Beispiel 11.4).

11.4 Beispiel

Die durch

$$f(z) = \begin{cases} \frac{1}{z^2}, & z \neq 0 \\ 0, & z = 0 \end{cases}$$

definierte Funktion ist auf dem Intervall $[-1, 1]$ nicht stetig. Der Hauptsatz würde bei Vernachlässigung dieser Eigenschaft mit der „Stammfunktion" $F(z) = -\frac{1}{z}$ das Ergebnis

$$\int_{-1}^{1} f(z)\, dz \overset{\Large ?}{=} F(1) - F(-1) = -2$$

liefern. Tatsächlich gilt aber $\int_{-1}^{1} f(z)dz = \infty$ (vgl. [419]Beispiel 11.7). Problematisch ist die Unstetigkeit in $z = 0$. f hat zwar die Stammfunktion auf $(-\infty, 0)$ bzw. auf $(0, \infty)$, jedoch nicht auf $\mathbb{R}$.

Die Funktion g mit $g(t) = \mathbb{1}_{[0,\infty)}(t)$, $t \in \mathbb{R}$, ist ebenfalls unstetig auf ihrem Definitionsbereich (genauer in $t = 0$). Für alle $a \leqslant b$ gilt jedoch die Beziehung

$$\int_{a}^{b} g(t)\, dt = \begin{cases} 0, & b \leqslant 0 \\ b, & a \leqslant 0 \leqslant b \;, \\ b - a, & 0 \leqslant a \end{cases}$$

so dass mit $G(x) = \begin{cases} 0, & x \leqslant 0 \\ x, & x > 0 \end{cases}$ daraus für beliebige $a \leqslant b$ die Identität

$$\int_{a}^{b} g(t)\, dt = G(b) - G(a) \qquad\qquad (\clubsuit)$$

folgt. Zudem ist G auf $\mathbb{R} \setminus \{0\}$ differenzierbar und für $t \neq 0$ gilt

$$G'(t) = g(t).$$

Die (unstetige) Funktion g hat somit bis auf die Stelle $t = 0$ eine Stammfunktion. Da die Beziehung ($\clubsuit$) auf $\mathbb{R}$ gilt, kann G jedoch als Stammfunktion bezeichnet werden.

Ein zentraler Unterschied zum vorhergehenden Beispiel besteht darin, dass G stetig auf dem offenen Intervall (a, b) ist. Weitere Informationen zu dieser Fragestellung sind in [421]Abschnitt 11.3 zu finden.   ✗

Eine wesentliche Folgerung aus dem Hauptsatz der Differenzial- und Integralrechnung ist, dass zu einem Integranden f (lediglich) eine Funktion F zu bestimmen ist, deren Ableitung f ist. Da das Ableiten einer Funktion auf einfache Weise systematisch möglich ist, resultiert eine Tabelle von Funktionspaaren, die zur Integration von Funktionen eingesetzt wird (vgl. [396]Übersicht 10.4).

11.1 Übersicht (Wichtige Stammfunktionen)

Funktion f	Parameterbereich	Definitionsbereich $\mathbb{D}$	Stammfunktion F
t^n	$n \in \mathbb{N}$	$\mathbb{R}$	$\frac{1}{n+1} t^{n+1}$
t^p	$p \neq -1$	$(0, \infty)$	$\frac{1}{p+1} t^{p+1}$
$\frac{1}{t}$		$\mathbb{R} \setminus \{0\}$	$\ln(|t|)$
$\frac{1}{t^n}$	$n \in \mathbb{N}, n \geqslant 2$	$\mathbb{R} \setminus \{0\}$	$\frac{1}{1-n} \frac{1}{t^{n-1}}$
e^t		$\mathbb{R}$	e^t
e^{-t}		$\mathbb{R}$	$-e^{-t}$
$\sin(t)$		$\mathbb{R}$	$-\cos(t)$
$\cos(t)$		$\mathbb{R}$	$\sin(t)$

11.5 Beispiel

Aus 417Übersicht 11.1 ergibt sich für $f(t) = \frac{1}{t^3} = t^{-3}$ die Stammfunktion

$$F(t) = \frac{1}{1 + (-3)} t^{-3+1} = -\frac{1}{2} t^{-2} = -\frac{1}{2t^2}.$$

Für $g(x) = \sqrt{x^3} = x^{3/2}$ resultiert die Stammfunktion

$$G(x) = \frac{1}{\frac{3}{2} + 1} x^{3/2+1} = \frac{2}{5} x^{5/2} = \frac{2}{5} \sqrt{x^5}. \qquad \qquad ✗$$

Der Hauptsatz der Differenzial- und Integralrechnung gilt auch für die Fälle $a = -\infty$, $b \in \mathbb{R}$, $a \in \mathbb{R}$, $b = \infty$ und $a = -\infty$, $b = \infty$, sofern jeweils die Grenzwerte $\lim_{t \to -\infty} F(t)$ bzw. $\lim_{t \to \infty} F(t)$ endlich existieren. In diesem Fall gilt etwa

$$\int_{-\infty}^{b} f(t)\,dt = F(b) - \lim_{t \to -\infty} F(t).$$

Ein Integral mit Integrationsgrenze $-\infty$ und/oder $+\infty$ wird als **uneigentliches Integral** bezeichnet.

Aufgaben zum Üben in Abschnitt 11.1

430Aufgabe 11.1 − 430Aufgabe 11.3, 434Aufgabe 11.15

11.2 Integrationsregeln

Neben dem Hauptsatz der Differenzial- und Integralrechnung spielen Rechenregeln für Verknüpfungen von Funktionen eine große Rolle bei der Berechnung von Integralen, weil diese die Bestimmung von Stammfunktionen auf gewisse Grundtypen reduzieren.

> **▶ Regel (Faktor- und Summenregel)**
>
> Sei $[a, b]$ ein Intervall. Für (stückweise) stetige Funktionen f, g und Zahlen $c, d \in \mathbb{R}$ gilt
>
> $$\int_a^b (cf(t) + dg(t))dt = c \int_a^b f(t)dt + d \int_a^b g(t)dt.$$

11.6 Beispiel

(i) $\displaystyle\int_{-1}^1 (2x - 1)dx = \left[x^2 - x\right]_{-1}^1 = [1 - 1] - [1 - (-1)] = -2$

(ii) $\displaystyle\int_0^4 (x^3 + 2x - 5)dx = \int_0^4 x^3 dx + \int_0^4 2x dx - \int_0^4 5 dx$

$$= \left[\tfrac{1}{4}x^4\right]_0^4 + \left[x^2\right]_0^4 - \left[5x\right]_0^4$$

$$= \tfrac{1}{4} \cdot 4^4 + 4^2 - 5 \cdot 4 = 64 + 16 - 20 = 60$$

(iii) $\displaystyle\int_1^2 \tfrac{2}{t}dt - \int_1^2 \tfrac{2t-1}{t^2}dt = \int_1^2 \left(\tfrac{2}{t} - \tfrac{2t-1}{t^2}\right)dt = \int_1^2 \tfrac{1}{t^2}dt = \int_1^2 t^{-2}dt$

$$= \tfrac{1}{-1}t^{-1}\big|_1^2 = -\tfrac{1}{2} - (-1) = \tfrac{1}{2}$$

(iv) $\displaystyle\int_1^e \left(\tfrac{1}{t} + 1\right)dt = \int_1^e \tfrac{1}{t}dt + \int_1^e 1 dt = \ln(|t|)\big|_1^e + t\big|_1^e = \ln(|e|) - \ln(|1|) + e - 1$

$$= \ln(e) - \ln(1) + e - 1 = 1 - 0 + e - 1 = e$$

(v) $\displaystyle\int_{-\infty}^5 e^{t-3}dt = \int_{-\infty}^5 e^t e^{-3}dt = e^{-3}e^t\big|_{-\infty}^5 = e^{-3}\left(e^5 - \lim_{t \to -\infty} e^t\right)$ ✗

$$= e^{-3}\left(e^5 - 0\right) = e^2$$

Weitere nützliche Integrationsregeln sind die folgenden Aussagen.

> **▶ Regel (Integrationsregeln)**
>
> Für eine auf dem Intervall $[a, b]$ stetige Funktion f gilt:
>
> ① $\displaystyle\int_c^c f(t)dt = 0$ für alle $c \in [a, b]$,
>
> ② $\displaystyle\int_a^b f(t)dt = -\int_b^a f(t)dt.$

Aus der Regel $\int_c^c f(t)dt = 0$ folgt, dass der Integrationsbereich $[a, b]$ durch die (halb-)offenen Intervalle $(a, b]$, $[a, b)$ oder (a, b) ersetzt werden kann, ohne den Wert des Integrals zu verändern. I.Allg. wird für den Integranden f angenommen, dass er (stückweise) stetig auf dem abgeschlossenen Intervall $[a, b]$ ist. Diese Voraussetzung kann derart abgeschwächt werden, dass f (stückweise) stetig auf dem offenen Intervall (a, b) ist und die (auf (a, b) existierende) Stammfunktion endliche Grenzwerte bei Annäherung an a bzw. b hat.

11.7 Beispiel (Offener Integrationsbereich)

Die obigen Regeln ermöglichen die Berechnung des Integrals der Funktion $f(x) = \frac{1}{2\sqrt{x}}$, $x > 0$, über dem Intervall $(0, b]$ mit $b > 0$, obwohl f an der Stelle $x = 0$ nicht definiert ist. Offenbar gilt für $F(x) = \sqrt{x}$, $x > 0$, die Beziehung $F'(x) = f(x)$, so dass

$$\int_0^b f(t)dt = \int_0^b \frac{1}{2\sqrt{t}}dt = \sqrt{t}\Big|_0^b = \sqrt{b} - \lim_{t \to 0} \sqrt{t} = \sqrt{b}.$$

Die Berechnung des Integrals der Funktion $f(x) = \frac{1}{x}$, $x > 0$, über dem Integrationsbereich $(0, b]$ mit $b > 0$, liefert

$$\int_0^b f(t)dt = \int_0^b \frac{1}{t}dt = \ln(t)\Big|_0^b = \ln(b) - \lim_{t \to 0+} \ln(t).$$

Da $\lim_{t \to 0+} \ln(t) = -\infty$ gilt, ist diese Funktion ein Beispiel dafür, dass der Wert eines Integrals nicht endlich sein muss.   **✗**

Die Umkehrung zur [397]Produktregel der Differenziation ist die partielle Integration.

> ▶ **Regel (Partielle Integration)**
>
> Seien $[a, b]$ ein Intervall und f, g differenzierbare Funktionen mit (stückweise) stetigen Ableitungen f', g' auf dem offenen Intervall (a, b). Dann gilt
>
> $$\int_a^b f'(t) \cdot g(t)dt = f(t) \cdot g(t)\Big|_a^b - \int_a^b f(t) \cdot g'(t)dt.$$

11.8 Beispiel (Partielle Integration)

(i) $\int_0^1 xe^x dx \overset{P}{=} xe^x\Big|_0^1 - \int_0^1 1 \cdot e^x dx = e - 0 - e^x\Big|_0^1 = e - (e - 1) = 1$

(P: Partielle Integration mit $f'(x) = e^x$ und $g(x) = x$)

(ii) Für $t > 0$ gilt: $\int_1^t \ln(x)dx = \int_1^t 1 \cdot \ln(x)dx \overset{P}{=} x\ln(x)\Big|_1^t - \int_1^t x \cdot \frac{1}{x}dx$

$$= t\ln(t) - 0 - \int_1^t dx = t\ln(t) - x\Big|_1^t$$

$$= t\ln(t) - t + 1 = t(\ln(t) - 1) + 1$$

(P: Partielle Integration mit $f'(x) = 1$ und $g(x) = \ln(x)$)

(iii) $\displaystyle\int_0^u x^2 e^x\,dx \overset{\text{P1}}{=} x^2 e^x\big|_0^u - \int_0^u 2x\cdot e^x\,dx = u^2 e^u - 2\int_0^u x\cdot e^x\,dx$

$\displaystyle\qquad \overset{\text{P2}}{=} u^2 e^u - 2\left[xe^x\big|_0^u - \int_0^u e^x\,dx\right] = u^2 e^u - 2ue^u + 2e^u - 2$

$\displaystyle\qquad = (u^2 - 2u + 2)e^u - 2$

(P1: 1. Partielle Integration mit $f'(x) = e^x$ und $g(x) = x^2$, P2: 2. Partielle
Integration mit $f'(x) = e^x$ und $g(x) = x$; vgl. (i)).   ✗

> **Regel (Substitutionsregel)**
> Seien $[a, b]$ ein Intervall, f eine differenzierbare Funktion mit stetiger Ablei-
> tung f' auf dem offenen Intervall (a, b) und Wertebereich $[c, d]$. Ferner sei
> g eine (stückweise) stetige Funktion mit einem Definitionsbereich, der den
> Wertebereich $[c, d]$ von f umfasst. Dann gilt
>
> $$\int_a^b f'(t)g(f(t))\,dt = \int_{f(a)}^{f(b)} g(u)\,du.$$

11.9 Beispiel (Anwendungen der Substitutionsregel)

(i) $\displaystyle\int_{-1}^2 (v+1)^2\,dv = \int_{-1}^2 1\cdot(v+1)^2\,dv \overset{\text{S}}{=} \int_{-1+1}^{2+1} y^2\,dy = \int_0^3 y^2\,dy = \tfrac{1}{3}y^3\big|_0^3 = 9$

(S: Substitution $f(v) = v+1$, $f'(v) = 1$, $g(y) = y^2$)

(ii) $\displaystyle\int_0^x \lambda e^{-\lambda t}\,dt \overset{\text{S}}{=} \int_0^{\lambda x} e^{-z}\,dz = -e^{-z}\big|_0^{\lambda x} = 1 - e^{-\lambda x}$

(S: Substitution $f(t) = \lambda t$, $f'(t) = \lambda$, $g(z) = e^{-z}$)

Insbesondere gilt für $\lambda = 1$: $\int_0^x e^{-t}\,dt = 1 - e^{-x}$

(iii) Für $k \neq 0$ gilt: $\displaystyle\int_0^x t^{k-1}e^{-t^k}\,dt = \frac{1}{k}\int_0^x kt^{k-1}e^{-t^k}\,dt \overset{\text{S}}{=} \frac{1}{k}\int_0^{x^k} e^{-z}\,dz$

$\displaystyle\qquad\qquad = \frac{1}{k}\left[-e^{-z}\right]_0^{x^k} = \frac{1}{k}\left(1 - e^{-x^k}\right)$

(S: Substitution $f(t) = t^k$, $f'(t) = kt^{k-1}$, $g(z) = e^{-z}$)   ✗

Zur Berechnung des Integrals $\int_0^x \lambda e^{-\lambda t}\,dt$ wurde die Substitutionsregel mit den
Funktionen $f(t) = \lambda t$, $f'(t) = \lambda$ und $g(z) = e^{-z}$ angewendet. Diese Setzung wird
im Folgenden auch kurz mit $z = f(t) = \lambda t$, d.h. $z = \lambda t$, notiert. Zusätzlich wird
auch die Notation $dz = \lambda dt$ verwendet.

11.10 Beispiel (Sukzessive Anwendung: Substitutionsregel/partielle Integration)

Für das Integral $\frac{1}{2}\int_0^t \lambda^3 x^2 e^{-\lambda x}\,dx$ ergibt sich zunächst aus der Substitutionsregel mit $S\ z = \lambda x$

$$\frac{1}{2}\int_0^t \lambda^3 x^2 e^{-\lambda x}\,dx = \frac{1}{2}\int_0^t \lambda(\lambda x)^2 e^{-\lambda x}\,dx \overset{S}{=} \frac{1}{2}\int_0^{\lambda t} z^2 e^{-z}\,dz.$$

Die zweimalige Anwendung der partiellen Integration liefert die Lösung*

$$\frac{1}{2}\int_0^t \lambda^3 x^2 e^{-\lambda x}\,dx \overset{S}{=} \frac{1}{2}\int_0^{\lambda t} z^2 e^{-z}\,dz \overset{P}{=} \frac{1}{2}\left[-z^2 e^{-z} - 2z e^{-z} - 2e^{-z}\right]_0^{\lambda t}$$

$$= 1 - \frac{1}{2}e^{-\lambda t}\left(\lambda^2 t^2 + 2\lambda t + 2\right). \qquad\qquad ✗$$

Die Anwendung der Substitutionsregel bei [415]unbestimmten Integralen erfolgt in der Form

$$\int f'(t)g(f(t))\,dt = G(f(t)) + C,$$

wobei G eine Stammfunktion zu g ist.

11.11 Beispiel

Für das unbestimmte Integral $\int t e^{t^2}\,dt$ resultiert mit der Substitution $f(t) = t^2$ ($f'(t) = 2t$) sowie der Stammfunktion $G(z) = \frac{1}{2}\int e^z\,dz = \frac{1}{2}e^z$

$$\int t e^{t^2}\,dt = \frac{1}{2}\int 2t e^{t^2}\,dt = G(f(t)) + C = \frac{1}{2}e^{t^2} + C. \qquad ✗$$

Aufgaben zum Üben in Abschnitt 11.2

[431]Aufgabe 11.4 – [431]Aufgabe 11.7

11.3 Integration von stückweise definierten Funktionen

Bisher wurden lediglich Integranden betrachtet, die auf dem Integrationsbereich stetig waren. Diese Voraussetzung ist jedoch zur Berechnung des Integrals nicht erforderlich und kann abgeschwächt werden. In der Statistik und Wahrscheinlichkeitsrechnung sind insbesondere stückweise stetige Funktionen von Bedeutung, d.h. der Graph des Integranden hat an endlich vielen Stellen einen Sprung. Bei der Berechnung derartiger Integrale ist die folgende Regel nützlich, die natürlich auch bei stetigen Funktionen anwendbar ist.

---

*Vgl. [419]Beispiel 11.8(iii).

> **Regel (Integrationsregel: Aufteilung des Integrationsbereichs)**
>
> Für eine auf dem Intervall $[a, b]$ (stückweise) stetige Funktion f gilt
>
> $$\int_a^b f(t)\,dt = \int_a^m f(t)\,dt + \int_m^b f(t)\,dt \quad \text{für alle } m \in [a, b].$$

11.12 Beispiel (Integrale stückweise definierter Funktionen)

(i) Sei $f(t) = \begin{cases} 0, & t < 0 \\ \lambda e^{-\lambda t}, & t \geqslant 0 \end{cases}$. Dann gilt für das Integral $F(x) = \int_{-\infty}^x f(t)\,dt$,

$x \in \mathbb{R}$, zunächst

$$\int_{-\infty}^x f(t)\,dt = \int_{-\infty}^x 0\,dt = 0 \quad \text{für alle } x < 0.$$

Ist $x \geqslant 0$, wird der Integrationsbereich zunächst an der Stelle $x = 0$ geteilt. Anschließend werden zwei Integrale gelöst:

$$\int_{-\infty}^x f(t)\,dt = \int_{-\infty}^0 f(t)\,dt + \int_0^x f(t)\,dt = 0 + \int_0^x \lambda e^{-\lambda t}\,dt$$

$$= -e^{-\lambda t}\Big|_0^x = 1 - e^{-\lambda x}, \quad x \geqslant 0.$$

Somit gilt $F(x) = \int_{-\infty}^x f(t)\,dt = \begin{cases} 0, & x < 0 \\ 1 - e^{-\lambda x}, & x \geqslant 0 \end{cases}$.

(ii) Sei $g(t) = \frac{1}{b-a} \mathbb{1}_{[a,b]}(t)$, $t \in \mathbb{R}$, mit $a < b$. Dann lässt sich der Integrationsbereich $\mathbb{R}$ in die drei Intervalle $(-\infty, a]$, $(a, b]$ und (b, ∞) aufteilen, und es gilt:

$$x \in (-\infty, a]: \quad \int_{-\infty}^x g(t)\,dt = \int_{-\infty}^x 0\,dt = 0,$$

$$x \in (a, b]: \quad \int_{-\infty}^x g(t)\,dt = 0 + \int_a^x \frac{1}{b-a}\,dt = \frac{1}{b-a}(x-a) = \frac{x-a}{b-a},$$

$$x \in (b, \infty): \quad \int_{-\infty}^x g(t)\,dt = \int_{-\infty}^b g(t)\,dt + \int_b^x 0\,dt = \frac{b-a}{b-a} + 0 = 1.$$

Insgesamt resultiert für das Integral die Darstellung

$$G(x) = \int_{-\infty}^x g(t)\,dt = \begin{cases} 0, & x \leqslant a \\ \frac{x-a}{b-a}, & a < x \leqslant b \\ 1, & x > b \end{cases}.$$

(iii) Sei $h(x) = \frac{1}{2} e^{-|x|}$, $x \in \mathbb{R}$. Dann gilt mit der Darstellung

$$h(x) = \begin{cases} \frac{1}{2} e^x, & x \leqslant 0 \\ \frac{1}{2} e^{-x}, & x > 0 \end{cases} :$$

❶ $t \leqslant 0$: $\quad H(t) = \int_{-\infty}^{t} h(x)\,dx = \int_{-\infty}^{t} \frac{1}{2}e^x\,dx = \frac{1}{2}e^x\Big|_{-\infty}^{t} = \frac{1}{2}e^t$

❷ $t > 0$: $\quad H(t) = \int_{-\infty}^{t} h(x)\,dx = \int_{-\infty}^{0} h(x)\,dx + \int_{0}^{t} h(x)\,dx$

$$= \int_{-\infty}^{0} \frac{1}{2}e^x\,dx + \int_{0}^{t} \frac{1}{2}e^{-x}\,dx = \frac{1}{2}e^0 + \frac{1}{2}\int_{0}^{t} e^{-x}\,dx$$

$$= \frac{1}{2} + \frac{1}{2}\Big[-e^{-x}\Big]_{0}^{t} = 1 - \frac{1}{2}e^{-t}$$

Insgesamt folgt somit

$$H(t) = \int_{-\infty}^{t} h(x)\,dx = \begin{cases} \frac{1}{2}e^t, & t \leqslant 0 \\ 1 - \frac{1}{2}e^{-t}, & t > 0 \end{cases}.$$

Die Graphen von h und H sind in [423]Abbildung 11.4 dargestellt. Die durch h bzw. H definierte Verteilung heißt Laplace-Verteilung. ✗

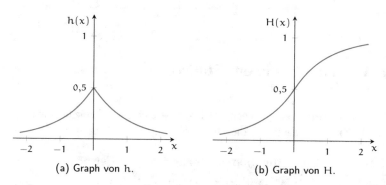

(a) Graph von h. (b) Graph von H.

Abbildung 11.4: Illustration zu [422]Beispiel 11.12(iii).

Ist eine stückweise definierte Funktion $f : \mathbb{R} \longrightarrow \mathbb{R}$ außerhalb des Intervalls $[a, b]$ gleich der Nullfunktion, wird oftmals statt $\int_{-\infty}^{\infty} f(t)\,dt$ sofort $\int_{a}^{b} f(t)\,dt$ geschrieben. Auf dem restlichen Integrationsbereich ergibt sich für das Integral Null, so dass es keinen Beitrag zum Wert von $\int_{-\infty}^{\infty} f(t)\,dt$ liefert.

▶ Regel (Integrale und Indikatorfunktion)

Seien $[a, b]$ ein Intervall mit $a < b$ und f eine auf $[a, b]$ integrierbare Funktion. Dann gilt

$$\int_{-\infty}^{\infty} f(t)\mathbb{1}_{[a,b]}(t)\,dt = \int_{a}^{b} f(t)\,dt.$$

Entsprechende Aussagen gelten für die Integrale $\int_{-\infty}^{b} f(t)\mathbb{1}_{[a,\infty)}(t)\,dt$ bzw. $\int_{a}^{\infty} f(t)\mathbb{1}_{(-\infty,b]}(t)\,dt$ sowie für offene und halboffene Intervalle.

11.13 Beispiel

Aus der obigen Regel ergibt sich für die durch

$$g(t) = \begin{cases} 0, & t < 3 \\ t^2, & 3 \leqslant t \leqslant 6 \\ 0, & 6 < t \end{cases} \qquad = t^2 \mathbb{1}_{[3,6]}(t)$$

gegebene Funktion $g : \mathbb{R} \longrightarrow \mathbb{R}$ das Integral

$$\int_{-\infty}^{\infty} g(t)\,dt = \int_{-\infty}^{\infty} t^2 \mathbb{1}_{[3,6]}(t)\,dt = \int_{3}^{6} t^2\,dt = \frac{1}{3}t^3\Big|_{3}^{6} = \frac{1}{3}\left(6^3 - 3^3\right) = 63. \qquad \text{✗}$$

Aufgaben zum Üben in Abschnitt 11.3

433Aufgabe 11.13, 433Aufgabe 11.14

11.4 Anwendungen in der Statistik

Im Folgenden werden einige wichtige Begriffe aus der Wahrscheinlichkeitsrechnung und Statistik eingeführt, die auf dem Integralbegriff beruhen.

> ▶ **Definition (Dichtefunktion, Verteilungsdichte, Verteilungsfunktion)**
>
> Eine Funktion $f : \mathbb{R} \longrightarrow \mathbb{R}$ heißt Dichtefunktion (Verteilungsdichte), falls
>
> ① f nicht-negativ ist, d.h. $f(x) \geqslant 0$ für alle $x \in \mathbb{R}$, und
>
> ② die Fläche zwischen 61Abszisse und dem Funktionsgraphen von f den Flächeninhalt Eins hat, d.h. $\int_{-\infty}^{\infty} f(t)\,dt = 1$.
>
> Ist f eine Dichtefunktion, so heißt die durch $F(x) = \int_{-\infty}^{x} f(t)\,dt$, $x \in \mathbb{R}$, definierte Funktion F Verteilungsfunktion zu f.*

11.14 Beispiel (Rechteckverteilung)

Die durch $f(x) = \mathbb{1}_{[0,1]}(x)$, $x \in \mathbb{R}$, definierte Funktion f ist offensichtlich nichtnegativ. Daher ist nur noch die Integrationsbedingung zu prüfen. Aus 422Beispiel 11.12(ii) resultiert diese Forderung direkt mit $a = 0$ und $b = 1$, d.h. f ist eine Dichtefunktion. Sie wird Dichtefunktion der Rechteckverteilung auf dem Intervall $[0,1]$ genannt.

---

*Die Verteilungsfunktion F ist somit eine konkrete Stammfunktion zur Dichte f.

Allgemein definiert $f(x) = \frac{1}{b-a}\mathbb{1}_{[a,b]}(x)$, $x \in \mathbb{R}$, mit $a < b$ die Dichtefunktion einer Rechteckverteilung auf dem Intervall $[a,b]$. Die zugehörige Verteilungsfunktion ist dann gegeben durch (vgl. ▨Beispiel 11.12(ii))

$$F(x) = \int_{-\infty}^{x} \frac{1}{b-a}\mathbb{1}_{[a,b]}(t)\,dt = \begin{cases} 0, & x < a \\ \frac{x-a}{b-a}, & a \leqslant x < b \\ 1, & x \geqslant b \end{cases}.$$

✗

11.15 Beispiel (Exponentialverteilung)

Für $\lambda > 0$ ist die durch die Fallunterscheidung $f(t) = \begin{cases} 0, & t < 0 \\ \lambda e^{-\lambda t}, & t \geqslant 0 \end{cases}$ definierte

Funktion f nicht-negativ und erfüllt nach ▨Beispiel 11.12(i) die Bedingung

$$\int_{-\infty}^{\infty} f(t) = \lim_{x \to \infty} \int_{-\infty}^{x} f(t)\,dt = \lim_{x \to \infty} (1 - e^{-\lambda x}) = 1,$$

d.h. f ist eine Dichtefunktion. Sie wird als Dichtefunktion der Exponentialverteilung mit Parameter λ bezeichnet. Ihre Verteilungsfunktion ist gegeben durch

$$F(x) = \int_{-\infty}^{x} f(t)\,dt = \begin{cases} 0, & x \leqslant 0 \\ 1 - e^{-\lambda x}, & x > 0 \end{cases}.$$

Für $\lambda = 1$ heißt die Verteilung auch **Standardexponentialverteilung**. ✗

Wichtige Kenngrößen einer Verteilung sind ihre Momente.

> ## Definition (Moment, Erwartungswert)
>
> Sei $k \in \mathbb{N}$. Ist f eine Dichtefunktion, so wird (im Fall der Existenz) das k-te Moment von f definiert durch das Integral
>
> $$m_k = \int_{-\infty}^{\infty} x^k f(x)\,dx.$$
>
> Für $k = 1$ heißt $m_1 = \int_{-\infty}^{\infty} xf(x)\,dx$ auch Erwartungswert von f.[*]

11.16 Beispiel

Für die ▨Exponentialverteilung mit Parameter λ gilt mit der Substitution S $z = \lambda x$ (vgl. ▨Beispiel 11.8(i))

$$m_1 = \int_{0}^{\infty} x\lambda e^{-\lambda x}\,dx \overset{S}{=} \frac{1}{\lambda}\int_{0}^{\infty} ze^{-z}\,dz = \frac{1}{\lambda}.$$

Der Parameter λ beschreibt also den Kehrwert des Erwartungswerts der Exponentialverteilung.

---

[*]bzw. Erwartungswert der zu f gehörigen Verteilung.

Für das zweite Moment gilt wiederum mit der Substitution S $z = \lambda x$ (vgl. [419]Beispiel 11.8)

$$m_2 = \int_0^\infty x^2 \lambda e^{-\lambda x} dx \overset{S}{=} \frac{1}{\lambda^2} \int_0^\infty z^2 e^{-z} dz$$

$$\overset{P}{=} \frac{1}{\lambda^2} \left[-z^2 e^{-z} \Big|_0^\infty + \int_0^\infty 2z e^{-z} dz \right]$$

$$\overset{P}{=} \frac{1}{\lambda^2} \left[0 - 2z e^{-z} \Big|_0^\infty + 2 \int_0^\infty e^{-z} dz \right]$$

$$= \frac{1}{\lambda^2} \left[0 - 2 e^{-z} \Big|_0^\infty \right] = \frac{2}{\lambda^2}.$$

✗

11.17 Beispiel

Für die [424]Rechteckverteilung auf dem Intervall $[a, b]$ gilt für das k-te Moment*

$$m_k = \int_{-\infty}^\infty x^k \frac{1}{b-a} \mathbb{1}_{[a,b]}(x) dx = \frac{1}{b-a} \int_a^b x^k dx$$

$$= \frac{1}{b-a} \left[\frac{1}{k+1} x^{k+1} \right]_a^b = \frac{b^{k+1} - a^{k+1}}{(k+1)(b-a)}.$$

Insbesondere gilt für den Erwartungswert ($k = 1$) nach der [14]dritten binomischen Formel

$$m_1 = \frac{b^2 - a^2}{2(b-a)} = \frac{(b-a)(b+a)}{2(b-a)} = \frac{a+b}{2}.$$

✗

11.18 Beispiel

Die Dichtefunktion der Normalverteilung mit Erwartungswert $\mu \in \mathbb{R}$ wird durch (vgl. auch die Definition der [169]zweiparametrige Variante)

$$f(x) = \frac{1}{\sqrt{2\pi}} e^{-\frac{1}{2}(x-\mu)^2}, \quad x \in \mathbb{R},$$

definiert ($\pi = 3,1415\ldots$). Wie die folgende Rechnung zeigt, beschreibt der Parameter μ tatsächlich den Erwartungswert. Der Nachweis dieser Eigenschaft benutzt die Aussage, dass die Funktion f für jedes μ eine Dichtefunktion ist, d.h. die Integrationsbedingung

$$\int_{-\infty}^\infty f(x) dx = \int_{-\infty}^\infty \frac{1}{\sqrt{2\pi}} e^{-\frac{1}{2}(x-\mu)^2} dx = 1$$

ist für jedes $\mu \in \mathbb{R}$ erfüllt.[†]

---

*Im zweiten Schritt wird die [423]Rechenregel $\int_{-\infty}^\infty g(x) \mathbb{1}_{[a,b]}(x) dx = \int_a^b g(x) dx$ benutzt.

[†]Der Nachweis dieser Beziehung übersteigt den Rahmen des Buchs.

Im ersten Schritt wird der Erwartungswert zunächst geeignet umgeformt:*

$$m_1 = \int_{-\infty}^{\infty} xf(x)\,dx = \int_{-\infty}^{\infty} (x - \mu)f(x)\,dx + \int_{-\infty}^{\infty} \mu f(x)\,dx$$

$$= \int_{-\infty}^{\infty} (x - \mu)\frac{1}{\sqrt{2\pi}}e^{-\frac{1}{2}(x-\mu)^2}\,dx + \mu \underbrace{\int_{-\infty}^{\infty} f(x)\,dx}_{=1}$$

$$\overset{S}{=} \int_{-\infty}^{\infty} z\frac{1}{\sqrt{2\pi}}e^{-\frac{1}{2}z^2}\,dz + \mu,$$

wobei im letzten Schritt die Substitution S $z = x - \mu$ verwendet wird. Das noch zu berechnende Integral ist Null, denn mit der Substitution S $y = -z$ gilt die Beziehung

$$\int_{-\infty}^{0} z\frac{1}{\sqrt{2\pi}}e^{-\frac{1}{2}z^2}\,dz = -\int_{0}^{-\infty} z\frac{1}{\sqrt{2\pi}}e^{-\frac{1}{2}z^2}\,dz \overset{S}{=} -\int_{0}^{\infty} y\frac{1}{\sqrt{2\pi}}e^{-\frac{1}{2}y^2}\,dy.$$

Damit addieren sich die Integrale zu Null

$$\int_{-\infty}^{\infty} z\frac{1}{\sqrt{2\pi}}e^{-\frac{1}{2}z^2}\,dz = \int_{-\infty}^{0} z\frac{1}{\sqrt{2\pi}}e^{-\frac{1}{2}z^2}\,dz + \int_{0}^{\infty} z\frac{1}{\sqrt{2\pi}}e^{-\frac{1}{2}z^2}\,dz$$

$$= -\int_{0}^{\infty} y\frac{1}{\sqrt{2\pi}}e^{-\frac{1}{2}y^2}\,dy + \int_{0}^{\infty} z\frac{1}{\sqrt{2\pi}}e^{-\frac{1}{2}z^2}\,dz = 0,$$

und der Erwartungswert m_1 hat den Wert des Parameters μ.

Das Resultat ist ebenfalls gültig für eine **Normalverteilung** mit Erwartungswert $\mu \in \mathbb{R}$ und Varianz $\sigma^2 > 0$, deren Dichte meist mit φ_{μ,σ^2} bezeichnet wird und durch

$$\varphi_{\mu,\sigma^2}(x) = \frac{1}{\sqrt{2\pi\sigma^2}}e^{-\frac{1}{2\sigma^2}(x-\mu)^2}, \quad x \in \mathbb{R},$$

gegeben ist. Für $\mu = 0$ und $\sigma^2 = 1$ heißt die Verteilung auch **Standardnormalverteilung** mit Dichtefunktion $\varphi(x) = \frac{1}{\sqrt{2\pi}}e^{-\frac{1}{2}x^2}$, $x \in \mathbb{R}$. Der Funktionsgraph der Dichte (s. ⁤428⁤Abbildung 11.5) wird wegen seiner charakteristischen Form auch „Gaußsche Glockenkurve" genannt. ✗

---

*Aus der ⁤418⁤Summenregel folgt allgemein die Beziehung

$$\int xf(x)\,dx = \int (x\underbrace{-\mu + \mu}_{=0})f(x)\,dx = \int [(x - \mu)f(x) + \mu f(x)]\,dx$$

$$= \int (x - \mu)f(x)\,dx + \int \mu f(x)\,dx.$$

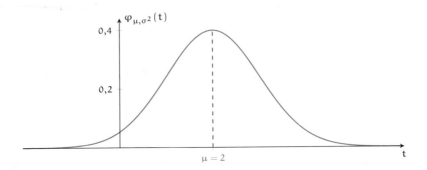

Abbildung 11.5: Gaußsche Glockenkurve.

11.19 Beispiel

Die Dichtefunktion einer **log-Normalverteilung** mit Parametern $\mu \in \mathbb{R}$ und $\sigma^2 > 0$ ist gegeben durch

$$f_{\mu,\sigma}(x) = \frac{1}{x\sqrt{2\pi\sigma^2}} e^{-\frac{1}{2\sigma^2}(\ln(x)-\mu)^2}, \quad x > 0.$$

Ihr Graph ist für $\mu = 0$ und $\sigma = 1$ in ◫Abbildung 11.6 dargestellt. Durch eine Substitution $S\ g(x) = \ln(x)$ und $g'(x) = \frac{1}{x}$ wird nachgewiesen, dass es sich tatsächlich um eine Dichtefunktion handelt (die Nicht-Negativität ist offensichtlich):

$$\int_{-\infty}^{\infty} f_{\mu,\sigma}(x)\,dx = \int_{0}^{\infty} \frac{1}{x\sqrt{2\pi\sigma^2}} e^{-\frac{1}{2\sigma^2}(\ln(x)-\mu)^2}\,dx$$

$$\overset{S}{=} \int_{-\infty}^{\infty} \frac{1}{\sqrt{2\pi\sigma^2}} e^{-\frac{1}{2\sigma^2}(z-\mu)^2}\,dz = 1.$$

Die letzte Gleichung ergibt sich aus der Eigenschaft, dass der Integrand die Dichtefunktion einer Normalverteilung mit Parametern μ und σ^2 ist.   ✘

> ▶ **Definition (Varianz)**
>
> Die Varianz einer Dichtefunktion f*ist (im Fall der Existenz) definiert durch das Integral
>
> $$v = \int_{-\infty}^{\infty} (x - m_1)^2 f(x)\,dx,$$
>
> wobei m_1 der Erwartungswert von f ist.

Mit Hilfe der Summen- und Faktorregel der Integration folgt eine Beziehung zwischen Varianz und Momenten von f.

---

*bzw. der zur Dichtefunktion f gehörigen Verteilung

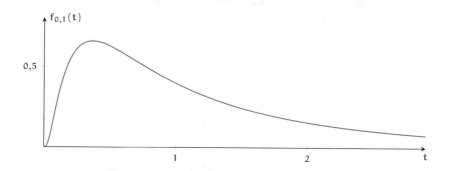

Abbildung 11.6: Dichte einer log-Normalverteilung.

> **Regel (Varianzformel)**
>
> Für die Varianz der Dichtefunktion f gilt $v = m_2 - m_1^2$.

Nachweis Aus der ⁴¹⁸Summen- und Faktorregel folgt

$$v = \int_{-\infty}^{\infty} (x - m_1)^2 f(x)\,dx = \int_{-\infty}^{\infty} (x^2 - 2m_1 x + m_1^2) f(x)\,dx$$

$$= \underbrace{\int_{-\infty}^{\infty} x^2 f(x)\,dx}_{=m_2} - 2m_1 \underbrace{\int_{-\infty}^{\infty} x f(x)\,dx}_{=m_1} + m_1^2 \underbrace{\int_{-\infty}^{\infty} f(x)\,dx}_{=1}$$

$$= m_2 - 2m_1^2 + m_1^2 = m_2 - m_1^2. \qquad ✔$$

11.20 Beispiel

Für die Varianz der ⁴²⁵Exponentialverteilung mit Parameter $\lambda > 0$ resultiert das Ergebnis

$$v = m_2 - m_1^2 = \frac{2}{\lambda^2} - \left(\frac{1}{\lambda}\right)^2 = \frac{1}{\lambda^2}. \qquad ✗$$

11.21 Beispiel

Für die ⁴²⁴Rechteckverteilung auf dem Intervall $[a, b]$ resultiert die Varianz

$$v = m_2 - m_1^2 = \frac{b^3 - a^3}{3(b - a)} - \left(\frac{a + b}{2}\right)^2$$

$$= \frac{b^2 + ab + a^2}{3} - \frac{a^2 + 2ab + b^2}{4} = \frac{4b^2 + 4ab + 4a^2 - 3a^2 - 6ab - 3b^2}{12}$$

$$= \frac{b^2 - 2ab + a^2}{12} = \frac{(b - a)^2}{12}. \qquad ✗$$

[431]Aufgabe 11.8 – [432]Aufgabe 11.11, [433]Aufgabe 11.13

11.5 Aufgaben

11.1 Aufgabe ([434]Lösung)

Berechnen Sie zu den folgenden Stammfunktion F jeweils die Funktion f.

(a) $F(x) = x + 1$ (d) $F(x) = \frac{1}{\sqrt[6]{x}}$ (g) $F(x) = 2^{3^x}$

(b) $F(x) = 2x^2 + 4\ln(x)$ (e) $F(x) = 2^x - \frac{6}{x}$ (h) $F(x) = \ln(e^x + 1)$

(c) $F(x) = e^{x-1}$ (f) $F(x) = \frac{2x+3}{\sqrt{x}}$ (i) $F(x) = \frac{\ln(x)}{x^2+1}$

11.2 Aufgabe ([435]Lösung)

Bestimmen Sie jeweils eine Stammfunktion.

(a) $f(x) = 4x^3 + 3x + 1$ (d) $f(x) = \frac{1}{4\sqrt[4]{x}}$ (g) $f(x) = (x-2)^2$

(b) $f(x) = \sqrt[5]{x^3}$ (e) $f(x) = 5x^4 + 4 + \frac{6}{x}$ (h) $f(x) = 4^x$

(c) $f(x) = 2e^x$ (f) $f(x) = \frac{2x+3}{\sqrt{x}}$

11.3 Aufgabe ([435]Lösung)

Berechnen Sie die Integrale.

(a) $\int\limits_{0}^{2}(3x+1)^2\,dx$

(b) $\int\limits_{1}^{4}(\sqrt{x}+x)\,dx$

(c) $\int\limits_{0}^{1}(2-x)\,dx + \int\limits_{0}^{1}2(x-1)\,dx$

(d) $\int\limits_{0}^{1}x^4\,dx - \int\limits_{3}^{1}x^4\,dx + \int\limits_{3}^{5}x^4\,dx$

(e) $\int\limits_{1}^{2}\left(\frac{1}{x^4}+\frac{1}{x^5}\right)dx$

(f) $\int\limits_{1}^{4}5\sqrt[4]{x}\,dx$

(g) $\int\limits_{-1}^{1}(e^{\frac{1}{3}x}+3x^2)\,dx$

(h) $\int\limits_{0}^{1}5^x\,dx$

(i) $\int\limits_{-3}^{-1}\frac{4}{x}\,dx$

(j) $\int\limits_{1}^{4}x(x^2+x)\,dx + \int\limits_{4}^{7}(x^3+x^2)\,dx$
$\qquad\qquad\qquad - \int\limits_{1}^{7}(x^3+x^2)\,dx$

11.4 Aufgabe (436 Lösung)

Bestimmen Sie jeweils mit Hilfe der Substitutionsmethode eine Stammfunktion.

(a) $f(x) = (2x + 3)^3$

(d) $f(x) = \frac{9x^2 + 1}{x(3x^2 + 1)}$

(b) $f(x) = \frac{2e^x}{3 + 2e^x}$

(e) $f(x) = \frac{3}{3x \ln(x) + 2x}$

(c) $f(x) = \frac{2x}{\sqrt{x^2 + 3}}$

(f) $f(x) = \frac{1}{(x + 2) \ln(x + 2)}$

11.5 Aufgabe (438 Lösung)

Berechnen Sie die Integrale jeweils mit Hilfe der Substitutionsmethode.

(a) $\int\limits_0^1 (2x + 3)^4 \, dx$

(d) $\int\limits_2^{10} \frac{x}{\sqrt{2x + 5}} \, dx$

(b) $\int\limits_0^1 (1 + x^3)^2 \cdot 3x^2 \, dx$

(e) $\int\limits_0^1 (6x + 5) \cdot e^{3x^2 + 5x} \, dx$

(c) $\int\limits_3^5 \frac{2x + 4}{x^2 + 4x} \, dx$

(f) $\int\limits_{-4}^{12} 4x \sqrt[4]{x + 4} \, dx$

11.6 Aufgabe (439 Lösung)

Bestimmen Sie jeweils mit Hilfe der partiellen Integration eine Stammfunktion.

(a) $f(x) = xe^x$

(c) $f(x) = \ln(x)$

(e) $f(x) = \log_2(x)$

(b) $f(x) = e^x(x^2 + 3x)$

(d) $f(x) = x^2 \ln(x)$

(f) $f(x) = (\ln(x))^2$

11.7 Aufgabe (440 Lösung)

Berechnen Sie die Integrale jeweils mit Hilfe der partiellen Integration.

(a) $\int\limits_1^2 x^3 \ln(x) \, dx$

(b) $\int\limits_0^1 (3x + 1)e^{2x} \, dx$

(c) $\int\limits_1^{e^4} \frac{\ln(x)}{x} \, dx$

11.8 Aufgabe (441 Lösung)

Die Verteilung mit der Dichtefunktion $f(x) = \alpha x^{\alpha - 1} \mathbb{1}_{[0,1]}(x)$, $x \in \mathbb{R}$, heißt **Betaverteilung** mit Parameter $\alpha > 0$.

(a) Weisen Sie nach, dass f eine Dichtefunktion ist.

(b) Berechnen Sie Verteilungsfunktion, Momente und Varianz von f.

11.9 Aufgabe (441 Lösung)

Berechnen Sie für die durch $f(x) = \frac{\alpha}{x^{\alpha+1}} \mathbb{1}_{[1,\infty)}(x)$, $x \in \mathbb{R}$, gegebene Dichtefunktion der **Pareto-Verteilung** mit Parameter $\alpha > 0$ die Verteilungsfunktion sowie den Erwartungswert (für $\alpha > 1$). Was ergibt sich für den Erwartungswert im Fall $\alpha = 1$?

11.10 Aufgabe (442 Lösung)

Die Verteilung mit der Dichtefunktion

$$f(x) = \begin{cases} 0, & x < 0 \\ \frac{\lambda^n}{(n-1)!} x^{n-1} e^{-\lambda x}, & x \geq 0 \end{cases}$$

heißt **Erlang-Verteilung** mit den Parametern $n \in \mathbb{N}$ und $\lambda > 0$.

(a) Weisen Sie für $n = 3$ nach, dass f eine Dichtefunktion ist.

(b) Berechnen Sie für $n = 2$ Erwartungswert und Varianz von f. Benutzen Sie dabei bereits bekannte Ergebnisse.*

(c) Weisen Sie nach, dass die Verteilungsfunktion F von f gegeben ist durch

$$F(x) = \begin{cases} 0, & x < 0 \\ 1 - e^{-\lambda x} \sum_{j=0}^{n-1} \frac{(\lambda x)^j}{j!}, & x \geq 0 \end{cases}.$$

11.11 Aufgabe (443 Lösung)

Durch die Vorschrift $m(t) = \int_{-\infty}^{\infty} e^{tx} f(x) dx$, $t \in \mathbb{R}$, wird die **momenterzeugende Funktion** einer Dichte f definiert.

Berechnen Sie die momenterzeugende Funktion der 425 Exponentialverteilung, d.h. von

$$f(x) = \lambda e^{-\lambda x} \mathbb{1}_{[0,\infty)}(x), \quad x \in \mathbb{R}.$$

Was müssen Sie bzgl. des Definitionsbereichs von m beachten?

Weisen Sie außerdem nach, dass $m'(0) = m_1$ gilt, d.h. dass die Ableitung der momenterzeugenden Funktion an der Stelle $t = 0$ gleich dem Erwartungswert der betrachteten Dichtefunktion ist.

---

*Vgl. 419 Beispiel 11.8.

11.12 Aufgabe (⌷⌷⌷Lösung)

Ermitteln Sie folgende unbestimmten Integrale:

(a) $\int\limits_{0}^{x}(t^2+3t-2)\,dt$, $x \in \mathbb{R}$

(b) $\int\limits_{1}^{y}(z-1)^5\,dz$, $y \in \mathbb{R}$

(c) $\int\limits_{-\infty}^{a}\frac{1}{t^2}\,dt$, $a < 0$

(d) $\int\limits_{1}^{\beta}v e^{-v^2+1}\,dv$, $\beta \in \mathbb{R}$

(e) $\int\limits_{b}^{\infty}\frac{z^2-2z+1}{(z-1)^4}\,dz$, $b > 1$

(f) $\int\limits_{1}^{x}y e^{-(y-1)(y+1)}\,dy$, $x \in \mathbb{R}$

11.13 Aufgabe (⌷⌷⌷Lösung)

Die Dichtefunktion der **Dreiecksverteilung** auf dem Intervall $[0,2]$ ist gegeben durch

$$f(t) = \begin{cases} t, & 0 \leqslant t \leqslant 1 \\ 2-t, & 1 \leqslant t \leqslant 2 \\ 0, & \text{sonst} \end{cases}.$$

Berechnen Sie die zugehörige Verteilungsfunktion F und skizzieren Sie die Graphen von f und F.

11.14 Aufgabe (⌷⌷⌷Lösung)

Die Faltung zweier integrierbarer Funktionen $f, g : [0, \infty) \longrightarrow \mathbb{R}$ ist definiert durch das Integral

$$h(x) = \int_{0}^{x} f(t)g(x-t)\,dt, \quad x \in \mathbb{R}.$$

(a) Begründen Sie: $\int_0^x f(t)g(x-t)\,dt = \int_0^x f(x-t)g(t)\,dt$, $x \geqslant 0$.

(b) Berechnen Sie die Faltung der Funktionen f und g definiert durch:

   (1) $f(t) = e^{-t}$, $g(t) = e^{-t}$, $t \geqslant 0$,

   (2) $f(t) = t$, $g(t) = t^2$, $t \geqslant 0$,

   (3) $f(t) = e^{-t}$, $g(t) = t$, $t \geqslant 0$,

   (4) $f(t) = e^{-\lambda t}$, $g(t) = e^{-\mu t}$, $t \geqslant 0$, mit $\lambda, \mu > 0$,

   (5) $f(t) = \mathbb{1}_{[0,1]}(t)$, $g(t) = \mathbb{1}_{[0,1]}(t)$, $t \geqslant 0$.

11.15 Aufgabe (447Lösung)

Berechnen Sie die Flächeninhalte, der von den folgenden Kurven eingeschlossenen Flächen. Erstellen Sie zunächst eine Skizze.

(a) $g(z) = 1$, $w(z) = z^2$, $z \in \mathbb{R}$,

(b) $f(t) = t^2 - 1$, $g(t) = 0$, $t \in [0, 1]$,

(c) $h(x) = e^x$, $v(x) = x + 1$, $x \in [-1, 0]$,

(d) $f(y) = y^2 - 2y$, $h(y) = 2 - y^2$, $y \in \mathbb{R}$.

11.6 Lösungen

11.1 Lösung (430Aufgabe)

Die Funktion f ergibt sich nach dem 414Hauptsatz der Differenzial- und Integralrechnung als Ableitung der Stammfunktion F. Damit folgt:

(a) $F(x) = x + 1$: $f(x) = 1$

(b) $F(x) = 2x^2 + 4\ln(x)$: $f(x) = 4\left(x + \frac{1}{x}\right)$

(c) $F(x) = e^{x-1}$: $f(x) = e^{x-1}$

(d) $F(x) = \frac{1}{\sqrt[6]{x}} = \frac{1}{x^{1/6}} = x^{-1/6}$: Mit der 396Ableitungsregel für Potenzfunktionen folgt dann:

$$f(x) = -\frac{1}{6}x^{-1/6-1} = -\frac{1}{6}x^{-1/6}x^{-1} = -\frac{1}{6x\sqrt[6]{x}}.$$

(e) $F(x) = 2^x - \frac{6}{x} = e^{\ln(2)x} - \frac{6}{x}$: Unter Verwendung der 398Kettenregel gilt:

$$f(x) = \ln(2)e^{\ln(2)x} + \frac{6}{x^2} = \ln(2) \cdot 2^x + \frac{6}{x^2}.$$

(f) $F(x) = \frac{2x+3}{\sqrt{x}}$: Mit der 397Quotientenregel und Ausklammern von $\frac{1}{2\sqrt{x}}$ ergibt sich:

$$f(x) = \frac{2\sqrt{x} - (2x+3) \cdot \frac{1}{2\sqrt{x}}}{(\sqrt{x})^2} = \frac{4x - (2x+3)}{2x\sqrt{x}} = \frac{2x-3}{2x\sqrt{x}}.$$

(g) $F(x) = 2^{3^x}$: Unter Verwendung der Kettenregel folgt, dass die Ableitung von a^x durch $\ln(a)a^x$ (s. 396Übersicht 10.4 zu Ableitungen von Funktionen) gegeben ist. Daher gilt:

$$f(x) = \ln(3)3^x \cdot \ln(2)2^{3^x} = \ln(2)\ln(3)3^x2^{3^x}.$$

(h) $F(x) = \ln(e^x + 1)$: Mittels Kettenregel und Ausklammern von e^x im Nenner folgt:

$$f(x) = e^x \cdot \frac{1}{e^x + 1} = \frac{1}{1 + e^{-x}}.$$

(i) $F(x) = \frac{\ln(x)}{x^2+1}$: Die Quotientenregel liefert:

$$f(x) = \frac{1/x \cdot (x^2 + 1) - \ln(x) \cdot 2x}{(x^2 + 1)^2} = \frac{x^2 + 1 - 2x^2 \ln(x)}{x(x^2 + 1)^2}.$$

11.2 Lösung (⌊430⌋Aufgabe)

C bezeichnet jeweils eine beliebige reelle Zahl.

(a) $\int (4x^3 + 3x + 1)\, dx = x^4 + \frac{3}{2}x^2 + x + C$

(b) $\int \sqrt[5]{x^3}\, dx = \int x^{\frac{3}{5}}\, dx = \frac{5}{8} \cdot x^{\frac{8}{5}} + C = \frac{5}{8}\sqrt[5]{x^8} + C = \frac{5}{8}\sqrt[5]{x^{5+3}} + C = \frac{5}{8}x\sqrt[5]{x^3} + C$

(c) $\int 2e^x\, dx = 2e^x + C$

(d) $\int \frac{1}{4\sqrt[4]{x}}\, dx = \frac{1}{4}\int x^{-\frac{1}{4}}\, dx = \frac{1}{4} \cdot \frac{4}{3}x^{\frac{3}{4}} + C = \frac{1}{3}\sqrt[4]{x^3} + C$

(e) $\int (5x^4 + 4 + \frac{6}{x})\, dx = x^5 + 4x + 6\ln(|x|) + C$

(f) $\int \frac{2x+3}{\sqrt{x}}\, dx = \int \frac{2x}{\sqrt{x}}\, dx + \int \frac{3}{\sqrt{x}}\, dx = 2\int x^{\frac{1}{2}}\, dx + 3\int x^{-\frac{1}{2}}\, dx$

$$= 2 \cdot \frac{2}{3}x^{\frac{3}{2}} + 3 \cdot 2x^{\frac{1}{2}} + C = \frac{4}{3}\sqrt{x^3} + 6\sqrt{x} + C = \frac{4}{3}x\sqrt{x} + 6\sqrt{x} + C$$

(g) $\int (x-2)^2\, dx = \int (x^2 - 4x + 4)\, dx = \frac{1}{3}x^3 - 2x^2 + 4x + C$

(h) $\int 4^x\, dx = \int e^{\ln(4) \cdot x}\, dx = \frac{1}{\ln(4)}e^{\ln(4) \cdot x} + C = \frac{4^x}{\ln(4)} + C$

11.3 Lösung (⌊430⌋Aufgabe)

(a) $\int_0^2 (3x + 1)^2\, dx = \int_0^2 (9x^2 + 6x + 1)\, dx = \frac{9 \cdot x^3}{3} + \frac{6 \cdot x^2}{2} + x \big|_0^2$

$$= 3x^3 + 3x^2 + x \big|_0^2 = (24 + 12 + 2) - 0 = 38$$

(b) $\int_1^4 (\sqrt{x} + x)\, dx = \frac{2}{3}x^{\frac{3}{2}} + \frac{1}{2}x^2 \big|_1^4 = \frac{2}{3}\sqrt{x^3} + \frac{x^2}{2} \big|_1^4$

$$= \left(\frac{2}{3}\sqrt{4^3} + 8\right) - \left(\frac{2}{3}\sqrt{1} + \frac{1}{2}\right)$$

$$= \left(\frac{16}{3} + \frac{24}{3}\right) - \left(\frac{4}{6} + \frac{3}{6}\right) = \frac{40}{3} - \frac{7}{6} = \frac{73}{6}$$

(c) $\int_0^1 (2-x)dx + \int_0^1 2(x-1)\, dx = \int_0^1 (2 - x + 2x - 2)\, dx = \int_0^1 x\, dx = \frac{1}{2}x^2 \big|_0^1 = \frac{1}{2}$

(d) $\int_0^1 x^4\,dx - \int_3^1 x^4\,dx + \int_3^5 x^4\,dx = \int_0^1 x^4\,dx + \int_1^3 x^4\,dx + \int_3^5 x^4\,dx = \int_0^5 x^4\,dx = \frac{x^5}{5}\big|_0^5 = 625$

(e) $\int_1^2 \left(\frac{1}{x^4} + \frac{1}{x^5}\right)dx = \int_1^2 (x^{-4} + x^{-5})\,dx = \left(-\frac{x^{-3}}{3} - \frac{x^{-4}}{4}\right)\big|_1^2 = \left(-\frac{1}{3x^3} - \frac{1}{4x^4}\right)\big|_1^2$

$$= \left(-\frac{1}{24} - \frac{1}{64}\right) - \left(-\frac{1}{3} - \frac{1}{4}\right) = -\frac{11}{192} + \frac{7}{12} = \frac{101}{192}$$

(f) $\int_1^4 5\sqrt[4]{x}\,dx = \int_1^4 5x^{\frac{1}{4}}\,dx = 5 \cdot \frac{4}{5}x^{\frac{5}{4}}\big|_1^4 = 4\sqrt[4]{x^5}\big|_1^4 = 4 \cdot 2^{\frac{10}{4}} - 4$

$$= 4 \cdot 2^2 \cdot 2^{\frac{1}{2}} - 4 = 16\sqrt{2} - 4$$

(g) $\int_{-1}^1 (e^{\frac{1}{3}x} + 3x^2)\,dx = 3e^{\frac{1}{3}x} + x^3\big|_{-1}^1 = (3e^{\frac{1}{3}} + 1) - (3e^{-\frac{1}{3}} - 1)$

$$= 3(e^{\frac{1}{3}} - e^{-\frac{1}{3}}) + 2 = 3\left(\sqrt[3]{e} - \frac{1}{\sqrt[3]{e}}\right) + 2$$

(h) $\int_0^1 5^x\,dx = \int_0^1 e^{\ln(5)\cdot x}\,dx = \frac{1}{\ln(5)}e^{\ln(5)\cdot x}\big|_0^1 = \frac{5^x}{\ln(5)}\big|_0^1$

$$= \frac{5}{\ln(5)} - \frac{5^0}{\ln(5)} = \frac{5-1}{\ln(5)} = \frac{4}{\ln(5)}$$

(i) $\int_{-3}^{-1} \frac{4}{x}\,dx = 4\ln(|x|)\big|_{-3}^{-1} = 4\ln(1) - 4\ln(3) = 0 - 4\ln(3) = -4\ln(3)$

(j) $\int_1^4 x(x^2 + x)\,dx + \int_4^7 (x^3 + x^2)\,dx - \int_1^7 (x^3 + x^2)\,dx$

$$= \int_1^4 (x^3 + x^2)\,dx + \int_4^7 (x^3 + x^2)\,dx - \int_1^7 (x^3 + x^2)\,dx$$

$$= \int_1^7 (x^3 + x^2)\,dx - \int_1^7 (x^3 + x^2)\,dx = 0$$

11.4 Lösung ([431]Aufgabe)

C bezeichnet jeweils eine beliebige reelle Zahl. Die Funktion f wird jeweils in der Form $f(x) = g'(x) \cdot h(g(x))$ mit geeigneten Funktionen g und h geschrieben.

(a) $g(x) = 2x + 3, g'(x) = 2, h(y) = \frac{1}{2}y^3$: $f(x) = (2x + 3)^3 = g'(x) \cdot \frac{1}{2}(g(x))^3$

$$= g'(x) \cdot h(g(x))$$

Mit der Substitution $g(x) = y$ ergibt sich:

$$\int (2x + 3)^3\,dx = \int \frac{1}{2}y^3\,dy = \frac{1}{8}y^4 + C \overset{y=g(x)}{=} \frac{1}{8}(2x + 3)^4 + C$$

(b) $g(x) = 3 + 2e^x$, $g'(x) = 2e^x$, $h(y) = \dfrac{1}{y}$: $f(x) = \dfrac{2e^x}{3 + 2e^x} = \dfrac{g'(x)}{g(x)}$

$$= g'(x) \cdot h(g(x))$$

Mit der Substitution $g(x) = y$ ergibt sich:

$$\int \frac{2e^x}{3 + 2e^x} \, dx = \int \frac{1}{y} \, dy = \ln(|y|) + C \overset{y = g(x)}{=} \ln(|3 + 2e^x|) + C = \ln(3 + 2e^x) + C.$$

Die letzte Umformung ist korrekt, da $3 + 2e^x > 0$ für alle $x \in \mathbb{R}$ gilt.

(c) $g(x) = x^2 + 3$, $g'(x) = 2x$, $h(y) = \dfrac{1}{\sqrt{y}}$: $f(x) = \dfrac{2x}{\sqrt{x^2 + 3}} = \dfrac{g'(x)}{\sqrt{g(x)}}$

$$= g'(x) \cdot h(g(x))$$

Mit der Substitution $g(x) = y$ ergibt sich:

$$\int \frac{2x}{\sqrt{x^2 + 3}} \, dx = \int \frac{1}{\sqrt{y}} \, dy = \int y^{-\frac{1}{2}} \, dy = 2\sqrt{y} + C \overset{y = g(x)}{=} 2\sqrt{x^2 + 3} + C$$

(d) $g(x) = x(3x^2 + 1) = 3x^3 + x$, $g'(x) = 9x^2 + 1$, $h(y) = \frac{1}{y}$:

$$f(x) = \frac{9x^2 + 1}{x(3x^2 + 1)} = \frac{g'(x)}{g(x)} = g'(x) \cdot h(g(x))$$

Mit der Substitution $g(x) = y$ ergibt sich:

$$\int \frac{9x^2 + 1}{x(3x^2 + 1)} \, dx = \int \frac{1}{y} \, dy = \ln(|y|) + C \overset{y = g(x)}{=} \ln(|3x^3 + x|) + C$$

(e) Zunächst gilt $\frac{3}{3x\ln(x) + 2x} = \frac{3}{x(3\ln(x) + 2)} = \frac{\frac{3}{x}}{3\ln(x) + 2}$, so dass $g(x) = 3\ln(x) + 2$, $g'(x) = \frac{3}{x}$, $h(y) = \frac{1}{y}$:

$$f(x) = \frac{3}{3x\ln(x) + 2x} = \frac{g'(x)}{g(x)} = g'(x) \cdot h(g(x))$$

Mit der Substitution $g(x) = y$ ergibt sich:

$$\int \frac{3}{3x\ln(x) + 2x} \, dx = \int \frac{1}{y} \, dy = \ln(|y|) + C \overset{y = g(x)}{=} \ln(|3\ln(x) + 2|) + C$$

(f) Zunächst gilt $\frac{1}{(x+2)\ln(x+2)} = \frac{\frac{1}{x+2}}{\ln(x+2)}$, so dass $g(x) = \ln(x+2)$, $g'(x) = \frac{1}{x+2}$, $h(y) = \frac{1}{y}$:

$$f(x) = \frac{1}{(x+2)\ln(x+2)} = \frac{g'(x)}{g(x)} = g'(x) \cdot h(g(x))$$

Mit der Substitution $g(x) = y$ ergibt sich:

$$\int \frac{1}{(x+2)\ln(x+2)} \, dx = \int \frac{1}{y} \, dy = \ln(|y|) + C \overset{y = g(x)}{=} \ln(|\ln(x+2)|) + C$$

11.5 Lösung (431 Aufgabe)

Die Funktion f wird jeweils in der Form $f(x) = g'(x) \cdot h(g(x))$ mit geeigneten Funktionen g und h geschrieben.

(a) $g(x) = 2x + 3$, $g'(x) = 2$, $h(y) = \frac{1}{2}y^4$: $f(x) = (2x+3)^4 = g'(x) \cdot \frac{1}{2}(g(x))^4$

$$= g'(x) \cdot h(g(x))$$

$$\int_0^1 (2x+3)^4 \, dx = \int_{g(0)}^{g(1)} \frac{y^4}{2} \, dy = \frac{y^5}{10}\Big|_3^5 = \frac{5^5}{10} - \frac{3^5}{10} = 288,2$$

(b) $g(x) = 1+x^3$, $g'(x) = 3x^2$, $h(y) = y^2$: $f(x) = (1+x^3)^2 \cdot 3x^2 = g'(x) \cdot (g(x))^2$

$$= g'(x) \cdot h(g(x))$$

$$\int_0^1 (1+x^3)^2 \cdot 3x^2 \, dx = \int_{g(0)}^{g(1)} y^2 \, dy = \int_1^2 y^2 \, dy = \frac{y^3}{3}\Big|_1^2 = \frac{8}{3} - \frac{1}{3} = \frac{7}{3}$$

(c) $g(x) = x^2 + 4x$, $g'(x) = 2x + 4$, $h(y) = \frac{1}{y}$: $f(x) = \frac{2x+4}{x^2+4x} = \frac{g'(x)}{g(x)}$

$$= g'(x) \cdot h(g(x))$$

$$\int_3^5 \frac{2x+4}{x^2+4x} \, dx = \int_{g(3)}^{g(5)} \frac{1}{y} \, dy = \int_{21}^{45} \frac{1}{y} \, dy = \ln(|y|)\Big|_{21}^{45} = \ln(45) - \ln(21)$$

$$= \ln\left(\frac{15}{7}\right)$$

(d) $g(x) = 2x + 5$, $g'(x) = 2$. Daraus ergibt sich die Beziehung $x = \frac{g(x)-5}{2}$, so dass mit $h(y) = \frac{y-5}{4\sqrt{y}}$ gilt:

$$f(x) = \frac{x}{\sqrt{2x+5}} = g'(x) \cdot \frac{1}{2} \cdot \frac{\frac{g(x)-5}{2}}{\sqrt{g(x)}} = g'(x)\frac{g(x)-5}{4\sqrt{g(x)}} = g'(x) \cdot h(g(x))$$

$$\int_2^{10} \frac{x}{\sqrt{2x+5}} \, dx = \int_{g(2)}^{g(10)} \frac{y-5}{4\sqrt{y}} \, dy = \int_9^{25} \left(\frac{1}{4}y^{\frac{1}{2}} - \frac{5}{4}y^{-\frac{1}{2}}\right) dy$$

$$= \frac{1}{6}y^{\frac{3}{2}} - \frac{5}{2}y^{\frac{1}{2}}\Big|_9^{25} = \left(\frac{125}{6} - \frac{25}{2}\right) - \left(\frac{27}{6} - \frac{15}{2}\right)$$

$$= \frac{98}{6} - \frac{10}{2} = \frac{68}{6} = \frac{34}{3}$$

(e) $g(x) = 3x^2 + 5x$, $g'(x) = 6x + 5$, $h(y) = e^y$:

$$f(x) = (6x+5) \cdot e^{3x^2+5x} = g'(x) \cdot e^{g(x)} = g'(x) \cdot h(g(x))$$

$$\int_0^1 (6x+5) \cdot e^{3x^2+5x} \, dx = \int_{g(0)}^{g(1)} e^y \, dy = \int_0^8 e^y \, dy$$

$$= e^y\Big|_0^8 = e^8 - e^0 = e^8 - 1$$

(f) $g(x) = x + 4$, $g'(x) = 1$. Daraus ergibt sich die Beziehung $x = g(x) - 4$, so dass mit $h(y) = 4(y - 4)\sqrt[4]{y}$ gilt:

$$f(x) = 4x\sqrt[4]{x + 4} = g'(x)4(g(x) - 4)\sqrt[4]{g(x)} = g'(x) \cdot h(g(x))$$

$$\int_{-4}^{12} 4x\sqrt[4]{x + 4}\, dx = \int_{g(-4)}^{g(12)} 4(y - 4)\sqrt[4]{y}\, dy = \int_0^{16} (4y^{\frac{5}{4}} - 16y^{\frac{1}{4}})\, dy$$

$$= \tfrac{16}{9}y^{\frac{9}{4}} - \tfrac{64}{5}y^{\frac{5}{4}}\Big|_0^{16} = \tfrac{16 \cdot 512}{9} - \tfrac{64 \cdot 32}{5} - 0 = \tfrac{22528}{45} = 500{,}6\overline{2}$$

11.6 Lösung (431 Aufgabe)

C bezeichnet im Folgenden jeweils eine beliebige reelle Zahl.

(a) Mit $u(x) = x$ und $v'(x) = e^x$ folgt $u'(x) = 1$, $v(x) = e^x$, so dass

$$\int xe^x\, dx = xe^x - \int e^x\, dx = xe^x - e^x + C = (x - 1)e^x + C$$

(b) Mit $u(x) = x^2 + 3x$ und $v'(x) = e^x$ folgt $u'(x) = 2x + 3$, $v(x) = e^x$, so dass

$$\int e^x(x^2 + 3x)\, dx = e^x(x^2 + 3x) - \int e^x(2x + 3)\, dx.$$

Mit $u(x) = 2x + 3$ und $v'(x) = e^x$ folgt $u'(x) = 2$, $v(x) = e^x$, so dass

$$\int e^x(x^2 + 3x)\, dx = e^x(x^2 + 3x) - \left(e^x(2x + 3) - \int 2e^x\, dx\right)$$

$$= e^x(x^2 + 3x - 2x - 3) + 2e^x + C = e^x(x^2 + x - 1) + C$$

(c) Mit $u(x) = \ln(x)$ und $v'(x) = 1$ folgt $u'(x) = \frac{1}{x}$, $v(x) = x$, so dass

$$\int \ln(x)\, dx = x \cdot \ln(x) - \int \frac{1}{x} \cdot x\, dx = x\ln(x) - \int 1\, dx = x\ln(x) - x + C$$

$$= x(\ln(x) - 1) + C$$

(d) Mit $u(x) = \ln(x)$ und $v'(x) = x^2$ folgt $u'(x) = \frac{1}{x}$, $v(x) = \frac{1}{3}x^3$, so dass

$$\int x^2\ln(x)\, dx = \frac{x^3}{3}\ln(x) - \int \frac{x^3}{3x}\, dx = \frac{x^3}{3}\ln(x) - \int \frac{x^2}{3}\, dx$$

$$= \frac{x^3}{3}\ln(x) - \frac{x^3}{9} + C = \frac{x^3}{9}(3\ln(x) - 1) + C$$

(e) $\int \log_2(x)\, dx = \int \frac{\ln(x)}{\ln(2)}\, dx = \frac{1}{\ln(2)}\int \ln(x)\, dx \overset{(c)}{=} \frac{x}{\ln(2)}(\ln(x) - 1) + C$

(f) Mit $u(x) = \ln(x)$ und $v'(x) = \ln(x)$ folgt $u'(x) = \frac{1}{x}$, $v(x) \overset{(c)}{=} x(\ln(x) - 1)$, so dass

$$\int (\ln(x))^2 \, dx = \ln(x)x(\ln(x) - 1) - \int \frac{1}{x} \cdot x(\ln(x) - 1) \, dx$$

$$= x\ln(x)(\ln(x) - 1) - \int (\ln(x) - 1) \, dx$$

$$= x\ln(x)(\ln(x) - 1) - \int \ln(x) \, dx + \int 1 \, dx$$

$$\overset{(c)}{=} x\ln(x)(\ln(x) - 1) - x(\ln(x) - 1) + x + C$$

$$= x(\ln(x) - 1)^2 + x + C = x(\ln(x))^2 - 2x\ln(x) + 2x + C$$

11.7 Lösung ([431] Aufgabe)

(a) Mit $u(x) = \ln(x)$ und $v'(x) = x^3$ folgt $u'(x) = \frac{1}{x}$, $v(x) = \frac{1}{4}x^4$, so dass

$$\int_1^2 x^3 \ln(x) \, dx = \frac{1}{4}x^4 \ln(x)\Big|_1^2 - \int_1^2 \frac{x^4}{4x} \, dx = 4\ln(2) - 0 - \frac{1}{4}\int_1^2 x^3 \, dx$$

$$= 4\ln(2) - \frac{1}{4}\frac{x^4}{4}\Big|_1^2 = 4\ln(2) - \left(\frac{2^4}{16} - \frac{1}{16}\right) = 4\ln 2 - \frac{15}{16}.$$

(b) Mit $u(x) = 3x + 1$ und $v'(x) = e^{2x}$ folgt $u'(x) = 3$, $v(x) = \frac{1}{2}e^{2x}$, so dass

$$\int_0^1 (3x + 1)e^{2x} \, dx = \frac{(3x + 1)}{2}e^{2x}\Big|_0^1 - \int_0^1 \frac{3}{2}e^{2x} \, dx = 2e^2 - \frac{1}{2} - \frac{3}{2} \cdot \frac{1}{2}e^{2x}\Big|_0^1$$

$$= 2e^2 - \frac{1}{2} - \left(\frac{3}{4}e^2 - \frac{3}{4}\right) = \frac{5}{4}e^2 + \frac{1}{4} = \frac{1}{4}(5e^2 + 1).$$

(c) Mit $u(x) = \ln(x)$ und $v'(x) = \frac{1}{x}$ folgt $u'(x) = \frac{1}{x}$, $v(x) = \ln(|x|) = \ln(x)$ für $x \in [1, e^4]$, so dass $\int_1^{e^4} \frac{\ln(x)}{x} \, dx = (\ln(x))^2\Big|_1^{e^4} - \int_1^{e^4} \frac{\ln(x)}{x} \, dx$. Damit reproduziert sich das gesuchte Integral. Die letzte Gleichung ist daher äquivalent zur Beziehung

$$2\int_1^{e^4} \frac{\ln(x)}{x} \, dx = (\ln(x))^2\Big|_1^{e^4},$$

so dass $\int_1^{e^4} \frac{\ln(x)}{x} \, dx = \frac{1}{2}(\ln(x))^2\Big|_1^{e^4} = \frac{(\ln(e^4))^2 - 0}{2} = \frac{16}{2} = 8.$

Alternativ gilt mit der [420] Substitutionsregel und der Substitution S $z = \ln(x)$

$$\int_1^{e^4} \frac{\ln(x)}{x} \, dx \overset{S}{=} \int_0^4 y \, dy = \frac{y^2}{2}\Big|_0^4 = 8.$$

11.8 Lösung (431 Aufgabe)

(a) Es ist zu zeigen, dass f nicht-negativ ist und dass $\int_{-\infty}^{\infty} f(x)\,dx = 1$ gilt. Ersteres ist offenbar erfüllt. Für die Integrationsbedingung gilt

$$\int_{-\infty}^{\infty} f(x)\,dx = \int_0^1 \alpha x^{\alpha-1}\,dx = x^{\alpha}\Big|_0^1 = 1,$$

so dass f eine Dichtefunktion ist.

(b) Zur Berechnung der Verteilungsfunktion $F(t) = \int_{-\infty}^t f(x)\,dx$, $t \in \mathbb{R}$, sind die drei Intervalle $(-\infty, 0]$, $(0, 1]$, $(1, \infty)$ gesondert zu betrachten. Es ergibt sich

$$F(t) = \int_{-\infty}^t f(x)\,dx = \int_{-\infty}^t 0\,dx = 0, \quad t \leqslant 0.$$

$$F(t) = \int_{-\infty}^t f(x)\,dx = \int_{-\infty}^0 0\,dx + \int_0^t \alpha x^{\alpha-1}\,dx$$

$$= x^{\alpha}\Big|_0^t = t^{\alpha}, \quad 0 < t \leqslant 1.$$

$$F(t) = \int_{-\infty}^t f(x)\,dx = \int_{-\infty}^1 f(x)\,dx + \int_1^t 0\,dx$$

$$= 1 + 0 = 1, \quad t > 1.$$

Insgesamt ergibt sich somit

$$F(t) = \begin{cases} 0, & t \leqslant 0 \\ t^{\alpha}, & 0 < t \leqslant 1 \\ 1, & t > 0 \end{cases}.$$

Für das k-te Moment gilt

$$m_k = \int_0^1 x^k \cdot \alpha x^{\alpha-1}\,dx = \alpha \int_0^1 x^{k+\alpha-1}\,dx = \alpha \cdot \frac{1}{k+\alpha} x^{k+\alpha}\Big|_0^1 = \frac{\alpha}{k+\alpha}.$$

Daraus resultieren der Erwartungswert $m_1 = \frac{\alpha}{1+\alpha}$ und das zweite Moment $m_2 = \frac{\alpha}{2+\alpha}$, so dass die Varianz von f gegeben ist durch

$$v = m_2 - m_1^2 = \frac{\alpha}{2+\alpha} - \left(\frac{\alpha}{1+\alpha}\right)^2 = \frac{\alpha}{2+\alpha} - \frac{\alpha^2}{(1+\alpha)^2} = \frac{\alpha}{(2+\alpha)(1+\alpha)^2}.$$

11.9 Lösung (432 Aufgabe)

Die Verteilungsfunktion ist für $t < 1$ identisch Null. Für $t \geqslant 1$ gilt:

$$F(t) = \int_1^t f(x)\,dx = \int_1^t \frac{\alpha}{x^{\alpha+1}}\,dx = \int_1^t \alpha x^{-\alpha-1}\,dx = -x^{-\alpha}\Big|_1^t = 1 - \frac{1}{t^{\alpha}},$$

wobei zu beachten ist, dass wegen $\alpha > 0$ die Stammfunktion zu $x^{-\alpha-1}$ durch $-\frac{1}{\alpha}x^{-\alpha}$ gegeben ist. Insgesamt gilt daher:

$$F(t) = \begin{cases} 0, & t < 1 \\ 1 - \frac{1}{t^{\alpha}}, & t \geqslant 1 \end{cases}.$$

Für den Erwartungswert gilt (für $\alpha > 1$)

$$m_1 = \int_1^{\infty} xf(x)\,dx = \alpha \int_1^{\infty} x^{-\alpha}\,dx = \alpha \left[\frac{1}{-\alpha+1} x^{-\alpha+1} \right]_1^{\infty}$$

$$= \frac{\alpha}{1-\alpha} \left[\lim_{x\to\infty} x^{-\alpha+1} - 1 \right] = \frac{\alpha}{\alpha-1},$$

wobei der Grenzwert $\lim\limits_{x\to\infty} x^{-\alpha+1}$ wegen $\alpha > 1$ gleich Null ist. Für $\alpha = 1$ ergibt sich

$$m_1 = \int_1^{\infty} \frac{1}{x}\,dx = \ln(x) \Big|_1^{\infty} = \lim_{x\to\infty} \ln(x) - \ln(1) = \infty,$$

d.h. der Erwartungswert hat den Wert ∞.

11.10 Lösung (⌊432⌋Aufgabe)

(a) Da f offenbar nicht-negativ ist, bleibt nur nachzuweisen, dass die Integrationsbedingung erfüllt ist. Aus ⌊421⌋Beispiel 11.10 resultiert sofort die Gültigkeit dieser Bedingung:
$$\int_0^{\infty} \frac{\lambda^3}{2} x^2 e^{-\lambda x}\,dx = 1.$$

(b) Für $n = 2$ lautet der Erwartungswert von f

$$m_1 = \int_0^{\infty} x \cdot \lambda^2 x e^{-\lambda x}\,dx = \frac{2}{\lambda} \underbrace{\int_0^{\infty} \frac{\lambda^3}{2} x^2 e^{-\lambda x}\,dx}_{=1,\text{nach (a)}} = \frac{2}{\lambda}.$$

Für das zweite Moment gilt mit partieller Integration

$$m_2 = \int_0^{\infty} \lambda^2 x^3 e^{-\lambda x}\,dx = \lambda \int_0^{\infty} \underbrace{x^3}_{=u(x)} \cdot \underbrace{\lambda e^{-\lambda x}}_{=v'(x)}\,dx$$

$$= \lambda \cdot \underbrace{\left[x^3 \cdot (-e^{-\lambda x}) \right]_0^{\infty}}_{=0} - \lambda \int_0^{\infty} 3x^2 (-e^{-\lambda x})\,dx = 3\lambda \int_0^{\infty} x^2 e^{-\lambda x}\,dx$$

$$= 3\lambda \cdot \frac{2}{\lambda^3} \underbrace{\int_0^{\infty} \frac{\lambda^3}{2} x^2 e^{-\lambda x}\,dx}_{=1,\text{nach (a)}} = \frac{6}{\lambda^2}.$$

Damit hat die Varianz den Wert $v = m_2 - m_1^2 = \frac{6}{\lambda^2} - \left(\frac{2}{\lambda}\right)^2 = \frac{2}{\lambda^2}$.

(c) Differenzieren der Funktion F für $x < 0$ liefert $F'(x) = 0$. Für $x \geqslant 0$ resultiert mit der Produkt- und Summenregel die Ableitung

$$F'(x) = -(-\lambda e^{-\lambda x}) \sum_{j=0}^{n-1} \frac{(\lambda x)^j}{j!} - e^{-\lambda x} \underbrace{\sum_{j=0}^{n-1} \lambda j \frac{(\lambda x)^{j-1}}{j!}}_{\text{Summand für } j = 0 \text{ ist Null}}$$

$$= \lambda e^{-\lambda x} \left(\sum_{j=0}^{n-1} \frac{(\lambda x)^j}{j!} - \underbrace{\sum_{j=1}^{n-1} \frac{(\lambda x)^{j-1}}{(j-1)!}}_{\text{Indexverschiebung}} \right)$$

$$= \lambda e^{-\lambda x} \left(\sum_{j=0}^{n-1} \frac{(\lambda x)^j}{j!} - \sum_{j=0}^{n-2} \frac{(\lambda x)^j}{j!} \right) = \frac{\lambda^n}{(n-1)!} x^{n-1} e^{-\lambda x}$$

Im letzten Schritt ist zu beachten, dass alle Summanden der beiden Summen bis auf den letzten der ersten Summe wegfallen. Insgesamt folgt somit für $x \in \mathbb{R}$: $F'(x) = f(x)$, d.h. F ist Stammfunktion zu f.

11.11 Lösung (432 Aufgabe)

Für die momenterzeugende Funktion von f resultiert die Darstellung

$$m(t) = \int_0^\infty e^{tx} \lambda e^{-\lambda x} dx = \lambda \int_0^\infty e^{(t-\lambda)x} dx.$$

Zur weiteren Behandlung dieses Integrals werden drei Fälle unterschieden. Gilt $t = \lambda$, so folgt $m(\lambda) = \lambda \int_0^\infty dx = \lambda x \big|_0^\infty = \infty$. Für $t > \lambda$ gilt

$$m(t) = \lambda \int_0^\infty e^{(t-\lambda)x} dx = \lambda \cdot \frac{1}{t-\lambda} e^{(t-\lambda)x} \Big|_0^\infty = \infty,$$

da $\lim_{x \to \infty} \lambda \cdot \frac{1}{t-\lambda} e^{(t-\lambda)x} = \infty$ wegen $t - \lambda > 0$. Für $t < \lambda$ gilt hingegen $\lim_{x \to \infty} \lambda \cdot \frac{1}{t-\lambda} e^{(t-\lambda)x} = 0$, so dass in diesem Fall $m(t) = -\lambda \cdot \frac{1}{t-\lambda} = \frac{\lambda}{\lambda - t}$. Insgesamt gilt somit

$$m(t) = \begin{cases} \frac{\lambda}{\lambda - t}, & t < \lambda \\ \infty, & t \geqslant \lambda \end{cases}.$$

Aus diesem Grund wird der Definitionsbereich von m auf das Intervall $\mathbb{D} = (-\infty, \lambda)$ eingeschränkt, wobei zu beachten ist, dass stets $0 \in \mathbb{D}$ gilt.

Aus der Ableitung $m'(t) = \frac{\lambda}{(\lambda - t)^2}$ von m folgt direkt $m'(0) = \frac{1}{\lambda} = m_1$.

Dieser Zusammenhang ist auch allgemein richtig und begründet die Bezeichnung momenterzeugende Funktion.

11.12 Lösung (▨Aufgabe)

(a) $\int\limits_{0}^{x}(t^2 + 3t - 2)\,dt = \left[\frac{1}{3}t^3 + \frac{3}{2}t^2 - 2t\right]_0^x = \frac{1}{3}x^3 + \frac{3}{2}x^2 - 2x$

(b) $\int\limits_{1}^{y}(z-1)^5\,dz = \int\limits_{0}^{y-1} t^5\,dt = \frac{1}{6}t^6\Big|_0^{y-1} = \frac{1}{6}(y-1)^6$

(c) $\int\limits_{-\infty}^{a}\frac{1}{t^2}\,dt = \lim\limits_{x\to-\infty} -\frac{1}{t}\Big|_x^a = \lim\limits_{x\to-\infty}\frac{1}{x} - \frac{1}{a} = -\frac{1}{a} = \frac{1}{|a|}$

(d) $\int\limits_{1}^{\beta} v e^{-v^2+1}\,dv = e\int\limits_{1}^{\beta} v e^{-v^2}\,dv = \frac{e}{2}\int\limits_{1}^{\beta^2} e^{-z}\,dz = \frac{e}{2}\left[-e^{-z}\right]_1^{\beta^2} = \frac{1}{2}\left(1 - e^{1-\beta^2}\right)$

(e) $\int\limits_{b}^{\infty}\frac{z^2-2z+1}{(z-1)^4}\,dz = \int\limits_{b}^{\infty}\frac{(z-1)^2}{(z-1)^4}\,dz = \lim\limits_{x\to\infty}\int\limits_{b}^{x}\frac{1}{(z-1)^2}\,dz = \lim\limits_{x\to\infty}\left[-\frac{1}{z-1}\right]_b^x = \frac{1}{b-1}$

(f) $\int\limits_{1}^{x} y e^{-(y-1)(y+1)}\,dy = \int\limits_{1}^{x} y e^{-y^2+1}\,dy \overset{(d)}{=} \frac{1}{2}\left(1 - e^{1-x^2}\right)$

11.13 Lösung (▨Aufgabe)

Zur Berechnung der Verteilungsfunktion F werden vier Fälle unterschieden:

❶ $x \le 0$: In diesem Fall gilt: $f(t) = 0$ für $t \leqslant x$, so dass

$$F(x) = \int_{-\infty}^{x} f(t)\,dt = \int_{-\infty}^{x} 0\,dt = 0.$$

❷ $0 < x \le 1$: In diesem Fall gilt:

$$F(x) = \int_{-\infty}^{x} f(t)\,dt = \int_{-\infty}^{0} f(t)\,dt + \int_{0}^{x} f(t)\,dt = \int_{0}^{x} t\,dt = \frac{1}{2}x^2.$$

Insbesondere ergibt sich daraus $F(1) = \int_{-\infty}^{1} f(t)\,dt = \frac{1}{2}$.

❸ $1 < x \le 2$: Nun wird das Integral folgendermaßen zerlegt:

$$F(x) = \int_{-\infty}^{x} f(t)\,dt = \int_{-\infty}^{1} f(t)\,dt + \int_{1}^{x} f(t)\,dt = \frac{1}{2} + \int_{1}^{x} (2-t)\,dt$$

$$= \frac{1}{2} + \left[-\frac{1}{2}(2-t)^2\right]_1^x = 1 - \frac{1}{2}(2-x)^2,$$

woraus insbesondere $F(2) = 1$ folgt.

❹ $x > 2$: In diesem Fall gilt: $f(t) = 0$ für $2 \leqslant t \leqslant x$, so dass

$$F(x) = F(2) + \int_{2}^{x} 0\,dt = 1.$$

Damit ist die Verteilungsfunktion der Dreiecksverteilung gegeben durch

$$F(x) = \begin{cases} 0, & x \leqslant 0 \\ \frac{1}{2}x^2, & 0 \leqslant x < 1 \\ 1 - \frac{1}{2}(2-x)^2, & 1 \leqslant x < 2 \\ 1, & 2 \leqslant x \end{cases}.$$

Die Graphen von f und F sind in ▨445Abbildung 11.7 dargestellt.

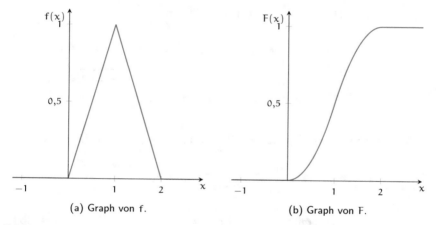

(a) Graph von f.

(b) Graph von F.

Abbildung 11.7: Dichtefunktion f und Verteilungsfunktion F der Dreiecksverteilung aus Aufgabe 11.13.

11.14 Lösung (▨433Aufgabe)

(a) Mittels der Substitution $\phi(t) = x - t$ ergibt sich für $x \geqslant 0$ mit $\phi'(t) = -1$ und $t = x - \phi(t)$

$$\int_0^x f(t)g(x-t)dt = \int_0^x f(x - \phi(t))g(\phi(t))dt$$

$$= -\int_{\phi(0)}^{\phi(x)} f(x-z)g(z)dz = \int_0^x f(x-z)g(z)dz.$$

Im letzten Schritt wurden die Integrationsgrenzen vertauscht, wodurch das Minuszeichen vor dem Integral verschwindet.

(b) Die Faltung der Funktionen f und g werden wie folgt berechnet:

(1) Für $f(t) = e^{-t}$, $g(t) = e^{-t}$, $t \geqslant 0$, gilt für $x \geqslant 0$:

$$h(x) = \int_0^x e^{-t} \underbrace{e^{-(x-t)}}_{=e^{-x}e^t} dt = e^{-x}\int_0^x 1dt = xe^{-x}.$$

(2) Für $f(t) = t$, $g(t) = t^2$, $t \geqslant 0$, gilt für $x \geqslant 0$ mit Aufgabenteil (a):

$$h(x) = \int_0^x (x - t)t^2\,dt = \int_0^x (xt^2 - t^3)\,dt = \frac{1}{3}x^4 - \frac{1}{4}x^4 = \frac{1}{12}x^4.$$

(3) Zunächst gilt mit partieller Integration

$$\int_0^x te^{-t}\,dt = -te^{-t}\Big|_0^x + \int_0^x e^{-t}\,dt = -xe^{-x} - e^{-x} + 1 = 1 - (x + 1)e^{-x}.$$

Für $f(t) = e^{-t}$, $g(t) = t$, $t > 0$, gilt für $x \geqslant 0$:

$$h(x) = \int_0^x e^{-t}(x - t)\,dt = x\underbrace{\int_0^x e^{-t}\,dt}_{=1-e^{-x}} - \underbrace{\int_0^x te^{-t}\,dt}_{=1-(x+1)e^{-x}}$$

$$= x(1 - e^{-x}) - \left[1 - (x + 1)e^{-x}\right] = x - 1 + e^{-x}.$$

(4) Für $f(t) = e^{-\lambda t}$, $g(t) = e^{-\mu t}$, $t \geqslant 0$, mit $\lambda, \mu > 0$ gilt für $x \geqslant 0$:

$$h(x) = \int_0^x e^{-\lambda t}\underbrace{e^{-\mu(x-t)}}_{=e^{-\mu x}e^{\mu t}}\,dt = e^{-\mu x}\int_0^x e^{-(\lambda-\mu)t}\,dt.$$

Für $\lambda = \mu$ ergibt sich daher $h(x) = xe^{-\mu x}$, $x \geqslant 0$. Gilt $\lambda \neq \mu$, so folgt:

$$h(x) = e^{-\lambda x}\int_0^x e^{-(\lambda-\mu)t}\,dt = e^{-\mu x}\left[-\frac{1}{\lambda - \mu}e^{-(\lambda-\mu)t}\right]_0^x$$

$$= \frac{1}{\lambda - \mu}\left(e^{-\mu x} - e^{-\lambda x}\right), \quad x \geqslant 0.$$

(5) Für $f(t) = \mathbb{1}_{[0,1]}(t)$, $g(t) = \mathbb{1}_{[0,1]}(t)$, $t \geqslant 0$, sind verschiedene Fälle zu unterscheiden. Zunächst gilt

$$f(t)g(x - t) = \begin{cases} 1, & 0 \leqslant t \leqslant 1 \text{ und } 0 \leqslant x - t \leqslant 1 \\ 0, & \text{sonst} \end{cases}.$$

Damit ist der Integrand nur dann nicht Null, wenn $0 \leqslant t \leqslant 1$ und $x - 1 \leqslant t \leqslant x$. Wegen $t \leqslant 1$ ist dies nur für $x \leqslant 2$ möglich. Man erhält also zunächst $h(x) = 0$ für $x > 2$. Weiterhin werden folgende Fälle unterschieden:

❶ $x \in [0,1]$: Dann gilt:

$$h(x) = \int_0^x 1\,dt = x.$$

❷ $x \in [1,2]$: Dann gilt:

$$h(x) = \int_0^x \mathbb{1}_{[0,1]}(t) \cdot \mathbb{1}_{[0,1]}(x-t)\,dt = \int_{x-1}^1 1\,dt = 1-(x-1) = 2-x.$$

Man beachte, dass die beiden Integrale $\int_1^x \mathbb{1}_{[0,1]}(t) \cdot \mathbb{1}_{[0,1]}(x-t)\,dt$ und $\int_0^{x-1} \mathbb{1}_{[0,1]}(t) \cdot \mathbb{1}_{[0,1]}(x-t)\,dt$ Null sind.

Insgesamt gilt daher:

$$h(x) = \begin{cases} x, & 0 \leqslant x \leqslant 1 \\ 2-x, & 1 \leqslant x \leqslant 2 \\ 0, & \text{sonst} \end{cases}.$$

Die Funktion h ist also gleich der Dichtefunktion der Dreiecksverteilung (s. Aufgabe 11.13).

11.15 Lösung (⟨434⟩Aufgabe)

Vor Berechnung der Flächeninhalte werden die von den Kurven eingeschlossenen Flächen zunächst in einem Graphen dargestellt (s. ⟨449⟩Abbildung 11.8).

(a) $g(z) = 1$, $w(z) = z^2$, $z \in \mathbb{R}$ (s. ⟨449⟩Abbildung 11.8(a)).

Die interessierende Fläche liegt oberhalb des Intervalls $[-1,1]$, wo offenbar $w(z) \leqslant g(z)$ gilt. Für den gesuchten Flächeninhalt ergibt sich dann

$$I = \int_{-1}^1 (g(z) - w(z))\,dz = \int_{-1}^1 (1-z^2)\,dz = \left[z - \frac{1}{3}z^3\right]_{-1}^1$$

$$= 1 - \frac{1}{3} - \left(-1 + \frac{1}{3}\right) = 2 - \frac{2}{3} = \frac{4}{3}.$$

(b) $f(t) = t^2 - 1$, $g(t) = 0$, $t \in [0,1]$ (s. ⟨449⟩Abbildung 11.8(b)).

Die markierte Fläche ist offenbar genau halb so groß wie die in (a) untersuchte Fläche. Also gilt hier $I = \frac{2}{3}$. Eine direkte Rechnung ergibt

$$I = \int_0^1 (g(t) - f(t))\,dt = \int_0^1 (1-t^2)\,dz = \left[t - \frac{1}{3}t^3\right]_0^1$$

$$= 1 - \frac{1}{3} - 0 = \frac{2}{3}.$$

(c) $h(x) = e^x$, $v(x) = x+1$, $x \in [-1,0]$ (s. ⟨449⟩Abbildung 11.8(c)).

Die Funktion h liegt stets oberhalb von v. Dies kann z.B. durch Betrachtung der Differenz $d(x) = e^x - (x+1)$, $x \in \mathbb{R}$, gezeigt werden. Es gilt nämlich $d'(x) = e^x - 1$, $x \in \mathbb{R}$. Wegen $d'(x) = 0 \iff x = 0$ und

$$d'(x) > 0 \iff x > 0, \qquad d'(x) < 0 \iff x < 0,$$

hat d an der Stelle $x = 0$ ein globales Minimum. Also folgt $d(x) \geqslant d(0) = 0$, $x \in \mathbb{R}$, woraus die behauptete Ungleichung folgt (s. auch ⁅480⁆Aufgabe 12.2).

Damit folgt nun:

$$I = \int_{-1}^{0} (h(x) - v(x))\,dx = \int_{-1}^{0} (e^x - x - 1)\,dx = \left[e^x - \frac{1}{2}x^2 - x\right]_{-1}^{0}$$

$$= 1 - \left(e^{-1} - \frac{1}{2} - 1\right) = \frac{1}{2} - e^{-1} \approx 0{,}13212.$$

(d) $f(y) = y^2 - 2y$, $h(y) = 2 - y^2$, $y \in \mathbb{R}$ (s. ⁅449⁆Abbildung 11.8(d)).

Zur Bestimmung des relevanten Integrationsbereiches ist zunächst die Gleichung $h(y) = f(y)$ für $y \in \mathbb{R}$ zu lösen:

$$2 - y^2 = y^2 - 2y \iff 2y^2 - 2y - 2 = 0 \iff y^2 - y - 1 = 0.$$

Diese ⁅202⁆quadratische Gleichung hat die Lösungen $y_1 = \frac{1}{2} - \frac{\sqrt{5}}{2}$ und $y_2 = \frac{1}{2} + \frac{\sqrt{5}}{2}$. Unter Verwendung dieses Ergebnisses zeigt man entsprechend

$$f(y) \geqslant h(y), \quad y \in [y_1, y_2].$$

Für die gesuchte Fläche gilt daher mit $y_2 - y_1 = \sqrt{5}$, $y_1 + y_2 = 1$

$$I = \int_{y_1}^{y_2} (f(y) - h(y))\,dy = \int_{y_1}^{y_2} (2 - y^2 - (y^2 - 2y))\,dy = 2\int_{y_1}^{y_2} (1 + y - y^2)\,dy$$

$$= 2\left[y + \frac{1}{2}y^2 - \frac{1}{3}y^3\right]_{y_1}^{y_2} = 2\left[y_2 - y_1 + \frac{1}{2}(y_2^2 - y_1^2) - \frac{1}{3}(y_2^3 - y_1^3)\right]$$

$$= 2\left[\sqrt{5} + \frac{\sqrt{5}}{2} - \frac{1}{3}(y_2^3 - y_1^3)\right] = 3\sqrt{5} - \frac{2}{3}(y_2^3 - y_1^3).$$

Weiterhin gilt

$$y_2^3 - y_1^3 = (y_2 - y_1) \cdot (y_1^2 + y_1 y_2 + y_2^2) = (y_2 - y_1) \cdot (y_1(y_1 + y_2) + y_2^2)$$

$$= \sqrt{5}(y_1 + y_2^2) = \sqrt{5}\left(\frac{1}{2} + \frac{\sqrt{5}}{2} + \frac{1}{4} - \frac{\sqrt{5}}{2} + \frac{5}{4}\right) = 2\sqrt{5}$$

Zusammenfassend ergibt sich $I = 3\sqrt{5} - \frac{4}{3}\sqrt{5} = \frac{5\sqrt{5}}{3}$.

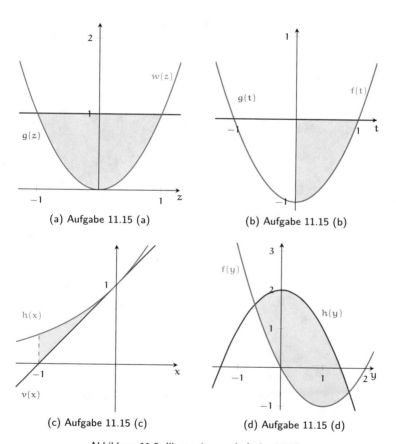

(a) Aufgabe 11.15 (a)

(b) Aufgabe 11.15 (b)

(c) Aufgabe 11.15 (c)

(d) Aufgabe 11.15 (d)

Abbildung 11.8: Illustration zu Aufgabe 11.15.

Kapitel 12

Optimierung

Im Rahmen der Optimierung werden größte bzw. kleinste Werte einer Funktion f auf ihrem Definitionsbereich gesucht, d.h. es gilt ein Problem der Art

$$\text{Maximiere (Minimiere) } f(x) \text{ für } x \in \mathbb{D}$$

zu lösen. Optimierungsprobleme treten in vielen Bereichen der Statistik und Wahrscheinlichkeitsrechnung auf. Sie entstehen u.a. bei der Berechnung von Schätzfunktionen oder bei der Minimierung von Abweichungen.* Mit den vorgestellten Methoden der 391Differentialrechnung werden zunächst Kandidaten für 458Minima und Maxima ermittelt, die dann mit geeigneten Kriterien auf ihre Optimalität überprüft werden. Durch Multiplikation der zu maximierenden bzw. zu minimierenden Funktion mit dem Faktor -1 können Maximierungs- und Minimierungsprobleme jeweils ineinander überführt werden.

Zur Motivation werden zunächst einige Beispiele betrachtet. Anschließend werden Methoden und Kriterien vorgestellt, mit denen derartige Probleme gelöst werden können. Im Folgenden wird – sofern nichts anderes erwähnt wird – unterstellt, dass die betrachteten Funktionen bzgl. der zu optimierenden Variablen differenzierbar sind.

12.1 Beispiel (Lineare Regression)

Das Grundproblem der deskriptiven linearen Regression besteht darin, die Abstände zwischen einer gegebenen Menge von Punkten $(x_1, y_1), \ldots, (x_n, y_n)$ und einer Geraden† (d.h. einer 164linearen Funktion $f(x) = a + bx$) zu berechnen und eine Gerade zu ermitteln, die die Gesamtabweichung minimiert. Dabei wird – wie in 452Abbildung 12.1 angedeutet – jeweils das Quadrat des vertikalen Abstands $y_i - f(x_i)$ zwischen einem Punkt (x_i, y_i) und dem entsprechenden Punkt $(x_i, \widehat{y}_i) = (x_i, f(x_i))$ auf der Geraden als Abstandsmaß zu Grunde gelegt.

---

*z.B. bei der Bestimmung so genannter Maximum-Likelihood-Schätzfunktionen oder in der Regressionsrechnung.

†An Stelle einer linearen Funktion können auch andere Funktionen verwendet werden, wie z.B. quadratische Funktionen (s. Burkschat, Cramer und Kamps, 2012).

© Springer-Verlag GmbH Deutschland, ein Teil von Springer Nature 2018
E. Cramer und J. Nešlehová, *Vorkurs Mathematik*, EMIL@A-stat,
https://doi.org/10.1007/978-3-662-57494-2_12

Die Gesamtabweichung zwischen einer Geraden $f(x) = a + bx$ und den Punkten wird als Summe der quadratischen Abstände* $(y_i - f(x_i))^2 = (y_i - a - bx_i)^2$ durch die Funktion

$$Q(a,b) = \sum_{i=1}^{n} (y_i - f(x_i))^2 = \sum_{i=1}^{n} (y_i - a - bx_i)^2$$

definiert. Da die Abweichung minimal sein soll, wird die Funktion Q bzgl. der Parameter $a, b \in \mathbb{R}$ minimiert,[†] d.h. zu lösen ist das Minimierungsproblem

Minimiere die Funktion $Q(a,b)$ bzgl. aller möglichen Parameter a, b:
$$Q(a,b) \longrightarrow \min_{a,b\in\mathbb{R}}.$$

Diese Vorgehensweise wird als **Methode der kleinsten Quadrate** bezeichnet. Die (eindeutigen) Lösungen $\widehat{a}$ und $\widehat{b}$ dieses Optimierungsproblems heißen kleinste Quadratschätzer für die Parameter a und b.   ✗

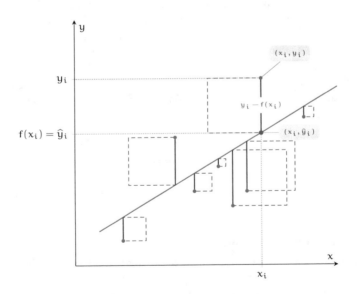

Abbildung 12.1: Methode der kleinsten Quadrate.

---

*Prinzipiell kann der Abstand auch durch andere Funktionen definiert werden, z.B. durch $|y_i - a - bx_i|$. Dadurch treten aber oft Schwierigkeiten bei der Berechnung der Lösung auf. Dies ist für den auf Gauß zurückgehenden Ansatz einer quadratischen Abstandsfunktion nicht der Fall.

[†]Eine lineare Funktion ist durch den y-Achsenabschnitt a und die Steigung b eindeutig bestimmt, d.h. die Lösung des Optimierungsproblems liefert diese Größen der optimal angepassten Gerade.

12.2 Beispiel (Maximum-Likelihood-Schätzer)

Zur Erzeugung von Schätzfunktionen für einen (unbekannten) Parameter wird oft das Prinzip der Maximum-Likelihood-Schätzung verwendet. Die Grundidee dieser Vorgehensweise besteht darin, den Parameter so zu wählen, dass die tatsächlich beobachteten Daten am „wahrscheinlichsten" sind. Dazu wird die so genannte **Likelihoodfunktion** L, die von dem betrachteten Parameter abhängt, in Abhängigkeit von den beobachteten Daten bzgl. des Parameters maximiert.

Im Fall einer [142]Binomialverteilung mit Parameter 1 und mit unbekannter Trefferwahrscheinlichkeit $p \in [0,1]$ ergibt sich die Likelihoodfunktion* (s.[454]Abbildung 12.2)

$$L(p) = p^{\sum\limits_{i=1}^{n} x_i}(1-p)^{n-\sum\limits_{i=1}^{n} x_i}, \quad p \in [0,1],$$

wobei die beobachteten Daten $x_1, \ldots, x_n$ <u>feste</u> Zahlen mit Werten Null oder Eins sind. Die Funktion L ist bzgl. der Variable $p \in [0,1]$ zu maximieren, d.h.

$$L(p) \longrightarrow \max_{p \in [0,1]}.$$

Als [476]Lösung für p resultiert in Abhängigkeit von den Daten $x_1, \ldots, x_n$ der Maximum-Likelihood-Schätzer $\widehat{p} = \frac{1}{n}\sum\limits_{i=1}^{n} x_i$.[†]

In einer konkreten Situation werden die Daten[‡]

x_1	x_2	x_3	x_4	x_5	x_6	x_7	x_8	x_9	x_{10}
1	1	0	0	0	0	1	0	0	0

beobachtet, so dass die Likelihoodfunktion wegen $n = 10$ und $\sum\limits_{i=1}^{10} x_i = 3$ durch

$$L(p) = p^3(1-p)^7, \quad p \in [0,1],$$

gegeben ist. Ihrem Graphen (s. [454]Abbildung 12.2) ist zu entnehmen, dass die Funktion ihr Maximum beim arithmetischen Mittel der Beobachtungswerte $\widehat{p} = \frac{3}{10}$ annimmt. ✗

Obigen Problemen ist gemeinsam, dass eine Funktion bzgl. einer (oder mehrerer) Variablen zu maximieren bzw. zu minimieren ist. Gesucht wird ein Wert der Variablen (eine so genannte [460]Extremalstelle), der den gewünschten maximalen bzw.

---

*In dieser Situation ist $L(p)$ die Wahrscheinlichkeit, eine Stichprobe mit dem Ergebnis $x_1, \ldots, x_n$ zu beobachten.

[†]Dies ist das arithmetische Mittel der Beobachtungen $x_1, \ldots, x_n$.

[‡]In dieser Situation wird ein Spiel mit den Ausgängen 0 oder 1 zehnmal wiederholt. Das Ergebnis $x_i = 1$ beschreibt den Gewinn des i-ten Spiels, während das Ergebnis $x_i = 0$ anzeigt, dass das Spiel i verloren wurde. $\widehat{p}$ ist dann die Schätzung für die (unbekannte) Gewinnwahrscheinlichkeit $p \in [0,1]$.

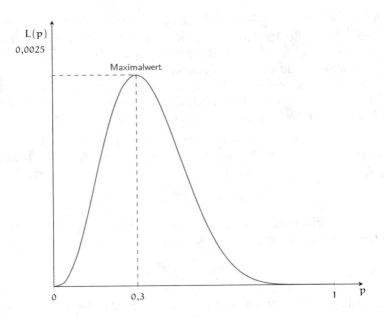

Abbildung 12.2: Graph der Likelihoodfunktion aus 453Beispiel 12.2.

minimalen Funktionswert liefert. Zur Lösung derartiger Probleme werden im Folgenden auf der Differenzialrechnung beruhende Lösungsmethoden vorgestellt.

12.1 Monotonieverhalten

Bei der Suche nach Extremalstellen ist es sinnvoll, zunächst die Bereiche einer Funktion zu ermitteln, in denen sie 175monoton wächst bzw. fällt. Die Zusammenfassung dieser Eigenschaften wird als **Monotonieverhalten** bezeichnet. Dabei ist zu beachten, dass die Betrachtungen stets auf den Definitionsbereich der Funktion eingeschränkt werden.

Das Monotonieverhalten einer Funktion kann anhand ihrer ersten Ableitung untersucht werden. Die Vorgehensweise wird am Beispiel der durch $f(x) = 2x^2 - 4x - 9$, $x \in \mathbb{R}$, gegebenen Funktion illustriert. f ist auf ihrem Definitionsbereich $\mathbb{D} = \mathbb{R}$ 394differenzierbar mit Ableitung $f'(x) = 4x - 4$. Der Zusammenhang zwischen dieser Ableitung und dem Monotonieverhalten wird am Graphen von f erläutert (s. 455Abbildung 12.3). Hierzu werden beispielhaft die 393Tangenten an den Graphen an den drei Stellen $x_1 = -5$, $x_2 = 1$ und $x_3 = 5$ betrachtet.

Die Funktion fällt bis zur Stelle $x_2 = 1$, und steigt dann. Die Tangenten spiegeln dieses Verhalten wider:

❯ im Bereich $(-\infty, 1)$ haben die Tangenten eine negative Steigung,

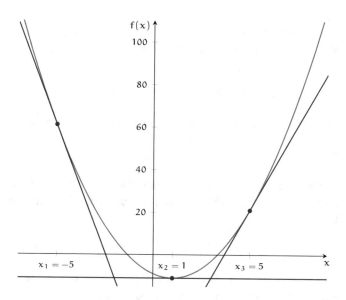

Abbildung 12.3: Monotonieverhalten und Tangente.

⊙ im Bereich $(1, \infty)$ haben die Tangenten eine positive Steigung,

⊙ an der Stelle $x = 1$ ist die Tangente parallel zur x-Achse und hat daher die Steigung Null.

> **Regel (Kriterien für das [175]Monotonieverhalten)**

Für eine auf ihrem Definitionsbereich $\mathbb{D}$ differenzierbare Funktion f gilt:

⊙ in den Bereichen von $\mathbb{D}$ mit $f'(x) \geqslant 0$ $(f'(x) > 0)$ ist f (streng) monoton wachsend,

⊙ in den Bereichen von $\mathbb{D}$ mit $f'(x) \leqslant 0$ $(f'(x) < 0)$ ist f (streng) monoton fallend.

12.3 Beispiel

Für die durch $f(x) = 2x^2 - 4x - 9$ definierte Funktion ergibt sich wegen $f'(x) = 4x - 4$

$$f'(x) > 0 \iff 4x - 4 > 0 \iff x > 1,$$
$$f'(x) < 0 \iff 4x - 4 < 0 \iff x < 1,$$

d.h. f ist streng monoton fallend im Intervall $(-\infty, 1)$ und streng monoton wachsend in $(1, \infty)$. ✗

12.4 Beispiel

Die durch $f(x) = e^{-x^2}$, $x \in \mathbb{R}$, definierte Funktion f hat die Ableitung $f'(x) = -2xe^{-x^2}$, $x \in \mathbb{R}$. Da die Exponentialfunktion stets positiv ist, gilt für $x \in \mathbb{R}$ die Äquivalenz

$$f'(x) > 0 \iff -2xe^{-x^2} > 0 \mid : -2e^{-x^2} \iff x < 0.$$

Somit ist f streng monoton wachsend in $(-\infty, 0)$ und streng monoton fallend in $(0, \infty)$. ✗

12.5 Beispiel

Für $g(x) = x^3 \ln(x)$, $x \in (0, \infty)$, ergibt sich die Ableitung $g'(x) = x^2(3\ln(x) + 1)$. Da $x \in (0, \infty)$, resultieren aus $x^2 > 0$ und der Monotonie des ⑨¹Logarithmus die Äquivalenzen

$$g'(x) > 0 \iff 3\ln(x) + 1 > 0 \iff \ln(x) > -\tfrac{1}{3} \iff x > e^{-\frac{1}{3}}.$$

Analog ist $g'(x) < 0$ für $x \in \left(0, e^{-\frac{1}{3}}\right)$, so dass g in $\left(0, e^{-\frac{1}{3}}\right)$ streng monoton fallend und in $\left(e^{-\frac{1}{3}}, \infty\right)$ streng monoton wachsend ist. ✗

 Das folgende Beispiel illustriert ein vereinfachtes Verfahren zur Monotonieuntersuchung, dass bei ³⁹⁶stetig differenzierbaren Funktionen anwendbar ist. Zunächst werden die Nullstellen der Ableitung ermittelt, die den Definitionsbereich in Intervalle einteilen. Anschließend wird in jedem resultierenden Intervall an einer Stelle der Wert der Ableitung ermittelt, um dort deren Vorzeichen zu prüfen. Da sich dieses aufgrund der Stetigkeitsannahme für die Ableitung nur dann ändern kann, wenn eine Nullstelle der Ableitung vorliegt, hat die Ableitung in jedem Intervall das an der ³¹⁹Prüfstelle ermittelte Vorzeichen. Daraus ergibt sich dann unmittelbar das Monotonieverhalten der Funktion in den vorliegenden Intervallen.

12.6 Beispiel

Die durch $f(x) = 3x^4 - 8x^3 - 6x^2 + 24x - 10$ definierte Funktion ist als Polynom auf $\mathbb{D} = \mathbb{R}$ differenzierbar mit der Ableitung

$$f'(x) = 12x^3 - 24x^2 - 12x + 24.$$

Um ihr Vorzeichen zu diskutieren, werden die Nullstellen der Ableitung bestimmt. Umformungen ergeben die Faktorisierung

$$\begin{aligned}
12x^3 - 24x^2 - 12x + 24 &= 12(x^3 - 2x^2 - x + 2) \\
&= 12\big(x^2(x-2) - (x-2)\big) \\
&= 12(x-2)(x^2 - 1) \\
&= 12(x-2)(x-1)(x+1),
\end{aligned}$$

so dass sich nach obiger Anmerkung das Vorzeichen der Ableitung nur an den Stellen $x_1 = -1$, $x_2 = 1$ und $x_3 = 2$ ändern kann. Es genügt daher, das Vorzeichen von f' an jeweils einer Stelle in den Intervallen $(-\infty, -1)$, $(-1, 1)$, $(1, 2)$ und $(2, \infty)$ zu prüfen. Als Prüfstellen werden -2, 0, $\frac{3}{2}$ und 3 gewählt. Damit ergibt sich :

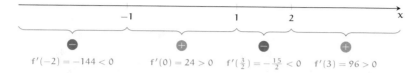

Dieses Ergebnis wird in einer Tabelle zusammengefasst.

	$(-\infty, -1)$	$(-1, 1)$	$(1, 2)$	$(2, \infty)$
Prüfstelle x	-2	0	$\frac{3}{2}$	3
Vorzeichen von $f'(x)$	$-$	$+$	$-$	$+$
Monotonieverhalten von f	fallend	wachsend	fallend	wachsend

f ist also in $(-1, 1) \cup (2, \infty)$ streng monoton wachsend und in $(-\infty, -1) \cup (1, 2)$ streng monoton fallend. Dies zeigt auch der Verlauf des Graphen von f in 457Abbildung 12.4.   ✗

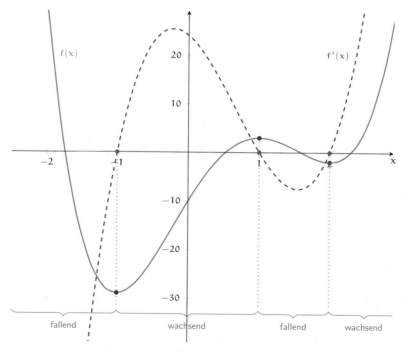

Abbildung 12.4: Monotonieverhalten der Funktion f aus 456Beispiel 12.6.

Zusätzlich müssen bei der Einteilung des Definitionsbereichs etwaige Definitions-lücken berücksichtigt werden, weil sich das Monotonieverhalten auch dort ändern kann.

12.7 Beispiel

Die Funktion $g(x) = \frac{1}{x}$ hat den Definitionsbereich $\mathbb{D} = \mathbb{R} \setminus \{0\}$ und dort die Ab-leitung $g'(x) = -\frac{1}{x^2}$. Diese ist immer negativ, so dass g überall auf $\mathbb{D}$ streng monoton fallend ist. Das Monotonieverhalten ändert sich also an der Definitions-lücke nicht.

Die Funktion $h(x) = \frac{1}{x^2}$ hat den selben Definitionsbereich $\mathbb{D} = \mathbb{R} \setminus \{0\}$ und dort die Ableitung $h'(x) = -\frac{2}{x^3}$. Diese ist offenbar für $x \in (-\infty, 0)$ positiv und für $x \in (0, \infty)$ negativ. Die Funktion h ist somit auf $(-\infty, 0)$ streng monoton wachsend und auf $(0, \infty)$ streng monoton fallend. Das Monotonieverhalten ändert sich also an der Definitionslücke.   ✗

Zur Prüfung des Monotonieverhaltens wird daher folgende Faustregel notiert.

> ### ▶ Regel (Prüfung des Monotonieverhaltens)
>
> Das Monotonieverhalten einer stetig differenzierbaren Funktion kann sich lediglich an Definitionslücken und an den Nullstellen der Ableitung ändern.
>
> Daher genügt es zur Prüfung des Monotonieverhaltens der Funktion, den Definitionsbereich durch diese Punkte in Intervalle einzuteilen und in jedem resultierenden Intervall mittels einer Prüfstelle das Vorzeichen der Ableitung zu ermitteln.

12.2 Extrema

Aus dem Monotonieverhalten einer Funktion ergeben sich Maxima und Minima – so genannte Extrema, wobei zwei Typen unterschieden werden: lokale und globale Extrema. Der grundsätzliche Unterschied besteht darin, dass globale Extrema bzgl. des gesamten Definitionsbereichs „extrem" sind, während lokale Extrema diese Eigenschaft lediglich in einem „kleinen" Intervall um eine Stelle x_0 haben.

12.8 Beispiel

Um einen ersten Eindruck von diesen Begriffen zu gewinnen, wird wiederum die durch $f(x) = 3x^4 - 8x^3 - 6x^2 + 24x - 10$ definierte Funktion auf $\mathbb{D} = \mathbb{R}$ betrachtet. An ihrem Graphen in 459Abbildung 12.5 wird der Unterschied zwischen „lokal" und „global" deutlich.

An den Stellen $x_{m,1} = -1$ und $x_{m,2} = 2$ liegen lokale Minima vor, die Stelle $x_M = 1$ liefert ein lokales Maximum. An diesen Stellen ist die Funktion minimal bzw. maximal, wenn die Betrachtung jeweils auf ein hinreichend kleines Intervall um diese Stellen eingeschränkt wird.

Da $f(x)$ für $x \to -\infty$ bzw. $x \to \infty$ unbeschränkt groß wird, gibt es kein globales Maximum. Jeder Wert wird überschritten. Dagegen unterschreitet die Funktion den Wert $f(-1) = -29$ niemals, d.h. an der Stelle $x_{m,1} = -1$ befindet sich ein globales Minimum.   ✗

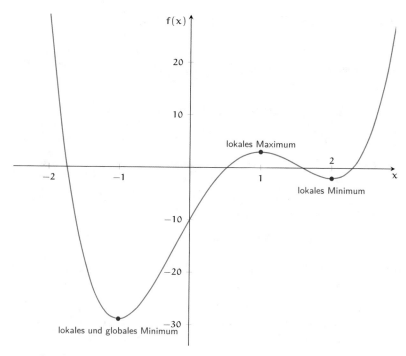

Abbildung 12.5: Lokale Extremalstellen der Funktion aus $\overline{458}$Beispiel 12.8.

Eine Funktion f besitzt an der Stelle x_M ein globales Maximum, falls sie dort den größten Wert auf dem Definitionsbereich annimmt. Analog liegt an einer Stelle x_m ein globales Minimum vor, falls sie dort den kleinsten Wert hat.

> ▶ **Definition (Globales Minimum, globales Maximum)**
>
> Sei $f : \mathbb{D} \longrightarrow \mathbb{R}$ eine Funktion.
>
> ❯ f hat in $x_M \in \mathbb{D}$ ein globales Maximum, wenn
>
> $$f(x_M) \geqslant f(x) \quad \text{für alle } x \in \mathbb{D}.$$
>
> $f(x_M)$ heißt globales Maximum von f, x_M globale Maximalstelle.
>
> ❯ f hat in $x_m \in \mathbb{D}$ ein globales Minimum, wenn
>
> $$f(x_m) \leqslant f(x) \quad \text{für alle } x \in \mathbb{D}.$$
>
> $f(x_m)$ heißt globales Minimum von f, x_m globale Minimalstelle.

Globale Extrema beziehen sich auf den ganzen Definitionsbereich der Funktion, während lokale Extrema nur in einem (kleinen) Intervall maximal bzw. minimal sind.

> **Definition (Lokales Minimum, lokales Maximum)**

Sei $f : \mathbb{D} \longrightarrow \mathbb{R}$ eine Funktion.

> f hat in $x_M \in \mathbb{D}$ ein lokales Maximum, wenn es ein Intervall $(a,b) \subseteq \mathbb{D}$ mit $a < b$ und $x_M \in (a,b)$ gibt, so dass

$$f(x_M) \geqslant f(x) \quad \text{für alle } a < x < b.$$

$f(x_M)$ heißt lokales Maximum von f, x_M lokale Maximalstelle.

> f hat in $x_m \in \mathbb{D}$ ein lokales Minimum, wenn es ein Intervall $(a,b) \subseteq \mathbb{D}$ mit $a < b$ und $x_m \in (a,b)$ gibt, so dass

$$f(x_m) \leqslant f(x) \quad \text{für alle } a < x < b.$$

$f(x_m)$ heißt lokales Minimum von f, x_m lokale Minimalstelle.

Globale Extrema werden auch als absolute Extrema, lokale Extrema als relative Extrema bezeichnet.*

Wird nicht unterschieden, ob Maximum oder Minimum vorliegt, so wird die Bezeichnung **Extremum** verwendet. Entsprechend wird der Begriff **Extremalstelle** für die betrachtete Stelle benutzt, an der ein Extremum vorliegt.

 In der Definition lokaler Extrema wird vorausgesetzt, dass ein offenes Intervall $(a,b) \subseteq \mathbb{D}$ existiert, so dass $x_0 \in (a,b)$ und f in (a,b) kleiner (größer) oder gleich dem Wert $f(x_0)$ ist. In diesem Verständnis sind ⊞Randpunkte des Definitionsbereichs keine lokalen Extremalstellen. Diese können grundsätzlich <u>nur</u> im ⊞Inneren des Definitionsbereichs liegen.

12.9 Beispiel

Die auf das Intervall $[-1,1]$ eingeschränkte Funktion f mit $f(x) = x^3$, $x \in [-1,1]$, hat an der Stelle $x = -1$ ein globales Minimum und an der Stelle $x = 1$ ein globales Maximum. An beiden Stellen liegt jedoch <u>kein</u> lokales Extremum vor. ✗

Aus der Definition lokaler Extrema ergibt sich die nachstehende Schlussfolgerung, die ein einfaches Kriterium für lokale Extremalstellen zur Verfügung stellt. Die Aussagen gelten jeweils für einen kleinen Bereich links bzw. rechts der betrachteten Stelle („kleines" Intervall).

> **Regel (Kriterium für lokale Extremalstellen)**

Seien $f : \mathbb{D} \longrightarrow \mathbb{R}$ eine Funktion und $x_m, x_M \in \mathbb{D}$.

> x_M ist eine lokale Maximalstelle, falls f links von x_M monoton wachsend und rechts von x_M monoton fallend ist.

> x_m ist eine lokale Minimalstelle, falls f links von x_m monoton fallend und rechts von x_m monoton wachsend ist.

---

*Relativ meint hier „bezogen auf ein geeignetes Intervall".

Diese Formulierung lokaler Extremalstellen benutzt keine Hilfsmittel aus der Differenzialrechnung, da sie lediglich auf die Monotonieeigenschaften der Funktion zurückgreift. Das folgende Beispiel zeigt eine direkte Anwendung dieser Regel.

12.10 Beispiel

Die [166]Betragsfunktion $f(x) = |x|$ hat in $x = 0$ ein lokales Minimum, da f in $(-\infty, 0)$ streng monoton fällt und in $(0, \infty)$ streng monoton wächst. Wegen $\lim\limits_{x \to \infty} |x| = \lim\limits_{x \to -\infty} |x| = \infty$ ist die lokale Minimalstelle auch die (eindeutige) globale Minimalstelle. Lokale bzw. globale Maxima gibt es nicht.   ✗

Im nächsten Abschnitt werden einfache Kriterien formuliert, die auf der Ableitung der betrachteten Funktion beruhen. Diese sind insbesondere nützlich, um Kandidaten für Extremalstellen zu finden, wenn diese nicht offensichtlich erkennbar sind. Da lokale und globale Extrema mit unterschiedlichen Methoden ermittelt werden, werden diese Untersuchungen getrennt ausgeführt.

Lokale Extrema

12.11 Beispiel

Am Graphen der durch $f(x) = 3x^4 - 8x^3 - 6x^2 + 24x - 10$ definierten Funktion (s. [459]Abbildung 12.5) ist zu erkennen, dass -1 und 2 (lokale) Minimalstellen sind und 1 (lokale) Maximalstelle ist. Darüber hinaus wird deutlich, dass die Funktion gerade bei -1, 1 und 2 ihr Monotonieverhalten ändert. Bei den Minimalstellen ist es von „fallend" zu „wachsend", bei der Maximalstelle genau umgekehrt. Die Monotoniebereiche sind gegeben durch

	$(-\infty, -1)$	$(-1, 1)$	$(1, 2)$	$(2, \infty)$
f	fallend	wachsend	fallend	wachsend

Damit liegen bei $x = 1$ tatsächlich ein lokales Maximum und bei $x = -1$ und $x = 2$ lokale Minima vor.   ✗

Ist die Funktion f differenzierbar, dann ist ihr Monotonieverhalten durch das Vorzeichen der ersten Ableitung f' bestimmt. Daraus folgt, dass an einer lokalen Extremalstelle x_0 ein Vorzeichenwechsel der Ableitung vorliegen muss, d.h. insbesondere muss $f'(x_0) = 0$ gelten. Graphisch bedeutet dies, dass die Tangente in x_0 waagerecht verlaufen muss. Diese Beobachtung liefert ein einfaches Kriterium zur Berechnung von Kandidaten für lokale Extremalstellen.

> **Regel (Monotoniekriterium für lokale Extrema: Notwendiges und hinreichendes Kriterium)**
>
> Seien $f : \mathbb{D} \longrightarrow \mathbb{R}$ eine differenzierbare Funktion und $x_0 \in \mathbb{D}$. Dann gilt:
>
> > Ist x_0 eine lokale Extremalstelle, so gilt $f'(x_0) = 0$.
>
> > Gilt $f'(x_0) = 0$, so ist x_0
> >
> > > eine lokale Maximalstelle, falls die Ableitung $f'(x)$ links von x_0 positiv und rechts von x_0 negativ ist.
> >
> > > eine lokale Minimalstelle, falls die Ableitung $f'(x)$ links von x_0 negativ und rechts von x_0 positiv ist.

Aus der obigen Aussage lässt sich folgender Zusammenhang entnehmen, wobei die Notation ⇏ gelesen wird als „impliziert nicht":

$$x_0 \text{ Extremalstelle} \quad \Longrightarrow f'(x_0) = 0$$
$$f'(x_0) = 0 \qquad\qquad \Longrightarrow\!\!\!\!\!/ \;\; x_0 \text{ Extremalstelle}$$

Die Aussagen sind daher nicht äquivalent!

 Das Kriterium* $f'(x_0) = 0$ ist nur ein notwendiges Kriterium, d.h. die Eigenschaft $f'(x_0) = 0$ reicht nicht aus, um zu sichern, dass x_0 Extremalstelle ist. Ein zusätzliches Kriterium wie die Prüfung des Monotonieverhaltens ist unerlässlich.

12.12 Beispiel (Extremalstelle)

Die durch $f(x) = x^4$ definierte Funktion f hat die Ableitung $f'(x) = 4x^3$, so dass $f'(x) = 0$ nur für $x = 0$ gilt. Somit ist dies der einzige Kandidat für eine Extremalstelle. Da an dieser Stelle ein Vorzeichenwechsel der Ableitung von $-$ nach $+$ vorliegt, hat f dort ein lokales Minimum (f ist in $(-\infty, 0]$ streng monoton fallend und in $[0, \infty)$ streng monoton wachsend). Dies kann in der folgenden Graphik zusammengefasst werden (s. auch 463Abbildung 12.6(a)).

Die Funktion g wird definiert durch $g(x) = x^3$, $x \in \mathbb{R}$. Dann gilt $g'(x) = 3x^2$ und $g'(0) = 0$. Allerdings liegt an der Stelle $x = 0$ keine Extremalstelle vor, da $g'(x) \geqslant 0$ für alle $x \in \mathbb{R}$ gilt. g ist daher eine auf $\mathbb{R}$ (streng) monoton wachsende Funktion und besitzt somit keine lokalen Extremalstellen (s. auch 463Abbildung 12.6(b)). ✗

---

*Das Kriterium ist nur für <u>differenzierbare</u> Funktionen anwendbar. I.Allg. kommen außer den Stellen x_0 mit $f'(x_0) = 0$ noch die Stellen in Frage, an denen die Ableitung nicht existiert (vgl. die Betragsfunktion). An diesen Stellen kann mit dem Monotoniekriterium entschieden werden, ob ein lokales Extremum vorliegt.

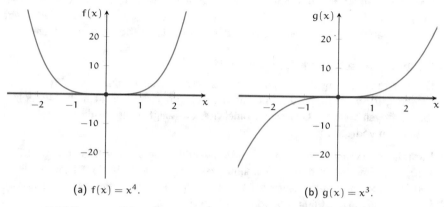

(a) $f(x) = x^4$.

(b) $g(x) = x^3$.

Abbildung 12.6: Nullstelle der Ableitungsfunktion und horizontale Tangente.

Alternativ kann an Stelle des Monotonieverhaltens die zweite Ableitung an den berechneten Stellen betrachtet werden.

> **Regel (Lokale Extrema: Hinreichendes Kriterium mittels zweiter Ableitung)**
>
> Seien f eine zweimal differenzierbare Funktion und $x_0 \in \mathbb{D}$ mit $f'(x_0) = 0$. Dann gilt:
>
> - x_0 ist eine lokale Maximalstelle, falls $f''(x_0) < 0$ gilt.
>
> - x_0 ist eine lokale Minimalstelle, falls $f''(x_0) > 0$ gilt.

12.13 Beispiel

Zur Illustration wird erneut die durch $f(x) = 3x^4 - 8x^3 - 6x^2 + 24x - 10$ definierte Funktion aus ⁴⁵⁸Beispiel 12.8 betrachtet. Die erste Ableitung $f'(x) = 12(x-2)(x-1)(x+1)$ hat die drei Nullstellen $-1, 1, 2$, die damit Kandidaten für Extremalstellen sind.

Die Auswertung der zweiten Ableitung

$$f''(x) = (12x^3 - 24x^2 - 12x + 24)' = 36x^2 - 48x - 12$$

an diesen Stellen liefert:

$$f''(-1) = 36 + 48 - 12 = 72 > 0,$$
$$f''(1) = 36 - 48 - 12 = -24 < 0,$$
$$f''(2) = 36 \cdot 4 - 48 \cdot 2 - 12 = 36 > 0.$$

Damit ergibt sich mit obigem Kriterium wiederum, dass bei -1 und 2 lokale Minima und bei 1 ein lokales Maximum vorliegen. ✗

Das Kriterium ist nur anwendbar, falls die zweite Ableitung von Null verschieden ist. Andernfalls kann auf diese Weise keine Entscheidung getroffen werden. Liegt diese Situation vor, empfiehlt es sich, das <u>462</u>Monotoniekriterium einzusetzen.*

12.14 Beispiel (Fortsetzung <u>462</u>Beispiel 12.12)

Die zweite Ableitung der durch $g(x) = x^3$ definierten Funktion ist $g''(x) = 6x$. Wegen $g'(0) = g''(0) = 0$ kann mit dem obigen Kriterium keine Schlussfolgerung gezogen werden. Das Monotoniekriterium zeigt, dass an dieser Stelle kein Extremum vorliegt.

Die mittels $f(x) = x^4$ definierte Funktion erfüllt ebenfalls die Bedingung $f'(0) = f''(0) = 0$. Eine Monotonieuntersuchung zeigt, dass f in $(-\infty, 0)$ monoton fallend und in $(0, \infty)$ monoton steigend ist. An der Stelle $x = 0$ liegt somit ein lokales (sogar ein globales) Minimum vor.   ✗

Globale Extrema

Zur Untersuchung einer Funktion auf globale Extrema werden neben den lokalen Extrema zusätzlich die Funktionswerte an den <u>58</u>Rändern des Definitionsbereichs (falls diese zu $\mathbb{D}$ gehören) bzw. die Grenzwerte an den Rändern von $\mathbb{D}$ in die Überlegungen einbezogen. Somit sind folgende Punkte zu bearbeiten:

- ❯ Berechnung aller lokalen Extrema von f.

- ❯ Gehört ein Randpunkt x_R des Definitionsbereichs zum Definitionsbereich, so ist der zugehörige Funktionswert $f(x_R)$ zu ermitteln.

- ❯ Gehört ein Randpunkt x_R des Definitionsbereichs nicht zum Definitionsbereich, so ist der zugehörige Grenzwert $\lim\limits_{x \to x_R+} f(x)$ bzw. $\lim\limits_{x \to x_R-} f(x)$ bei Annäherung an den Randpunkt zu ermitteln.

- ❯ Vergleich aller berechneten Funktions- und Grenzwerte.

 Grundsätzlich ist festzuhalten, dass als globale Extremalstellen <u>nur</u> Werte aus dem Definitionsbereich der Funktion in Frage kommen!

12.15 Beispiel

Der Definitionsbereich der durch $f(x) = \sqrt{1 - x^2}$ definierten Funktion ist $\mathbb{D} = [-1, 1]$, da der Term unter der Wurzel nicht negativ sein darf:

$$1 - x^2 \geqslant 0 \iff -1 \leqslant x \leqslant 1.$$

Die zu $\mathbb{D}$ gehörenden Randpunkte des Definitionsbereichs sind $x_1 = -1$ und $x_2 = 1$. Die Funktionswerte sind $f(-1) = f(1) = 0$.

---

*Zu Kriterien, die höhere Ableitungen verwenden, siehe Kamps, Cramer und Oltmanns (2009).

Kandidaten für lokale Extrema im Intervall $(-1, 1)$ ergeben sich aus der ersten Ableitung von f

$$f'(x) = \frac{-2x}{2\sqrt{1-x^2}} = -\frac{x}{\sqrt{1-x^2}},$$

die eine Nullstelle bei $x = 0$ hat. Dort ändert sich auch das Vorzeichen. Damit ist f in $[-1, 0)$ streng monoton wachsend, in $(0, 1]$ streng monoton fallend und besitzt bei $x = 0$ ein lokales Maximum.

Der Vergleich der Werte $f(-1) = f(1) = 0$ und das Monotonieverhalten von f zeigen, dass f bei $x = -1$ und $x = 1$ globale Minimalstellen mit Wert 0 hat. Bei $x = 0$ liegt das globale Maximum mit Wert 1. Dieses Resultat illustriert auch der Graph von f in ⁴⁶⁵Abbildung 12.7. Die globalen Minimalstellen $x = -1$ und $x = 1$ sind keine lokalen Minimalstellen, da diese am Rand des Definitionsbereichs liegen.   ✗

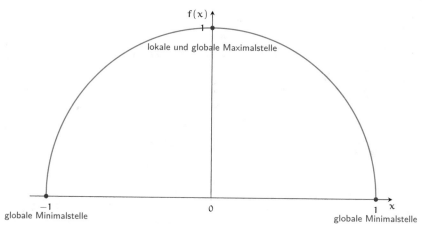

Abbildung 12.7: Lokale und globale Extremalstellen der Funktion aus ⁴⁶⁴Beispiel 12.15.

Eine leichte Modifikation des obigen Beispiels zeigt, dass globale Extrema schon in einfachen Fällen nicht existieren. Im folgenden Beispiel existiert kein globales Minimum, da die in Frage kommenden Minimalstellen nicht zum Definitionsbereich der Funktion gehören.

12.16 Beispiel

Die durch $h(x) = \frac{1-x^2}{\sqrt{1-x^2}}$ definierte Funktion h hat den Definitionsbereich $\mathbb{D} = (-1, 1)$. Die Randwerte -1 und 1 des Intervalls $(-1, 1)$ gehören nicht zum Definitionsbereich, da der Nenner für diese Werte gleich Null wird. Für ein $x \in \mathbb{D}$ ergibt sich wegen

$$\frac{1-x^2}{\sqrt{1-x^2}} = \frac{(\sqrt{1-x^2})^2}{\sqrt{1-x^2}} = \sqrt{1-x^2}$$

die Beziehung $h(x) = f(x)$ mit $f(x) = \sqrt{1-x^2}$. Somit hat h an der Stelle $x = 0$

ein lokales und globales Maximum. Für die Grenzwerte bei Annäherung an die Randpunkte resultieren die Werte

$$\lim_{x \to -1+} h(x) = 0, \quad \lim_{x \to 1-} h(x) = 0.$$

Weiterhin gilt $h(x) > 0$ für alle $x \in (-1, 1)$.

Da die Funktion stets größer als Null ist und dem Wert Null beliebig nahe kommt, ihn aber an keiner Stelle des Definitionsbereichs annimmt, hat h kein globales Minimum. Dies ist am Graphen der Funktion in <u>466</u>Abbildung 12.8 illustriert. Insbesondere besitzt die Funktion daher kein globales Minimum, obwohl sie nach unten beschränkt ist! In diesem Beispiel gibt es keine globalen Minimalstellen, weil die Ränder des Definitionsbereichs, die die einzigen Kandidaten sind, nicht zum Definitionsbereich der Funktion gehören.   ✘

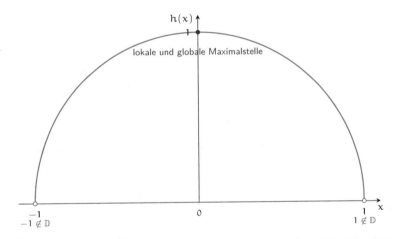

Abbildung 12.8: Lokale und globale Extremalstellen der Funktion aus <u>465</u>Beispiel 12.16.

 Ist der Definitionsbereich einer Funktion ein beschränktes und abgeschlossenes Intervall $[a, b]$ und ist die Funktion auf dem Intervall $[a, b]$ stetig, so hat die Funktion <u>390</u>stets ein globales Maximum und ein globales Minimum.

12.17 Beispiel

Die durch $f(x) = \frac{1}{1+x^2}$ definierte Funktion hat auf ihrem Definitionsbereich $\mathbb{D} = \mathbb{R}$ ein globales Maximum, aber kein globales Minimum. Dazu werden zunächst die lokalen Extremalstellen ermittelt. Wegen $f'(x) = -\frac{2x}{(1+x^2)^2}$ gilt $f'(0) = 0$ und $f'(x) > 0$ für $x \in (-\infty, 0)$ bzw. $f'(x) < 0$ für $x \in (0, \infty)$. Damit liegt an der Stelle $x = 0$ ein lokales Maximum. Wegen $\lim_{x \to -\infty} f(x) = 0$ und $\lim_{x \to \infty} f(x) = 0$ sowie $f(x) > 0$ für alle $x \in \mathbb{D}$ gibt es bei $x = 0$ ein globales Maximum. Ein globales Minimum existiert nicht, obwohl die Funktion nach unten durch Null beschränkt ist.

Die Funktion $g(x) = x^2$ hat bei $x = 0$ ein lokales/globales Minimum mit Wert $g(0) = 0$. Da die Funktion für $x \to -\infty$ und $x \to \infty$ unbeschränkt wächst, gibt es kein globales Maximum.

In den obigen Beispielen ist zu beachten, dass f und g zwar stetig auf $\mathbb{D} = \mathbb{R}$ sind, der Definitionsbereich aber kein beschränktes Intervall ist.   ✗

> **Regel (Kriterien für globale Extrema)**

Aus den Beispielen können folgende Beobachtungen festgehalten werden:

- Kandidaten für globale Extremalstellen sind ausschließlich

    - lokale Extremalstellen und

    - die Randpunkte des Definitionsbereichs, sofern sie zum Definitionsbereich gehören.

  Die Entscheidung über globale Extremalstellen wird durch Vergleich der Funktionswerte an den obigen Stellen getroffen. Dabei sind zusätzlich die Grenzwerte bei Annäherung an diejenigen Randwerte zu berücksichtigen, die nicht zum Definitionsbereich gehören. Überschreiten die ermittelten Grenzwerte die Werte der Kandidaten nicht, so ist eine Stelle mit maximalem Funktionswert globale Maximalstelle. Andernfalls gibt es kein globales Maximum. Analog wird für globale Minima verfahren.

- Eine Funktion kann globale Extrema besitzen, muss es aber nicht.

- Eine auf dem <u>abgeschlossenen</u> (und beschränkten) Intervall $[a, b]$ stetige Funktion hat dort sowohl ein 459globales Minimum als auch ein globales Maximum.

- Globale Extremalstellen müssen nicht eindeutig sein, d.h. ein globales Extremum kann an mehreren Stellen angenommen werden. Das globale Extremum (d.h. der Funktionswert an den Extremalstellen) ist dagegen stets eindeutig.

Streng monotone Transformationen und Extrema

12.18 Beispiel

Oben wurde bereits gezeigt, dass die Betragsfunktion $f(x) = |x|$ an der Stelle $x = 0$ ein lokales und globales Minimum hat. Daraus ergibt sich sofort, dass auch die Funktion $h(x) = |x| + 1 = f(x) + 1$ dort ein lokales und globales Minimum hat. Entsprechendes gilt für $g(x) = e^{h(x)} = e^{|x|+1}$. Dies kann z.B. an den Graphen leicht überprüft werden. Grund für diese Eigenschaft ist, dass die Funktionen f und h jeweils mit einer streng monoton steigenden Funktion 173verkettet wurden.

Die Funktion $l(x) = e^{-h(x)} = e^{-|x|}$ hat hingegen bei $x = 0$ ein lokales und globales Maximum, da die Funktion e^{-y} streng monoton fallend ist. In diesem Fall werden Minimalstellen zu Maximalstellen und umgekehrt.   ✗

> **▶ Regel (Streng monotone Transformationen und Extrema)**
>
> Seien f, g, h Funktionen, wobei der Wertebereich von f in den Definitions-
> bereichen von g und h enthalten ist und g streng monoton steigend und h
> streng monoton fallend ist.
>
> ▸ Hat f an der Stelle x_0 ein Maximum (Minimum), so hat $g \circ f$ dort
>   ebenfalls ein Maximum (Minimum).
>
> ▸ Hat f an der Stelle x_0 ein Maximum (Minimum), so hat $h \circ f$ dort ein
>   Minimum (Maximum).

Die Aussage gilt sowohl für lokale als auch für globale Extrema.

Wichtige Beispiele streng monoton wachsender Funktionen sind $f(x) = a + bx$
mit $b > 0$, $f(x) = e^x$ und $f(x) = \ln(x)$.

12.19 Beispiel

Die durch $h(t) = \ln(t^4 + t^2 + 1)$ definierte Funktion hat den Definitionsbereich
$\mathbb{D} = \mathbb{R}$, da $t^4 + t^2 + 1 > 0$ für alle $t \in \mathbb{R}$. Nach Obigem genügt es, zur Berechnung
der Extrema die Funktion $g(t) = t^4 + t^2 + 1$ zu betrachten. Wegen $g'(t) = 4t^3 + 2t = 2t(2t^2 + 1)$ folgt

$$g'(t) = 0 \iff t = 0 \text{ oder } 2t^2 + 1 = 0.$$

Da die zweite Gleichung keine reelle Lösung hat, ist $t = 0$ einziger Kandidat
für eine Extremalstelle. Da g' an der Stelle $t = 0$ einen Vorzeichenwechsel von
$-$ nach $+$ hat, liegt bei $t = 0$ ein lokales Minimum vor. Wegen $\lim\limits_{t \to -\infty} g(t) =
\lim\limits_{t \to \infty} g(t) = \infty$, ist $g(0) = 1$ auch das globale Minimum von g. Mit der obigen
Transformationsregel und der Monotonie des Logarithmus folgt, dass $0 = \ln(g(0))$
das globale Minimum von h ist.   ✗

12.20 Beispiel (log-Likelihoodfunktion)

Bei der Berechnung von Maximum-Likelihood-Schätzern wird die [453]Likelihood-
funktion L maximiert. Oft ist es jedoch einfacher, die log-Likelihoodfunktion $l =
\ln(L)$ zu untersuchen, d.h. die Likelihoodfunktion L wird mit der streng monoton
wachsenden Logarithmusfunktion transformiert, so dass die Extremalstellen von
Likelihoodfunktion L und log-Likelihoodfunktion $\ln(L)$ übereinstimmen.

Im Fall der [142]Binomialverteilung lauten die genannten Funktionen für die Variable
$p \in (0, 1)$

$$L(p) = p^{n\bar{x}}(1 - p)^{n(1 - \bar{x})},$$
$$l(p) = \ln(L(p)) = n\bar{x} \ln(p) + n(1 - \bar{x}) \ln(1 - p).$$

Die (globale) Maximalstelle von L bzw. $l = \ln(P)$ wird in [476]Beispiel 12.25 ermittelt.   ✗

Aufgaben zum Üben in Abschnitt 12.2

480Aufgabe 12.1, 481Aufgabe 12.7

12.3 Konkavität und Konvexität

Das mittels der zweiten Ableitung formulierte 463Kriterium für lokale Extrema macht sich Krümmungseigenschaften der Funktion in der Umgebung der berechneten Punkte zu Nutze. Dabei wird auf folgende Definition zurückgegriffen.

> **▶ Definition (Konkavität, Konvexität)**
>
> Seien $f : \mathbb{D} \longrightarrow \mathbb{R}$ eine auf $\mathbb{D}$ zweimal differenzierbare Funktion und $(a, b) \subseteq \mathbb{D}$.
>
> Die Funktion f heißt konvex (konkav) in (a, b), falls $f''(x) \geqslant 0$ $(f''(x) \leqslant 0)$ für alle $x \in (a, b)$ gilt.

Das Krümmungsverhalten ist in 469Abbildung 12.9 illustriert.

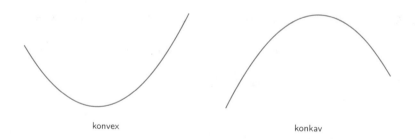

konvex   konkav

Abbildung 12.9: Konvexität und Konkavität.

12.21 Beispiel

Die durch $f(x) = x^2$, $x \in \mathbb{R}$, definierte quadratische Funktion f ist wegen $f''(x) = 2 > 0$ eine konvexe Funktion auf $\mathbb{R}$. Die durch $g(t) = e^t$ gegebene Exponentialfunktion ist wegen $g''(t) = e^t > 0$ für alle $t \in \mathbb{R}$ auch konvex. Die Logarithmusfunktion ist konkav auf $(0, \infty)$, denn $(\ln(z))'' = -\frac{1}{z^2} < 0$ für $z \in (0, \infty)$.

Die durch $h(y) = y^3$ definierte Funktion h erfüllt wegen $h''(y) = 6y$ die Ungleichungen

$$h''(y) < 0 \text{ für } y < 0 \text{ und } h''(y) > 0 \text{ für } y > 0,$$

d.h. h ist konkav auf $(-\infty, 0)$ und konvex auf $(0, \infty)$.   ✗

Am Graphen einer Funktion ist direkt erkennbar, dass Konkavität ein lokales Maximum liefert, wenn es ein $x_0 \in (a, b)$ mit $f'(x_0) = 0$ gibt. Entsprechend führt Konvexität zu lokalen Minima (vgl. ▨463Hinreichendes Kriterium mittels zweiter Ableitung). Eine Stelle, an der ein Wechsel des Krümmungsverhaltens stattfindet, heißt **Wendestelle**.

Auf eine weitergehende Diskussion dieses Sachverhalts wird an dieser Stelle verzichtet. Es sei lediglich angemerkt, dass eine Funktion noch wesentlich detaillierter hinsichtlich ihrer Eigenschaften analysiert werden kann, als dies für die hier betrachteten Optimierungsprobleme notwendig ist. Diese Untersuchung wird als **Kurvendiskussion** bezeichnet und umfasst u.a. folgende Punkte: Definitions- und Wertebereich, Definitionslücken, Achsenabschnitte/Nullstellen, Monotonieverhalten, Grenzwerte an den Definitionslücken/im Unendlichen, lokale/globale Extrema, Krümmungsverhalten, Wendestellen sowie weitere Eigenschaften wie Symmetrie, Asymptoten, etc. Zur Durchführung von Kurvendiskussionen sei auf Kamps, Cramer und Oltmanns (2009) verwiesen.

Aufgaben zum Üben in Abschnitt 12.3

▨480Aufgabe 12.2

12.4 Optimierung bei stückweise definierten Funktionen

In Anwendungen werden oft Extrema von stückweise definierten Funktionen gesucht. In diesen Fällen werden die jeweiligen Bereiche getrennt mit den vorgestellten Methoden analysiert und die Ergebnisse der Teiluntersuchungen anschließend zusammengefasst.

12.22 Beispiel
Die Funktion f sei definiert durch die Vorschrift

$$f(x) = \begin{cases} e^{-x^2}, & x < 0 \\ 2e^{-x}, & x \geq 0 \end{cases}.$$

Gemäß der beschriebenen Vorgehensweise wird die Funktion f in zwei Funktionen f_1 und f_2 „zerlegt":

$$f_1(x) = e^{-x^2}, \quad x \in \mathbb{D}_1 = (-\infty, 0), \qquad f_2(x) = 2e^{-x}, \quad x \in \mathbb{D}_2 = [0, \infty).$$

Jede der Funktionen wird auf ihrem Definitionsbereich auf Extrema untersucht. Die Funktion f_1 hat die Ableitung $f_1'(x) = -2xe^{-x^2}$, die für $x < 0$ stets positiv ist, d.h. f_1 ist eine auf $(-\infty, 0)$ streng monoton steigende Funktion. Insbesondere hat die erste Ableitung von f_1 auf $\mathbb{D}_1$ keine Nullstelle. Wegen $\lim_{x \to -\infty} f_1(x) = 0$, $\lim_{x \to 0-} f_1(x) = 1$ und $0 < f_1(x) < 1$ ist f_1 zwar nach oben und unten beschränkt, hat jedoch weder lokale noch globale Extrema auf $(-\infty, 0)$.

Die Analyse von f_2 auf dem Intervall $[0, \infty)$ ergibt, dass f_2 streng monoton fallend ist mit $2 = f_2(0) \geqslant f_2(x) > 0 = \lim\limits_{x \to \infty} f_2(x)$. Daraus folgt, dass f_2 im [58]Inneren seiner Definitionsmenge keine lokalen Extrema hat. Am Rand $x = 0$ seines Definitionsbereichs hat f_2 ein globales Maximum mit Wert 2.

Da insgesamt $0 < f(x) \leqslant 2$ für alle $x \in \mathbb{R}$ gilt, hat die zusammengesetzte Funktion f ein globales Maximum mit Wert 2 an der Stelle $x = 0$. Aus den Monotonieeigenschaften folgt, dass f an der Stelle $x = 0$ auch ein lokales Maximum hat.   ✗

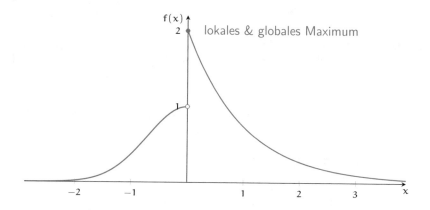

Abbildung 12.10: Graph der stückweise definierten Funktion aus [470]Beispiel 12.22.

Die geringfügig modifizierte Funktion

$$g(x) = \begin{cases} f(x), & x \neq 0 \\ 1, & x = 0 \end{cases} = \begin{cases} e^{-x^2}, & x \leqslant 0 \\ 2e^{-x}, & x > 0 \end{cases}$$

hat weder lokale noch globale Extrema. Dies liegt darin begründet, dass der einzige Kandidat für ein lokales/globales Maximum der Wert 2 wäre. Dieser wird aber von der Funktion nicht angenommen.

12.5 Anwendungen in der Statistik

Lineare Regression

Zur Lösung des in der linearen Regression resultierenden [451]Optimierungsproblems

$$Q(a, b) = \sum_{i=1}^{n} (y_i - a - bx_i)^2 \longrightarrow \min_{a, b \in \mathbb{R}}$$

wird zunächst angenommen, dass ein gegebener Punkt (x, y) der Lösungsgerade bekannt sei. Also gilt insbesondere $y = f(x)$. Da für jede Gerade $f(x) = a + bx$, die durch den Punkt (x, y) verläuft, der Zusammenhang

$$f(x) = y \iff a + bx = y \iff a = y - bx$$

gilt, ist die Variable a (in Abhängigkeit von b) bekannt und kann in $Q(a, b)$ eingesetzt werden (vgl. 244Substitutionsmethode). Daraus ergibt sich

$$Q(a, b) = Q(y - bx, b) = \sum_{i=1}^{n} (y_i - y + bx - bx_i)^2 = \sum_{i=1}^{n} (y_i - y - b[x_i - x])^2 = h(b).$$

Somit konnte die Variable a eliminiert werden, und das Problem hängt nur noch von der Variablen b ab. Die Funktion h wird nun bzgl. b minimiert. Die Berechnung der Ableitung nach b ergibt*

$$h'(b) = \sum_{i=1}^{n} \left[(y_i - y - b[x_i - x])^2 \right]' = \sum_{i=1}^{n} -2[x_i - x](y_i - y - b[x_i - x])$$

$$= -2 \sum_{i=1}^{n} (x_i - x)[(y_i - y) - b(x_i - x)]$$

$$= -2 \sum_{i=1}^{n} (x_i - x)(y_i - y) + 2b \sum_{i=1}^{n} (x_i - x)^2.$$

Dies liefert die Gleichung

$$h'(b) = 0 \iff -2 \sum_{i=1}^{n} (x_i - x)(y_i - y) + 2b \sum_{i=1}^{n} (x_i - x)^2 = 0,$$

so dass unter der Voraussetzung $\sum_{i=1}^{n} (x_i - x)^2 > 0^\dagger$ die Lösung

$$b = \frac{\sum_{i=1}^{n} (x_i - x)(y_i - y)}{\sum_{i=1}^{n} (x_i - x)^2}$$

---

*Aus der 397Summenregel resultiert für eine Funktion $h(x) = \sum_{i=1}^{n} g_i(x)$ mit differenzierbaren $g_1, \ldots, g_n$ die Ableitung

$$h'(x) = \left(\sum_{i=1}^{n} g_i(x) \right)' = \sum_{i=1}^{n} g_i'(x).$$

$\dagger$Daher gibt es mindestens ein von x verschiedenes x_i. Sind alle $x_i = x$, so gilt $h'(b) = 0$ für alle $b \in \mathbb{R}$, d.h. h ist eine konstante Funktion. In diesem Fall ist jedes b optimal.

resultiert. Die zweite Ableitung von h ist gegeben durch $h''(b) = 2\sum\limits_{i=1}^{n}(x_i - x)^2$

und somit stets positiv, d.h. an der Stelle $b = \dfrac{\sum\limits_{i=1}^{n}(x_i-x)(y_i-y)}{\sum\limits_{i=1}^{n}(x_i-x)^2}$ liegt ein lokales

Minimum. Wegen $\lim\limits_{b\to-\infty} h(b) = \lim\limits_{b\to\infty} h(b) = \infty$ ist es außerdem ein globales Minimum. Daher resultiert die folgende Aussage.

> **Regel (Lineare Regression durch den Punkt (x, y))**
>
> Seien $(x_1, y_1), \ldots, (x_n, y_n), (x, y) \in \mathbb{R}^2$, so dass es einen Index i gibt mit $x_i \neq x$.
>
> Die Regressionsgerade durch einen gegebenen Punkt (x, y) ist bestimmt durch $f(x) = \widehat{a} + \widehat{b}x$ mit
>
> $$\widehat{a} = y - \widehat{b}x, \qquad \widehat{b} = \frac{\sum\limits_{i=1}^{n}(x_i - x)(y_i - y)}{\sum\limits_{i=1}^{n}(x_i - x)^2}.$$

Aus dieser Regel ergibt sich insbesondere die Lösung, falls von der Regressionsgeraden zusätzlich gefordert wird, dass sie durch den Ursprung geht, d.h. es gilt $f(0) = 0$:*

$$f(x) = \widehat{b}_0 x \quad \text{mit} \quad \widehat{b}_0 = \frac{\sum\limits_{i=1}^{n} x_i y_i}{\sum\limits_{i=1}^{n} x_i^2}.$$

12.23 Beispiel

An eine Metallfeder werden nacheinander unterschiedliche Gewichte gehängt und die Auslenkung der Feder, also die Differenz zwischen der Länge der Feder mit angehängtem Gewicht und deren ursprünglicher Länge, gemessen:

Gewicht x_i (in g)	40	80	120	160	200	240
Auslenkung y_i (in cm)	1,9	3,6	5,7	7,1	9,8	10,9

Eine optische Einschätzung des Zusammenhangs zwischen Gewicht und Auslenkung der Feder mittels eines ⊡Streudiagramms der Daten führt zu der Vermutung, dass im betrachteten Wertebereich eine lineare Beziehung vorliegt. Da die Feder ohne angehängtes Gewicht keine Auslenkung aufweist, wird eine Regression durch den Ursprung durchgeführt, wobei die Auslenkung der Feder (Beobachtungswerte $y_1, \ldots, y_6$) als abhängige Variable und das angehängte Gewicht (Beobachtungswerte $x_1, \ldots, x_6$) als erklärende Variable angesehen werden. Der vorgegebe-

---

*Dies bedeutet, dass der Punkt $(x, y) = (0, 0)$ auf der Geraden liegt.

ne Punkt (x, y) ist somit $(0, 0)$. Wegen $\sum\limits_{i=1}^{6} x_i y_i = 6\,760$ und $\sum\limits_{i=1}^{6} x_i^2 = 145\,600$ folgt für den Koeffizienten $\widehat{b}_0$ der Regressionsgeraden $\widehat{b}_0 = \frac{6\,760}{145\,600} = \frac{13}{280} \approx 0{,}0464$. Der Darstellung der Regressionsgeraden im Streudiagramm in ⁴⁷⁴Abbildung 12.11 ist zu entnehmen, dass der lineare Modellansatz den Zusammenhang zwischen beiden Merkmalen sehr gut beschreibt.   ✗

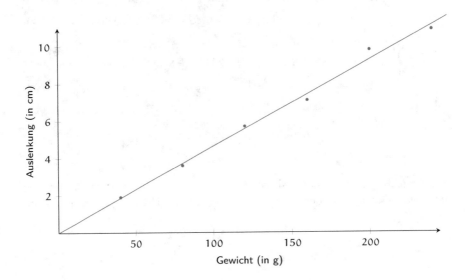

Abbildung 12.11: Regressionsgerade in ⁴⁷³Beispiel 12.23.

Die Lösung des allgemeinen Problems ergibt sich aus der Beobachtung, dass der Punkt $(\overline{x}, \overline{y})$ mit $\overline{x} = \frac{1}{n} \sum\limits_{i=1}^{n} x_i$ und $\overline{y} = \frac{1}{n} \sum\limits_{i=1}^{n} y_i$ stets auf der Regressionsgeraden liegt.

Nachweis Sei angenommen, dass der Punkt $(\overline{x}, \overline{y})$ <u>nicht</u> auf der Geraden $f(x) = a + bx$ liegt, d.h. $f(\overline{x}) \neq \overline{y}$. Für die durch die Vorschrift

$$g(x) = f(x) + \overline{y} - f(\overline{x}) = a + bx + \overline{y} - a - b\overline{x} = \overline{y} + b(x - \overline{x})$$

festgelegte Gerade gilt dann $g(\overline{x}) = \overline{y}$, d.h. $(\overline{x}, \overline{y})$ ist ein Punkt dieser Geraden. Für den Abstand dieser Geraden zu den Punkten $(x_1, y_1), \ldots, (x_n, y_n)$ ergibt sich durch geschicktes Zusammenfassen und Anwendung der zweiten binomischen Formel

$$\sum_{i=1}^{n} (y_i - g(x_i))^2 = \sum_{i=1}^{n} (y_i - f(x_i) - \overline{y} + f(\overline{x}))^2$$

$$= \sum_{i=1}^{n} \left[(y_i - f(x_i))^2 - 2(y_i - f(x_i))(\overline{y} - f(\overline{x})) + (\overline{y} - f(\overline{x}))^2 \right]$$

$$= \sum_{i=1}^{n} (y_i - f(x_i))^2 - 2(\overline{y} - f(\overline{x})) \underbrace{\sum_{i=1}^{n} (y_i - f(x_i))}_{\stackrel{(\clubsuit)}{=} n(\overline{y} - f(\overline{x}))} + \sum_{i=1}^{n} (\overline{y} - f(\overline{x}))^2$$

$$= \sum_{i=1}^{n} (y_i - f(x_i))^2 - 2n(\overline{y} - f(\overline{x}))^2 + n(\overline{y} - f(\overline{x}))^2$$

$$= Q(a, b) - n \underbrace{(\overline{y} - f(\overline{x}))^2}_{>0}.$$

Somit gilt also stets die Ungleichung $\sum_{i=1}^{n} (y_i - g(x_i))^2 < Q(a, b)$, d.h. die durch g gegebene Gerade hat eine geringere Gesamtabweichung als die von f festgelegte Gerade. Zu einer Geraden, die nicht durch den Punkt $(\overline{x}, \overline{y})$ führt, gibt es also stets eine Gerade mit geringerer Abweichung, die durch ihn verläuft. Somit folgt, dass die optimale Lösung eine Gerade sein muss, die den Punkt $(\overline{x}, \overline{y})$ enthält.*

Es bleibt noch die Identität ($\clubsuit$) $\sum_{i=1}^{n} (y_i - f(x_i)) = n(\overline{y} - f(\overline{x}))$ zu zeigen. Diese ergibt sich direkt aus der [III]Linearität des Summenzeichens

$$\sum_{i=1}^{n} (y_i - f(x_i)) = \sum_{i=1}^{n} (y_i - a - bx_i) = \sum_{i=1}^{n} y_i - an - b \sum_{i=1}^{n} x_i$$

$$= n\overline{y} - n(a + b\overline{x}) = n(\overline{y} - f(\overline{x})). \qquad \checkmark$$

> ### ▶ Regel (Lineare Regression)
>
> Seien $(x_1, y_1), \ldots, (x_n, y_n) \in \mathbb{R}^2$ mit $\sum_{i=1}^{n} (x_i - \overline{x})^2 > 0$.[†] Die Regressions-gerade $f(x) = \widehat{a} + \widehat{b}x$ durch die Punkte $(x_1, y_1), \ldots, (x_n, y_n)$ ist bestimmt durch die Koeffizienten
>
> $$\widehat{a} = \overline{y} - \widehat{b}\overline{x}, \qquad \widehat{b} = \frac{\sum_{i=1}^{n} (x_i - \overline{x})(y_i - \overline{y})}{\sum_{i=1}^{n} (x_i - \overline{x})^2}.$$

12.24 Beispiel

In der Marketingabteilung eines Unternehmens soll das Budget für eine bevor-stehende Werbeaktion bestimmt werden. Um einen Anhaltspunkt über den zu erwartenden Nutzen der Aktion bei Aufwendung eines bestimmten Geldbetrags zu erhalten, werden die Kosten von bereits durchgeführten Werbeaktionen und die zugehörigen Umsätze der beworbenen Produkte untersucht. In der folgenden Tabelle sind die Kosten (in $1\,000$ €) der letzten sechs Aktionen den Umsätzen

---

*Die durch g und f gegebenen Geraden haben die gleiche Steigung b, d.h. die „bessere" Gerade g wird durch eine Parallelverschiebung in den Punkt $(\overline{x}, \overline{y})$ erzielt.

[†]Diese Bedingung entspricht der Forderung, dass mindestens zwei x-Werte verschieden sind, d.h. es gibt Indizes $i \neq j$ mit $x_i \neq x_j$. Umgekehrt heißt dies, dass an mindestens zwei Stellen gemessen wurde bzw. nicht nur an einer Stelle x.

(in Mio. €) der jeweils folgenden Monate gegenüber gestellt.

Werbeaktion	i	1	2	3	4	5	6
Kosten	x_i	23	15	43	45	30	51
Umsatz	y_i	2,3	1,1	2,7	2,9	2,1	3,3

Auf der Basis dieser Daten wird eine lineare Regression durchgeführt. Anhand dieser Daten ergeben sich die Werte

$$\bar{x} = \frac{69}{2}, \quad \bar{y} = \frac{12}{5}, \quad \sum_{i=1}^{6}(x_i - \bar{x})(y_i - \bar{y}) = \frac{101}{2}, \quad \sum_{i=1}^{6}(x_i - \bar{x})^2 = \frac{1\,975}{2}.$$

Die Koeffizienten der zugehörigen Regressionsgerade $\widehat{f}(x) = \widehat{a} + \widehat{b}x$ sind daher $\widehat{b} = \frac{101}{1\,975} \approx 0{,}0511$ und $\widehat{a} = \frac{2\,511}{3\,950} \approx 0{,}636$. Daraus ergibt sich also $y = f(x) = 0{,}636 + 0{,}0511x$ bzw.

Umsatz [in Mio. €] $= 0{,}636 + 0{,}0511 \times$ Kosten [in 1 000 €].

Werden alle Angaben in 1 000 € vorgenommen, resultiert die Beziehung

Umsatz [in 1 000 €] $= 636 + 51{,}1 \times$ Kosten [in 1 000 €].

Daraus ergibt sich, dass 1 000 € an Werbeaufwand einen zusätzlichen Umsatz von etwa 51 000 € generieren.

477Abbildung 12.12 ist eine graphische Veranschaulichung der Regressionsgerade im 64Streudiagramm.   ✗

Maximum-Likelihood-Schätzung

Die Vorgehensweise zur Berechnung der Maximum-Likelihood-Schätzung wird exemplarisch an zwei Verteilungen, der 142Binomialverteilung und der 425Exponentialverteilung, ausgeführt.

12.25 Beispiel (Binomialverteilung)

Der Parameter p der Binomialverteilung gibt die Wahrscheinlichkeit an, einen Treffer (d.h. eine Eins) bei einem Zufallsexperiment mit zwei Ausgängen zu erzielen (z.B. Münzwurf). Dieser Parameter (d.h. die Trefferwahrscheinlichkeit) wird basierend auf einer Stichprobe $x_1, \ldots, x_n$ von Beobachtungen mit Werten Null oder Eins geschätzt. Zur Vereinfachung wird nachfolgend angenommen, dass die Ungleichung $0 < \sum_{i=1}^{n} x_i < n$ gilt, d.h. es gibt jeweils mindestens eine Null bzw. Eins in den Beobachtungen. In den Fällen $\sum_{i=1}^{n} x_i = 0$ bzw. $\sum_{i=1}^{n} x_i = n$ lautet die

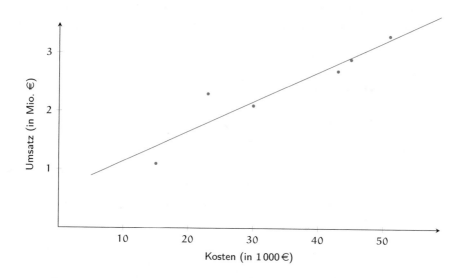

Abbildung 12.12: Regressionsgerade in 475Beispiel 12.24.

Likelihoodfunktion $L(p) = (1 - p)^n$ bzw. $L(p) = p^n$. Diese müssen gesondert betrachtet werden (s. 480Aufgabe 12.4).

Die Likelihoodfunktion der Binomialverteilung

$$L(p) = \prod_{i=1}^{n} p^{x_i}(1 - p)^{1-x_i} = p^{\sum_{i=1}^{n} x_i}(1 - p)^{n - \sum_{i=1}^{n} x_i}, \quad p \in [0, 1],$$

wird auf lokale Extrema untersucht. Differenziation nach p ergibt mit der Notation $\bar{x} = \frac{1}{n} \sum_{i=1}^{n} x_i$ bzw. $n\bar{x} = \sum_{i=1}^{n} x_i$ und der 397Produktregel

$$\begin{aligned} L'(p) &= \left[p^{n\bar{x}}(1 - p)^{n(1-\bar{x})} \right]' \\ &= n\bar{x}p^{n\bar{x}-1}(1 - p)^{n(1-\bar{x})} - n(1 - \bar{x})p^{n\bar{x}}(1 - p)^{n(1-\bar{x})-1} \\ &= [n\bar{x}(1 - p) - n(1 - \bar{x})p]\, p^{n\bar{x}-1}(1 - p)^{n(1-\bar{x})-1}, \quad p \in (0, 1). \end{aligned}$$

Da der Term $p^{n\bar{x}-1}(1 - p)^{n(1-\bar{x})-1}$ für $p \in (0, 1)$ stets positiv ist, liefert die Division der Gleichung $L'(p) = 0$ durch diesen Term die Äquivalenz

$$L'(p) = 0 \iff n\bar{x}(1 - p) - n(1 - \bar{x})p = 0.$$

Auflösen nach p ergibt die Lösung $p = \bar{x}$. Es bleibt zu prüfen, ob diese Stelle tatsächlich ein lokales Maximum liefert. Dazu wird eine Monotoniebetrachtung durchgeführt. Das Vorzeichen von $L'(p)$ wird wegen $0 \leqslant p \leqslant 1$ offenbar nur durch den Faktor

$$n\bar{x}(1 - p) - n(1 - \bar{x})p$$

bestimmt. Dieser ist eine lineare Funktion in p mit Nullstelle $p = \overline{x}$. Da $0 < \overline{x} < 1$ gilt, ergibt sich durch Einsetzen der ㍙Prüfstellen $p_1 = \frac{\overline{x}}{2} \in (0, \overline{x})$ und $p_2 = \frac{1+\overline{x}}{2} \in (\overline{x}, 1)$:

$$n\overline{x}\left(1 - \frac{\overline{x}}{2}\right) - n(1-\overline{x})\frac{\overline{x}}{2} = n\frac{\overline{x}}{2}[(2-\overline{x}) - (1-\overline{x})] = n\frac{\overline{x}}{2} > 0$$

$$n\overline{x}\left(1 - \frac{1+\overline{x}}{2}\right) - n(1-\overline{x})\frac{1+\overline{x}}{2} = n\frac{1-\overline{x}}{2}[\overline{x} - (1+\overline{x})] = -n\frac{1-\overline{x}}{2} < 0$$

das Vorzeichen von L' in den Intervallen $(0, \overline{x})$ und $(\overline{x}, 1)$.

Somit ist L zunächst monoton steigend und anschließend monoton fallend. An der Stelle $p = \overline{x}$ liegt somit ein lokales Maximum der Likelihoodfunktion. Da die Grenzwerte $\lim_{p \to 0+} L(p)$ und $\lim_{p \to 1-} L(p)$ jeweils gleich Null sind, ist es sogar ein globales Maximum.

Alternativ kann dieses Ergebnis durch Betrachtung der log-Likelihoodfunktion erzielt werden, die eine einfachere Rechnung erlaubt. Dazu wird die Likelihoodfunktion logarithmiert, wobei benutzt wird, dass ㍑streng monotone Transformationen lokale Extremalstellen nicht verschieben. Daraus resultiert die Funktion

$$l(p) = \ln(L(p)) = n\overline{x}\ln(p) + n(1-\overline{x})\ln(1-p), \quad p \in (0, 1).$$

Differenziation von $l(p)$ nach p und Nullsetzen der Ableitung ergibt die Gleichung

$$l'(p) = n\overline{x}\frac{1}{p} - n(1-\overline{x})\frac{1}{1-p} = 0,$$

die nach Multiplikation mit $p(1-p)$ zur Lösung $p = \overline{x}$ führt. Auch hier kann mittels des ㍔Monotoniekriteriums überprüft werden, dass dies eine lokale Maximalstelle ist. Einfacher ist allerdings die Anwendung des ㍓Kriteriums mit der zweiten Ableitung

$$l''(p) = -n\overline{x}\frac{1}{p^2} - n(1-\overline{x})\frac{1}{(1-p)^2},$$

die für $p \in (0, 1)$ stets negativ ist. Somit ist die log-Likelihoodfunktion ㍚konkav auf dem Intervall $(0, 1)$, so dass wie oben $\overline{x}$ lokale (und globale) Maximalstelle von l und daher auch von L ist. ✗

12.26 Beispiel (Exponentialverteilung)

Die $\overline{425}$Exponentialverteilung wird u.a. zur Modellierung einer zufälligen Lebensdauer T verwendet (z.B. von Glühbirnen). Diese Annahme bedeutet, dass die Wahrscheinlichkeit des Ereignisses *Die Lebensdauer T ist geringer als ein vorgegebener Wert* x > 0 durch den Ausdruck

$$1 - e^{-\lambda x}$$

gegeben ist, wobei der Parameter λ eine gewisse flexible Beschreibung dieser Wahrscheinlichkeit ermöglicht. Der Wert $\frac{1}{\lambda}$ entspricht der im Modell angenommenen mittleren Lebensdauer (vgl. $\overline{425}$Erwartungswert).

Basierend auf einer Stichprobe $x_1, \ldots, x_n > 0$ der Lebensdauer von gleichartigen Objekten resultiert bei Annahme einer Exponentialverteilung die Likelihoodfunktion (für den Parameter $\lambda > 0$)

$$L(\lambda) = \prod_{i=1}^{n} \lambda e^{-\lambda x_i} = \lambda^n e^{-\lambda \sum\limits_{i=1}^{n} x_i}, \quad \lambda > 0,$$

die bzgl. λ maximiert wird. Zur Vereinfachung der Rechnung wird auch hier die log-Likelihoodfunktion

$$l(\lambda) = \ln(L(\lambda)) = n \ln(\lambda) - \lambda \sum_{i=1}^{n} x_i$$

verwendet. Differenziation nach λ ergibt

$$l'(\lambda) = 0 \iff n\frac{1}{\lambda} - \sum_{i=1}^{n} x_i = 0 \iff \lambda = \frac{n}{\sum\limits_{i=1}^{n} x_i}.$$

Die zweite Ableitung $l''(\lambda) = -\frac{n}{\lambda^2}$ ist offenbar stets negativ, so dass l und L jeweils an der Stelle $\lambda = \frac{n}{\sum\limits_{i=1}^{n} x_i} = \frac{1}{\bar{x}}$ ein lokales Maximum haben. Wegen $\lim\limits_{\lambda \to 0+} L(\lambda) = \lim\limits_{\lambda \to \infty} L(\lambda) = 0$ ist es auch ein globales Maximum, d.h. $\hat{\lambda} = \frac{1}{\bar{x}}$ ist der Maximum-Likelihood-Schätzer für λ. ✗

Aufgaben zum Üben in Abschnitt 12.5

$\overline{480}$Aufgabe 12.3 – $\overline{481}$Aufgabe 12.6

12.6 Aufgaben

12.1 Aufgabe ([481]Lösung)

Bestimmen Sie für die Funktionen $f : \mathbb{D} \to \mathbb{R}$ den (maximalen) Definitionsbereich sowie alle lokalen und globalen Extremalstellen.

(a) $f(x) = x^3 + 2x^2 - 1$

(b) $f(x) = \frac{x^2}{2x-5}$

(c) $f(x) = \frac{x^3 - 2x^2 - x + 2}{x - 2}$

(d) $f(x) = (x^2 - 3)e^x$

(e) $f(x) = (x^2 + 4x)e^{-2x}$

(f) $f(x) = \ln(e^{-x^2} + 1)$

12.2 Aufgabe ([486]Lösung)

Begründen Sie die Ungleichung

$$\ln(t) \leqslant t - 1, \quad t > 0,$$

mit Mitteln der Differenzialrechnung, wobei Gleichheit für $t = 1$ gilt. Betrachten Sie dazu die Funktion $h(t) = \ln(t) - t + 1$, $t > 0$.

12.3 Aufgabe ([486]Lösung)

Berechnen Sie mit der Methode der kleinsten Quadrate eine optimale Näherung der Daten $(x_1, y_1), \ldots, (x_n, y_n)$ mit $x_1, \ldots, x_n > 0$ durch die Regressionsfunktion $f(x) = \frac{b}{x}$, wobei der Parameter b als unbekannt angenommen wird.

12.4 Aufgabe ([487]Lösung)

Ermitteln Sie im Fall der Binomialverteilung den Maximum-Likelihood-Schätzer für p, falls $\sum_{i=1}^{n} x_i = 0$ oder $\sum_{i=1}^{n} x_i = n$ gilt. Stellen Sie dazu zunächst die Likelihoodfunktion in diesen speziellen Situationen auf.

12.5 Aufgabe ([487]Lösung)

Seien $x_1, \ldots, x_n \in \mathbb{N}_0$ Daten. Bei Annahme einer [350]geometrischen Verteilung lautet die Likelihoodfunktion für $p \in [0, 1]$:

$$L(p) = p^n (1 - p)^{\sum_{i=1}^{n} x_i}.$$

Berechnen Sie den Maximum-Likelihood-Schätzer für p.

12.6 Aufgabe (488Lösung)

Seien $x_1, \ldots, x_n > 0$ Daten. Bei Annahme einer 427Normalverteilung lautet die
Likelihoodfunktion für $\mu \in \mathbb{R}$:

$$L(\mu) = \frac{1}{(\sqrt{2\pi})^n} e^{-\frac{1}{2} \sum_{i=1}^{n} (x_i - \mu)^2},$$

wobei $\pi = 3{,}1415\ldots$ die Kreiszahl π bezeichnet. Berechnen Sie den Maximum-
Likelihood-Schätzer für μ.

12.7 Aufgabe (488Lösung)

Berechnen Sie die lokalen Extremalstellen der folgenden, parameterabhängigen
Funktionen f.

(a) $f(t) = \alpha t^2 + t$, $t \in \mathbb{R}$, mit $\alpha \in \mathbb{R}$

(b) $f(x) = (1 + \beta x^2)^3$, $x \in \mathbb{R}$, mit $\beta \in \mathbb{R}$

(c) $f(y) = \ln(\delta y)$, $y > 0$, mit $\delta > 0$

(d) $f(z) = \ln(1 + \delta z)$, $z > 0$, mit $\delta > 0$

(e) $f(y) = 1 - (1 - y)^{1/\beta}$, $y \in (0, 1)$, mit $\beta > 0$

(f) $f(t) = t^{1-\delta}$, $t > 0$, mit $\delta > 0$

(g) $f(x) = e^{-(x-\mu)^\alpha}$, $x \in \mathbb{R}$, mit $\alpha \in \mathbb{N}_0$ und $\mu \in \mathbb{R}$

12.7 Lösungen

12.1 Lösung (480Aufgabe)

(a) Der Definitionsbereich der Funktion ist $\mathbb{D} = \mathbb{R}$. Für das Verhalten der Kurve
im Unendlichen ergibt sich aus 381Übersicht 10.1 $\lim_{x \to +\infty} f(x) = +\infty$ und
$\lim_{x \to -\infty} f(x) = -\infty$. Daraus folgt sofort, dass es keine globalen Extrema geben
kann (f ist sowohl nach unten als auch nach oben unbeschränkt).

Mittels der ersten Ableitung $f'(x) = 3x^2 + 4x$ ergeben sich die Kandidaten
für Extremalstellen

$$f'(x) = (3x + 4)x = 0 \iff x = 0 \text{ oder } x = -\frac{4}{3}.$$

Damit resultieren die Monotoniebereiche:

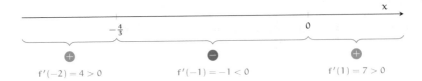

Somit liegt an beiden Stellen ein Vorzeichenwechsel der Ableitung vor. An der Stelle $x = -\frac{4}{3}$ hat f ein lokales Maximum, während die Funktion bei $x = 0$ ein lokales Minimum hat. Der Graph von f ist in ⁴⁸⁵Abbildung 12.13(a) dargestellt.

(b) Der Definitionsbereich ist gegeben durch $\mathbb{D} = \mathbb{R} \setminus \{\frac{5}{2}\}$. Das Verhalten der Funktion im Unendlichen ergibt sich aus ³⁸¹Übersicht 10.1: $\lim\limits_{x \to +\infty} f(x) = +\infty$, $\lim\limits_{x \to -\infty} f(x) = -\infty$, so dass keine globalen Extrema existieren. Für die Grenzwerte an der Definitionslücke gilt

$$\lim_{x \to 5/2-} f(x) = -\infty, \qquad \lim_{x \to 5/2+} f(x) = \infty.$$

Mittels der ersten Ableitung $f'(x) = \frac{2x^2 - 10x}{(2x-5)^2}$ resultieren die Kandidaten für lokale Extremalstellen:

$$f'(x) = 0 \quad \Longleftrightarrow \quad 2x^2 - 10x = 0 \quad \Longleftrightarrow \quad x = 0 \text{ oder } x = 5.$$

Dies ergibt folgende Monotoniebereiche, wobei zusätzlich die Definitionslücke $\frac{5}{2}$ zu berücksichtigen ist, da sich an dieser Stelle auch das Monotonieverhalten ändern kann:

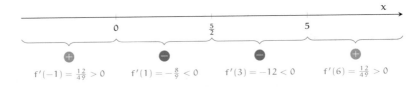

Aus diesem Ergebnis resultiert, dass bei $x = 0$ ein lokales Maximum und bei $x = 5$ ein lokales Minimum vorliegen. Der Graph von f ist in ⁴⁸⁵Abbildung 12.13(b) dargestellt.

(c) Definitionsbereich der Funktion ist $\mathbb{D} = \mathbb{R} \setminus \{2\}$. Aus ³⁸¹Übersicht 10.1 resultieren die Grenzwerte $\lim\limits_{x \to +\infty} f(x) = +\infty$ und $\lim\limits_{x \to -\infty} f(x) = +\infty$, so dass kein globales Maximum existiert. An der Definitionslücke ergeben sich die Grenzwerte durch folgende Überlegung. Einsetzen des Wertes $x = 2$ in den Zähler ergibt Null, so dass $x = 2$ Nullstelle von Zähler- und Nennerpolynom ist.

Eine Polynomdivision liefert

$$(\quad x^3 - 2x^2 - x + 2) : (x - 2) = x^2 - 1,$$
$$\underline{-x^3 + 2x^2}$$
$$-x + 2$$
$$\underline{x - 2}$$
$$0$$

d.h. $f(x) = x^2 - 1$, $x \in \mathbb{D}$. Somit resultieren die Grenzwerte

$$\lim_{x \to 2-} f(x) = \lim_{x \to 2-} (x^2 - 1) = 3 = \lim_{x \to 2+} f(x).$$

Mittels der ersten Ableitung $f'(x) = 2x$ resultiert der Kandidat $x = 0$ für eine Extremalstelle. Die resultierenden Monotoniebereiche sind:

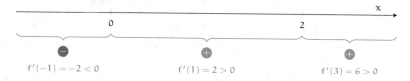

Somit liegt bei $x = 0$ ein lokales Minimum. Aufgrund des Monotonieverhaltens und der Grenzwerte an der Definitionslücke ist $x = 0$ auch globale Minimalstelle mit Funktionswert $f(0) = -1$. Der Graph von f ist in ⁴⁸⁵Abbildung 12.13(c) dargestellt.

(d) Definitionsbereich der durch $f(x) = (x^2 - 3)e^x$ definierten Funktion ist $\mathbb{D} = \mathbb{R}$. Das Verhalten im Unendlichen resultiert direkt aus ³⁸¹Übersicht 10.1: $\lim_{x \to +\infty} f(x) = +\infty$ und $\lim_{x \to -\infty} f(x) = 0$. Somit ist f nach oben unbeschränkt und nach unten beschränkt. Folglich existiert kein globales Maximum.

Mittels der ersten Ableitung $f'(x) = (x^2 + 2x - 3)e^x$ resultieren die Kandidaten für die Extremalstellen:

$$f'(x) = 0 \quad \Longleftrightarrow \quad (x^2 + 2x - 3)e^x = 0 \Longleftrightarrow x^2 + 2x - 3 = 0.$$

Mit Hilfe der ²⁰⁹pq-Formel resultieren die Lösungen $x = -3$ und $x = 1$. Die Monotoniebereiche sind also:

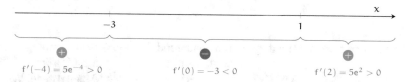

An beiden Stellen liegt ein Vorzeichenwechsel der Ableitung vor, so dass bei $x = -3$ ein lokales Maximum und bei $x = 1$ ein lokales Minimum liegen. Wegen $f(1) = -2e$ und $\lim_{x \to -\infty} f(x) = 0$ ist letzteres auch ein globales Minimum. Der Graph von f ist in ⁴⁸⁵Abbildung 12.13(d) dargestellt.

(e) Definitionsbereich von $f(x) = (x^2 + 4x)e^{-2x}$ ist $\mathbb{D} = \mathbb{R}$. Die Grenzwerte im Unendlichen sind $\lim\limits_{x \to +\infty} f(x) = 0$ und $\lim\limits_{x \to -\infty} f(x) = +\infty$. Daher existiert kein globales Maximum.

Mittels der ersten Ableitung $f'(x) = (-2x^2 - 6x + 4)e^{-2x}$ resultiert die notwendige Bedingung für Extremalstellen

$$f'(x) = 0 \quad \Longleftrightarrow \quad (-2x^2 - 6x + 4)e^{-2x} = 0 \quad \Longleftrightarrow \quad -2x^2 - 6x + 4 = 0.$$

Mit Hilfe einer [203]quadratischen Ergänzung resultieren die Nullstellen $x = -\frac{3}{2} - \frac{1}{2}\sqrt{17} \approx -3{,}56$ und $x = -\frac{3}{2} + \frac{1}{2}\sqrt{17} \approx 0{,}56$. Die Monotoniebereiche sind:

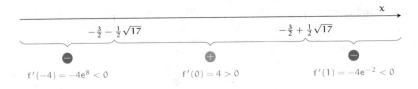

An der Stelle $x = -\frac{3}{2} - \frac{1}{2}\sqrt{17}$ liegt somit ein lokales Minimum, bei $x = -\frac{3}{2} + \frac{1}{2}\sqrt{17}$ ein lokales Maximum. Wegen $f(-\frac{3}{2} - \frac{1}{2}\sqrt{17}) = \frac{1}{2}(1 - \sqrt{17})e^{3+\sqrt{17}} \approx -1\,936{,}79$ und $\lim\limits_{x \to +\infty} f(x) = 0$ ist ersteres auch ein globales Minimum. Der Graph von f ist in [485]Abbildung 12.13(e) dargestellt.

(f) Definitionsbereich von $f(x) = \ln(e^{-x^2} + 1)$ ist $\mathbb{D} = \mathbb{R}$. Für die Ableitung gilt

$$f'(x) = \frac{-2xe^{-x^2}}{e^{-x^2} + 1} = \frac{-2x}{e^{x^2} + 1} = 0 \quad \Longleftrightarrow \quad x = 0.$$

Wegen $e^{x^2} + 1 > 0$ gilt $f'(x) > 0 \Longleftrightarrow x < 0$ bzw. $f'(x) < 0 \Longleftrightarrow x > 0$, so dass die Monotoniebereiche gegeben sind durch:

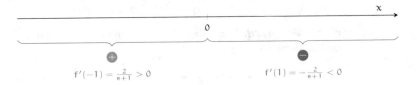

Somit ist f streng monoton wachsend in $(-\infty, 0]$ und streng monoton fallend in $[0, \infty)$. Bei $x = 0$ liegt daher ein lokales Maximum. Wegen $\lim\limits_{x \to -\infty} f(x) = \lim\limits_{x \to \infty} f(x) = 0^*$ ist $x = 0$ auch globale Maximalstelle. Weiterhin ist $f(x) > \ln(1) = 0$ für alle $x \in \mathbb{R}$, da e^{-x^2} stets positiv und der Logarithmus eine streng monoton wachsende Funktion ist. Daher hat f kein globales Minimum. Der Graph von f ist in [485]Abbildung 12.13(f) dargestellt.

---

*Vgl. [381]Übersicht 10.1.

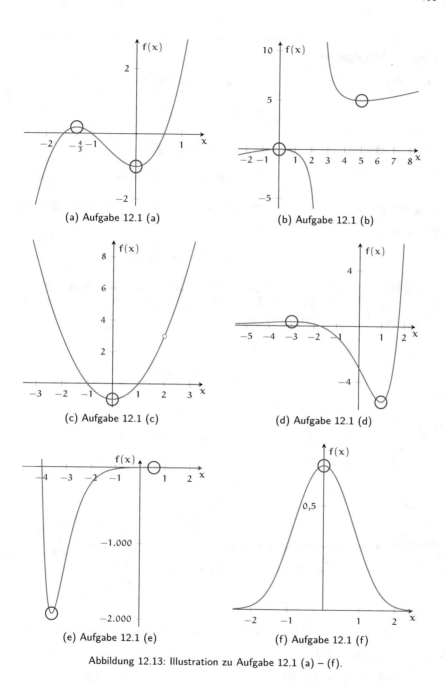

(a) Aufgabe 12.1 (a)

(b) Aufgabe 12.1 (b)

(c) Aufgabe 12.1 (c)

(d) Aufgabe 12.1 (d)

(e) Aufgabe 12.1 (e)

(f) Aufgabe 12.1 (f)

Abbildung 12.13: Illustration zu Aufgabe 12.1 (a) − (f).

12.2 Lösung (480 Aufgabe)

Die Funktion $h(t) = \ln(t) - t + 1$, $t > 0$, hat die Ableitung

$$h'(t) = \frac{1}{t} - 1, \quad t > 0.$$

Diese ist gleich Null nur für $t = 1$. Darüber hinaus gilt

$$h'(t) > 0 \iff 0 < t < 1 \text{ bzw. } h'(t) < 0 \iff t > 1.$$

Wegen $\lim\limits_{t \to 0+} h(t) = -\infty$ und $\lim\limits_{t \to \infty} h(t) = -\infty$ ist $h(1)$ globales Maximum der Funktion h. Somit gilt

$$h(t) \leqslant h(1) = 0 \quad \text{für alle } t > 0,$$

wobei Gleichheit nur für $t = 1$ erfüllt ist. Aus dieser Ungleichung folgt unmittelbar die Behauptung. Die Situation ist in 486 Abbildung 12.14 illustriert, wobei f als Logarithmusfunktion $f(t) = \ln(t)$ definiert ist.

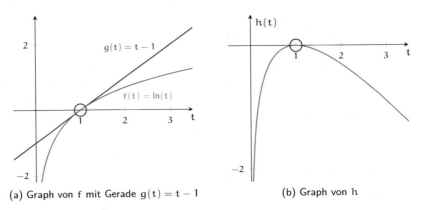

(a) Graph von f mit Gerade $g(t) = t - 1$ (b) Graph von h

Abbildung 12.14: Illustration zu Aufgabe 12.2.

12.3 Lösung (480 Aufgabe)

Die Abweichung der Funktion $f(x) = \frac{b}{x}$ zu den Punkten $(x_1, y_1), \ldots, (x_n, y_n)$ beträgt gemäß der 452 Methode der kleinsten Quadrate

$$Q(b) = \sum_{i=1}^{n} (y_i - f(x_i))^2 = \sum_{i=1}^{n} \left(y_i - \frac{b}{x_i}\right)^2, \quad b \in \mathbb{R}.$$

Differenziation nach b und Nullsetzen ergibt die Gleichung

$$Q'(b) = \sum_{i=1}^{n} \left(-\frac{1}{x_i}\right) \cdot 2\left(y_i - \frac{b}{x_i}\right) = 0 \iff -\sum_{i=1}^{n} \frac{y_i}{x_i} + b\sum_{i=1}^{n} \frac{1}{x_i^2} = 0.$$

Somit resultiert der Ausdruck $b = \dfrac{\sum_{i=1}^{n} \frac{y_i}{x_i}}{\sum_{i=1}^{n} \frac{1}{x_i^2}}$. Wegen $Q''(b) = 2\sum_{i=1}^{n} \frac{1}{x_i^2} > 0$ und

$\lim\limits_{b \to \infty} Q(b) = \lim\limits_{b \to -\infty} Q(b) = \infty$ hat Q an der Stelle $\widehat{b} = \dfrac{\sum_{i=1}^{n} \frac{y_i}{x_i}}{\sum_{i=1}^{n} \frac{1}{x_i^2}}$ ein lokales und

globales Minimum. Somit ist $\widehat{b}$ die Kleinste Quadrate-Schätzung für b.

12.4 Lösung (⟨480⟩Aufgabe)

In der Situation $\sum_{i=1}^{n} x_i = 0$ resultiert die Likelihoodfunktion $L(p) = (1 - p)^n$,
$p \in [0, 1]$. Wegen $L'(p) = -n(1 - p)^{n-1} < 0$ für $p \in (0, 1)$ ist L auf dem Intervall
$[0, 1]$ eine streng monoton fallende Funktion, d.h. das Maximum wird am linken
Intervallende $(p = 0)$ angenommen. Wegen $\overline{x} = \frac{1}{n}\sum_{i=1}^{n} x_i = 0$ ist $\widehat{p} = \overline{x} = 0$
Maximum-Likelihood-Schätzer für p.

Entsprechend ergibt sich für $\sum_{i=1}^{n} x_i = n$ die auf $[0, 1]$ streng monoton steigende
Likelihoodfunktion $L(p) = p^n$, so dass $\widehat{p} = \overline{x} = \frac{1}{n}\sum_{i=1}^{n} x_i = \frac{n}{n} = 1$ Maximum-
Likelihood-Schätzer für p ist.

Insgesamt ist somit $\widehat{p} = \overline{x} = \frac{1}{n}\sum_{i=1}^{n} x_i$ (unabhängig von den Beobachtungen
$x_1, \ldots, x_n$) Maximum-Likelihood-Schätzer für p.

12.5 Lösung (⟨480⟩Aufgabe)

Mit der Bezeichnung $\overline{x} = \frac{1}{n}\sum_{i=1}^{n} x_i$ lautet die Likelihoodfunktion für $p \in [0, 1]$:
$L(p) = p^n(1 - p)^{n\overline{x}}$.

Sei zunächst $\overline{x} > 0$. Dann ist die log-Likelihoodfunktion mit Definitionsmenge
$(0, 1)$ gegeben durch

$$l(p) = \ln(L(p)) = n\ln(p) + n\overline{x}\ln(1 - p).$$

Differenziation nach p ergibt

$$l'(p) = \frac{n}{p} - \frac{n\overline{x}}{1 - p}, \quad l''(p) = -\frac{n}{p^2} - \frac{n\overline{x}}{(1 - p)^2}.$$

Somit resultiert aus der Ableitung die Äquivalenz

$$l'(p) = 0 \;\Big|\; \cdot \frac{p(1-p)}{n} \iff 1 - p - \bar{x}p = 0 \iff p = \frac{1}{1+\bar{x}}.$$

Da $l''(p) < 0$ für alle $p \in (0,1)$ gilt, ist dies eine lokale Maximalstelle. Aus den Grenzwerten $\lim\limits_{p\to 0+} l(p) = \lim\limits_{p\to 1-} l(p) = -\infty$ folgt, dass $p = \frac{1}{1+\bar{x}}$ auch globale Maximalstelle ist. Somit ist $\hat{p} = \frac{1}{1+\bar{x}}$ Maximum-Likelihood-Schätzer für p.

Ist $\bar{x} = 0$, ergibt sich $L(p) = p^n$, d.h. L ist eine monoton wachsende Funktion in p. Somit ist $p = 1$ globale Maximalstelle in $[0,1]$ und $\hat{p} = 1 = \frac{1}{1+0}$ Maximum-Likelihood-Schätzer für p.

Insgesamt ist daher $\hat{p} = \frac{1}{1+\bar{x}}$ Maximum-Likelihood-Schätzer für p.

12.6 Lösung ([481]Aufgabe)

Die log-Likelihoodfunktion lautet

$$l(\mu) = \ln(L(\mu)) = -n\ln(\sqrt{2\pi}) - \frac{1}{2}\sum_{i=1}^{n}(x_i - \mu)^2.$$

Differenziation nach μ ergibt

$$l'(\mu) = \sum_{i=1}^{n}(x_i - \mu), \qquad l''(\mu) = -\sum_{i=1}^{n} 1 = -n.$$

Daher folgt aus $l'(\mu) = 0$ die Beziehung

$$\sum_{i=1}^{n}(x_i - \mu) = 0 \iff \sum_{i=1}^{n} x_i - n\mu = 0 \iff \mu = \bar{x}.$$

Wegen $l''(\mu) < 0$ für alle $\mu \in \mathbb{R}$ ist l eine konkave Funktion und daher insbesondere $\mu = \bar{x}$ lokales Maximum. Wegen $\lim\limits_{\mu\to\infty} l(\mu) = \lim\limits_{\mu\to-\infty} l(\mu) = -\infty$ ist es auch globale Maximalstelle, so dass $\hat{\mu} = \bar{x}$ Maximum-Likelihood-Schätzer für μ ist.

12.7 Lösung ([481]Aufgabe)

Die Ausdrücke für die erste Ableitung können jeweils der [409]Lösung von Aufgabe 10.8 entnommen werden.

(a) Für $f(t) = \alpha t^2 + t$, $t \in \mathbb{R}$, mit $\alpha \in \mathbb{R}$ gilt $f'(t) = 2\alpha t + 1$. Gilt $\alpha = 0$, so ist die Ableitung konstant gleich 1 und die Funktion damit streng monoton wachsend. Es gibt also kein lokales Extremum. Ist $\alpha \neq 0$, so gilt:

$$f'(t) = 0 \iff t = -\frac{1}{2\alpha}.$$

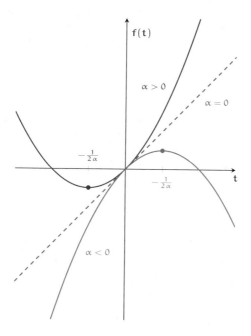

Abbildung 12.15: Funktion f aus der Lösung von Aufgabe 12.7(a).

Ist $\alpha < 0$, so ist f im Intervall $\left(-\infty, -\frac{1}{2\alpha}\right)$ monoton wachsend und im Intervall $\left(-\frac{1}{2\alpha}, \infty\right)$ monoton fallend. Also hat f an der Stelle $t = -\frac{1}{2\alpha}$ ein lokales (sogar globales) Maximum. Entsprechend folgt für $\alpha > 0$, dass f an dieser Stelle ein lokales (globales) Minimum besitzt. Die beiden Fälle sind exemplarisch in [489]Abbildung 12.15 dargestellt.

(b) Für $f(x) = (1 + \beta x^2)^3$, $x \in \mathbb{R}$, mit $\beta \in \mathbb{R}$ gilt:

$$f'(x) = 2\beta x \cdot 3(1 + \beta x^2)^2 = 6\beta x(1 + \beta x^2)^2.$$

Ist $\beta = 0$, so ist $f(x) = 1$ eine konstante Funktion und damit jedes $x \in \mathbb{R}$ eine lokale Extremalstelle. Sei daher $\beta \neq 0$. Nullsetzen der Ableitung ergibt dann:

$$f'(x) = 0 \iff x = 0 \text{ oder } 1 + \beta x^2 = 0 \iff x = 0 \text{ oder } x^2 = -\frac{1}{\beta}.$$

Ist $\beta > 0$, so ist $x = 0$ die einzige Nullstelle. Da $f'(x) < 0$ für $\beta > 0$ und $x < 0$ bzw. $f'(x) > 0$ für $\beta > 0$ und $x > 0$ gilt, ist $x = 0$ eine lokale Minimalstelle. Aufgrund des Monotonieverhaltens ist sie sogar eine globale Minimalstelle. Für $\beta < 0$, gibt es zwei weitere Nullstellen der Ableitung: $x = \sqrt{-\frac{1}{\beta}} = \frac{1}{\sqrt{|\beta|}}$ und $x = -\sqrt{-\frac{1}{\beta}} = -\frac{1}{\sqrt{|\beta|}}$. Allerdings folgt aus der Gestalt der Ableitung, dass an diesen Stellen kein Vorzeichenwechsel der

Ableitung erfolgt. An der Stelle $x = 0$ ändert sich das Vorzeichen von $f'(x)$ von $+$ zu $-$, so dass $x = 0$ die einzige lokale (globale) Maximalstelle ist. Die beiden Fälle sind exemplarisch in ⁤490Abbildung 12.16 dargestellt.

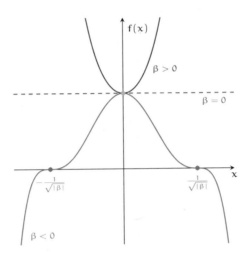

Abbildung 12.16: Funktion f aus der Lösung von Aufgabe 12.7(b).

(c) Für $f(y) = \ln(\delta y)$, $y > 0$, mit $\delta > 0$ gilt $f'(y) = \frac{1}{y} > 0$, $y > 0$. f ist daher auf dem Intervall $(0, \infty)$ streng monoton wachsend und es gibt keine lokale Extremalstellen.

(d) Für $f(z) = \ln(1 + \delta z)$, $z > 0$, mit $\delta > 0$ gilt $f'(z) = \frac{\delta}{1+\delta z} > 0$, $z > 0$. f ist daher auf dem Intervall $(0, \infty)$ streng monoton wachsend und es gibt keine lokale Extremalstellen.

(e) Für $f(y) = 1 - (1-y)^{1/\beta}$, $y \in (0,1)$, mit $\beta > 0$ gilt $f'(y) = \frac{1}{\beta}(1-y)^{1/\beta-1}$, $y \in (0,1)$. Offenbar hat f' im Intervall $(0,1)$ keine Nullstellen, so dass es keine lokalen Extremalstellen gibt (f ist streng monoton wachsend auf $(0,1)$).

(f) Für $f(t) = t^{1-\delta}$, $t > 0$, mit $\delta > 0$ gilt $f'(t) = (1-\delta)t^{-\delta}$, $t > 0$. Nun werden drei Fälle unterschieden:

  ❶ Gilt $\delta \in (0,1)$, so ist $f'(t) > 0$, $t > 0$, und f somit streng monoton wachsend. f hat daher keine lokalen Extremalstellen.

  ❷ Ist $\delta = 1$, so ist f konstant. Daher ist jedes $t > 0$ lokale Maximal- und Minimalstelle.

  ❸ Für $\delta > 1$ gilt $f'(t) < 0$, $t > 0$, und f ist streng monoton fallend. f hat daher keine lokalen Extremalstellen.

(g) Für $f(x) = e^{-(x-\mu)^{\alpha}}$, $x > \mu$, mit $\alpha \in \mathbb{N}_0$ und $\mu \in \mathbb{R}$ gilt:

$$f'(x) = -\alpha(x-\mu)^{\alpha-1}e^{-(x-\mu)^{\alpha}}.$$

Ist $\alpha = 0$, so ist f konstant gleich e^{-1} und damit jedes $x \in \mathbb{R}$ lokale Extremalstelle. Sei daher $\alpha \neq 0$. Dann müssen zwei Fälle unterschieden werden:

❶ $\alpha = 1$: In diesem Fall gilt $f'(x) = -e^{-(x-\mu)} < 0$, d.h. f ist eine auf $\mathbb{R}$ streng monoton fallende Funktion. Es gibt also keine lokalen Extremalstellen.

❷ $\alpha \geqslant 2$: In diesem Fall gilt $f'(x) = 0 \iff x = \mu$. Eine Prüfung des Vorzeichens der Ableitung f' ergibt:

❭ $f'(x) \leqslant 0$, $x \in \mathbb{R}$, falls α ungerade ist. f ist also monoton fallend und es gibt keine lokalen Extremalstellen.

❭ $f'(x) > 0$, $x < \mu$, und $f'(x) < 0$, $x > \mu$, falls α gerade ist. Damit hat f an der Stelle $x = \mu$ ein lokales (globales) Maximum.

Die beiden Fälle sind exemplarisch in 491Abbildung 12.17 dargestellt.

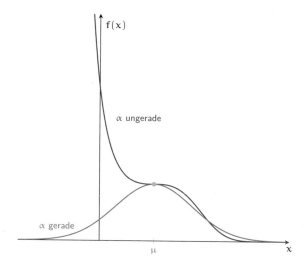

Abbildung 12.17: Funktion f aus der Lösung von Aufgabe 12.7(g) mit $\alpha \geqslant 2$.

Literatur

Die folgende Liste enthält – ohne Anspruch auf Vollständigkeit – eine Auswahl von Büchern zum Schulwissen *Mathematik* sowie im Text zitierte Literatur.

Adams, G., H.-J. Kruse, D. Sippel und U. Pfeiffer (2013). *Mathematik zum Studieneinstieg*. 6. Aufl. Heidelberg: Springer Gabler.

Arrenberg, J., M. Kiy und R. Knobloch (2017). *Vorkurs in Wirtschaftsmathematik*. 5. Aufl. München: Oldenbourg.

Bosch, K. (2010). *Brückenkurs Mathematik*. 14. Aufl. München: Oldenbourg.

Burkschat, M., E. Cramer und U. Kamps (2012). *Beschreibende Statistik - Grundlegende Methoden der Datenanalyse*. 2. Aufl. Berlin: Springer.

Clermont, S., E. Cramer, B. Jochems und U. Kamps (2012). *Wirtschaftsmathematik - Aufgaben und Lösungen*. 4. Aufl. München: Oldenbourg.

Craats, J. van de (2010). *Grundwissen Mathematik: Ein Vorkurs für Fachhochschule und Universität*. Heidelberg: Springer.

Cramer, E., U. Kamps, M. Kateri und M. Burkschat (2015). *Mathematik für Ökonomen – Ein kompakter Einstieg für Bachelorstudierende*. Berlin: de Gruyter Oldenbourg.

Cramer, E., U. Kamps, J. Lehmann und S. Walcher (2017). *Toolbox Mathematik für MINT-Studiengänge*. Berlin: Springer Spektrum.

Cramer, E. und U. Kamps (2017). *Grundlagen der Wahrscheinlichkeitsrechnung und Statistik*. 4. Aufl. Berlin: Springer Spektrum.

Erven, J., M. Erven und J. Hörwick (2012). *Semesterpaket Mathematik für Ingenieure: Vorkurs Mathematik: Ein kompakter Leitfaden*. 5. Aufl. München: Oldenbourg.

Fritzsche, K. (2015). *Mathematik für Einsteiger*. 5. Aufl. Heidelberg: Spektrum.

Gehrke, J. P. (2016). *Brückenkurs Mathematik: Fit für Mathematik im Studium*. 4. Aufl. München: De Gruyter Oldenbourg.

Glosauer, T. (2017). *(Hoch)Schulmathematik: Ein Sprungbrett vom Gymnasium an die Uni*. 2. Aufl. Heidelberg: Springer Spektrum.

Heuser, H. (2009). *Lehrbuch der Analysis Teil 1*. 17. Aufl. Wiesbaden: Vieweg+Teubner.

Hoever, G. (2014). *Vorkurs Mathematik*. Heidelberg: Springer Spektrum.

Kamps, U., E. Cramer und H. Oltmanns (2009). *Wirtschaftsmathematik – Einführendes Lehr- und Arbeitsbuch*. 3. Aufl. München: Oldenbourg.

Kemnitz, A. (2014). *Mathematik zum Studienbeginn: Grundlagenwissen für alle technischen, mathematisch-naturwissenschaftlichen und wirtschaftswissenschaftlichen Studiengänge*. 11. Aufl. Wiesbaden: Springer Spektrum.

© Springer-Verlag GmbH Deutschland, ein Teil von Springer Nature 2018
E. Cramer und J. Nešlehová, *Vorkurs Mathematik*, EMIL@A-stat,
https://doi.org/10.1007/978-3-662-57494-2

Klinger, M. (2015). *Vorkurs Mathematik für Nebenfachstudierende.* Heidelberg: Springer Spektrum.

Knorrenschild, M. (2013). *Vorkurs Mathematik.* 3. Aufl. Fachbuchverlag Leipzig im Carl Hanser Verlag.

Langemann, D. und V. Sommer (2016). *So einfach ist Mathematik: Basiswissen für Studienanfänger aller Disziplinen.* Heidelberg: Springer Spektrum.

Purkert, W. (2014). *Brückenkurs Mathematik für Wirtschaftswissenschaftler.* 8. Aufl. Wiesbaden: Springer Gabler.

Schäfer, W., K. Georgi, G. Trippler und C. Otto (2006). *Mathematik-Vorkurs.* 6. Aufl. Wiesbaden: Vieweg+Teubner.

Scharlau, W. (2010). *Schulwissen Mathematik: Ein Überblick.* 3. Aufl. Nachdruck. Wiesbaden: Vieweg+Teubner.

Schirotzek, W. und S. Scholz (2005). *Starthilfe Mathematik.* 5. Aufl. Wiesbaden: Vieweg+Teubner.

Schreiber, T. (2014). *Brückenkurs Mathematik für Wirtschaftswissenschaftler für Dummies.* Weinheim: Wiley-VCH Verlag.

Stingl, P. (2013). *Einstieg in die Mathematik für Fachhochschulen.* 5. Aufl. München: Carl Hanser Verlag.

Walz, G., F. Zeilfelder und T. Rießinger (2014). *Brückenkurs Mathematik.* 4. Aufl. Heidelberg: Springer Spektrum.

Wendeler, J. (2016). *Vorkurs der Ingenieurmathematik.* 4. Aufl. Harri Deutsch.

Symbol- und Abkürzungsverzeichnis

Das Symbol- und Abkürzungsverzeichnis enthält neben dem Symbol/der Abkürzung eine kurze Erklärung sowie die Seite der ersten Verwendung bzw. ggf. der Definition.

Kleine und große griechische Buchstaben

α	alpha	A	Alpha	β	beta	B	Beta	γ	gamma	Γ	Gamma
δ	delta	Δ	Delta	ε, ϵ	epsilon	E	Epsilon	ζ	zeta	Z	Zeta
η	eta	H	Eta	ϑ	theta	Θ	Theta	ι	iota	I	Iota
κ	kappa	K	Kappa	λ	lambda	Λ	Lambda	μ	mu	M	Mu
ν	nu	N	Nu	ξ	xi	Ξ	Xi	o	omikron	O	Omikron
π	pi	Π	Pi	ρ, ϱ	rho	R	Rho	σ	sigma	Σ	Sigma
τ	tau	T	Tau	υ	upsilon	Υ	Upsilon	φ, ϕ	phi	Φ	Phi
χ	chi	X	Chi	ψ	psi	Ψ	Psi	ω	omega	Ω	Omega

Abkürzungen und Symbole

bzgl. bezüglich	244	z.B. zum Beispiel	1
bzw. beziehungsweise	8	π Kreiszahl $\pi = 3,1415926535\ldots$	20
d.h. das heißt	8	e Eulersche Zahl $e = 2,7182818284\ldots$	20
etc. et cetera (und so weiter)	9	$(a_n)_{n\in\mathbb{N}}$, $(a_n)_{n\in I}$ Folgen	349
evtl. eventuell	19	$\lim\limits_{n\to\infty} a_n$, $a_n \xrightarrow{n\to\infty} a$ Grenzwert einer Folge	353
ggf. gegebenenfalls	96	$\sum\limits_{i=1}^{\infty} a_i$ Reihe	359
i.Allg. im Allgemeinen	4		
i.e. id est (das ist)	129	$\exp(t)$ Exponentialfunktion	165
u.ä. und ähnliches	41	$\mathbb{1}_{[a,\infty)}(t)$ Indikatorfunktion	166
u.a. unter anderem	8	$\sin(t)$, $\cos(at)$ Trigonometrische Funktionen	166

© Springer-Verlag GmbH Deutschland, ein Teil von Springer Nature 2018
E. Cramer und J. Nešlehová, *Vorkurs Mathematik*, EMIL@A-stat,
https://doi.org/10.1007/978-3-662-57494-2

Index

© Springer-Verlag GmbH Deutschland, ein Teil von Springer Nature 2018
E. Cramer und J. Nešlehová, *Vorkurs Mathematik*, EMIL@A-stat,
https://doi.org/10.1007/978-3-662-57494-2

Printed in the United States
By Bookmasters